国家级精品课程教材

全国普通高等学校优秀教材

“十二五”普通高等教育本科国家级规划教材

高分子物理

POLYMER PHYSICS

第五版

华幼卿　金日光　主编

化学工业出版社

·北京·

内容提要

本教材系统全面地介绍了聚合物物理学中的基本概念、基本理论和现代研究方法，反映出该学科飞速发展的新成果和新动向。全书共11章，包括4个单元：高分子的链结构和凝聚态结构；高分子溶液和聚合物的分子量、分子量分布；聚合物的分子运动、玻璃化转变、结晶-熔融转变；聚合物的力学性能、流变性能以及电学、热学、光学、表面与界面性能。其中，有8章在章末综述了我国高分子科学家、专家的研究贡献。书中提供了丰富的思考题和习题，列出了大量的推荐阅读参考文献。

本书可作为工科、理科高等院校高分子材料与工程专业及相关专业的本科生教材和研究生参考教材，也可作为从事高分子材料工作的研究人员和工程技术人员的参考书。

图书在版编目（CIP）数据

高分子物理/华幼卿，金日光主编.—5版.—北京：化学工业出版社，2019.10（2021.5重印）
国家级精品课程教材　全国普通高等学校优秀教材
“十二五”普通高等教育本科国家级规划教材
ISBN 978-7-122-34692-6

Ⅰ.①高…　Ⅱ.①华…②金…　Ⅲ.①高聚物物理学-高等学校-教材　Ⅳ.①O631.2

中国版本图书馆CIP数据核字（2019）第118888号

责任编辑：王　婧　杨　菁　　装帧设计：张　辉
责任校对：宋　玮

出版发行：化学工业出版社（北京市东城区青年湖南街13号　邮政编码100011）
印　　装：中煤（北京）印务有限公司
787mm×1092mm　1/16　印张23½　字数577千字　2021年5月北京第5版第4次印刷

购书咨询：010-64518888　售后服务：010-64518899
网　　址：http://www.cip.com.cn
凡购买本书，如有缺损质量问题，本社销售中心负责调换。

定　　价：49.00元

第五版前言

华幼卿、金日光主编的《高分子物理》教材已经出版、发行到第四版。鉴于高分子物理学科发展迅速，这本经典教材的内容必须修改和更新，完成第五版势在必行。

应该重申，《高分子物理》包含以聚合物为对象的全部物理内容。但是，一方面《高分子物理》目前还达不到普通物理学的成熟程度；另一方面，学生还难以接受更多、更深的物理和数学知识。所以，本科生的《高分子物理》课程内容仍然是揭示聚合物的结构与性能之间的内在关系和基本规律，以其对聚合物的合成、加工、测试、选材和开发提供理论依据，而分子运动正是联系结构-性能之间的桥梁。

教材就应该是教材，既要阐明成熟的基本概念和基本原理，又要指出最新成就和发展方向；既要考虑科学性，又要遵循教学规律性。

当今，中国特色社会主义进入了新时代，高校必须打破传统人才培养模式的瓶颈，培养出适应社会发展、适应国家建设需要的高素质人才，全面振兴我国本科教育，教材修订也应体现出这一强国的特点。

根据以上观点，第五版主要的修改、增补内容如下。

1.第2、3、4、5、6、8、9、11章中，增加了“我国高分子科学家、专家的研究和创新贡献”，既反映出一些典型的中国学者在高分子领域的重大成就，又补充了学科前沿的内容。

2.重新撰写第6章“热塑性弹性体”，具有新颖性；删去第11章第6节，增加了“生物医用高分子材料的表面改性及其应用”。

3.第2章简介“单分子链凝聚态”的研究内容和意义；“非晶态结构”一节中，增加了“高分子链的缠结”；删除高分子液晶理论的公式推导过程，阐明结论的来龙去脉和重要意义；简介“软物质”的基本概念以及高分子材料软物质的特性和意义。

4.第3章增补了依据现代高分子凝聚态物理学的观点，高分子溶液按浓度和分子链形态不同的5个不同层次以及其间的分界浓度；简介高分子极浓溶液（熔体和本体）中分子链的构象分布和理论模型。第4章增补了体积排除色谱（SEC）中，多检测器联用技术的内容、特点和最新进展。

5.第5章“玻璃态聚合物的次级转变”部分，修改了内容，增加了物理老化现象及其微观解释；结晶动力学部分作了全面修改，并与最后“我国高分子科学家、专家的研究和创新贡献”相衔接；点及晶态聚合物熔融主转变以外的其他分子运动，并与第7章实例相配合。

6.第8章“断裂理论”部分，专列出“普适断裂力学理论”；删除了复合体系界面模型，增加了PP/纳米$CaCO_3$共混体系的TEM照片。

7.第9章增补了振荡型流变仪测定聚合物熔体动态流变性能的原理、技术和最新进展。阐述了纳米复合材料（PNC）熔体复杂的动态流变行为研究意义和成果以及聚合物接枝纳米颗粒（PGNPs）填充聚合物体系的结构与动态流变性能研究进展。

8.第10章导电高分子部分，修改了前言，删去了“导电性复合材料”，增加了“电致发光共轭聚合物”“共轭聚合物光伏材料和太阳能电池”章节。

其他修改散见于各章节的字里行间，在此不一一列举。

本书配套有《高分子物理学习指导和习题集》，故第五版习题部分仅作适当增补。

新版中，增加了大量中英文参考文献。

在第五版的编写过程中，得到了中国科学院化学研究所徐坚研究员，中国科学院长春应用化学研究所莫志深研究员、石恒冲研究员，浙江大学宋义虎、王立、包永忠教授，复旦大学江明院士，华南理工大学薛锋副教授（博士）、北京化工大学吴友平教授和天津大学董岸杰教授的大力支持和帮助。得到了北京化工大学副校长张立群（教授、长江学者）、杨万泰（科学院院士）的支持、鼓励。我的学生章正熙、洪旭辉、陈宏、李文霞、郑知敏、董永强、赵志刚、白宇辰、江盛玲和女儿吴洁参加了部分文献查阅、校对等工作，在此一并表示感谢。

由于编者水平有限，书中难免存在缺漏和不足之处，敬请专家和读者批评、斧正。

华幼卿

2019 年 3 月 30 日

第四版前言

在“全面成材，追求卓越”的育人理念指导下，高校形成了3M人才培养新模式，制定出多模块课程体系和专业课程地图。教材建设任务也刻不容缓。《高分子物理》(第三版)为普通高等教育“十一五”国家级规划教材，北京市高等教育精品教材建设立项项目（重点），是一本理工结合、坚持改革创新、与时俱进的专业基础课教材，已为全国众多院校所选用。第四版教材将重点放在削枝强干、化解难点和学科展新三个方面。

1. 削枝强干

例如，删除影响高分子链柔性的外界因素等，着重讨论近程相互作用和远程相互作用对链平衡态柔性的影响规律；删除橡胶弹性唯象理论中的Ogden理论，主要讲述Mooney-Rivlin理论；讲透橡胶弹性统计理论中的状态方程，强化“幻象网络”理论，点及Edwards管子模型处理弹性问题；删除非弹性体增韧塑料的部分实例和界面作用理论，突出有机、无机刚性粒子增韧理论和增韧机理；删除附录4，加强非国际单位与国际单位的换算；等等。

2. 化解难点

例如讲清高斯链、无扰尺寸等名词、概念；阐明有关大分子液晶或聚合物液晶包括聚液晶和液晶聚合物两类的定义；对于共混聚合物相容性的热力学问题，增加了图形，讲清实际共混物的 T-φ 相图，其中呈现UCST的类型与经典的Flory-Huggins溶液格子理论为基础讨论的 χ_1-φ_A（或 φ_B）图中的双节线相对应，但其形状相反的道理，阐明呈现LCST行为的主要原因；列举出国际学术界在嵌段（接枝）大分子组装的相关研究取得的一系列开拓性进展，加深了对大分子自组装的重要性认识；对于小圆孔附近银纹形成的实验事实，第三版写得太简单，不易看明白。经过第四版修改，化难为易；脆性断裂、韧性断裂问题，增加了SEM照片，直观易懂；关于断裂理论，部分师生提出第三版写得太简单，第四版也作了适当修改；关于法向应力效应，新版重新较详细书写，并增加了计算法向应力的基本实验方法；介电松弛部分，数学推导过程修改，有利于提高同学学习效果。最后，应该提及，高弹态的概念较为陈旧，国际上都用“橡胶-弹性平台区”代替；黏弹行为的四个区域中，末端流动区由无定形聚合物向黏性液体的转变很不明确，无法用一个温度准确地标记其转变点(国内以往书中称为流动温度 T_f)。

3. 学科展新

例如，强调第三版已介绍的树枝链——新型超支化高分子；增加聚合物液晶理论部分，对聚合物液晶提供理论解释，对其设计和制造提供理论方向；有关完全相容的均相聚合物合金，教材中列举了若干实例，并讨论其相容机理、应用价值及发展方向；除了讲述嵌段共聚物固体的微相分离之外，又增加了嵌段共聚物在选择性溶剂中的微胶束化；点到计算机模拟方法研究高分子的局部构象与构型、研究高分子的晶体结构等等；改换部分图形和推导方法，讲清黏弹性的分子理论之一——RBZ理论，同时，既阐述了黏弹性分子理论之二——“蛇行”理论，又与聚合物流变学章节中的“管子模型”和“蛇形模型”相呼应，阐明蛇链运动的黏度与分子量之间的标度关系；加强阐明塑料增韧的逾渗理论；举例说明无机刚性纳米粒子对塑料的增韧、强调国内的研究成果等；增加了离子电导一节，说明电子电导和离子电导两种导电机理，二者的导电能力和特征，各自的用途；强调指出 Gennes 的标度理论在高分子链伸展、溶液理论、黏弹性的“蛇行”理论、高分子溶液-固体界面上高分子“链段”分布、研究半稀溶液等方面的重要性；教材第 11 章还介绍了凝胶化理论等等。

在新版教材的编写过程中，仍然坚持重视基础，突出新意，培养能力。近十年来，国际上“现代高分子物理”发展方向已采用了自洽场理论和重组群方法。但是，国内目前高分子类专业数学基础尚为欠缺，故理论发展的方向只能作简单介绍。书中，增加了学科发展的新领域和新型材料等方面的内容。还应提及，新版大量名词都有英注，有利于学生学习专业英语。思考题与习题修改补充后，增加了广度和深度，有利于学生学习掌握教材内容。《学习指导与习题及解答》也即将出版。

本教材可根据兄弟院校不同专业、不同学时取舍内容，选择使用。恳望师生批评、指正。

最后，感谢中国科技大学何平笙教授、博士生导师的热情帮助。感谢北京化工大学材料科学与工程学院党委书记、教授、博导李齐方，学院院长、长江学者、教授、博导杨万泰以及长江学者、教授、博导张立群的支持帮助。我的学生江盛玲、章正熙、李文霞、洪旭辉参与了本书部分查阅文献资料、誊写、描图工作，在此一并表示感谢。

华幼卿

2012 年 12 月 31 日

第三版前言

本教材第一、第二版及新版均以钱人元院士“聚合物结构—分子运动—性能”的构思为主线进行编写。通过研究聚合物的分子运动，揭示结构与性能之间的内在联系和基本规律，从而对聚合物的合成、成型加工、测试提供理论依据。与国外 sperling 名著体系有所不同，内容相近。

《高分子物理》（第二版）参阅了大量国内外名著，内容较为新颖，2002 年荣获全国普通高校优秀教材国家级二等奖。

第三版的内容与国内同类教材相比，其特色有 3 个方面。

1. 重视基础，精选内容

强化基础，进一步阐明基本概念和基本理论，克服第二版因版面限制，部分内容讲述不够系统、深透的缺点。

2. 突出新意，拓宽知识

新版进一步反映现代聚合物物理领域学科发展的新成果以及社会关注的热点问题。

3. 培养能力，提高素质

既按照循序渐进的认知规律，又通过使用跳跃思维的方法，引导学生学习科学的思维方式，提高创新能力。

具体修改、补充的主要内容：第 1 章增加了环形、超支化高分子（树枝链）的构造和生物高分子的化学结构、序列结构、晶体中链的构象，较详细阐述了研究高分子链结构的红外光谱、核磁共振等主要方法；第 2 章增加了电子显微镜原理，晶态聚合物的缨状胶束模型，液晶和取向聚合物的应用及多组分聚合物的类型、相容性与形态，如“自组装”、包藏结构、芯壳结构等；第 3 章增补了 Flory-Krigbaum 稀溶液理论和聚电解质溶液；第 4 章增加了分子量分布函数和质谱法测定聚合物的分子量；第 5 章充实了玻璃化温度测定方法，增补了次级转变和热分析法研究聚合物的非等温结晶动力学；第 6 章增补了橡胶弹性的唯象理论和影响橡胶弹性的因素；第 7 章增加了动态力学分析方法简介以及聚合物、共混物、复合材料的结构与动态力学性能关系；第 8 章阐述了银纹生长的机理，在“聚合物的增强和塑料增韧”部分，扩充了内容，增加了理论和实例，如原位增强与分子复合材料、有机和无机（纳米）刚性粒子增强，弹性体和非弹性体增韧机理；第 9 章增补了多组分聚合物材料的流变行为；第 10 章增补了聚合物的介电松弛温度谱、频率谱以及聚合物热稳定性、热分解动力学研究方法，简介聚合物烧蚀材料。最后，新增第 11 章“聚合物的表面与界面”，内容丰富、新颖。其他修改、增添散见各章节内，包括内容编排、公式推导、常用术语、图表、文字、英注等，在此不再一一列举。各兄弟院校或不同专业可取舍内容，选择使用。“思考题与习题”部分仅作适当修改，因为计划出版与教材配套的“高分子物理习题及解答”。

《高分子物理》（第三版）第 1～10 章由华幼卿教授编写，第 11 章由美国康乃尔大学黄皓浩博士后编写，全书由华幼卿主编。

在教材编写过程中，得到了清华大学周其庠、于建教授，中国科技大学何平笙教授，浙江大学钱锦文、王立教授和包永忠副教授（博士），四川大学付强、刘明清教授，北京航空航天大学过梅丽教授，北京理工大学董宇平教授，北京石油化工学院郭文莉教授、徐晓迪副教授（硕士），广东工业大学周彦豪教授、董智贤讲师（在职博士研究生），西安交通大学郑元琐教授、钱军民讲师（博士），南京工业大学张军教授，沈阳化工学院富露祥副教授（博士），北京服装学院赵国梁教授，北京工商大学项爱民副教授（博士），河北工业大学瞿雄伟教授、刘国栋副教授（博士），北京联合大学生化学院李若慧副教授（硕士）等的鼓励或提出了宝贵意见。同时得到本校励杭泉、张立群、杨万泰、吴丝竹、王国全等教授和吴友平、谷晓昱副教授（博士）的支持、帮助。北京化工大学张文芝高工、北京服装学院李文霞副教授、德国马普研究所杨鹏博士后、北京化工大学郭青磊（硕士研究生）以及我现在和过去的博士生、硕士生洪旭辉（高级工程师、博士研究生）、王霞（硕士研究生）、郑知敏（中科院化学所副研究员、博士）、秦倩（美国得克萨斯理工大学，博士研究生）等参加了部分工作。在此一并表示感谢。鉴于本人水平有限，加之身体状况欠佳，书中不足之处实属难免，恳望读者指正。

最后，应该提及，使用先进的教学方法和手段是精品课程建设的内容之一。本校配合第二版教材，研制了集动画为一体的部分多媒体软件。其中第 1 章由武德珍教授负责，齐胜利同学编制；第 2～7 章由张晨副教授负责，脱振军、吴晓芳同学编制；第 8 章和第 9 章由华幼卿教授负责，顾方同学编制。这些软件，已在北京化工大学网上公开，欢迎兄弟院校师生选用、指正。

华幼卿

2006 年 12 月 12 日

第二版前言

全国高等工科院校高分子类专业《高分子物理》统编教材（金日光、华幼卿编）1991年由化学工业出版社正式出版，1996年荣获全国高等学校化工类优秀教材化学工业部一等奖。根据学科发展和教改要求，1997年我们申报了普通高等教育“九五”国家级重点教材立项，获得了批准。1998年，在校、院领导关心下，首先查阅了国内外近期相关的教材、专著和文献，写出了第二版大纲（草案）。接着，向全国工科院校发函调研，修改大纲并进行编写，邀请兄弟院校（京津地区为主）专家来京参加“《高分子物理》教材大纲及书稿审定会”，得到了浙江大学等许多学校的大力支持。专家们对大纲和书稿提出了许多宝贵的意见和建议，编者在此基础上进行了再次修改、补充。这里，向热情帮助我们的清华大学周其庠、周啸教授，河北工业大学张留成教授，成都科技大学刘明清教授，天津大学成国祥、沈宁祥教授，广东工学院周彦豪教授，华南理工大学吴绍吟副教授，北京服装学院姜胶东教授以及张德震、俞强、张军、包永忠、李秀错、郭文莉、董宇平、侯庆普、赵国梁等表示感谢。同时，也向本校宋名实、励杭泉、李效玉、赵素合教授表示谢意。

《高分子物理》是以聚合物为对象的全部物理内容的课程。为了适应21世纪材料科学世界范围的竞争，与第一版比较，新版调节了部分章节的体系，增加了各章内容。重视严格阐明专有名词和基本概念，讲清成熟的基本理论。注意引入学科前沿内容。同时，坚持工科院校特点，在重点讲述“结构与性能”关系的基础上，加强了“材料性能与制品性能”关系的教学。例如，溶液、分子量两章紧接着结构章节，并增加了共混物相容性等内容。凝聚态结构中，增加了液晶、高分子合金等内容。将电性能一章扩充，补充了热性能、光学性能、表面与界面性能等内容。又如，简介或点到溶液理论新进展，橡胶弹性的幻象网络理论，黏弹性的RBZ理论和蛇行理论等。对新产品、新工艺、新方法等作了必要的介绍。同时，新版又增加了“思考题与习题”部分。该教材内容能够基本满足工科教材的需求。

《高分子物理》（第二版）由华幼卿教授执笔。“思考题与习题”由华幼卿提供材料，武德珍副教授、黄皓浩博士（参编）执笔。全书由孙载坚教授审阅。

本教材为“北京化工大学化新教材建设基金”资助书目。

华幼卿

1999年2月2日

第一版前言

本教材是由1989年全国工科院校高分子专业教学指导委员会工作会议审定的。

该教材的前身由华幼卿、向慎一编写，多年来以讲义的形式在北京化工学院试用。1989年，根据工科院校高分子专业教学指导委员会对教材编写工作的意见，由本书作者重新加以编写（华幼卿执笔）。在撰写工作中，汲取了以往教材的优点，尽量结合工科院校的需要，力求从聚合物的分子运动、力学状态和热转变观点出发，阐明其结构与物理机械性能等的关系。

本书由教学指导委员会指定江苏化工学院孙载坚教授审阅。孙教授详细评阅了整个稿件，并对许多内容和细节提出了宝贵的意见，使这一教材更加趋于完善，为此表示衷心感谢。同时，孙劭娴、毛立新等同志参加了本书誊写、描图工作，在此一并表示感谢。

虽然编者尽可能希望本教材具有不同于同类教材的某些特色，但是，由于高分子这门科学正处于蓬勃发展时期，有些最新理论和成就尚处于文献记载阶段，加之编者的水平有限，恐怕不能满足读者的要求，书中也难免有种种错误，望读者批评指正。

编者

1990年

目　录

第 1 章　高分子链的结构

自从 1920 年德国化学家 H. Staudinger 提出大分子学说以来，人们知道各种天然高分子、合成高分子和生物高分子均为相当大数目（约 10^3～10^5 数量级）的结构单元键合而成的长链状分子，其中一个结构单元相当于一个小分子。H. Staudinger 于 1953 年获诺贝尔化学奖。一般，高分子主链具有一定的内旋转自由度，故存在不同程度的柔性。分子链之间又具有很强的相互作用，包括范德华力、氢键力等。这些高分子结构的主要特点反映出高分子结构比小分子要复杂得多。

通常，将高分子结构分为链结构和凝聚态结构两部分。链结构是指单个高分子链的结构和形态，包括：①化学组成、构型、构造、共聚物的序列结构；②分子的大小、尺寸、构象和形态。上述主要内容将在本章介绍，聚合物分子量及其分布、测定分子量的理论基础将在第 3、4 章中讲述。凝聚态结构是指高分子链凝聚在一起形成的高分子材料本体的内部结构，包括：①聚合物晶态结构；②聚合物非晶态结构；③液晶态聚合物；④聚合物的取向结构；⑤多组分聚合物。这些内容将在第 2 章中讨论。

高分子链的结构是决定聚合物基本性质的主要因素。

1.1　化学组成、构型、构造和共聚物的序列结构

1.1.1　结构单元的化学组成

通常，合成高分子是由单体通过聚合反应连接而成的链状分子，称为高分子链。高分子链中重复结构单元的数目称为聚合度（$\overline{DP}$）。例如，丙烯和聚丙烯结构式如下：

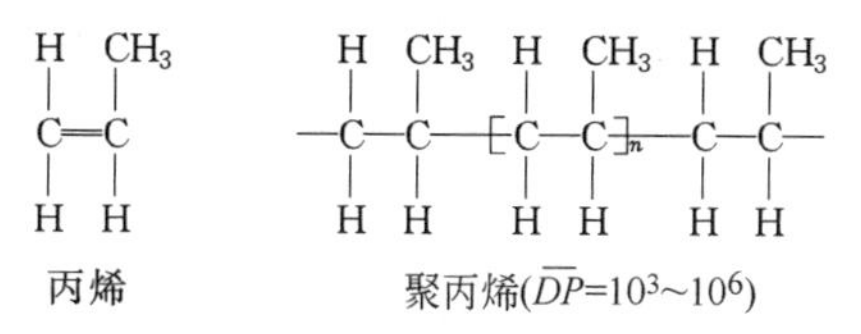

高分子链的化学组成不同，聚合物的性能和用途也不相同。

分子主链全部由碳原子以共价键相连接的碳链高分子构成，如聚苯乙烯、顺式聚 1,4-丁二烯、聚丙烯腈等。它们大多由加聚反应制得。

分子主链中除含有碳外，还有氧、氮、硫等两种或两种以上的原子并以共价键相连接的杂链高分子，如聚甲醛、聚酰胺和聚砜等。这类聚合物是由缩聚反应或开环聚合制得的，由于主链带有极性，所以较易水解，但是，耐热性、强度较高。

主链中含有硅、硼、磷、铝、钛、砷、锑等元素的高分子称为元素高分子。其中一大类为元素有机高分子，主链不含碳原子，而是由上述元素和氧组成，侧链含有机取代基，例如聚硅氧烷等。其优点为具有无机物的热稳定性和有机物的弹塑性，缺点是强度较低。另一类为无机高分子，其大分子主链上不含碳元素，也不含有机取代基，均由其他元素组成，例如聚氯化磷腈等。它们的耐高温性能优异，但强度较低。

除了结构单元的组成之外，在高分子链的自由末端，通常含有与链的组成不同的端基。

由于高分子链很长，端基含量是很少的，但却直接影响聚合物的性能，尤其是热稳定性。链的断裂可以从端基开始，所以封闭端基可以提高这类聚合物的热稳定性、化学稳定性。如聚甲醛分子链的—OH 端基被酯化后可提高它的热稳定性。聚碳酸酯分子链的羟端基和酰氯端基，能促使其本身在高温下降解，热稳定性降低。如在聚合过程中加入单官能团的化合物，如苯酚类，就可以实现封端，同时又可控制分子量。

一些合成高分子链结构单元的化学组成见表 1-1。

表 1-1　部分合成高分子链结构单元的化学组成

高分子	结构单元	高分子	结构单元
聚乙烯(PE)	$\left[CH_2-CH_2\right]_n$	聚四氟乙烯(PTFE)	$\left[CF_2-CF_2\right]_n$
聚丙烯(PP)	$\left[CH_2-CH(CH_3)\right]_n$	聚偏氟乙烯(PVDF)	$\left[CH_2-CF_2\right]_n$
聚苯乙烯(PS)	$\left[CH_2-CH(C_6H_5)\right]_n$	聚丙烯腈(PAN)	$\left[CH_2-CH(CN)\right]_n$
聚氯乙烯(PVC)	$\left[CH_2-CH(Cl)\right]_n$	聚异丁烯(PIB)	$\left[CH_2-C(CH_3)_2\right]_n$
聚偏二氯乙烯(PVDC)	$\left[CH_2-CCl_2\right]_n$	聚丁二烯(PB)	$\left[CH_2-CH=CH-CH_2\right]_n$
聚丙烯酸(PAA)	$\left[CH_2-CH(COOH)\right]_n$	聚异戊二烯(PIP)	$\left[CH_2-C(CH_3)=CH-CH_2\right]_n$
聚丙烯酰胺(PAM)	$\left[CH_2-CH(CONH_2)\right]_n$	聚氯丁二烯(PCB)	$\left[CH_2-C(Cl)=CH-CH_2\right]_n$
聚甲基丙烯酸甲酯(PMMA)	$\left[CH_2-C(CH_3)(COOCH_3)\right]_n$	聚乙炔(PA)	$\left[CH=CH\right]_n$
聚乙酸乙烯酯(PVAc)	$\left[CH_2-CH(OCOCH_3)\right]_n$	聚吡咯(PPy)	$\left[(C_4H_2NH)-(C_4H_2NH)\right]_n$
聚乙烯醇(PVA)	$\left[CH_2-CH(OH)\right]_n$	聚(ε-己内酯)(PCL)	$\left[(CH_2)_5-CO-O\right]_n$
聚乙烯基甲基醚(PVME)	$\left[CH_2-CH(OCH_3)\right]_n$	聚羟基乙酸(PGA)	$\left[CH_2-CO-O\right]_n$
聚 α-甲基苯乙烯	$\left[CH_2-C(CH_3)(C_6H_5)\right]_n$	聚氧化乙烯(PEO)	$\left[O-(CH_2)_2\right]_n$
		聚氨酯(PU)	$\left[O-(CH_2)_2-O-CO-NH-(CH_2)_6-NH-CO\right]_n$
		环氧树脂(EP)	$\left[O-C_6H_4-C(CH_3)_2-C_6H_4-O-CH_2-CH(OH)-CH_2\right]_n$
		酚醛树脂(PF)	$\left[C_6H_3(OH)-CH_2\right]_n$
		聚甲醛(POM)	$\left[O-CH_2\right]_n$
		聚己二酰己二胺(PA66)	$\left[NH-(CH_2)_6-NH-CO-(CH_2)_4-CO\right]_n$

续表

高分子	结构单元	高分子	结构单元
聚(ε-己内酰胺)(PA6)	$\left[-\overset{O}{\overset{\|}{C}}-(CH_2)_5-\overset{H}{\overset{\|}{N}}-\right]_n$	聚对苯二甲酰对苯二胺(PPTA)	$\left[-\overset{O}{\overset{\|}{C}}-C_6H_4-\overset{O}{\overset{\|}{C}}-\overset{H}{\overset{\|}{N}}-C_6H_4-\overset{H}{\overset{\|}{N}}-\right]_n$
聚苯醚(PPO)	$\left[-O-C_6H_2(CH_3)_2-\right]_n$	聚酰亚胺(PI)	$\left[-N(CO)_2C_6H_2(CO)_2N-C_6H_4-O-C_6H_4-\right]_n$
聚对苯二甲酸乙二酯(PET)	$\left[-\overset{O}{\overset{\|}{C}}-C_6H_4-\overset{O}{\overset{\|}{C}}-O-(CH_2)_2-O-\right]_n$	聚二甲基硅氧烷(硅橡胶)	$\left[-Si(CH_3)_2-O-\right]_n$
聚对苯二甲酸丁二酯(PBT)	$\left[-\overset{O}{\overset{\|}{C}}-C_6H_4-\overset{O}{\overset{\|}{C}}-O-(CH_2)_4-O-\right]_n$	聚四甲基对亚苯基硅氧烷(TMPS)	$\left[-Si(CH_3)_2-C_6H_4-Si(CH_3)_2-O-\right]_n$
聚碳酸酯(PC)	$\left[-O-C_6H_4-C(CH_3)_2-C_6H_4-O-\overset{O}{\overset{\|}{C}}-\right]_n$	聚氯化磷腈	$\left[-N=PCl_2-\right]_n$
聚醚醚酮(PEEK)	$\left[-C_6H_4-\overset{O}{\overset{\|}{C}}-C_6H_4-O-C_6H_4-O-\right]_n$		
聚砜(PSF)	$\left[-O-C_6H_4-C(CH_3)_2-C_6H_4-O-C_6H_4-SO_2-C_6H_4-\right]_n$		

表 1-1 中，PE、PP、PS 和 PVC 为四大热塑性通用塑料；EP、PF 等为热固性树脂；POM、PA、PPO、PC 和 PBT（PET）等为工程塑料；PB、PI、PCB 等为合成橡胶；PAN、PA66、PET 等又广泛用作合成纤维材料。此外，聚乙炔（PA）、PPy 等经掺杂后为导电材料；PCL、PGA 等为生物医用高分子，两者均属功能高分子范畴。

以上合成高分子的主链由一种重复结构单元组成，称为均聚物。若高分子链由几种结构单元组成，则称为共聚物。

与单体经聚合或共聚合成的高分子不同，天然高分子和生物高分子（天然生成或人工合成）的结构更为复杂。例如，杜仲橡胶为天然橡胶中的一种，其化学名称为 1,4-聚异戊二烯，结构比较简单，而酶（蛋白质的一种）分子是由至多 20 个不同的取代基 R 以非重复序列排列的几百或几千个 α-氨基酸（ $R-\underset{NH_2}{\underset{|}{CH}}-COOH$ ）结构单元组成。

化学组成同样是表征共聚物、天然高分子和生物高分子的重要结构参数。

鉴别高分子链结构单元化学组成有多种方法，如元素分析、X 射线衍射、红外光谱、拉曼光谱和核磁共振等方法。

1.1.2　高分子链的构型

构型（configuration）是指分子中由化学键所固定的原子在空间的几何排列。这种排列是稳定的，要改变构型，必须经过化学键的断裂和重组。构型不同的异构体有旋光异构体、几何异构体和键接异构体。

1.1.2.1　旋光异构

正四面体的中心原子（如碳、硅、P^+、N^+）上 4 个取代基或原子如果是不对称的，则

可能产生异构体，这样的中心原子叫不对称中心原子。例如：结构单元为 $-CH_2-\overset{X}{\overset{|}{C}}H-$ 型的高分子，每一个结构单元中有一个不对称碳原子 C^*，每一个链节就有 *d* 型、*l* 型两种旋光异构体（optical isomerism）。

d 型、*l* 型两种旋光异构体在高分子中有以下三种键接方式。若将 C—C 链拉伸放在一个平面上，则 H 和 X 分别处于平面的上下两侧。当取代基全部处于主链平面的一侧或者说高分子全部由一种旋光异构单元键接而成，则称全同（或等规）立构（isotactic）；取代基相间地分布于主链平面的两侧或者说两种旋光异构单元交替键接，称为间同（或间规）立构（syndiotactic）；取代基在平面两侧作不规则分布或者说两种旋光异构单元完全无规键接时，称为无规立构（atactic）。

图 1-1 表示 $\mathrm{+\!\!\!\!-CH_2-CHX-\!\!\!\!+_n}$ 类型聚合物分子链的构型基本单元，图 1-2 表示该类型聚合物分子链的立体异构和 Fischer 投影式。

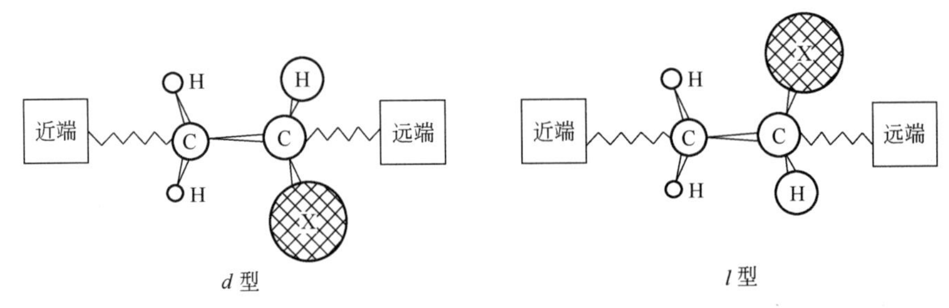

图 1-1　具有单取代重复单元—CH_2—CHX—聚合物分子链的两种构型基本单元（X 为不同于氢的原子或原子团）

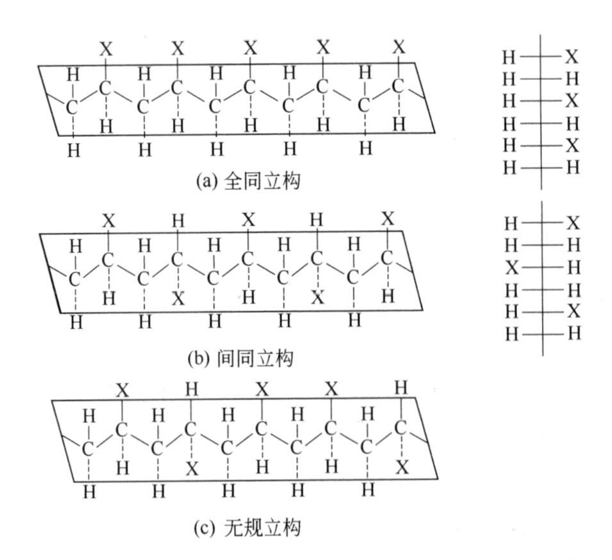

图 1-2　$\mathrm{+\!\!\!\!-CH_2-CHX-\!\!\!\!+_n}$ 的三种构型及 Fischer 投影式

图 1-3 表示等规 PVC 和间规 PVC 的分子模型。

对于小分子物质，不同的空间构型具有不同的旋光性。对于 PP、PS、PVC、PMMA 等碳链高分子和聚甲醚（PMO）之类的高分子，含有 C^* 的链节可分为右旋 D 和左旋 L 两种绝对构型，但由于 C^* 的 4 个取代基中 2 个是相同的，对于整个高分子长链，由于内消旋或外消旋作用，其相对构型是没有旋光性的。只有聚氨基酸、聚乙基醚等合成高分子，链中 C^* 的 4 个取代基完全不同，链节之间无消旋作用，整个高分子链具有旋光性，属于真正的旋光异构高分子。此外，许多生物大分子和药物大分子也都具有旋光性。

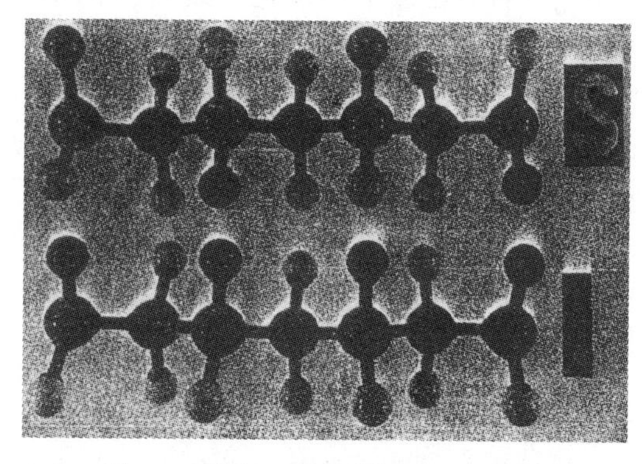

图 1-3　聚氯乙烯的等规和间规结构

1.1.2.2　几何异构

当主链上存在双键时，形成双键的碳原子上的取代基不能绕双键旋转，否则，将会破坏双键中的 π 键。当组成双键的两个碳原子同时被两个不同的原子或基团取代时，由于内双键上的基团在双键两侧排列的方式不同而有顺式构型和反式构型之分，称之为几何异构体（geometric isomerism）。以聚 1,4-丁二烯为例，内双键上基团在双键一侧的为顺式，在双键两侧的为反式。图 1-4 表示聚 1,4-丁二烯的两种构型基本单元，图 1-5 表示该种聚合物分子链的两种构型。

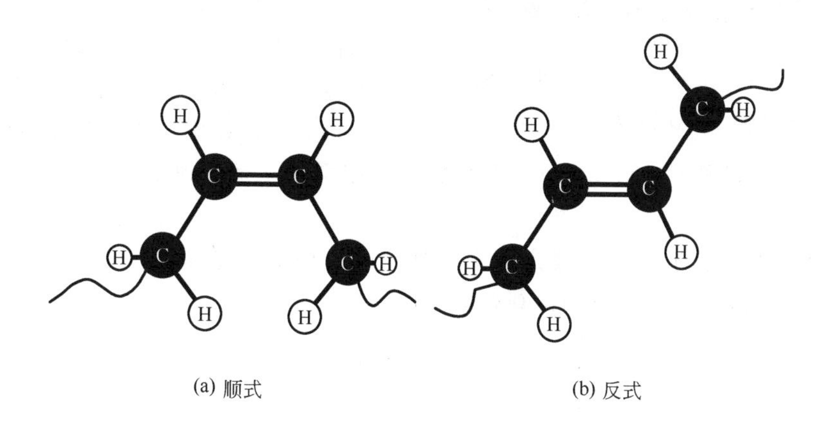

图 1-4　聚 1,4-丁二烯重复单元的立体形式

(a) 顺式　$\diagdown CH_2 \diagup CH{=}CH \diagdown CH_2 \diagup CH_2 \diagdown CH{=}CH \diagup CH_2 \diagdown$

(b) 反式　$\diagdown CH_2 \diagup CH {=} CH \diagup CH_2 \diagdown CH_2 \diagup CH {=} CH \diagup CH_2 \diagdown$

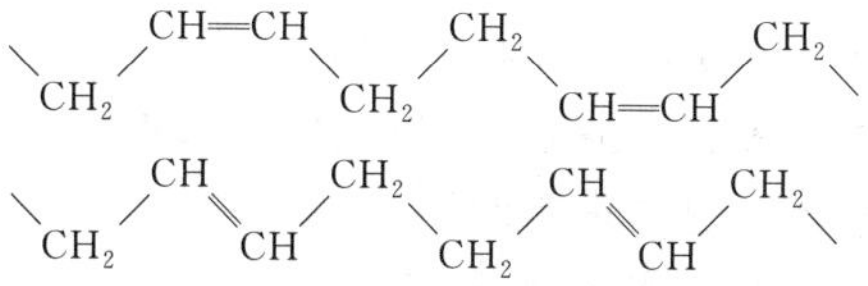

图 1-5　聚 1,4-丁二烯分子链的立体异构

链节取代基的定向和异构主要由合成方法决定。当催化体系（包括催化剂或引发剂等）相同时，聚合过程的其他条件如温度、介质、转化率（聚合程度）、调节剂等的作用相对较小。例如，一般自由基聚合只能得到无规立构聚合物，而用 Ziegler-Natta 催化剂进行定向聚合，可得到等规或全同立构聚合物。又如，双烯类单体进行自由基聚合，既有 1,2-加成和 3,4-加成，又有顺式和反式加成，且反式结构含量较多。高顺式或高反式 1,4-结构的双烯类聚合物可以分别用钴、镍和钛催化系统或者钒（或醇烯）催化剂配位聚合制得。

不同制备方法或不同催化系统得到的不同大分子构型，实际上虽然不是100%的完整度，但对该聚合物的性能起到了决定性的作用。例如，全同立构聚苯乙烯结构比较规整，能结晶，熔点为240℃；而通常使用的无规立构聚苯乙烯结构不规整，不能结晶，软化温度为80℃。顺式聚1,4-丁二烯，链间距离较大，室温下是一种弹性很好的橡胶；反式聚1,4-丁二烯结构也比较规整，容易结晶，室温下是弹性很差的塑料。

研究空间立构的主要方法为红外光谱和核磁共振法。

1.1.2.3 键接异构

除了旋光异构和几何异构两种构型之外，键接异构（linkage isomerism）通常也可归入构型之中。

键接异构是指结构单元在高分子链中的连接方式，它也是影响性能的主要因素之一。

在缩聚和开环聚合中，结构单元的键接方式是确定的。但在加聚过程中，单体的键接方式可以有所不同。例如：单烯类单体（$CH_2=CHX$）聚合时，有一定比例的头-头、尾-尾键合出现在正常的头-尾键合之中，见图1-6。

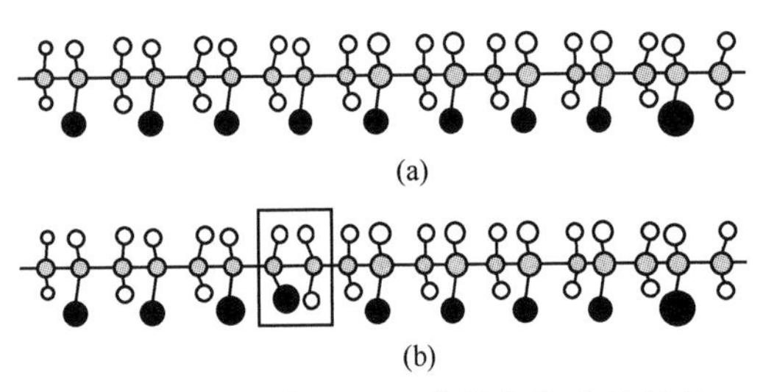

图1-6 头-尾构型（a）和带有头-头连接并跟随着尾-尾序列的链（b）

头-头结构的比例有时可以相当大。例如据核磁共振测定，自由基键合的聚偏氟乙烯$\leftarrow CH_2-CF_2 \rightarrow_n$中，这种头-头结构大约有10%～12%；在聚氟乙烯中，也达6%～10%。通常，当位阻效应很小以及链生长端（自由基、阳离子、阴离子）的共振稳定性很低时，会得到较大比例的头-头或尾-尾结构。

双烯类聚合物中单体单元的键合结构更加复杂，如丁二烯聚合过程中，有1,2-加成、3,4-加成和1,4-加成的区别，分别得到如下产物：

$$\leftarrow CH_2-\underset{\underset{\underset{CH_2}{\|}}{CH}}{\underset{|}{CH}} \rightarrow_n \quad 和 \quad \leftarrow CH_2-CH=CH-CH_2 \rightarrow_n$$

对于1,2-加成或3,4-加成，可能有头-尾、头-头、尾-尾三种键合方式；对于1,4-加成，又有顺式和反式等各种构型。而第二或第三碳原子上有取代基的双烯类单体，在1,4-加成中也有头-尾和头-头键合的问题。例如，自由基聚合的聚氯丁二烯，其中1,4-加成产物中主要是头-尾键合，但头-头键合的含量有时可高达30%。

单体单元的键合方式对聚合物的性能特别是化学性能有很大的影响。例如，用作纤维的聚合物，一般都要求分子链中单体单元排列规整，以提高聚合物的结晶性能和强度。又如，从聚乙烯醇制备维纶时，只有头-尾键合才能与甲醛缩合生成聚乙烯醇缩甲醛。如果是头-头键合，羟基就不易缩醛化，产物中仍保留一部分羟基，这是维纶纤维缩水性较大的根本原因。而且，羟基的数量太多，还会造成纤维的湿态强度下降。

1.1.3 分子构造

所谓分子构造（architecture），是指聚合物分子的各种几何形状。

1.1.3.1　一维、二维、三维大分子

通常条件下，合成高分子多为线形，例如 PE、聚 α-烯烃等。

聚乙烯　　聚 α-烯烃

倘若线形高分子的两个末端分子内连接，则形成环形聚合物分子。例如，通过阴离子聚合已制备出分子量达几十万的环形聚苯乙烯。又如，利用局部低浓度的方法通过亲核缩聚制备了一系列聚芳醚类环形低聚物，产率可达 60%～70%。

K_2CO_3,DMF/甲苯，145℃,N_2，假高稀释

在环形高分子合成过程，还可得到套环高分子（polycatenanes）副产物，环形分子像扣环一样彼此套接。大环形分子中穿入线形高分子链，可生成聚轮烷（polyrotaxane）。polyrotaxane 还可进一步制备聚合物管（polymer tube）。如图 1-7 所示。

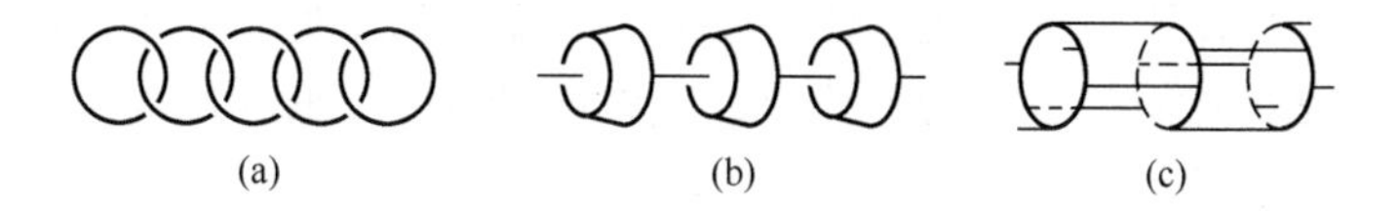

图 1-7　套环高分子（a）、聚轮烷（b）和聚合物管（c）示意图

此外，还有梯形聚合物（ladder）。分子的主链不是一条单链，而是像“梯子”那样的高分子。例如，聚丙烯腈纤维受热，发生环化芳构化而形成梯形结构，继续高温处理则成为碳纤维，可用作耐高温聚合物的增强填料。

又如，以二苯甲酮四羧酸二酐和四氨基二苯醚聚合可得分段梯形聚合物。

以均苯四甲酸二酐和四氨基苯聚合可得全梯形聚合物。

1.1.3.2 支化和交联高分子

一般高分子链的形状为线形。也有高分子链为支化或交联结构，例如，缩聚过程中有3个或3个以上官能度的单体存在，加聚过程中有自由基的链转移反应发生或者双烯类单体中第二双键的活化等，均可生成支化或交联结构的高分子。几种典型的非线形构造高分子如图1-8所示。

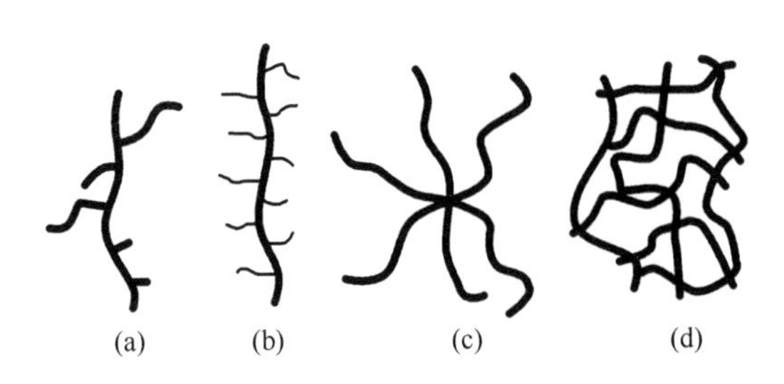

图1-8 非线形构造的高分子

支化高分子根据支链的长短可以分为短支链支化和长支链支化两种类型。其中，短支链的长度处于低聚物分子水平，长支链的长度达聚合物分子水平。

按照支链连接方式不同，支化高分子又可分为无规（树状）、梳形和星形三种类型。

如果不同长度的支链沿着主链无规分布，称为无规支化高分子或树状高分子（tree polymer）。

一些线形链沿着主链以较短的间隔排列而成的高分子为梳形高分子（comb polymer）。

从一个核伸出三个或多个臂（支链）的高分子称为星形高分子（star polymer）。

例如，乙烯的自由基加聚产物低密度聚乙烯为支化聚合物，分子链中存在着短支链和长支链。苯乙烯采用阴离子聚合可以得到具有梳状支链和星形支链的聚苯乙烯。

上述星形高分子中，所有的臂都是等长的，称为规整星形高分子。在臂的末端带有多官能度的星形高分子，可以再引进其他单体，生成二级支化的星形高分子。如果所有支化点具有同样的官能度且支化点间的链段是等长的，则称作树枝链（dendrimer），是一类新型的超支化高分子，如图1-9所示。

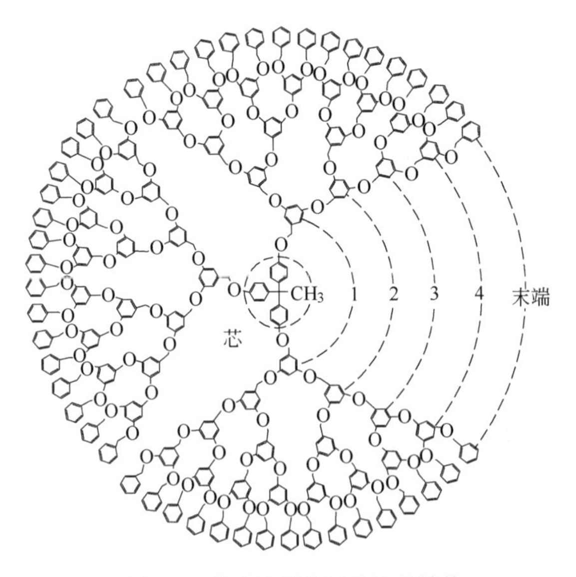

图1-9 芳香族聚酯树枝链的结构

支化结构表征的内容包括支链的化学结构、支化点密度或两个支化链间的平均分子量、支链长度等。高分子链的支化度可用具有相同分子量的支化和线形高分子的均方半径（定义见下节）之比 G 或支化和线形高分子的特性黏数（第4章）$[\eta]$ 之比 g^b 来表征。

$$G=\frac{\overline{\rho}^2_{支化}}{\overline{\rho}^2_{线形}} \qquad G<1$$

$$\frac{[\eta]_{支化}}{[\eta]_{线形}}=g^b \qquad g^b<1$$

高分子链之间通过化学键或短支链连接成一个三维空间网状大分子即为交联高分子。

多官能团单体的逐步缩聚、多官能团单体的加聚以及线形或支化分子的交联反应均可形成无规交联聚合物。例如，热固性塑料酚醛、环氧、不饱和聚酯，硫化橡胶，交联聚乙烯等均为交联高分子。天然橡胶的硫化可如图 1-10 所示，交联点的分布是无规的。

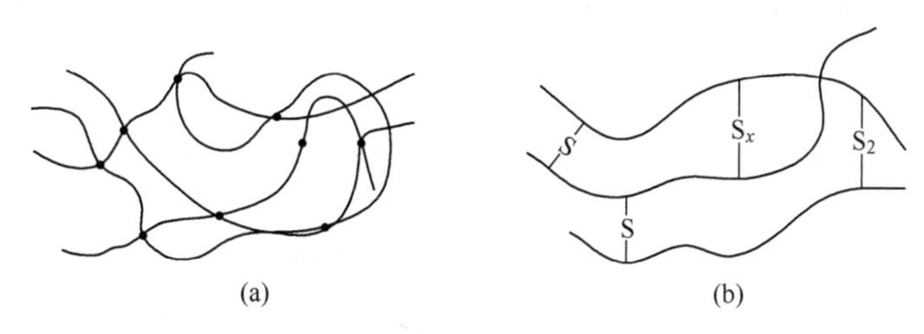

图 1-10　硫化的顺式聚 1,4-异戊二烯橡胶示意图

交联：(a) 以实圈表示；(b) 以硫桥表示

三维交联网的结构（交联度）可以根据网链长度、交联点的密度来表征。网链长度是指两个相邻交联点之间链节的数目或平均分子量，交联点的密度为交联的单体单元的物质的量与所有单体单元的总物质的量之比。溶胀度的测定或力学性能测定可以估算交联度。

分子构造对聚合物的性能有很大影响。线形聚合物分子间没有化学键结构，可以在适当溶剂中溶解，加热时可以熔融，易于加工成型。支化聚合物的化学性质与线形聚合物相似，但其物理机械性能、加工流动性能等受支化的影响显著。短支链支化破坏了分子结构的规整性，降低了晶态聚合物的结晶度。长支链支化严重影响聚合物的熔融流动性能。梯形聚合物具有高强度、高模量和优异的热稳定性。树枝链聚合物的物理化学性能独特，其溶液黏度随分子量增加出现极大值。一般的无规交联聚合物是不溶不熔的，只有当交联程度不太大时，才能在溶剂中溶胀。热固性树脂因其具有交联结构，表现出良好的强度、耐热性和耐溶剂性。橡胶经硫化后，为轻度交联高分子，交联点之间链段（本章“构象”部分定义）仍然能够运动，但大分子链之间不能滑移，具有可逆的高弹性能。例如，高密度聚乙烯、低密度聚乙烯和交联聚乙烯的性能和用途列于表 1-2。其中，高密度聚乙烯是由乙烯经定向聚合制得的线形聚合物，支化点极少。

表 1-2　三种聚乙烯的性能比较

性　能	低密度聚乙烯	高密度聚乙烯	交联聚乙烯
密度/(g/cm^3)	0.91～0.94	0.95～0.97	0.95～1.40
结晶度/%	60～70	95	
熔点/℃	105	135	
拉伸强度/MPa	7～15	20～37	10～21
最高使用温度/℃	80～100	120	135
用途	软塑料制品，薄膜材料	硬塑料制品，管材，棒材，单丝绳缆及工程塑料部件	海底电缆，电工器材

又如，以亚甲基双丙烯酰胺为交联剂、丙烯酸及其酯类经自由基聚合所得产物为交联度不高的凝胶，是一种高吸水性材料，其吸水率达 400～1500g/g。高度支化结构的树枝链聚合物在有机合成、药物等领域具有许多潜在的用途。

1.1.4 共聚物的序列结构

1.1.4.1 统计、交替、接枝和嵌段共聚物

均聚物仅由一种类型重复结构单元（A）组成。而共聚物则由两种或更多种重复结构单元（A、B 等）组成。共聚物的类型包括：统计共聚物（statistical copolymers）、交替共聚物（alternating copolymers）、接枝共聚物（graft copolymers）和嵌段共聚物（block copolymers），如图 1-11 所示。

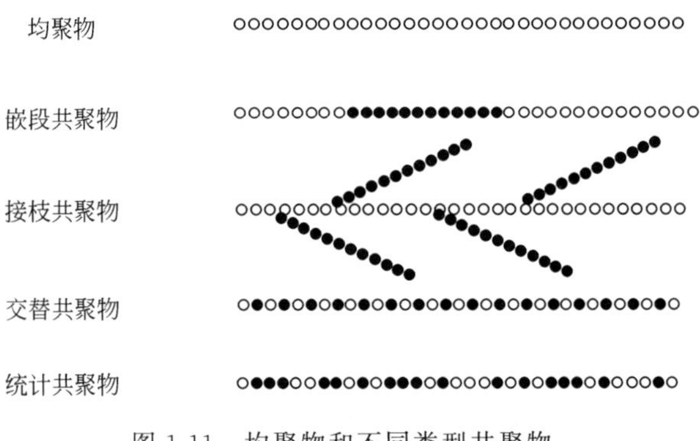

图 1-11 均聚物和不同类型共聚物

单元 A：○；单元 B：●

统计共聚物中，两种结构单元的排列符合某种统计规律。无规共聚物（random copolymer）是统计共聚物的一个特殊类型，结构单元的排列完全无规。交替共聚物中，两种结构单元交替排列。它们都属于短序列共聚物。嵌段共聚物和接枝共聚物是通过连续而分别进行的两步聚合反应得到的，所以，称之为多步聚合物。它们都属于长序列共聚物，即其中任一组分长度达到聚合物分子的水平。

要确定共聚物的结构是很费事的，其平均成分（如苯乙烯-甲基丙烯酸甲酯共聚物中甲基丙烯酸甲酯的百分含量）可用化学法（元素分析、官能团测定等）、光谱法（红外 IR、紫外 UV、核磁共振 NMR 等）、同位素活性测定以及固体试样的折射率等方法来测定。成分不均匀性可用分级法、平衡离心分离法和体积排除色谱（SEC）来研究。序列长度可以用物理方法（核磁共振、紫外和红外光谱）和化学方法（基于链的断裂或相邻侧基的反应）来测定。

序列结构、结构单元的序列分布也是表征共聚物的重要结构参数。不同类型的共聚物，具有不同的性能和用途。

甲基丙烯酸甲酯一般用本体聚合方法加工成透明性优良的板材、棒材、管材。由于本体法聚合产物的分子量大，因此，高温流动性差，不宜采取注射成型方法加工。如果将甲基丙烯酸甲酯与少量苯乙烯无规共聚，可以改善树脂的高温流动性，以便采用注射法成型。

苯乙烯和马来酸酐交替共聚产物，已用作共混聚合物的增容剂，也可用作缓释剂。

接枝、嵌段共聚对聚合物的改性及设计特殊要求的聚合物，提供了广泛的可能性。例如，常用的工程塑料 ABS 树脂除共混型之外，大多数是由丙烯腈、丁二烯、苯乙烯组成的

三元接枝共聚物。后者以丁苯橡胶为主链，将苯乙烯、丙烯腈接在支链上；或以丁腈橡胶为主链，将苯乙烯接在支链上；还可以以苯乙烯-丙烯腈的共聚物为主链，将丁二烯和丙烯腈接在支链上等。分子结构不同，材料的性能也有差异。总之，ABS 三元接枝共聚物兼有三种组分的特性，其中丙烯腈组分有氰基，能使聚合物耐化学腐蚀，提高制品的拉伸强度和硬度；丁二烯组分使聚合物呈现橡胶状弹性，这是制品冲击强度提高的主要因素；苯乙烯组分的高温流动性好，便于成型加工，且可改善制品的表面光洁度。因此，ABS 为质硬、耐腐蚀、坚韧、抗冲击的热塑性塑料。高抗冲聚苯乙烯同样可以用少量聚丁二烯通过化学接枝连接到聚苯乙烯基体上，依靠前者改善聚苯乙烯的脆性。又如，热塑性弹性体的问世，被公认为橡胶界有史以来最大的革命。例如，用阴离子聚合法制得的苯乙烯与丁二烯的三嵌段共聚物称为 SBS 树脂，其分子链的中段是聚丁二烯，顺式占 40%左右，分子量约 7 万；两端是聚苯乙烯，分子量约为 1.5 万。S/B（质量比）为 30/70。由于聚丁二烯在常温下是一种橡胶，而聚苯乙烯是硬性塑料，二者是不相容的，因此，具有两相结构。聚丁二烯段形成连续的橡胶相，聚苯乙烯段形成微区分散在橡胶相中且对聚丁二烯起着物理交联作用，如图 1-12 所示。所以，SBS 是一种加热可以熔融、室温具有弹性，亦可用注塑方法进行加工而不需要硫化的橡胶，又称热塑性弹性体。

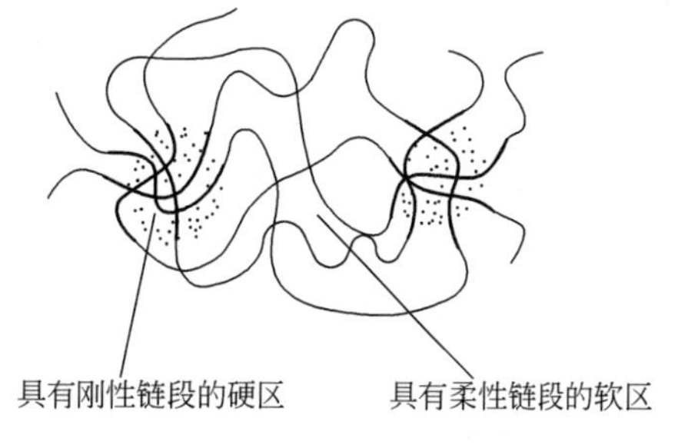

图 1-12　苯乙烯-丁二烯-苯乙烯嵌段共聚物的结构示意图

1.1.4.2　生物高分子的序列结构

生物高分子是高分子科学领域的一个重要研究方向，蛋白质、核酸等的序列结构以及结构与功能之间关系研究已取得了突破性成就。

天然聚肽——蛋白质是生命现象最基本的物质，组成蛋白质分子链的结构单元有二十几种 α-氨基酸（ $R-\underset{NH_2}{\underset{|}{CH}}-COOH$ ），各种蛋白质分子中结构单元都按照固有的、严格不变的序列键接起来。例如，胰岛素分子是由 21 个氨基酸的 A 链和 30 个氨基酸的 B 链组成，A、B 之间以过硫桥键接，A 链内还有一个链内的过硫桥。1965 年，我国科学家首次成功地合成了与天然胰岛素具有相同生物活性的蛋白质——结晶牛胰岛素。

核酸是遗传的主要物质基础，包括脱氧核糖核酸（DNA）和核糖核酸（RNA）两类，存在于细胞核和细胞质中。核酸的结构十分复杂，但组成核酸的基本成分为：①核糖和脱氧核糖；②磷酸；③有机碱，包括嘧啶碱和嘌呤碱。有机碱与核糖结合而成核苷，核苷与磷酸成酯，称作核苷酸。核酸的基本结构就是以磷酸二酯键相互连接的多核苷酸长链。核苷酸结构示例如下：

```
       OH
       |
   O═P—OH
       |
       O
       |
      CH2  O    有机碱
        \ / \  /
       / H   H \
      H  |   |  H
          OH OH
```

将生物高分子与生物医学等科学结合，必将对揭示生命现象本质、探究疾病的原因、仿生合成等方面作出贡献。

1.1.5 研究高分子链结构的主要方法

1.1.5.1 红外与拉曼光谱

红外光谱（infrared spectroscopy，IR）和拉曼光谱（Raman spectroscopy，Raman）均属于分子振动光谱。但红外光谱为吸收光谱，拉曼光谱为散射光谱，两者所得信息可以互补，均是表征聚合物化学结构和物理性质的重要方法。相比之下，红外光谱应用更为普遍。

红外光谱是研究波长为0.76～1000μm的红外线与物质的相互作用。它是由分子中基团原子间振动跃迁时吸收红外线所产生的。当物质分子中某个基团的振动频率和红外线的频率相同时，分子将吸收能量，从原来的基态振动能级跃迁到能量较高的振动能级。分子的振动分为伸缩振动和弯曲（或变形）振动两类。伸缩振动是沿原子核之间的轴线作振动，键长变化而键角不变，用字母ν来表示。伸缩振动按振动方式是否具有一定的对称性而分为不对称伸缩振动和对称伸缩振动，分别用ν_{as}和ν_s表示。弯曲振动是键长不变而键角改变的振动形式，用字母δ表示。根据振动是否发生在同一平面内而分为面内弯曲振动和面外弯曲振动。它们还可细分为摇摆、卷曲等振动形式。同一基团的不同振动形式、振动频率也有所不同。图1-13列出了亚甲基（CH_2）的各种振动形式及相应的振动频率。

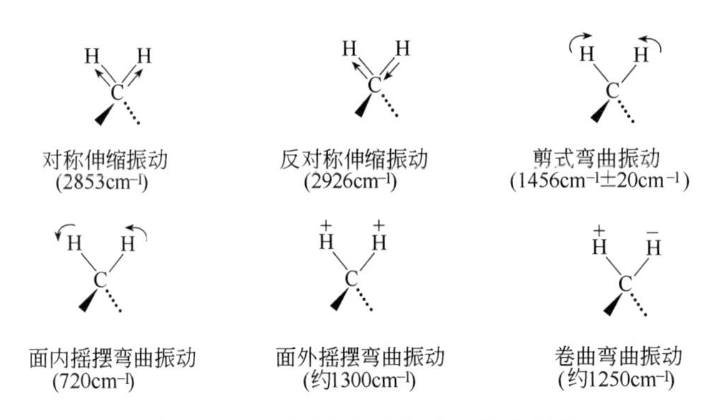

图1-13 亚甲基的振动形式及振动频率

（+和−表示垂直于纸面方向的前后振动）

从图1-13可以看到一个CH_2基团就有6种不同的振动形式。对于一个多原子分子来说，可以想象其振动形式之多。可以用统计方法计算多原子分子的振动形式数目。每一种振动都对应着一个能级的变化，但并非每一种振动都可以产生红外吸收谱带，只有那些可以产生瞬间偶极矩变化的振动才能产生红外吸收。那些没有偶极矩变化的振动是红外非活性的；另外有一些不同振动的频率相同，发生简并；有一些频率十分接近，仪器无法将它们分辨；还有一些振动频率超出了仪器可检测的范围；上述因素使得红外谱图中的吸收峰大大低于理论值。我们把分子吸收红外线的情况用仪器记录下来，就得到红外光谱图。红外光谱图常用吸光度A或透过率T（%）为纵坐标，表示吸收强度；以波长λ（μm）或波数σ（cm^{-1}）为横坐标，表示吸收峰的位置，目前主要以波数为横坐标。波数是频率的一种表示方法（表示每厘米长的光波中波的数目），它与波长的关系为：

$$波数(cm^{-1})=\frac{10^4}{波长(\mu m)}$$

红外光谱图通过吸收峰的位置、相对强度及峰的形状提供化合物的结构信息，其中以吸收峰的位置最为重要。例如，双酚 A 聚碳酸酯的红外光谱见图 1-14，该聚合物链节的结构为 $\left[O-C_6H_4-C(CH_3)_2-C_6H_4-O-\overset{O}{\overset{\|}{C}}\right]_n$。图中，$1776cm^{-1}$ 处的吸收带为酯基中 C═O 的伸缩振动（$\nu_{C=O}$），$1506cm^{-1}$ 处吸收带为芳环骨架振动（$\nu_{C=C}$），$1231cm^{-1}$ 和 $1164cm^{-1}$ 吸收带为 C—O—C 的不对称伸缩振动（$\nu_{asC-O-C}$）和对称伸缩振动（ν_{sC-O-C}），$823cm^{-1}$ 吸收带为芳环上 C—H 弯曲振动（$\nu_{=C-H}$）。从图中可以看出，不同基团及同一基团的不同振动形式，其吸收带的位置不同，吸收强度也不同。为此，可以利用红外光谱来鉴别分子中存在的基团、分子结构的形状、双键的位置以及顺、反异构等结构特征。

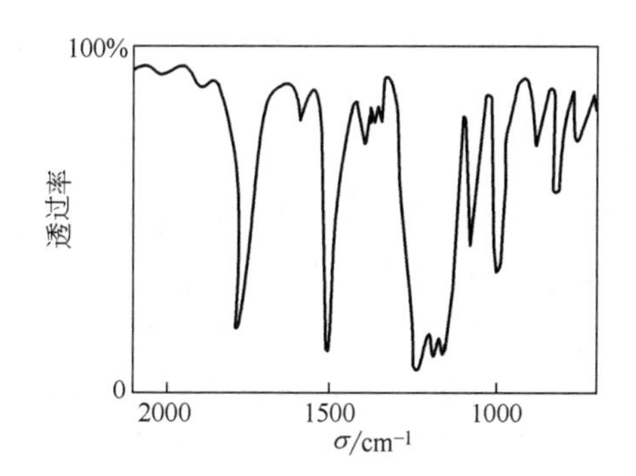

图 1-14　双酚 A 聚碳酸酯的红外光谱

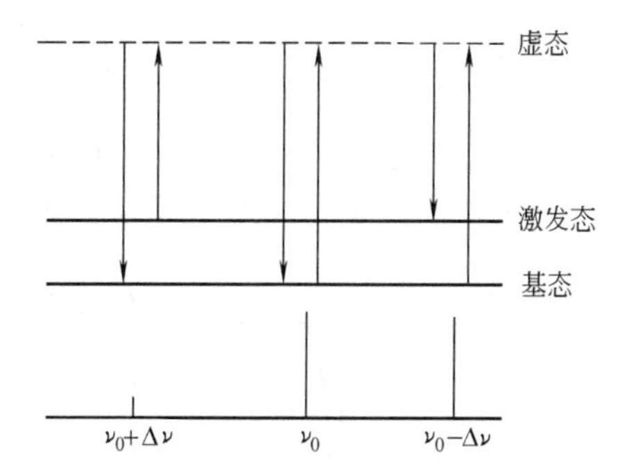

图 1-15　拉曼散射机制

ν_0—瑞利散时；$\nu_0+\Delta\nu$—反斯托克斯散射；

$\nu_0-\Delta\nu$—斯托克斯散射

拉曼光谱是研究波长为几百纳米（nm）的可见光与物质的相互作用。用单色光照射透明样品时，大部分光线透过样品，而少部分光线在样品各个方向发生散射。散射机制分为瑞利散射与拉曼散射两种。若光子与样品分子发生弹性碰撞则产生瑞利散射。见图 1-15。若光子与分子发生非弹性碰撞时，产生拉曼散射。处于振动基态 V_0 的分子在光子作用下激发到较高的、不稳定的能态（称为虚态）后又回到较低能级的振动激发态 V_1 时，激发光能量大于散射光能量，产生拉曼散射的斯托克斯（Stokes）线，散射光频率小于入射光。见图 1-15。若光子与处于振动激发态（V_1）的分子相互作用，使分子激发到更高的不稳定能态后又回到振动基态（V_0），散射光的能量大于激发光，产生反斯托克斯线，散射光频率大于入射光。

常温下，分子大多处于振动基态，所以斯托克斯线强于反斯托克斯线。在一般拉曼光谱中只有斯托克斯线。拉曼散射中散射线频率与激发光（入射光）频率都有一个频率差 $+\Delta\nu$ 或 $-\Delta\nu$。$\Delta\nu$ 叫作拉曼位移，其值取决于振动激发态与振动基态的能量差，$\Delta\nu=\Delta E/h$，h 为 Plank 常数。所以同一振动方式产生的拉曼位移频率和红外吸收频率是相等的。

测定入射激光频率位移的各种散射线，可得到振动能级的记录谱图，亦即非弹性碰撞的记录谱图，称作拉曼光谱。图中，纵坐标为谱带强度，横坐标为拉曼位移频率，用波数表示。由于拉曼位移的大小与激发光的频率无关，只与分子的能级结构有关，不同的物质有不同的振动和转动能级，因而有不同的拉曼位移。

红外吸收必须服从一定的选择定则，即分子振动时只有产生偶极矩变化的振动才能产生红外吸收。同样，在拉曼光谱中，分子振动要产生位移也要服从一定的选择定则，也就是说，只有极化率 α 有变化的振动才具有拉曼活性，产生拉曼散射。所谓极化率，是指分子改变其电子云分布的难易程度。因此，只有分子极化率发生变化的振动才能与入射光的电场 E 相互作用，产生诱导偶极矩 μ：

$$\mu=\alpha E \tag{1-1}$$

与红外吸收光谱相似，拉曼谱线强度正比于分子诱导偶极矩的变化。

在分子中，某个振动可以既是拉曼活性，又是红外活性；也可以只有拉曼活性而无红外活性，或只有红外活性而无拉曼活性。

拉曼位移表征了分子中的不同基团振动的特征，故可通过拉曼位移的测定对高分子进行定性和结构分析。拉曼光谱也可用于高分子链的构型、构象研究。水在 $3000\sim500cm^{-1}$ 区域只有一个在 $1640cm^{-1}$ 附近的弱的谱带，因此，拉曼光谱可广泛地用来研究合成和生物高分子在水溶液中的结构。

拉曼光谱还可以帮助了解聚合物的凝聚态结构（第 2 章）。因为一些聚合物的拉曼光谱对样品的晶态非常灵敏。例如，涤纶在不同的处理条件下，纤维的性质也不同。拉曼光谱也是测定晶态聚合物的结晶度和取向度（第 2 章）的一种方法。

红外光谱和拉曼光谱皆反映分子振动的变化，红外光谱适用于分子中基团的测定，拉曼光谱更适用于分子骨架的测定。

红外与拉曼光谱研究聚合物链结构的区别可以用聚乙烯为例加以说明。图 1-16 为线形聚乙烯的红外及拉曼光谱。聚乙烯分子中具有对称中心，红外与拉曼光谱应当呈现完全不同的振动模式，事实确实如此。在红外光谱中，CH_2 振动为最显著的谱带，而在拉曼光谱中，C—C 振动有明显的吸收。红外与拉曼光谱具有互补性，因而二者结合使用能够得到更丰富的信息。

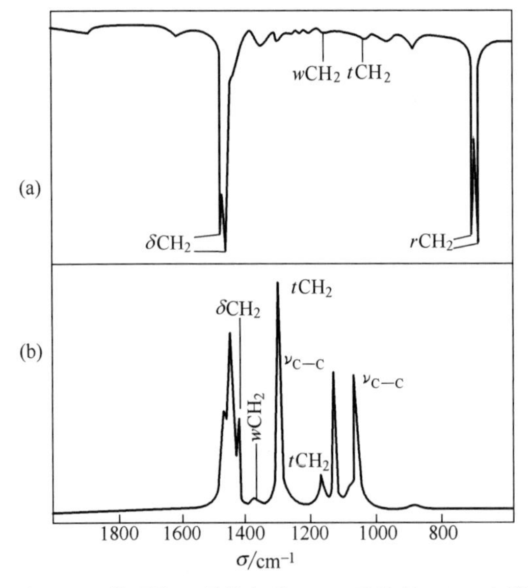

图 1-16 线形聚乙烯的红外（a）及拉曼（b）光谱

1.1.5.2 核磁共振波谱法

核磁共振波谱是另一种聚合物结构分析的重要方法。

所谓核磁共振（nuclear magnetic resonance，NMR）是指处于外磁场中的物质原子核系统受到相应频率（兆赫数量级的射频）的电磁波作用时，在其磁能级之间发生的共振跃迁现象。检测电磁波被物质吸收的情况就可以得到核磁共振波谱。因此，就本质而言，核磁共振波谱与红外吸收光谱一样，是物质与电磁波相互作用而产生的，属于吸收光波（波谱）范畴。根据核磁共振波谱图上共振峰的位置、强度和精细结构可以研究聚合物结构。

要使分子产生核磁共振必须具备以下三个条件。

① 原子核具有磁性。凡是自旋量子数 $I>0$ 的原子核都具有核磁矩。各种原子核的自旋量子数 I 见表 1-3。

表 1-3　各种原子核的自旋量子数 I

质量数	原子序数	自旋量子数 I	实　例
偶数	偶数	0	^{12}C, ^{16}O, ^{32}S, ^{30}Si 等
奇数	奇数或偶数	$\frac{1}{2}$	^{1}H, ^{13}C, ^{19}F, ^{29}Si, ^{31}P 等
奇数	奇数或偶数	$\frac{3}{2}$, $\frac{5}{2}$, …	^{11}B, ^{17}O, ^{33}S, ^{35}Cl, ^{37}Cl, ^{79}Br, ^{127}I 等
偶数	奇数	1, 2, 3, …	^{2}H, ^{10}B, ^{14}N 等

② 需要有一个外加的均匀磁场，磁场强度为 H_0。自旋量子数 $I>0$ 的磁性原子核在外磁场的作用下按不同方向取向，而产生能级的裂分。由量子力学原理可知，磁性原子核的磁矩可能取向的方向由量子数 m 决定，m 的数值可为 I，$I-1$，$I-2$，…，$-(I-2)$，$-(I-1)$，$-I$。即 m 有 $(2I+1)$ 个数值，也就是磁矩在外磁场作用下可以有 $2I+1$ 个取向，将能量分裂成 $2I+1$ 个能层，每一个能层与零磁场的能层之间的能量差为 $E=m\mu H_0/I$。

取向的磁核要在各能层之间发生跃迁，必须符合 $\Delta m=\pm 1$ 的选择定则。

③ 要有一个垂直于 H_0 的交变电磁场 H_1。外界有一交变电磁场，它的频率为 ν_0，当

$$h\nu_0=\mu H_0/I \tag{1-2}$$

时，磁核就从外界的交变电磁场中吸收 $h\nu_0$ 的能量，使磁核在相邻两能层之间发生跃迁，也就是产生核磁共振吸收。式中 h 为 Plank 常数，其值为 6.6262×10^{-34} J·s；μ 是原子核的磁矩。核磁矩 μ 在外磁场方向上投影的最大值 $\mu_{max}=\frac{h}{2\pi}\gamma I$，$\gamma$ 为旋磁比。γ 是原子核本身的重要属性，不同的原子核，旋磁比 γ 不同。我们一般把 μ_{max} 称作核磁矩。

将 μ_{max} 代入式(1-2) 中可得

$$\nu_0=\frac{\gamma}{2\pi}H_0 \tag{1-3}$$

该式为核磁共振的基本关系式。

同一种核，γ 为一常数，磁场强度 H_0 增大，共振频率 ν_0 也增大。不同的核 γ 不同，共振频率也不同。如 $H_0=2.3500T$ 时，^{1}H 的吸收频率为 100MHz，^{13}C 的共振频率为 25.2MHz。最常用的核磁共振波谱是氢核磁共振谱（^{1}H-NMR）和碳核磁共振谱（^{13}C-NMR），简称氢谱和碳谱。

依照核磁共振的基本关系式，某一种原子核的共振频率只与该核的旋磁比 γ 及外磁场 H_0 有关。如 ^{1}H 核，它的旋磁比是一定的，所以当外加磁场一定时，所有质子的共振频率应该是相同的。但是，在实际测定化合物时，处于不同化学环境中的质子，其共振频率是有差异的。产生这一现象的主要原因是由于原子核周围存在电子云，在不同的化学环境中，核周围的电子云密度是不同的。当原子核处于外磁场中时，如图 1-17 所示。核外电子运动要产生感应磁场，核外电子对原子核的这种作用就是屏蔽作用。实际作用在原子核上的磁场为 $H_0(1-\sigma)$，σ 为屏蔽常数。在外磁场 H_0 的作用下核的共振频率为：

$$\nu=\frac{\gamma H_0(1-\sigma)}{2\pi} \tag{1-4}$$

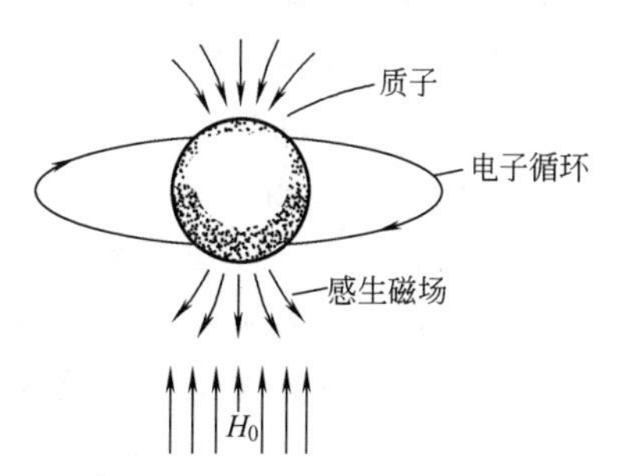

图 1-17　电子对质子的屏蔽作用

当共振频率发生了变化，在谱图上反映出谱峰位置

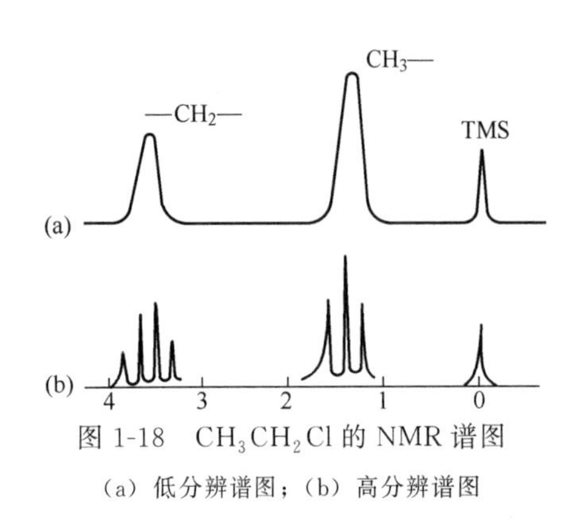

图 1-18 CH_3CH_2Cl 的 NMR 谱图
(a) 低分辨谱图；(b) 高分辨谱图

的移动，称为化学位移（用符号 δ 表示）。图 1-18（a）为 CH_3CH_2Cl 的低分辨 NMR 谱图。由于甲基和亚甲基中的质子所处的化学环境不同，σ 值也不同，在谱图的不同位置上出现了两个峰。因此，在 NMR 中，可用化学位移的大小来推测化合物的结构。

在高分辨的仪器上可以观察到比图 1-18(a) 更精细的结构，如图 1-18(b) 所示。谱峰发生分裂，这种现象称为自旋-自旋耦合裂分。这是由于在分子内部相邻碳原子上氢核自旋也会相互干扰。通过成键电子之间的传递，形成相邻质子之间的自旋-自旋耦合，导致自旋-自旋耦合裂分。裂分峰之间的距离称为耦合常数，一般用 J 表示，单位为 Hz，是核与核之间耦合强弱的标志，反映其相互作用能量的大小。因此，J 是化合物结构的属性，与磁场强度的大小无关。

裂分峰数是由相邻碳原子上的氢数决定的，若相邻碳原子氢数为 n，则裂分峰数为 $2nI+1$。

用 NMR 分析化合物的分子结构，化学位移和耦合常数是两个重要的信息。在 NMR 谱图上，横坐标为化学位移值 δ，其值代表谱峰的位置，规定 $\delta=0$ 处的峰为内标物四甲基硅烷（TMS）的谱峰。以往，也有用弛豫时间 τ 作为化学位移的单位，此时 TMS 的峰 $\tau=10$。若把以 δ 表示的化学位移值换算成 τ 值，则 $\tau=10-\delta$。纵坐标代表谱峰的强度。谱峰强度的精确测量是依据谱图上台阶状的积分曲线，每一个台阶的高度代表其下方对应的谱峰面积。在 ^1H-NMR 谱中，谱峰面积与其代表的质子数目成正比。因此，谱峰面积也是 ^1H-NMR 谱提供的又一个重要信息。

NMR 法研究高分子链的构型。

NMR 法虽然不能表征高分子链上每一个链节的构型，但却能检测出相邻链节构型的异同。根据所得相邻链节数及其异同分布状况，可分为二单元组、三单元组、四单元组和五单元组等。对于单取代聚乙烯类高分子，每个单体均有一个不对称碳原子，其构型有 d 和 l 两种。高分子链上，相邻单体的取向相同时，即 d-d 或 l-l 用 m（meso）表示；不同时，用 r（racemic）表示。故各单元组的书写方式如图 1-19 所示。如果各单元组构型相同，mmmm…，称为全同；相邻的单体构型均不相同，rrrr…，称为间同。如不规则分布，rrm-rm…，则称无规（random）或杂同（heterotactic）。

图 1-20 为甲基丙烯酸甲酯的 ^1H-NMR 谱（40MHz，溶剂为 $CDCl_3$）。（a）为自由基聚合得到的无规立构聚合物；（b）为正丁基锂阴离子聚合得到的全同立构聚合物。

图 1-20 中吸收峰归属如下：（a）和（b）中最左边的强峰是溶剂氯仿的吸收峰，$\delta=3.6$ 是甲酯中 CH_3 的吸收峰，其值不受链结构的影响。$\delta=1.22$，1.05，0.91 处的吸收峰分属于三个 α-甲基，其相对强度随聚合方法不同而有很大的变化。$\delta=1.22$ 处的峰在（b）图中吸收很强，而 $\delta=0.91$ 处的峰在（a）中较强。这是由于前者为全同立构——m 构型中的 α-甲基，后者为自由基聚合得到的间同立构——r 构型中中心单体单元的 α-甲基。$\delta=1.05$ 处的峰归属于杂同立构结构中的 α-甲基。即在一个三单元组中，中心链节在任一端处为相反构型。

NMR 法研究高分子在稀溶液中链节的分布。

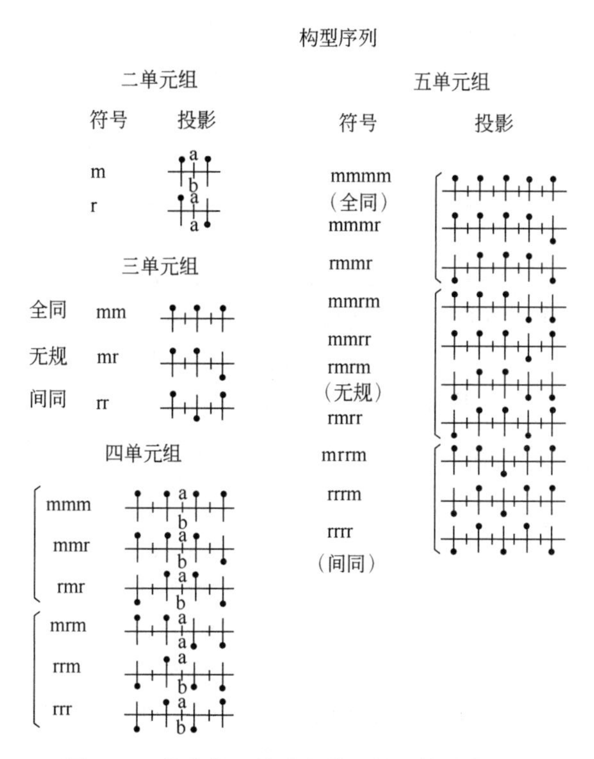

图 1-19　单取代乙烯类高分子链的构型序列

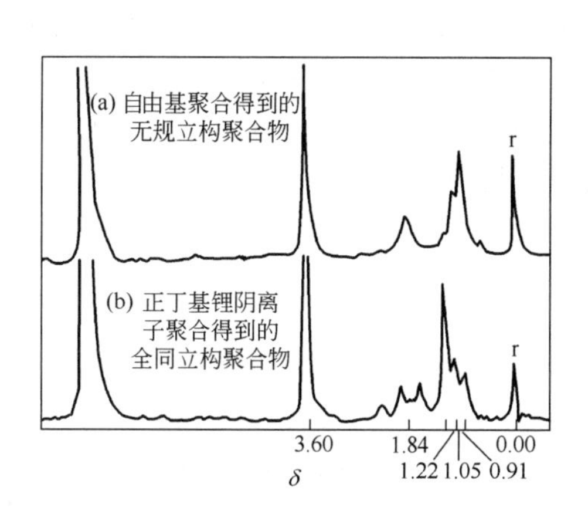

图 1-20　聚甲基丙烯酸甲酯的^{1}H-NMR 谱（40MHz，溶剂为 $CDCl_3$）

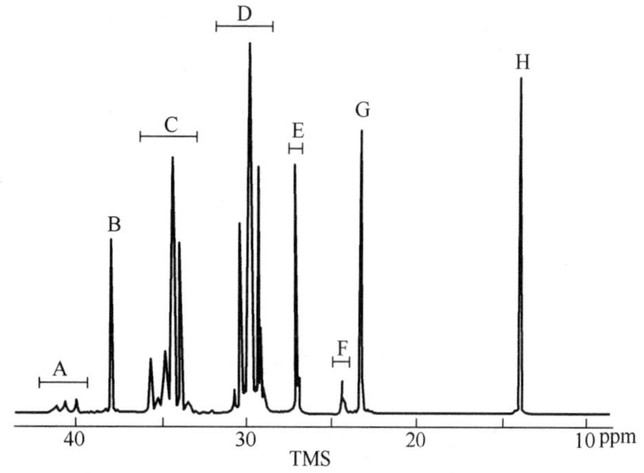

图 1-21　83/17 乙烯/1-己烯共聚物的^{13}C-NMR 谱
50.3MHz，125℃，溶剂为 1,2,4-三氯苯，
质量分数为 15%，τ(8.14)=1.86

共聚物的物理或机械性能与其序列结构密切相关。Randall 和 Hsieh 研究了乙烯和 1-己烯（$CH_2═CH—CH_2—CH_2—CH_2—CH_3$）的一系列共聚物在稀溶液中的^{13}C-NMR 谱，见图 1-21。

按序列分布的形式对谱图进行分析，这里 E 和 H 分别代表乙烯和 1-己烯两种链节，两种乙烯/1-己烯共聚物的三组分分布的结果见表 1-4。由于两种共聚物中乙烯含量均很高，所以三组分序列中 EEE 占绝对优势。其余的三组分序列所占的比例描述了分子链中两种链节的统计分布。

表 1-4 两种乙烯/1-己烯共聚物的三组分分布

项 目	83/17 共聚物	97/3 共聚物	项 目	83/17 共聚物	97/3 共聚物
(EHE)	0.098	0.031	(HEH)	0.043	0.000
(EHH)	0.053	0.000	(HEE)	0.164	0.061
(HHH)	0.022	0.000	(EEE)	0.620	0.908

注：所用共聚物为典型的线形低密度聚乙烯（LLDPE）。

由表 1-4 可知，序列数可以被计算出来。“序列数”定义为类似链节序列的平均数或存在于共聚物中每 100 个链节中的序列，其数值计算如下：

$$(\mathrm{H})=(\mathrm{HHH})+(\mathrm{EHH})+(\mathrm{EHE})$$

$$(\mathrm{E})=(\mathrm{EEE})+(\mathrm{HEE})+(\mathrm{HEH})$$

$$\text{序列数}=\frac{1}{2}(\mathrm{HE})=(\mathrm{EHE})+\frac{1}{2}(\mathrm{EHH})=(\mathrm{HEH})+\frac{1}{2}(\mathrm{HEE})$$

平均序列长度计算如下：

$$\text{平均“E”序列长度}=\frac{(\mathrm{E})}{\text{序列数}}$$

$$\text{平均“H”序列长度}=\frac{(\mathrm{H})}{\text{序列数}}$$

传统的傅里叶变换 NMR 仪测定稀溶液的 ^{1}H 和 ^{13}C 谱其吸收谱线一般尖而窄，而测定固体聚合物 ^{1}H 和 ^{13}C 谱时，其谱线通常很宽。因为谱线宽，分辨率低，得到的信息较少。20 世纪 70 年代以来，固体 NMR 技术得到了很大发展，在聚合物研究方面的应用也更为广泛。固体 NMR 技术主要有偶极去偶、交叉极化、强功率去偶、变角自旋（MAS）等技术，这些技术常常结合使用，除了进行均聚物和共聚物的统计研究外，还可表征聚合物共混物和复合材料（第 2，8 章）的结构。这些材料的超分子结构常常会在溶液中消失。由于绝大多数聚合物是在固态下使用，因此，研究聚合物的结构及其结构在处理过程中如何变化是非常必要的。固体 NMR 技术为我们提供了更多的基础数据和在工程上的信息。

1.2 构象

1.2.1 微构象和宏构象

单键是 σ 电子组成的 σ 键，电子云分布具有轴对称性，以 σ 键相连的两个原子可以相对旋转而不影响电子云的分布。

有机化学中，“构象”（conformation）表示原子或原子基团围绕单键内旋转而产生的空间排布。在大分子科学中，这种构象称为微构象（microconformation）或局部构象。高分子具有沿着主链的微构象序列，从而导致整个分子链的构象，称为宏构象（macroconformation）或分子构象（molecular conformation），反映出高分子链在空间的形状。

通常，高分子链由成千上万个单键组成。理想情况下，碳链上不带有其他原子或基团，C—C 单键的内旋转是完全自由的，旋转过程中不发生能量变化。图 1-22 为 C—C 单键在保持键角 109.5°不变的情况下的自由旋转示意图。

令（1）键固定在 z 轴上，由于（1）键的自转，引起（2）键绕（1）键公转，C_3 可以出现在以（1）键为轴、顶角为 2α 的圆锥体底面圆周的任何位置上。（1）、（2）键固定时，同理，由于（2）键的自转，（3）键公转，C_4 可以出现在以（2）键为轴、顶角 2α 的圆锥体底面圆周的任何位置上。实际上，（2）、（3）键同时在公转。所以，C_4 活动余地更大了，依次类推。一个高分子链中，每个单键都能内旋转，因此，很容易想象，理想高分子链的构象数是很大很大的，长链能够很大程度地卷曲。

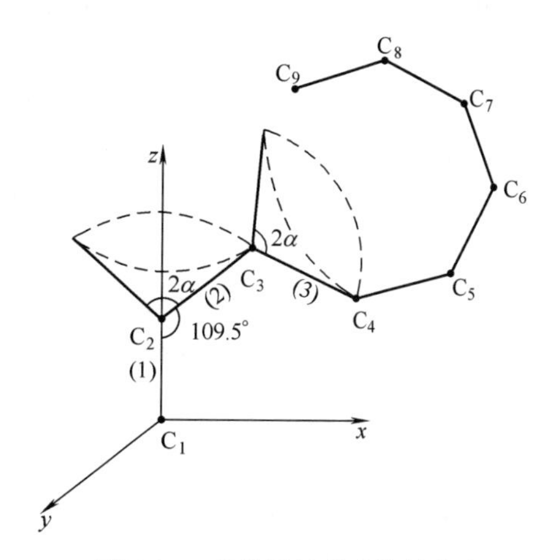

图 1-22　高分子链的内旋转构象

可以想象，一个高分子链类似一根摆动着的绳子，是由许多个可动的段落连接而成的。同理，高分子链中的单键旋转时互相牵制，一个键转动，要带动附近一段链一起运动，这样，每个键不能成为一个独立运动的单元。但是，由图 1-22 分析可以推想，链中第 $i+1$ 个键起（通常，$i \ll$ 聚合度），原子在空间可取的位置已与第一个键无关了。把若干个键组成的一段链作为一个独立运动的单元，亦即高分子链中作协同运动的独立单元，称为链段（segment），它是高分子物理学中的一个重要概念。

实际上，碳原子上总是带有其他的原子或基团，C—H 等键电子云间的排斥作用使 C—C 单键内旋转受到阻碍，旋转时需要消耗一定的能量。

首先以最简单的乙烷分子为例来分析内旋转过程中能量的变化。图 1-23（虚线）为乙烷分子的位能函数图，横坐标是内旋转角 φ，纵坐标为内旋转位能函数 $u(\varphi)$。假若视线在 C—C 键方向，则两个碳原子上键接的氢原子重合时为顺式，相差 60°时为反式。顺式重叠构象位能最高，反式交错构象能量最低，这两种构象之间的位能差称作位垒 Δu_{φ}，其值为 11.5kJ/mol。一般，热运动的能量仅 2.5kJ/mol，所以乙烷分子处于反式交错式的概率远较顺式重叠式大。

丁烷分子（$CH_3—CH_2—CH_2—CH_3$）中间的那个 C—C 键，每个碳原子上连接着两个

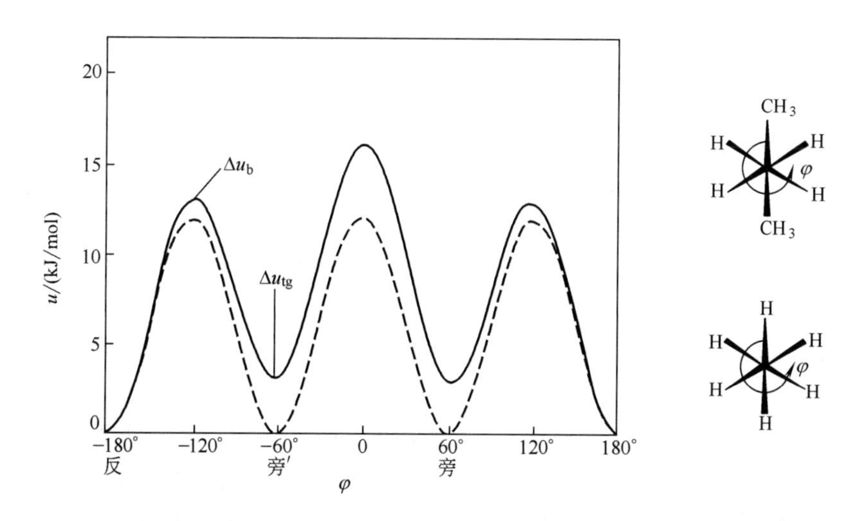

图 1-23　乙烷（虚线）和正丁烷（实线）中心 C—C 键的内旋转位能函数

平面图表示沿着 C—C 键观察的两个分子

氢原子和一个甲基，内旋转位能函数如图 1-23（实线）所示。

图中，$\varphi=-180°$时，C_2 与 C_3 上的 CH_3 处于相反位置，距离最远，相互斥力最小，势能最低，为反式交错构象；$\varphi=-60°$和 $60°$时，C_2 与 C_3 所键接的 H 和 CH_3 相互交叉，势能较低，为旁式交错构象；$\varphi=-120°$和 $120°$时，C_2 与 C_3 所键接的 H 和 CH_3 互相重叠，分子势能较高，为偏式重叠构象；$\varphi=0°$时，两个甲基完全重叠，分子势能量高，为顺式重叠构象。

物质的动力学性质是由位垒决定的。对于丁烷，最重要的一个位垒为反式和旁式构象之间转变的位垒 Δu_b。而热力学性质是由构象能决定的。即能量上有利的构象之间的能量差。对于丁烷，只有一个构象能量差是最重要的，即反式与旁式构象之间的能量差 Δu_{tg}。

随着烷烃分子中碳数增加，构象数增多，能量较低而相对稳定的构象数也增加。例如，丙烷有一个比较稳定的构象，见图 1-24(a)。正丁烷有 3 个比较稳定的构象。若以符号 t 表示反式构象，g 和 g′分别表示稳定性相同的两种旁式构象，则三种构象的投影图如图 1-24(b) 所示。依次类推，戊烷可由正丁烷的 3 个比较稳定构象衍生为 9 个比较稳定的构象，见图 1-24(c)。而正己烷的分子链则可能有 27 个比较稳定的构象，如 ggg、ggt、gtg、tgt、ttg、ttt、ggg′、gg′t 等。理论上，含 n 个碳原子的正烷烃具有 3^{n-3} 个可能的稳定构象。

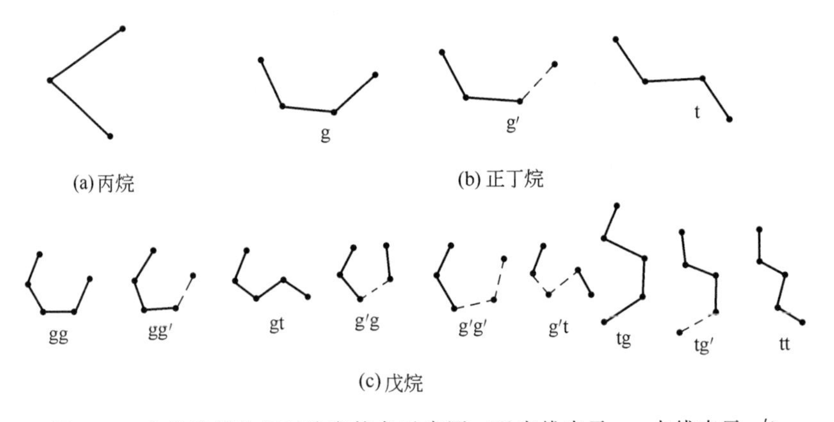

图 1-24　几种烷烃的相对稳定构象示意图（以实线表示 g，点线表示 g′）

为此，以聚合度为 1002 的$\text{-}\!\!\left[CH_2\right]\!\!\text{-}_{1002}$ 为例，这 1002 个 C—C 单键如果任意选择反式交错和旁式交错的微构象，则这一聚亚甲基大分子有约 $3^{1002-2}=3^{1000}$ 个宏构象。

由以上讨论可知，分子内旋转受阻的结果使得高分子链在空间可能有的构象数远小于自由内旋转的情况，但仍然是一个很大的数字，故长链同样呈线团状卷曲形态。当然，受阻程度越大，可能有的构象数目越少。因此，高分子链的柔性大小取决于分子内旋转的受阻程度。

分子结构不同，内旋转位垒也不同。表 1-5 列出各种分子绕指定单键旋转 360°的位垒值。

由表 1-5 可知，CH_3—CH_3 分子的旋转位垒为 11.7kJ/mol，若氢被甲基或卤素（极性、位阻）取代，则位垒增大，取代的基团越多，位垒越大；如果分子中存在着双键或三键，则邻近双键或三键的单键的内旋转位垒有较大下降。这是因为非键合原子间的距离增大，数量减少；碳-杂原子（O、N、S、Si）单键的旋转位垒较小，这是由于 O、N、S 有吸引氢原子上电子的能力，使后者的电子云密度降低，从而减弱了氢原子间的相互排斥的缘故；也由于

C—O、C—N、C—S 键上非键合原子的数量减少以及 C—Si 键的键长比 C—C 键长，非键合原子之间的距离加大，近程排斥力减小。

表 1-5　各种分子绕指定单键旋转 360°的位垒值和键长

化合物	$\Delta E/(kJ/mol)$	L/nm	化合物	$\Delta E/(kJ/mol)$	L/nm
$H_3Si—SiH_3$	4.2	0.234	$CH_3—OCH_3$	11.3	0.143
$CH_3—SiH_3$	7.1	0.193	$CH_3—CHO$	4.9	0.154
$CH_3—CH_3$	11.7	0.154	$CH_3—CH{=}CH_2$	8.4	0.154
$CH_3—CH_2CH_3$	13.8	0.154	$CH_3—C(CH_3){=}CH_2$	10.0	0.154
$CH_3—CH(CH_3)_2$	16.3	0.154	$—CH_2—CH_2COCH_2—$	9.6	0.154
$CH_3—C(CH_3)_3$	20.1	0.154	$—CH_2—COCH_2CH_2—$	3.4	0.154
$CCl_3—CCl_3$	42	0.154	$—CH_2—COOCH_2—$	2.1	0.154
$CH_3—NH_2$	8.3	0.147	$—CH_2—OOCCH_2—$	5.0	0.143
$CH_3—SH$	5.4	0.181	$—CH_2—NH—CH_2CH_2—$	13.8	0.147
$CH_3—OH$	4.5	0.144	$—CH_2—S—CH_2—CH_2—$	8.8	0.181

低分子的位垒数值，对高分子来说有着重要的参考意义。

1.2.2　高分子链的柔性

1.2.2.1　平衡态柔性和动态柔性

高分子链的柔性是分子链能够改变其构象的性质。

图 1-23 可以看作高分子链内旋转位能曲线局部示意图。平衡态柔性系指热力学平衡条件下的柔性，取决于反式与旁式构象之间的能量差 Δu_{tg}。当 Δu_{tg} 很小，小于热能 kT，即 $\frac{\Delta u_{tg}}{kT}<1$，反式和旁式构象出现的机会相当，分子链柔顺；$\frac{\Delta u_{tg}}{kT}$ 值稍为增大，反式构象占优势，链的柔性减小；$\frac{\Delta u_{tg}}{kT}\gg 1$ 时，为刚性分子链，无柔性可言。平衡态柔性反映在溶液里高分子链的形态上，如无扰均方末端距 $\overline{h_0^2}$、无扰均方旋转半径 $\overline{s_0^2}$ 等参数的大小（$\overline{h_0^2}$、$\overline{s_0^2}$ 定义见后述）。

动态柔性是指在外界条件影响下从一种平衡态构象向另一种平衡态构象转变的难易程度，转变速度取决于位能曲线上反式与旁式构象之间转变的位垒 Δu_b 与外场作用能之间的关系。当 $\Delta u_b \ll kT$ 时，反式与旁式构象之间的转变在 10^{-11}s 内完成，该链的动态柔性很好。在研究高分子溶液黏度的切变速率依赖性时，就要考虑高分子链的动态柔性。

通常，内旋转的单键数目越多，内旋转阻力越小，构象数越大，链段越短，柔性越好。

1.2.2.2　影响柔性的因素

(1) 近程相互作用对高分子链柔性的影响

① 主链结构　若主链全部由单键组成，一般链的柔性较好。例如，聚乙烯、聚丙烯、乙丙橡胶等。但是，不同的单键，柔性也不同，其顺序如下：—Si—O—>—C—N—>—C—O—>—C—C—。例如，聚己二酸己二酯分子链的柔性好，聚二甲基硅氧烷的柔性更佳。前种聚合物可用作涂料，后种聚合物分子量很大时可用作橡胶。

若主链含有孤立双键时，大分子的柔性也较大。例如，顺式聚 1,4-丁二烯，双键旁的单键内旋转容易，链的柔性好。如果主链为共轭双键，不能内旋转，则分子链呈刚性，如聚乙炔、聚对苯等聚合物，则为典型的刚性链。其聚合物为耐高温聚合物。

—CH═CH—CH═CH—CH═CH— 聚乙炔

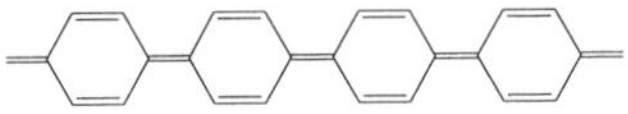

聚对苯

主链含有芳杂环结构时，由于芳杂环不能内旋转，所以，这样的分子链的柔性差，例如，芳香尼龙

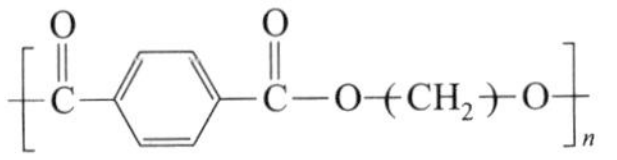

$$\left[-\overset{O}{\overset{\|}{C}}-C_6H_4-\overset{O}{\overset{\|}{C}}-O-(CH_2)-O-\right]_n$$

的分子链刚性大；而全梯形吡隆不仅有芳杂环，而且，环的张力大，环间无单键，所以分子链刚性更大。这些高分子链组成的聚合物也是耐高温聚合物。

对于天然高分子纤维素（图 1-25）来说，由于相邻结构单元间可生成内氢键，内旋转困难，也属于刚性链高分子。

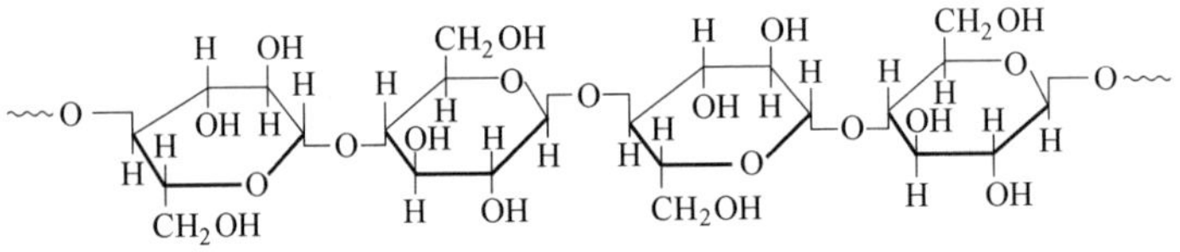

图 1-25 纤维素的链结构

② 取代基 取代基的极性大，相互作用力大，分子链内旋转受阻严重，柔性变差。如聚丙烯腈分子链的柔性比聚氯乙烯差，聚氯乙烯分子链的柔性又较聚丙烯差。

极性取代基的比例越大，即沿分子链排布距离小或数量多，则分子链内旋转越困难，柔性越差。例如，聚氯丁二烯的柔性大于聚氯乙烯，聚氯乙烯的柔性又大于聚 1,2-二氯乙烯。

分子链中极性取代基的分布对柔性亦有影响，如聚偏二氯乙烯的柔性大于聚氯乙烯，这是由于前者取代基对称排列，左旁式、右旁式具有相同的位能，内旋转较易所致。

对于非极性取代基来说，基团体积越大，空间位阻越大，内旋转越困难，柔性越差。如聚苯乙烯分子链的柔性比聚丙烯小，后者柔性又比聚乙烯小。

应该指出，上述分子链中，相邻链节中非键合原子间的相互作用对内旋转的影响以及空间立构对高分子链尺寸的影响，均属于高分子链内近程相互作用，它是分子链内非链合原子之间电子云相交作用的结果。

(2) 远程相互作用对高分子链柔性的影响

所谓远程相互作用是指沿柔性链相距较远的原子（或原子基团），由于主链单键的内旋转而接近到小于范德华半径距离时所产生的排斥力，这是一种高分子“链段”[1]（见第 3 章）间的相斥作用。因为实际“链段”总有一定的体积，任何两个“链段”不可能占有同一空间，这就是“排斥体积效应”（见第 3 章）。显然，远程相互作用的结果将使高分子链在三维方向发生扩张，致使均方末端距 $\overline{h^2}$ 比理论计算结果（正比于聚合度或分子量）增大（$\overline{h^2} \propto M^{1+\varepsilon}$，$\varepsilon \geqslant 0$，在一定分子量范围内是一常数）。

[1] 打引号的“链段”是指高分子的结构单元。

此外，高分子链形态的研究都是在稀溶液中进行的，这时溶剂分子与高分子“链段”之间的相互作用对高分子形态也有十分重要的影响。

通常，人们将既受近程相互作用又受远程相互作用的分子链称作真实链（real chain）。

最后，必须注意，高分子链的柔性和实际聚合物材料的刚柔性不能混为一谈，两者有时是一致的，有时却不一致。判断材料的刚柔性，必须同时考虑分子内的相互作用、分子间的相互作用和凝聚状态，才不至于得出错误的结论。例如：

① 非极性取代基对称双取代时，如聚异丁烯，主链间距离增大，作用力减弱，柔性比聚乙烯好。

② 分子结构越规整，结晶能力越强，高分子一旦结晶，链的柔性就表现不出来，聚合物呈现刚性。例如，聚乙烯的分子链是柔顺的，但由于结构规整，很容易结晶，所以聚合物具有塑料的性质。

1.2.3　高分子链的构象统计

高分子是由很大数目的结构单元连接而成的长链分子，由于单键的内旋转，分子具有许多不同的构象。

对于瞬息万变的无规线团状高分子，可以采用“均方末端距”或者“根均方末端距”来表征其分子尺寸。所谓末端距，是指线形高分子链的一端至另一端的直线距离，以 $\boldsymbol{h}$ 表示，见图 1-26，由于不同的分子以及同一分子在不同的时间其末端距是不同的，所以应取其统计平均值。又由于 $\boldsymbol{h}$ 的方向是任意的，故 $\overline{\boldsymbol{h}}\rightarrow 0$，而$\overline{h^2}$ 或$\sqrt{\overline{h^2}}$ 则是一个标量，称作“均方末端距”和“根均方末端距”，是常用的表征高分子尺寸的参数。

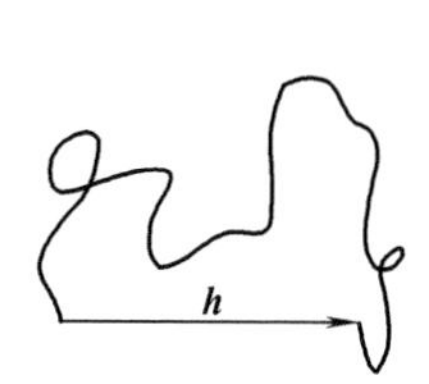

图 1-26　高分子链的末端距

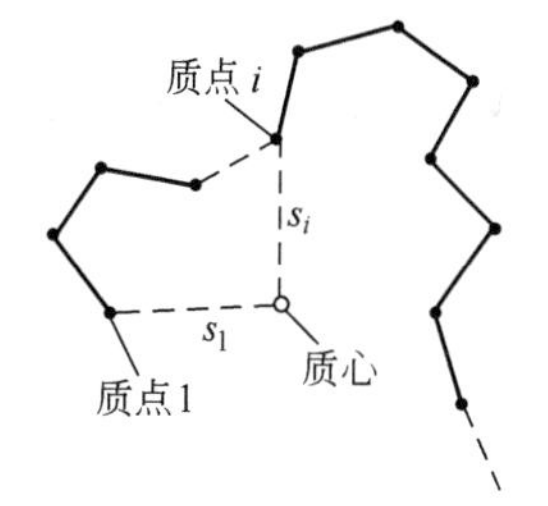

图 1-27　高分子链的旋转半径

对于支化的聚合物，随着支化类型和支化度的不同，一个分子将有数目不等的端基，上述均方末端距就没有什么物理意义了。为此，可以采用“均方旋转半径”来表征其分子尺寸。“均方旋转半径”定义如下：假设高分子链中包含许多个链单元，每个链单元的质量都是 m_i，设从高分子链的质心到第 i 个链单元的距离为 s_i，它是一个向量，如图 1-27 所示，则全部链单元的 s_i^2 的质量平均值为

$$s^2=\sum_i m_i s_i^2 / \sum_i m_i \tag{1-5}$$

对于柔性分子，s^2 值依赖于链的构象。将 s^2 对分子链所有可能的构象取平均，即得到均方旋转半径$\overline{s^2}$。

对于高斯链，均方末端距和均方旋转半径之间具有如下关系：

$$\overline{h_0^2}=6\overline{s_0^2} \tag{1-6}$$

1.2.3.1 均方末端距的几何计算法

现以碳-碳单键组成的碳链高分子为例。

首先讨论“自由连接链”(freely jointed chain),即键长 l 固定,键角 θ 不固定,内旋转自由的理想化的模型(图 1-28)。

由 n 个键组成的“自由连接链”的末端距应该是各个键长的矢量和。

用数学式表示

$$\boldsymbol{h}_{\mathrm{f,j}}=\boldsymbol{l}_1+\boldsymbol{l}_2+\cdots+\boldsymbol{l}_n=\sum_{i=1}^{n}\boldsymbol{l}_i$$

式中 下标 f,j——自由连接链。

则 $$(\boldsymbol{h}_{\mathrm{f,j}})^2=(\boldsymbol{l}_1+\boldsymbol{l}_2+\cdots+\boldsymbol{l}_n)(\boldsymbol{l}_1+\boldsymbol{l}_2+\cdots+\boldsymbol{l}_n)=\sum_{i=1}^{n}\sum_{j=1}^{n}\boldsymbol{l}_i\boldsymbol{l}_j$$

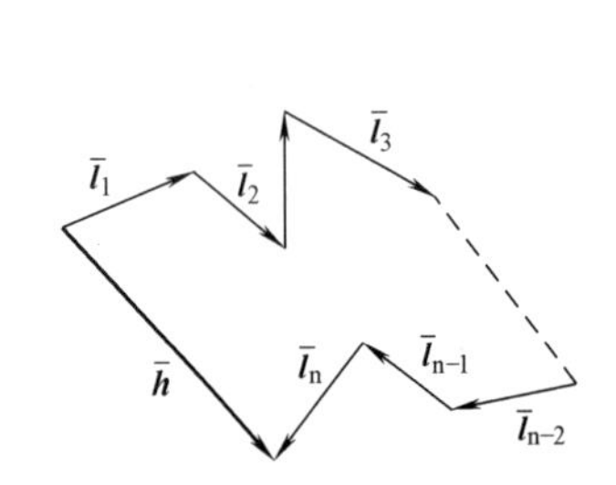

图 1-28 自由连接链模型示意图

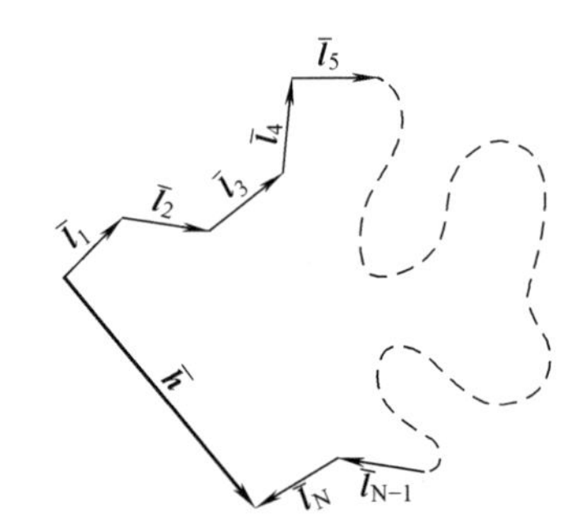

图 1-29 自由旋转链模型示意图

$$均方末端距\overline{h^2_{\mathrm{f,j}}}=\sum_{i=1}^{n}\sum_{j=1}^{n}\boldsymbol{l}_i\cdot\bar{\boldsymbol{l}}_j=\left|\begin{array}{l}\overline{\boldsymbol{l}_1\cdot\boldsymbol{l}_1}+\overline{\boldsymbol{l}_1\cdot\boldsymbol{l}_2}+\cdots+\overline{\boldsymbol{l}_1\cdot\boldsymbol{l}_n}\\+\overline{\boldsymbol{l}_2\cdot\boldsymbol{l}_1}+\overline{\boldsymbol{l}_2\cdot\boldsymbol{l}_2}+\cdots+\overline{\boldsymbol{l}_2\cdot\boldsymbol{l}_n}\\\qquad\cdots\\+\overline{\boldsymbol{l}_n\cdot\boldsymbol{l}_1}+\overline{\boldsymbol{l}_n\cdot\boldsymbol{l}_2}+\cdots+\overline{\boldsymbol{l}_n\cdot\boldsymbol{l}_n}\end{array}\right|$$

在数学上,$\boldsymbol{l}_i\cdot\boldsymbol{l}_j$ 表示 $\boldsymbol{l}_j$ 在 $\boldsymbol{l}_i$ 上的投影与 $\boldsymbol{l}_i$ 的模的乘积。

当 $i=j$ 的项,$\overline{\boldsymbol{l}_i\cdot\boldsymbol{l}_j}=l^2$,共 n 项。

当 $i\neq j$ 的项,$\overline{\boldsymbol{l}_i\cdot\boldsymbol{l}_j}=0$,这是因为对于自由连接链,键在各个方向取向的概率相等。

所以 $$\overline{h^2_{\mathrm{f,j}}}=nl^2 \tag{1-7}$$

自由连接链的尺寸比完全伸直时的尺寸 nl 要小得多。

“自由旋转链”,即键长 l 固定($l=0.154\mathrm{nm}$),键角 θ 固定($\theta=109.5°$),内旋转自由的长链分子模型(图 1-29)。

对于由 n 个键组成的“自由旋转链”(freely rotating chain),均方末端距为

$$\overline{h^2_{\mathrm{f,r}}}=\sum_{i=1}^{n}\sum_{j=1}^{n}\overline{\boldsymbol{l}_i\cdot\boldsymbol{l}_j}$$

式中 下标 f,r——自由旋转链。

即
$$\overline{h^2_{f,r}}=\begin{vmatrix}\overline{\boldsymbol{l}_1\cdot\boldsymbol{l}_1}+\overline{\boldsymbol{l}_1\cdot\boldsymbol{l}_2}+\cdots+\overline{\boldsymbol{l}_1\cdot\boldsymbol{l}_n}\\+\overline{\boldsymbol{l}_2\cdot\boldsymbol{l}_1}+\overline{\boldsymbol{l}_2\cdot\boldsymbol{l}_2}+\cdots+\overline{\boldsymbol{l}_2\cdot\boldsymbol{l}_n}\\\cdots\\+\overline{\boldsymbol{l}_n\cdot\boldsymbol{l}_1}+\overline{\boldsymbol{l}_n\cdot\boldsymbol{l}_2}+\cdots+\overline{\boldsymbol{l}_n\cdot\boldsymbol{l}_n}\end{vmatrix}\tag{1-8}$$

对角线各项$\overline{\boldsymbol{l}_i\cdot\boldsymbol{l}_j}=l^2$ 共 n 项，

邻近对角线各项$\overline{\boldsymbol{l}_i\cdot\boldsymbol{l}_{i\pm1}}=l(-\cos\theta)l=l^2(-\cos\theta)$ 共 $2(n-1)$ 项，

对角线起第三项$\overline{\boldsymbol{l}_i\cdot\boldsymbol{l}_{i\pm2}}=l^2(-\cos\theta)^2=l^2\cos^2\theta$ 共 $2(n-2)$ 项，

依次类推，$\overline{\boldsymbol{l}_i\cdot\boldsymbol{l}_{i\pm m}}=l^2(-\cos\theta)^m$ 共 $2(n-m)$ 项。

由于主链键角大于 90°，故在 $\cos\theta$ 前加一负号。

将这些结果代入式(1-8)，得

$$\begin{aligned}\overline{h^2_{f,r}}&=l^2[n+2(n-1)(-\cos\theta)+2(n-2)(-\cos\theta)^2+\cdots+2(-\cos\theta)^{n-1}]\\&=nl^2\left\{\left(\frac{1-\cos\theta}{1+\cos\theta}\right)+\left(\frac{2\cos\theta}{n}\right)\left[\frac{1-(-\cos\theta)^n}{(1+\cos\theta)^2}\right]\right\}\end{aligned}$$

因为 n 是一个很大的数值，所以

$$\overline{h^2_{f,r}}=nl^2\frac{1-\cos\theta}{1+\cos\theta}\tag{1-9}$$

对于聚乙烯，假设不考虑其位阻效应，则由于 $\theta=109.5°$，$\cos\theta=-\frac{1}{3}$

$$\overline{h^2_{f,r}}=2nl^2$$

所以，假定聚乙烯为“自由旋转链”，其均方末端距比“自由连接链”要大一倍。

若将碳链完全伸直成平面锯齿形，这种锯齿形长链在主链方向上的投影为 h_{max}，可以证明

$$\overline{h^2_{max}}=n^2l^2\ \frac{1-\cos\theta}{2}\approx\frac{2}{3}n^2l^2$$

所以
$$\frac{\overline{h^2_{max}}}{\overline{h^2_{f,r}}}=n\ \frac{1+\cos\theta}{2}\approx\frac{n}{3}$$

$n/3$ 是一个很大的数字，因此，完全伸直的高分子链的末端距比卷曲的末端距要大得多。

实际高分子链中，单键的内旋转是受阻碍的，称为受阻旋转链（chain with restrieted rotation），内旋转位能函数 $u(\varphi)$ 不等于常数，其值与内旋转的角 φ（图 1-30）有关。考虑阻碍内旋转问题，并假设内旋转位能函数为偶函数 $[u(+\varphi)=u(-\varphi)]$，即带有对称碳原子的碳-碳单键组成的碳链高分子，例如，聚乙烯其均方末端距为

$$\overline{h^2}=nl^2\frac{1-\cos\theta}{1+\cos\theta}\times\frac{1+\alpha}{1-\alpha}\tag{1-10}$$

$$\alpha=\overline{\cos\varphi}=\frac{\int_0^{2\pi}N(\varphi)\cos\varphi\mathrm{d}\varphi}{\int_0^{2\pi}N(\varphi)\mathrm{d}\varphi}=\frac{\int_0^{2\pi}\mathrm{e}^{-u(\varphi)/kT}\cos\varphi\mathrm{d}\varphi}{\int_0^{2\pi}\mathrm{e}^{-u(\varphi)/kT}\mathrm{d}\varphi}$$

式中　$N(\varphi)$ ——单位时间内旋转次数。

θ 和 φ 角对高分子链均方末端距的影响，都属于分子的近程相互作用。实际上，高分子链中结构单元的远程相互作用对内旋转也有很大影响，$u(\varphi)$ 是一个很复杂的函数，很难得知。因此，不能单纯以几何的观点来计算实际链的均方末端距。但是，上述理论为揭示聚合物所特有的高弹性实质作出了巨大贡献，同时又为实验测定高分子链的均方末端距提供了理论依据。这里所谓远程相互作用，是指沿柔性链相距较远的原子（或原子基团）由于主链单键的内旋转而接近到小于范德华力半径距离时所产生的排斥力，这是一种高分子链段间的相斥作用。

1.2.3.2　均方末端距的统计计算法

为便于讨论起见，计算也从“自由连接链”的统计模型出发。该模型中，高分子链的每一个键均可自由旋转，且不受键角的限制。

设键长为 l，键数为 n 的“自由连接链”的一端固定在坐标原点，则另一端在空间的位置随时间而变化，末端距 $\boldsymbol{h}$ 是一个变量，而均方末端距 $\overline{h^2}$ 可用下式表示

$$\overline{h^2}=\int_0^\infty W(h)h^2\,\mathrm{d}h$$

式中　$W(h)$——末端距的概率密度。

为了求解均方末端距 $\overline{h^2}$，就必须寻求末端距的概率分布函数 $W(h)$，这可套用古老的数学课题“三维空间无规行走”的结果。即一个盲人若能在三维空间任意行走，他由坐标原点出发，每跨一步的距离是 l，走了 n 步后，$n\gg1$，他出现在离原点距离为 h 处的小体积元 $\mathrm{d}x\mathrm{d}y\mathrm{d}z$ 内的概率大小，见图 1-31。

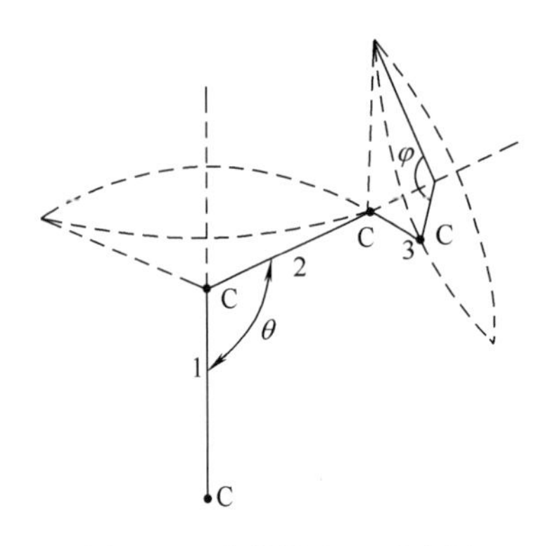

图 1-30　内旋转角 φ 示意图

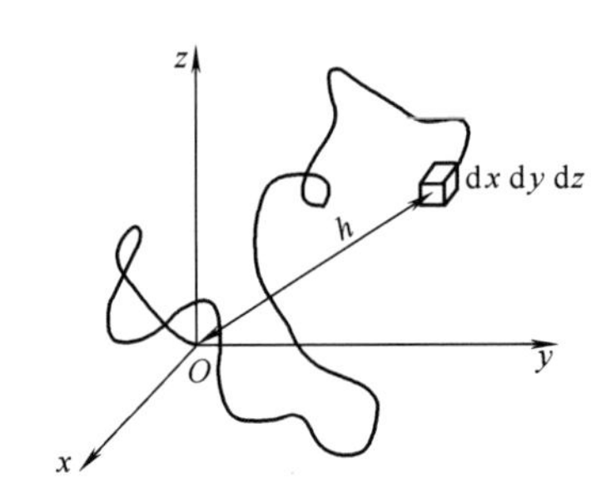

图 1-31　三维空间的无规链

统计计算的结果表明：

对于一维空间的无规行走

$$W(x)\mathrm{d}x=\frac{\beta}{\sqrt{\pi}}\mathrm{e}^{-\beta^2x^2}\mathrm{d}x$$

$$\beta^2=\frac{3}{2nl^2}$$

式中　$W(x)$——h 在 x 轴上的投影为 x 的概率密度。

$$W(y)\mathrm{d}y=\frac{\beta}{\sqrt{\pi}}\mathrm{e}^{-\beta^2y^2}\mathrm{d}y$$

式中　$W(y)$——h 在 y 轴上的投影为 y 的概率密度。

$$W(z)\mathrm{d}z=\frac{\beta}{\sqrt{\pi}}\mathrm{e}^{-\beta^2 z^2}\mathrm{d}z$$

式中　$W(z)$——h 在 z 轴上的投影为 z 的概率密度。

对于三维空间的无规行走

$$W(x,y,z)\mathrm{d}x\mathrm{d}y\mathrm{d}z=W(x)\mathrm{d}xW(y)\mathrm{d}yW(z)\mathrm{d}z=\left(\frac{\beta}{\sqrt{\pi}}\right)^3\mathrm{e}^{-\beta^2(x^2+y^2+z^2)}\mathrm{d}x\mathrm{d}y\mathrm{d}z$$

对于无规行走，可以证明，向量 h 在三个坐标轴上的投影的平均值 x、y、z 应相等，投影平方的平均值等于该向量模的平方的三分之一，即 $x^2=y^2=z^2=h^2/3$。这样，上式可改写为

$$W(x,y,z)\mathrm{d}x\mathrm{d}y\mathrm{d}z=\left(\frac{\beta}{\sqrt{\pi}}\right)^3\mathrm{e}^{-\beta^2h^2}\mathrm{d}x\mathrm{d}y\mathrm{d}z$$

$W(x,y,z)=\left(\frac{\beta}{\sqrt{\pi}}\right)^3\mathrm{e}^{-\beta^2h^2}$称为高斯密度分布函数，它与 h 的关系如图 1-32 所示。

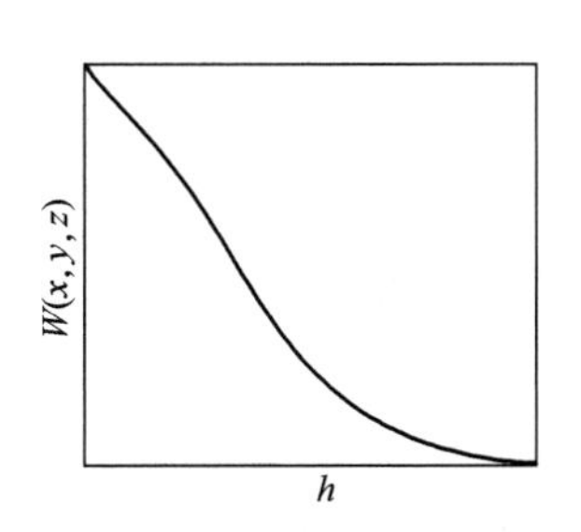

图 1-32　高斯密度分布函数 $W(x,y,z)$ 与 h 的关系

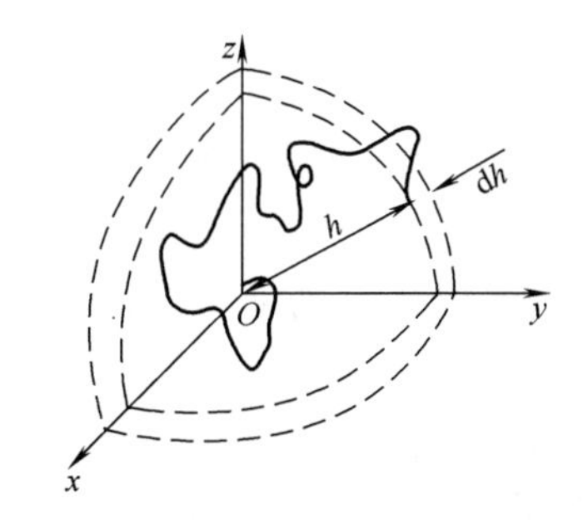

图 1-33　三维空间的无规行走

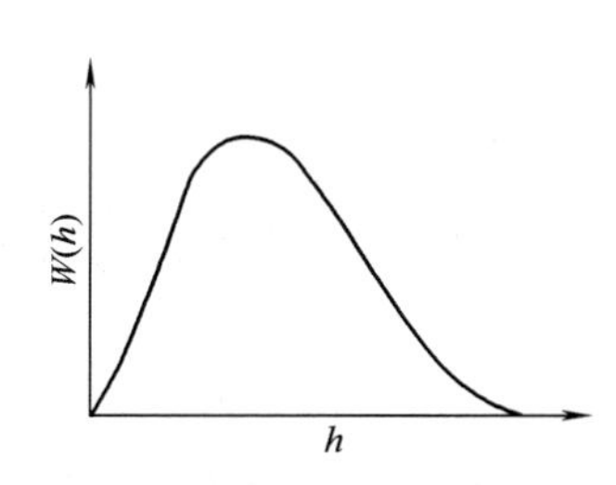

图 1-34　径向分布函数 $W(h)$ 与 h 的关系

如果考虑的只是终点离原点的距离，而不管它飞到什么方向，那么，它的终点出现在离原点距离为 $h\sim(h+\mathrm{d}h)$ 的球壳 $4\pi h^2\mathrm{d}h$ 中的概率为 $W(h)\mathrm{d}h$，见图 1-33。

将直角坐标换算成球坐标，即

$$\mathrm{d}x\mathrm{d}y\mathrm{d}z=4\pi h^2\mathrm{d}h$$

则 $W(x,y,z)\mathrm{d}x\mathrm{d}y\mathrm{d}z=W(x,y,z)4\pi h^2\mathrm{d}h=\left(\frac{\beta}{\sqrt{\pi}}\right)^3\mathrm{e}^{-\beta^2h^2}4\pi h^2\mathrm{d}h=W(h)\mathrm{d}h$

$W(h)=\left(\frac{\beta}{\sqrt{\pi}}\right)^3\mathrm{e}^{-\beta^2h^2}4\pi h^2$，称为径向分布函数，它与 h 的关系如图 1-34 所示。

最可几末端距（h^*）是概率分布的极大值。因此，取一级微商等于零，即 $\frac{\mathrm{d}W}{\mathrm{d}h}=0$，可得

$$h^*=\frac{1}{\beta}=\sqrt{\frac{2n}{3}}l$$

同时，均方末端距（$\overline{h^2}$）为

$$\overline{h^2}=\int_0^{\infty}h^2W(h)\mathrm{d}h=\int_0^{\infty}h^2\left(\frac{\beta}{\sqrt{\pi}}\right)^3\mathrm{e}^{-\beta^2h^2}4\pi h^2\mathrm{d}h=\frac{3}{2\beta^2}=nl^2 \tag{1-11}$$

这一结论和几何计算法所得结果是一致的。

显然，$\sqrt{\overline{h^2}}>h^*$。

高分子链的平均末端距 $\bar{h}$ 为

$$\bar{h}=\int_{0}^{\infty} h w(h) \mathrm{d} h=\frac{2}{\sqrt{\pi} \beta} \tag{1-12}$$

如果高分子链完全伸直，则 $h_{max}=nl$，即 $\bar{h}_{max} \gg (\overline{h^2})^{\frac{1}{2}}$，与几何方法计算末端距的结果是一样的，说明单键的内旋转是高分子链具有柔性的原因。

实际高分子链不是自由连接链。为此，必须改变统计单元，即将一个原来含有 n 个键长为 l 的自由连接链视为一个含有 z 个长度为 b 的链段（亦称 Kuhn 单元）组成的“等效自由连接链”（eguivalent freely jointed chain）（图 1-35），若以 h_{max} 表示链的伸直长度，则

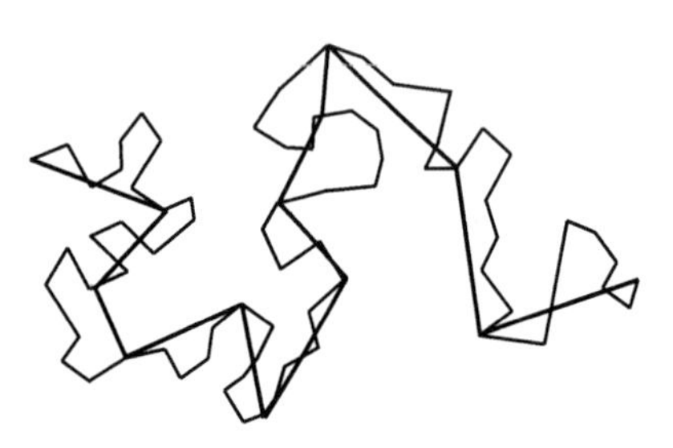

图 1-35　等效自由连接链示意图

$$h_{max}=zb \tag{1-13}$$

而所谓等效，意思是说这种链的均方末端距仍旧可以借用 $\overline{h^2}=nl^2$ 的形式进行计算，即

$$\overline{h^2}=zb^2 \tag{1-14}$$

上述链段组成是动态的，链段中所含重复单元数也是可变的；但链段的平均长度是不变的，平均数也是不变的。

这里还应指出，链末端距分布可用具有高斯函数形式描述的高分子链常称作高斯链（Gauss chain）。由于用了统计的方法，故 $z \gg 1$，$h \ll zb$。

均方末端距是单个分子的尺寸，必须将高分子分散在溶剂中才能进行测定。但是，由于高分子与溶剂分子之间的相互作用等热力学因素对链的构象会产生影响或者说是干扰，实测结果不能真实反映高分子本身的性质。不过，这种干扰的程度随着溶剂和温度的不同而不同。对于某种聚合物，选择合适的溶剂和温度，可以使溶剂分子对高分子构象所产生的干扰忽略不计（此时高分子“链段”间的相互作用等于“链段”与溶剂分子间的相互作用），这样的条件称为 θ 条件，在 θ 条件下测得的高分子尺寸称为无扰尺寸（unpertubed dimension），只有无扰尺寸才是高分子本身结构的反映。通常所谓的无扰链（unpertuded china）即只受近程作用、不受远程作用的分子链。

在 θ 条件下，通过高分子溶液的光散射实验，可以得到无扰均方半径 $\overline{s_0^2}$，从而计算出无扰均方末端距 $\overline{h_0^2}$（下标“0”是指高斯链）。根据分子量和分子结构，求出总键数 n 及链的伸直长度 h_{max}。最后，将 $\overline{h_0^2}$ 和 h_{max} 代入式(1-13) 和式(1-14) 中，解联立方程即得

$$z=\frac{h_{max}^2}{\overline{h_0^2}} \tag{1-15}$$

$$b=\frac{\overline{h_0^2}}{h_{max}} \tag{1-16}$$

例如，对于聚乙烯，$h_{max}^2=\frac{2}{3}n^2l^2$，实验测得 $\overline{h_0^2}=6.76nl^2$，则

$$z \approx \frac{n}{10}$$

$$b \approx 8.3l$$

这就说明聚乙烯链的内旋转受阻程度。

应该提及，“自由连接链”和“等效自由连接链”的链末端距分布函数相同，但二者之间却有很大的差别。“自由连接链”是理想化的模型，是不存在的。只有“等效自由连接链”（又称高斯链），体现大量的柔性高分子链的共性，是确确实实存在的。

1.2.3.3　高分子链柔性的表征参数

上一节中定性讨论了高分子链柔性与分子结构之间的关系。为了定量地表征链的柔性，通常采用由实验测定的参数。

(1) 空间位阻参数（或称刚性因子）σ

因为键数和键长一定时，链越柔顺，其均方末端距越小。所以，可以用实测的无扰均方末端距$\overline{h_0^2}$与自由旋转链的均方末端距$\overline{h_{f,r}^2}$之比作为分子链柔性的量度，即

$$\sigma=\left(\frac{\overline{h_0^2}}{\overline{h_{f,r}^2}}\right)^{\frac{1}{2}} \tag{1-17}$$

链的内旋转阻碍越大，分子尺寸越扩展，σ 值越大，柔性越差；反之，σ 值越小，链的柔性越好。该参数表征链的柔性较为准确可靠。

表 1-6 列出了几种聚合物的刚性因子。

表 1-6　几种聚合物的刚性因子（σ）

聚合物	溶剂	温度/℃	σ
聚二甲基硅氧烷	丁酮,甲苯	25	1.39
顺式聚异戊二烯	苯	20	1.67
反式聚异戊二烯	二氧六环	47.7	1.30
顺式聚丁二烯	二氧六环	20.2	1.68
无规聚丙烯	环己烷,甲苯	30	1.76
聚乙烯	十氢萘	140	1.84
聚异丁烯	苯	24	1.80
聚乙烯醇	水	30	2.04
聚苯乙烯	环己烷	34.5	2.17
聚丙烯腈	二甲基甲酰胺	25	2.20
聚甲基丙烯酸甲酯	几种溶剂	25	2.08
聚甲基丙烯酸己酯	丁醇	30	2.25
聚甲基丙烯酸十二酯	戊醇	29.5	2.59
聚甲基丙烯酸十六酯	庚烷	21	3.54
三硝基纤维素	丙酮	25	4.7

(2) 特征比 C_n

在高分子链柔性的表征中，还经常采用称为 Flory 特征比（characteristic ratio）的量 C_n，定义为实测无扰链与自由连接链均方末端距的比值，即

$$C_n=\frac{\overline{h_0^2}}{nl^2} \tag{1-18}$$

特征比 C_n 为 n 的函数，当 $n\to\infty$时，对应的 C_n 可定义为 C_∞，称作极限特征比（ultimate characterristic ratio）。显然，C_∞ 值越小，链的柔性越好。

(3) 链段长度 *b*

若以等效自由连接链描述分子尺寸，则链越柔顺，高分子链可能实现的构象数越多，链段越短。所以，链段长度 b 也可以表征链的柔性。但是，由于实验上的困难，实际应用还不多。表 1-7 列出几种常见聚合物的链段长度和链段包含的结构单元数。

表 1-7 几种常见聚合物的链段长度和链段所包含的结构单元数

聚合物	链段长度/nm	链段中结构单元数	聚合物	链段长度/nm	链段中结构单元数
聚乙烯	0.81	2.7	聚甲基丙烯酸甲酯	1.34	4.4
聚甲醛	0.56	1.25	纤维素	2.57	5
聚苯乙烯	1.53	5.1	甲基纤维素	8.10	16

1.2.4 蠕虫状链

对于刚性高分子链，例如，主链不能内旋转的聚乙炔、聚对苯、全梯形吡隆等以及结构单元间有强烈相互作用的聚合物纤维素、合成聚肽、天然聚肽——蛋白质、核酸、病毒等，Porod 和 Kratky 提出了蠕虫状链（worm-like chain）模型来描述其构象，取得了应用效果。

该模型在推演过程中是从自由旋转链出发的，为自由旋转链的一种极端情况。

这里，强调一个重要的构象参数——持续长度（persistence length）L_p：

$$L_p=\frac{l}{1+\cos\theta}$$

定义为无限长链的末端距在第一个键方向上的平均投影。该值描述链持续性导致的链刚性，也可理解为模型链保持在第一个键方向上的“持续”程度（图 1-36）。

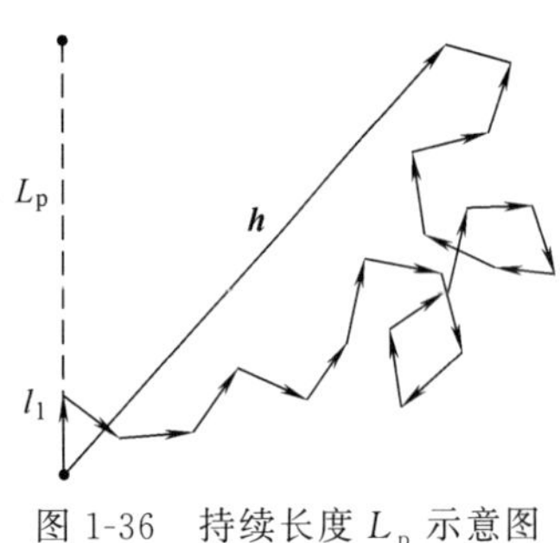

图 1-36 持续长度 L_p 示意图

Flory 进一步发展了持续长度概念，并提出了持久矢量（persistence vector）概念。即分子链的末端矢量 $\boldsymbol{h}$ 在其第一个键参考坐标系中的构象平均$\bar{h}$ 定义为持久矢量 $\boldsymbol{a}$，它能更精确地表示出链构象的基本特征。

蠕虫状链模型已用于柔性链和刚性链的构象表征，也已用于研究液晶高分子链的构象。

1.2.5 晶体、熔体和溶液中的分子构象

1.2.5.1 晶体中高分子链的构象

晶体中，常见的分子构象有螺旋形构象和平面锯齿构象。前者可用符号 p_q 表示，其意义为 p 个单体单元在螺旋中旋转 q 圈，构成螺旋周期结构。

高分子结晶形成晶体后，链的构象取决于分子链内及分子链间的相互作用，服从能量最低原则。通常，只考虑分子内的相互作用能，即可对结晶聚合物的构象进行估算。但当分子链间存在较强相互作用（如氢键）时，分子间相互作用能对构象的影响就不能忽略不计。

下面讨论 PP、PE 等晶态聚合物的分子构象。

原子或基团范德华吸引力作用的范围称为范德华半径，其大小与原子或基团的体积有

关。当两个原子或基团之间距离小于范德华半径之和时，就要产生排斥作用，称一级近程排斥力。表 1-8 列出某些原子或基团的范德华半径。图 1-37 为甲基的范德华半径重叠示意图。

表 1-8　某些原子或基团的范德华半径

原子(或基团)	r/nm	原子(或基团)	r/nm
H	0.12	S	0.185
N	0.15	P	0.19
O	0.14	As	0.20
F	0.135	Se	0.20
Cl	0.18	$-CH_2$	0.20
Br	0.195	$-CH_3$	0.20
I	0.215	$-C_6H_5$	0.185

由图 1-37 中不难看出，如果聚丙烯分子链取平面锯齿形（…ttt…全反式）构象，从一级近程排斥力来看，它是稳定的。但是，应该注意相隔一个碳上还有 2 个甲基，甲基的范德华半径为 0.20nm，两个甲基相距 0.25nm，比其范德华半径总和 0.4nm 小，必然要产生排斥作用，为便于讨论起见，称这种排斥力为二级近程排斥力。显然，这种构象是极不稳定的，必须通过 C—C 键的旋转，加大甲基间的距离，形成图 1-38 所示的…tgtg…反旁螺旋形构象（helix comformation），才能满足晶体中分子链构象能最低原则。相比之下，对聚乙烯而言，由于氢原子体积小，2 个氢原子之间二级近程排斥力小，所以，晶体中分子链取…ttt…全反式平面锯齿形构象（zig-zag conformation）（图 1-39）时，能量最低。

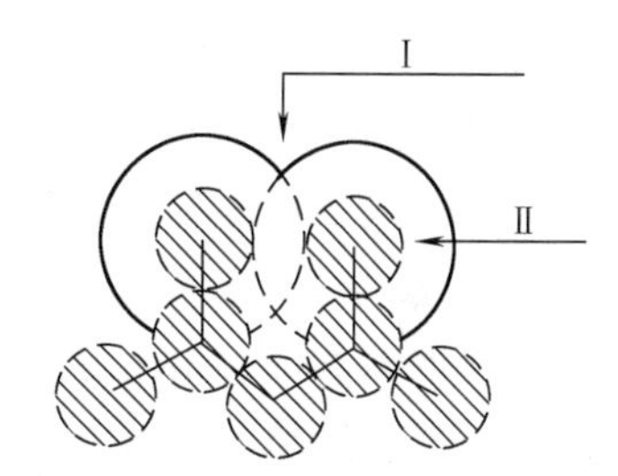

图 1-37　甲基的范德华半径重叠示意图
Ⅰ—排斥力区；Ⅱ—甲基范德华体积

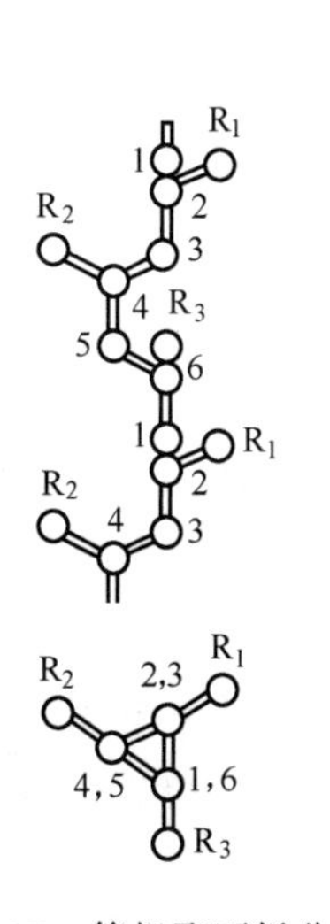

图 1-38　等规聚丙烯分子链的螺旋形构象

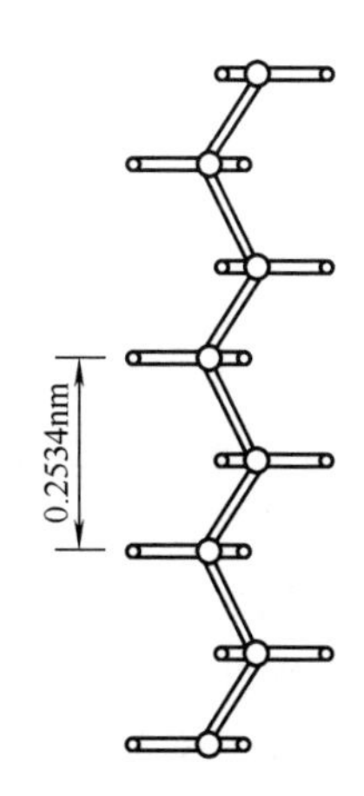

图 1-39　聚乙烯分子链平面锯齿形构象

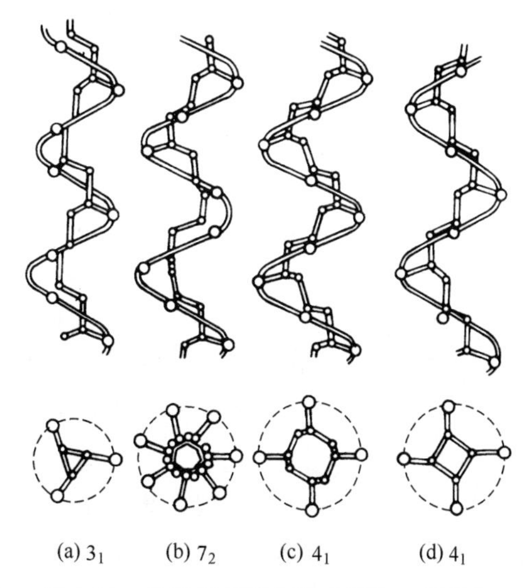

图 1-40　各种等规聚合物$\left[CH_2-CHR \right]_n$的各种螺旋体示意图

图 1-38 中，R_1 为甲基，$R_1C_1C_2$ 为第 1 个单体链节，$R_2C_3C_4$ 为第 2 个单体链节，$R_3C_5C_6$ 为第 3 个单体链节，到第 4 个单体链节时，又与第一个单体链节完全重复，3 个单体共旋转 360°，每个甲基相互间隔 120°，按此排列，3 个体积较大的侧基即可互不干扰。如果将此分子链作俯视投影，则 C_2C_3 重叠，C_4C_5、C_1C_6 重叠，人们以 3_1…tg…螺旋形构象表示，即一个等同周期中沿螺旋轴旋转一周有 3 个单体单元。等规聚丙烯的…tt…构象能比…tg…的构象能高 41.8kJ/mol。

等规聚苯乙烯和等规聚丙烯一样，也是 3_1 螺旋体，旋转角也为 0°和 120°。随着取代基尺寸的增大，键角明显有所改变，聚乙烯 110°、等规聚丙烯 114°、等规聚苯乙烯 116°。从等规聚 5-甲基-1-庚烯到等规聚 4-甲基-1-戊烯，甲基更靠近主链，因而有较大的空间效应，致使链原子偏离理想的反式和旁式位置（旋转角 0°和＋120°），旋转角变为－13°和＋110°，如聚 4-甲基-1-戊烯呈 7_2 螺旋体，而聚 3-甲基-1-丁烯中，甲基更贴近主链，呈 4_1 螺旋体。图 1-40 为各种等规聚合物$\text{+}CH_2—CHR\text{+}_n$的各种螺旋体的示意图。

通常，由含有两个链原子的单体单元组成的等规聚合物差不多总是倾向于形成理想的 tg 构象，而与理想旋转角稍有差别的位置，其能量与理想情况相差不大。因此，等规聚合物有时能够结晶形成多种类型的螺旋体，如等规聚（丁烯）快速结晶时生成高能量的 4_1 螺旋体；而在退火时，它又转化为 3_1 螺旋体。

再如聚四氟乙烯，由于氟原子的范德华半径为 0.14mm，所以，二级近程排斥作用比聚丙烯小，只要旋转角从 0°变到 16°，使链上氟原子稍稍偏离全反式构象而形成 13 个链节旋转一周的 13_1 螺旋构象（图 1-41）。在这种构象中，相邻两个碳原子上的氟原子相距为 0.27nm。

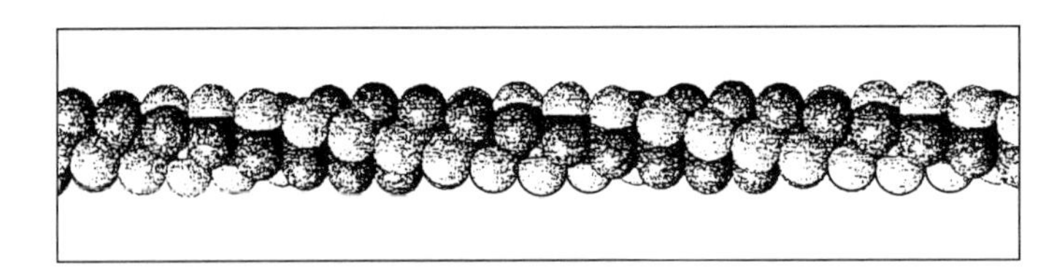

图 1-41 晶态的 PTFE13_1 螺旋构象

在全反式构象中，间规乙烯基类聚合物的取代基比等规的分得更开，因而，对于间规聚合物，…tt…构象是能量最低的构象。聚 1,2-丁二烯、聚丙烯腈、聚氯乙烯都属于此类。在少数情况下，旋转角取 0°、0°、－120°、－120°序列更为有利，因此，间规聚丙烯一般采取…ttgg…构象，但因为能量差别小，也能成为…tt…构象。

单体单元为$\text{+}CH_2—CHOH\text{+}_n$的聚乙烯醇，每两个链原子连着一个羟基，这些羟基能形成分子内氢键，因而与等规的聚 α-烯烃不同，等规聚乙烯醇不形成螺旋体而是全反式构象。同理，间规聚乙烯醇不是锯齿形的链，而是螺旋形的。

在杂链聚合物中，主链原子间键的电子云的作用要少得多。例如，在 CH_2 基中要考虑 3 个键，而在 O 键合中只要考虑 1 个，其位垒只有碳键的 1/3 左右，因此，主链中含有氧原子的分子比碳链的分子更柔顺。例如 C—O 键的键长为 0.144nm，比 C—C 键的键长 0.154nm 短，这使等规聚乙醛分子链上两相邻甲基之间靠得更近，螺旋体直径增大，以 4_1 螺旋体存在；而等规聚丙烯以 3_1 螺旋体存在。在聚甲醛中，没有甲基取代基的影响，这时键的定向效应特别显著，因此，聚甲醛以…ggg…构象存在，见图 1-42。而聚乙二醇则以

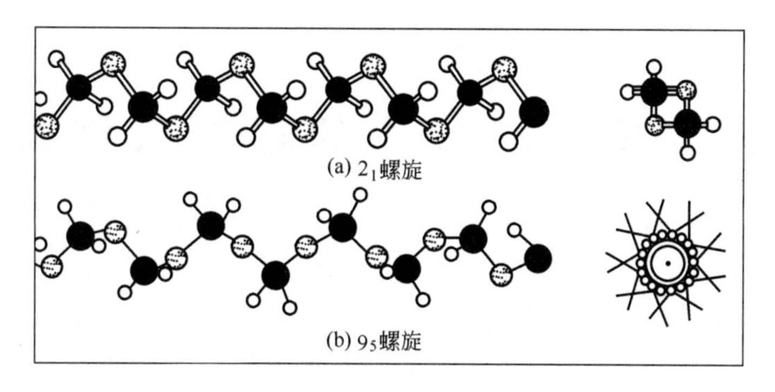

图 1-42　POM 的两种不同螺旋
（左）侧视图；（右）沿螺旋轴视图

…ttgttg…构象存在。和聚乙二醇一样，聚甘氨酸Ⅱ结晶是 7_2 螺旋体，但因有氢键而变形。在等规聚氧丙烯中，甲基之间的排斥力增大，由于甲基的键定向减小，这个聚合物以全反式构象结晶。

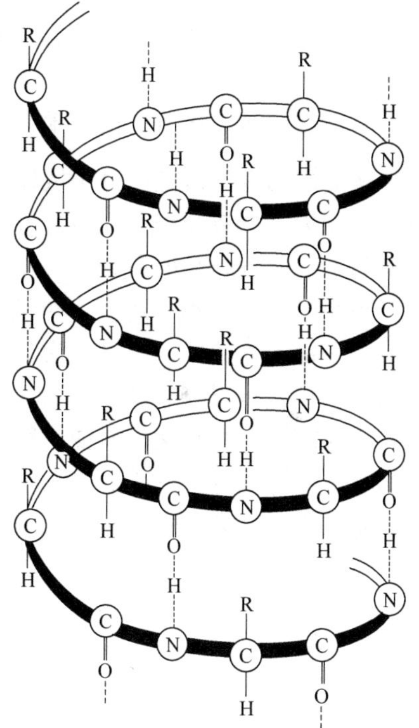

图 1-43　聚肽链的 α-螺旋结构

再如，合成聚肽是一种人工方法合成的结构比较简单的聚肽分子，分子链按螺旋状卷曲，螺旋之间以氢键固定。电子显微镜可以直接观察到聚肽的棒状分子。图 1-43 为聚肽链的 α-螺旋结构。研究合成聚肽的形态，可以粗略地模拟蛋白质的结构与性能之间的关系。

结晶性生物高分子的螺旋结构更为复杂。例如，天然聚肽——蛋白质，除了因分子中的内氢键而形成 α-螺旋结构以外，还有因分子间的氢键而生成的 β-结构。这些形态均为 X 射线衍射等实验所证实。DNA 为核糖（或脱氧核糖）-磷酸链的双螺旋结构，两条链上的碱基在中央以氢键相连接。

与生物高分子的化学结构、序列结构相同，长链的螺旋结构及其折叠盘曲也与其特种生理作用密切相关，可参阅有关专著、文献。

1.2.5.2　熔体和溶液中高分子链的构象

在晶体中，高分子链保持锯齿链或螺旋状链。在较高温度时，棒状锯齿或螺旋状构象变为线团状构象。例如，熔融状态下聚乙烯分子链的宏构象为无规线团，其均方半径与 θ 溶液中的无扰尺寸相当。

有些高分子的宏构象依靠分子内氢键来稳定，在溶液中存在着 α-螺旋与无规线团的转变，合成聚肽就是一个典型的例子。聚 L-谷氨酸-γ-苯甲酯在氯仿、二氯乙烷、二氧六环等溶剂中，呈现 α-螺旋形态，为棒状的刚性链结构，这是因为分子中取代基与溶剂相互作用尚不足以破坏分子内氢键。但在二氯乙酸、三氟乙酸等溶剂中，由于聚肽分子内的氢键为高分子与溶剂分子间的氢键所取代，使分子链具有柔性链所固有的无规线团形态。

第2章　高分子的凝聚态结构

固体物理中的凝聚态是指分子的聚集状态。凝聚态为物质的物理状态，是根据物质的分子运动在宏观力学性能上的表现来区分的，通常包括固体、液体和气体。相态为物质的热力学状态，是根据物质的结构特征和热力学性质来区别的，包括晶态（相）、液态（相）和气态（相）。一般情况下，固体就是晶态（相），但也有例外，例如，玻璃不能流动，具有一定的形状，属于固体。但从结构上来讲，是一种过冷的液体，属于液态（相）。除了上述物质三态之外，“液晶”具有流动性，从物理状态而言为液体，但其结构上保存着晶体的一维或二维有序排列，属于兼有部分晶体和液体性质的过渡或中介状态——液晶态。

高分子的凝聚态是指高分子链之间的几何排列和堆砌状态，包括固体和液体。固体又有晶态和非晶态之分，非晶态聚合物属液相结构（即非晶固体），晶态聚合物属晶相结构。聚合物熔体或浓溶液是液相结构的非晶液体。液晶聚合物是一种处于中介状态的物质。聚合物不存在气态，这是因为高分子的分子量很大，分子链很长，分子间作用力很大，超过了组成它的化学键的键能。应该指出，钱人元院士等又开创了“单链凝聚态”的新领域。

单链凝聚态主要研究高分子链以单链形式存在时的结晶行为、单链玻璃态和高弹态的形态及力学行为、单链凝聚态到多链凝聚态的转变等。单分子链凝聚态是大分子特有的一种现象。例如，一根可结晶的高分子链在条件适合的情况下能够通过成核、生长（折叠排列）而形成一个纳米尺寸的小晶体——单链单晶（single-chain mono-crystal）。单分子链凝聚态颗粒没有分子链间的缠结，可以认为是进行有关研究的最小单位。研究高分子单链凝聚态的形态、结构和性质特点，有助于我们深入理解高分子链凝聚态的若干基本概念，帮助我们从另一种角度深刻认识聚合物材料的结构、形态及各种物理力学性质。

高分子链的结构决定了聚合物的基本性能特点，而凝聚态结构与材料的性能有着直接的关系。研究高分子的凝聚态结构特征、形成条件及其与材料性能之间的关系，对于控制成型加工条件以获得预定结构和性能的材料，对于材料的物理改性和材料设计都具有十分重要的意义。

与小分子物质相同，聚合物分子间作用力强弱也可用内聚能或内聚能密度来表示。内聚能定义为克服分子间作用力，1mol的凝聚体汽化时所需要的能量ΔE

$$\Delta E=\Delta H_{V}-RT \tag{2-1}$$

式中　ΔH_{V}——摩尔蒸发热（或ΔH_{S}，摩尔升华热）；

　　RT——汽化时所做的膨胀功。

内聚能密度（CED）定义为单位体积凝聚体汽化时所需要的能量

$$CED=\frac{\Delta E}{V_{m}} \tag{2-2}$$

式中　V_{m}——摩尔体积。

对于小分子化合物，其内聚能近似等于恒容蒸发热或升华热，可以直接由热力学数据估算其内聚能密度。然而，聚合物不能汽化，故无法直接测定它的内聚能和内聚能密度，只能用它在不同溶剂中的溶解能力来间接估计。主要方法是最大溶胀比法和最大特性黏数法。

部分线形聚合物的内聚能密度数据列于表2-1之中。

表 2-1　线形聚合物的内聚能密度

聚合物	$CED/(J/cm^3)$	聚合物	$CED/(J/cm^3)$
聚乙烯	259	聚甲基丙烯酸甲酯	347
聚异丁烯	272	聚乙酸乙烯酯	368
天然橡胶	280	聚氯乙烯	381
聚丁二烯	276	聚对苯二甲酸乙二酯	477
丁苯橡胶	276	尼龙 66	774
聚苯乙烯	305	聚丙烯腈	992

内聚能密度在 $300J/cm^3$ 以下的聚合物，都是非极性聚合物，分子间的作用力主要是色散力，比较弱，分子链属于柔性链，具有高弹性，可用作橡胶。聚乙烯例外，它易于结晶而失去弹性，呈现出塑料特性。内聚能密度在 $400J/cm^3$ 以上的聚合物，由于分子链上有强的极性基团或者分子间能形成氢键，相互作用很强，因而有较好的力学强度和耐热性，加上易于结晶和取向，可成为优良的纤维材料。内聚能密度在 $300\sim400J/cm^3$ 的聚合物，分子间相互作用居中，适合于作塑料。所以，分子间作用力大小对聚合物凝聚态结构和性能有着很大的影响。

2.1　晶态聚合物结构

大量实验证明，如果高分子链本身具有必要的规整结构，同时给予适宜的条件（温度等），就会发生结晶，形成晶体。高分子链可以从熔体结晶，从玻璃体结晶，也可以从溶液结晶。结晶聚合物最重要的实验证据为 X 射线衍射花样和衍射曲线（X-ray diffraction patten and diffraction curve）。

X 射线是一种波长比可见光波长短很多倍的电磁波。X 射线射入晶体后，晶体中按一定周期重复排列的大量原子产生的次生 X 射线会发生干涉现象。在某些方向上，当光程差恰好等于波长的整数倍时，干涉增强，称作衍射，如图 2-1 所示。衍射条件按布拉格（Bragg）方程表示如下

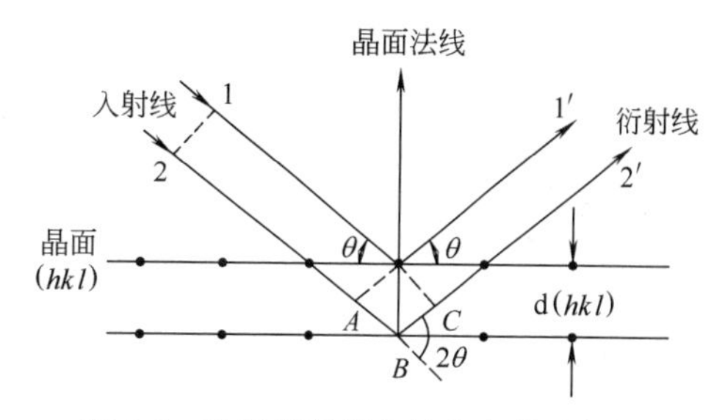

图 2-1　X 射线衍射布拉格条件几何图

$$2d\sin\theta=n\lambda \tag{2-3}$$

式中　d——晶面间距；

θ——入射线与点阵平面之间的夹角（即入射角）；

λ——入射光的波长；

n——衍射级数，$n=1,2,3$ 等整数。在聚合物中，用最强 X 射线强度时，n 常为 1。

当入射 X 射线波长一定时，对于粉末晶体，因为许多小的微晶具有许多不同的晶面取向，所以，可得到以样品中心为共同顶点的一系列 X 射线衍射线束，而锥形光束的光轴就是入射 X 射线方向，它的顶角是 4θ，见图 2-2。如果照相底片垂直切割这一套圆锥面，将得到一系列同心圆，见图 2-3。如用圆筒形底片时，得到一系列圆弧。

非晶态聚合物的 X 射线衍射图，不是同心圆——德拜环，而是相干散射形成的弥散环，或称无定形晕（amorphous halos）。

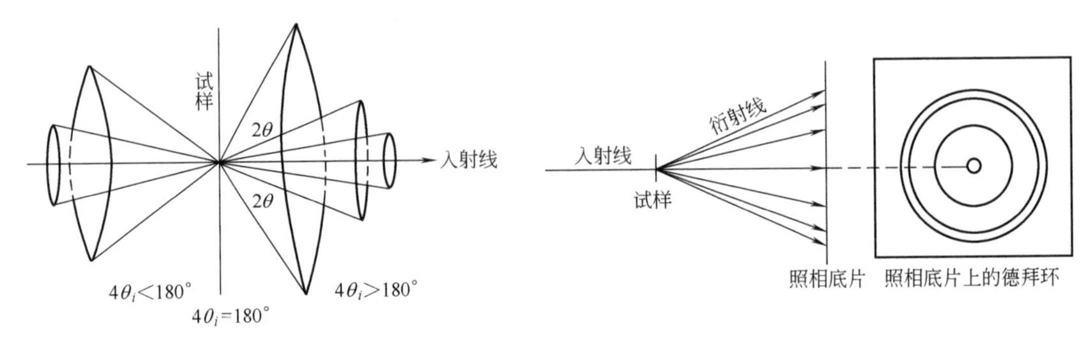

图 2-2　锥形 X 射线衍射图

图 2-3　平面底片照相

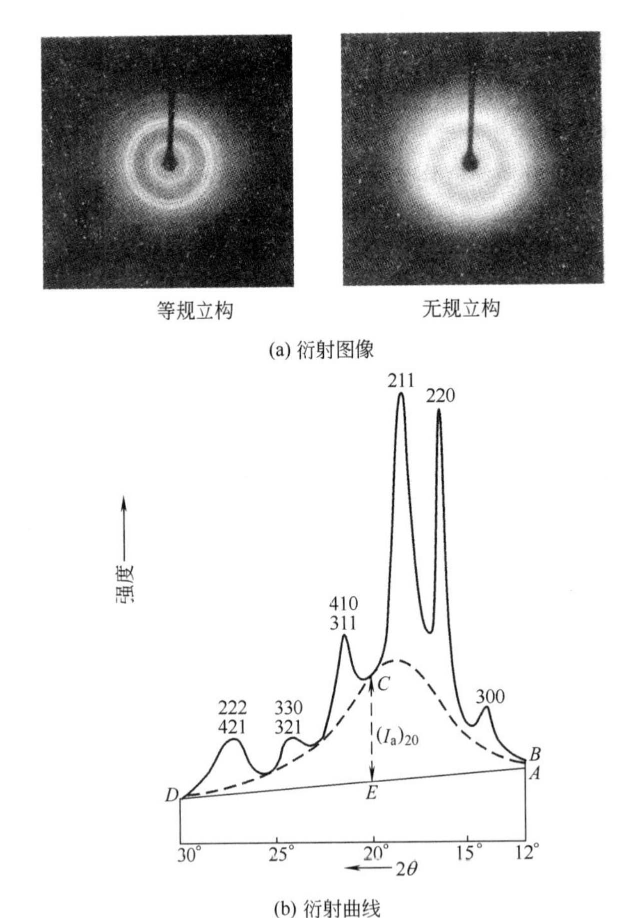

等规立构　　无规立构

(a) 衍射图像

(b) 衍射曲线

图 2-4　等规立构聚苯乙烯的 X 射线衍射图像和衍射曲线

利用衍射仪，还可以得到衍射强度与衍射角的关系曲线。结晶聚合物具有尖锐的衍射峰，非晶聚合物衍射峰平坦。

图 2-4(a) 表示晶态等规立构聚苯乙烯的衍射花样，并与非晶态无规立构聚苯乙烯进行比较。图 2-4(b) 为等规立构聚苯乙烯的衍射曲线。

由图 2-4 可以看出，等规立构 PS 既有清晰的衍射环，又有弥散环，而无规立构 PS 仅有弥散环；等规立构 PS 既有尖锐的衍射峰，又有很钝的衍射峰。通常，结晶聚合物是部分结晶的或半结晶的多晶体，既有结晶部分，又有非晶部分，个别例外。

结晶聚合物的晶体结构、结晶程度、结晶形态等对其力学性能、电学性能、光学性能都有很大影响，研究晶态结构具有重要理论和实际意义。

2.1.1　基本概念

当物质内部的质点（可以是原子、分子、离子）在三维空间呈周期性地重复排列时，该物质称为晶体。如小分子 NaCl 是离子晶体，钠离子和氯离子在空间排列方式见图 2-5。

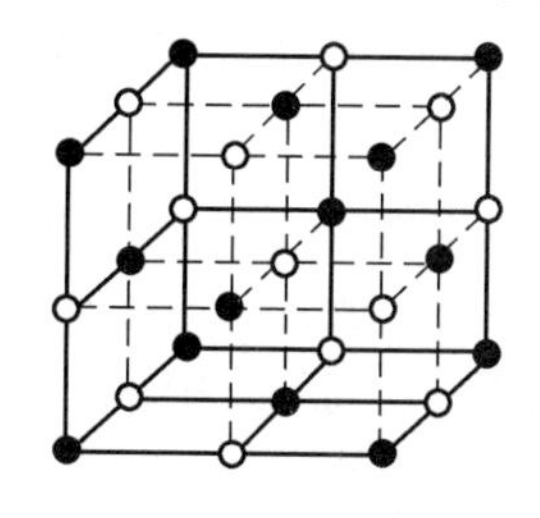

图 2-5　氯化钠晶体

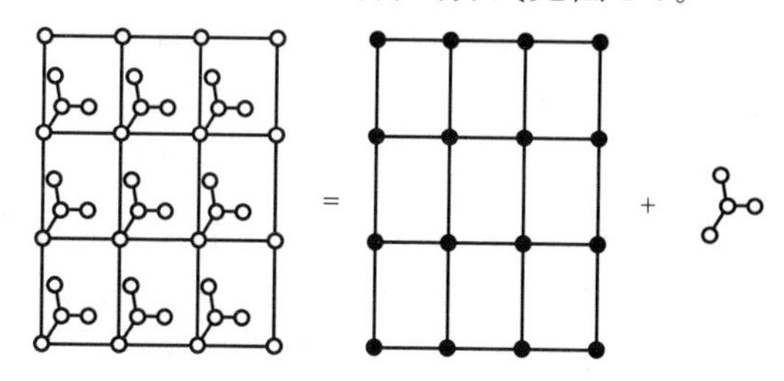

图 2-6　晶体结构和点阵的关系

晶态聚合物通常由许多晶粒组成，X 射线衍射分析可知，每一晶粒内部都具有三维远程有序的结构。但是，由于高分子是长链分子，所以，呈周期性排列的质点是大分子链中的结构单元链节，而不是原子、整个分子或离子（天然高分子蛋白质晶体除外，每个蛋白质分子相当于一个质点）。这种结构特征可以仿照小分子晶体的基本概念与晶格参数来描述。

（1）空间格子（空间点阵）

把组成晶体的质点抽象成为几何点，由这些等同的几何点的集合所形成的格子，称为空间格子，也称为空间点阵。点阵结构中，每个质点代表的具体内容称为晶体的结构基元。故晶体结构可以用下式表示

晶体结构＝点阵＋结构基元

图 2-6 表示晶体结构和点阵的关系。根据点阵的性质，把分布在同一直线上的点阵叫直线点阵；分布在同一平面中的点阵叫平面点阵；分布在三维空间的点阵叫空间点阵。图 2-7 分别表示直线点阵、平面点阵和空间点阵。

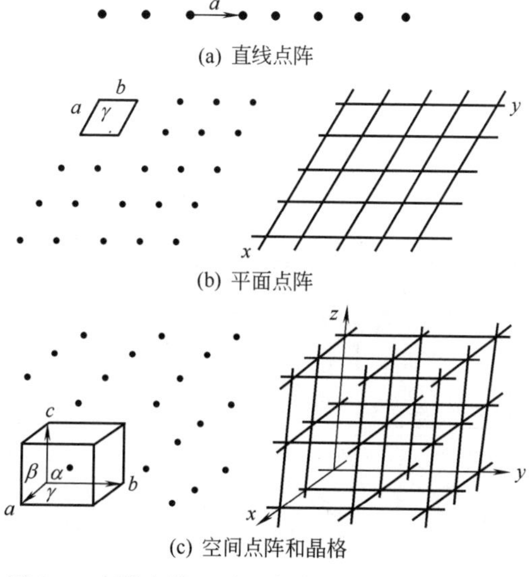

(a) 直线点阵

(b) 平面点阵

(c) 空间点阵和晶格

图 2-7　直线点阵、平面点阵、空间点阵和晶格

(2) 晶胞和晶系

在空间格子中划分出一个个大小和形状完全一样的平行六面体，以代表晶体结构的基本重复单位，这种三维空间中具有周期性排列的最小单位称为晶胞（unit cell）。如图 2-7(c) 左所示。

为了完整地描述晶胞的结构，采用 6 个晶胞参数来表示其大小和形状。这 6 个参数是平行六面体的三边的长度（亦称三晶轴的长度）a、b、c 以及它们之间的夹角 α、β、γ。一般 a 轴从后向前，b 轴从左向右，c 轴从下向上。a 和 b 的夹角为 γ，b 和 c 的夹角为 α，c 和 a 的夹角为 β。

晶胞的类型一共有 7 种，即立方、四方、斜方（正交）、单斜、三斜、六方、三方，构成 7 个晶系（crystal system）。不同晶系的晶胞及其参数如表 2-2 所示，它们可以通过 X 射线衍射方法求得。其中，立方、六方为高级晶系，正方（四方）、斜方为中级晶系，三斜、单斜为初级晶系。

表 2-2 7 个晶系及其晶胞参数

图形	晶系名称	晶胞参数
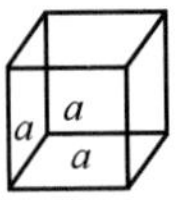 a a a	立方	$a=b=c, \alpha=\beta=\gamma=90°$
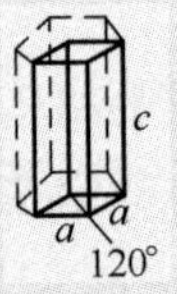 c a a 120°	六方	$a=b\neq c, \alpha=\beta=90°, \gamma=120°$
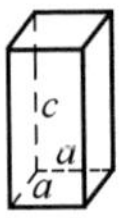 c a a	四方	$a=b\neq c, \alpha=\beta=\gamma=90°$
 a a a	三方(菱形)	$a=b=c, \alpha=\beta=\gamma\neq 90°$
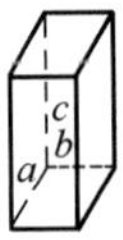 c b a	斜方(正交)	$a\neq b\neq c, \alpha=\beta=\gamma=90°$
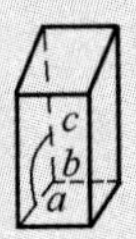 c b a	单斜	$a\neq b\neq c, \alpha=\gamma=90°, \beta\neq 90°$
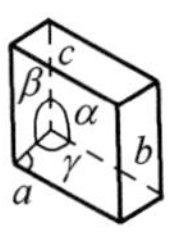 c β α b a γ	三斜	$a\neq b\neq c, \alpha\neq\beta\neq\gamma\neq 90°$

在高分子晶系中，由于长链造成各向异性而不出现立方晶系，而且，属于高级晶系的也很少，多数属于初级、中级晶系。

(3) 晶面和晶面指数

结晶格子内所有的格子点全部集中在相互平行的等间距的平面群上，这些平面叫做晶面(lattice plane)。晶面与晶面之间的距离叫晶面间距。

从不同的角度去观察某一晶体，将会见到不同的晶面。所以，需要有不同的标记。

一般常以晶面指数（即 Miller index）来标记某个晶面。

图 2-8 表示一个晶体的空间点阵为平面所切割，即此晶面和 a、b、c 三晶轴交于 M_1、M_2、M_3 三点，三点截距分别为 $OM_1=3a$、$OM_2=2b$、$OM_3=c$，全为单位向量 a、b、c 的整数倍。如取三个截距的倒数则为 1/3、1/2、1/1，通分则得 2/6、3/6、6/6，弃去公分母，取 2、3、6 作为晶面的指标，(2，3，6) 就是晶面指数 (hkl)。

又如，(M_1，M_2，∞) 晶面的截距为 $3a$，$2b$，∞，则晶面指数为 (2，3，0)。其他晶面的表示见图 2-9。

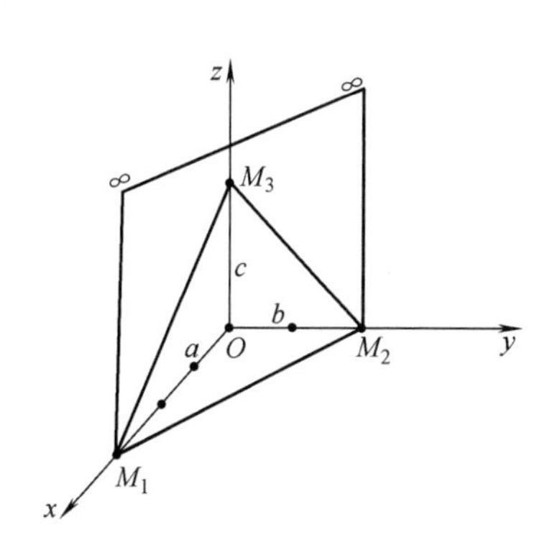

图 2-8　晶面指标

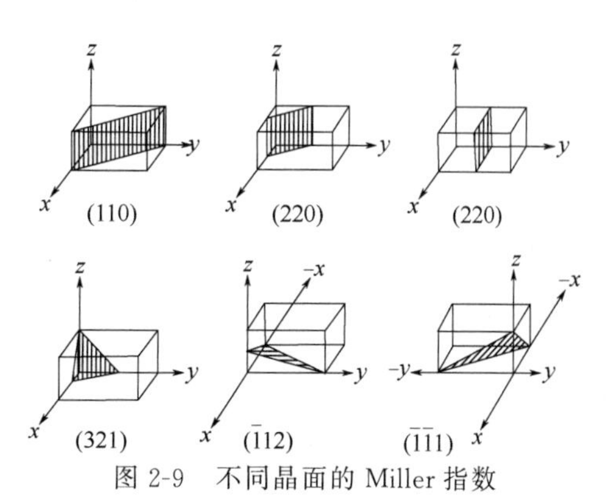

图 2-9　不同晶面的 Miller 指数

2.1.2　聚合物的晶体结构和研究方法

X 射线衍射实验证明，在很多结晶聚合物中高分子链确实堆砌成具有三维远程有序的点阵结构，即晶格。

迄今为止，聚合物的晶胞参数是利用多晶样品（详见“结晶形态”部分）从 X 射线衍射实验测得的，如表 2-3 所示。由于多晶样品的衍射数据仍然显得不足，需将试样拉伸取向，再在适当条件下处理，使晶体长得尽可能大而完善。在此基础上，当入射 X 射线垂直于多晶样品拉伸方向时，可测定其衍射花样，这类衍射花样，称作“纤维图”。

以聚乙烯和聚丙烯为例。

研究表明，晶体中高分子链通常采取比较伸展的构象，以使其构象能尽可能降低。故聚乙烯分子链在晶体中呈平面锯齿形构象。

聚乙烯试样的 X 衍射纤维图，如图 2-10 所示。

从图 2-10 层线间的间距可以求得聚乙烯的等同周期 $c=0.2534\text{nm}$，每个等同周期中有一个单体单元。从赤道线的反射位置计算得到 $a=0.740\text{nm}$，$b=0.493\text{nm}$，又从第一层线的反射位置可以说明 c 垂直于 a、b。所以，单位晶胞属斜方晶系，其体积为 $V=a\times b\times c=9.2\times10^{-29}\text{m}^3$。

表 2-3 结晶聚合物晶体结构参数①

聚合物	晶系	晶胞参数						N 链构象	晶体密度/(g/cm³)
		a×10/nm	b×10/nm	c×10/nm	α	β	γ		
聚乙烯	正交	7.42	4.95	2.55				2 PZ	1.000
聚丙烯(全同)	单斜	6.65	20.96	6.50		99.3°		4 $H3_1$	0.936
聚丙烯(间同)	正交	14.50	5.60	7.40				2 $H4_1$	0.930
聚 1-丁烯(全同)	三方	17.70	17.70	6.50				6 $H3_1$	0.950
聚苯乙烯(全同)	三方	21.90	21.90	6.65				6 $H3_1$	1.130
聚甲基丙烯酸甲酯(全同)	正交	20.98	12.06	10.40				4 $DH10_1$	1.260
聚乙烯醇	单斜	7.81	2.25	5.51		91.7°		2 PZ	1.350
聚甲醛	三方	4.47	4.47	17.39				1 $H9_5$	1.490
聚氧化乙烯	单斜	8.05	13.04	19.48		125.4°		4 $H7_2$	1.228
聚氧化丙烯	正交	10.46	4.66	7.03				2 $H2_1$	1.126
聚四氢呋喃	单斜	5.59	8.90	12.07		134.2°		2 PZ	1.110
聚 ε-己内酯	正交	7.47	4.98	17.05				2 $H2_1$	1.200
聚对苯二甲酸乙二酯	三斜	4.56	5.94	10.75	98.5°	118.0°	112.0°	1PZ	1.455
聚对苯二甲酸丁二酯	三斜	4.83	5.94	11.59	99.7°	115.2°	110.8°	1 Z	1.400
聚碳酸酯	单斜	12.30	10.10	20.80		84.0°		4 Z	1.315
尼龙 6	单斜	9.56	17.20	8.01		67.5°		4 PZ	1.230
尼龙 66	三斜	4.90	5.40	17.20	48.5°	77.0°	63.5°	1 PZ	1.240
尼龙 610	三斜	4.95	5.40	22.40	49.0°	76.5°	63.5°	1 PZ	1.157
聚氯乙烯	正交	10.60	5.40	5.10				2 PZ	1.420
聚偏氯乙烯	单斜	6.71	4.68	12.51		123.0°		2 $H2_1$	1.954
聚氟乙烯	正交	8.57	4.95	2.52				2 PZ	1.430
聚偏氟乙烯	正交	8.58	4.91	2.56				2 PZ	1.973
聚四氟乙烯(<19℃)	准六方	5.59	5.59	16.88			119.3°	1 $H13_6$	2.350
(>19℃)	三方	5.66	5.66	19.50				1 $H15_7$	2.300
聚三氟氯乙烯	准六方	6.44	6.44	41.50				1 $H16.8_1$	2.100
聚异丁烯	正交	6.88	11.91	18.60				2 $H8_1$	0.972
反式聚 1,4-丁二烯	单斜	8.63	9.11	4.83		114.0°		4 Z	1.040
顺式聚 1,4-丁二烯	单斜	4.60	9.50	8.60		109.0°		2 Z	1.010
反式聚 1,4-异戊二烯	单斜	7.98	6.29	8.77		102.0°		2 Z	1.050
顺式聚 1,4-异戊二烯	单斜	12.46	8.89	8.10		92.0°		4 Z	1.020

① N 表示晶胞中所含链数；PZ—平面锯齿形；Z—锯齿形；H—螺旋形；DH—双螺旋；指数 U_t 表示 t 圈螺旋中含有 U 个重复单元。

图 2-10 单轴取向聚乙烯的 X 射线衍射花样

又根据实验或通过计算的方法可以求得聚乙烯分子链在晶格中的排布情况，如图 2-11 所示。晶格角上每一个锯齿形分子链主链的平面和 bc 平面呈 41°的夹角，而中央那个分子链和格子角上的每个分子链主轴平面呈 82°的夹角。

由图 2-11 又可知，单位晶胞中链结构单元的数目 $Z=2$，则晶胞密度可由式(2-4) 计算

$$\rho_c=\frac{MZ}{N_A V} \tag{2-4}$$

式中　N_A——阿伏伽德罗常数；

M——结构单元分子量（$M=28$）。

计算结果，$\rho_c=1.00\text{g/cm}^3$。

由于结晶条件的变化，引起分子链构象的变化或者链堆积方式的改变，则一种聚合物可以形成几种不同的晶型。聚乙烯的稳定晶型是正交晶系，拉伸时则可形成三斜或单斜晶系。

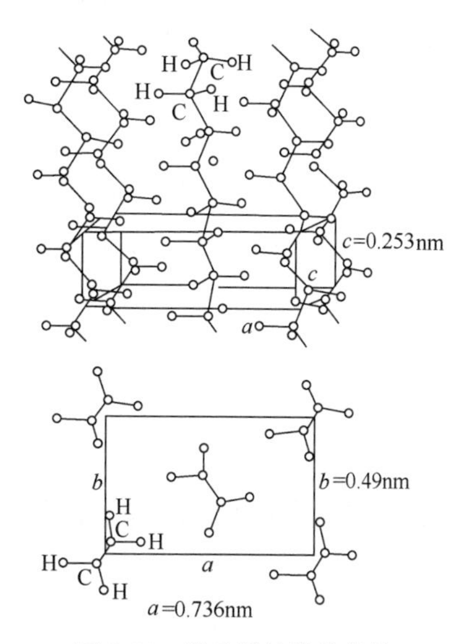

图 2-11　聚乙烯的结晶结构

其他在结晶中分子链取平面锯齿形构象的聚合物还有脂肪族聚酯、聚酰胺、聚乙烯醇等。

实验证明，等规聚丙烯的分子链呈螺旋状结构。

用 X 射线衍射方法去研究等规聚丙烯，得出它的等同周期为 0.65nm，且每个等同周期中含有 3 个单体单元。$a=0.665\text{nm}$，$b=2.096\text{nm}$，$\alpha=\gamma=90°$，$\beta=99.2°$，单位晶胞属于单斜晶系。

等规聚丙烯分子链在晶格中的排布情况如图 2-12 所示。

由图 2-12 可知，单位晶胞中单体数目为 12。据此，可以计算出等规聚丙烯的密度 ρ_c。

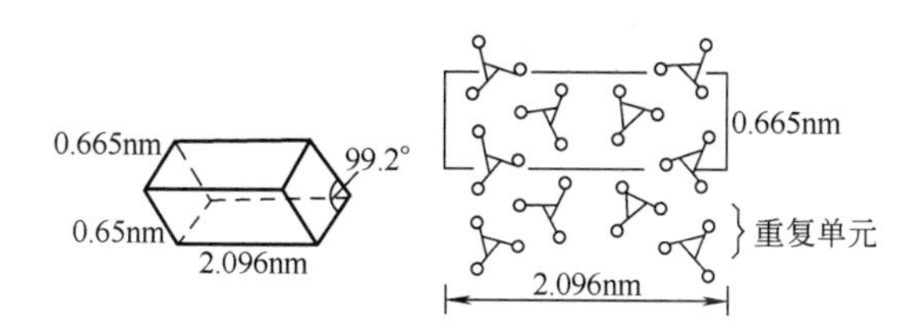

图 2-12　等规聚丙烯的结晶结构

与聚乙烯相同，随着结晶条件不同，等规聚丙烯也有四种晶型或叫变态，即 α、β、γ、δ 体。上面介绍的一种，即 α 变态，是最普遍的一种。而 β 变态属六方晶型，是在具有相当高的冷却速率下或者在聚合体中含有容易形成晶核的物质时 130℃以下等温结晶而得，在挤出成型时也可形成，且常与 α 型共存。其熔点为 145～150℃，比 α 变态低，在此温度以上进行热处理时会全部熔化，再结晶时则成为 α 变态。在外加强力作用下，它亦会转变为 α 型。等规聚丙烯在冷拉伸中或熔体受到急冷时还会看到拟六方变态，密度约为 0.88g/cm^3，这种结构是不稳定的，70℃以上热处理时即转变为 α 变态。γ 变态只在低分子量试样中才能见到，如果是分子量高的试样，要在高压下才能生成。δ 变态是从生产等规聚丙烯过程中抽提出的无规物中分离出来的，间规聚丙烯中亦会发现这种变态。

等规聚丙烯的变态中，以单斜、六方、拟六方三种为主要的晶型。

晶型不同，聚合物的性能也不同，例如，等规聚丙烯中，α、β、γ 晶型的熔点各不相同，分别为 165℃、145～150℃和 155℃。α 晶型的硬度和刚性比 β 晶型大，而冲击强度和透明性比 β 晶型差。

由于聚合物分子具有长链结构的特点，结晶时链段并不能充分地自由运动，这就妨碍了分子链的规整堆砌排列，因而，高分子晶体内部往往含有比低分子晶体更多的晶格缺陷。所谓晶格缺陷，指的是晶格点阵的周期性在空间的中断。典型的高分子晶格缺陷是由端基、链扭结、链扭转引起的局部构象错误所致。链中的局部键长、键角的改变和链的局部位移使聚合物晶体中时常含有许多歪斜的晶格结构。当结晶缺陷严重影响晶体的完善程度时，便导致所谓准晶结构，即存在畸变的点阵结构，甚至成为非晶区。

2.1.3 聚合物的结晶形态和研究方法

以上讨论了聚合物在十分之几个纳米范围内的晶体结构，现将进一步考察由这些微观结构堆砌而成的晶体外形——结晶形态，其尺寸一般可达几十微米，有时甚至可达几厘米。

几何结晶学中已经阐明，某些小分子晶体物质的外形，往往都是有规则的多面体，具有一定的对称性。例如，食盐生成正方形单晶，云母生成片状单晶。这里所谓单晶，即结晶体内部的微粒在三维空间呈有规律的、周期性的排列，或者说晶体的整体在三维方向上由同一空间格子构成，整个晶体中质点在空间的排列为长程有序。所以，单晶的特点为：一定外形、长程有序。

对于某些晶体，如金属，外观上似乎没有完整的外形，但是，在显微镜放大条件下，仍然可以看出它们都是由很多具有一定形状的细小晶体堆砌而成的多晶体。所以，多晶是由无数微小的单晶体无规则地聚集而成的晶体物质。

影响晶体形态的因素是晶体生长的外部条件和晶体的内部结构。外部条件包括溶液的成分、晶体生长所处的温度、黏度、所受作用力的方式、作用力的大小等。

随着结晶条件的不同，聚合物可以形成形态极不相同的晶体，其中主要有单晶、球晶、树枝状晶、纤维晶和串晶、柱晶、伸直链晶体等。

2.1.3.1 单晶（single crystal）

早期，人们认为高分子链很长，分子间容易缠结，所以不容易形成外形规整的单晶。但是，1957 年，Keller 等首次发现含量约 0.01%～0.001%的聚乙烯三氯甲烷溶液，在接近 PE 熔点（137℃）的温度下，极缓慢冷却时，可生成菱形片状的、在电子显微镜（见球晶部分）下可观察到的片晶，其边长为数微米到数十微米。它们的电子衍射图（电子束代替 X 射线）呈现出单晶所特有的典型的衍射花样，如图 2-13 所示。随后，又陆续制备并观察到聚甲醛、尼龙、线形聚酯等单晶。例如聚甲醛单晶为六角形片晶，如图 2-14 所示。

聚合物单晶横向尺寸可以从几微米到几十微米，但其厚度一般都在 10nm 左右，最大不超过 50nm。而高分子链通常长达数百纳米。电子衍射数据证明，单晶中分子链是垂直于晶面的。因此，可以认为，高分子链规则地近邻折叠，进而形成片状晶体——片晶（lamella），这就是 Keller 的“折叠链模型”。

(a) 电镜照片

(b) 电子衍射图

图 2-13　聚乙烯单晶

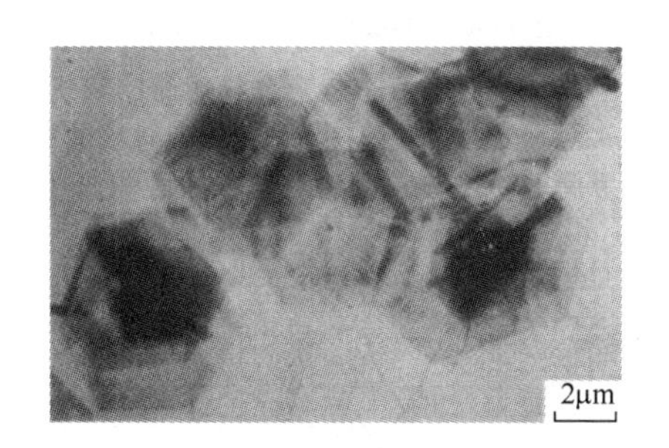

图 2-14　聚甲醛单晶的电子显微镜照片

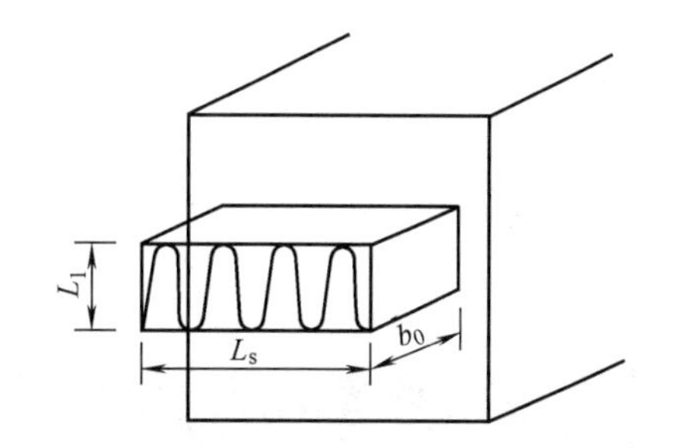

图 2-15　在已生成的晶核上形成二次核的示意图

L_1—片晶厚度；L_s—片晶长度；

b_0—与分子直径相当的宽度

实际上，结晶过程包括初级晶核的形成和晶粒的生长两个过程。由若干个高分子链规则排列形成具有折叠链结构的晶核（一次核），只有当其大小达到某一临界值以上时，才能自发地稳定生长。结晶的一次核形成之后，其他分子链仍以折叠形式在其侧面以单分子层附着继续生长为单晶（又称二次成核），如图 2-15 所示。

片晶厚度对分子量不敏感，但随结晶温度 T_c 或过冷程度 ΔT（平衡熔点 T_m^0 与结晶温度 T_c 之差）变化而变化。一般，随着结晶温度升高（或过冷程度减小），片晶厚度增加，其关系式如下：

$$l=\frac{2\sigma_e T_m^0}{\Delta h(T_m^0-T_c)} \tag{2-5}$$

式中　l——理论计算的片晶厚度；

Δh——单位体积的熔融热；

σ_e——表面能。

从极稀溶液中得到的片晶一般是单层的，而从稍浓溶液中得到的片晶则是多层的。过冷程度增加，结晶速率加快，也将会形成多层片晶。此外，高分子单晶的生长规律与小分子相似，为了减少表面能，往往是沿着螺旋位错中心不断盘旋生长变厚。例如，图 2-16 为聚甲醛单晶的螺旋形生长机制照片。

2.1.3.2 **球晶**（spherulite）

球晶是聚合物结晶的一种最常见的特征形式。当结晶性聚合物从浓溶液中析出或从熔体冷却结晶时，在不存在应力或流动的情况下，都倾向于生成这种更为复杂的结晶形态。球晶呈圆球形，直径通常在0.5～100μm，大的甚至达厘米数量级。例如，聚乙烯、等规聚丙烯薄膜未拉伸前的结晶形态就是球晶；尼龙纤维卷绕丝中都不同程度存在着大小不等的球晶；不少结晶聚合物的挤出或注射制件的最终结晶形态也是球晶。5μm以上的较大球晶很容易在光学显微镜下观察到。在偏光显微镜（图2-17）两正交偏振器之间，球晶呈现特有的黑十字（即maltese cross）消光图像，如图2-18所示。

黑十字消光图像是聚合物球晶的双折射性质和对称性的反映。一束自然光通过起偏镜后变成偏振光，使其振动（电矢量）方向都在单一方向上。一束偏振光通过球晶时，发生双折射，分成两束电矢量相互垂直的偏振光，这两束光的电矢量分别平行和垂直于球晶半径方向。由于两个方向的折射率不同，两束光通过样品的速度是不等的，必然要产生一定的相位差而发生干涉现象。结果，通过球晶的一部分区域的光线可以通过与起偏镜处于正交位置的检偏镜，另一部分区域的光线不能通过检偏镜，最后形成亮暗区域。

由以上实验观察可知，球晶是由一个晶核开始，片晶辐射状生长而成的球状多晶聚集体。微束（细聚焦）X射线图像进一步证明，结晶聚合物分子链通常是沿着垂直于球晶半径方向排列的。

图2-16 聚甲醛单晶的螺旋形生长机制

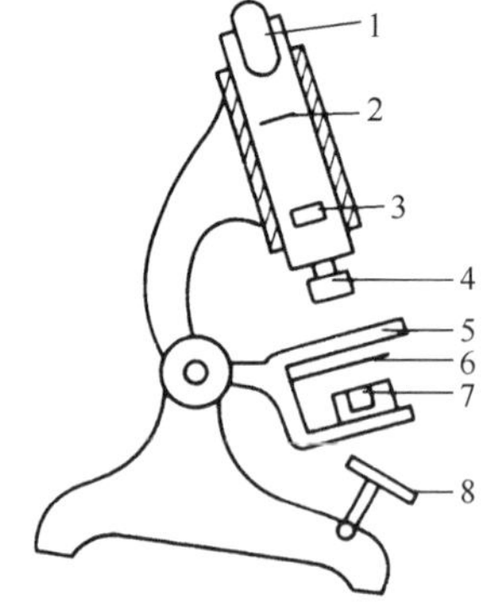

图2-17 偏光显微镜示意图

1—目镜；2—透镜；3—检偏镜；4—物镜；5—载物台；6—聚光镜；7—起偏镜；8—反光镜

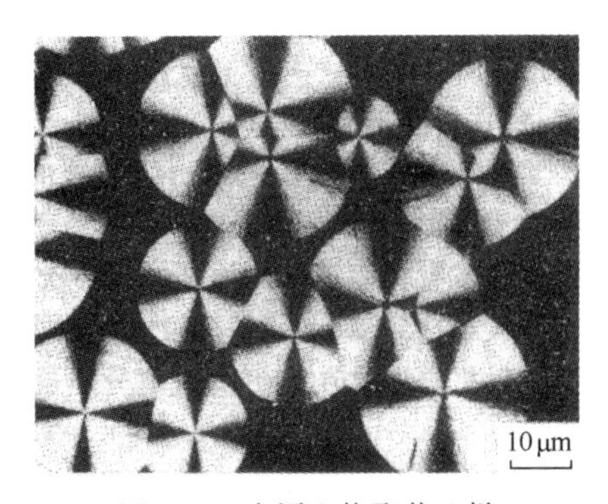

图2-18 全同立构聚苯乙烯球晶的偏光显微镜照片

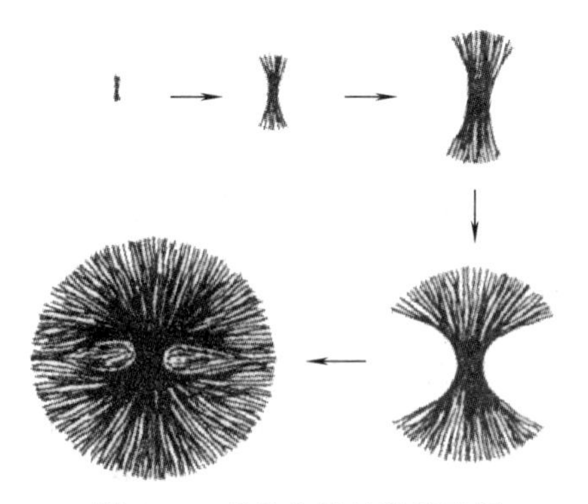

图2-19 球晶生长过程示意图

大量关于球晶生长过程的研究表明，成核初期阶段先形成一个多层片晶，然后逐渐向外张开生长，不断分叉形成捆束状形态，最后形成填满空间的球状晶体，见图 2-19。晶核少，球晶较小时，呈现球形；晶核多并继续生长扩大后，成为不规则的多面体，如图 2-20 所示。

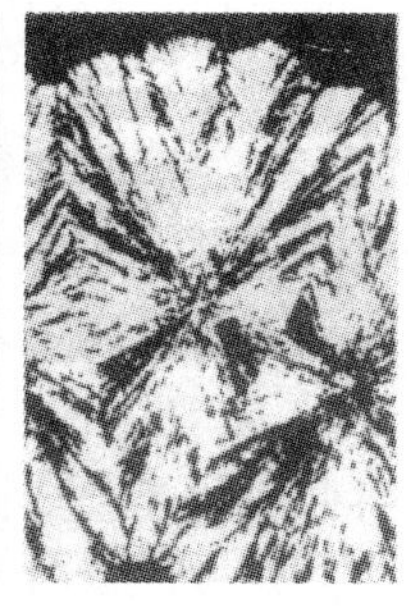

图 2-20　PEO 结晶过程正交偏光显微镜观察的生长球晶

球晶的双折射定义为径向折射率 n_r 和切向折射率 n_t 之差，它取决于沿径向堆砌的片晶上晶粒（或微晶——微小的单晶）的双折射。聚合物的球晶可以呈现为正光性，即 $n_r>n_t$；也可以呈现负光性，即 $n_r<n_t$。对于双轴晶（$\alpha\neq\beta\neq\gamma$，其中 γ 为分子链轴方向的最大折射率，α 和 β 为垂直于链轴的另外两个方向的折射率，且 $\beta>\alpha$），球晶可以呈现正光性或负光性或混合光性。对于单轴晶（$\alpha=\beta<\gamma$），其球晶呈现负光性。总之，球晶的双折射正负性决定于晶粒的各向异性和它们在球晶中的取向。例如聚乙烯球晶为正球晶（或正光性球晶），聚偏氯乙烯球晶为负球晶（或负光性球晶），聚丙烯、尼龙 6 等球晶随着条件变化可以形成正、负和混合球晶。研究正负光性的方法也已用于研究聚合物球晶中分子链的堆砌方式。图 2-21 为正负球晶内双折射体的取向情况示意图。

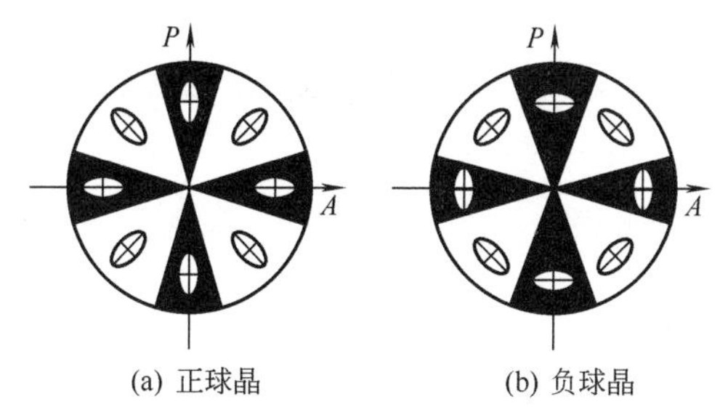

图 2-21　正负球晶内双折射体的取向情况示意图

用偏光显微镜观察聚合物球晶时，还发现一定条件下（例如高过冷度）球晶呈现更复杂的环状图案，即在黑十字消光图像上重叠着明暗相间的消光同心圆环（extinction cycle），见图 2-22(a)。有的资料上将这种球晶称为条带球晶（banded spherulites）。

不少研究工作者采用电子显微镜研究球晶内部的细微结构。

透射电子显微镜（transmission electron microscopy，TEM）的结构与光学显微镜相似，由电子枪、聚光镜、样品室、物镜、投影镜和照相室组成。但其光源为高能量电子束，聚焦用电磁透镜。电子显微镜中物像的形成不是由于物体对电子的吸收效应，而是由于物体内部结构对电子发生散射作用的结果。它的主要特点是具有很高的放大倍数和分辨能力，其放大率可达几十万倍甚至上百万倍，可以分辨零点几个纳米的聚合物形貌。TEM 的制样方法很多，对于高分子材料，主要有薄膜制备法、超薄切片和电子染色技术、复型和投影等。

该种现代测试手段是研究晶态、非晶态聚合物形态结构的有力工具，也是研究多组分聚合物相容性和微相结构的有力工具（见 2.5 节），在复合材料形貌研究方面也得到了广泛的应用(示例见第 8 章)。

扫描电子显微镜（scanning electron microscopy，SEM）的成像原理与 TEM 不同，是利用扫描电子束从固体表面得到的二次电子图像，在阴极摄像管的荧光屏上扫描成像的。制样方法为试样表面喷镀一层导电层（金、铂或碳等）。SEM 的放大倍率可在十到几十万之间变化，分辨率优于 3nm，介于 TEM（0.1nm）和光学显微镜（200nm）之间，在研究试样的破坏等方面，有其独到之处（详见第 8 章)。

图 2-22(b) 和图 2-23 为球晶的电镜照片，表明球晶是由径向发射的微纤（fibril）组成，这些微纤就是长条状扭曲的片晶，如图 2-24 所示。正是由于片晶的协同扭曲造成了偏光显微镜所见同心消光圆环的形成，见图 2-22(a)。

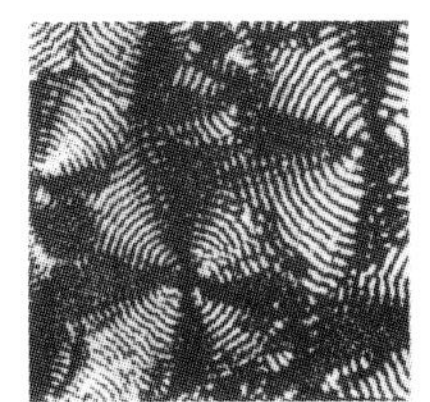

(a) 正交偏光显微镜照片　(b) 球晶切口表面的电子显微镜照片

图 2-22　PE 的条带球晶

图 2-23　PE 表面碳膜复型的球晶电镜照片

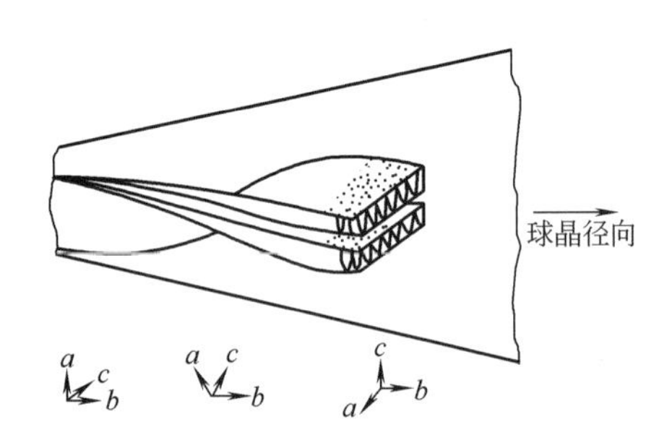

图 2-24　球晶内部扭曲片晶示意图

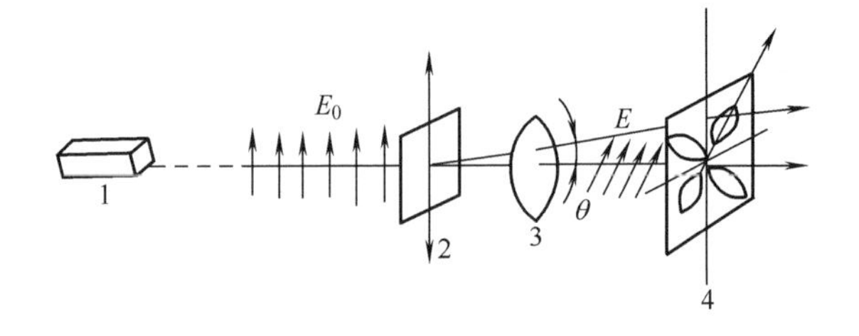

图 2-25　小角激光光散射仪示意图

1—激光光源发生器；2—样品；3—检偏镜；4—照相底片

小角激光光散射法（SALS）也是研究高分子凝聚态结构特别是球晶的有效方法，它适于研究尺寸为几百纳米至几十微米的结构。

用小角激光光散射仪（图 2-25）观察球晶时，激光光源发生器作为偏振的单色光源发射出强度为 E_0 的偏振光射入样品中被样品所散射，散射光 E 通过检偏镜射入照相底片上成像。当检偏镜的偏振面和入射光的偏振面相垂直时，可看到四叶瓣 H_V 散射图形，见图 2-26(a) 所示；当检偏镜的偏振面和入射光的偏振面相互平行时，得到的是 V_V 小角散射图，如图 2-26(b) 所示。

研究球晶的结构、形成条件、影响因素和变形破坏，有着十分重要的实际意义。例如，球晶的大小直接影响聚合物的力学性能。球晶越大，材料的冲击强度越小，越容易破裂。再如，球晶大小对聚合物的透明性也有很大影响。通常，非晶聚合物是透明的，而结晶聚合物中晶相和非晶相共存，由于两相折射率不同，光线通过时，在两相界面上将发生折射和反

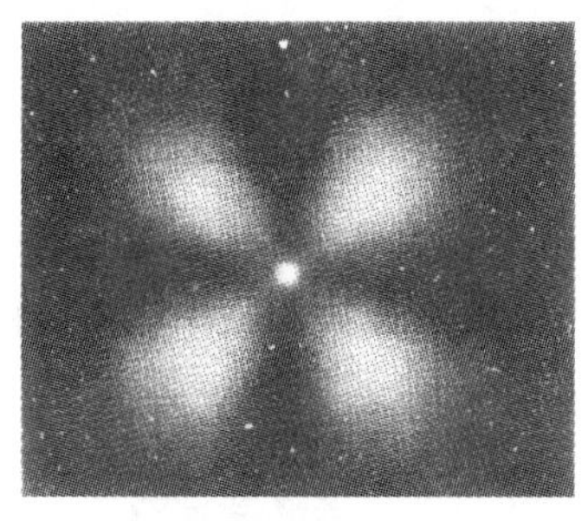

(a) H_V图

(b) V_V图

图 2-26　未形变的等规聚丙烯球晶的 SALS 图

射，所以，呈现乳白色而不透明。球晶或晶粒尺寸越大，透明性越差。但是，如果结晶聚合物中晶相和非晶相密度非常接近，如聚 4-甲基-1-戊烯，则仍然是透明的；如果球晶或晶粒尺寸小到比可见光波长还要小时，那么对光线不发生折射和反射，材料也是透明的。

2.1.3.3　其他

(1) 树枝状晶

溶液中析出结晶时，当结晶温度较低或溶液浓度较大（0.01%～0.1%）或分子量过大，聚合物不再形成单晶，结晶的过渡生长将导致较为复杂的结晶形式，生成树枝晶，如图 2-27 所示。在树枝晶的生长过程中，也重复发生分叉支化，但这是在特定方向上择优生长的结果。

(2) 纤维状晶和串晶

当存在流动场时，高分子链伸展，并沿着流动方向平行排列。在适当的情况下，可以发生成核结晶，形成纤维状晶，见图 2-28。应力越大，伸直链成分越多。纤维状晶的长度可以不受分子链平均长度的限制，电子衍射实验进一步证实，分子链的取向是平行纤维轴的。因此，这样得到的纤维有极好的强度。

高分子溶液温度较低时，边搅拌边结晶，可以形成一种类似于串珠式结构的特殊结晶形态——串晶，见图 2-29。这种聚合物串晶具有伸直链结构的中心线，中心线周围间隔地生长着折叠链的片晶，它是同时具有伸直链和折叠链两种结构单元组成的多晶体。应力越大，伸直链组分越多。图 2-30 为串晶的结构模型示意图。由于具有伸直链结构的中心线，因而提供了材料的高强度、抗溶剂、耐腐蚀等优良性能。例如，聚乙烯串晶的杨氏模量相当于普

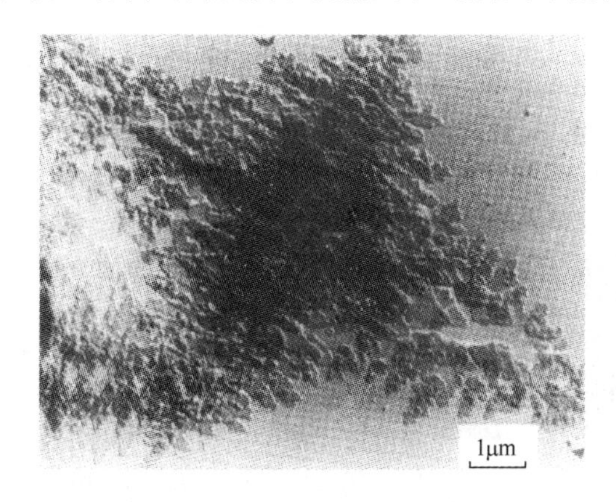

图 2-27　树枝状聚乙烯晶体

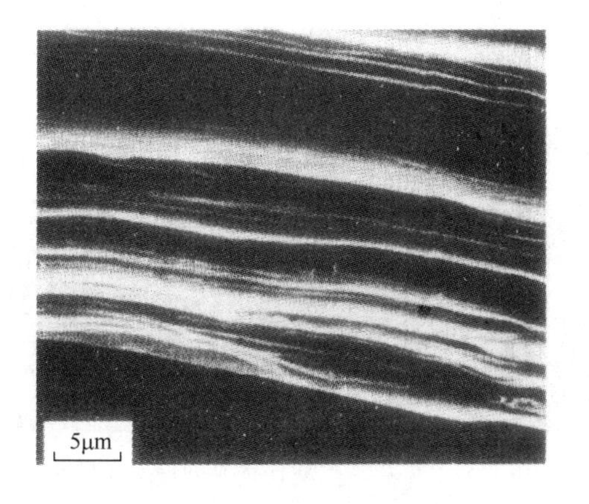

图 2-28　从靠近转轴的晶种生长的聚乙烯纤维晶（二甲苯，114℃）

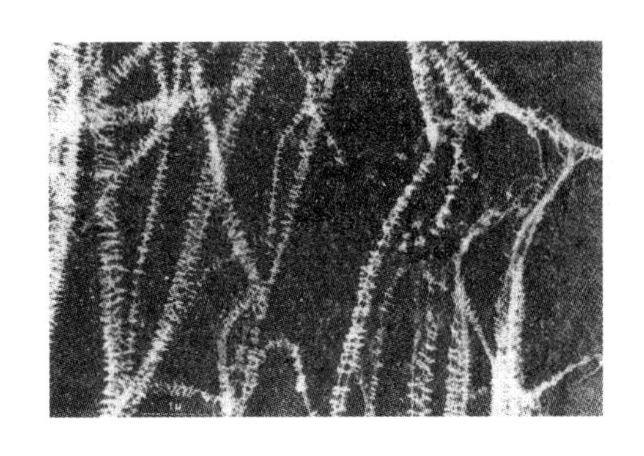

图 2-29　线形聚乙烯串晶的电镜照片
（形成条件：5%二甲苯溶液，100℃，搅拌）

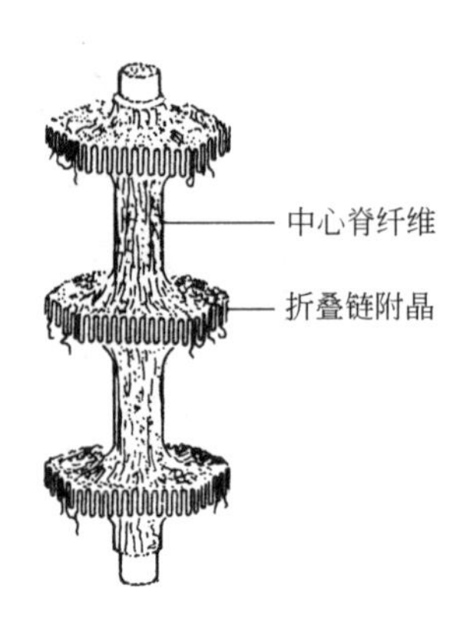

图 2-30　串晶结构模型

通聚乙烯纤维拉伸 6 倍时的模量。在高速挤出淬火所得聚合物薄膜中也发现有串晶结构，这种薄膜的模量和透明度大为提高。

(3) 柱晶

当聚合物熔体在应力作用下冷却结晶时，还常常形成一种柱状晶，如图 2-31 所示。即由于应力作用，聚合物沿应力方向成行地形成晶核，然后以这些行成核为中心向四周生长成折叠链片晶。这种柱晶在熔融纺丝的纤维中、注射成型制品的表皮以及挤出拉伸薄膜中，常常可以观察到。

(4) 伸直链晶体

近年来，发现聚合物在极高压力下进行熔融结晶或者对熔体结晶加压热处理，可以得到完全伸直链的晶体，如图 2-32 所示。晶体中分子链平行于晶面方向，片晶的厚度基本上等于伸直了的分子链长度，其大小与聚合物分子量有关，但不随热处理条件而变化。该种晶体的熔点高于其他结晶形态，接近厚度趋于无穷大时的晶体熔点。为此，目前公认，伸直链结构是聚合物中热力学上最稳定的一种凝聚态结构。

图 2-31　等规聚丙烯柱状晶的偏光显微镜照片

图 2-32　聚乙烯伸直链晶体的电镜照片
（结晶条件：225℃，486MPa，8h）

2.1.4　晶态聚合物的结构模型

随着人们对聚合物结晶认识的逐渐深入，提出了不同的模型，用以解释实验现象，探讨结构与性能关系。例如，20 世纪 40 年代 Bryant 的缨状胶束模型，20 世纪 50 年代 Keller 提出的折叠链模型以及 20 世纪 60 年代 Flory 提出的插线板模型等。不同的观点之间的争论仍在进行之中。

2.1.4.1　缨状胶束模型（fringed-micelle model）（二相模型）

缨状胶束模型从结晶聚合物 X 射线图上衍射花样和弥散环同时出现以及测得的晶区尺寸远小于高分子链长度等实验事实出发，提出结晶聚合物中，晶区和非晶区同时存在，互相贯穿。在晶区中，分子链平行排列，一根分子链可以同时贯穿几个晶区和非晶区，不同的晶区在通常情况下为无规取向；在非晶区中，分子链的堆砌是完全无序的。该模型也可称作两相模型，见图 2-33，是 1925 年 Bryant 提出的。

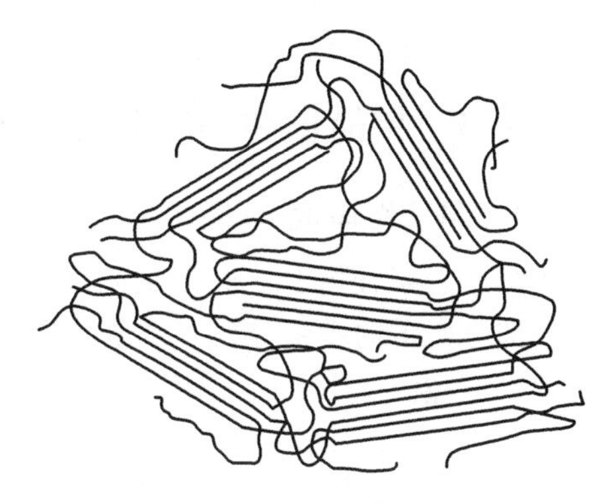

图 2-33　晶态聚合物的缨状胶束模型

2.1.4.2　折叠链模型（folded-chain model）

晶态聚合物通常含有 30%～40%的非晶区。在“单晶”研究的基础上，Keller 提出，晶区中分子链在片晶内呈规则近邻折叠，夹在片晶之间的不规则排列链段形成非晶区。这就是所谓“折叠链模型”，见图 2-34。继“近邻规则折叠链模型”之后，为了解释一些实验现象，Fischer 又对上述模型进行了修正，提出了“近邻松散折叠模型”，此模型中折叠环圈的形状是不规则的和松散的。此外，在多层片晶中，分子链可以跨层折叠，即在一层折叠几个来回以后，转到另一层中去再折叠，称作“跨层折叠模型”，如图 2-36(a)。

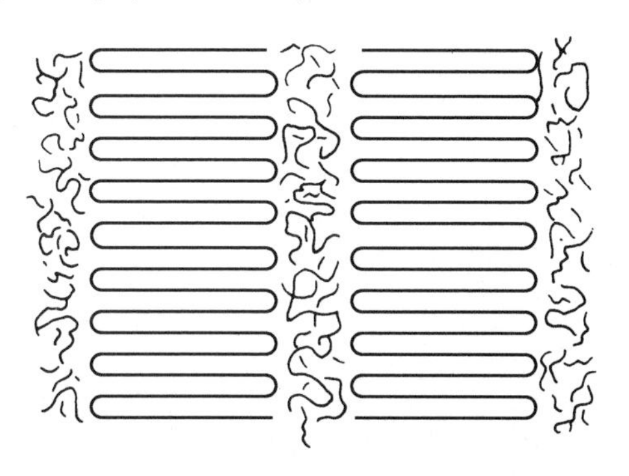

图 2-34　晶态聚合物折叠链模型示意图

图 2-35　晶态聚合物的插线板模型示意图

2.1.4.3　插线板模型（switchboard model）

Flory 认为，组成片晶的杆（stems）是无规连接的，即从一个片晶出来的分子链并不在其邻位处回折到同一片晶，而是在进入非晶区后在非邻位以无规方式再回到同一片晶，也可能进入另一片晶。非晶区中，分子链段或无规地排列或相互有所缠绕，见图 2-35 和图 2-36(b)。小角中子散射（SANS）实验证明，晶态聚丙烯中，分子链的尺寸与它在 θ 溶

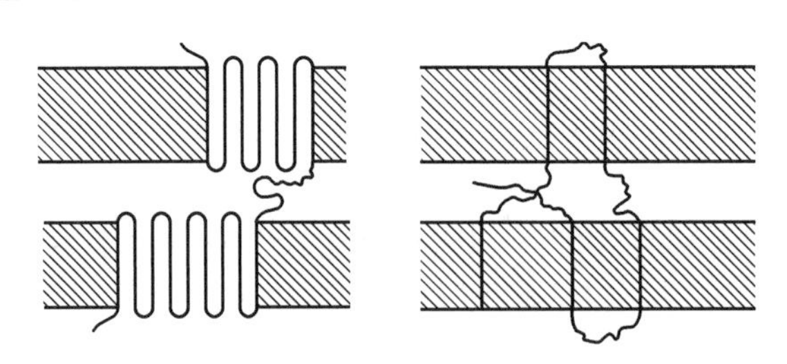

(a) 分子链有规则地近邻折叠 (b) 分子链不规则地非近邻折叠

图 2-36 片晶中分子链折叠示意图

剂中及熔体中的分子尺寸相同，有力地证明了晶态聚合物中分子链的大构象可以用不规则非近邻折叠模型来描述。

2.1.5 结晶度和晶粒尺寸、片晶厚度

2.1.5.1 结晶度

实际晶态聚合物中，通常是晶区和非晶区同时存在的。结晶度（crystallinity）即试样中结晶部分所占的质量分数（质量结晶度 x_c^m）或者体积分数（体积结晶度 x_c^v）。

$$x_c^m=\frac{m_c}{m_c+m_a}\times 100\% \tag{2-6}$$

$$x_c^v=\frac{V_c}{V_c+V_a}\times 100\% \tag{2-7}$$

式中 m_c，V_c——分别表示试样中结晶部分的质量和体积；

m_a，V_a——分别表示试样中非晶部分的质量和体积。

由于部分结晶聚合物中，晶区与非晶区的界限很不明确，无法准确测定结晶部分的量。因此，结晶度的概念缺乏明确的物理意义，其数值随测定方法不同而不同。较为常用的测定结晶度的方法有密度法，此外还有 X 射线衍射法、量热法、红外光谱法等。这些方法分别在某种物理量和结晶程度之间建立了定量或半定量的关系，故可分别称之为密度结晶度、X 射线结晶度等，可用来对材料结晶程度作相对的比较。

(1) 密度法

该法的基本依据是分子链在晶区规整堆砌，故晶区密度（ρ_c）大于非晶区密度（ρ_a）。或者说，晶区比体积（v_c）小于非晶区比体积（v_a）。部分结晶聚合物的密度介于 ρ_c 和 ρ_a 之间。

假定试样的比体积 v 等于晶区和非晶区比体积的线性加和，即

$$v=x_c^m v_c+(1-x_c^m)v_a$$

则
$$x_c^m=\frac{v_a-v}{v_a-v_c}=\frac{1/\rho_a-1/\rho}{1/\rho_a-1/\rho_c}=\frac{\rho_c(\rho-\rho_a)}{\rho(\rho_c-\rho_a)} \tag{2-8}$$

假定试样的密度 ρ 等于晶区和非晶区密度的线性加和，即

$$\rho=x_c^v\rho_c+(1-x_c^v)\rho_a$$

则
$$x_c^v=\frac{\rho-\rho_a}{\rho_c-\rho_a} \tag{2-9}$$

由式(2-9) 可知，为了求得试样的结晶度，需要知道试样的密度 ρ、晶区的密度 ρ_c 和非晶区的密度 ρ_a。试样密度可用密度梯度管进行实测，晶区和非晶区的密度分别认为是聚合物完全结晶和完全非结晶时的密度。完全结晶的密度即晶胞密度，见式(2-4)。完全非结晶

的密度可以从熔体的比体积-温度曲线外推到被测温度求得。也可以把熔体淬火，以获得完全非结晶的试样后进行实测。

实际上，许多聚合物的 ρ_c 和 ρ_a 都已由前人测定过，可以从手册或文献中查到。表 2-4 列出了几种结晶聚合物的密度。

表 2-4　几种结晶聚合物的密度

聚合物	$\rho_c/(g/cm^3)$	$\rho_a/(g/cm^3)$	聚合物	$\rho_c/(g/cm^3)$	$\rho_a/(g/cm^3)$
聚乙烯	1.014	0.854	聚丁二烯	1.01	0.89
聚丙烯(全同)	0.936	0.854	天然橡胶	1.00	0.91
聚氯乙烯	1.52	1.39	尼龙 6	1.230	1.084
聚苯乙烯	1.120	1.052	尼龙 66	1.220	1.069
聚甲醛	1.506	1.215	聚对苯二甲酸乙二酯	1.455	1.336
聚丁烯	0.95	0.868	聚碳酸酯	1.31	1.20

(2) X 射线衍射法

该法测定晶态聚合物结晶度的依据为：总的相干散射强度等于晶区和非晶区相干散射强度之和，即

$$x_c=\frac{A_c}{A_c+KA_a}\times 100\% \tag{2-10}$$

式中　A_c——衍射曲线下晶区衍射峰的面积；

A_a——衍射曲线下非晶区散射峰的面积；

K——校正因子。

为了比较的目的，K 可以设定为 1；对于绝对测量，K 因子必须经过绝对方法测定，如 Ruland 方法或者密度法。分峰法有图解分峰法、计算机分峰法等。

(3) 量热法

该法是根据聚合物熔融过程中的热效应来测定结晶度的方法。

$$x_c=\frac{\Delta H}{\Delta H_0}\times 100\% \tag{2-11}$$

式中，ΔH 和 ΔH_0 分别为聚合物试样的熔融热和 100%结晶试样的熔融热。ΔH 值可由差示扫描量热仪（DSC）熔融峰的面积来测量。100%结晶的样品一般不能得到，可以通过测定一系列不同结晶度试样的 ΔH（即峰面积），然后外推到 $x_c \to 100\%$ 来确定 ΔH_0。

DSC 方法的仪器装置见图 2-37。试样和参比物分别放置于两坩埚内，等速升温。当试样发生熔融、结晶、氧化、降解等变化时，它与参比物之间产生了温差 ΔT。测量维持 $\Delta T \to 0$ 时输入试样和参比物的热功率差与温度的依赖关系，即可得到 $T_{结晶}$、$T_{熔融}$、$T_{氧化}$、$T_{分解}$ 等物性参数。典型的 DSC 热谱图见图 2-38。DSC 熔融峰也是结晶聚合物的重要实验证据。

当温度在聚合物的熔点和玻璃化转变温度（见第 5 章）之间，结晶聚合物的非晶区处于橡胶弹性平台区。此时，结晶度高，材料拉伸强度、模量、硬度高，断裂伸长率减小，冲击强度稍有下降。而温度在 T_g 以下时，结晶聚合物的非晶区处于玻璃态区，结晶度增加，材料脆性增大。两相并存的晶态聚合物通常呈乳白色、不透明，如 PE、尼龙等。当结晶度减小时，透明度增加。此外，结晶度达 40%以上的晶态聚合物，其最高使用温度为结晶熔点 T_m，热性能优于非晶聚合物或轻度结晶的聚合物。结晶度高低还影响材料的耐溶剂性，气体、蒸气或液体的渗透性，化学反应活性等。

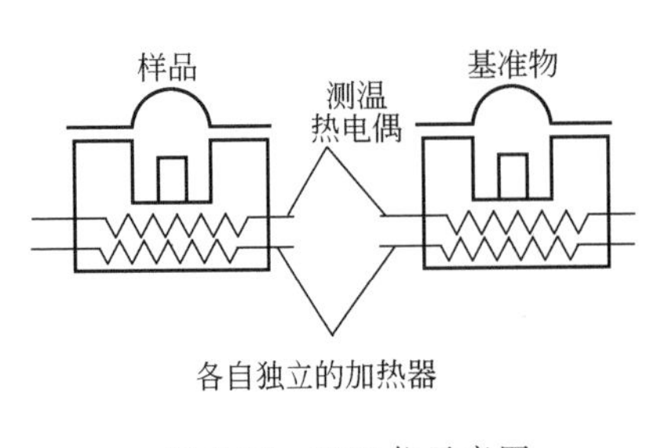

图 2-37 DSC仪示意图

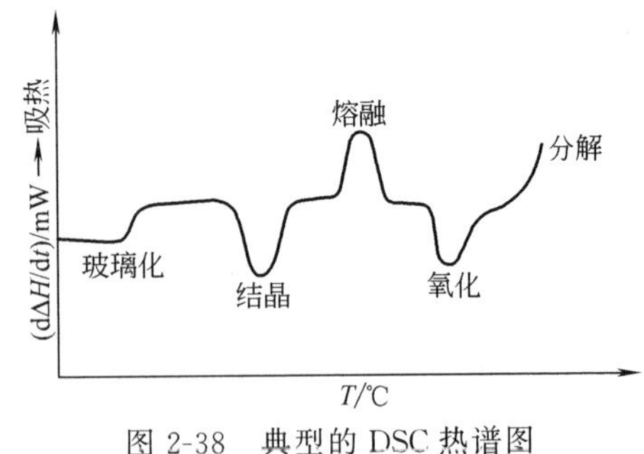

图 2-38 典型的DSC热谱图

2.1.5.2 晶粒尺寸和片晶厚度

利用X射线衍射曲线可以测定晶粒尺寸（crystallite dimension）。根据Scherrer公式

$$\overline{D}_{(hkl)}=k\lambda/(\beta\cos\theta) \tag{2-12}$$

式中 $\overline{D}_{(hkl)}$——(hkl)法线方向的平均尺寸，nm；

k——Scherrer形状因子（0.89）；

β——(hkl)晶面衍射峰的半高宽（弧度）。

β越小，$\overline{D}_{(hkl)}$越大，晶粒尺寸越大。

晶态聚合物中，相邻片晶中心的间距l'称为长周期。实际试样中，长周期有一个分布，用小角X射线衍射实验可以测得长周期的平均值。长周期内包括结晶部分和非晶部分，片晶厚度（lamellar thickness）l定义为长周期内结晶部分的厚度。

$$l=l'x_c \tag{2-13}$$

式中 x_c——试样的结晶度。

2.2 非晶态聚合物结构

2.2.1 概述

由于温度和结构不同，非晶态聚合物呈现出不同的物理、力学行为，包括：玻璃体、高弹体和熔体。

非晶态聚合物通常是指完全不结晶的聚合物。从分子结构角度来看，包括：①链结构的规整性很差，以致不能形成可观的结晶，如无规立构聚合物（无规聚苯乙烯、无规聚甲基丙烯酸甲酯等），其熔体冷却时，仅能形成玻璃体；②链结构具有一定的规整性，可以结晶，但由于结晶速率十分缓慢，以至于熔体在通常的冷却速率下得不到可观的结晶，呈现玻璃体结构。例如，聚碳酸酯等；③链结构虽然具有规整性，但因分子链扭折不易结晶，常温下呈现高弹体结构，低温时才能形成可观的结晶，例如，顺式聚1,4-丁二烯等。对于晶态聚合物，非晶态包括：①过冷的液体；②晶区间的非晶区。后者在结构性质上与前者有所不同。

高分子链如何堆砌在一起形成非晶态结构，一直是高分子科学界热烈探索和争论的课题。20世纪70年代以来，出现了两种对立的学说。其一是Flory学派的无规线团模型，其二为Yeh等的局部有序模型。

2.2.2 无规线团模型及实验证据

早在20世纪50年代初期，诺贝尔化学奖获得者Flory用统计热力学推导得出如下结论：在非晶态聚合物中，高分子链无论在 θ 溶剂中或者在本体中，均具有相同的旋转半径，呈现无扰的高斯线团状态。但是，当时没有直接的实验证据。

20 世纪 70 年代，由于小角中子散射（SANS）技术的发展及其在非晶态聚合物结构研究中所取得的结果，有力地支持了 Flory 学派的无规线团模型。中子是一种不稳定的粒子，半衰期为 12min。中子是中性的，它和原子核碰撞可产生弹性散射和非弹性散射。SANS 是一种弹性中子散射技术，该技术在高分子方面的应用，主要是根据 H 和 D（氘）的散射振幅差别较大，将 D 代替 H 后，物质热力学性质在大多数情况下没有变化，而在散射振幅上呈现差别，散射能力相差很大，中子散射反差很大。迄今，人们采用 SANS 测定了多种氘代非晶聚合物固体“稀溶液”（即以氘代的聚合物为标记分子，把它分散在相应的非氘代的聚合物本体中，反之亦然）中分子链的旋转半径，同时研究了这些聚合物在其他有机溶剂中的中子散射情况，证明在所有情况下，旋转半径与重均分子量均成正比，聚合物本体中的分子链具有与它在 θ 溶剂时相同的形态，即呈现为无规线团。标记聚合物的小角 X 射线衍射（SAXS，其散射角小于 2°，而广角 X 射线衍射 θ 为 10°～30°），得到了与 SANS 同样的结果。例如，不同溶剂和不同分子量的有机玻璃用中子散射及其他方法测得的旋转半径与重均分子量关系如图 2-39 所示。由图可见，旋转半径对重均分子量作图均为直线。溶剂为二氧六环时（良溶剂）斜率最大，丙酮（中等溶剂）次之，氯代正丁烷（θ 溶剂）的斜率最小。有机玻璃本体与在 θ 溶剂时的斜率基本相同，约为 0.5，即 $(\overline{s}^2)^{1/2}_{本体} \approx (\overline{s}^2)^{1/2}_{\theta} \propto M^{0.5}$。二者此时的第二维利系数 A_2（详见第 3、4 章）均为零。分子链的旋转半径也基本相同，如表 2-5 所示，两者间的差异仅为实验误差。

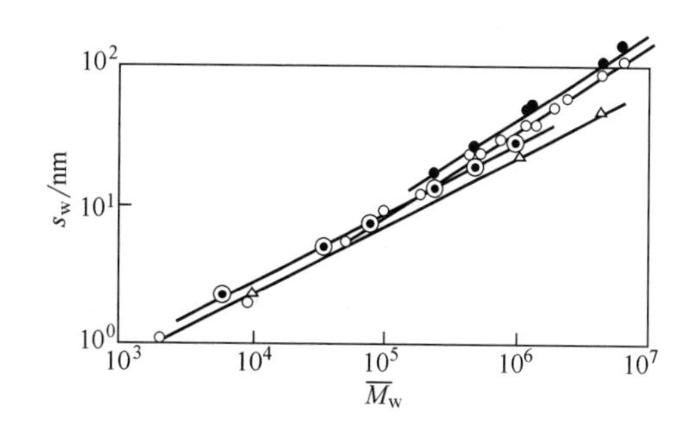

图 2-39　有机玻璃（PMMA）的分子旋转半径与重均分子量关系

• 二氧六环（光散射）；○ 丙酮（光散射，X 射线衍射）；△ 氯代正丁烷（小角 X 射线衍射）；⊙ 有机玻璃本体（小角中子散射）

表 2-5　有机玻璃（PMMA）的分子形态（$\overline{M}_w$＝25000）

溶　剂	$A_2\times10^4/(cm^3/g^2)$	$(\overline{s}^2)^{1/2}_w$/nm
二氧六环(25℃)	5	17.0
丙酮(25℃)	2.5	14.0
氯代正丁烷(35℃)	0	11.0
氘代有机玻璃(25℃，外推到 c＝0 时)	0～0.2	11.6

高分子链在 θ 溶剂中呈现为高斯线团是由于溶剂与高分子链段、链段与链段之间的斥力和引力相互抵消，高分子链处于无扰状态，具有无扰尺寸。钱人元等用激基缔合物荧光光谱研究了聚苯乙烯良溶剂溶液从稀区到亚浓区和浓区以致固体膜的转变，说明了聚合物非晶态固体中高分子链形态的基本物理图像是几十个无规线团相互贯穿在一起。这里所说的激基缔合物是指处于激发态的生色团与另一个处于基态的相同生色团相互作用形成激发态的分子缔合物。聚苯乙烯等聚合物很容易形成分子内激基缔合物，也可以在生色团的激发态寿命期间由于分子运动改变了空间构象而形成激基缔合物。激基缔合物荧光与单分子荧光有着不同的

性质，如反射波长、量子效率、荧光寿命等，利用激基缔合物的特性可以研究聚合物溶液的临界转变浓度、聚合物的空间构象及链运动等。

无规线团模型简单，适宜于广泛的数学处理，因而产生了更为详尽的理论，包括橡胶弹性统计理论（第 6 章）和黏度行为（第 4 章），这些理论较好地预测了聚合物的行为。

2.2.3 局部有序模型及实验证据

早在 20 世纪 50 年代末，Каргин 学派用电子显微镜观察非晶弹性体，发现了条纹结构，称之为局部有序排列的长链束，提出了链束结构模型。R. Hosemann 于 1967 年用小角 X 射线散射研究了聚乙烯和聚氧化乙烯，对聚合物的非晶部分提出了“准晶模型”。Yeh 等用电子显微镜观察许多非晶聚合物，发现球粒结构，1972 年提出了“折叠链缨状胶束球粒模型”（两相球粒模型）。该模型认为，非晶聚合物中具有 3～10nm 范围的局部有序性。球粒是由两个部分组成：粒子相和粒间相。粒子相又分为有序区和粒界区。

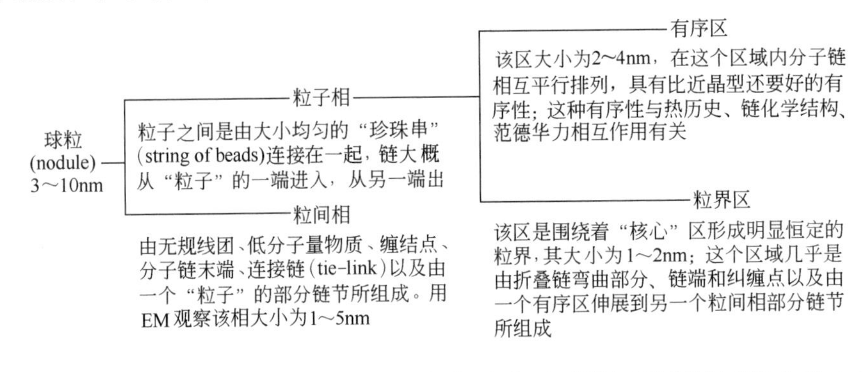

该模型的重要特征是存在一个粒间区。这个无序区可以解释橡胶回缩力的本质，即粒间区首先为回缩力提供了所需的熵。无序区又集中存在着过剩的自由体积，由此可以解释非晶聚合物的延性、塑性形变。模型中有序区的存在，为聚合物能迅速结晶并生成折叠链结构提供了依据。通常，非晶聚合物的密度比完全无序模型的计算值要高，有序的粒子相和无序的粒间相并存的两相球粒模型又可对这一问题进行有效地解释。即非晶聚合物的比体积按照加和性原则可由下式表示：

$$v_A = v_G\varphi_G + v_{IG}\varphi_{IG}$$

式中 v_A、v_G、v_{IG}——分别为试样、粒子相、粒间相的比体积；

φ_G、φ_{IG}——分别为粒子相和粒间相的体积分数。

此外，认为非晶态聚合物局部有序的还有 W. Pechhold 等提出的非晶链束整体曲折的“曲棍状模型”，V. P. Privalko 和 Y. S. Lipatov 等的无规折叠链构象等。

几种典型的非晶态结构模型示意见图 2-40。从 Flory 的无规线团到 Pechhold 等的有序曲棍状模型，还有介于两者之间的一些模型，认为非晶态中链的堆砌比无规线团紧密或者具有不同程度的链折叠。不同学派争论的焦点主要是完全无序还是局部有序。

关于非晶态聚合物的结构，无规线团模型虽然具有很多实验数据，但也存在不少问题。例如，SANS 测得的旋转半径值一般大于 10nm，而对于小于 10nm 的结构，SANS 则不敏感。事实上，所谓非晶聚合物的局部有序区一般在 2～5nm。又如，许多聚合物熔体结晶速率非常快，这也是无规线团模型所不能解释的。

局部有序模型的最直接实验依据是电子显微镜观察到球粒结构图像。但是，对电镜技术

(a) Flory无规线团模型

(b) Privalko与Lipatov的无规折叠链模型

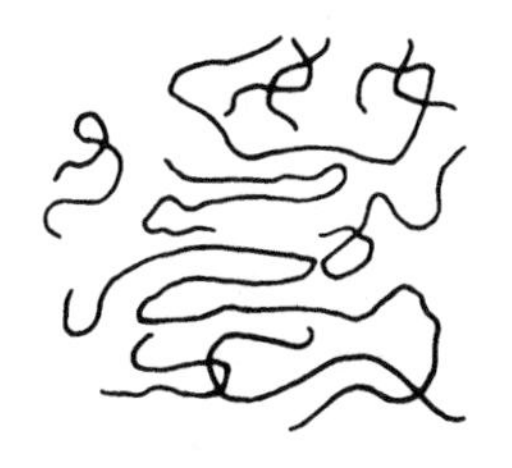

(c) Yeh折叠链缨状胶束球粒模型

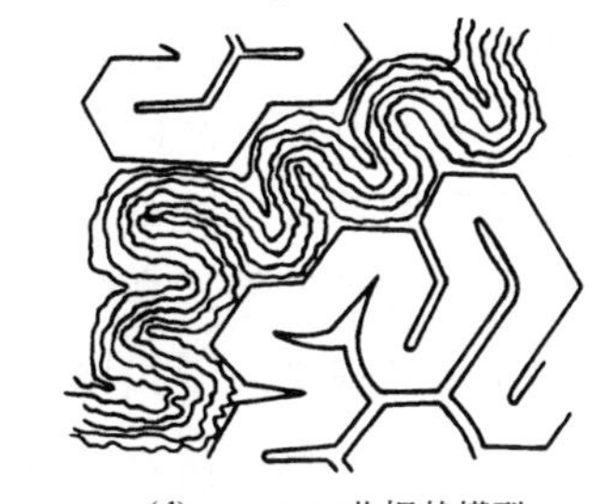

(d) Pechhold曲棍状模型

图 2-40　非晶态聚合物结构模型示意图

的仔细考察发现，在聚焦不当时可产生假象。为了克服这方面的缺点，电镜工作者将样品进行离子刻蚀、拉伸处理、表面喷金和退火等使结构发生一些变化，把真实结构和假象区分开来。许多年来，不少学者曾试图使用不同的实验技术进行论证，如广角 X 射线衍射（WAXD）、差示扫描量热（DSC）、光散射、核磁共振（NMR）等，但是，正反两方面的结果都有报道。

2.2.4　高分子链的缠结

缠结是长而细的高分子链之间形成物理交联点，构成网络结构，使一个分子链的运动受到周围分子链的限制，从而对聚合物的性能产生重要影响。

缠结有两种类型，即拓扑缠结和凝聚缠结。

拓扑缠结是指分子链相互穿透、勾缠，链之间不能横穿移动。拓扑缠结点在分子链上的密度很小，缠结点密度的温度依赖性很小。尽管尚无高分子链拓扑缠结的直接观察证据，但该类缠结对处于高弹态和流动态温度下聚合物的性质有着显著影响。例如，硫化橡胶的实测弹性模量比只考虑化学交联（化学交联点）的理论值大，表明这里还有缠结网络（物理交联点）的贡献（见第 6 章）。又如，聚合物熔体的零切黏度具有明显的分子量依赖性以及熔体在很高的切变速率下会又一次出现牛顿性等，均可用缠结网络在剪切时被解开来加以说明（见第 9 章）。

钱人元先生提出凝聚缠结的概念。凝聚缠结是由于局部相邻分子链之间的相互作用，使局部链段接近于平行堆砌，从而形成物理交联点。高分子链凝聚缠结的存在已被若干实验所证实。例如，PET 的激基缔合物荧光光谱表明，主链芳环之间的平行堆砌距离小于 0.35nm，就是凝聚缠结。凝聚缠结点在分子链上的密度比拓扑缠结点在分子链上的密度要大得多，缠结点的密度有很大的温度依赖性。这种不同尺度、不同强度的凝聚缠结点形成物理交联网，对聚合物在 T_g 和 T_g 以下的许多物理性能产生重要影响，可用以解释非晶态聚合物的物理老化现象和 T_g 转变的 DSC 曲线上的吸热峰（见第 5 章），也可用以从微观上解释非晶态聚合物 T_g 以下单轴拉伸时出现的屈服应力峰等。

2.3 高分子液晶

2.3.1 引言

一些物质的结晶结构受热熔融或被溶剂溶解之后，表观上虽然失去了固体物质的刚性，变成了具有流动性的液体物质，但结构上仍然保持着一维或二维有序排列，从而在物理性质上呈现出各向异性，形成一种兼有部分晶体和液体性质的过渡状态，这种中介状态称为液晶态，处在这种状态下的物质称为液晶（liquid crystal）。

液晶包括小分子液晶和高分子液晶。高分子液晶与小分子液晶化合物相比，具有高分子量和高分子化合物的特性；与其他高分子相比，又有液晶相所特有的分子取向序和位置序。高分子量和液晶相序的有机结合，赋予高分子液晶独特的性能。例如，高分子液晶具有高强度、高模量，被用于制造防弹衣、缆绳及航天航空器的大型结构部件；可用于新型的分子及原位复合材料。所谓分子复合材料，是将刚性聚合物液晶以分子级分散到柔性链聚合物基体之中，达到显著增强基体力学性能的目的。而原位复合材料（in situ composite）为热致液晶在与热塑性聚合物共混过程"就地"形成微纤结构，从而增强基体的力学性能（例如，聚碳酸酯/聚酯液晶、聚醚砜/聚酯液晶等）；液晶材料热膨胀系数最小，适用于光导纤维的被覆；其微波吸收系数小，耐热性好，适用于制造微波炉具；具有铁电性，适用于显示器件、信息传递和热电检测等。

作为一类全新的高性能材料，大分子液晶（macromolecular liquid crystal）在现代高科技领域中占有重要地位。从高分子凝聚态物理的角度来看，高分子液晶的液晶态更是丰富多彩，奥妙无穷。高分子液晶态将高分子的非晶态和晶态，稀溶液和浓溶液以及高分子本体有机地关联在一起，使人们对高分子的凝聚态物理作出更加全面、更加深入的了解。

从1950年首次发现合成高分子多肽溶液的液晶态至今不过60余年，从1977年在美国召开第一次高分子液晶学术会议至今也不过40余年。但是，高分子液晶的研究成就十分显著，发展速度是许多重要科技领域无可比拟的，发展潜力也是巨大的。

2.3.2 小分子中介相及聚合物液晶的类型

大多数液晶物质是长棒状的或长条状的。这些长棒状分子的基本化学结构如下：

R—⟨苯环⟩—X—⟨苯环⟩—R

它的中心是一个刚性的核，核中间有的有一桥键—X—，例如，—CH═N—、—N═N—、—N═N(O)—、—COO—等，两侧由苯环或者脂环、杂环组成，形成共轭体系。分子的尾端含有较柔性的极性基团或者可极化的基团—R、—R′，例如，酯基、氰基、硝基、氨基、卤素等。上述棒状液晶可以以 ~~~[核]~~~ 简单表示之。理论和实验都已表明，只有当分子的长宽比（或者长和直径比，即轴比）大于4左右的物质才有可能呈液晶态。例如，*N*-对戊苯基-*N′*-对丁苯基对苯二甲亚胺（TBPA）。

C_5H_{11}—⟨苯环⟩—N═CH—⟨苯环⟩—CH═N—⟨苯环⟩—C_4H_9

盘状分子也可以呈现液晶态，以 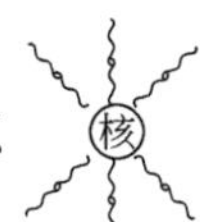

表示。通常，盘状分子轴比小于 1/4 左右的物质才有可能呈现液晶态。盘状分子液晶的发现，有助于理解石墨和沥青中的液晶序，应用上有一定价值，理论上有重要意义。例如，苯六正烷基羧酸酯

$$R = C_7H_{15}—COO—$$

还有一大类液晶是双亲性分子的溶液。其一端是一个亲水极性头，另一端是疏水非极性链，正壬酸钾就是一例。

2.3.2.1　热致液晶和溶致液晶

不同液晶性的物质呈现液晶态的方式不同。一定温度范围内呈现液晶性的物质称作热致液晶（thermotropic liquid crystal）；在一定浓度的溶液中呈现液晶性的物质称为溶致液晶（lyotropic liquid crystal）。

2.3.2.2　主链液晶和侧链液晶

高分子液晶是具有液晶性的高分子，它一般是由小分子液晶基元键合而成的。这里所谓液晶基元（mesogenicunit）是指高分子液晶中具有一定长径比的结构单元。这些液晶基元可以是棒状的，也可以是盘状的，或者更为复杂的二维乃至三维形状，甚至可以两者兼而有之。也还可以是双亲分子。但是，绝大多数高分子液晶都含有刚棒状的结构单元。根据液晶基元在高分子中的存在方式，人们将高分子液晶分成两大类：①高分子主链型液晶，其液晶基元位于主链之内；②高分子侧链型液晶，其液晶基元是作为支链链段悬挂在主链之上的。一般情况下，高分子侧链液晶的主干链是相当柔顺的。如果高分子侧链型液晶的主干链和支链上均含有液晶基元，这种高分子被称为高分子组合式液晶。若用刚棒代表液晶基元，各类高分子液晶的分子构造可用图 2-41 表示。无论是主链液晶还是侧链液晶，都有热致型液晶

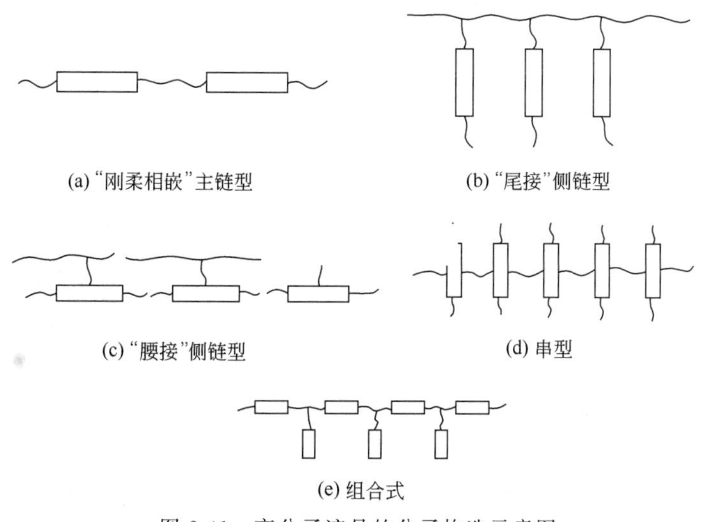

(a)“刚柔相嵌”主链型　(b)“尾接”侧链型　(c)“腰接”侧链型　(d) 串型　(e) 组合式

图 2-41　高分子液晶的分子构造示意图

和溶致型液晶两种。

高分子主链型液晶一般是刚性液晶基元位于主链之中的高分子。但更普通的是在刚性结构单元上引入柔性间隔段（space）和连接基团。例如，由液晶单体进行聚合的 $CH_3-C_6H_4-OOC-C_6H_4-OOC\!\leftarrow\!CH_2\!\rightarrow_n\!COO-C_6H_4-COO-C_6H_4-CH_3$，为热致液晶芳族聚酯，常称作聚液晶。而用来生产高强纤维 Kevlar 的聚对苯二甲酰对苯二胺（PPTA）为芳香尼龙，属于有一定刚性的主链溶致液晶高分子，但该种液晶没有明确的液晶核和间隔段，属于半刚性聚合物。常称为液晶聚合物。其结构式为：

$$\left[NH-C_6H_4-NH-CO-C_6H_4-CO \right]_n$$

其他重要的高分子溶致液晶还有聚苯并噻唑、纤维素衍生物、多肽等，它们自身熔点太高，必须使用强酸等制成液晶溶液再加工成型。除上述非双亲性刚棒分子外，还有一类称作双亲性溶致液晶。即双亲性分子溶于水时，其极性头互相靠近，非极性基团与水远离，形成液晶相。上述以芳族聚酯高分子液晶为代表的高分子热致液晶不仅可以纺制高强度纤维，而且可以作为新一代的工程塑料。目前，已经商品化的高分子热致液晶聚芳酯大体可以分为三类，即以 Amoco 公司的 Xydar 和 Sumitomo 公司的 Ekonol 为代表的Ⅰ型，以 Hoechst-Celanese 公司的 Vectra 为代表的Ⅱ型以及以 Unitika 公司的 Rodrun LC-5000 为代表的Ⅲ型。Ⅰ型属联苯系列，分子的基本成分为对羟基苯甲酸（HBA）、4,4′-联苯二酚（BP）以及不同比例的对苯二甲酸（TPA）和间苯二甲酸（IPA）；Ⅱ型属萘系列，主要成分是 6-羟基-2-萘酸（HNA）；Ⅲ型为 HBA 与 PET 的共聚产物。高分子侧链型液晶可以是液晶基元与柔性主链直接连接，但一般为柔性主链、刚性液晶基元、柔性间隔段、连接基团几部分组成。其中，space 有低聚体聚氧乙烯、聚甲基硅氧烷等链段和亚烷基。典型的侧链型液晶如表 2-6 所示。

2.3.2.3　其他

按照物质的来源，高分子液晶又可分为天然高分子液晶和合成高分子液晶。

研究表明，不含刚性液晶基元的高分子液晶如 PE，在足够高的压力下也会出现一个液晶相。这种通过压力变化而实现的液晶相称为压致（barotropic）液晶相，能生成压致液晶相的化合物称为压致性聚合物液晶。

表 2-6　一些典型的侧链型液晶

聚合物液晶整体分子结构	介晶基团▭
聚丙烯酸酯和聚甲基丙烯酸酯 $\left[CH_2-C(R)\right]$，侧基 $X-(CH_2)_n-Y-$▭ $R=H、CH_3, n=1\cdots14$ $X=-\overset{O}{\overset{\Vert}{C}}-O-;\ -\overset{O}{\overset{\Vert}{C}}-NH-$ $Y=-\overset{O}{\overset{\Vert}{C}}-O-;\ -O-;\ -O-\overset{O}{\overset{\Vert}{C}}-$	$-C_6H_4-\overset{O}{\overset{\Vert}{C}}-O-C_6H_4-R'$ $-C_6H_4-C_6H_4-R'$ 胆甾醇基（含 H_3C、CH_3、$-CH(CH_3)-(CH_2)_3-CH(CH_3)-CH_3$ 侧链） $-C_6H_4-CH=N-C_6H_4-R'$ $-C_6H_4-N=N-C_6H_4-R'$

续表

聚合物液晶整体分子结构	介晶基团□
聚硅氧烷 $-[O-Si(CH_3)]-$ $\quad\vert$ $(CH_2)_n-$□	$-C_6H_4-\overset{O}{\overset{\Vert}{C}}-O-C_6H_4-OR'$
$-[CH_2-CH=CH-CH_2-CH_2-CH]-$ $(CH_2)_2$ □$-O-Si-O-$□ O □	$-(CH_2)_6-O-C_6H_4-$ $H_3CCO-C_6H_4-$
	$-C_6H_4-N=CH-C_6H_4-CN$
聚苯乙烯衍生物 $-[CH_2-CH]_n-$ $\quad\vert$ □	$-C_6H_4-N=CH-C_6H_4-OR'$

最后，应该说明，高分子液晶可以是以液晶小分子为原料制得的，常称为聚液晶（polymerized liquid crystal）。也可以通过非液晶的传统单体聚合而成，称为液晶聚合物（liquid-crystalline polymer）；二类统称为大分子液晶或聚合物液晶。

2.3.3　液晶的光学织构和液晶相分类

液晶的同素异晶型即液晶晶型，是指液晶晶核在空间中的排列，类似晶体的晶系和晶格。

2.3.3.1　完全没有平移有序——向列相（nematic）（N 相）

向列相是唯一没有平移有序的液晶，它是液晶中最重要的成员，得到了最广泛的应用。在向列相中，液晶分子彼此倾向于平行排列，平行排列的从优方向称为指向矢，通常用一单位矢量 $\boldsymbol{n}$ 表示，$\boldsymbol{n}$ 没有正反方向之分。实际上，$\boldsymbol{n}$ 为空间某点附近分子平均方向的单位矢量，故聚合物液晶中存在许多有序微区（domain）。图 2-42 为向列相液晶结构示意图。

2.3.3.2　一维平移有序（层状液晶）——近晶相（smactic）（S 相）

这类液晶除了沿指向矢方向的取向有序外，还具有沿某一方向的平移有序，从而形成层状结构。层厚与液晶分子（即液晶高分子的液晶基元）长度的量级相当。在层内，液晶分子的质心随机分布，仍像液体一样，层与层之间几乎完全没有关联，彼此间很容易滑移。近晶 A（S_A）相的层内，分子倾向于垂直层面排列，层厚 d 大致就是分子长度 l。近晶 C（S_C）相的层内，分子彼此平行，但是与层法线相交一个角度 θ，层厚 $d=l\cos\theta$。S_A 和 S_C 相的分子排列示于图 2-43 之中。两相的有序性都高于 N 相，一般，它们皆出现在比 N 相低的温度区域，而且随着温度下降，S_A 先于 S_C 相出现。另外，S_A 和 S_C 的对称性也有差异，致使两者光学性能显著不同，S_A 相在光学上是单轴的，而 S_C 相则是双轴的。

图 2-42　向列相液晶结构示意图

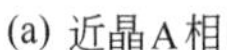

(a) 近晶A相　　(b) 近晶C相

图 2-43　近晶 A 相（S_A）和近晶 C 相（S_C）结构示意图

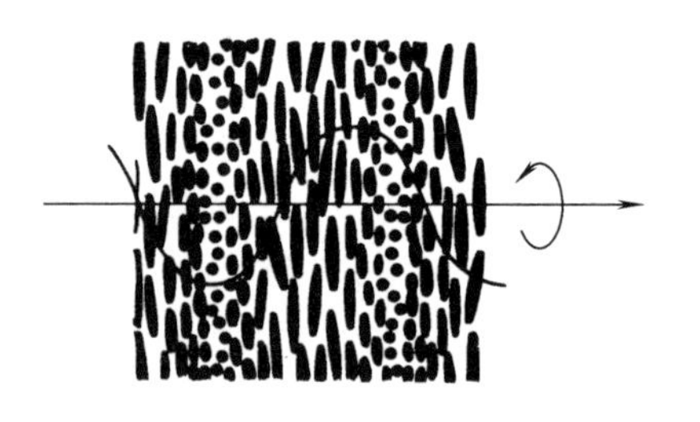

图 2-44　胆甾相结构示意图

2.3.3.3　手征性液晶（chiral）

手征性液晶包括胆甾相（Ch）和手征性近晶相。

Ch 相这类液晶分子都具有不对称碳原子，但分子本身不具有镜像对称性。由这类分子构成的液晶往往具有螺旋结构，旋光性极高。

Ch 相的分子分层排列，分子躺在层中，层与层平行。在每一层中，分子像向列相一样彼此倾向于平行排列。沿着法线方向分子的指向矢基本上连续地均匀扭曲，扭曲的尺寸比分子间距大，一般螺距为光波长量级，约数百纳米。对于掺有其他手征性分子的材料，螺距甚至可达 10μm。胆甾相结构示意图见图 2-44。

许多分子与层面倾斜的近晶相液晶具有相应的手征性。这类手征性近晶相液晶中，分子的倾斜角保持不变，但其倾斜方位沿着层法线方向逐渐改变，形成螺旋结构，例如，S_C^*、S_I^*、S_F^*、S_G^* 以及 S_M^* 和 S_O^* 等。

2.3.3.4　盘状液晶相

最简单的盘状液晶相是向列相 N_D，这些盘状分子的法线倾向于沿某一空间方向（也称指向矢）排列，但是分子质心却没有任何位置有序，如图 2-45(a) 所示。与棒状分子的近晶相对应的是柱相，见图 2-45(b)。在柱相中，分子形成一束束分子柱，这些分子柱彼此平行，排列成二维六方点阵。分子柱内分子的间距有的比较一致，有的却无序分布。分子柱的轴线有的与分子法线成一定角度，或者柱与柱之间不是六方对称而是矩形对称。还有一类分子与盘状分子很相近，只是分子呈“碗”形，结构有序性更高，物理性质可能出现铁电性。

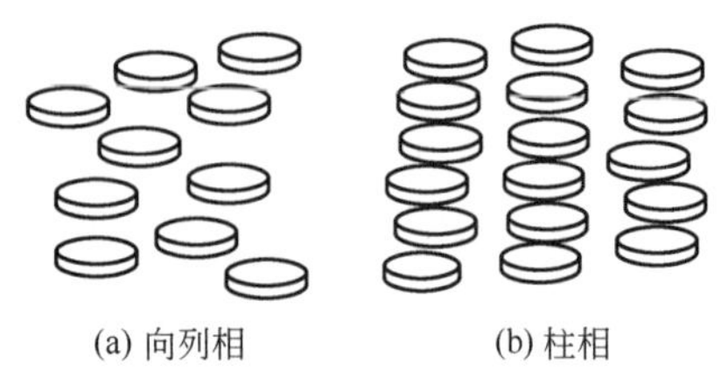

(a) 向列相　　(b) 柱相

图 2-45　盘状液晶相

其他有关层内二维有序、层间一维有序但关联弱的六方相（S_B）等以及立方相（S_D）、溶致液晶相（双亲性分子和非双亲性刚棒状分子）、感应液晶相等，在此不一一讲述。

热致液晶是在一定温度范围内存在的。非晶态聚合物（以 g 或 A_m 表示）在其玻璃化转变温度（T_g）以上、晶态聚合物（以 K 或 Cr 表示）在其熔点（T_m）以上时，若有“液晶”形成，由于其光学各向异性，材料呈现“浑浊”状态。继续升高温度，在某一温度时将发生各向异性的液晶相向各向同性的液相（以 I 表示）的热力学转变，物质由“浑浊”变为“清亮”，这一转变温度称为清亮点（T_i）。一种物质不一定只有一种液晶态，随着温度升高，可以从一种液晶态转变为另一种液晶态，即由较高的有序态转变为较低的有序态。

2.3.4 高分子结构对液晶行为的影响

液晶的化学结构直接影响其形成的可能性、相态和转变温度。

(1) 主链型高分子液晶

链的柔性是影响液晶行为的主要因素。完全刚性的高分子，熔点很高，通常不出现热致液晶，而可以在适当溶剂中形成溶致液晶。在主链液晶基元之间引入柔性链段，增加了链的柔性，使聚合物的 T_m 降低。可能呈现热致液晶行为。例如：

$$\left[O-\underset{\underset{O}{\|}}{C}-(CH_2)_{x-2}-\underset{\underset{O}{\|}}{C}-O-C_6H_4-\underset{\underset{H_3C}{|}}{C}=\underset{\underset{H}{|}}{C}-C_6H_4\right]_n$$

在 $x=8\sim14$ 时都具有液晶行为，一般为向列型液晶相；$x=13$，14 时还能呈现近晶型液晶相。随着 x 的增加，T_m 和 T_i 呈下降趋势。但柔性链段含量太大，最终也会导致聚合物不能形成液晶。

(2) 侧链型高分子液晶

① 柔性间隔段　柔性间隔段的引入，可以降低高分子主链对液晶基元排列与取向的限制，有利于液晶相的形成与稳定。例如

$$\left(CH_2-\underset{\underset{\underset{\underset{O}{\|}}{C}-O-(CH_2)_x-O-C_6H_4-C_6H_4-CN}{|}}{\overset{\overset{CH_3}{|}}{C}}\right)_n$$

$x=2$ 时，不形成液晶相；$x=5$，11 时，呈现近晶型液晶相行为。

② 主链　主链柔性影响液晶的稳定性。通常，主链柔性增加，液晶的转变温度降低。例如

$$\left(CH_2-\underset{\underset{COOR}{|}}{\overset{\overset{CH_3}{|}}{C}}\right)_n \quad 与 \quad \left(CH_2-\underset{\underset{COOR}{|}}{\overset{\overset{H}{|}}{C}}\right)_n$$

其中，$R=(CH_2)_2O-C_6H_4-COO-C_6H_4-OCH_3$。均可形成向列型液晶相，前者 $T_g=368K$，$T_i=394K$，$\Delta T=25K$；后者 $T_g=320K$，$T_i=350K$，$\Delta T=30K$。

③ 液晶基元　液晶基元的长度增加，通常使液晶相温度加宽，稳定性提高。例如

$$\left(CH_2-\underset{\underset{COO-(CH_2)_6-O-C_6H_4-COO-C_6H_4-OCH_3}{|}}{\overset{\overset{CH_3}{|}}{C}}\right)_n$$

与

$$\left(CH_2-\underset{\underset{COO-(CH_2)_6-O-C_6H_4-COO-C_6H_4-C_6H_4-OCH_3}{|}}{\overset{\overset{CH_3}{|}}{C}}\right)_n$$

前者在 $T_g=309K$ 形成向列型液晶相，$T_i=374K$，温度范围 $\Delta T=65K$；后者在 $T_g=333K$ 形成近晶型液晶相，398K 转变成向列型液晶相，$T_i=535K$，$\Delta T=202K$。

2.3.5 液晶态的表征

液晶态的表征一般可采用以下的实验手段。

2.3.5.1 偏光显微镜

利用液晶态的光学双折射现象，在带有控温热台的偏光显微镜下，可以观察液晶物质的织构（texture），测定其转变温度。所谓织构，一般指液晶薄膜（厚度约 10～100μm）在光学显微镜、特别是正交偏光显微镜下用平行光系统所观察到的图像，包括消光点或其他形式消光结构的存在乃至颜色的差异等。织构实质是液晶体中缺陷集合的产物。缺陷可以是物质的，如杂质或孔洞的存在；也可以是取向状态方面的。在液晶科学中，人们更关心的是液晶分子或液晶基元排列中的平移缺陷（位错）和取向状态的局部缺陷（“向错”，disinclination，即指向矢的方向不确定或方向的错误）以及由位错和向错所产生的织构特征。近晶型液晶相种类很多，但常见的高分子液晶体只有近晶 A、近晶 C 和近晶 B。近晶 A 和近晶 C 的特点是都能产生焦锥织构（focal-conics），见图 2-46(a)。常见的高分子向列型液晶相织构有纹影织构［schlieren texture，见图 2-46(b)］以及球粒（nematic droplets）织构、丝状织构（threaded texture），包括假各向同性织构（homeotopic texture）在内的均匀织构（homogeneous texture）等。此外，刚性、半刚性链高分子向列型液晶相，还可产生条带织构（banded texture），特别是在受到取向外力或经过适当热处理后情况更是如此。而胆甾型液晶相的织构与近晶相织构有许多相似之处。比如，可产生焦锥织构。胆甾相还经常表现为层线织构（lined texture）。例如，液晶态 PPTA 溶液受剪切后直接与水接触并快速结晶，即可产生条带织构。中国首创的“刚性链侧链型高分子液晶”也可产生条带织构。条带织构的特征是明暗相间的条带，条带走向几乎平行，但垂直于剪切力方向。

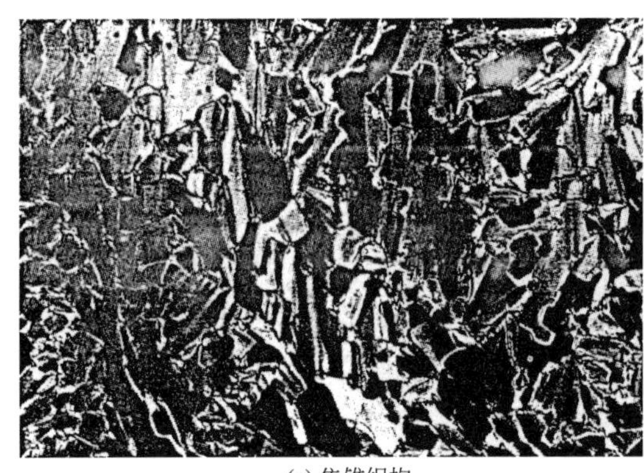
(a) 焦锥织构

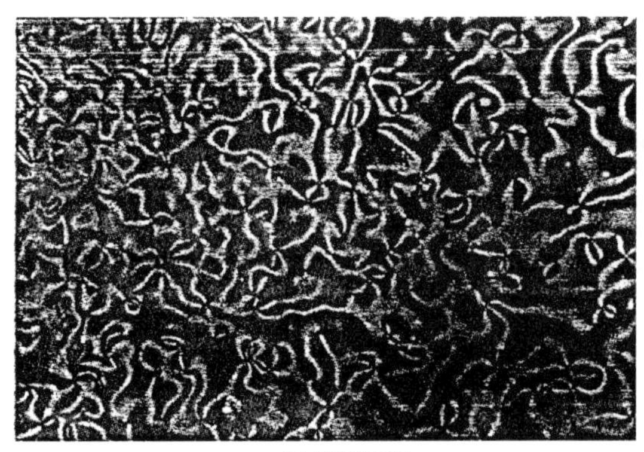
(b) 纹影织构

图 2-46 液晶的织构示例

高分子熔体黏度很大，因而其液晶的特征织构常不像小分子那样很快形成，必须辅以其他手段才能有效判断。

2.3.5.2 热分析

热分析研究液晶态的原理在于用 DSC 或 DTA 直接测定液晶相变时的热效应及相转变温度。例如，由刚性链段与柔性链段共聚的共聚酯液晶的 DSC 曲线示于图 2-47。图中，升温曲线的高温峰一般是“近晶型中介相”向“各向同性液体”的转变，双熔融峰也是很多这类液晶所具有的特征。降温曲线显示出从“各向同性液体”向“中介相”的转变峰以及结晶峰。

该法的缺点是不能直接观察液晶的形态。并且，少量杂质也可能出现吸热峰或放热峰，影响液晶态的正确判断。

2.3.5.3　X 射线衍射

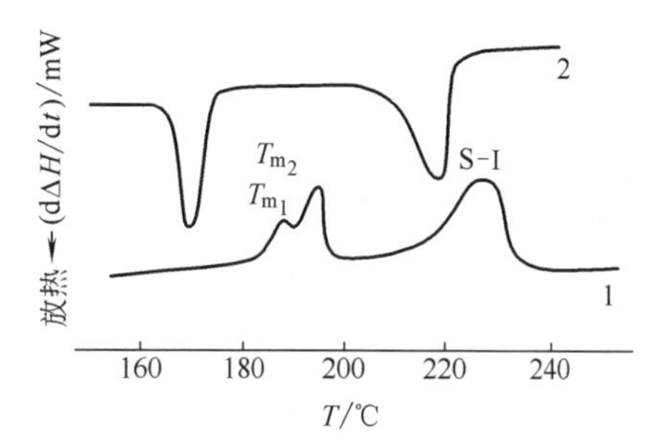

图 2-47　典型刚性链段与柔性链段共聚酯液晶 DSC 曲线
1—升温；2—降温

X 射线衍射法在物质液晶态的研究中，就像在物质晶态的研究中一样，有着重要的地位。例如，图 2-48 是向列型液晶相的典型 X 射线衍射图。其中，图 2-48(a) 为无规取向样品；图 2-48(b) 为有选择取向的样品，但取向程度较低；图 2-48(c) 为较强的择优取向的样品；图 2-48(d) 属择优取向程度高的样品。由图 2-48 可以看到向列相的两种主要衍射效果，即小衍射角（θ 大约 3°左右）的内环和大衍射角（θ 约 10°左右）的外环。内环弱且弥散，说明分子链方向无序，即没有平移有序。外环也很弥散，相应于棒状分子平行排列的平均间距。取向程度不同，取向样品的外环退化为具有不同方位角宽度 $\Delta\varphi$ 的弧状衍射斑，由此可以计算液晶分子的取向分布函数和取向序参数。

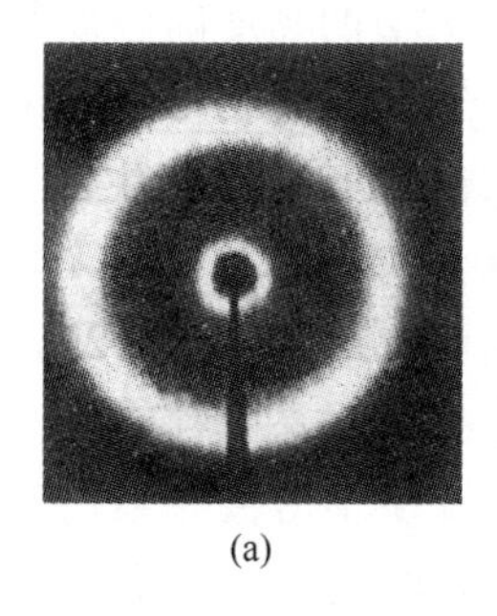
(a)

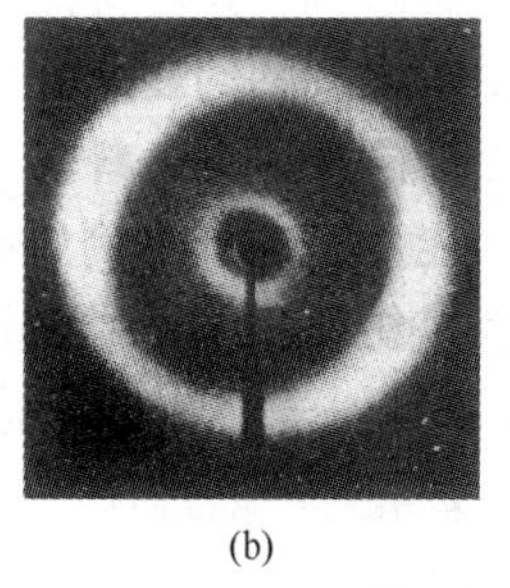
(b)

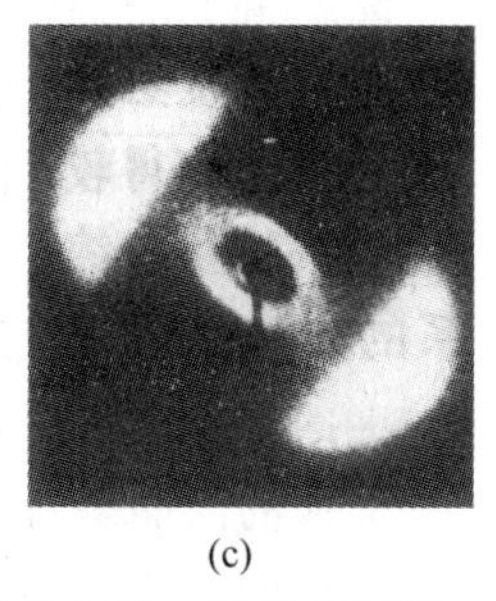
(c)

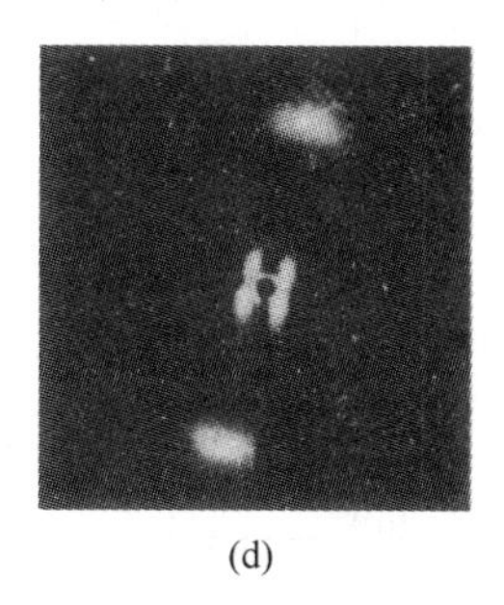
(d)

图 2-48　向列型液晶相的典型 X 射线衍射图

除上述三种方法之外，电子衍射、核磁共振、流变学和流变光学等手段，均可用于研究高分子液晶行为。

2.3.6　聚合物液晶理论

聚合物液晶理论研究的目的，其一是对聚合物液晶提出理论解释；其二是对设计和制造聚合物液晶提供理论方向。

首先对刚性长形大分子形成液晶溶液作出理论解释的是美国物理学家 Onsager 和美国高分子科学家 Flory。Onsager 曾在凝聚态理论方面作出杰出贡献，而 Flory 在高分子理论方面成果累累。Onsager 和 Flory 采用了颇为不同的方法，对刚性长形分子的液晶态作出理论解释。Onsager 的方法是维里展开和第二维里系数近似，因此更加适用于刚棒分子稀溶液。Flory 采用了立方点阵模型，成功地描述了斜取向的刚棒在点阵中的排列方式，因为这一点只有在完全取向的条件下才能严格成立，故 Flory 方法更适用于刚棒分子浓溶液。

理论的进展情况如下：Maier-Saupe 平均场方法，Gennes de 相变理论，蠕虫状链模型，刚柔相嵌高分子液晶模型，侧链型高分子液晶的 Wang-Warner 理论等等。

这里简介 Flory 理论。

Flory 采用液晶模型对溶致液晶聚合物的 I-N 转变进行了计算。Flory 的液晶模型仍然是他钟爱的格子模型（见第 3 章），只是将半刚性聚合物分子链看作由刚性棒相互连接而成的链。每个刚棒粒子（刚棒状液晶分子）可分解为 x 个等径的基本单元，每个基本单元占用一个格子，x 为该刚棒粒子的长径比，反映了刚棒粒子的长度和分子量，同时假设溶剂分子的尺寸也与一个格子的大小相当，导出刚棒粒子的长径比与转变点时聚合物的体积分数之间的关系，即

$$\varphi_p^* = \frac{8}{x}\left(1 - \frac{2}{x}\right) \tag{2-14}$$

式中，x 为刚棒状液晶分子的长径比；φ_p^* 为转变点时聚合物的体积分数。

由上式可知，刚棒状液晶高分子的长径比越大，转变点时聚合物的浓度越低。

2.3.7 聚合物液晶的性质和应用

2.3.7.1 液晶的流变性和液晶纺丝

在液晶的许多特性中，溶致型液晶独特的流变性能是很有意义的。

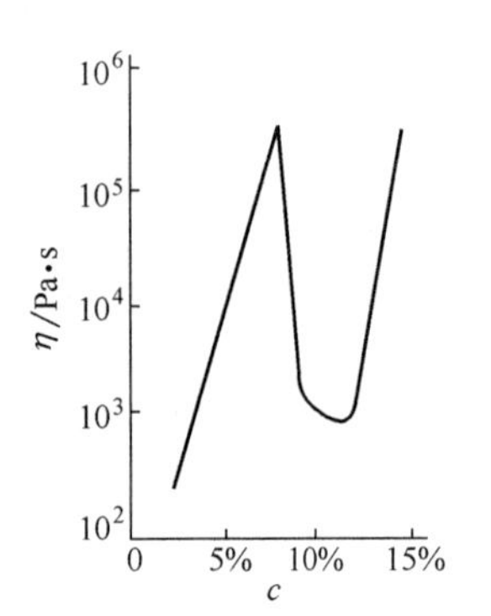

图 2-49 PPTA 浓硫酸溶液的黏度-浓度曲线（20℃，M=29700）

图 2-49 中给出了聚对苯二甲酰对苯二胺（PPTA）溶液的黏度-浓度曲线。可以看到，这种液晶态溶液的黏度随浓度的变化规律与一般高分子溶液体系不同。一般体系的黏度是随浓度增加而单调增大的；而这个液晶溶液在低浓度范围内黏度随浓度增加急剧上升，出现一个黏度极大值。随后浓度增加，黏度反而急剧下降，并出现了一个黏度极小值。最后，黏度又随浓度的增大而上升。这种黏度随浓度变化的形式是刚性高分子链形成的液晶态溶液体系的一般规律，它反映了溶液体系内区域结构的变化。浓度很小时，刚性高分子在溶液中均匀分散，无规取向，形成均匀的各向同性溶液，此时该溶液的黏度-浓度关系与一般体系相同。随着浓度的增加，黏度迅速增大，黏度出现极大值的浓度是一个临界浓度 C_1^*。达到这个浓度时，体系开始建立起一定的有序区域结构，形成向列型液晶，使黏度迅速下降。这时，溶液中各向异性相与各向同性相共存。浓度继续增大时，各向异性相所占的比例增大，黏度减小，直到体系成为均匀的各向异性溶液时，体系的黏度达到极小值，这时溶液的浓度是另一个临界值 C_2^*。临界浓度 C_1^*、C_2^* 的值与聚合物的分子量和体系的温度有关，一般随分子量增大而降低，随温度升高而增大。体系成为均匀的各向异性溶液后，黏度又随浓度增大而上升。

液晶态溶液的黏度-温度之间的变化规律也不同于一般高分子溶液体系。一般聚合物溶液的黏度随温度升高按指数规律减小，而 PPTA 浓硫酸液晶体系，黏度随温度变化，先出现极小值，而后在转变为各向同性溶液之前出现一个极大值，如图 2-50 所示。60℃开始，黏度急剧增大，80℃附近，黏度达到最大值，随后又随温度升高而降低。

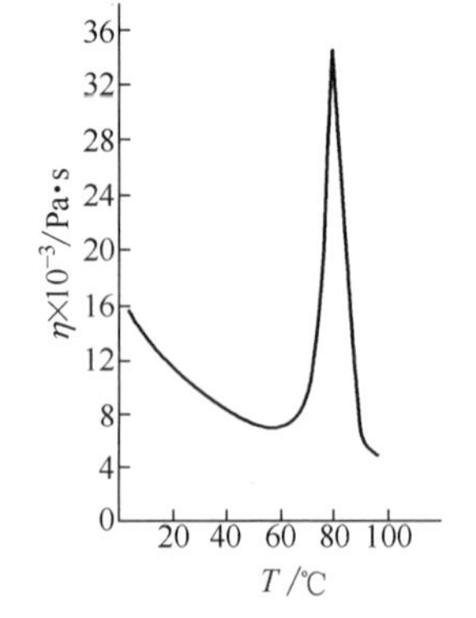

图 2-50 PPTA 浓硫酸溶液的黏度-温度曲线（浓度 9.7%，M=29700）

根据液晶态溶液的浓度-温度-黏度关系，现已创造了新的纺丝技术——液晶纺丝。该技术解决了通常情况下难以解决的高浓度必然伴随高黏度的问题。同时由于液晶分子的取向特性，纺丝时可以在较低的牵伸倍率下获得较高的取向度，避免纤维

在高倍拉伸时产生内应力和受到损伤，从而获得高强度、高模量、综合性能好的纤维。例如，聚对苯二甲酰对苯二胺（芳香尼龙）的某些溶剂体系的浓溶液运用新技术纺丝获得的纤维拉伸强度高达 2.2N/tex，模量高达 87.5N/tex。

2.3.7.2　液晶的力学性能、其他特性和应用

聚合物液晶具有高强、高模和耐高温、耐辐射性能，可用于航天航空器的大型结构部件。

向列型液晶具有灵敏的电响应特性和光学特性。如果将透明的向列型液晶薄膜夹在两块导电玻璃板之间，在施加电压的部位，立即变得不透明。因此，当电压以某种图形加于液晶薄膜上时，便可产生图像。这一原理已应用于数码显示、电光学快门，制作电视屏幕、广告牌等。

胆甾型液晶的颜色可随温度而改变。这一特性可用于温度的测量。该类液晶的螺距会因某些微量杂质的存在而改变，从而颜色发生变化。这一特性可用作某些化学药品痕量蒸气的指示剂。

液晶聚合物中如果带有可以进一步发生化学反应的基团，在液晶态获得有序排列后可形成聚合物网络，致使液晶态稳定。例如，少量手性液晶参与某种液晶态的形成，可以产生手性诱导的极化结构和螺旋结构，从而获得二阶非线性光学性质和压电性质。

2.4　聚合物的取向结构

聚合物取向结构（oriented structure）是指在某种外力作用下，分子链或其他结构单元沿着外力作用方向择优排列的结构。很多高分子材料都具有取向结构。例如，双轴拉伸和吹塑的薄膜，各种纤维材料以及熔融挤出的管材、棒材等。取向结构对材料的力学、光学、热性能影响显著。例如，尼龙等合成纤维生产中广泛采用牵伸工艺来大幅度提高其拉伸强度；摄影胶片片基、录音录像磁带等薄膜材料实际使用强度和耐折性大大提高，存放时不会发生不均匀收缩。取向高分子材料上又会发生光的双折射现象，即在平行于取向方向与垂直于取向方向上的折射率出现了差别，一般用这两个折射率的差值来表征材料的光学双向异性，称为双折射。

$$\Delta n = n_{/\!/} - n_{\perp}$$

式中　$n_{/\!/}$，$n_{\perp}$——分别表示平行于和垂直于取向方向的折射率。

取向通常还使材料的玻璃化转变温度提高。对于晶态聚合物，其密度和结晶度提高，材料的使用温度提高。

2.4.1　取向现象和取向机理

取向条件（温度、拉伸速度等）不同，非晶态聚合物的取向单元也不同。例如，在适当温度时，拉伸可以使链段取向，即链段沿外场方向平行排列，但整个分子链的排列仍然是杂乱的，见图 2-51(a)；在较高温度时，拉伸可以使分子链取向，即整个分子链均沿外场方向平行排列，见图 2-51(b)。

在牵伸提高纤维取向度从而提高其拉伸强度的同时，断裂伸长率降低了很多。这是由于取向过度，分子排列过于规整，分子间相互作用力太大，纤维弹性太小，呈现脆性。在实际使用上，一般要求纤维具有 10%～20%的弹性伸长，即要求高强度和适当的弹性相结合。

为了使纤维同时具有这两种性能，在加工成型时可以利用分子链取向和链段取向速度的不同，用慢的取向过程使整个高分子链得到良好的取向，以达到高强度，而后再用快的过程使链段解取向，使其又具有弹性。以黏胶丝为例，当黏胶丝自喷丝口喷入酸性介质时开始凝固，在未完全凝固的溶胀态和较高的温度下进行拉伸，此时聚合物仍有显著的流动性，可以获得整链的取向。然后，在很短时间内用热空气和水蒸气很快地吹一下，使链段解取向，后一过程称为“热处理”。

晶态聚合物的取向，除了非晶区中可能发生链段或整链取向之外，还可能有微晶的取向。组成球晶的片晶发生倾斜、滑移、取向、分离，最后形成取向的折叠链片状晶体或完全伸直链的晶体。就球晶而言，拉伸过程使球晶从变形直至形成微原纤结构（球晶内所有片晶以其长周期方向几乎平行于形变方向排列），见图 2-52 和图 2-53。

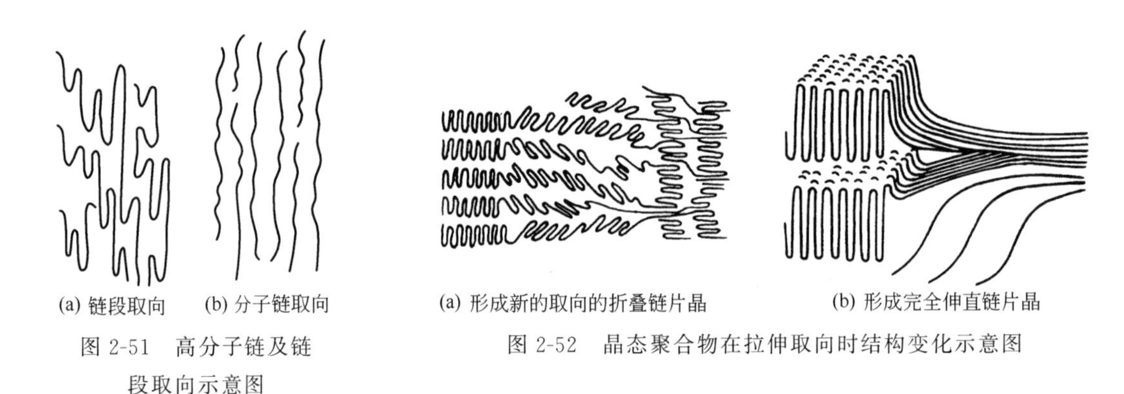

(a) 链段取向　(b) 分子链取向

图 2-51　高分子链及链段取向示意图

(a) 形成新的取向的折叠链片晶　(b) 形成完全伸直链片晶

图 2-52　晶态聚合物在拉伸取向时结构变化示意图

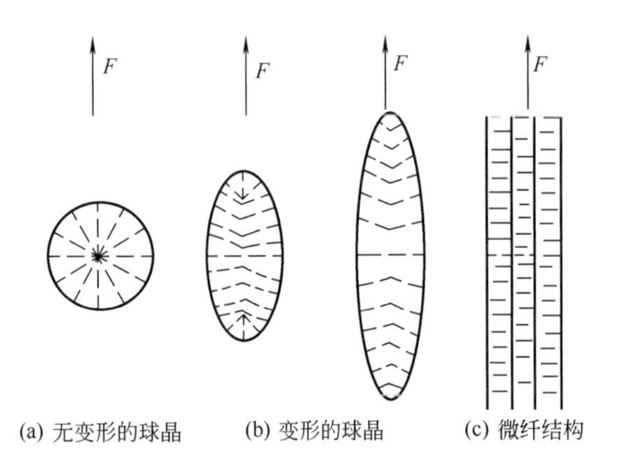

(a) 无变形的球晶　(b) 变形的球晶　(c) 微纤结构

图 2-53　球晶拉伸形变时内部片晶变化示意图

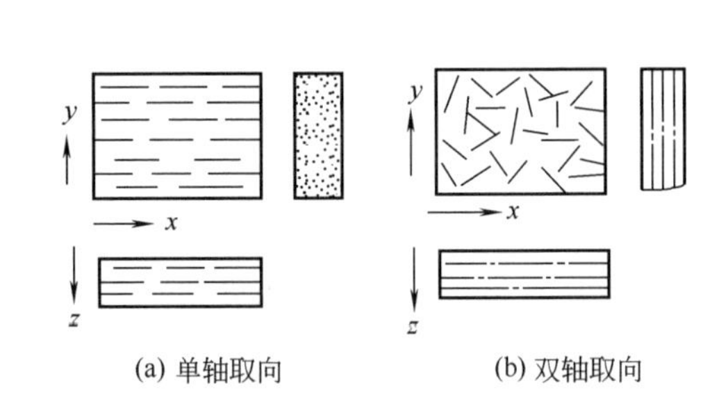

(a) 单轴取向　(b) 双轴取向

图 2-54　取向聚合物中分子链排列示意图

按照外力作用的方式不同，取向又可分为单轴取向和双轴取向两种类型。

① 单轴取向　材料只沿一个方向拉伸，长度增加，厚度和宽度减小，高分子链或链段倾向于沿拉伸方向排列，见图 2-54(a)。

② 双轴取向　材料沿两个互相垂直的方向（x、y 方向）拉伸，面积增加，厚度减小，高分子链或链段倾向于与拉伸平面（x、y 平面）平行排列，但在 xy 平面内分子的排列是无序的，见图 2-54(b)。

单轴取向的最常见例子是合成纤维的牵伸。薄膜也可以单轴拉伸取向，但是，这种薄膜平面上出现明显的各向异性，取向方向上原子间主要以化学键相连接，而垂直于取向方向上则是范德华力。结果，薄膜的强度在平行于取向方向虽然有所提高，但垂直于取向方向则降低了，实际使用中，薄膜将在这个最薄弱的方向上发生破坏，因而实际强度甚至比未取向的薄膜还差。双轴取向的薄膜，分子链取平行于薄膜平面的任意方向，在平面上就是各向同性的了。

2.4.2 取向度及其测定方法

为了定量研究聚合物的取向，定义取向函数 f 为

$$f=\frac{1}{2}(3\overline{\cos^2\theta}-1) \tag{2-15}$$

式中　θ——分子链主轴方向与取向方向之间的夹角，称取向角，见图 2-55。

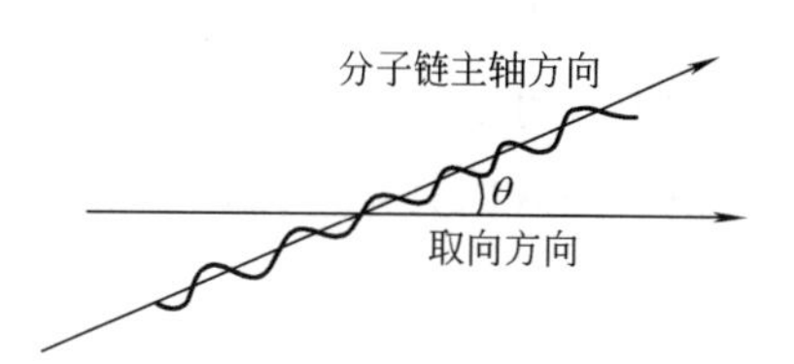

图 2-55　取向角 θ 示意图

对于理想的单轴取向，所有分子链都沿着取向方向平行排列，平均取向角 $\bar{\theta}=0$，$\overline{\cos^2\theta}=1$，因此 $f=1$；对于完全未取向的材料，可以证明，$\overline{\cos^2\theta}=\frac{1}{3}$，$\bar{\theta}=54.73°$，$f=0$。一般情况下，$0<f<1$，$\bar{\theta}=\arccos\sqrt{\frac{1}{3}(2f+1)}$。

用来测定取向度（degree of orientation）的方法很多，因为聚合物中有各种不同的取向单元，所以，采用不同取向度的测定方法，所得结果的意义是不同的。

用光学显微镜测定双折射而计算的取向度是反映晶区和非晶区两种取向的总效果；用声速法测定的取向度是晶区和非晶区部分的平均取向度。在非晶区，双折射法反映的是链段取向；而利用声速法测定取向度，由于声波波长较大，故反映整个分子链的取向，并能较好地说明取向聚合物结构与力学强度的关系。

各种透明材料，沿着 3 个主轴有 3 个折射率 n_x、n_y 和 n_z，$n_x=n_y=n_z$ 的材料，称为各向同性材料。在各向异性材料中，至少有两个折射率不相等，每一对折射率之差，称为双折射 Δn（birefringence）。

一般纤维是单向拉伸形成的。分子或微晶对纤维轴取向时，偏振面平行于纤维轴及垂直于纤维轴方向上光线的折射率之差为双折射 Δn，则双折射取向因子 f_B 为

$$f_B=\Delta n/\Delta n_{max}=\frac{n_{//}-n_{\perp}}{n_{//}^0-n_{\perp}^0} \tag{2-16}$$

式中　$n_{//}$、$n_{\perp}$——部分取向时，偏振面平行、垂直于纤维轴方向光线的折射率；

$n_{//}^0$、$n_{\perp}^0$——完全取向时，偏振面平行、垂直于纤维轴方向上光线的折射率理想值；

Δn——部分取向时的双折射；

Δn_{max}——完全取向时的双折射。

为了测定 Δn，可采用带有补偿器的偏光显微镜，它是测定从样品中射出的两个相互垂直的平面偏振光的光程差，根据

$$\Gamma=d(n_{//}-n_{\perp})=d\Delta n$$

计算 Δn。

式中 Γ——光程差；

d——试样厚度。

为了得到最强的干涉条纹，通常将双折射的试样放在和起偏镜的振动方向成45°角处。

应该指出，由于物质的折射率与其分子的价电子在光波电场中的极化率有关，而各种聚合物所含的原子基团不同，所产生的极化率也不同。因此，不能仅用双折射 Δn 来比较不同聚合物的取向度，Δn 只限于用以评价同一种聚合物不同试样的取向程度。

对单轴取向而言，声波沿高分子主链方向（即取向方向上）的传播速度比垂直方向上快得多。这是因为在主链方向上声波的传播是通过分子内键合原子的振动来实现的。声波在未取向聚合物中的传播速度与在小分子液体中差不多，约为1～2km/s，而在取向聚合物的取向方向上，可达5～10km/s。取向程度越高，取向方向上声波传播得越快。在这种测试方法中，取向函数的具体形式是

$$f=1-\left(\frac{C_{未取向}}{C}\right)^2$$

或

$$\overline{\cos^2\theta}=1-\frac{2}{3}\left(\frac{C_{未取向}}{C}\right)^2 \tag{2-17}$$

式中 $C_{未取向}$——声波在完全未取向聚合物中的传播速度；

C——待测聚合物取向方向上的传播速度。

用广角X射线衍射法（WAXS）测得的取向度是晶区的取向度。未取向结晶聚合物的X射线衍射图是一些同心圆。取向后，衍射图上的圆环退化成圆弧。取向程度越高，圆弧越短。高度取向时，圆弧可缩小为衍射点，见图2-56。若取延伸方向为参考方向，则晶粒取向分布正比于圆弧的衍射强度 $I(\varphi)$（φ 为方位角，也称位相角），与 θ 角（即布拉格角）无关。故 $I(\varphi)$ 的分布反映了晶粒的取向分布。$\overline{\cos^2\varphi}$ 可由式(2-18）计算，进而计算相应的取向函数 f_c。

$$\overline{\cos^2\varphi}=\frac{\int_0^{\frac{\pi}{2}} I(\varphi)\cos^2\varphi\sin\varphi\mathrm{d}\varphi}{\int_0^{\frac{\pi}{2}} I(\varphi)\sin\varphi\mathrm{d}\varphi} \tag{2-18}$$

此外，用红外二向色性可以分别测定晶区和非晶区的取向度。偏振荧光法只能反映非晶区的取向度。

红外偏振光通过各向异性的薄膜或纤维样品时，若其电矢量与样品中基团振动偶极矩改变的方向平行，基团的振动谱线具有最大的吸收强度；若其电矢量与基团振动偶极矩改变方向垂直时，基团的振动谱线强度为零，这种现象称为红外二向色性。利用二向色性比与取向度的关系，可以测定聚合物的取向度。即

$$R=\frac{A_{/\!/}}{A_{\perp}}=\frac{f\cos^2\alpha+\frac{1}{3}(1-f)}{\frac{1}{2}f\sin^2\alpha+\frac{1}{3}(1-f)} \tag{2-19}$$

$$f=\frac{R-1}{R+2}\times\frac{2}{3\cos^2\alpha-1} \tag{2-20}$$

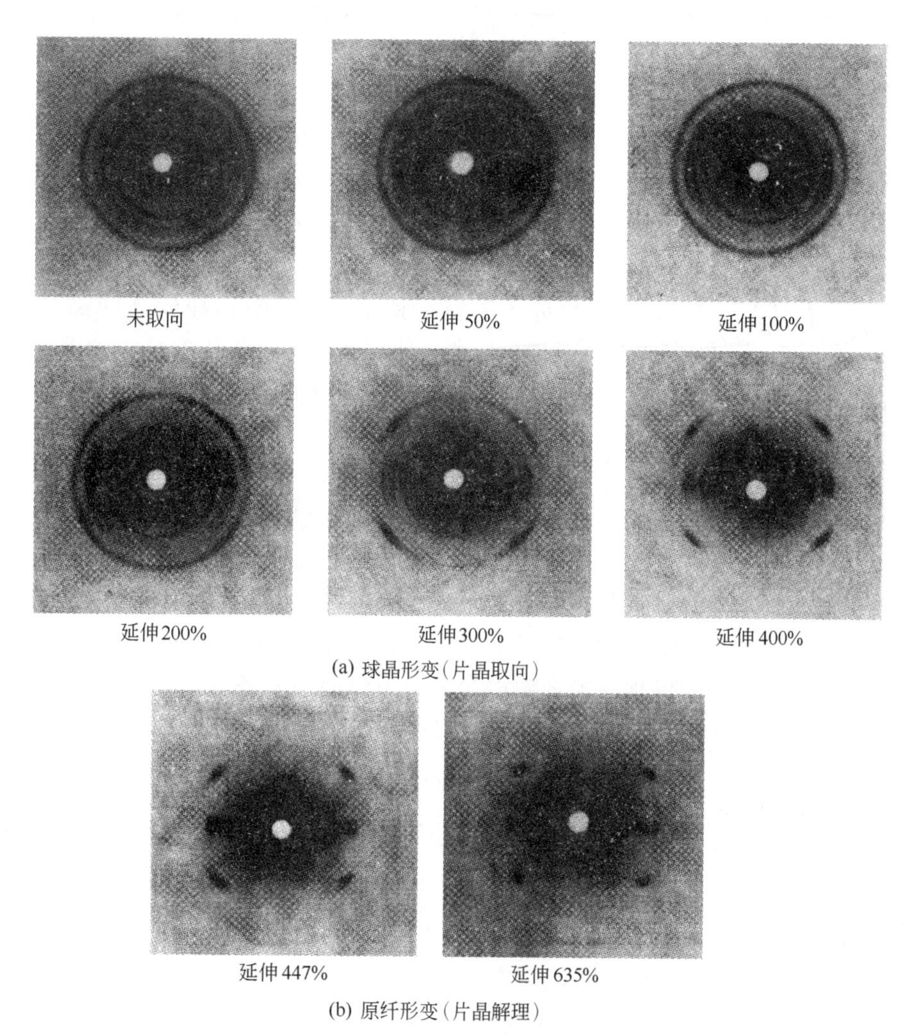

图 2-56　拉伸对全同立构聚丙烯薄膜的广角 X 射线衍射图样的影响

式中　$A_{//}$和 $A_{\perp}$——分别为偏振光电场方向与参考方向平行和垂直时谱带的吸收强度；

R——该谱带的二向色性比；

α——基团振动时跃迁偶极矩方向与分子链方向的夹角；

f——取向度。

R 可由实验测定，α 可由链结构估计或者由已知取向度的试样来确定。

图 2-57 显示出取向的聚丙烯拉伸试样对两个不同偏振光方向的红外光谱。

2.4.3　取向研究的应用

取向对聚合物材料的物理-机械性能影响很大。

例如，尼龙等合成纤维生产中广泛采用牵伸工艺来大幅度提高其拉伸强度。目前，一些研究工作者正在利用拉伸取向以获得伸直链晶片为主的超高模量和超高强度的纤维。此外，与牵伸提高纤维取向度从而提高其拉伸强度的同时，断裂伸长率降低了很多。这是由于取向过度，分子排列过于规整，分子间相互作用力太大，纤维弹性太小，呈现脆性。在实际使用上，一般要求纤维具有 10%～20%的弹性伸长，即要求高强度和适当的弹性相结合。为了

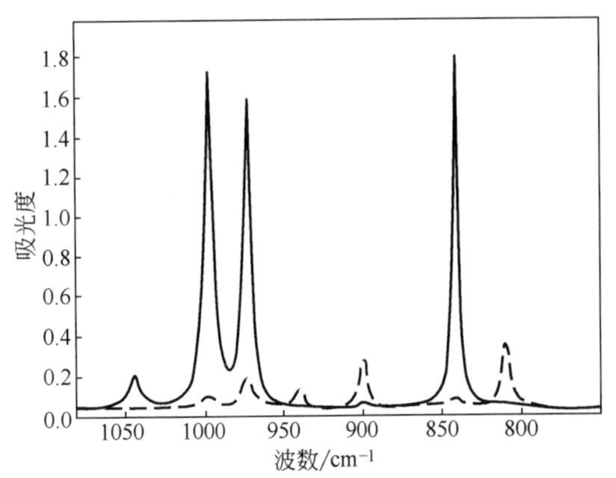

图 2-57 等规聚丙烯拉伸试样的红外光谱
—偏振光矢量平行于拉伸方向；
---偏振光矢量垂直于拉伸方向

使纤维同时具有这两种性能，在加工成型时，可以利用分子链取向和链段取向速度的不同，用慢的取向过程使整个高分子链得到良好的取向，以达到高强度，而后再用快的取向过程使链段解取向，以具有弹性。以黏胶丝为例，当黏胶丝自喷丝口喷入酸性介质时，黏胶丝开始凝固，于凝固未完全的溶胀态和较高的温度下进行拉伸，此时聚合物仍有显著的流动性，可以获得整链的取向。然后在很短的时间内用热空气和水蒸气很快吹一下，使链段解取向，后一过程称为“热处理”。

一些要求二维强度高而平面内性能均匀的薄膜材料（电影胶卷片基、录音录像磁带等）都是采用双轴拉伸薄膜制成的；对于某些外形比较简单的薄壁塑料制品，利用取向提高强度的实例也很多。如用 PMMA 制作的战斗机上透明机舱，取向后，冲击强度提高。用 PVC 或 ABS 为原料生产安全帽时，也采用真空成型工艺来获得取向制品，以提高安全帽承受冲击力的能力。各种中空塑料制品（瓶、罐、筒等）广泛采用吹塑成型工艺，也包含通过取向提高制品强度的意图。

2.5 多组分聚合物

2.5.1 概述

多组分聚合物（multicomponent polymer）又称高分子合金。该体系中存在两种或两种以上不同的聚合物组分，不论组分之间是否以化学键相互连接。典型的高分子合金如图 2-58 所示。其中，互穿聚合物网络（IPN）是用化学方法将两种或两种以上的聚合物互穿成交织网络。两种网络可以同时形成，也可以分步形成。例如，将含有交联剂和活化剂的乙酸乙烯酯单体引发聚合，生成交联的聚乙酸乙烯酯，再用含有引发剂和交联剂的等量苯乙烯单体使其均匀溶胀，将苯乙烯聚合成聚苯乙烯并进行交联，得到 IPN（50/50PEA/PS）。如果聚合物 A、B 组成的网络中，有一种是未交联的线形分子，穿插在已交联的另一种聚合物中，称为半互穿聚合物网络（semi-IPN）。

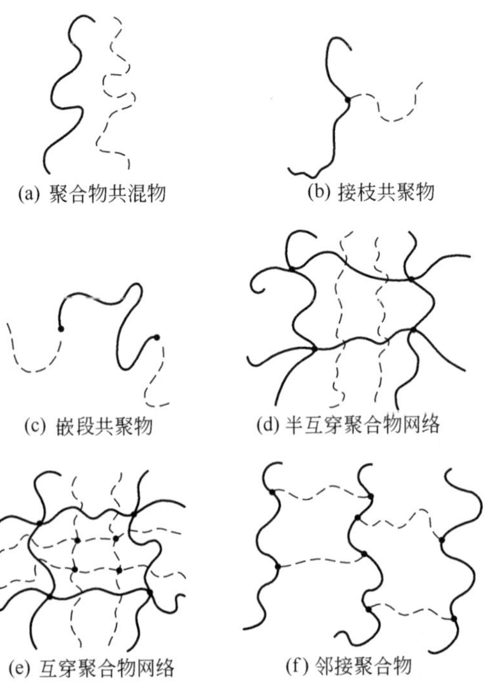

图 2-58 两种或多种聚合物连接的 6 种基本方式

高分子合金的制备方法可分为两类：一类称为化学共混，包括溶液接枝、溶胀聚合、嵌段共聚及相穿共聚等；另一类称为物理共混，包括机械共混、溶液浇铸共混、乳液共混等。

共混得到的高分子合金可能是非均相体系，也可能是均相体系，依赖于共混组分之间的相容性。按照共混物的性能与应用分类，聚合物共混物可分类如下：①塑料为连续相（即基体）、橡胶为分散相的共混物，如三元乙丙橡胶（EPDM）改性聚丙烯（PP），以橡胶为分散相的主要目的是增韧，以克服基体塑料的脆性；②橡胶为连续相、塑料为分散相的共混体系，例如少量聚苯乙烯和丁苯橡胶共混，其目的主要是提高橡胶的强度；③两种塑料共混体系，例如聚苯醚（PPO）和聚苯乙烯（PS）形成相容的均相体系，其熔体流动温度和黏度下降很多，大大改善了 PPO 的加工性能。聚碳酸酯（PC）与尼龙（PA）的合金，在 PC 系列合金中是耐药品性最好的一种，可有效地改善 PC 的耐环境应力开裂性能。但是，两者共混时，必须加入第三组分增容剂，才能形成微相结构；④两种橡胶的共混体系，主要目的是降低成本、改善加工流动性以及改善产品的其他性能。例如，将丁苯橡胶与顺丁橡胶共混，可以降低成本、改善加工性能、改善产品的耐磨损和抗挠性。按照聚合物各组分的凝聚态结构特点，聚合物共混物又可分为：①非晶态/非晶态共混聚合物，如聚已内酯（PCL）与聚氯乙烯混合（一定比例下）；②晶态/非晶态共混聚合物，如全同立构聚苯乙烯/无规立构聚苯乙烯共混物等；③晶态/晶态共混聚合物，如 PET/PBT 共混体系。按照共混物的链结构特点分类，包括均聚物与均聚物共混体系、接枝或嵌段共聚物与相应均聚物共混体系、无规共聚物和均聚物共混体系、刚性链/半刚性链或柔性链聚合物共混体系等。

20 世纪 70 年代以来，高分子合金得到了迅速发展。在当今新型单体合成日益困难之际，高分子合金已成为高分子科学发展的前沿之一，不仅可以对某种现有的材料进行改性，而且也可以使材料具有优良的综合性能。

2.5.2　相容性及其判别方法

从溶液热力学已知

$$\Delta G=\Delta H-T\Delta S$$

对于聚合物共混物，如果 $\Delta G<0$，则两组分是互容的；反之，则是不互容的。严格地说，相容性（compatibility）是指热力学相容性，即分子水平的单相体系。不仅要满足相容的必要条件 $\Delta G<0$，还应满足充分条件，详见第 3 章。一般高分子的分子量相当大，故当两种聚合物共混时，熵的变化很小，ΔG 值正负决定于 ΔH 的正负和大小。ΔH 为负，$\Delta G<0$；ΔH 为正，要看 $|\Delta H|$ 是否小于 $T|\Delta S|$，方可判断。如果共混体系中两种聚合物 $\Delta G>0$，必然会形成多相结构。如果两种聚合物 $\Delta G<0$，则可形成互容均相体系，但也可能相分离而形成非均相体系。

实际上，大多数高分子合金体系 ΔH 为正，均为不相容的非均相体系，也称之为多相聚合物。这里所说的多相聚合物泛指两种或两种以上的高分子链或者长序列链段所构成的相分离体系，包括许多接枝共聚物、嵌段共聚物、简单共混物和互穿聚合物网络等。在物理共混中，加入第三组分增容剂，是改善两组分间相容性的有效途径。增容剂可以是与 A、B 两种高分子化学组成相同的嵌段或接枝共聚物，也可以是与 A、B 的化学组成不同但能分别与之相容的嵌段或接枝共聚物。例如，聚乙烯/聚苯乙烯共混体系中，以乙烯和苯乙烯的嵌段或接枝共聚物为增容剂。又如，聚酰胺（PA）与聚烯烃共混，采用“原位”或“就地”增容方法。即聚烯烃在自由基引发剂存在下与马来酸酐（MAH）作用，后者可接枝于烃链，但由于 MAH 不能均聚，故不可能形成高分子支链。再将这一含有活性酸酐基团的聚合物与聚酰胺熔融共混，由于酸酐与 PA 的端氨基作用形成了聚烯烃与聚酰胺的接枝共聚物，在共混体系中起到了增容剂的作用。

20 世纪 80 年代以来，在不同聚合物的分子之间引入各种特殊的相互作用、络合等，可以使不相容的体系变为分子水平上部分相容甚至完全相容的均相体系。①若高分子之间存在特殊的相互作用，包括分子间形成氢键、强的偶极-偶极作用、离子-偶极作用、电荷转移以及酸碱作用等，混合时，$\Delta H<0$，可成为共混体系形成均相结构的驱动力。研究发现，向聚苯乙烯链上引入含羟基的结构单元

—CH_2—CH—

（对位苯环）

F_3C—C—CF_3

OH

由于 CF_3 的强吸电性，羟基具有形成氢键的良好条件，这类改性 PS 记作 MPS。与 PS 完全不相容的含有羰基或氰基等给电子基团的非晶聚合物 PMMA、PEMA 等与 MPS 共混，可以得到完全相容的均相体系。②含有强相互作用的聚合物对，在溶液中或本体状态混合时，可形成高分子间的络合物，并伴随着一些物理性质的跃变。上述特殊相互作用和络合并非相互独立的领域。随着特殊相互作用密度的增加，体系可经历从不相容到相容直至络合这三个不同的物理状态。③其他类型的相容体系还有电子-电子诱导（PPO/PS、PVME/PS 等）、酯交换反应（PA/PC、PC/PBT 等，最终产物不再是简单的共混物，而是形成了共聚物）、相似相容（PEEK/聚醚酰亚胺、PMMA/PVF 等）。

具体研究结果举例如下：PVC 与 PE、PVAc 均不相容，但却能和后二者的统计共聚物 EVA 相容。PPO 与 PO（邻氯苯乙烯 PoClS 和对氯苯乙烯 PpClS 的统计共聚物）以 60/40 比例混合时，在共聚物小的组成范围和较低的温度下是相容的，但在其他组分和较高温度下产生相分离，形成相容窗口（$\Delta G<0$），见图 2-59。这里，相容性的判别方法为共混体系的 T_g 测定（见后述）。NBR 和 PVC 的共混物是最早实现工业化的均相高分子合金，包括两个大的类型：即 PVC 中加入少量丁腈胶，后者起到高分子增塑剂的作用；丁腈胶中含有少量 PVC，NBR 的抗紫外、化学及热老化性能和部分力学性能都得到明显改进。PPO/PS 共混物为研究得最为深入的均相体系。就 PPO/PS 来说，混合热测定、小角中子散射及核磁共振研究等都说明该共混物是热力学相容体系。许多实验室的 DSC 实验结果也都证明该体系只有一个 T_g，但共混物的 T_g 转变较 PPO 及 PS 的都有加宽。介电松弛的测定也得到同样的结论。红外研究则比较麻烦，但表明共混物中此吸收带的变化不能归结于 C—O—C 键和 PS 的苯环的特殊相互作用。Wellinghoff 等仍然认为可能是 PPO 的亚苯基与 PS 苯基间的 Vanden Waals 作用导致相容。Djordjevic 和 Porter 研究了 PPO 和 PS 的低分子相似物，结论是 PPO 中缺电子的甲基

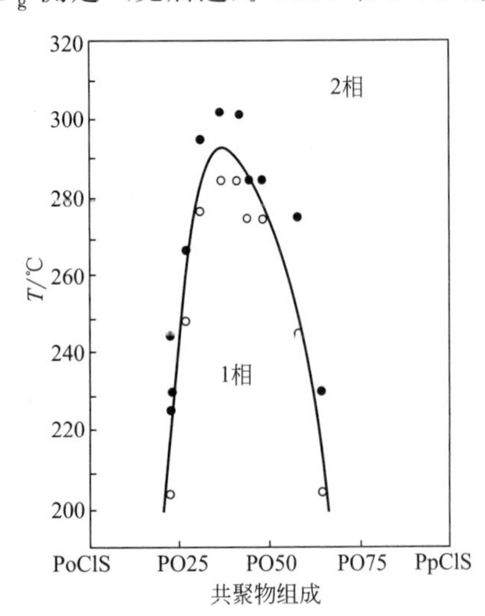

图 2-59 PPO/PO（60/40）共混物的相容窗口

和 PS 苯基的 π 轨道间的 π 氢键导致相容，但没有观察到 PS 苯环氢和 PPO 醚键间的氢键。PPO 的加入显著提高 PS 的耐热性。更重要的是，PPO 本身因其 T_g 高，加工温度高，难以避免热降解等变化，混入相容的低 T_g PS，就显著改善了其加工性能。市场上以 Noryl 为名的 PPO 共混物，实际上包含有橡胶分散剂，它是一个多相体系，但其连续相是由相容的 PPO 和 PS 构成的。

有关 PS/PVME 也为相容体系，由于具有在实验易行的范围内的最低互溶温度 LCST，文献中进行了广泛的研究。Lu 和徐晓林等及 Garcia 等分别作了该体系的红外光谱研究，估计在共混物中，PS 苯环与 PVME 的—$COCH_3$ 基之间的作用促进相容的可能性较大。

部分相容的高分子合金的两相结构对其性能起着决定性的作用，例如实现了高模量与韧性、韧性与耐热性的结合，具有重要的实用价值。这里，必须注意，微区尺寸的控制和微区间的界面黏结等问题。均相高分子合金也有许多优点：①不存在多相体系中两相间黏结力差导致力学性能下降等问题；②均相体系的某些性能，特别是力学性能，常常随体系的组成而有规律地变化。在某些情况下，还会出现所谓“协同效应”，即共混物的某些性能比两个组成聚合物都好；③通过改变两组分的相对组成，可以获得性能不同的系列产品。但是，至今已工业化的产品远较部分相容的高分子合金为少。

聚合物之间相容性的判别方法有多种。①用光学显微镜等观察共混体系的透光率。相容的均相体系，是透明的；非均相体系，呈现浑浊。该法可以判断微米水平的相容性。但是，如果两种聚合物的折射率相同或者微区尺寸远小于可见光波长，即使是不相容的分相体系，表观上却仍然为透明的。②共混体系的 T_g 是判断链段水平相容性的最通用和最有效的方法，常用的测试技术为 DSC 和 DMTA（见第 7 章）。完全相容的共混体系只有一个玻璃化转变温度 T_g，且介于两个共混聚合物各自的 T_{g1} 和 T_{g2} 之间。相分离的非均相体系则有两个 T_g。其中，完全不相容时，两个 T_g 值分别对应于 T_{g1} 与 T_{g2}；部分相容时，两个 T_g 值间隔小于 $T_{g1}-T_{g2}$，即彼此向中间靠拢。当然，该法只有当两个共混组分的 T_g 值差别大于 20～30K 并有足够的浓度才是有效的。③采用光学显微镜或电子显微镜直接观察分散相的尺寸及其分布。其中，光学显微镜分辨能力为 1μm，SEM 分辨率优于 3nm，TEM 可以提供亚纳米的信息。④一些新的研究方法成功地用于共混体系相容性的观察，例如，核磁共振（NMR）、荧光光谱、傅里叶变换红外光谱（FTIR）、小角 X 射线散射（SAXS）和小角中子散射（SANS）。NMR 法测定共混物的相容性是鉴于聚合物混合过程影响了基团的活动性。所用仪器为高分辨率固体 NMR 仪。IR 法能够发现共混物分子间的相互作用，如氢键、类氢键、电荷转移等，从而推断出体系的相容性。上述两种方法测定范围是分子水平的。SAXS、SANS 可以计算出共混物的相区尺寸和界面区尺寸，是鉴别室温下 5～50nm 水平相容性的有效方法。总之，不同方法涉及共混物相容性的水平是不同的。

2.5.3　形态

2.5.3.1　“自组装”（self-assembly）及其研究进展

为了揭示高分子合金的结构与性能关系，人们对其形态学进行了大量研究。电子显微镜在这些研究中发挥了很大的作用。

高分子“合金”形态学的典型示例为按照紧密堆砌原理得出的二嵌段及三嵌段共聚物的形态示意图，见图 2-60。

$f_A<20\%$　$f_A=20\%\sim30\%$　$f_A=30\%\sim70\%$　$f_A=70\%\sim80\%$　$f_A>80\%$

图 2-60　含有 A 嵌段（白相）和 B 嵌段（黑相）的二嵌段及三嵌段共聚物的形态示意图

一般，含量少的组分形成分散相，含量多的组分形成连续相。随着分散相含量的逐渐增加，分散相从球状分散变成棒状分散，到两个组分含量相近时，则形成层状结构，这时两个组分在材料中都成连续相。其中，分散相以球状分散于连续相中的形态称作海-岛结构（sea-island）。

嵌段共聚物形态结构的理想模型已为实验事实所证实。例如，图 2-61 是苯乙烯-丁二烯二嵌段（SB）和三嵌段（SBS）共聚物薄膜的电镜照片。左边是垂直于薄膜表面的切片，右边是平行于薄膜的切片。上面一排是 SBS 嵌段共聚物，其中 S/B=80/20（mol/mol），聚丁二烯段以小球状分散在聚苯乙烯段的连续相中；中间一排是 SB 嵌段共聚物，其中 S/B=60/40（mol/mol），聚丁二烯段以圆棒状分散在聚苯乙烯段的连续相之中；下面一排是 SBS 嵌段共聚物，S/B=40/60（mol/mol），它们以层状交替排列。

分子间通过次价力自发组装为有序结构的分子聚集体的现象称为自组装（self-assem-

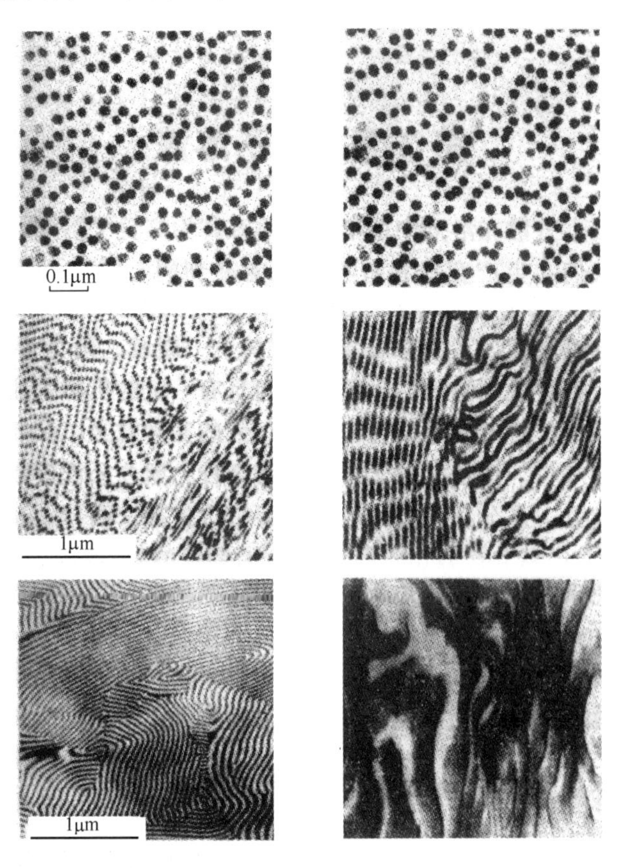

图 2-61　SB 和 SBS 嵌段共聚物薄膜的电镜照片

bly)。研究得最为深透的为上述嵌段共聚物固体中的微相分离。不同嵌段间的热力学不相容是它们分离的驱动力，化学键连接又使之形成有限尺寸的有序结构。SBS 的微相分离，正如第 1、6 章提及，综合了 PS 的热塑性和 PB 的高弹性，成为热塑性弹性体，获得了广泛的应用。

图 2-62 为 ABC 和 ABCB 多嵌段共聚物的形态。

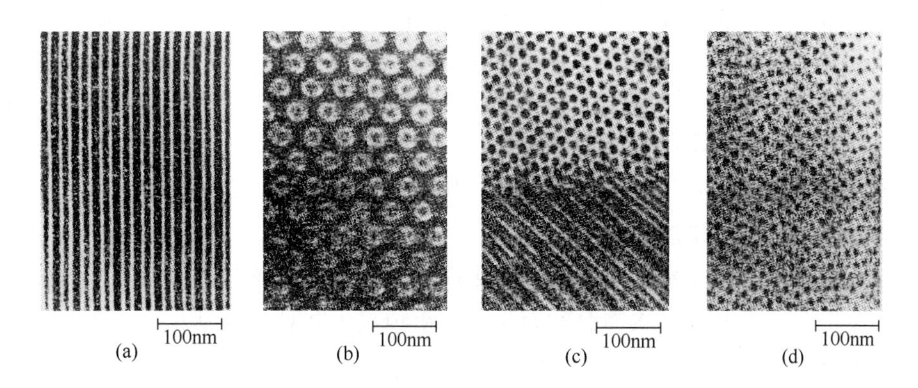

图 2-62　ABC 和 ABCB 多嵌段共聚物的形态

试样：(a) ISP-4；(b) ISP-3；(c) ISP-18；(d) ISP-12

试样进行超薄切片，四氧化锇染色，产生黑色、白色、灰色影像，分别指示聚异戊二烯、聚苯乙烯和聚（2-乙烯基吡啶）微区。图 2-62(a) 显示聚异戊二烯-block-聚苯乙烯-block-聚（2-乙烯基吡啶)-block-聚苯乙烯的层状结构。图 2-62(b) 表示两种互穿框架结构的形态，该种结构是由埋置于中间嵌段组成的基体中的两个末端嵌段形成的。图 2-62(c) 显示组成为 1∶4∶1 的三嵌段共聚物的圆筒状形态，这种形态是由埋置于中间嵌段连续相中的两个末端嵌段形成的两种柱状微区组成的。图 2-62(d) 呈现组成为 1∶8∶1 的聚苯乙烯基体中两个末端嵌段球形微区的形态。

除了上述嵌段共聚物固体的微相分离之外，嵌段共聚物在选择性溶剂中的微胶束化，也是很重要的内容。研究表明，嵌段共聚物溶液在达到一定浓度以上时会出现长程有序结构。应用 SAXS 及电子显微镜对这种有序结构进行研究，结果确定，在一定浓度以上，嵌段聚合物的异种嵌段间便产生相分离并形成所谓胶束（micelle）结构，而且这些胶束结构之间的排列具有长程有序性。在制备溶液浇铸膜的情况下，随着溶剂挥发，溶液浓度增加，这种胶束结构及它们的有序排列得以保持，在溶液浇铸膜固体中可观察到具有一定有序排列的微区（球、棒、层）结构。随后，通过高灵敏度 SAXS 方法对 SB 嵌段共聚物在各种溶剂中的有序结构的系统研究，显著地提高了嵌段共聚物微相分离的研究水平。例如，PS 含量为 29.5%的 SB 两嵌段共聚物，选用正十四烷为溶剂，这是个典型的选择性溶剂，对 PB 链选择溶剂化，而在 PS 微区中可以认为几乎不包含溶剂，PS 应呈球形微区。

20 世纪 90 年代以来，国际学术界在嵌段（接枝）大分子组装的相关研究方面取得了一系列开拓性的重要进展，主要成就举例如下：①利用嵌段共聚物的微相分离结构作“微反应器”，在其中进行金属离子的还原，制得分散在有机基体中的纳米金属簇。利用一个嵌段的交联和水解反应等制得纳米微球、纳米纤维、中空纳米球等。②柔性高分子主链与两亲性碳氢链化合物间借助氢键或离子相互作用形成梳状高分子并组装成高度有序的层状结构，具有数个纳米的长周期，其中若进一步引入桥链的多功能基低分子，还可使其进一步自组装为同时具有几种不同尺度上的有序性的聚集体，即可形成 Structure—in-Structure。③利用具有各种功能性（液晶性、化学反应性）和链构象特性（刚棒、线团）的短嵌段的多种组合，可以制得 2 维、3 维尺度上具有确定形状和空间取向的超分子纳米结构（平面、管）。例如刚性 PPQ（聚苯基喹啉）与柔性 PS 组成的嵌段共聚物在选择性溶剂中可形成与全柔性链嵌段的共聚物完全不同的结构，即球状胶束尺寸达到微米量级，聚集数达 10^8～10^9。球中央有很大的空穴，在与 C_{60} 共存的溶液中，一个胶束中可包藏 10^{10} C_{60} 分子，显然这具有很大的应用潜力。④合成高分子的超分子已渗入蛋白质、核酸等生物大分子研究领域，并将对之产生深远的影响。如通过 PEG 和 Polylysine 的嵌段共聚物与 DNA 的作用而制备的以 Polylysine/DNA 为核，PEG 为壳的微胶束，它具有在体内输送反义寡核苷酸（antisenseoligonucleotides）的潜在用途等。

2.5.3.2 包藏结构和核壳结构

实际许多接枝、嵌段共聚物和共混聚合物的形态结构比图 2-62 所示的理想模型复杂，可能出现过渡态，或者几种形态同时存在。还可出现以下几种特殊结构。

高抗冲聚苯乙烯（HIPS）可以通过 5%顺丁橡胶的苯乙烯溶液在搅拌条件下聚合而成。在这种高分子合金中，橡胶相成颗粒状分散在连续的聚苯乙烯塑料相中，形成海-岛结构，而在橡胶粒子的内部，还包藏着相当多的聚苯乙烯，见图 2-63。两相界面上形成一种接枝共聚物。HIPS 力学性能的突出特点是在较大幅度提高 PS 韧性的同时其模量和拉伸强度下降不多，耐热性变化不大。这些优异的特性与其两相结构有着密切的关系。连续相聚苯乙烯起到了保持整体材料模量、强度和玻璃化转变温度不至于过多下降的作用，而分散相胶粒却能帮助分散和吸收冲击能量。同时，由于胶粒具有包藏结构（salami structure），又提高了橡胶相的模量，增加了橡胶相的实际体积分数。而一般的抗冲击聚苯乙烯是聚苯乙烯与顺丁橡胶共混产物，聚丁二烯为球状分散于聚苯乙烯连续相中，即一般的海-岛结构，其增韧效果低于 HIPS。

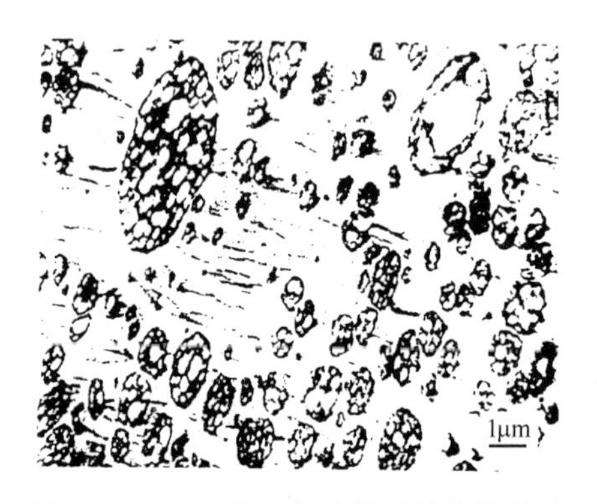

图 2-63 HIPS 染色切片截面的电镜照片
（试样上施加应力时，引发大量银纹）

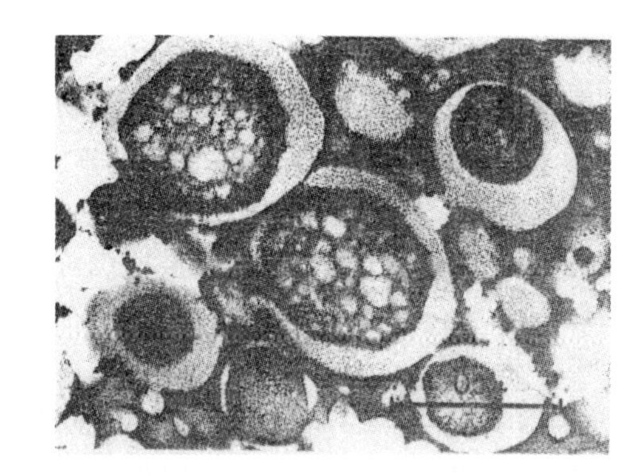

图 2-64 ABS 胶乳粒子的形态（四氧化锇染色）

通常，两相之间存在界面区，或称界面相。界面区内，两种高分子相互渗透，相互扩散，其扩散深度即为界面厚度。聚合物之间的相容性越好，界面厚度越大。

图 2-64 为 ABS 胶乳粒子的形态。

由图 2-64 可见，该种乳液法接枝共聚 ABS 为核-壳结构或称芯壳结构（core-shell structure），AS 共聚物组成壳，AS 微区内部为聚丁二烯橡胶芯。

在本章最后，简介“软物质”（soft matter）的概念、特征以及聚合物软物质特性、软物质科学对高分子物理学发展的重大意义。

法国科学家 De Gennes 提出“标度理论”和“软物质”概念，1991 年荣获诺贝尔物理学奖。

按照物理的定义，软物质是处于流体和理想固体这两个极端之间的中间地带的物质。流体的分子可以自由地变换位置，理想固体的分子位置是固定的，不能互换。软物质是由千万个小分子紧密结合在一起的大分子团所组成的柔性链或刚性棒，分子团内的基元分子已经失去了相互置换位置的自由度，并且由于小分子连接在一起的大分子团都较大，凸显了软物质的新行为和新规律。

软物质包括聚合物、液晶、生命体系物质、胶体、表面活性物质等，广泛存在于自然界、生命体、日常生活和生产之中。软物质的特征有：①“小作用，大响应”。软物质之间的弱连接性，加之密度低，导致软物质的“软”，“软”是在弱力下有较大的变形等；②“大熵，小能”。在一定温度下，在弱力作用下，内能变化不大，但体系却发生了较大变化，这主要是熵变引起的，或者说熵占据主导作用。

聚合物是软物质中最常见和最重要的一种。软物质的特征在聚合物身上体现得最为丰富。其一是“结构的复杂性”：分子量高且具多分散性，多尺度性或多层次性；其二是“弱影响，强响应”：相对于弱的结构变化和外场（力场、电场、磁场、温度场）影响，材料的性能表现出显著的响应和变化，其原因正是剧烈的熵变；其三“结构与性质的自相似性和分形性”：许多性质符合标度规律。

总之，软物质是一类具有自身特色运动规律的物质形态。软物质科学的发展，使我们对高分子物理学整体获得了更为理性和全面的看法，高分子科学的迅猛、飞速发展充分证实了这一概念提出的重要性。

我国高分子科学家、专家的研究和创新贡献

中国科学院化学研究所高分子物理与化学实验室研究员，中国科学院院士——钱人元（1917—2003），是我国高分子化学与高分子物理学研究和教学的奠基人，是一位国内外知名的科学家和教育家。

20 世纪 80 年代起，钱人元先生提出了以链段和链间相互作用以及链间堆砌方式为出发点，研究高分子凝聚态基本问题。他以高分子凝聚态物理中若干基本问题为中心，从分子水平上进行富有创新意义的探讨，在分子链凝聚等许多基本问题上获得了系列重大成果。

钱人元先生经过十余年锲而不舍的潜心研究，在凝聚缠结和物理老化、高分子非折叠结晶过程、单链和寡链高分子凝聚态、柔性链高分子取向、液晶高分子条带织构形成等广泛领域获得许多规律性认识，提出了若干新概念，在分子水平上通过实验和理论计算得到证实。

单链凝聚态是钱人元先生等科学家发展起来的高分子链凝聚态结构中的一个新领域。单分子链凝聚态的形成是链单元间的相互吸引力与更近距离时的相互排斥力达到平衡的结果。研究成果较多的是单链单晶。在聚合物的极稀溶液（$\leqslant 10^{-5}\%$）中，单分子链相距较远，相互之间没有交叠，再用适当的方法将溶剂去除，即可得到单链颗粒。具体地说，以 LB 膜法、生物展开技术、极稀溶液喷雾法、微反应器法、软刻蚀微制造技术等制备单链微粒；再将微粒置于一定温度、惰性气氛下恒温结晶，保持一定的过冷度和充分的结晶时间，即可培

养出单链单晶。这里，聚合物的分子量必须大于临界分子量，以满足孤立高分子链的成核要求。单链单晶都具有十分规整的外形和典型的形态。单链凝聚态颗粒没有分子间的缠结，从而可以研究链缠结对聚合物结晶行为的影响以及迄今尚有争论的分子成核理论、近邻规整折叠、大尺度的分子运动现象等，帮助我们从分子水平上理解聚合物的运动和聚合物的结晶机理，为进行分子设计、制备高性能及具有特殊功能的聚合物提供理论和技术支持。高分子链的缠结是高分子链凝聚态的重要特征之一。凝聚缠结是钱人元先生提出来的，许多实验证据支持了高分子链凝聚缠结的存在。凝聚缠结这一概念可以有效地解释非晶态聚合物的若干现象和行为（详见第 2、5 章）。

在深入研究聚丙烯纺丝过程中结构形成和演化的基础上，利用控制降解法调节聚丙烯的分子量和分子量分布，成功开发了丙纶级树脂、衣料丙纶纤维、细旦-超细旦丙纶长丝制造技术，具有自主知识产权，实现了工业化。钱人元和徐端夫（中国工程院院士，1934-2006）等荣获国家发明三等奖（1980 年），国家科技进步一等奖（1989 年）以及布鲁塞尔、日内瓦国际发明博览会（1986 年）等多项奖励。

非晶态聚对苯二甲酸乙二醇酯（PET）固体膜的研究表明，即使冷却到 77K 仍能观察到他在 1983 年首次使用的激基缔合物荧光光谱法的激基缔合物荧光。也就是说，激基缔合物的位置是预先形成的，说明 PET 链中存在局部链段的平行取向。大量用于纤维和片基的 PET 是结晶性很强的高分子，但是，这类高分子却存在分子链小尺度完全取向而大尺度高度取向的非晶态。钱人元院士和同事在聚四甲基醚萘二酸二乙二醇酯的结晶过程中，首次观察到晶区中激基缔合物位置的直接激发。钱先生是最早发现这一状态的极少数科学家之一。高分子液晶是重要的、新的研究领域。经过几年的深入研究，钱人元先生与其同事们证明了他们较早发现的取向液晶的“草席晶”条带织构的形态，它是由高度取向并周期性弯曲的微纤结构所组成，即条带织构只是这种周期性结构的一种光学效应。他们以大量实验数据表明，条带织构不在剪切过程中产生，而是在剪切停止后的弛豫过程中形成。课题组又从热致性液晶态聚芳酯直接观察到向列相的向错织构和无规取向的条带织构微区同时存在的形态，搞清了向错织构与条带织构之间的关系，即当向列微区长大到足够大时，就出现条带织构。1998 年荣获中国科学院自然科学一等奖（高分子凝聚态物理），1999 年荣获国家自然科学二等奖（高分子凝聚态物理）。

进入 21 世纪，中国科学院化学研究所高分子物理与化学实验室升级为国家重点实验室。在高分子物理方面，进一步开展了凝聚态多尺度连贯等研究，并取得了显著成绩。

钱人元院士在国际学术界非常活跃，参加或组织、主持过众多国际学术会议和学术活动。这些活动，扩大了我国在国际科技界的影响，增进了中国科学家与各国科学家之间的相互了解和友谊。1995 年荣获日本高分子学会第一届国际奖。

钱人元热心教育事业。1958 年中国科学技术大学成立时，他是该校高分子物理教研室的创始人，在国内率先成立了高分子物理科技人才的培养基地，亲自讲授“高聚物的结构与性能”课程。1957—1958 年间，他在北京大学化学系曾开过仪器电子学课，组织过 3 期全国性高聚物分子量测定学习班。钱人元还多次主持外国专家在我国举办的短期讲学班。1994 年，钱先生被评为中国科学院优秀教师。

北京大学化学系教授、中国科学院院士——周其凤提出“mesogen-jacketed liquid crystal polymer”（MJLCP）新一类甲壳型液晶聚合物。MJLCP 在结构上属侧链型液晶聚合物，可由烯类单体链式聚合反应合成，因而容易得到高分子量产物，并能通过可控聚合实现对分子量的控制和功能化。与一般“柔性侧链型”不同，MJLCP 分子中的刚性液晶基元是通过腰部或重心位置与主链相连接，在主链与刚性液晶基元之间不要求连接基团。由于其主链周围空间内刚性液晶基元的密度很高，分子主链将由液晶基元形成的外壳所包裹并被迫采取相对伸直的刚性链构象，因此称为“刚性侧链型”。MJLCP 在分子形态上更接近于主链型液晶聚合物，其物理性能与通过缩聚反应得到的主链型液晶高分子相似，具有明显的链刚性、液晶相稳定性和特征的形态学结构等，从而扩展了液晶聚合物的研究领域。

甲壳型液晶聚合物的例子是聚（2,5-二苯甲酰氧基苯乙烯），它的条带织构如图 2-65 所示。其他甲壳型液晶高聚物有 R—C_6H_4—CONH—C_6H_3(—$\{CH—CH_2\}_n$)—NHOC—C_6H_4—R 和 R—C_6H_4—COO—C_6H_3(—$[CH_2]_n$—O—CO—$\{CH—CH_2\}_n$)—COO—C_6H_4—R。

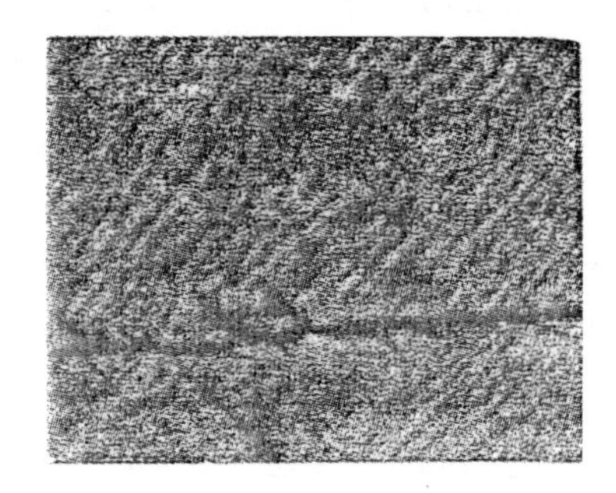

R—C_6H_4—OOC—C_6H_3(—$\{CH—CH_2\}_n$)—COO—C_6H_4—R

聚(2,5-二苯甲酰氧基苯乙烯)

图 2-65 聚（2,5-二苯甲酰氧基苯乙烯）的条带织构

复旦大学高分子系教授、中国科学院院士——江明，是一位知名的高分子物理化学专家，研究方向集中于高分子的相容性、络合和自组装。

早期，江明研究聚合物的相容性问题，通过化学结构和组成完全相同的两嵌段、三嵌段和四臂星形嵌段聚合物与其相应的均聚物之间相容性的系统研究，得到了相容性的链构造效应，即共聚物的链构造越复杂，与其相应均聚物的相容性越小。这是由两者间的不利的混合熵所决定的。

其后，江明课题组研究工作有了新的突破。即对不相容聚合物体系，通过引入氢键或其它特殊相互作用，实现了“不相容-相容-络合转变”。例如，聚苯乙烯和聚甲基丙烯酸甲酯是不相容的，在惰性聚苯乙烯分子链上引入少量的极性质子给体基团，该种改性的聚苯乙烯可以与作为质子受体的聚甲基丙烯酸甲酯完全相容。当进一步增加质子给体含量时，两高分子之间形成了高分子络合物。

在 21 世纪，江明课题组开展了基于高分子间特殊相互作用的大分子自组装研究，发展了高分子胶束化的非嵌段共聚物路线，获得了一系列非共价键合胶束（NCCM）。

江明院士领衔编著了《大分子自组装》一书，2006 年出版发行。内容包括嵌段共聚物在本体和溶液中的自组装、自组装的非嵌段共聚物路线以及含有纳米粒子、表面活性剂等体系的自组装。该本专著有力地推动了我国大分子自组装研究的蓬勃发展。

古罗马神 Janus 其头部有两个脸，分别朝向过去和未来，体现了事物的辩证统一。1992 年，法国科学家 De Gennes 首次使用 Janus 描述两面具有不同组成或性质的颗粒，称其为 Janus 颗粒。

Janus 复合材料的基本特点在于其微观尺度空间具有明确分区的化学和功能。近 20 年来，研究发展迅速，展示了诸多的新颖性和诱人的应用前景。

中国科学院化学研究所高分子化学与物理国家重点实验室近十余年来，在 Janus 复合材料的合成方法学、结构控制和功能化、界面聚集行为等方面作了大量工作，成绩显著。其中，杨振忠、徐坚、陈永明研究员“高分子复合材料微加工及物理与化学问题”研究荣获 2013 年国家自然科学二等奖，主要科学发现（首创性）如下：

（1）以核/壳结构（如聚苯乙烯核/高分子凝胶壳）凝胶为模板，利用高分子凝胶的可渗透性及通过特殊作用容易与功能物质复合等特点，在凝胶内进行定位生长复合（如无机物的溶胶/凝胶过程制备二氧化钛），制备出复合中空功能微球。有别于上述核/壳结构的传统思想，将氢键/共价键等强相互作用组装技术从二维扩展到三维，制备出高分子凝胶中空微球模板和复合中空功能微球，无须去除核模板。

（2）以微球形态为研究对象，进一步实现了多组分空间位点的精确控制和功能的严格区分，系统研究其物理与化学问题，并制备出系列微凝胶（相变、阻燃等），部分科研成果已转化为生产力。

（3）以多孔氧化铝膜为模板，在其通道中进行嵌段聚合物与无机物溶胶/凝胶共组装，制备出介孔复合膜材料。进一步以柔性聚合物如聚丙烯多孔膜代替氧化铝膜制备出柔性有机/无机介孔复合膜材料，透明性好，实现了孔通道的尺寸均一和纳米化。

第 3 章 高分子溶液

聚合物以分子状态分散在溶剂中所形成的均相体系称为高分子溶液。

高分子溶液是人们在生产实践和科学研究中经常碰到的。例如，纤维工业中的溶液纺丝，溶液浓度一般在15%以上，黏度往往显得很大，稳定性也较差。油漆、涂料和胶黏剂，浓度可达60%，黏度就更大了。交联聚合物的溶胀体——凝胶，则为半固体状态。塑料工业中的增塑体，是一种更浓的溶液，呈固体状态，而且有一定的机械强度。以上这些体系都属于高分子浓溶液范畴，这方面的研究工作，具有很大的实际意义。例如，浓溶液的流变性能与成型工艺的关系等。但是，由于体系性质的复杂性，至今还没有很成熟的理论，仅有一些定性的规律。此外，高分子溶液热力学性质的研究（例如，高分子-溶剂体系的混合熵、混合热、混合自由能）、动力学性质的研究（如高分子溶液的黏度、高分子在溶液中的扩散和沉降）以及聚合物的分子量和分子量分布、高分子在溶液中的形态和尺寸、高分子“链段”间及“链段”与溶剂分子间的相互作用等的研究，所用溶液的浓度一般在1%以下，属于稀溶液范畴，这方面的研究可以大大加强我们对高分子链结构以及结构与性能基本关系的认识。聚合物稀溶液在工程实践中也有了工业应用。例如：管道输送减阻剂、土壤改良剂、钻井泥浆处理剂等。

按照现代高分子凝聚态物理学的观点，高分子溶液按浓度及分子链形态的不同又可分为高分子极稀溶液、稀溶液、亚浓溶液、浓溶液、极浓溶液和熔体五个层次，其间的分界浓度如下：

	高分子极稀溶液 — 稀溶液	稀溶液 — 亚浓溶液	亚浓溶液 — 浓溶液	浓溶液 — 极浓溶液和熔体
分界浓度：	c_s	c^*	c_e	c^{**}
名　称：	动态接触浓度	接触浓度	缠结浓度	—
质量浓度范围：	约 10^{-2}%	约 10^{-1}%	约 0.5%～10%	>10%

稀溶液（dilute solution）和浓溶液（concentrated solution）的本质区别在于：稀溶液中各个高分子链线团是彼此孤立的，相互之间没有交叠；而浓厚体系中，高分子线团开始接触、叠加、穿透和缠结。因此，稀溶液和亚浓溶液间的分界浓度称为接触浓度（或交叠浓度，overlapped concentration）。随着浓度增大，分子链间缠结点增多，形成大致均匀缠结网时的溶液为浓溶液，故浓溶液与亚浓溶液的分界浓度为缠结浓度（entanglement concentration）。浓度继续增大，溶液中分子链构象变得完全符合 Gauss 链构象分布即成为 Gauss 型线团，这时为极浓溶液或熔体。

聚合物亚浓溶液也有重要的工业应用价值，直接与动力学性质相关联。例如：强化采油中，聚合物溶液驱油是行之有效的巨大规模工程，其中，高分子溶液在多孔介质中及其壁面上的动力学行为起着关键作用。

总之，研究高分子溶液性质对于指导生产和发展高分子的基本理论均具有重要的意义。

3.1 聚合物的溶解

3.1.1 溶解过程的特点

3.1.1.1 非晶态聚合物的溶胀和溶解

从结构上分析，非晶态聚合物属于液相结构范畴，所以在讨论非晶态聚合物和溶剂分子混合时，可以用两种小分子液体的混合作为基础。

酒精和水，两者能很快混合。但是，取几粒聚苯乙烯置于苯中，开始只能看见聚苯乙烯颗粒体积变大而且变软，并不能立即溶解。经过相当长的时间，胀大的聚苯乙烯才逐渐变小，最后消失在溶剂中，形成均一的溶液。出现这种现象的原因在于具有长链的高分子扩散时，既要移动大分子链的重心，又要克服大分子链之间的相互作用，因而扩散速度慢。溶剂分子小，扩散速度快。所以，溶解过程分两步进行。首先，溶剂分子渗入聚合物内部，即溶剂分子和高分子的某些“链段”混合，使高分子体积膨胀——溶胀（swelling）。其次，高分子被分散在溶剂中，即整个高分子和溶剂混合——溶解。溶解度与聚合物的分子量有关，分子量大，溶解度小；分子量小，溶解度大。

3.1.1.2 交联聚合物的溶胀平衡

交联聚合物在溶剂中可以发生溶胀，但是，由于交联键的存在，溶胀到一定程度后，就不再继续胀大（达到溶胀平衡），更不能发生溶解。交联度大，溶胀度小；交联度小，溶胀度大。

3.1.1.3 结晶聚合物的溶解

结晶聚合物的晶相，是热力学稳定的相态，溶解要经过两个过程。一是结晶聚合物的熔融，需要吸热；二是熔融聚合物的溶解。对于非极性的结晶聚合物，在常温下是不溶解的。只能用加热的方法升高温度至熔点附近，待结晶熔融后，小分子溶剂才能渗入到聚合物内部而逐渐溶解。例如，高密度聚乙烯的熔点是137℃，需要加热到120℃以上才开始溶于四氢萘中。对于极性的结晶聚合物，除了用加热的方法使它们溶解之外，还可以选择一些极性很强的溶剂在室温下溶解。这是因为结晶聚合物中无定形部分与溶剂混合时，两者强烈地相互作用（如生成氢键）放出大量的热，此热量足以破坏晶格能，使结晶部分熔融。例如，尼龙在常温下能溶于甲酚、40%硫酸、90%甲酸及苯酚-冰醋酸的混合溶剂中，涤纶可溶于间甲苯酚、邻氯代苯酚和质量比为1∶1的苯酚-四氯乙烷混合溶剂中。

3.1.2 溶解过程的热力学分析

3.1.2.1 溶度参数

聚合物溶解过程自由能的变化可写为

$$\Delta G_M = \Delta H_M - T\Delta S_M \tag{3-1}$$

式中 ΔG_M、ΔH_M、ΔS_M——分别为高分子与溶剂分子混合的Gibbs混合自由能、混合热和混合熵；

T——溶解温度。

在等温、等压条件下，当聚合物和溶剂自发地相互混合（溶解）时，必须满足以下条件

$$\Delta G_M < 0$$

即

$$\Delta H_M - T\Delta S_M < 0$$

在一般情况下，溶解过程使分子排列趋于混乱，故 $\Delta S_M > 0$。所以 ΔG_M 的正、负将取决于 ΔH_M 的正负和大小。

对于大多数聚合物特别是非极性无定形聚合物，溶解过程一般是吸热的，即 $\Delta H_M > 0$。所以，要使聚合物溶解，即 $\Delta G_M < 0$，必须满足 $\Delta H_M < T\Delta S_M$。为此，必须对混合热进行深入研究。

40 多年前，人们在研究混合过程中没有体积变化（$\Delta V = 0$）的两种低分子液体的混合热时，推导出一个公式。以后，又将此规律应用于聚合物中，得到了非极性（或弱极性）聚合物与溶剂分子混合时热量变化的 Hildebrand 公式，如下

$$\Delta H_M = \varphi_1 \varphi_2 [\varepsilon_1^{1/2} - \varepsilon_2^{1/2}]^2 V_M \tag{3-2}$$

式中　φ_1，φ_2——溶剂与聚合物的体积分数；

V_M——混合后的总体积；

ε_1，ε_2——溶剂与聚合物的内聚能密度（cohesive energy density，C. E. D）。

定义内聚能密度的平方根为溶度参数（solubility parameter）δ，即 $\delta = \varepsilon^{1/2}$，单位为 $(J/cm^3)^{1/2}$，则式(3-2) 变为

$$\Delta H_M = \varphi_1 \varphi_2 [\delta_1 - \delta_2]^2 V_M \tag{3-3}$$

由式(3-3) 可知，ΔH_M 总是正值。同时，要使 $\Delta G_M < 0$，必须使 ΔH_M 越小越好。即 ε_1 与 ε_2 或 δ_1 与 δ_2 必须接近或相等。

3.1.2.2　实验测定和理论计算

因为内聚能密度 $\varepsilon = \dfrac{\Delta E}{V_m} = \dfrac{\Delta H - RT}{V_m}$，则溶剂的溶度参数 δ_1 可以从溶剂的蒸气压与温度的关系中求得。即由物理化学中的克劳修斯-克拉贝龙方程计算出摩尔蒸发热 ΔH_V，再根据热力学第一定律换算成摩尔蒸发能 ΔE，从而求出 δ_1 值。但是，聚合物不能汽化，故其溶度参数 δ_2 需要通过两种方法确定。

其一是实验方法，即黏度法和交联后的溶胀度法。所谓黏度法，即假定聚合物的溶度参数与某良溶剂的溶度参数相等，则高分子在该溶剂中充分舒展，黏度最大。用一系列具有不同溶度参数的溶剂溶解某种聚合物，分别测定溶液的黏度，黏度最大的溶液，其溶剂的溶度参数即可作为聚合物的溶度参数（solubility parameter）。或者，用交联的聚合物，使其在不同溶剂中达到溶胀平衡后测定溶胀度，溶胀度最大的溶剂的溶度参数即可作为该聚合物的溶度参数。表 3-1 列出若干聚合物的溶度参数，表 3-2 列出常用溶剂的溶度参数。

聚合物的溶度参数还可由结构单元中各基团或原子的摩尔吸引常数 F_i 直接计算得到。斯摩尔（Small）把组合量 $(\Delta EV)^{1/2} = F$ 称为摩尔吸引常数（其中 V 为结构单元的摩尔体积），并认为结构单元的摩尔吸引常数具有加和性，即 $F = \sum F_i$。溶度参数和摩尔吸引常数的关系为

$$\delta_2 = \left(\frac{\Delta E}{V}\right)^{1/2} = \frac{F}{V} = \frac{\sum F_i}{V} = \frac{\rho \sum F_i}{M_0} \tag{3-4}$$

式中　ρ——聚合物的密度；

M_0——结构单元的分子量。

因此，若已知结构单元中所有基团的摩尔吸引常数（表 3-3），就能计算出聚合物的溶度参数。

表 3-1 若干聚合物的溶度参数 $\delta/(J/cm^3)^{1/2}$

聚合物	δ	聚合物	δ
聚甲基丙烯酸甲酯	18.4～19.4	聚三氟氯乙烯	14.7
聚丙烯酸甲酯	20.1～20.7	聚氯乙烯	19.4～20.5
聚乙酸乙烯酯	19.2	聚偏氯乙烯	25.0
聚乙烯	16.2～16.6	聚氯丁二烯	16.8～19.2
聚苯乙烯	17.8～18.6	聚丙烯腈	26.0～31.5
聚异丁烯	15.8～16.4	聚甲基丙烯腈	21.9
聚异戊二烯	16.2～17.0	硝酸纤维素	17.4～23.5
聚对苯二甲酸乙二酯	21.9	聚丁二烯/丙烯腈	
聚己二酸己二胺	25.8	82/18	17.8
聚氨酯	20.5	75/25～70/30	18.9～20.3
环氧树脂	19.8～22.3	61/39	21.1
聚硫橡胶	18.4～19.2	聚乙烯/丙烯橡胶	16.2
聚二甲基硅氧烷	14.9～15.5	聚丁二烯/苯乙烯	
聚苯基甲基硅氧烷	18.4	85/15～87/13	16.6～17.4
聚丁二烯	16.6～17.6	75/25～72/28	16.6～17.6
聚四氟乙烯	12.7	60/40	17.8

表 3-2 常用溶剂的溶度参数 $\delta/(J/cm^3)^{1/2}$

溶剂	δ	溶剂	δ
二异丙醚	14.3	间二甲苯	18.0
正戊烷	14.4	乙苯	18.0
异戊烷	14.4	异丙苯	18.1
正己烷	14.9	甲苯	18.2
正庚烷	15.2	丙烯酸甲酯	18.2
二乙醚	15.1	邻二甲苯	18.4
正辛烷	15.4	乙酸乙酯	18.6
环己烷	16.8	1,1-二氯乙烷	18.6
甲基丙烯酸丁酯	16.8	甲基丙烯腈	18.6
氯乙烷	17.4	苯	18.7
1,1,1-三氯乙烷	17.4	三氯甲烷	19.0
乙酸戊酯	17.4	丁酮	19.0
乙酸丁酯	17.5	四氯乙烯	19.2
四氯化碳	17.6	甲酸乙酯	19.2
正丙苯	17.7	氯苯	19.4
苯乙烯	17.7	苯甲酸乙酯	19.8
甲基丙烯酸甲酯	17.8	二氯甲烷	19.8
乙酸乙烯酯	17.8	顺式二氯乙烯	19.8
对二甲苯	17.9	1,2-二氯乙烷	20.1
二乙基酮	18.0	乙醛	20.1

续表

溶　剂	δ	溶　剂	δ
萘	20.3	正丙醇	24.3
环己酮	20.3	乙腈	24.3
四氢呋喃	20.3	二甲基甲酰胺	24.8
二硫化碳	20.5	乙酸	25.8
二氧六环	20.5	硝基甲烷	25.8
溴苯	20.5	乙醇	26.0
丙酮	20.5	二甲基亚砜	27.4
硝基苯	20.5	甲酸	27.6
四氯乙烷	21.3	苯酚	29.7
丙烯腈	21.4	甲醇	29.7
丙腈	21.9	碳酸乙烯酯	29.7
吡啶	21.9	二甲基砜	29.9
苯胺	22.1	丙二腈	80.9
二甲基乙酰胺	22.7	乙二醇	32.1
硝基乙烷	22.7	丙三醇	33.8
环己醇	23.3	甲酰胺	36.4
正丁醇	23.3	水	47.3
异丁醇	23.9		

例如聚氯乙烯的结构单元为$\text{-(}CH_2-\underset{|\atop Cl}{CH}\text{)-}_n$，由表 3-3 查得$-CH_2-$、$>CH-$、$-Cl$ 的摩尔吸引常数分别为 269.0、176.0、419.6，结构单元的分子量为 $M_0=62.5$，聚氯乙烯的相对密度 $\rho=1.4$，则

$$\delta_2=\frac{\rho\sum F_i}{M_0}=\frac{1.4\times(269.0+176.0+419.6)}{62.5}=19.4$$

而实验值为 19.2～22.1，二者很接近。

3.1.3　溶剂对聚合物溶解能力的判定

(1)“极性相近”原则　“极性相近”原则是人们在长期研究小分子物质溶解过程中总结出来的溶解规律，在一定程度上仍适用于聚合物-溶剂体系。例如，未硫化的天然橡胶是非极性的，可溶于汽油、苯、甲苯等非极性溶剂；聚乙烯醇是极性的，可溶于水和乙醇中。但是这一规律比较笼统、粗糙，精确性差。

(2)“内聚能密度（C. E. D.）或溶度参数（δ）相近”原则　实践证明，对于非极性的非晶态聚合物与非极性溶剂混合时，聚合物与溶剂的 ε 或 δ 相近，确能相互溶解。而判断非极性的结晶聚合物与非极性溶剂的相溶性，必须在接近 T_m 的温度，才能使用溶度参数相近的原则。例如，天然橡胶（$\delta_1=16.2$），可溶于甲苯（$\delta_1=18.2$）、四氯化碳（$\delta_1=17.7$），但不溶于乙醇（$\delta_1=26.0$）和甲醇（$\delta_1=29.2$）中。

表 3-3 结构基团的摩尔吸引常数 F/[(J·cm^3)$^{1/2}$/mol]

基 团	F	基 团	F	基 团	F
—CH_3	303.4	>C=O	538.1	Cl_2	701.1
—CH_2—	269.0	—CHO	597.4	—Cl(伯)	419.6
>CH—	176.0	$(CO)_2O$	1160.7	—Cl(仲)	426.2
>C<	65.5	—OH→	462.0	—Cl(芳香族)	329.4
CH_2=	258.8	OH(芳香族)	350.0	—F	84.5
—CH=	248.6	—H(酸性二聚物)	−103.3	共轭键	47.7
>C=	172.9	—NH_2	463.6	顺式	−14.5
—CH=(芳香族)	239.6	—NH—	368.3	反式	−27.6
—C=(芳香族)	200.7	—N—	125.0	六元环	−47.9
—O—(醚、缩醛)	235.3	—C≡N	725.5	邻位取代	19.8
—O—(环氧化物)	360.5	—NCO	733.9	间位取代	13.5
—COO—	668.2	—S—	428.4	对位取代	82.5

对于极性聚合物，其溶度参数规律需要作进一步的修正。Hansen 认为，分子间的相互作用力主要由色散力、极性力和氢键组成，因此，溶度参数可写作

$$\delta^2=\delta_d^2+\delta_p^2+\delta_h^2 \tag{3-5}$$

式中，下标 d、p、h 分别表示色散力、极性力和氢键组分。对于极性聚合物-溶剂的溶液体系，不仅要求二者的溶度参数 δ 相近，而且还要求二者溶度参数值的 δ_d、δ_p、δ_h 也分别相近。例如，聚丙烯腈是强极性聚合物，但不能溶解在溶度参数与它接近的乙醇、甲醇、苯酚、乙二醇等溶剂中，因为这些溶剂极性太弱了。而在二甲基甲酰胺、二甲基乙酰胺、乙腈、二甲基亚砜、丙二腈和碳酸乙烯酯等强极性溶剂中，均可溶解。

(3)"高分子-溶剂相互作用参数 χ_1 小于 $\frac{1}{2}$"原则 从 3.2 和 3.3 高分子溶液热力学理论的推导及渗透压的介绍可以得知，高分子-溶剂相互作用参数 χ_1 的数值可作为溶剂良劣的一个半定量判据。χ_1 反映高分子与溶剂混合时相互作用能的变化。χ_1 小于 $\frac{1}{2}$，溶剂为聚合物的良溶剂；χ_1 大于 $\frac{1}{2}$，溶剂为聚合物的不良溶剂。

由于聚合物结构的复杂性，影响其溶解的因素是多方面的，三个原则并不能概括所有的溶解规律。在实际应用时，要具体分析聚合物是结晶的还是非结晶的、是极性的还是非极性的、分子量大还是分子量小等，然后试用 3 个原则来解决问题。

选择溶剂除了满足聚合物的溶解这一前提之外，还要考虑使用目的。后者常使选择溶剂复杂化。例如，增塑聚合物用的溶剂（增塑剂）应具有高沸点、低挥发性，无毒或低毒，对聚合物的使用性能没有不利的影响等。实际上，要找到全面或主要方面能满足使用要求的溶剂，常常需要进行许多综合分析和试验工作。

此外，在选择聚合物的溶剂时，除了使用单一溶剂外，还经常使用混合溶剂。混合溶剂的溶度参数 $\delta_{混}$ 大致可用式(3-6) 进行调节。

$$\delta_{混}=\delta_1\varphi_1+\delta_2\varphi_2 \tag{3-6}$$

式中 δ_1，δ_2——两种纯溶剂的溶度参数；

φ_1，φ_2——两种纯溶剂的体积分数。

例如，氯乙烯和乙酸乙烯的共聚物，其 δ 约为 21.2。乙醚的 δ_1 为 15.2，乙腈的 δ_1 为 24.2，两者单独使用时，均为非溶剂。若用 33%乙醚与 67%乙腈（体积比）组成混合溶剂，$\delta_{混}$ 为 21.2，因而，可作为氯醋共聚物的良溶剂。表 3-4 列出某些非溶剂混合物的溶解能力。

表 3-4 可溶解聚合物的非溶剂混合物的溶解能力

聚合物	$\delta/(J/cm^3)^{1/2}$	非溶剂Ⅰ	$\delta_1/(J/cm^3)^{1/2}$	非溶剂Ⅱ	$\delta_2/(J/cm^3)^{1/2}$
无规聚苯乙烯	18.6	丙酮	20.5	环己烷	16.8
无规聚丙烯腈	26.2	硝基甲烷	25.8	水	47.7
聚氯乙烯	19.4	丙酮	20.5	二硫化碳	20.5
聚氯丁二烯	16.8	二乙醚	15.1	乙酸乙酯	18.6
丁苯橡胶	17.0	戊烷	14.4	乙酸乙酯	18.6
丁腈橡胶	19.2	甲苯	18.2	丙二酸二甲酯	21.1
硝化纤维	21.7	乙醇	26.0	二乙醚	15.1

3.2 柔性链高分子溶液的热力学性质

任一组分在全部组成范围内都符合拉乌尔定律的溶液称为理想溶液。理想溶液中各组分分子间的作用力与纯态时完全相同，溶解过程中没有体积的变化即混合体积 $\Delta V_M=0$，没有热量的变化即混合热 $\Delta H_M=0$。

理想溶液的混合熵为

$$\begin{aligned}\Delta S_M&=-k(N_1\ln x_1+N_2\ln x_2)\\&=-R(n_1\ln x_1+n_2\ln x_2)\end{aligned} \tag{3-7}$$

式中 N_1、N_2——溶剂、溶质的分子数；

n_1、n_2——溶剂、溶质的物质的量；

x_1、x_2——溶剂、溶质的分子分数（或摩尔分数）；

k——Boltzmann 常数；

R——气体常数。

混合自由能为

$$\begin{aligned}\Delta G_M=\Delta H_M-T\Delta S_M&=kT[N_1\ln x_1+N_2\ln x_2]\\&=RT[n_1\ln x_1+n_2\ln x_2]\end{aligned} \tag{3-8}$$

溶剂的偏摩尔混合自由能为

$$\begin{aligned}\Delta\bar{G}_1&=\left[\frac{\partial\Delta G_M}{\partial n_1}\right]_{T,p,n_2}=\mu_1-\mu_1^0\\&=\Delta\mu_1=RT\ln x_1\end{aligned} \tag{3-9}$$

式中 μ_1、μ_1^0——溶液中溶剂的化学位及纯溶剂的化学位。

求出了 $\Delta\mu_1$ 之后，可以把理想溶液的依数性写成与 $\Delta\mu_1$ 有关的表达式。例如：

溶液蒸气压为

$$\ln \frac{p_1}{p_1^0} = \frac{\Delta\mu_1}{RT} \tag{3-10}$$

将 $\Delta\mu_1$ 表达式代入，即得

$$p_1 = p_1^0 x_1 \tag{3-11}$$

式中 p_1、p_1^0——溶液中溶剂及纯溶剂的蒸气压。

溶液渗透压为

$$\pi = \frac{-\Delta\mu_1}{\bar{V}_1} \tag{3-12}$$

式中 π——溶液的渗透压；

$\bar{V}_1$——溶剂的偏摩尔体积。

将 $\Delta\mu_1$ 表达式代入，得

$$\pi = \frac{-\Delta\mu_1}{\bar{V}_1} = -\frac{RT}{\bar{V}_1}\ln x_1 = \frac{RT}{\bar{V}_1}x_2 \tag{3-13}$$

由以上讨论可知，理想溶液的 p、π 等值均只与溶液中溶质的摩尔分数有关。

实验证明，绝大多数低分子溶液，在浓度较小时，均可以按理想溶液处理，并可利用上述公式描述其热力学性质。但是，绝大多数高分子溶液，即使在浓度较小时（例如浓度 $<1\%$），其性质也不服从理想溶液的规律。例如，早在 1940 年就发现，高分子溶液的混合熵比式(3-7) 计算大十几倍到数十倍。此外，有许多高分子-溶剂体系的混合热 $\Delta H_M \neq 0$。再有，高分子溶液依数性也与理想溶液依数性关系有很大偏差。高分子溶液性质与理想溶液性质产生偏差的原因在于分子量大，分子链具有柔性，一个高分子在溶液中可以起到许许多多个小分子的作用。

3.2.1 Flory-Huggins 格子模型理论[1]（平均场理论）

为了描述高分子溶液的热力学性质，Flory 和 Huggins 借助了金属的晶格模型，考虑了高分子的链接性，于 1942 年分别提出了适用于不可压缩高分子溶液的统计热力学模型，即 Flory-Huggins 格子模型理论。随后该理论推广到多组分高分子-高分子混合体系、多分散性高分子混合体系、超临界气体-多分散高分子混合体系及剪切流动体系，获得了广泛地应用。

本节主要依据 Flory-Huggins 格子模型理论，运用统计热力学方法，推导出高分子溶液的混合熵、混合热、混合自由能等热力学性质的数学表达式。有关高分子混合体系的热力学性质研究，将在 3.4 部分介绍。

推导过程的几点假定如下。

① 溶液中分子排列也像晶体中一样，为一种晶格排列。在晶格中，每个溶剂分子占有一个格子，每个高分子由 x 个“链段”所组成，每个“链段”占有一个格子，整个高分子占有 x 个相连的格子，x 为高分子与溶剂分子的体积比。如图 3-1 所示。

② 高分子链是柔性的，所有构象具有相同的能量。

③ 溶液中高分子“链段”是均匀分布的，即“链段”占有任一格子的概率相等。

3.2.1.1 混合熵

考虑 N_1 个溶剂分子和 N_2 高分子相混合，在 $N = N_1 + xN_2$ 个格子中排布，计算可能

---

[1] Flory-Huggins 格子模型理论假设中，“链段”是指高分子的结构单元。

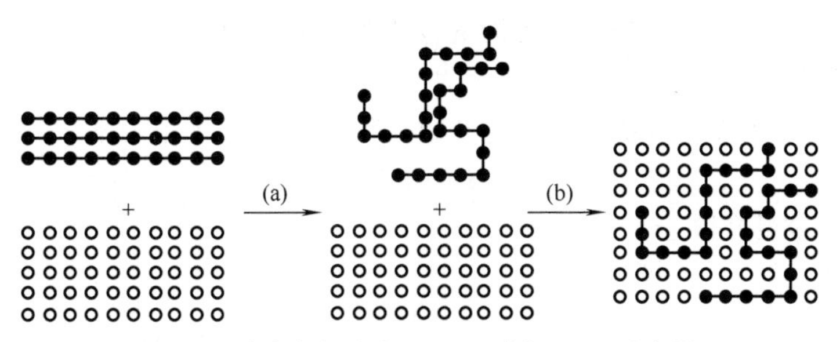

图 3-1　聚合物解取向（a）和溶解（b）示意图

有的排列方式总数。

假定已有 j 个高分子被无规地放在晶格内，还剩下 $N-jx$ 个空格，再放入第（$j+1$）个高分子，其排列方式数 W_{j+1} 是多少呢？

第 $j+1$ 个高分子的第 1 个“链段”可以放在 $N-jx$ 个空格中的任意一个格子内，而第 2 个“链段”却只能放在第 1 个“链段”的邻近空格内。假定晶格的配位数为 Z，第 1 个“链段”的邻近空格数不一定为 Z，因为有可能已被放进去的高分子“链段”所占据。根据高分子“链段”在溶液中均匀分布的假定，第 1 个“链段”邻近的空格数应为 $Za=Z\left(\frac{N-jx-1}{N}\right)$，其中 a 为空格的概率，所以，第 2 个“链段”的放置方法数为 $Z\left(\frac{N-jx-1}{N}\right)$。与第 2 个“链段”相邻近的 Z 个格子中已有一个被第 1 个“链段”占有，所以，第 3 个“链段”的放置方法数为 $(Z-1)\left(\frac{N-jx-2}{N}\right)$。第 4 个、第 5 个“链段”的放置方法数依次类推。因此，第 $j+1$ 个高分子在 $N-jx$ 个空格内放置的方法数为

$$W_{j+1}=Z(Z-1)^{x-2}(N-jx)\left(\frac{N-jx-1}{N}\right)\left(\frac{N-jx-2}{N}\right)\cdots\left(\frac{N-jx-x+1}{N}\right) \quad (3\text{-}14)$$

假定 Z 近似等于 $Z-1$，则式(3-14) 可写成

$$W_{j+1}=\left(\frac{Z-1}{N}\right)^{x-1}\frac{(N-jx)!}{(N-jx-x)!} \quad (3\text{-}15)$$

N_2 个高分子在 N 个格子中放置方法总数为

$$W=\frac{1}{N_2!}W_1W_2W_3\cdots W_{N_2}=\frac{1}{N_2!}\prod_{j=0}^{N_2-1}W_{j+1} \quad (3\text{-}16)$$

这里除以 $N_2!$ 是因为 N_2 个高分子是等同的，当它们互换位置时并不提供新的放置方法。将 W_{j+1} 表达式(3-15) 代入式(3-16)，得

$$W=\frac{1}{N_2!}\left(\frac{Z-1}{N}\right)^{N_2(x-1)}\prod_{j=0}^{N_2-1}\frac{(N-jx)!}{(N-jx-x)!} \quad (3\text{-}17)$$

而

$$\prod_{j=0}^{N_2-1}\frac{(N-jx)!}{(N-jx-x)!}=\frac{N!}{(N-x)!}\times\frac{(N-x)!}{(N-2x)!}\times\frac{(N-2x)!}{(N-3x)!}\cdots$$

$$\frac{[N-x(N_2-1)]!}{[N-x(N_2-1)-x]!}=\frac{N!}{(N-xN_2)!}$$

所以

$$W=\frac{1}{N_2!}\left(\frac{Z-1}{N}\right)^{N_2(x-1)}\frac{N!}{(N-xN_2)!} \quad (3\text{-}18)$$

最后排入溶剂分子。因为溶剂分子是等同的，排列方式数 $W_{N_1}=1$，故式(3-18) 所表示的 W 就是溶液总的微观状态数。

根据统计热力学可知，体系的熵 S 与其微观状态数 W 有如下关系

$$S=k\ln W \tag{3-19}$$

式中 k——玻耳兹曼常数。

故溶液的熵值为

$$S_{溶液}=k\ln W_{溶液}=k\left[N_2(x-1)\ln\left(\frac{Z-1}{N}\right)+\ln N!-\ln N_2!-\ln(N-xN_2)!\right] \tag{3-20}$$

利用 Stirling 公式($\ln a! \approx a\ln a-a$) 简化式(3-20) 得

$$S_{溶液}=-k\left[N_1\ln\frac{N_1}{N_1+xN_2}+N_2\ln\frac{xN_2}{N_1+xN_2}-N_2\ln x-N_2(x-1)\ln\left(\frac{Z-1}{e}\right)\right] \tag{3-21}$$

高分子溶液的混合熵 ΔS_M 是指体系混合前后熵的变化。纯溶剂只有一个微观状态，其相应的熵为零。将聚合物的解取向态作为混合前聚合物的微观状态，可由 $S_{溶液}$ 式中令 $N_1=0$，求得

$$S_{聚合物}=kN_2\left[\ln x+(x-1)\ln\left(\frac{Z-1}{e}\right)\right] \tag{3-22}$$

则

$$\begin{aligned}\Delta S_M&=S_{溶液}-(S_{溶剂}+S_{聚合物})\\&=-k\left[N_1\ln\frac{N_1}{N_1+xN_2}+N_2\ln\frac{xN_2}{N_1+xN_2}\right]\\&=-k(N_1\ln\varphi_1+N_2\ln\varphi_2)\end{aligned} \tag{3-23}$$

$$\varphi_1=\frac{N_1}{N_1+xN_2};\ \varphi_2=\frac{xN_2}{N_1+xN_2}$$

式中 φ_1，φ_2——溶剂和高分子在溶液中的体积分数。

如果用物质的量 n 代替分子数 N，可得

$$\Delta S_M=-R(n_1\ln\varphi_1+n_2\ln\varphi_2) \tag{3-24}$$

式(3-24) 与理想溶液混合熵相比较，只是摩尔分数 x 换成了体积分数 φ。计算所得 ΔS_M 比理想溶液混合熵的计算值要大得多，这是因为一个高分子由 x 个“链段”组成，在溶液中不止起一个小分子的作用；但是，高分子中每个“链段”是相互连接的，一个高分子也起不到 x 个小分子的作用。所以，由式(3-24) 计算得到的 ΔS_M 又比 xN_2 个小分子与 N_1 个溶剂分子混合时的熵变来得小。

对于多分散性聚合物

$$\Delta S_M=-k\left(N_1\ln\varphi_1+\sum_i N_i\ln\varphi_i\right) \tag{3-25}$$

式中，N_i 和 φ_i 是各种聚合度溶质的分子数和体积分数，$\sum_i$ 是对多分散试样的各种聚合度组分进行加和（不包括溶剂)。

3.2.1.2 混合热

液体中的分子很接近，分子之间相互作用能量 ε 很大。当分子间的距离增加时，相互作用的能量就减小。因此，只考虑最邻近的一对分子之间的相互作用能。

用符号 [1-1] 和 [2-2] 分别表示相邻一对纯溶剂分子之间、一对“链段”之间、溶剂

分子和“链段”之间的作用，混合过程可用式(3-26) 表示

$$\frac{1}{2}[1\text{-}1]+\frac{1}{2}[2\text{-}2]=[1\text{-}2] \tag{3-26}$$

即每拆散半对［1-1］和［2-2］，便形成一对［1-2］。

又以符号 $W_{1\text{-}1}$、$W_{2\text{-}2}$、$W_{1\text{-}2}$ 表示［1-1］、［2-2］和［1-2］的相互作用能，则上述过程的能量变化可写为

$$\Delta W_{1\text{-}2}=W_{1\text{-}2}-\frac{1}{2}(W_{1\text{-}1}+W_{2\text{-}2}) \tag{3-27}$$

假如溶液中生成了 $P_{1\text{-}2}$ 对［1-2］，那么，混合热应为

$$\Delta H_M=P_{1\text{-}2}\Delta W_{1\text{-}2} \tag{3-28}$$

应用晶格模型可以计算出 ΔH_M 值。一个高分子周围有 $(Z-2)x+2$ 个空格，当 x 很大时可近似等于 $(Z-2)x$，每个空格被溶剂分子所占有的概率为 φ_1，也就是说 1 个高分子可以生成 $(Z-2)x\varphi_1$ 对［1-2］，在溶液中共有 N_2 个高分子，则

$$P_{1\text{-}2}=(Z-2)x\varphi_1 N_2=(Z-2)N_1\varphi_2 \tag{3-29}$$

所以

$$\Delta H_M=(Z-2)N_1\varphi_2\Delta W_{1\text{-}2} \tag{3-30}$$

若令

$$\chi_1=\frac{(Z-2)\Delta W_{1\text{-}2}}{kT} \tag{3-31}$$

则

$$\Delta H_M=\chi_1 kTN_1\varphi_2=\chi_1 RTn_1\varphi_2 \tag{3-32}$$

χ_1 称为 Huggins 参数，它反映高分子与溶剂混合时相互作用能的变化。

3.2.1.3　混合自由能和化学位

高分子溶液的混合自由能 ΔG_M 为

$$\Delta G_M=\Delta H_M-T\Delta S_M \tag{3-33}$$

将式(3-24) 和式(3-32) 代入式(3-33) 即得

$$\Delta G_M=RT(n_1\ln\varphi_1+n_2\ln\varphi_2+\chi_1 n_1\varphi_2) \tag{3-34}$$

溶液中溶剂的化学位变化 $\Delta\mu_1$ 和溶质的化学位变化 $\Delta\mu_2$ 分别为

$$\Delta\mu_1=\left[\frac{\partial(\Delta G_M)}{\partial n_1}\right]_{T,P,n_2}=RT\left[\ln\varphi_1+\left(1-\frac{1}{x}\right)\varphi_2+\chi_1\varphi_2^2\right] \tag{3-35}$$

$$\Delta\mu_2=\left[\frac{\partial(\Delta G_M)}{\partial n_2}\right]_{T,P,n_1}=RT\left[\ln\varphi_2-(x-1)\varphi_1+\chi_1 x\varphi_1^2\right] \tag{3-36}$$

高分子溶液的 $\Delta\mu_1$ 与理想溶液的 $\Delta\mu_1^i$ 差别如何?

对于高分子稀溶液，假设 $\varphi_2\ll 1$

则

$$\ln\varphi_1=\ln(1-\varphi_2)=-\varphi_2-\frac{1}{2}\varphi_2^2\cdots \tag{3-37}$$

式(3-35) 可改写成

$$\Delta\mu_1=RT\left[-\frac{1}{x}\varphi_2+\left(\chi_1-\frac{1}{2}\right)\varphi_2^2\right] \tag{3-38}$$

对于很稀的理想溶液，据式(3-9) 可得

$$\Delta\mu_1^i=RT\ln x_1\approx -RTx_2 \tag{3-39}$$

因此，式(3-38) 中右边第一项相当于理想溶液中溶剂的化学位变化，第二项相当于非理想部分。非理想部分用符号 $\Delta\mu_1^E$ 表示，称为“超额”化学位。

$$\Delta\mu_1^{\mathrm{E}}=RT\left(\chi_1-\frac{1}{2}\right)\varphi_2^2 \tag{3-40}$$

这里的上标“E”是指过量的意思。

Flory 认为，聚合物溶解在良溶剂中，“链段”与溶剂分子的相互作用能远远大于“链段”之间的相互作用能，使高分子链在溶液中舒展。同时，高分子链的许多构象不能实现。因此，溶液性质的非理想部分应该表示相互作用对混合热和混合熵的总贡献。

应该提及，在 ΔH_{M} 的推算过程，将高分子与溶剂混合过程相互作用变化归结为引起混合热，而没有考虑它对熵的影响。相互作用参数 χ_1 情况同上。在 ΔS_{M} 的推算中，也没有考虑相互作用（有热溶液）对熵的影响。所以，ΔG_{M} 计算结果与全部考虑相互作用对熵的影响所得结果是相同的。

3.2.1.4 与实验结果比较

溶液蒸气压与溶剂偏摩尔自由能有下列关系

$$\Delta\mu_1=\mu_1-\mu_1^0=RT\ln\frac{p_{\mathrm{A}}}{p_{\mathrm{A}}^0}$$

根据晶格模型理论，上式可以写为

$$\ln\frac{p_1}{p_1^0}=\frac{\Delta\mu_1}{RT}=\ln(1-\varphi_2)+\left(1-\frac{1}{x}\right)\varphi_2+\chi_1\varphi_2^2 \tag{3-41}$$

实验求出 p_1 和 p_1^0，即可算出 χ_1 值，该值应该与高分子溶液浓度无关。但是，实验结果除个别体系外，其他体系都与理论存在较大偏差。

此外，溶剂的偏摩尔混合热和混合熵的实验结果与格子模型理论之间也存在较大偏差。

化学位的表达式在描述许多实验结果时情况较好，加之这一理论所得热力学表达式甚为简单，物理概念清楚，容易理解，故至今仍然为大家所采用。

3.2.2 Flory-Krigbaum 理论（稀溶液理论）

在格子模型的假定中，高分子“链段”即结构单元均匀分布的假定是导致理论与实验偏差的主要原因之一。在高分子稀溶液中，“链段”的分布实际上是不均匀的，高分子链以一个被溶剂化了的松懈的链球散布在纯溶剂中，每个链球都占有一定的体积，它不能被其他分子的“链段”占有，称为排斥体积。基于这一考虑，Flory 和 Krigbaum 在格子模型理论基础提出了 Flory-Krigbaum 理论，又称稀溶液理论。该理论修正了“链段”等概率分布的不合理假定，建立了 θ 状态、排斥体积等概念，将高分子溶液理论向前推进了一步。其基本假定如下。

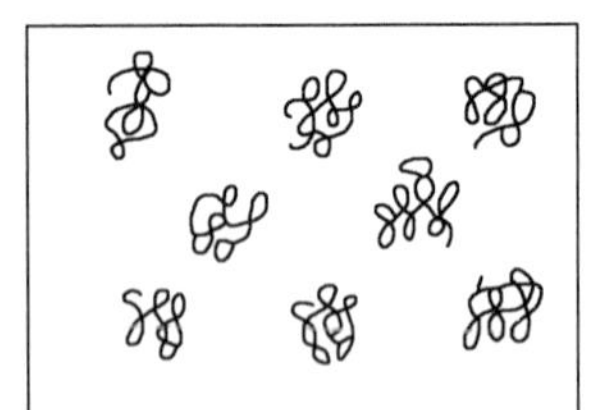

图 3-2 稀溶液中的高分子链球

① 高分子稀溶液中“链段”的分布是不均匀的，而是以“链段云”形式分布在溶剂中，每一“链段云”可近似成球体，如图 3-2 所示。

② 在“链段云”内，以质心为中心，“链段”的径向分布符合高斯分布。

③“链段云”彼此接近要引起自由能的变化，每一个高分子“链段云”有其排斥体积。

3.2.2.1 体积元内部的热力学性质

在整个溶液中，“链段”分布是不均匀的。在溶液中选取某一小体积元 δV，可以认为在

δV 内“链段”分布是均匀的，故可按照等概率分布情况处理其热力学性质。

假定体积元 δV 内含有 δN_0 个格子，其中 δx 个为高分子“链段”占有。因为 δV 很小，而高分子的分子量很大，所以可以认为体积元内只含高分子链的片断而不需考虑端基的影响。当晶格配位数为 Z 时，每个“链段”只能处于其前一个“链段”周围的（$Z-1$）个格子中的未被占有的格子中。类似于格子理论的推导，可以得到体积元内的微观状态数即在 δN_0 个格子中放置 δx 个“链段”和 δN_1 个溶剂分子的排列方式总数为：

$$\Omega_{\delta V}=\prod_{j=0}^{\delta x-1}(Z-1)\left(\frac{\delta N_0-j}{\delta N_0}\right)=\frac{\delta N_0!}{(\delta N_0-\delta x)!}\left(\frac{Z-1}{\delta N_0}\right)^{\delta x} \tag{3-42}$$

进一步可导出体积元 δV 内高分子“链段”与溶剂的混合熵为：

$$\delta(\Delta S_M)=-k\delta N_1\ln\varphi_1 \tag{3-43}$$

式中　φ_1——体积元中溶剂的体积分数。

与格子模型理论推导结果类似，体系的混合热为：

$$\delta(\Delta H_M)=\chi_1 kT\delta N_1\varphi_2 \tag{3-44}$$

因此，体积元 δV 内“链段”与溶剂的混合自由能为：

$$\delta(\Delta G_M)=kT(\delta N_1\ln\varphi_1+\chi_1\delta N_1\varphi_2) \tag{3-45}$$

式中　φ_2——体积元中高分子“链段”的体积分数。

将式(3-45) 中的分子数换算成物质的量，再对 n_1 求偏导数，可得出体积元中溶剂的化学位为：

$$\Delta\mu_1^E=(\mu_1-\mu_1^0)^E=RT(\ln\varphi_1+\varphi_2+\chi_1\varphi_2^2) \tag{3-46}$$

稀溶液中，φ_2 很小。将 $\ln\varphi_1=\ln(1-\varphi_2)$ 对 φ_2 展开，则有

$$\Delta\mu_1^E=RT\left(\chi_1-\frac{1}{2}\right)\varphi_2^2 \tag{3-47}$$

如果整个溶液中“链段”的分布是均匀的，即满足格子模型的要求，则式(3-47) 表示整个体系的化学位，仅仅设有端基的贡献，相当于 $x\to\infty$ 的情况。因而，式(3-47) 也可由式(3-35) 令 $x\to\infty$ 而导出，即

$$\begin{aligned}\Delta\mu_1&=RT\left[\ln\varphi_1+\left(1-\frac{1}{x}\right)\varphi_2+\chi_1\varphi_2^2\right]\\&=RT\left[-\frac{1}{x}\varphi_2+\left(\chi_1-\frac{1}{2}\right)\varphi_2^2\right]\end{aligned} \tag{3-48}$$

式中，第一项为理想稀溶液中溶剂的化学位，第二项为非理想部分的贡献。

比较式(3-47) 和式(3-48) 可知，$\Delta\mu_1^E$ 代表“过量”化学位或“超额”化学位。

前面已经提及，高分子“链段”与溶剂分子混合过程相互作用能的变化 $\Delta W_{1,2}$ 应该包含热效应和熵效应的综合贡献，χ_1 也是一样。Flory-Krigbaum 引入两个参数 k_1 和 ψ_1，前者称为热参数，后者称为熵参数。令

$$k_1-\psi_1=\chi_1-\frac{1}{2} \tag{3-49}$$

则

$$\Delta\mu_1^E=RT(k_1-\psi_1)\varphi_2^2 \tag{3-50}$$

进一步定义过量偏摩尔混合热和过量偏摩尔混合熵为：

$$\overline{\Delta H_1^E}=RTk_1\varphi_2^2 \tag{3-51}$$

$$\overline{\Delta S_1^E}=R\psi_1\varphi_2^2 \tag{3-52}$$

为了讨论问题方便，又引入另一参数 θ，其定义为：

$$\theta = k_1 T/\psi_1 = \frac{\overline{\Delta H_1^E}}{\overline{\Delta S_1^E}} \tag{3-53}$$

θ 具有温度的量纲，称为“Flory 温度”。

因而
$$\psi_1 - k_1 = \psi_1\left(1-\frac{\theta}{T}\right) = \frac{1}{2} - \chi_1 \tag{3-54}$$

体积元中溶剂的化学位即过量化学位可写成

$$\Delta\mu_1^E = -RT\psi_1\left(1-\frac{\theta}{T}\right)\varphi_2^2 \tag{3-55}$$

在不良溶剂中，k_1 和 ψ_1 一般均大于零，故 θ 也大于零。当 $T=\theta$ 时，$\Delta\mu_1^E$ 为零，溶液的化学位为理想溶液的化学位，这时溶液为“高分子的理想溶液或 θ 溶液”。此时，k_1 和 ψ_1 正好相等，但不等于零，即高分子理想溶液的混合热和混合熵并不满足真正的理想溶液的条件，但自由能、化学位等有关热力学性质可按理想溶液处理。

3.2.2.2 排斥自由能

排斥自由能是指在稀溶液中，两个聚合物分子彼此靠近时所引起的自由能变化。

考虑溶液中的两个高分子 k 和 l，在它们距离为无限远时，各自有一个体积元 δV_k 和 δV_l，当它们靠近到质心之间的距离为 a 时，两个体积元叠合在一起构成体积元 δV，见图 3-3 所示。

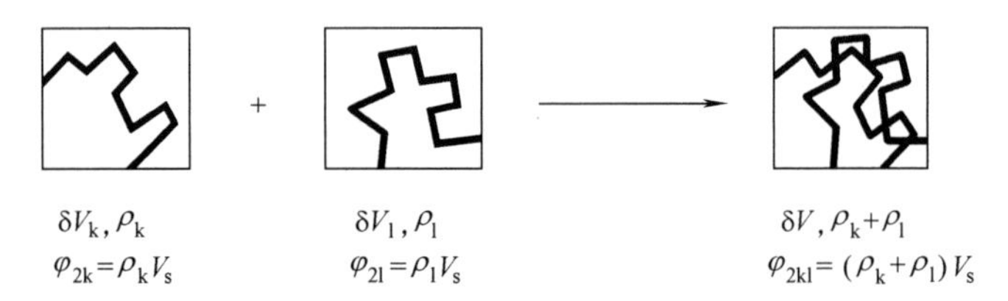

图 3-3 小体积元重合过程示意图

如果两个高分子分离时，在体积元中的“链段”密度（单位体积的“链段”数）分别为 ρ_k 和 ρ_l，“链段”体积为 V_s，那么，各自的体积分数为：

$$\varphi_{2k} = \rho_k V_s \tag{3-56}$$

$$\varphi_{2l} = \rho_l V_s \tag{3-57}$$

两个高分子质心距离为 a 时，链段的体积分数为

$$\varphi_{2kl} = (\rho_k + \rho_l) V_s \tag{3-58}$$

令 V_1 表示一个溶剂分子的体积，则相应的各体积元中溶剂的分子数为：

$$\delta N_{1,k} = \frac{\delta V_k}{V_1}(1-\rho_k V_s) \tag{3-59}$$

$$\delta N_{1,l} = \frac{\delta V_l}{V_1}(1-\rho_l V_s) \tag{3-60}$$

$$\delta N_{1,kl} = \frac{\delta V}{V_1}(1-\rho_k V_s - \rho_l V_s) \tag{3-61}$$

根据体积元中“链段”与溶剂分子混合自由能表达式(3-45)，可得出两个高分子相距很远时和相隔 a 时体积元的自由能计算式（略）。由于 ρV_s 很小，对式中的对数项进行级数展开，略去高次项，进而可计算体积元重合过程的自由能增量。

$$\delta(\Delta G_a) = \delta(\Delta G_M)_{kl} - [\delta(\Delta G_M)_k + \delta(\Delta G_M)_l]$$

$$=2kT\left(\frac{1}{2}-\chi_1\right)\rho_k\rho_1\left(\frac{V_s^2}{V_1}\right)\delta V$$

$$=2kT\psi_1\left(1-\frac{\theta}{T}\right)\rho_k\rho_1\left(\frac{V_s^2}{V_1}\right)\delta V \tag{3-62}$$

$\delta(\Delta G_a)$ 表示相距很远的两个高分子附近的两个体积元在质心距离为 a 时叠合在一起引起的自由能变化。当 $\psi_1=k_1$，即 $T=\theta$ 时，$\delta(\Delta G_a)=0$，表示上述过程不引起自由能变化。其他情况下，$\delta(\Delta G_a)$ 不为零，其数值与链段密度、溶剂、温度等条件有关。
根据“链段”密度径向分布符合高斯分布的假定

$$\rho=x\left(\frac{\beta'}{\sqrt{\pi}}\right)^3\exp(-\beta'^2s^2) \tag{3-63}$$

式中　ρ——链段密度；

x——高分子所含链段数；

s——离开高分子线团质心的距离；

β'——与分子尺寸有关的“链段”密度径向分布参数。

可以近似计算高分子链球中链段密度 ρ_k 和 ρ_1。

将两个高分子所占体积中全部小体积元内的混合自由能变化加和起来，可得到将距离无限远的分子 1 和分子 k 移至质心相距为 a 处所引起的总自由能变化。

$$\Delta G_a=\sum_{\text{全部}\delta V}\delta(\Delta G_a)$$

$$=2kT\psi_1\left(1-\frac{\theta}{T}\right)\left(\frac{V_s^2}{V_1}\right)\int\rho_k\rho_1\delta V \tag{3-64}$$

采用以 $\frac{a}{2}$ 处为极点坐标来表示 δV 的位置（图略），分子 k 和 l 的质量与 δV 的距离分别为 S_k 和 S_1，则可计算出 $\int\rho_k\rho_1\delta V$，代入式(3-64) 即得

$$\Delta G_a=kTJ\xi^3\exp(-\beta'^2a^2/2) \tag{3-65}$$

式中

$$J=(\psi_1-k_1)\frac{\bar{v}^2}{V_1}=\psi_1\left(1-\frac{\theta}{T}\right)\frac{\bar{v}^2}{V_1}$$

$$\xi^3=\frac{\beta'^3m^2}{\sqrt{2\pi^3}}$$

$\bar{v}$ 为高分子的偏微比容，m 为一个高分子链的质量。

式(3-65) 表明，对于一定的高分子-溶剂体系，两个高分子线团的排斥自由能正比于 J，也就是正比于 (ψ_1-k_1) 或 $\psi_1\left(1-\frac{\theta}{T}\right)$，与两个高分子质心之间的距离 a 呈指数关系。当 $T>\theta$ 时，$\Delta G_a>0$，并随着 a 的减小而增大。$a\rightarrow\infty$，$\Delta G_a\rightarrow 0$；$a=0$，ΔG_a 达最大值。当 $T=\theta$ 时，$\Delta G_a=0$。当 $T<\theta$ 时，$\Delta G_a<0$。

3.2.2.3　排斥体积

排斥体积是溶液中聚合物分子之间排斥作用的量度，它是一个统计概念，相当于在空间中一个高分子线团排斥其他线团的有效体积。

假定溶液中有一对高分子 k 和 l，最初相距无限远，然后将分子 l 移向分子 k，直至它们质

心间距离为 a。显然，在两个高分子相互接近的过程中，其自由能要发生变化，而自由能的变化决定着在距分子 k 为 a 处找到分子 l 的概率 f_a，这个概率可用 Boltzmann 函数表示：

$$f_a = \exp\left(-\frac{\Delta G_a}{kT}\right) \tag{3-66}$$

式中 ΔG_a——将分子 l 从无限远移到离分子 k 为 a 处所引起的自由能变化；

f_a——距分子 k 为 a 处每单位体积内找到分子 l 的概率。

距分子 k 质心为 a 到 $a+\mathrm{d}a$ 的壳层体积为 $4\pi a^2\mathrm{d}a$。在 $4\pi a^2\mathrm{d}a$ 球壳内，为分子 l 所提供的有效体积为 $f_a 4\pi a^2\mathrm{d}a$。也就是说，在球壳内，分子 k 排斥分子 l 的体积为 $(1-f_a)4\pi a^2\mathrm{d}a$。所以，分子 k 在整个空间不被其他分子占有的体积总和即总的排斥体积应为：

$$u = \int_0^\infty (1-f_a)4\pi a^2\mathrm{d}a = \int_0^\infty [1-\exp(-\Delta G_a/kT)]4\pi a^2\mathrm{d}a \tag{3-67}$$

将 ΔG_a 表达式代入式(3-67)，可得：

$$u = 2Jm^2F(J\xi^3) \tag{3-68}$$

式中
$$F(x) = \frac{4\sqrt{\pi}}{x}\int_0^\infty [1-\exp(-x\mathrm{e}^{-y^2})]y^2\mathrm{d}y$$
$$x = J\xi^3$$
$$y = \beta' a/\sqrt{2} = (\pi^{1/2}/2^{1/3})\xi a/m^{2/3}$$

由式(3-68) 可知，排斥体积的大小首先取决于 J，还同高分子的质量以及积分函数 $F(J\xi^3)$ 有关。当 $T>\theta$ 时，$J>0$，$u>0$，此时，由于高分子“链段”与溶剂分子间的相互作用使高分子链扩展，温度 T 高于 θ 温度越多，溶剂性能越良；当 $T=\theta$ 时，$J=0$，$u=0$，高分子“链段”间相互作用与高分子“链段”-溶剂分子间的相互作用抵消，高分子链彼此自由贯穿；当 $T<\theta$ 时，$J<0$，$u<0$，高分子“链段”间彼此吸引，使高分子链收缩，温度 T 低于 θ 温度越多，溶剂性能越差，达到某一临界温度时，聚合物将从溶液中析出、分离。

3.2.2.4 高分子稀溶液热力学关系式推导

Flory 和 Krigbaum 将稀溶液中的一个高分子看作体积为 u 的刚性球，并且假定有 N_2 个这样的刚性球分布在体积为 V 的溶液中，推导出溶液的混合自由能为：

$$\Delta G_\mathrm{M} = -kT\left(N_2\ln V - \sum_{i=0}^{N_2-1}\frac{iu}{V}\right) + 常数$$
$$= -kT\left(N_2\ln V - \frac{N_2^2}{2}\times\frac{u}{V}\right) + 常数 \tag{3-69}$$

该理论在推导高分子溶液渗透压（见本章 3.3.1）关系中的应用较之格子模型理论有了进展。

3.2.3 其他理论

1959 年，Maron 提出了对 Flory-Huggins 方程的修正意见，所得混合自由能公式应用于高分子溶液热力学性质时，理论结果与实验数据符合更好。

经典的 Flory-Huggins 格子理论忽略了体系的可压缩性，因此，在处理具有下临界共溶温度（3.4 节）的高分子溶液和混合物的热力学相图时，遇到了困难。为了对这类相图进行合理解释，人们借鉴了处理小分子体系的对应态原理，提出了一些适合于高分子体系的状态方程理论。在这些理论中，以 Flory-Orwall-Vrit（FOV）理论和 Sanchez-Lacombe（SL）理论应用最为广泛。

应该强调指出，1979 年，de Gennes 从固体物理角度提出了著名的标度理论，用自洽场和重整群等近代物理方法和数学工具处理高分子溶液，得到了新的结果。该理论对浓溶液的研究有了很大推动，在熔体研究方面已见报道。

3.3　高分子溶液的相平衡

3.3.1　渗透压

当溶剂池和溶液池被一层只允许溶剂分子透过而不允许溶质分子透过的半透膜隔开时，纯溶剂就透过半透膜渗入溶液池中，致使溶液池的液面升高，产生液柱高差。当液柱高差为某一定值时，达到了渗透的平衡。此时，溶液、溶剂池的液柱高差所产生的压力即为渗透压 π（osmotic pressure），如图 3-4 所示。

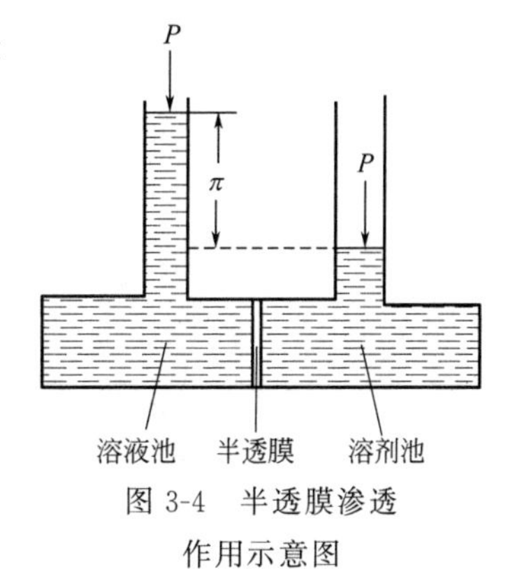

图 3-4　半透膜渗透作用示意图

设纯溶剂的化学位为 μ_1^*，溶液中溶剂的化学位为 μ_1，纯溶剂的蒸气压为 $p_1^{\ominus}$，溶液中溶剂的蒸气压为 p_1，则

$$\mu_1^*(T,p)=\mu_1^{\ominus}(T)_{气}+RT\ln p_1^{\ominus} \tag{3-70}$$

$$\mu_1(T,p)=\mu_1^{\ominus}(T)_{气}+RT\ln p_1 \tag{3-71}$$

式中　$\mu_1^{\ominus}(T)_{气}$——理想气体在温度 T 及标准状态压力 $p=0.1\text{MPa}$ 下的化学位，即该气体的标准化学位。

由于 $p_1^{\ominus}>p_1$，所以，$\mu_1^*(T,p)>\mu_1(T,p)$，于是 $\Delta\mu=\mu_1-\mu_1^*=RT\ln p_1/p_1^{\ominus}<0$，即纯溶剂的化学位高于溶液中溶剂的化学位。溶剂分子就有从溶剂池透过半透膜进入溶液池的倾向，这种渗透过程将一直进行到液柱上升所产生的压力增加了溶液池中溶剂的化学位，使之与纯溶剂的化学位相等，达到热力学平衡为止。

平衡条件为溶剂的化学位 $\mu_1^*(T,\ p)$ 与溶液中溶剂的化学位 $\mu_1(T,\ p+\pi)$ 相等，即

$$\mu_1^*(T,p)=\mu_1(T,p+\pi)$$

$$\mu_1(T,p+\pi)=\mu_1(T,p)+\int_p^{p+\pi}\left(\frac{\partial\mu_1}{\partial p}\right)_T\partial p=\mu_1(T,p)+\left(\frac{\partial\mu_1}{\partial p}\right)_T\pi$$

而
$$\left(\frac{\partial\mu_1}{\partial p}\right)_T=\frac{\partial}{\partial p}\left(\frac{\partial G}{\partial n_1}\right)_T=\frac{\partial}{\partial n_1}\left(\frac{\partial G}{\partial p}\right)_T=\left(\frac{\partial V}{\partial n_1}\right)_T=\bar{V}_1$$

$$\mu_1(T,p+\pi)=\mu_1(T,p)+\pi\bar{V}_1$$

则
$$\pi\bar{V}_1=-[\mu_1(T,p)-\mu_1^*(T,p)]=-\Delta\mu_1 \tag{3-72}$$

式中　$\bar{V}_1$——溶剂的偏摩尔体积。

将高分子溶液 $\Delta\mu_1$ 表达式化简再代入式(3-72) 之中。

因为
$$\Delta\mu_1=RT\left[\ln(1-\varphi_2)+\left(1-\frac{1}{x}\right)\varphi_2+\chi_1\varphi_2^2\right]$$

$$=RT\left[-\varphi_2-\frac{\varphi_2^2}{2}-\frac{\varphi_2^3}{3}\cdots+\varphi_2-\frac{1}{x}\varphi_2+\chi_1\varphi_2^2\right]$$

$$=RT\left[-\frac{\varphi_2}{x}+\left(\chi_1-\frac{1}{2}\right)\varphi_2^2-\frac{\varphi_2^3}{3}\cdots\right]$$

如果再将高分子的体积分数 φ_2 用 1mL 溶液中含有高分子的克数 c 来表示，则

$$\varphi_2=\frac{c}{\rho_2}$$

而
$$\rho_2=\frac{M}{V_{m,2}}=\frac{M}{V_{m,1}x}$$

式中　$V_{m,1}$、$V_{m,2}$——溶剂、高分子的摩尔体积；

M——聚合物的分子量。

则
$$\Delta\mu_1=RT\left[-\frac{1}{x}\times\frac{c}{\frac{M}{V_{m,1}x}}+\left(\chi_1-\frac{1}{2}\right)\left(\frac{c}{\rho_2}\right)^2-\frac{\left(\frac{c}{\rho_2}\right)^3}{3}\cdots\right]$$

$$=RT\left[-\frac{cV_{m,1}}{M}+\frac{\left(\chi_1-\frac{1}{2}\right)c^2}{\rho_2^2}-\frac{1}{3}\times\frac{c^3}{\rho_2^3}\cdots\right]$$

又因为
$$\pi\bar{V}_1=-\Delta\mu_1=-(\mu_1-\mu_1^*)\text{，稀溶液 }\bar{V}_1\approx V_{m,1}$$

所以
$$\pi=-\frac{\Delta\mu_1}{\bar{V}_1}=RT\left[\frac{1}{M}c+\frac{\left(\frac{1}{2}-\chi_1\right)}{V_{m,1}\rho_2^2}c^2+\frac{1}{3V_{m,1}\rho_2^3}c^3\cdots\right]$$

$$\frac{\pi}{c}=RT\left[\frac{1}{M}+A_2c+A_3c^2+\cdots\right] \tag{3-73}$$

式中　A_2，A_3——渗透压第二、第三维利系数。

即
$$A_2=\left(\frac{1}{2}-\chi_1\right)\frac{1}{V_{m,1}\rho_2^2}\qquad \chi_1=\frac{(Z-2)\Delta W_{1\text{-}2}}{kT} \tag{3-74}$$

$$A_3=\frac{1}{3V_{m,1}\rho_2^3} \tag{3-75}$$

高分子溶液与理想溶液不同，$\frac{\pi}{c}$与 c 有关，A_2、A_3 表示它与理想溶液的偏差。当浓度很低时，可将式(3-73) 简化为

$$\frac{\pi}{c}=RT\left[\frac{1}{M}+A_2c\right] \tag{3-76}$$

第二维利系数 A_2 与 χ_1 一样，表征了高分子“链段”与溶剂分子之间的相互作用。它与高分子在溶液中的形态有密切关系，取决于溶剂和实验温度。在良溶剂中，高分子链由于“链段”与溶剂分子的相互作用而扩张，高分子线团伸展，A_2 为正值，χ_1 小于$\frac{1}{2}$；若加入不良溶剂，“链段”间吸引作用增加，A_2 数值逐渐减小，χ_1 值逐渐增大；当$A_2=0$ 时，$\chi_1=\frac{1}{2}$，表示“链段”间由于溶剂化作用所表现出的相互排斥作用恰恰与“链段”间的相互吸引作用相抵消，高分子线团自然卷曲，高分子溶液的混合自由能等性质可按理想溶液处理；继

续加入不良溶剂，高分子“链段”间吸引作用占优势，高分子线团紧缩，直至聚合物从溶液中析出，此时，A_2 为负值，χ_1 大于$\frac{1}{2}$。同样，降温过程，χ_1 也会经历小于$\frac{1}{2}$、等于$\frac{1}{2}$及大于$\frac{1}{2}$的转变。

A_2 等于零的温度称作某种高分子-溶剂体系的 θ 温度，这时的溶剂称为 θ 溶剂。通过渗透压测定，可以求出高分子溶液的 θ 温度。即在一系列不同温度下测定某聚合物-溶剂体系的渗透压，求出第二维利系数 A_2，以 A_2 对温度作图，得一曲线，此曲线与 $A_2=0$ 的线之交点所对应的温度即为 θ 温度。表 3-5 列出某些聚合物的 θ 溶剂和 θ 温度。

由以上讨论可知，聚合物的 θ 溶剂是一种特殊的不良溶剂。

从 A_2 的实验数据，通过 A_2-χ_1 关系式，即可求得高分子-溶剂相互作用参数 χ_1，这个数值可作为判定溶剂良劣的一个半定量标准。表 3-6 列出了某些高分子-溶剂体系的相互作用参数。以聚氯乙烯为例，表中前列几个溶剂的 χ_1 都很小，甚至为负值，是聚氯乙烯的良溶剂。

表 3-5　某些聚合物的 θ 溶剂和 θ 温度

聚合物	θ 溶剂	θ 温度/℃	聚合物	θ 溶剂	θ 温度/℃
聚乙烯	二苯醚	161.4	聚碳酸酯	氯仿	20
聚丙烯(等规)	二苯醚	145	聚丙烯腈(无规)	二甲基甲酰胺	29.2
聚苯乙烯(无规)	丁醇/甲醇 89/11	25	聚二甲基硅氧烷	甲苯/环己烷 66/34	25
	苯/正己烷 39/61	20		丁酮	20
	环己烷	35		氯苯	68
聚氯乙烯(无规)	苯甲醇	155.4	丁苯橡胶 70/30	正辛烷	21
聚甲基丙烯酸甲酯(无规)	苯/正己烷 70/30	20	聚丁二烯(90%顺式 1,4)	己烷/庚烷 50/50	5
	丙酮/乙醇 47.7/52.3	25		3-戊酮	10.6
	丁酮/异丙醇 50/50	25			

表 3-6　某些高分子-溶剂体系的 χ_1

高分子	溶剂	温度/℃	χ_1	高分子	溶剂	温度/℃	χ_1
聚异丁烯	环己烷	27	0.44	聚氯乙烯	二氧六环	27	0.52
	苯	27	0.50		丙酮	27	0.63
聚苯乙烯	甲苯	27	0.44		丁酮	53	1.74
	月桂酸乙酯	25	0.47			76	1.58
	磷酸三丁酯	53	−0.65	天然橡胶	四氯化碳	15～20	0.28
		76	−0.53		氯仿	15～20	0.37
聚氯乙烯	四氢呋喃	27	0.14		苯	25	0.44
	硝基苯	53	0.29		二硫化碳	25	0.49
		76	0.29		乙酸戊酯	25	0.49

实验表明，A_2 尚与试样的分子量和分子量分布有关，这是 Flory-Huggins 格子模型理论所不能解释的。

将稀溶液理论导出的 ΔG_M 表达式代入稀溶液的渗透压公式，并以 c 表示溶液浓度（单位体积溶液中所含溶质的克数），可得

$$\pi=-\frac{\Delta\mu_1}{\bar{V}_1}=-\frac{1}{\bar{V}_1}\times\frac{\partial\Delta G_M}{\partial n_1}=-\frac{1}{\bar{V}_1}\times\frac{\partial\Delta G_M}{\partial V}\times\frac{\partial V}{\partial n_1}=-\frac{\partial\Delta G_M}{\partial V} \tag{3-77}$$

式中　n_1——溶剂的物质的量；

$\bar{V}_1$——溶剂的偏摩尔体积。

可得

$$\pi=kT\left[\frac{N_2}{V}+\frac{u}{2}\left(\frac{N_2}{V}\right)^2\right]=RT\left[\frac{c}{M}+\frac{N_A u}{2M^2}c^2\right] \tag{3-78}$$

式中，R、N_A、M 分别为气体常数、Avogadro 常数和溶质的分子量。

比较式(3-76) 与式(3-78) 可知

$$A_2=\frac{N_A u}{2M^2} \tag{3-79}$$

该式表明，稀溶液理论推得的 A_2 随聚合物分子量增加而减小。虽然理论与实验结果仍有偏离，但该理论可以定性地解释 A_2 的分子量依赖性。

利用 Gennes 的标度理论处理渗透压第二维利系数的分子量依赖性也得到了较好的结果。

3.3.2 相分离

高分子溶液作为聚合物和溶剂组成的二元体系，在一定条件下可分为两相，一相为含聚合物较少的“稀相”，另一相为含聚合物较多的“浓相”。对于一定的聚合物-溶剂体系，相分离发生与否同温度有关。将聚合物溶液体系的温度降低到某一特定温度以下或者提高到某一特定温度以上，就有可能出现相分离（phase separation）现象。前一温度称为高临界溶解温度（UCST)，后一温度称为低临界溶解温度（LCST)。有的溶液体系同时具有 UCST 和 LCST，例如，聚苯乙烯-环己酮体系。图 3-5 为 3 类聚合物-溶剂体系的相图（phase diagram）示意。有关低临界溶解温度及其相分离情况需要运用更复杂的状态方程理论，这里仅以 Flory-Huggins 格子模型理论为基础讨论高临界溶解温度的临界条件。

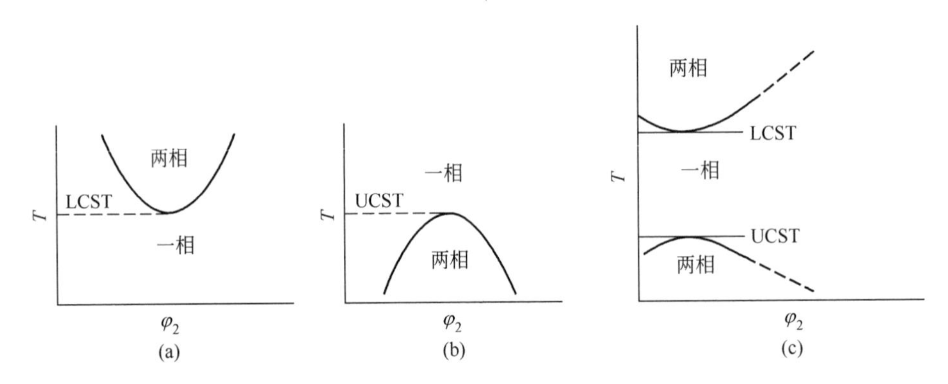

图 3-5 聚合物-溶剂体系的相图

热力学分析可知，聚合物在溶剂中溶解的必要条件是混合自由能 $\Delta G_M<0$。但是，$\Delta G_M<0$ 的条件下，聚合物和溶剂是否在任何比例下都能互溶成均匀的一相，可由 ΔG_M-φ_2 关系曲线来分析。

若体系的总体积为 V，格子的摩尔体积为 $V_{m,u}$，则

$$\varphi_1=\frac{n_1 V_{m,u}}{V},\quad \varphi_2=\frac{n_2 x V_{m,u}}{V}$$

代入 ΔG_M 表达式(3-34)，得

$$\Delta G_M=\frac{RTV}{V_{m,u}}\left[(1-\varphi_2)\ln(1-\varphi_2)+\frac{\varphi_2}{x}\ln\varphi_2+\chi_1\varphi_2(1-\varphi_2)\right] \tag{3-80}$$

如果混合过程放热，$\chi_1<0$，$\Delta G_M<0$。如果溶解过程吸热，$\chi_1>0$，此时 ΔG_M 可能大于零，也可能小于零，视 χ_1 的大小而定。因为 $\Delta G_M>0$ 的过程是不可能自发进行的，故这里仅讨论 $\Delta G_M<0$ 的情况。

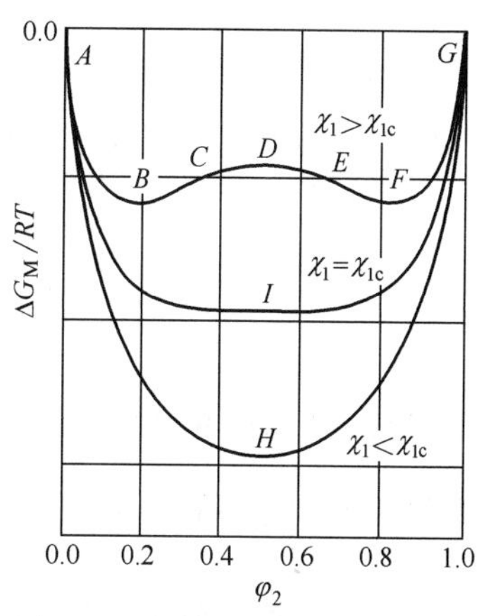

图 3-6　聚合物溶液混合自由能 ΔG_M 与组成 φ_2 的关系

图 3-6 为 ΔG_M 与 φ_2 的三条典型关系曲线。曲线的形状同 x 和 χ_1 大小有关。若 x 一定，则当 χ_1 小于某一临界值 χ_{1c} 时，ΔG_M-φ_2 关系如曲线 AHG 所示，有一极小值 H。整条曲线曲率半径为正，即 $\partial^2\Delta G_M/\partial\varphi_2^2>0$，曲线上每一点都具有不同的切线，整个浓度区域内混合自由能各不相同，聚合物与溶剂可以以任何比例混合而不发生相分离，称为完全互溶。当 χ_1 大于某一临界值 χ_{1c} 时，ΔG_M-φ_2 关系如曲线 $ABCDEFG$ 所示。随着 φ_2 的增大，ΔG_M 出现两个极小值（B 和 F），一个极大值（D）和两个拐点（C 和 E），极小值处组成以 φ' 和 φ'' 表示，拐点处的组成以 φ_a 和 φ_b 表示。可以看出，B 和 F 两点有一共同切线，即浓度 φ' 和 φ'' 的两种状态相应的组分具有相同的混合自由能，可以共同存在，在这种情况下，尽管溶液在整个组成范围内 ΔG_M 都小于零，但是聚合物和溶剂不能以任意比例混合成一相，还必须满足溶解的充分条件。具体地说，当 $\varphi<\varphi'$ 和 $\varphi>\varphi''$ 时，$\partial^2\Delta G_M/\partial\varphi_2^2>0$，体系互溶，且为均相态；当 φ 介于 φ' 和 φ_a、φ_b 和 φ'' 之间时，曲线的 $\partial^2\Delta G_M/\partial\varphi_2^2>0$，但与上述均相态不同，体系虽然不能自发发生相分离，但在震动、杂质或过冷等条件下，有可能分相，称作亚稳态；当 φ 介于 φ_a 和 φ_b 之间时，曲线曲率半径为负，即 $\partial^2\Delta G_M/\partial\varphi_2^2<0$，由于稳定的热力学相态是自由能最低的相态，因而该体系极不稳定，相分离是自发的和连续的，必将分离成浓度为 φ' 和 φ'' 的两相，为部分互溶的多相态。当 χ_1 等于某一临界 χ_{1c} 时，ΔG_M-φ_2 曲线极值和拐点刚刚趋于一点，如曲线 AIG 所示。

下面再讨论相分离临界条件与聚合物分子量（x）的关系。

图 3-6 中，极小值和极大值出现的条件是函数的一阶导数为零，拐点出现的条件是函数的二阶导数为零，而临界条件应该是三个极值和两个拐点同时出现，判别式是函数的三阶导数为零。利用这一原理，由式(3-80)，求 ΔG_M 的二阶导数与三阶导数，并令其等于零，即

$$\frac{\partial^2(\Delta G_M)}{\partial\varphi_2^2}=0$$

$$\frac{\partial^3(\Delta G_M)}{\partial\varphi_2^3}=0 \tag{3-81}$$

将 ΔG_M 表达式代入，求导

$$\frac{1}{1+\varphi_{2c}}+\frac{1}{x\varphi_{2c}}-2\chi_{1c}=0$$

$$\frac{1}{(1-\varphi_{2c})^2}-\frac{1}{x\varphi_{2c}^2}=0 \tag{3-82}$$

解方程，即得相分离的临界条件为

$$\varphi_{2c}=\frac{1}{1+\sqrt{x}} \tag{3-83}$$

$$\chi_{1c}=\frac{1}{2}\left(1+\frac{1}{\sqrt{x}}\right)^2=\frac{1}{2}+\frac{1}{\sqrt{x}}+\frac{1}{2x} \tag{3-84}$$

当 $x\gg1$ 时，式(3-83)、式(3-84) 可近似写作

$$\varphi_{2c}=\frac{1}{\sqrt{x}} \tag{3-85}$$

$$\chi_{1c}=\frac{1}{2}+\frac{1}{\sqrt{x}} \tag{3-86}$$

这里，下标 c 表示临界状态。式(3-85) 表明，因为高分子的聚合度通常很大，因此，出现相分离的起始浓度一般很小。式(3-86) 表明，χ_{1c} 稍微大于$\frac{1}{2}$。即在 θ 状态下，$\chi_1=\frac{1}{2}$，体系尚未发生相分离。分子量趋于无穷大时，χ_{1c} 为$\frac{1}{2}$，体系可发生相分离。

此外，在稀溶液理论中，定义

$$\chi_1-\frac{1}{2}=\psi_1\left(\frac{\theta}{T}-1\right) \tag{3-87}$$

临界条件下，将 χ_{1c} 表达式(3-86) 代入上式，整理得

$$\frac{1}{T_c}=\frac{1}{\theta}\left[1+\frac{1}{\psi_1}\left(\frac{1}{2x}+\frac{1}{\sqrt{x}}\right)\right] \tag{3-88}$$

以$\frac{1}{T_c}$对$\left(\frac{1}{2x}+\frac{1}{\sqrt{x}}\right)$作图，应为一直线，直线的截距表示分子量趋于无穷大的$\frac{1}{T_c}$值，它应该等于$\frac{1}{\theta}$。所以，θ 温度也是分子量趋于无穷大时聚合物的临界共溶温度，这也是求 θ 温度的一种方法。知道 θ 值后，再由直线的斜率，即可计算熵参数 ψ_1。

3.4 共混聚合物相容性的热力学

3.4.1 相分离的热力学

广义地说，共混聚合物也是一种溶液，两者之间的相容性可以用溶液热力学理论进行分析。令 A、B 两种聚合物分子链中分别含有 x_A 和 x_B 个“链段”，在共混物中所含物质的量分别为 n_A 和 n_B，体积分数分别为 φ_A 和 φ_B，则

$$\Delta S_M=-R(n_A\ln\varphi_A+n_B\ln\varphi_B) \tag{3-89}$$

$$\Delta H_M=RT\chi_1x_An_A\varphi_B=RT\chi_1x_Bn_B\varphi_A \tag{3-90}$$

$$\Delta G_M=RT(n_A\ln\varphi_A+n_B\ln\varphi_B+\chi_1x_An_A\varphi_B) \tag{3-91}$$

又设 A 与 B“链段”的摩尔体积相等，均为 V_u，体系的总体积为 V，则

$$\varphi_A=\frac{x_An_AV_u}{V},\quad \varphi_B=\frac{x_Bn_BV_u}{V}$$

上式可改写为

$$\Delta G_M=\frac{RTV}{V_u}\left(\frac{\varphi_A}{x_A}\ln\varphi_A+\frac{\varphi_B}{x_B}\ln\varphi_B+\chi_1\varphi_A\varphi_B\right) \tag{3-92}$$

这里，括号内前两项是熵对自由能的贡献，而末项是焓（热）的贡献。显然，A、B 混合后

能否得到均相共混物，决定于熵项和焓项的相对大小。

对于某些 $\Delta G_M<0$ 的热力学相容体系，ΔG_M 与 φ_A（或 φ_B）有类似于图 3-6 所示的关系，图形决定于 x_A、x_B 和 χ_1 值。当 $x_A=x_B$ 时，ΔG_M-φ_A（或 φ_B）曲线在 φ_A（或 φ_B）$=\frac{1}{2}$ 处出现极小值或极大值。$x_A \neq x_B$ 时，图形将出现不对称情况。

与聚合物溶液体系类似，对于给定的共混体系，存在着临界值 χ_{1c}。只要 $\chi_1>\chi_{1c}$，即可出现相分离。两相的组成 φ' 和 φ'' 随 χ_1 而变，改变 χ_1，可以得到一系列的 ΔG_M-φ_A（或 φ_B）曲线，如图 3-7 所示。将各条曲线的极小值（称双节点，binodal point）连接，可得两相共存线（即双节线，binodal curve）；将各条曲线的拐点（称旋节点，spinodal point）连接，可得亚稳极限线（即旋节线，spinodal curve）。旋节线内的区域称为不稳定的两相区域，旋节线与双节线之间的区域称亚稳区，双节线之外的区域为互溶的均相区，如图 3-8 所示。

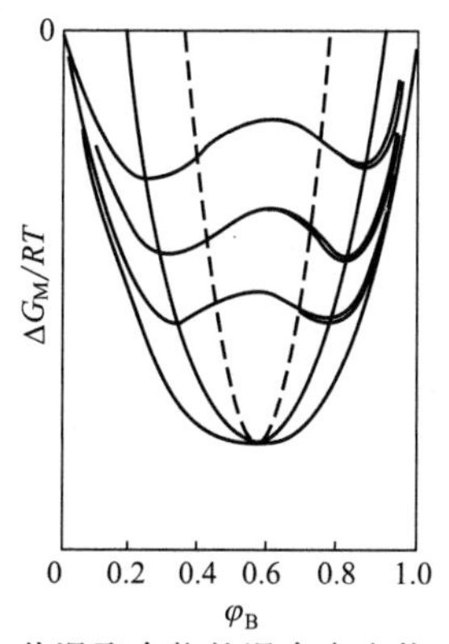

图 3-7　共混聚合物的混合自由能 ΔG_M 和组成 φ_A（或 φ_B）的关系（χ_1 由大到小）

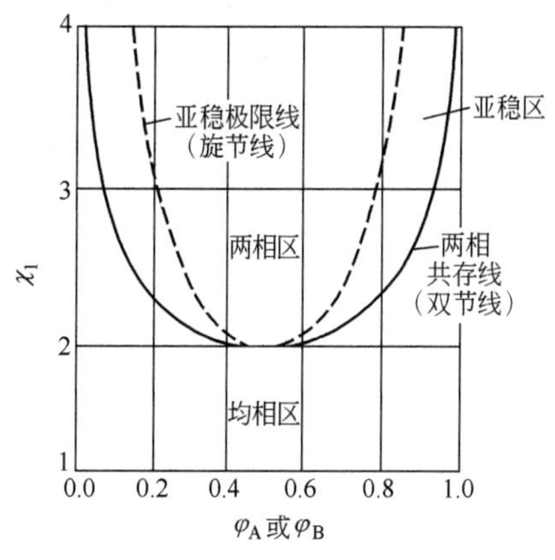

图 3-8　共混聚合物的双节线和旋节线

图 3-9 和图 3-10 为实际共混聚合物的 T-φ 相图。其中呈现 UCST 的类型与经典的 Flory-Huggins 溶液格子理论为基础讨论的 χ_1-φ_A 或 φ_B 图中的双节线相对应，但其形状相反。因为 χ_1 和 T 的关系为

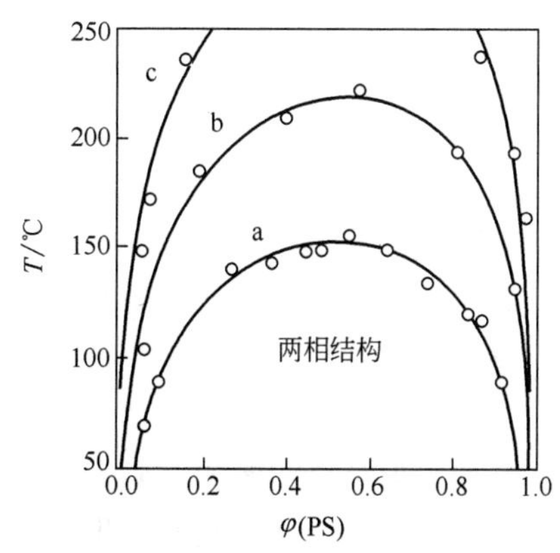

图 3-9　不同的 PS/PB 混合物的相图，呈现 UCST
a—M(PS)=2250，M(PB)=2350；b—M(PS)=3500，M(PB)=2350；c—M(PS)=5200，M(PB)=2350

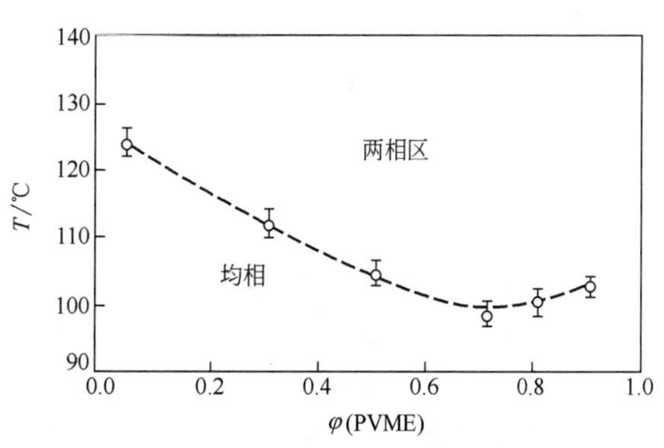

图 3-10　PS（$M=2.0\times10^5$）和 PVME（$M=4.7\times10^4$）混合物的相图（呈现 LCST）

$$\chi_1=\frac{(Z-2)\Delta W_{1\text{-}2}}{kT} \tag{3-93}$$

或

$$\psi_1\left(1-\frac{\theta}{T}\right)=\frac{1}{2}-\chi_1 \tag{3-94}$$

研究发现，呈现 LCST 的行为是与聚合物和聚合物自身性质的差异即自由体积不同有关的。此外，还与混合组分间存在有特殊相互作用有关，通常 $\Delta H>0$。在理论上，前已提及，要用更复杂的状态方程来讨论。

相图最常用的测定方法叫浊点法。将共混物薄膜用显微镜观察，在某一温度下试样透明，则为均相。缓慢改变温度，记录开始观察到浑浊的温度 T_1；继续升温至浊点以上，再逆向转变温度，记录浑浊开始消失的温度 T_2。取 T_1 和 T_2 的平均值即为浊点。变更共混配比，得到一系列不同组成时的浊点，将所得浊点联成的曲线称为浊点曲线（cloud point curve）。此外，光散射方法观察共混物散射光强随温度的变化，也是确定相界的有效手段。

下面讨论相分离的临界条件与分子量即 x_A 和 x_B 之间的关系。

$$\Delta G_M=\frac{RTV}{V_u}\left(\frac{\varphi_A}{x_A}\ln\varphi_A+\frac{\varphi_B}{x_B}\ln\varphi_B+\chi_1\varphi_A\varphi_B\right)$$

以 ΔG_M 对 φ_A 或 φ_B 求二阶导数和三阶导数，并令其等于零，解联立方程，可得到临界条件下的 φ 值和 χ_1 值，以 φ_{AC}、φ_{BC} 和 χ_{1c} 表示。

$$\varphi_{AC}=\frac{x_B^{1/2}}{x_A^{1/2}+x_B^{1/2}},\quad \varphi_{BC}\ \frac{x_A^{1/2}}{x_A^{1/2}+x_B^{1/2}} \tag{3-95}$$

$$\chi_{1c}=\frac{1}{2}\left(\frac{1}{x_A^{1/2}}+\frac{1}{x_B^{1/2}}\right)^2 \tag{3-96}$$

由此可见，χ_{1c} 随着试样分子量增大而减小。由于 x_A、x_B 值均较高，所以，χ_{1c} 值很小。只有当 χ_1 值非常小，即 $\chi_1<\chi_{1c}$ 时，共混聚合物才能在全部组成范围内形成热力学上相容的均相体系。当 $\chi_1>\chi_{1c}$ 但 $\Delta G_M<0$ 时，两种聚合物只能在某种组成范围内形成均相体系。χ_1 值增大至 $\Delta G_M>0$ 时，两种聚合物在任何组成下均将发生相分离，形成热力学上不相容的非均相体系。

20 世纪 80 年代以来，发现了不少热力学相容的均相共混物，聚合物之间存在着特殊的相互作用，例如，氢键作用、强的偶极-偶极作用、离子-偶极作用、电荷转移络合、酸碱作用等。

3.4.2 相分离的动力学

3.4.2.1 旋节分解机理（spinodal decomposition mechanism）

体系的组成若处于 ΔG_M-φ_B 曲线内拐点组成 φ_a 和 φ_b 之间，也就是处于旋节线区域之内时，分相属于这种机理。此时，均相是极不稳定的，组成 φ_a 和 φ_b 之间对应的曲线曲率半径为负，微小的组成涨落均可导致体系自由能降低，相分离是自发的和连续的，没有热力学位垒。但是，相分离初期，两相组成差别很小，相区之间没有清晰的界面。随着时间的推移，在降低自由能的驱动力作用下，高分子会逆着浓度梯度方向进行相间迁移，即分子向着高浓度方向扩散，产生越来越大的两相组成差，显示出明显的界面。最后，两相逐渐接近双节线所要求的连续的平衡相组成，如图 3-11 所示。由于相分离能自发产生，体系内到处都有分相现象，故分散相间有一定程度的相互连接。

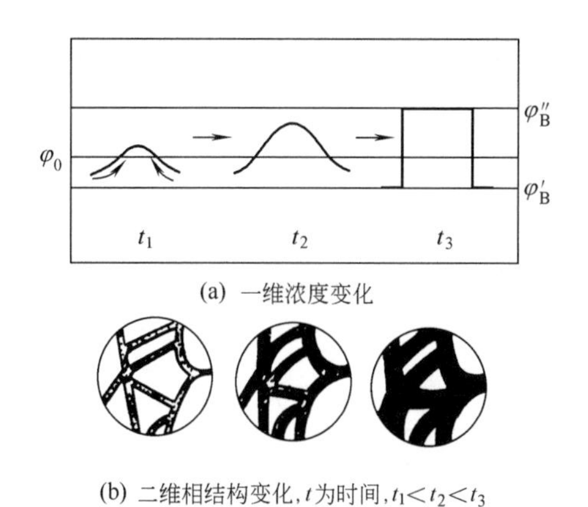

图 3-11　旋节线分解相分离机理示意图

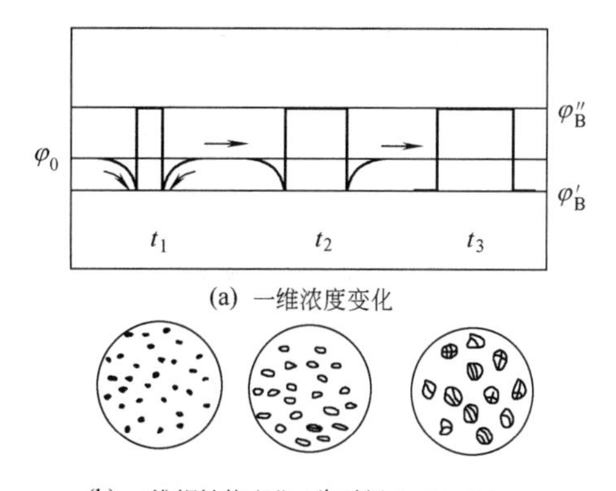

图 3-12　成核生长相分离机理示意图

3.4.2.2　成核生长机理（nucleation growth mechanism）

如果体系的总组分处于 ΔG_M-φ_B 曲线极小点和拐点之间，即 φ'和 φ_a、φ_b 和 φ''之间，也就是旋节线和双节线间的亚稳区域，相分离按此机理进行。

在此区域内，ΔG_M-φ_B 曲线的曲率半径为正，体系不会自发地分解为相邻组成的两相。但是，如果直接分为 φ'、φ''两相，则自由能仍然是降低的。这种分相，无法通过体系微小的浓度涨落来实现。但是，混合物在震动、杂质或过冷等条件下，可以克服势垒形成零星分布的“核”。若“核”主要由组分 B 构成，则其一旦形成，核中相的组成为 φ''，“核”的近邻处相的组成为 φ'，但稍远处基体混合物仍然具有原来的组分 φ_B，故基体内以组分 B 为主的分子流将沿着浓度梯度方向即低浓度方向扩散。这些分子进入核区，使“核”的体积增大，即所谓“生长”，构成分散相。这种分相过程一直延续到原有的基体耗尽，共混物在全部区域中都达到平衡态组成 φ'和 φ''的两相体系为止。该种相分离机理可示意如图 3-12 所示。分散相一般不会发生相互连接。

如果体系最后达到平衡，两种相分离结果是没有本质差别的。然而，实际上无论是熔融共混或溶液共混，由于体系的高黏度，真正的平衡总是不易实现的。这两种不同的相分离机理就可能导致共混物具有完全不同的形态和性能。

3.5　聚电解质溶液

3.5.1　聚电解质溶液概念

在分子链上带有可离子化基团的聚合物称为聚电解质（polyelectrolyte）。带正电荷的称为阳离子型聚电解质，例如聚（乙烯基亚胺盐酸盐）、聚（4-乙烯基吡啶正丁基溴季铵盐）等。

$\leftarrow CH_2—CH_2—N^+H \rightarrow_n$（N 上连 Cl^-H）　　$\leftarrow CH_2—CH \rightarrow_n$（CH 上连吡啶环，环上 N^+ 连 Bu，Br^-）

带负电荷的为阴离子型电解质，如聚丙烯酸钠、聚苯乙烯磺酸等。

$\left[CH_2—CH\right]_n$ （CH 上连 $COO^- \ Na^+$）　　$\left[CH_2—CH\right]_n$ （CH 上连苯环，苯环对位连 $SO_3^- \ H^+$）

同时带有正负电荷的称为两性聚电解质，如丙烯酸-乙烯吡啶共聚物等。

$\left[CH—CH_2\right]_n\left[CH—CH_2\right]_m$ （第一个 CH 上连 COO^-，第二个 CH 上连吡啶环，环上 N 连 H^+）

生物高分子蛋白质和核酸也都是两性聚电解质。

聚电解质溶液的性质与溶剂的性质关系密切。当聚电解质溶解在非离子化溶剂中时，其溶液性质与普通高分子溶液相似。但当聚电解质溶解在离子化溶剂中时，将会发生离解作用，形成聚离子（polyion）和反离子（counterion）。聚离子是一个多价的、带电的大离子，在其周围束缚着大量的反离子。这种离子化作用导致聚电解质溶液具有许多特殊的性质。

3.5.2 聚电解质溶液的黏度

聚电解质溶液中，离解作用使高分子链上带有若干同性离子，它们彼此间具有排斥作用，引起高分子线团扩张，并且，扩张程度随着同性离子含量的增加而增大。图 3-13 表示在聚甲基丙烯酸水溶液中，高分子的离解度（α）与旋转半径（s）之间的关系。因为线团尺寸增加，所以，离子化聚电解质溶液的黏度较之通常的高分子溶液为高，黏度对溶液浓度具有特殊的依赖关系。

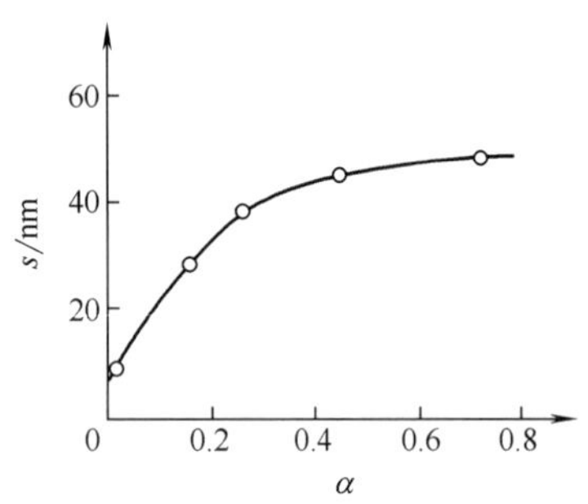

图 3-13 聚甲基丙烯酸的旋转半径与离解度关系

一般的高分子溶液，浓度越高，黏度越大。而聚电解质溶液在较高的浓度下（如浓度大于 1%时），高分子链周围存在大量的反离子，离子化作用并不引起链构象的明显变化，溶液的比浓黏度（详见 4.2.7.1）近乎于正常情况。随着溶液浓度的降低，离子化产生的反离子脱离高分子链区向纯溶剂区扩散，链的有效电荷数增多，静电排斥作用加大，高分子链扩张，溶液的比浓黏度增加。且浓度越稀，比浓黏度越高。但是，当高分子链已经充分扩张，再继续稀释溶液，将使比浓黏度降低。倘若在聚电解质溶液中加入小分子强电解质（如 NaCl 等），可以抑制反离子脱离高分子链区向纯溶剂扩散，从而抑制或消除聚电解质溶液在低浓度时比浓黏度的迅速增加。当“盐”的浓度足够大时，聚电解质效应可充分抑制，则溶液的黏度行为与非离子型高分子溶液相似。此时，比浓黏度与浓度呈线形关系，可采用黏度法据 $[\eta]=kM^{\alpha}$ 方程测定聚电解质的分子量。

图 3-14 和图 3-15 为聚（4-乙烯基吡啶正丁基溴季铵盐）的比浓黏度与浓度的关系。在较低的浓度范围，无外加“盐”时，该电解质溶液的 η_{sp}/c 较高，且随着溶液浓度降低迅速增加。

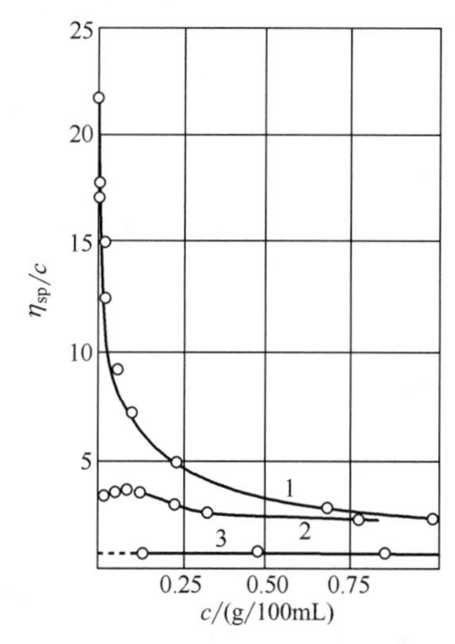

图3-14 聚(4-乙烯基吡啶正丁基溴季铵盐)水溶液的 η_{sp}/c 与 c 的关系

1—纯水;2—0.001mol/L KBr;3—0.0335mol/L KBr

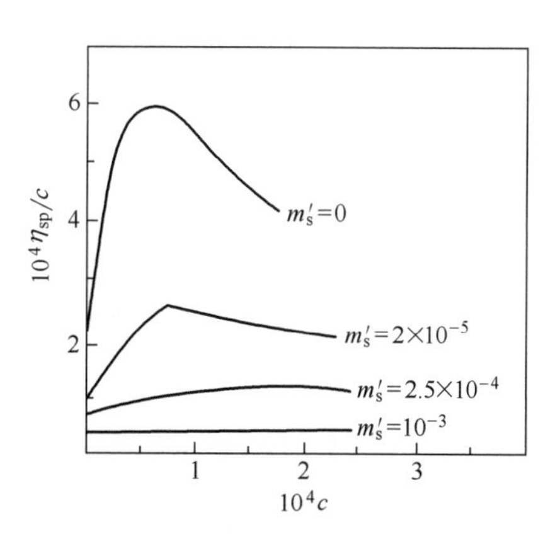

图3-15 聚(4-乙烯基吡啶正丁基溴季铵盐)在不同NaCl浓度(m_s')水溶液的 η_{sp}/c 与 c 的关系

加入KBr后,增黏作用明显减弱,当KBr浓度达0.0335mol/L时,已经观察不到 η_{sp}/c 增加的现象,见图3-14。同一聚电解质的极稀溶液,η_{sp}/c 与 c 的关系存在一个极大值,见图3-15,且随着NaCl的加入,η_{sp}/c 逐渐降低,极值逐渐消失。

3.5.3 聚电解质溶液的渗透压

与比浓黏度变化相似,聚电解质溶液的渗透压因离子化效应而大幅度增加。图3-16给出聚(4-乙烯基吡啶正丁基溴季铵盐)-乙醇溶液和聚4-乙烯基吡啶-乙醇溶液的比浓渗透压(π/c)对浓度(c)的关系。前者由于随着溶液浓度降低,聚电解质的离解度增加以及反离子的束缚作用降低,故具有相当高的渗透压值。后者 π/c 与 c 呈线形关系,随着浓度增加,渗透压增高。若在聚(4-乙烯基吡啶正丁基溴季铵盐)乙醇溶液中加入溴化锂,渗透压明显下降,呈现通常高分子溶液的渗透压行为。

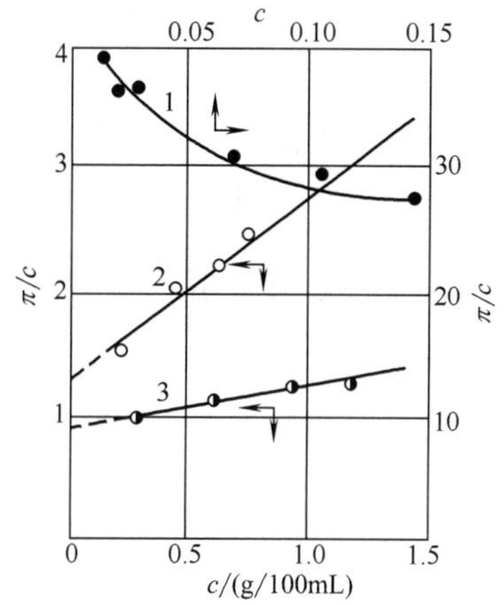

图3-16 聚电解质溶液和非离子型高分子溶液的 π/c-c 图($\pi=98$Pa)

1—聚(4-乙烯基吡啶正丁基溴季铵盐)-乙醇溶液;2—聚4-乙烯基吡啶-乙醇溶液;3—聚(4-乙烯基吡啶正丁基溴季铵盐)-0.6mol/L溴化锂乙醇溶液

3.6 聚合物的浓溶液

3.6.1 聚合物的增塑

为了改进某些聚合物的柔软性能,或者为了加工成型的需要,常常在聚合物中加入高沸点、低挥发性并能与聚合物混溶的小分子液体。这种作用称之为增塑，所用的小分子物质称为增塑剂。例如，邻苯二甲酸二辛酯（DOP）是聚氯乙烯（PVC）的常用增塑剂。聚合物增塑体系属于高分子浓溶液的范畴。

塑料中加入增塑剂后，首先降低了它的玻璃化转变温度和脆化温度，这就可以使其在较低的温度下使用。同时，也降低了它的流动温度，这就有利于其加工成型。此外，被增塑聚合物的柔软性、冲击强度、断裂伸长率等都有所提高。但是，拉伸强度和介电性能却下降了。

一般认为，用极性增塑剂增塑极性聚合物，其玻璃化转变温度的降低（ΔT）正比于增塑剂的物质的量（n）。而非极性聚合物的增塑作用，其玻璃化转变温度降低（ΔT）正比于增塑剂的体积分数（$\varphi_{增}$）。

3.6.2 聚合物溶液纺丝

合成纤维工业中采用的纺丝法，或是将聚合物熔融成流体，或是将聚合物溶解在适宜的溶剂中配成纺丝溶液。然后，由喷丝头喷成细流，再经冷凝或凝固并拉伸成为纤维。前者称为熔融纺丝，后者称为溶液纺丝。锦纶、涤纶等合成纤维均采用熔融纺丝法，但像聚丙烯腈一类聚合物，由于熔融温度高于分解温度，因此，不能采用熔融纺丝法，只能采用溶液纺丝法。聚氯乙烯纤维、聚乙烯醇纤维也都采用溶液纺丝法。

溶液纺丝时必须将聚合物溶解于溶剂中，配制成浓溶液；或者用单体均相溶液聚合直接制成液料，再进行纺丝。

选择纺丝溶液的溶剂非常重要。溶剂对聚合物应具有较高的溶解度。此外，要控制溶液的浓度以及黏度。分子量、分子量分布、流变性能等对纺丝工艺及制品性能都有影响。

3.6.3 凝胶和冻胶

聚合物溶液失去流动性，即成为所谓凝胶和冻胶。

通常，凝胶是交联聚合物的溶胀体，不能溶解，也不熔融，它既是聚合物的浓溶液，又是高弹性的固体。高分子凝胶有天然的（琼脂糖、明胶等），也有人工合成的（聚丙烯酸、聚乙二醇等）。而冻胶可由范德华力“交联”形成的，加热或搅拌可以拆散范德华交联，使冻胶溶解。

自然界的生物体都是凝胶，一方面有强度可以保持形状而又柔软，另一方面允许新陈代谢，排泄废物汲取营养。

所以，凝胶和冻胶是高分子科学和生命科学的重要研究课题。

20 世纪 80 年代以来发展起来的超高分子量聚乙烯纤维是一种高性能的特种纤维，具有高强度、高模量、质轻、耐腐蚀和耐气候等优良特性，可用于防弹衣、降落伞和光缆材料等高科技领域。生产该种纤维采用十氢萘、煤油、石蜡油、石蜡等为溶剂的冻胶纺丝新工艺。

最后应该点出，高分子浓溶液的理论研究较为复杂，但是，正如本章前言中提及，对于高分子极浓溶液（包括本体和熔体）中，由于分子链间的强屏蔽效应，每条分子链的排斥体积效应几乎变为零，而成为构象分布完全符合 Gauss 分布的 Gauss 线团，反映了高分子链的自相似性。Flory 首次对无定型聚合物用小角中子散射技术证明了这一观点，即聚苯乙烯固体中高分子链的均方旋转半径与聚苯乙烯分子链在 θ 溶剂中的均方旋转半径相同，处于 Gauss 线团状态。这方面的理论模型，如蛇形模型等，将在本书第 9 章聚合物的流变学中加以讲述。

我国高分子科学家、专家的研究和创新贡献

20 世纪 50 年代，钱人元先生研究了聚合物-溶剂-非溶剂三元体系的相分离规律，首次证实分相时的分配函数形式与二元体系相同，但公式中指数前因子并不等于两相体积比。从实验得到的相图结果，证明了当时流行的 Elias 或 Shulz-Flory 求取 θ 点的方法实际上是一种动力学因素的外推。80 年代以来，国际上标度理论的出现，给高分子溶液理论研究注入了新的推动力。该理论预示在整个浓度范围内（从极稀溶液、稀溶液、半稀溶液、浓溶液、含溶剂的膜直到固体高分子膜），于温度/浓度图上应有几个相区。由于实验方法上的困难，人们还未能取得较一致的看法。1983 年钱人元院士巧妙地用激基缔合物荧光光谱法研究了聚苯乙烯分子间的激基缔合物的相互作用，以实验结果确证了这些浓度区域转变的存在。首次发现当溶液的浓度逐渐变浓时，聚苯乙烯分子在良溶剂（包括 θ 溶剂）中，分子线团在动态接触浓度前就有分子尺寸的收缩，因而动态接触浓度这个概念应被理解为分子线团开始感到临近分子线团的存在，并作为分子尺寸收缩时的浓度。

南京大学、华南理工大学教授，中国科学院院士程镕时先生（1927—2021），早期在中国科学院长春应用化学研究所工作。20 世纪 90 年代，在国家“八五”攀登计划中，钱人元主持开展了“高分子凝聚态的基本问题研究”项目，程镕时在这一项目中所进行的研究工作主要是针对高分子溶液领域。从对动态接触浓度的实验验证，到不同浓度高分子溶液的黏度依赖性，由此又创新地从对极稀浓度区间溶液黏度行为的异常作出的理论解释和实验验证，到稀溶液状态下高分子链形态的团簇理论的提出，具有显著的成就，对国内、国外高分子溶液研究作出了重要贡献，起着广泛而深远的影响。1998 年该项目荣获中国科学院自然科学一等奖，1999 年荣获国家自然科学二等奖，主要获奖者有钱人元、程镕时等 5 人。

（1）动态接触浓度的实验证实

20 世纪 80 年代初，钱人元先生提出了从极稀溶液到稀溶液的分界浓度——动态接触浓度 c_s 的新概念。程镕时先生使用凝胶渗透色谱方法证实了这一概念的正确性。程先生等选用分子量 5100～450000 的五个聚苯乙烯标样，实验温度为 25℃，以甲苯为溶剂，淋洗速度为 1.0mL/min，得到溶液浓度与保留体积之间的关系。可以看出，当 $c>0.5$mg/g 时，V_R 随 c 增加而线性增加，当 $c<0.5$mg/g 时，V_R 随 c 减小而线性增加，即在 $c=0.5$mg/g 时，有一个明显的转折点。同时，从 $\overline{M}_W-(dV_R/dc)$ 关系图中可以看出，dV_R/dc 随 $\overline{M}_W$ 的增加而增加。这些实验结果，有力地确证了动态接触浓度（溶液中高分子线团收缩的理论浓度）的存在和钱人元先生的物理描述；同时，也确证了 Lohse 的理论推断。

（2）极稀溶液的黏度行为

程镕时等对聚乙二醇、聚乙烯醇的极稀溶液进行了大量的黏度测定工作，依据 Langmuir 等温吸附理论进行数学分析推导，首次提出高分子极稀溶液的黏度异常行为是黏度计管壁对高分子链的表面吸附所致，计算公式如下：

$$\eta_r=\eta_{r,true}[1+kc/(c_a+c)] \tag{3-97}$$

式中，η_r 和 $\eta_{r,true}$ 分别为未考虑黏度计表面吸附时的相对黏度和实际的相对黏度；令 c_a 为吸附量等于 1/2 时的溶液浓度，则有 $c_a=1/b$，b 为吸附平衡常数；k 表示毛细管管壁表面性质的变化引起的溶剂流出时间的变化。

依据这一结论，程镕时等用爱因斯坦黏度定律和 Huggins 方程处理试样在极稀溶液浓度区间的黏度行为，得到了相同的关系式，并以实验证实了理论的可靠性，激发了人们对极

稀浓度高分子溶液性质的进一步深入研究。

(3) 团簇理论的提出和发展

高分子在极稀溶液中将以孤立单链的形式存在。例如，从极稀高分子溶液中才能制得单链颗粒和单链单晶，极稀高分子溶液冰冻后只能产生链内的物理交联，但当溶液浓度稍为增大，冰冻处理聚乙烯醇水溶液时，将直接观察到有凝胶悬浮在溶液中。冰冻凝胶化现象的产生，必然是以相邻孤立高分子链相互碰撞形成缔合物（或称团簇）为前提。从孤立高分子链到开始产生团簇之前，一定会有一个相当于动态接触浓度的分界浓度。根据这些认识和判断，程镕时等提出了团簇理论。

团簇理论将团簇的形成与否看成是各种相互作用，特别是高分子链间吸引作用的具体体现。该理论既可预计动态接触浓度的大小，又能完善的解释极稀溶液黏度的其它性质，如Huggins常数的实验现象，比浓增比黏度的数值为特性黏度等，意义重大。

2000年以后，程院士及其团队在高分子溶液领域的研究工作不断延续和发展，成果累累。例如：高分子稀溶液黏度的浓度依赖性、高分子混合物溶液在极稀浓度区间的黏度异常行为；又如：程镕时、余学海等研究树状高分子溶液在黏度计毛细管表面的吸附现象，程镕时、薛锋等研究了一种新的判断高分子相容性的黏度判据以及化学交联聚乙烯醇水凝胶的合成、表征及溶胀特性。上述研究成果均在国内外SCI期刊中发表。

第 4 章　聚合物的分子量和分子量分布

分子量（molecular weight）是高分子链结构的一个组成部分，是表征高分子大小的一个重要指标。由于高分子合成过程经历了链的引发、增长、终止以及可能发生的支化、交联、环化等复杂过程，每个高分子具有相同和不同的链长，许多高分子组成的聚合物具有分子量的分布（molecular weight distribution），所谓聚合物的分子量仅为统计平均值。

分子量和分子量分布对聚合物材料的物理机械性能和成型加工性能影响显著，测定聚合物的平均分子量和分子量分布具有十分重要的意义。

第 3 章“高分子溶液”的讲述为聚合物分子量和分子量分布测定奠定了理论基础。

4.1　聚合物分子量的统计意义

4.1.1　聚合物分子量的多分散性

聚合物的分子量具有两个特点：一是其分子量比低分子大几个数量级，一般在 10^3～10^7 之间；二是除了有限的几种蛋白质高分子以外，无论是天然的还是合成的聚合物，分子量都是不均一的，具有多分散性。因此，聚合物的分子量只有统计的意义，用实验方法测定的分子量只是具有统计意义的平均值。为了确切地描述聚合物的分子量，除应给出分子量的统计平均值外，还应给出试样的分子量分布。

假定某聚合物试样的总摩尔质量为 m，总物质的量为 n。不同分子量分子的种类数用 i 表示，第 i 种分子的分子量为 M_i，物质的量为 n_i，质量为 m_i，在整个试样中的摩尔分数为 x_i，质量分数为 w_i，累积质量分数为 I_i。则这些量之间存在下列关系：

$$
\begin{gathered}
\sum_i n_i = n;\quad \sum_i m_i = m \\
\frac{n_i}{n} = x_i;\quad \frac{m_i}{m} = w_i \\
\sum_i x_i = 1;\quad \sum_i w_i = 1
\end{gathered}
\tag{4-1}
$$

试样离散型的分子量分布可用图 4-1 和图 4-2 表示。

若将上述的分子量间隔不断减小，则间断函数将被连续函数取代。式(4-1) 中的有关式子可相应地写成：

$$
\begin{gathered}
\int_0^\infty n(M)\mathrm{d}M = n,\int_0^\infty m(M)\mathrm{d}M = m \\
\int_0^\infty x(M)\mathrm{d}M = 1,\int_0^\infty w(M)\mathrm{d}M = 1
\end{gathered}
\tag{4-2}
$$

其分子量分布可相应地用图 4-3～图 4-5 表示。图 4-3 为聚合物分子量的数量微分布曲线（differential distribution curve）；图 4-4 为聚合物分子量的质量微分分布曲线；图 4-5 为聚合物分子量的质量积分分布曲线（integral distribution curve）。n（M）称为聚合物分子量按分子数的分布函数；x（M）称为聚合物分子量按分子分数的分布函数或归一化数量分布

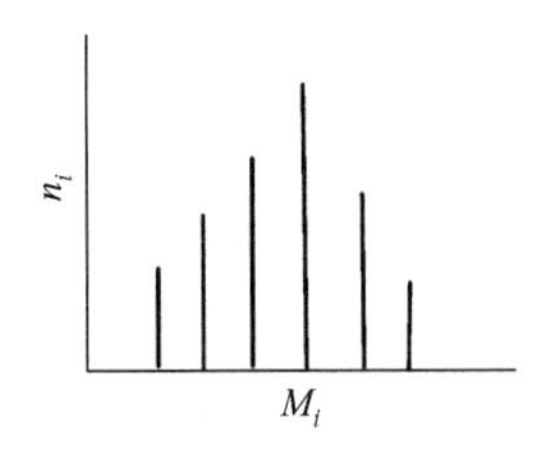

图 4-1　用间断函数表示的聚合物分子量的数量分布曲线

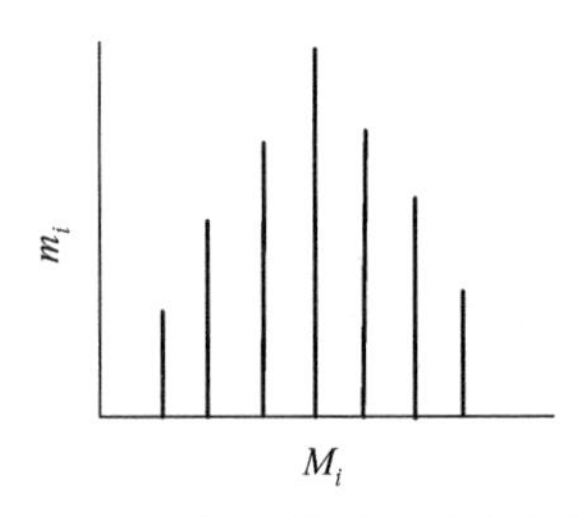

图 4-2　用间断函数表示的聚合物的分子量的质量分布曲线

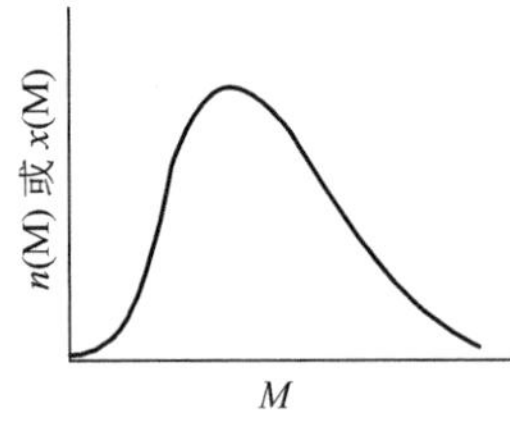

图 4-3　聚合物分子量的数量微分分布曲线

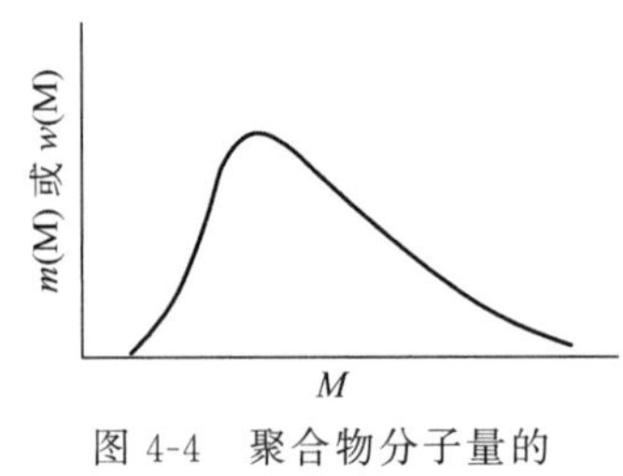

图 4-4　聚合物分子量的质量微分分布曲线

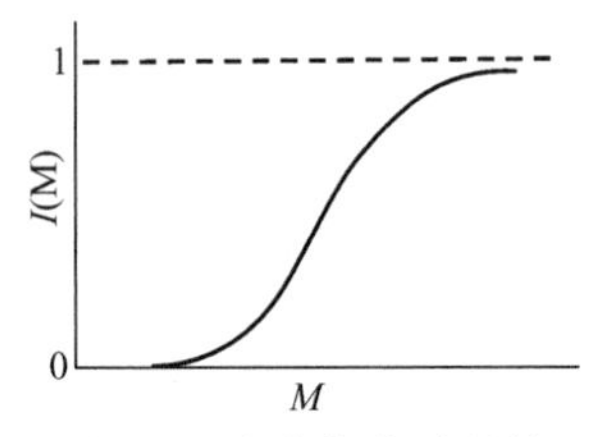

图 4-5　聚合物分子量的质量积分分布曲线

函数；$m(M)$ 称为聚合物分子量按质量的分布函数；$w(M)$ 称为聚合物分子量按质量分数的分布函数或归一化的质量分布函数；$I(M)$ 称为聚合物分子量质量积分分布函数。

$$I(M)=\int_0^M w(M)\mathrm{d}M \tag{4-3}$$

4.1.2　统计平均分子量

常用的统计平均分子量有下列几种。

4.1.2.1　**数均分子量**（number-average molecular weight）

按物质的量统计平均分子量，定义为：

$$\overline{M}_{\mathrm{n}}=\frac{\sum_i n_i M_i}{\sum_i n_i}=\sum_i x_i M_i \tag{4-4}$$

若用连续函数表示，则为

$$\overline{M}_{\mathrm{n}}=\frac{\int_0^{\infty} Mn(M)\mathrm{d}M}{\int_0^{\infty} n(M)\mathrm{d}M}=\int_0^{\infty} Mx(M)\mathrm{d}M \tag{4-5}$$

$\overline{M}_{\mathrm{n}}$ 的表达式也可写为：

$$\overline{M}_{\mathrm{n}}=\frac{\sum_i m_i}{\sum_i \frac{m_i}{M_i}}=\frac{1}{\sum_i \frac{w_i}{M_i}}$$

$$\frac{1}{\overline{M}_{\mathrm{n}}}=\sum_i \frac{w_i}{M_i}=\overline{\left(\frac{1}{M}\right)}_{\mathrm{w}} \tag{4-6}$$

即数均分子量的倒数等于分子量倒数的质量平均。

4.1.2.2　重均分子量（weight-average molecular weight）

按质量的统计平均分子量，定义为：

$$\overline{M}_w=\frac{\sum_i n_iM_i^2}{\sum_i n_iM_i}=\frac{\sum_i m_iM_i}{\sum_i m_i}=\sum_i w_iM_i \tag{4-7}$$

若用连续函数表示，则为：

$$\overline{M}_w=\frac{\int_0^{\infty}Mm(M)\mathrm{d}M}{\int_0^{\infty}m(M)\mathrm{d}M}=\int_0^{\infty}Mw(M)\mathrm{d}M \tag{4-8}$$

$\overline{M}_w$ 的表达式也可写为：

$$\overline{M}_w=\frac{\sum_i n_iM_i^2}{\sum_i n_iM_i}=\frac{\sum_i n_iM_i^2/\sum_i n_i}{\sum_i n_iM_i/\sum_i n_i}=\frac{(\overline{M^2})_n}{\overline{M}_n}$$

所以

$$(\overline{M^2})_n=\overline{M}_n\overline{M}_w \tag{4-9}$$

即分子量平方的数量平均值等于数均分子量和重均分子量的乘积。$(\overline{M^2})_n$ 在数学上称为分布函数 $n(M)$ 的二次矩数。

4.1.2.3　Z 均分子量（Z-average molecular weight）

按 Z 量的统计平均分子量，Z 定义为

$$Z_i\equiv M_im_i$$

则

$$\overline{M}_Z=\frac{\sum_i Z_iM_i}{\sum_i Z_i}=\frac{\sum_i m_iM_i^2}{\sum_i m_iM_i}=\frac{\sum_i w_iM_i^2}{\sum_i w_iM_i} \tag{4-10}$$

用连续函数表示，则为

$$\overline{M}_Z=\frac{\int_0^{\infty}M^2m(M)\mathrm{d}M}{\int_0^{\infty}Mm(M)\mathrm{d}M} \tag{4-11}$$

$\overline{M}_Z$ 的表达式也可写为

$$\overline{M}_Z=\frac{\sum_i n_iM_i^3}{\sum_i n_iM_i^2}=\frac{\sum_i m_iM_i^2}{\sum_i m_iM_i}=\frac{\sum_i m_iM_i^2/\sum_i m_i}{\sum_i m_iM_i/\sum_i m_i}=\frac{(\overline{M^2})_w}{\overline{M}_w}$$

所以

$$(\overline{M^2})_w=\overline{M}_w\overline{M}_Z \tag{4-12}$$

即分子量平方的质量平均值等于重均分子量和 Z 均分子量的乘积。$(\overline{M^2})_w$ 在数学上称为分布函数 $W(M)$ 的二次矩数。

总之

$$\overline{M}=\frac{\sum_i n_iM_i^{N+1}}{\sum_i n_iM_i^{N}}$$

当 $N=0$，为 $\overline{M}_n$；$N=1$，为 $\overline{M}_w$；$N=2$，为 $\overline{M}_Z$。

4.1.2.4 **黏均分子量**（viscometric average molecular weight）

用稀溶液黏度法测得的平均分子量为黏均分子量，定义为：

$$\overline{M}_{\eta}=\left[\sum_{i} w_{i} M_{i}^{\alpha}\right]^{1/\alpha} \tag{4-13}$$

或

$$\overline{M}_{\eta}=\left[\int_{0}^{\infty} M^{\alpha} w(M) \mathrm{d} M\right]^{1/\alpha} \tag{4-14}$$

这里 α 为 Mark-Houwink 方程中的参数，式(4-13)、式(4-14) 也可表示为

$$(\overline{M}_{\eta})^{\alpha}=(\overline{M^{\alpha}})_{\mathrm{w}} \tag{4-15}$$

当 $\alpha=1$ 时，$\overline{M}_{\eta}=\overline{M}_{\mathrm{w}}$；当 $\alpha=-1$ 时，$\overline{M}_{\eta}=\overline{M}_{\mathrm{n}}$；通常 α 的数值在 0.5～1 之间，因此，$\overline{M}_{\mathrm{n}}<\overline{M}_{\eta}<\overline{M}_{\mathrm{w}}$，即 $\overline{M}_{\eta}$ 介于 $\overline{M}_{\mathrm{w}}$ 与 $\overline{M}_{\mathrm{n}}$ 之间，但更接近于 $\overline{M}_{\mathrm{w}}$。

4.1.3 分子量分布宽度

除了试样的分子量分布曲线之外，分布宽度指数也可简明地描述聚合物试样分子量的多分散性，该参数的定义是实验中各个分子量与平均分子量之间差值的平方平均值。如

$$\sigma_{\mathrm{n}}^{2} \equiv \overline{[(M-\overline{M}_{\mathrm{n}})^{2}]}_{\mathrm{n}} \text{ 或 } \sigma_{\mathrm{n}}^{2}=\int_{0}^{\infty}(M-\overline{M}_{\mathrm{n}})^{2} x(M) \mathrm{d} M$$

展开后

$$\sigma_{\mathrm{n}}^{2}=(\overline{M^{2}})_{\mathrm{n}}-\overline{M}_{\mathrm{n}}^{2}=\overline{M}_{\mathrm{n}} \overline{M}_{\mathrm{w}}-\overline{M}_{\mathrm{n}}^{2}=\overline{M}_{\mathrm{n}}^{2}\left[\frac{\overline{M}_{\mathrm{w}}}{\overline{M}_{\mathrm{n}}}-1\right] \tag{4-16}$$

因为 $\sigma_{\mathrm{n}}^{2} \geqslant 0$，所以 $[\overline{M}_{\mathrm{w}}/\overline{M}_{\mathrm{n}}-1] \geqslant 0$，$\overline{M}_{\mathrm{w}} \geqslant \overline{M}_{\mathrm{n}}$，假如分子量均一，则 $\sigma_{\mathrm{n}}^{2}=0$，$\overline{M}_{\mathrm{w}}=\overline{M}_{\mathrm{n}}$，同样有：

$$\sigma_{\mathrm{w}}^{2} \equiv \overline{[(M-\overline{M}_{\mathrm{w}})^{2}]}_{\mathrm{w}}=(\overline{M^{2}})_{\mathrm{w}}-\overline{M}_{\mathrm{w}}^{2}=\overline{M}_{\mathrm{w}} \overline{M}_{\mathrm{Z}}-\overline{M}_{\mathrm{w}}^{2}=\overline{M}_{\mathrm{w}}^{2}\left[\frac{\overline{M}_{\mathrm{Z}}}{\overline{M}_{\mathrm{w}}}-1\right] \tag{4-17}$$

因为 $\sigma_{\mathrm{w}}^{2} \geqslant 0$，所以 $\overline{M}_{\mathrm{Z}} \geqslant \overline{M}_{\mathrm{w}}$。假如分子量均一，则 $\sigma_{\mathrm{w}}^{2}=0$，$\overline{M}_{\mathrm{Z}}=\overline{M}_{\mathrm{w}}$。

各种统计平均分子量之间有式(4-18) 关系（图 4-6）。

$$\overline{M}_{\mathrm{Z}} \geqslant \overline{M}_{\mathrm{w}} \geqslant \overline{M}_{\eta} \geqslant \overline{M}_{\mathrm{n}} \tag{4-18}$$

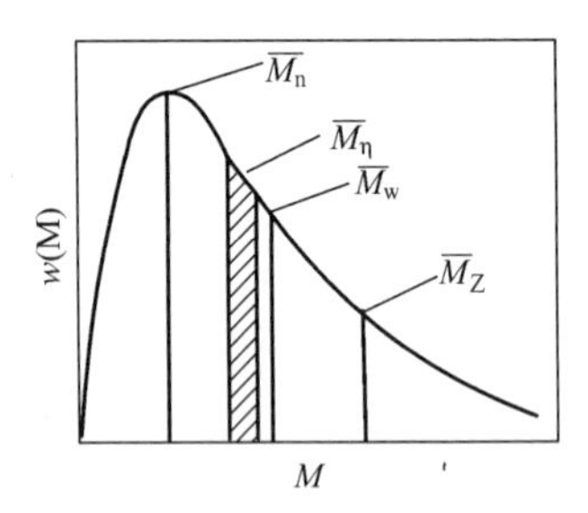

图 4-6 分子量分布曲线和各种统计平均分子量

聚合物试样的多分散性也可采用多分散系数（polydispersity index）α 来表征

$$\alpha=\frac{\overline{M}_{\mathrm{w}}}{\overline{M}_{\mathrm{n}}}\left(\text{或 } \alpha=\frac{\overline{M}_{\mathrm{Z}}}{\overline{M}_{\mathrm{w}}}\right) \tag{4-19}$$

除此以外，以质量积分分布曲线的累积质量分数 $I=0.9$ 处的分子量 M（$I=0.90$）与 $I=0.10$ 处的分子量 M（$I=0.10$）的比值 M（$I=0.90$）$/M$（$I=0.10$）表征分子量分布宽窄的方法颇简单而又实用。

4.1.4 聚合物的分子量分布函数

聚合物的分子量分布还可用某些函数形式来表示，包括“理论或机理分布函数”及“模型分布函数”。前者首先假设一个反应机理，由此推导出分布函数，实验结果与理论一致，则机理正确。后者不论聚合物反应机理如何，实验结果与某函数拟合，即可用此函数来描述。

最常用的理论分布函数有以下几种：

① Schulz-Flory 最可几分布　适用于线形缩聚物和双基歧化终止的自由基加聚物的分子量分布；

② Schulz 分布　该分布函数适合于终止机理是双基复合而没有歧化和链转移的自由基加聚物；

③ Poisson 分布　对于阴离子聚合反应，其聚合物的分子量分布符合 Poisson 分布。

模型分布函数举例如下：

① Gaussian 分布（正态分布）　正态分布是比较窄的，在聚合物分子量分布是比较罕见的；

② Wesslau 对数正态分布　适用以描述具有宽分布的聚合物试样，在处理 SEC 数据和作 SEC 谱峰加宽效应的修正时经常使用；

③ Tung（董履和）分布函数　在处理聚合物分级数据时十分有用。

通过分布函数，可计算试样的平均分子量。

下面介绍几种常用的分布函数。

Schulz 函数

$$w(M)=\frac{(-\ln a)^{b+2}}{\Gamma(b+2)}M^{b+1}a^{M} \tag{4-20}$$

式中，a 和 b 是两个可以调节的参数，b 随分布宽度的增加而减小，a 和 b 值决定平均分子量。

由式(4-20) 导出的各种平均分子量与 a 和 b 之间的关系为

$$\overline{M}_{\mathrm{n}}=\frac{1}{\int_0^{\infty}\frac{w(M)}{M}\mathrm{d}M}=\frac{b+1}{(-\ln a)} \tag{4-21}$$

$$\overline{M}_{\mathrm{w}}=\int_0^{\infty}Mw(M)\mathrm{d}M=\frac{b+2}{(-\ln a)} \tag{4-22}$$

$$\overline{M}_{\mathrm{Z}}=\frac{\int_0^{\infty}M^2w(M)\mathrm{d}M}{\int_0^{\infty}Mw(M)\mathrm{d}M}=\frac{b+3}{(-\ln a)} \tag{4-23}$$

$$\alpha=\frac{\overline{M}_{\mathrm{w}}}{\overline{M}_{\mathrm{n}}}=\frac{b+2}{b+1} \tag{4-24}$$

Wesslau 对数正态分布函数

$$w(M)=\frac{1}{\beta\sqrt{\pi}}\times\frac{1}{M}\exp\left(-\frac{1}{\beta^2}\ln^2\frac{M}{M_{\mathrm{p}}}\right) \tag{4-25}$$

式中，β 和 M_{p} 为两个可调节的参数，β 值随着分布宽度增加而增加，M_{p} 和 β 共同决定平均分子量。

由式(4-25) 导出的各种平均分子量与 β、M_{p} 之间的关系为

$$\overline{M}_{\mathrm{n}}=M_{\mathrm{p}}\mathrm{e}^{-\beta^2/4} \tag{4-26}$$

$$\overline{M}_{\mathrm{w}}=M_{\mathrm{p}}\mathrm{e}^{\beta^2/4} \tag{4-27}$$

$$\overline{M}_{\mathrm{Z}}=M_{\mathrm{p}}\mathrm{e}^{3\beta^2/4} \tag{4-28}$$

$$\alpha=\frac{\overline{M}_{\mathrm{w}}}{\overline{M}_{\mathrm{n}}}=\mathrm{e}^{\beta^2/2} \tag{4-29}$$

董履和函数

$$w(M)=yz\mathrm{e}^{-yM^z}M^{z-1} \tag{4-30}$$

或

$$I(M)=1-\mathrm{e}^{-yM^z} \tag{4-31}$$

这是一个经验分布函数。式中，可以调节的两个参数是 y 和 z，z 值随着分布宽度的增加而减小，y 和 z 共同决定平均分子量。

由式(4-30) 导出的平均分子量与 y、z 之间关系如下：

$$\overline{M}_{\mathrm{n}}=\frac{y^{-1/z}}{\Gamma(1-1/z)} \tag{4-32}$$

$$\overline{M}_{\mathrm{w}}=y^{-1/z}\Gamma\left(1+\frac{1}{z}\right) \tag{4-33}$$

$$\overline{M}_{\mathrm{Z}}=y^{-1/z}\Gamma\left(1+\frac{2}{z}\right) \tag{4-34}$$

聚合物的分子量及分子量分布对其使用性能和加工性能都有很大的影响。例如，分子量及分子量分布对聚合物的机械强度、韧性以及成型加工过程（模塑、成膜、纺丝等）都有影响。材料的性能随着分子量提高而提高，但是分子量太高，又给加工带来困难。所以，聚合物的分子量在一定的范围内才比较合适。又如，如果聚合物中含有大量的低分子量尾端，则产品容易起泡，强度低，耐老化性能差，如聚碳酸酯。如果聚合物中含有较多的高分子量尾端，纺丝过程中就会堵塞纺丝孔甚至会使加工不能进行，挤压、吹塑过程中会造成结块现象。在涤纶片基的生产过程中，倘若分子量分布不均匀，则成模性差，抗应力开裂的能力也会降低。聚合物的分子量和分子量分布又可作为加工过程中各种工艺条件选择的依据。例如，加工温度的选择、成型压力的确定以及加工速度的调节等。此外，分子量分布的测定还可以为聚合反应的机理及其动力学研究提供必要的信息。

4.2 聚合物分子量的测定方法

聚合物分子量的测定方法可以分为绝对法、等价法和相对法三种。

绝对方法给出的实验数据可分别用来计算分子的质量和摩尔质量而不需要有关聚合物结构的假设，包括依数性方法（沸点升高、冰点降低、蒸气压渗透和膜渗透）、散射方法（静态光散射、小角 X 射线散射和中子散射）、沉降平衡法以及体积排除色谱（检测器为小角散射光度计）方法。与上述方法不同，质谱法是唯一可精确测定聚合物分子量的方法。

等价方法需要高分子结构的信息。只要已知高分子的化学结构，即端基结构和每个分子上端基的数目，通过端基测定可以计算高分子的摩尔质量。端基测定的灵敏度依赖于测定端基的方法。^{13}C NMR 分析测得的最高分子量大约为 8000，化学滴定法测得的最高分子量约为 4×10^4，放射性基团的分析法测定的最高分子量达 2×10^5，而荧光基团分析测定的最高分子量可达约 10^6。

相对方法依赖于溶质的化学结构、物理形态以及溶质-溶剂之间的相互作用。同时，该法需要用其他绝对分子量测定方法进行校准。最重要和常用的相对方法有稀溶液黏度法和体积排除色谱法（检测器为示差析光仪等）。

各种方法都有各自的优缺点和适用的分子量范围，各种方法得到的分子量的统计平均值也不相同，如表 4-1 所示。

表 4-1 聚合物分子量测定的主要方法及其适用范围

平均分子量	方 法	类型	分子量范围/(g/mol)
$\overline{M}_n$	沸点升高、冰点降低，气相渗透，等温蒸馏	A	$<10^4$
$\overline{M}_n$	端基分析	E	$10^2\sim3\times10^4$
$\overline{M}_n$	膜渗透法	A	$5\times10^3\sim10^6$
$\overline{M}_n$	电子显微镜	A	$>5\times10^5$
$\overline{M}_w$	平衡沉降	A	$10^2\sim10^6$
$\overline{M}_w$	光散射法	A	$>10^2$
$\overline{M}_w$	密度梯度中的平衡沉降	A	$>5\times10^4$
$\overline{M}_w$	小角 X 射线衍射	A	$>10^2$
$\overline{M}_w$	质谱法	A	低分子～生物大分子
$\overline{M}_{S,D}$	沉降速度法	A	$>10^3$
$\overline{M}_\eta$	稀溶液黏度法	R	$>10^2$
$\overline{M}_{GPC}$	排除体积色谱	A(或 R)	$>10^3$

注：A，绝对方法；E，等值方法；R，相对方法。

另外，上述某些实验方法在实际工作中并不局限于分子量的测定，也用于测定分子量分布、分子结构或运动参数。

下面分别介绍重要的分子量测定方法，有关体积排除色谱法将在第 4.3 节中讲述。

4.2.1 端基分析

假如已知聚合物的化学结构，并且高分子链末端带有用化学定量分析可确定的基团，则测定末端基团的数目后就可确定已知质量的样品中的分子链的数目。所以用端基分析法测得的是数均分子量。

例如聚己内酰胺（尼龙 6）的化学结构为：

$$H_2N(CH_2)_5CO[NH(CH_2)_5CO]_nNH(CH_2)_5COOH$$

这一线形分子链的一端为氨基，另一端为羧基，而在链节间没有氨基或羧基，所以用酸碱滴定法来确定氨基或羧基，就可以知道试样中高分子链的数目，从而可以计算出聚合物的分子量 $\overline{M}_n$。

$$\overline{M}_n=\frac{m}{n} \tag{4-35}$$

$$n=\frac{\text{试样所含的端基物质的量}}{\text{每个分子链所含被测定的基团数}}$$

式中 m——试样的质量；

n——聚合物的物质的量。

显然，试样的分子量越大，单位质量聚合物所含的端基数就越少，测定的准确度就越差。当分子量在二三万时，一般容量法的实验误差已达 20%左右，所以端基分析法只适用于测定分子量在 3×10^4 以下聚合物的数均分子量。

假如高分子有支化或交联，或在聚合过程中由于酸催化剂的使用使氨基酰化，或由于高温时的脱羧作用使羧基减少，或由于链的环化失去氨基或羧基，都致使端基数与分子链数的关系不确定，从而就不能得到真正的分子量。

对于多分散聚合物试样，用端基分析法测得的平均分子量是聚合物试样的数均分子量。

$$M=\frac{m}{n}=\frac{\sum_i m_i}{\sum_i n_i}=\frac{\sum_i n_iM_i}{\sum_i n_i}=\overline{M}_n \tag{4-36}$$

4.2.2 沸点升高和冰点降低

由于溶液中溶剂的蒸气压低于纯溶剂的蒸气压，所以溶液的沸点高于纯溶剂的沸点，溶液的冰点低于纯溶剂的冰点。

通过热力学推导，可以得知，溶液的沸点升高值 ΔT_b 和冰点降低值 ΔT_f 正比于溶液的浓度，而与溶质的分子量成反比，即

$$\Delta T_b = K_b \frac{c}{M} \tag{4-37}$$

$$\Delta T_f = K_f \frac{c}{M} \tag{4-38}$$

式中 c——溶液的浓度，g/kg 溶剂；

M——溶质的分子量；

K_b，K_f——溶剂的沸点升高和冰点降低常数。其值如式(4-39) 和式(4-40) 所示

$$K_b = \frac{RT_b^2}{1000 l_e} \tag{4-39}$$

式中 T_b——纯溶剂的沸点，K；

l_e——每克溶剂的汽化潜热；

R——气体常数。

$$K_f = \frac{RT_f^2}{1000 l_e} \tag{4-40}$$

式中 T_f——纯溶剂的冰点，K；

l_e——每克溶剂的熔融潜热。

由此可见，溶剂的沸点升高常数和冰点降低常数的单位均为 K·(mol/kg 溶剂)$^{-1}$。

对于小分子的稀溶液，通过式(4-37) 和式(4-38) 即可直接计算分子量。然而，高分子溶液的热力学性质与理想溶液有很大偏差，只有在无限稀释的情况下才符合理想溶液的规律，因此，必须在各种浓度下测定沸点升高或冰点降低的 ΔT，然后，以 $\Delta T/c$ 对 c 作图，并外推至浓度为零，从 $\left(\frac{\Delta T}{c}\right)_{c\to 0}$ 的值计算分子量。

$$\left(\frac{\Delta T}{c}\right)_{c\to 0} = \frac{K}{M}$$

通常 K 值数量级为 0.1～1，而聚合物的分子量较大，测定用的溶液浓度又较稀，溶液的沸点升高值或冰点降低值都很小，如果要测定 10^4 左右的分子量，温度差必须读出 10^{-4}～10^{-5}℃，这只能用热电堆或热敏电阻来进行测定。

4.2.3 气相渗透法（VPO）

利用直接测量高分子溶液蒸气压下降数据来测定聚合物分子量的方法是不易实现的。目前，一般采用等温蒸馏法和热效应法。

热效应法又叫气相渗透法或 VPO 法，这是一种通过间接测定溶液的蒸气压降低值而得到溶质分子量的方法。

如图 4-7 所示，设在一恒温密闭的容器内，充有某种溶剂的饱和蒸气，这时，如置一滴不挥发性溶质的溶液滴 1 和另一纯溶剂滴 2 同时悬浮在这饱和蒸气中，由于溶液中溶剂的蒸气压较低，就会有溶剂分子从饱和蒸气相凝聚到溶液滴上，并放出凝聚热，使溶液滴的温度

升高。根据溶液的依数性，达平衡时，溶液滴和溶剂滴之间的温差 ΔT 和溶液中溶质的摩尔分数 x_2 成正比。

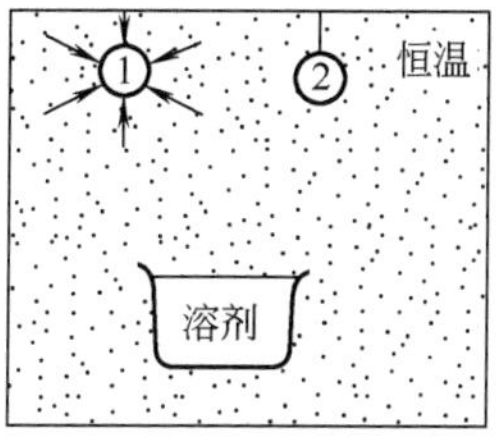

$$\Delta T = A x_2 \tag{4-41}$$

$$x_2 = n_2/(n_1 + n_2)$$

式中　A——常数；

x_2——溶质的摩尔分数；

n_1、n_2——分别为溶剂、溶质的物质的量。

图 4-7　气相渗透计（VPO）原理示意图

1—溶液滴；2—溶剂滴

对于稀溶液，因为 $n_1 \gg n_2$，所以

$$x_2 = \frac{n_2}{n_1} = \frac{m_2}{m_1} \times \frac{M_1}{M_2} = c\ \frac{M_1}{M_2}$$

$$c = m_2/m_1$$

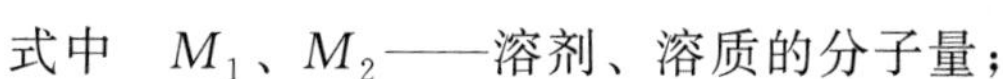

式中　M_1、M_2——溶剂、溶质的分子量；

m_1、m_2——溶剂、溶质的质量；

c——溶液的质量浓度，g/kg 溶剂。

因而

$$\Delta T = A\ \frac{M_1}{M_2} c \tag{4-42}$$

VPO 的装置包括恒温室、热敏元件和电测量系统。恒温室的恒温要求一般在 0.001℃以内。热敏元件目前多半采用热敏电阻，溶剂滴和溶液滴的 2 个热敏电阻要求很好地匹配，电讯号的测量用直流电桥。即两只热敏电阻 R_1 和 R_2 组成惠斯顿电桥的两个桥臂，由于温差而引起热敏电阻阻值变化导致电桥失去平衡，输出的信号表示检测器（检流计）的偏转格数 ΔG，利用 ΔG 和 c 呈线形关系，可得

$$\Delta G = K\ \frac{c}{M_2} \tag{4-43}$$

K 为仪器常数，其值与桥电压、溶剂、温度等有关，可预先用“基准物”进行标定。

由以上讨论可知，如果已知 K 和 c，则可通过实测 ΔG 而求得 M_2。

通常，为了校正高分子和溶剂之间的相互作用，也需要测定几个不同浓度溶液的 ΔG 值，然后，外推到 $c=0$，得到 $(\Delta G_i/c_i)_{c\to 0}$ 值，用此值计算聚合物的数均分子量。

$$\overline{M}_n = \frac{K}{(\Delta G_i/c_i)_{c\to 0}} \tag{4-44}$$

鉴于本方法达到“稳态”的过程需要进一步深入研究，所以，有关仪器常数 K 的分子量依赖性，有待继续探讨。

4.2.4　渗透压法（或膜渗透法）

该法测定聚合物的分子量时，需将不同浓度下测定的 $\frac{\pi}{c}$ 值向 $c\to 0$ 外推，得到 $\left(\frac{\pi}{c}\right)_{c\to 0}$，从而计算分子量。即

$$\frac{\pi}{c} = RT\left[\frac{1}{M} + A_2 C\right]$$

$$\left(\frac{\pi}{c}\right)_{c\to 0} = \frac{RT}{M} \tag{4-45}$$

由于渗透压法直接得到的是液柱高 h，实际计算时，可作如下变换

$$\overline{M}_{\mathrm{n}}=\frac{RT}{\left(\frac{\pi}{c}\right)_{c\to 0}}=\frac{RT}{\left(\frac{h\rho}{c'c_0}\right)_{c'\to 0}}=\frac{RT}{\left(\frac{h}{c'}\right)_{c'\to 0}\frac{\rho}{c_0}} \tag{4-46}$$

$$c=c'c_0$$

式中 c'——相对浓度（如0.2，0.4，0.6，0.8，1）；

c_0——原始溶液的浓度；

h——渗透高差；

ρ——溶液密度（对稀溶液，近似为溶剂密度）。

以 h/c' 对 c' 作图，外推可得 $(h/c')_{c'\to 0}$ 之值，代入公式，即可求得 $\overline{M}_{\mathrm{n}}$。

上列公式中各物理量均用国际单位时，$R=8.314\ \frac{\mathrm{J}}{\mathrm{K\cdot mol}}$；若 π 单位用 $\mathrm{g/cm^2}$，c 的单位用 $\mathrm{g/cm^3}$，T 的温标为K，则 $R=8.484\times 10^4\ \frac{\mathrm{g\cdot cm}}{\mathrm{K\cdot mol}}$。

由于渗透压法测得的实验数据均涉及到分子的数目，故测得的分子量必然是数均分子量，对此可证明如下：

$$\pi_{c\to 0}=RT\sum_i\frac{c_i}{M_i}=RTc\,\frac{\sum_i\frac{c_i}{M_i}}{\sum_i c_i}=RTc\,\frac{\sum_i n_i}{\sum_i n_iM_i}=RTc\,\frac{1}{\overline{M}_{\mathrm{n}}} \tag{4-47}$$

如何得到可靠的外推值 $\left(\frac{\pi}{c}\right)_{c\to 0}$，是分子量计算中的关键问题。

对于高分子-不良溶剂体系，例如聚苯乙烯-环己烷体系，$\frac{\pi}{c}$ 与 c 呈线形关系（图4-8），A_3 很小，几乎为零，在实验的浓度范围内，用二项的维利展开式已经足够。但是，对于大多数高分子-良溶剂体系，例如聚异丁烯-环己烷体系，$\frac{\pi}{c}$ 对 c 作图不是一条很好的直线，有明显的弯曲，这样外推就有困难，对此有人提出了另一种展开式，即

$$\frac{\pi}{c}=\frac{RT}{M}[1+\Gamma_2c+\Gamma_3c^2] \tag{4-48}$$

$$\Gamma_2=A_2M,\ \Gamma_3=A_2M$$

在良溶剂中，$\Gamma_3=\frac{1}{4}\Gamma_2^2$

所以

$$\frac{\pi}{c}=\frac{RT}{M}\left(1+\Gamma_2c+\frac{1}{4}\Gamma_2^2c^2\right)=\frac{RT}{M}\left(1+\frac{1}{2}\Gamma_2c\right)^2 \tag{4-49}$$

$$\left(\frac{\pi}{c}\right)^{1/2}=\left(\frac{RT}{M}\right)^{1/2}\left(1+\frac{1}{2}\Gamma_2c\right)$$

以 $\left(\frac{\pi}{c}\right)^{1/2}$ 对 c 作图，即可得到一条直线，截距为 $\left(\frac{RT}{M}\right)^{1/2}$，由此可计算出聚合物的分子量。

渗透计的种类很多。以往使用较多的为改良型Zimm-Meyerson型渗透计，如图4-9所示。这类渗透计测定时往往让溶剂和溶液在半透膜两边自然平衡。这个平衡是由溶剂通过半透膜渗入溶液，使溶液池的液面升高来达到的。由于半透膜的透过速率小，测定一个浓度的渗透压，平衡时间就要一天或几天。20世纪60年代以来，出现了快速膜渗透压计，由于这种渗透压计采用了高灵敏度的检测手段，可以大大缩小池体积，因而一般只需1～10min即

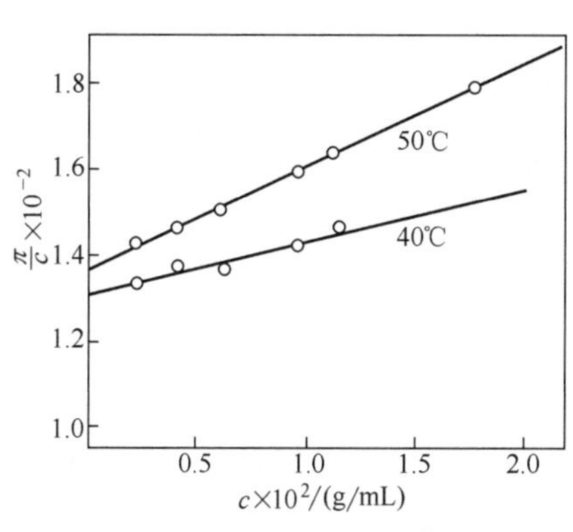

图 4-8　聚苯乙烯-环己烷$\frac{\pi}{c}$-c 图

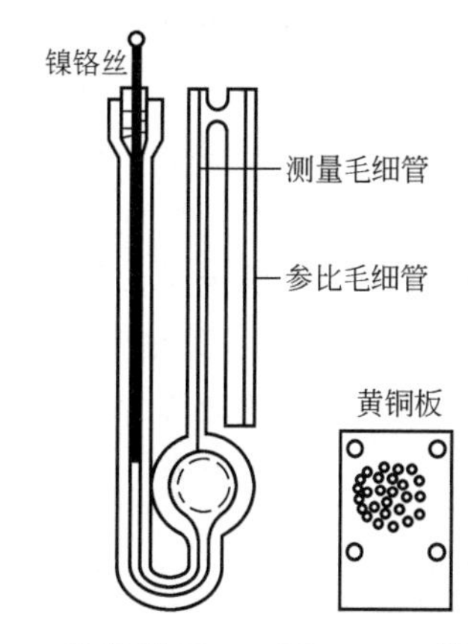

图 4-9　改良型 Zimm-Meyerson 型渗透计

可达到渗透平衡，并能进行自动记录。图 4-10 为 Knauer 型快速膜渗透压计的原理图。其中，半透膜 1 将不锈钢池分成上下两部分。上部为溶液池，下部为溶剂池。溶液池的体积为 0.2mL，溶剂池通过一根毛细管与金属感压膜 2 连接，当溶剂向溶液池渗透时，带动金属感压膜向上偏移，并带动活动电极 4 位移，致使电容器电容改变，此电容变化信号与渗透压成正比，并由电容感应式偏位检测器 5 检知，经放大器 6 放大，输入记录仪 8 自动记录。

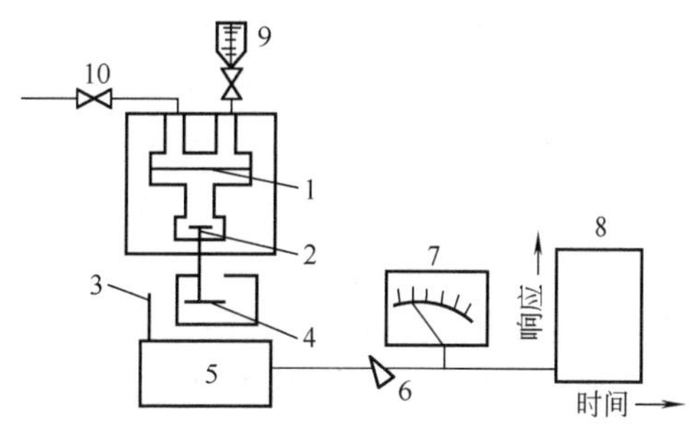

图 4-10　Knauer 型快速膜渗透压计原理图

1—半透膜；2—金属感压膜；3—固定电极；4—活动电极；5—电容感应式偏位检测器；6—放大器；7—仪表；8—记录仪；9—溶液槽；10—溶液排出口

用渗透压法测定分子量的关键问题，还在于半透膜的选择。半透膜应该使待测聚合物分子不能透过，且与该聚合物和溶剂不起反应，不被溶解。另外，半透膜对溶剂的透过速率要足够大，以便能在一个尽量短的时间内达到渗透平衡。常用的半透膜材料有火棉胶膜（硝化纤维素）、玻璃纸膜（再生纤维素）等。半透膜的渗透性决定了用渗透压法测定分子量之下限，其上限决定于渗透压很小时测量的精确度。

4.2.5　光散射法

光散射（light-scattering）方法是研究高分子溶液性质的一种重要方法。

当一束光线通过介质（气体、液体或溶液）时，一部分沿原来方向继续传播，称为透射光。而在入射方向以外的其他方向，同时发出一种很弱的光，称为散射光。见图 4-11 所示。散射光方向与入射光方向的夹角称为散射角，用 θ 表示。散射中心（O）与观察点 p 之间距离以 r 表示。

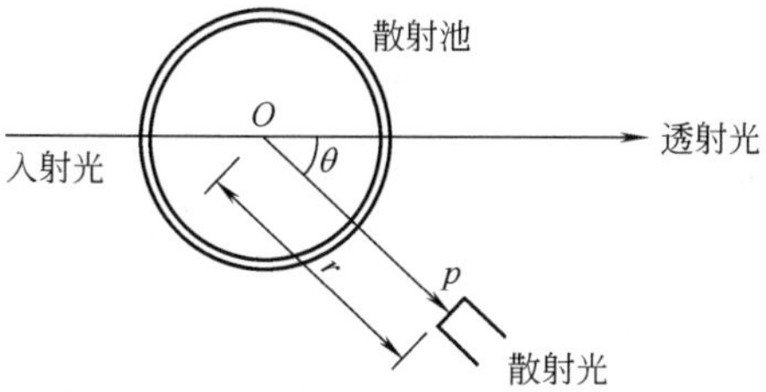

图 4-11　散射光示意图

光散射的实质即在光波（电磁波）的电场作用下，分子中电子产生强迫振动，成为二次波源，向各个方向发射电磁波。

在考虑散射光强度时，必须考虑散射质点产生的散射光波的相干性。当粒子尺寸比介质中光波的波长小得多时，即粒子尺寸小于波长的二十分之一时，称之为小粒子溶液。此时，若溶液浓度小，粒子间距离较大，没有相互作用，则各个粒子之间所产生的散射光波是不相干的，散射光强是各个粒子散射光强的加和；若溶液浓度较大，粒子间距离很小，有强烈的相互作用，各个粒子之间所产生的散射光波可以相互干涉，这种效应称为外干涉现象，可由溶液的稀释来消除。当散射粒子的尺寸与介质中入射光波的波长在同一数量级时，即分子量大于 10^5，粒子尺寸在 30nm 以上时，称为大粒子溶液。此时，同一粒子上可以有多个散射中心，散射光之间有光程差，彼此干涉的结果使总的散射光强减弱，这种效应称为内干涉现象，不能通过溶液的稀释来消除。

4.2.5.1 小粒子溶液

“小粒子”是指尺寸小于光的波长（λ'）的二十分之一的分子，包括蛋白质、糖以及分子量小于 10^5 的聚合物分子。

根据光散射的涨落理论，透明液体的光散射现象可以看作分子热运动导致体系光学不均一性即折射率或介电常数的局部涨落所引起的。在溶液中，折射率或介电常数的变化又是由于溶剂密度涨落和溶液浓度涨落所引起的，散射光强取决于涨落的大小。可以认为，溶剂的密度涨落和溶质的浓度涨落是彼此无关的，故溶质的散射光强 $I_{溶质}=I_{溶液}-I_{溶剂}$。此外，溶质的散射光强应与入射光强 I_i 成正比。又由于热运动的动能随着温度 T 的升高而增加，故散射光强又与 kT 成正比，k 为 Boltzmann 常数。再有，溶液中溶剂的化学位降低对浓度涨落有抑制作用，所以，散射光强还与 $\partial\pi/\partial c$ 之值成反比，π 为溶液的渗透压，c 为溶液的浓度。假定入射光为垂直偏振光，可以导出散射角为 θ、距离散射中心 r 处每单位体积溶液中溶质的散射光强 $I(r,\theta)$ 为：

$$I(r,\theta)=\frac{4\pi^2}{\lambda^4 r^2}n^2\left(\frac{\partial n}{\partial c}\right)^2\frac{kTcI_i}{\partial\pi/\partial c} \tag{4-50}$$

式中 λ——入射光在真空中的波长；

n——溶液的折射率。因为溶液很稀，常可用溶剂的折射率来代替；

$\partial n/\partial c$——溶液的折射率增量。

据渗透压表达式(3-76)

$$\pi=cRT\left(\frac{1}{M}+A_2c\right)=cN_AkT\left(\frac{1}{M}+A_2c\right)$$

式中 N_A——阿伏伽德罗常数。

式(4-50) 又可写成

$$I(r,\theta)=\frac{4\pi^2}{N_A\lambda^4 r^2}n^2\left(\frac{\partial n}{\partial c}\right)^2\frac{c}{\frac{1}{M}+2A_2c}I_i \tag{4-51}$$

定义一个参数 R_θ，称为散射介质的 Rayleigh 比，即

$$R_\theta=r^2\frac{I(r,\theta)}{I_i} \tag{4-52}$$

则

$$R_\theta=r^2\frac{I(r,\theta)}{I_i}=\frac{4\pi^2}{N_A\lambda^4}n^2\left(\frac{\partial n}{\partial c}\right)^2\frac{c}{\frac{1}{M}+2A_2c} \tag{4-53}$$

当高分子-溶剂体系、温度、入射光的波长固定不变时，$\frac{4\pi^2}{N_A\lambda^4}n^2\left(\frac{\partial n}{\partial c}\right)^2$ 为常数，记作 K

$$K=\frac{4\pi^2}{N_A\lambda^4}n^2\left(\frac{\partial n}{\partial c}\right)^2$$

则

$$R_\theta=\frac{Kc}{\frac{1}{M}+2A_2c} \tag{4-54}$$

式(4-54) 表明，若入射光的偏振方向垂直于测量平面，则小粒子所产生的散射光强与散射角无关。

假如入射光是非偏振光（自然光），则散射光强将随着散射角的变化而变化，由式(4-55) 表示

$$R_\theta=\frac{Kc}{\frac{1}{M}+2A_2c}\left(\frac{1+\cos^2\theta}{2}\right) \tag{4-55}$$

散射光强与散射角的关系如图 4-12 中Ⅰ、Ⅱ所示。由图可见，散射光强在前后方向是对称的。

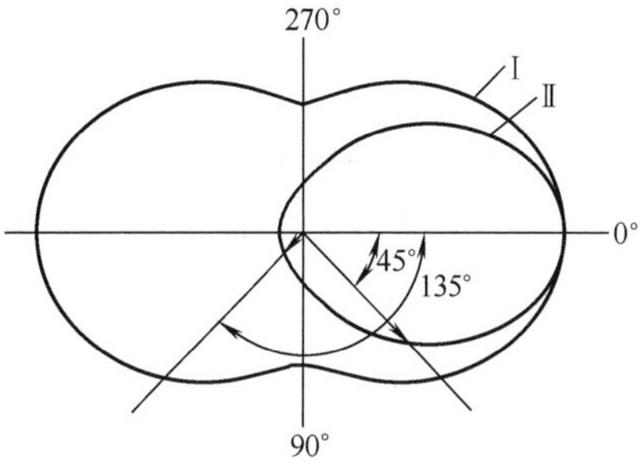

图 4-12　稀溶液的散射光强与散射角关系示意图
Ⅰ—非偏振入射光，小粒子；Ⅱ—非偏振入射光，大粒子

由于 $\theta=90°$ 时，散射光受杂散光的干扰最小，故实验上常由 R_{90} 的测定计算小粒子的分子量

$$\frac{Kc}{2R_{90}}=\frac{1}{M}+2A_2c \tag{4-56}$$

测定一系列不同浓度溶液的 R_{90}，以 $Kc/2R_{90}$ 对 c 作图，得一直线，其截距为 $1/M$，斜率为 $2A_2$。由此，可以得到溶质的分子量和第二维利系数。

对于多分散聚合物，散射光的强度是由各种大小不同分子所贡献

$$(R_{90})_{c\to 0}=\left(\frac{K}{2}\right)\sum_i c_iM_i=\left(\frac{K}{2}\right)c\frac{\sum_i c_iM_i}{\sum_i c_i}=\left(\frac{K}{2}\right)c\frac{\sum_i m_iM_i}{\sum_i m_i}=\left(\frac{K}{2}\right)c\overline{M}_w \tag{4-57}$$

可见，光散射法测得的分子量为溶质的重均分子量。

4.2.5.2　大粒子溶液

对于分子量较高的聚合物（分子量 $10^5\sim10^7$，分子尺寸大于 $\frac{1}{20}\lambda'$）形成的大粒子溶液，必须考虑其内干涉效应，干涉的结果使散射光强减弱，其减弱程度随光程差增加而增加。

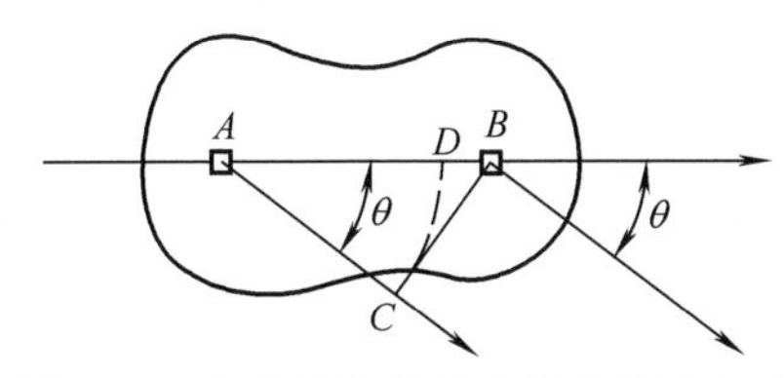

图 4-13　大粒子的散射光相位差示意图

如图 4-13 所示，由散射中心 A 和 B 所发射的光波沿同一角度 θ 到达某一观测点时有一个光程差 Δ，该值与散射角余弦有关，即

$$\Delta=DB=AB-AD=AB(1-\cos\theta) \tag{4-58}$$

由式(4-58) 可知，当 $\theta=0°$ 时，$\Delta=0$，θ 增大，Δ 值增大，散射光强减弱。当 $\theta=180°$ 时，Δ 出现极大值，散射光强出现极小值。若将 $90°>\theta>0°$ 称为前向，$180°>\theta>90°$ 称为后向，由于大粒子散射光的内干涉效应，前后向散射光强不对称，前向散射光强大于后向，如图 4-12 中（Ⅱ）所示。

表征散射光的不对称性参数称为散射因子 $P(\theta)$，它是粒子尺寸和散射角的函数，由式

(4-59) 表示

$$P(\theta)=1-\frac{16\pi^2}{3(\lambda')^2}\overline{s^2}\sin^2\frac{\theta}{2}+\cdots \tag{4-59}$$

$$\lambda'=\lambda/n$$

式中 $\overline{s^2}$——均方旋转半径；

λ'——入射光在溶液中的波长。

显然，$P(\theta)\leqslant 1$。分子量为 M 的大粒子在散射角 θ 时的光散射行为与分子量 $MP(\theta)$ 的小粒子相当。

由此，式(4-55) 小粒子散射公式可以修正如下

$$\frac{1+\cos^2\theta}{2}\ \frac{Kc}{R_\theta}=\frac{1}{M}\times\frac{1}{P(\theta)}+2A_2c \tag{4-60}$$

内干涉使散射光强减弱，分子量 M 的大粒子在散射角 θ 时散射行为与分子量 $MP(\theta)$ 的小粒子行为相当。将 $P(\theta)$ 表达式代入，并利用 $1/(1-x)=1+x+x^2+\cdots$关系，略去高次项，可得光散射公式

$$\frac{1+\cos^2\theta}{2}\times\frac{Kc}{R_\theta}=\frac{1}{M}\left(1+\frac{16\pi^2}{3}\ \frac{\overline{s^2}}{(\lambda')^2}\sin^2\frac{\theta}{2}+\cdots\right)+2A_2c \tag{4-61}$$

如果高分子链是高斯无规线团，则

$$\overline{s^2}=\frac{\overline{h^2}}{6}$$

$\overline{h^2}$ 为均方末端距，可得无规线团光散射公式

$$\frac{1+\cos^2\theta}{2}\times\frac{Kc}{R_\theta}=\frac{1}{M}\left[1+\frac{8\pi^2}{9}\times\frac{\overline{h^2}}{(\lambda')^2}\sin^2\frac{\theta}{2}+\cdots\right]+2A_2c \tag{4-62}$$

在散射光的测定中，由于散射角的改变将引起散射体积的改变，而散射体积与 $\sin\theta$ 成反比，因此，实验测得的 R_θ 值应乘以 $\sin\theta$ 进行修正，即

$$\frac{1+\cos^2\theta}{2\sin\theta}\times\frac{Kc}{R_\theta}=\frac{1}{M}\left[1+\frac{8\pi^2}{9}\times\frac{\overline{h^2}}{(\lambda')^2}\sin^2\frac{\theta}{2}+\cdots\right]+2A_2c \tag{4-63}$$

此式为光散射计算的基本公式。

具体实验方法如下：

配制一系列不同浓度的溶液，测定各个溶液在各个不同散射角时的瑞利因子 R_θ，根据式(4-63) 进行数据处理。

由式(4-63) 可得

$$\left(\frac{1+\cos^2\theta}{2}\times\frac{Kc}{R_\theta}\right)_{\theta\to 0}=\frac{1}{M}+2A_2c \tag{4-64}$$

$$\left(\frac{1+\cos^2\theta}{2}\times\frac{Kc}{R_\theta}\right)_{c\to 0}=\frac{1}{M}+\frac{8\pi^2}{9M}\times\frac{\overline{h^2}}{(\lambda')^2}\sin^2\frac{\theta}{2}+\cdots \tag{4-65}$$

① 作$\frac{1+\cos^2\theta}{2\sin\theta}\times\frac{Kc}{R_\theta}$对 c 的图，每一个 θ 值可得一条直线，将每根直线外推至 $c=0$，可得一系列$\left(\frac{1+\cos^2\theta}{2\sin\theta}\times\frac{Kc}{R_\theta}\right)_{c\to 0}$ 的值，见图 4-14(a)。

② 将$\left(\frac{1+\cos^2\theta}{2\sin\theta}\times\frac{Kc}{R_\theta}\right)_{c\to0}$ 对 $\sin^2(\theta/2)$ 作图可得一条直线，该直线的截距为 $1/M$，斜率为 $8\pi^2\overline{h^2}/9M(\lambda')^2$，见图 4-14(b)。

③ 作$\frac{1+\cos^2\theta}{2\sin\theta}\times\frac{Kc}{R_\theta}$对 $\sin^2(\theta/2)$ 的图，每一个 c 值可得一条直线，将每条直线外推至 $\theta=0$ 处，可得一系列$\left(\frac{1+\cos^2\theta}{2\sin\theta}\times\frac{Kc}{R_\theta}\right)_{\theta\to0}$ 的值，见图 4-14(c)。

④ 将$\left(\frac{1+\cos^2\theta}{2\sin\theta}\times\frac{Kc}{R_\theta}\right)_{\theta\to0}$ 的值对 c 作图得一直线，该直线的截距为 $1/M$，斜率为 $2A_2$，见图 4-14(d)。

通过光散射实验，既可得到 $\overline{M}_w$，又可得到$\overline{h^2}$ 和 A_2。

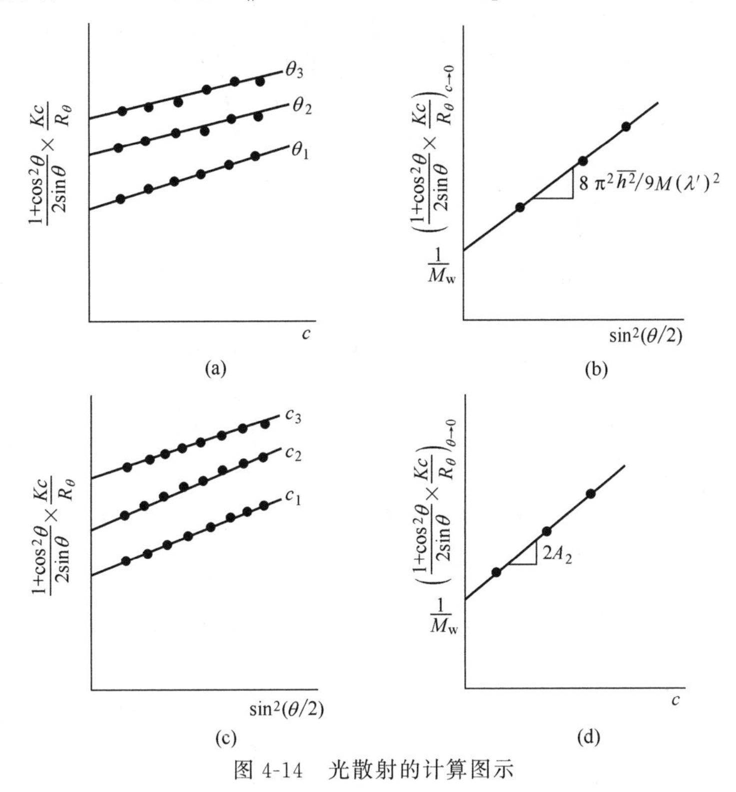

图 4-14　光散射的计算图示

采用 Zimm 作图法可以将上面四张图合为一张，故常为人们所采用。

以$\frac{1+\cos^2\theta}{2\sin\theta}\times\frac{Kc}{R_\theta}$对 $\sin^2\frac{\theta}{2}+qc$ 作图。这里，q 为任意常数，目的是使图形张开为清晰的格子。然后进行 $c\to0$，$\theta\to0$，外推，具体步骤如下：将 θ 相同的点连成线，向 $c=0$ 处外推，以求$\left(\frac{1+\cos^2\theta}{2\sin\theta}\times\frac{Kc}{R_\theta}\right)_{c\to0}$。此时，点的横坐标是 $\sin^2\frac{\theta}{2}$ 的值，并不是零。故需再将$\left(\frac{1+\cos^2\theta}{2\sin\theta}\times\frac{Kc}{R_\theta}\right)_{c\to0}$ 的点连成线，对 $\sin^2\left(\frac{\theta}{2}\right)\to0$ 外推；将 c 相同的点连成线，对 $\sin^2\left(\frac{\theta}{2}\right)\to0$ 外推，求$\left(\frac{1+\cos^2\theta}{2\sin\theta}\times\frac{Kc}{R_\theta}\right)_{\theta\to0}$。此时，点的横坐标并不为零，而是 qc 值。故需

要以$\left(\frac{1+\cos^2\theta}{2\sin\theta}\times\frac{Kc}{R_\theta}\right)_{\theta\to0}$对 c 作图，外推到 $c\to0$。以上两条外推线在 y 轴应具有同一截距，其值为$\frac{1}{M}$，可求得聚合物的重均分子量。而后一条外推线的斜率为 $2qA_2$，前一条外推线的斜率为$\frac{8\pi^2\overline{h^2}}{9M(\lambda')^2}$，分别可计算出第二维利系数 A_2 和均方末端距$\overline{h^2}$。

图 4-15 为聚乙酸乙烯酯-丁酮溶液光散射数据处理的 Zimm 作图法。

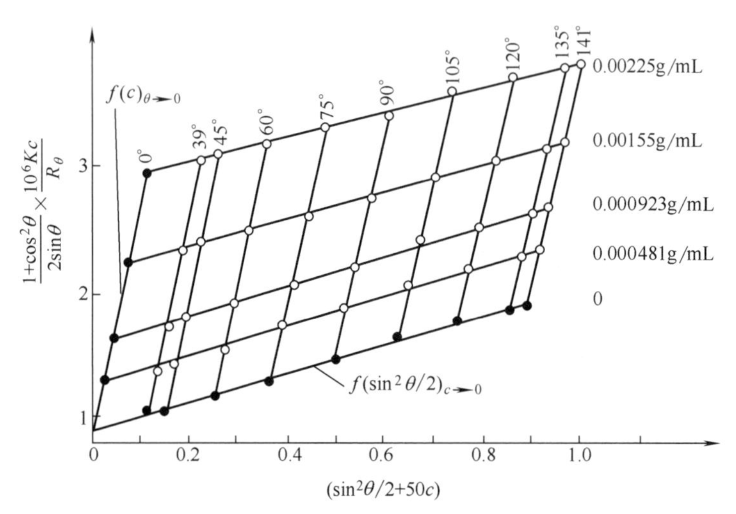

图 4-15 聚乙酸乙烯酯-丁酮溶液（25℃）的光散射 Zimm 图

计算中所用单位除了国际单位之外，以往采用下列习用单位：K，单位为$\frac{\text{mol}\cdot\text{cm}^2}{\text{g}^2}$；$A_2$，单位为$\frac{\text{mol}\cdot\text{cm}^3}{\text{g}^2}$；$c$，单位为 g/cm^3；$R(\theta)$，单位为 cm^{-1}；$\theta$，单位为度；$\overline{M}_w$，单位为 g/mol。

散射光度计主要包括以下四个部分：光源、入射光的准直系统、散射池、散射光强的测量系统。如图 4-16 和图 4-17 所示。

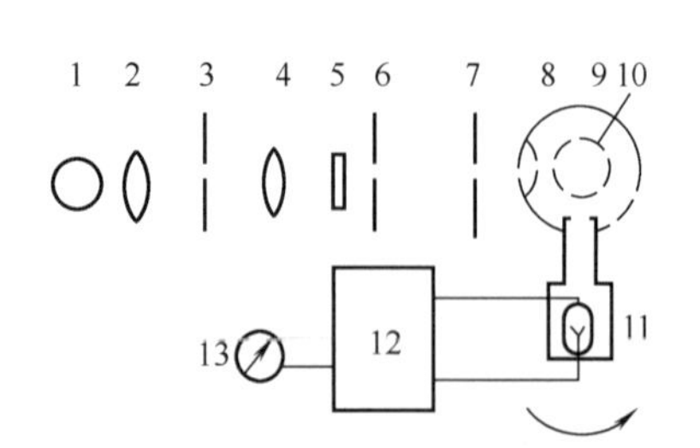

图 4-16 散射光度计示意图

1—汞弧灯；2—聚光灯；3—缝隙；4—准直镜；5—干涉滤色镜；6～8—光栅；9—散射池罩；10—散射池；11—光电倍增管；12—直流放大器；13—微安表

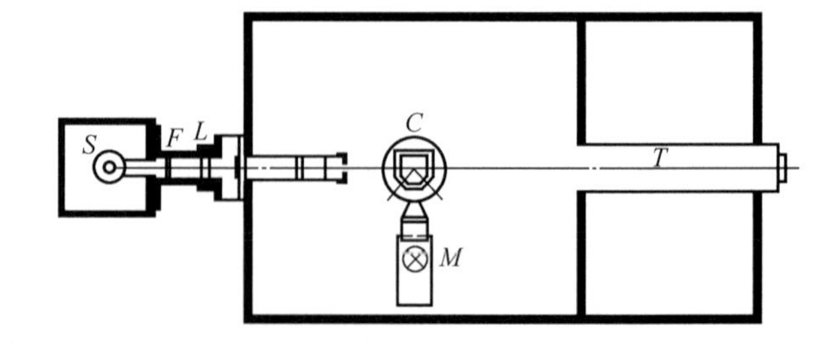

图 4-17 散射光度计

S—汞弧灯；F—滤色片；L—透镜；C—散射池；M—光电倍增管；T—光阱

经典的光散射仪采用汞灯光源。由于入射光的汇聚性较差，光强较强，因此，所需散射体积以至于散射池的体积都比较大，溶液用量较多。同时，又由于其准直性和单色性都比较差，使观察角受到限制，一般只能测试 30°～150°的散射光，影响了向 $\theta \to 0$ 外推处理的准确性。20 世纪 70 年代以来，发展了激光（氦氖光源激光器）作为光源的散射仪。该种仪器光源强，光束可汇聚得很细，只需用较小散射体积，减少了溶液用量；同时，单色性和准直性好，测量可以在很小的角度（2°～7°）下进行，提高了实验精度。由于在小角度下散射光的角度依赖性很小，故数据处理时无需对角度外推。该法（小角激光光散射法）测定 $\overline{M}_w$ 的数据偏差减小到 5%以内，测量范围扩大至 $5\times10^3\sim10^7$。

4.2.6　质谱法

质谱法（mass spectrometry，MS）是使有机分子电离、碎裂后，按离子的质荷比（m/z）大小把生成的各种离子分离，检测它们的强度，并将其排列成谱。而离子按其质荷比大小排列而成的谱图则称作质谱图（mass spectrum）。离子的质荷比（m/z）是离子的质量（m）与其所带电荷（z）之比，m 以原子量质量单位（amu）计算，z 以电子电量为单位计算。如甲基离子 CH_3^+ 的质荷比（m/z）为 15。质谱图的横坐标是离子的质荷比（m/z），纵坐标是离子的相对强度（或称相对丰度），谱图中最重要的峰是分子离子峰 $M^{+\cdot}$。

质谱峰是有机化合物结构分析的重要方法之一，它能准确地测定有机物的分子量和离子的质量，提供分子式和其他结构信息。

通常，对测定低分子量化合物分子量十分有用的经典质谱方法，对高分子量聚合物却不适合。因为将处于凝聚态的大分子以分离的、离子化的分子转换到气相是相当困难的。新的离子化技术的发展使得该法不仅能够表征低聚物，区别环线结构，也成为测定合成高分子、生物大分子分子量和分子量分布的有力工具。

4.2.6.1　激光质谱

基质辅助激光解吸/离子化飞行时间质谱（matrix assisted laser desorption/ionization time of flight mass spectrometry，MALDI-TOF-MS）的原理如下：①光解吸电离（LDI）。在 UV 波长发射的激光可通过共振吸收作用有效地、可控地将能量转换给被测样品，且应用脉冲激光可实现间隔的、短时间的能量转化，避免聚合物的热分解。同时，在短的周期下激光束容易聚焦到一个很小的点离子源上，与 TOF 质谱相结合。②TOF 质谱的应用。在此质谱仪中，离子通过电场被加速，获得一定的动能。然后，再通过一个非场区域。在此，离子的飞行速度正比于 $(m_i/z_i)^{-1/2}$，分离成一系列空间上分散的单个离子，最后到达检测器。所有离子共同的开始时间和单个离子到达检知器的时间之间的差值正比于 $(m_i/z_i)^{+1/2}$，经过信号转换，即可得到质谱图。在实验中，必须加入基质（matrix），其作用为吸收激光能量和将聚合物分子相互分隔。

图 4-18 是由 Danis 等获得的窄分子量分布的聚甲基丙烯酸丁酯的质谱图。

图中，显示了中心位于 m/z17000、32000 和 65000 处的三种不同电荷状态。中心位于 m/z17000 处的峰代表双电荷离子；而中心位于 m/z65000 的峰代表由两个聚合物链通过聚合形成的二聚物；以 $M_w=32000$ 为中心的峰代表单电荷类的酯。图中杂质的分布可以精确地被除去，这样可以得到对分子量分布的较好的估计值。对于较低分子量样品的质谱图受图 4-18 中所示的二聚物和双电荷离子的影响较小，并且受降解的影响也较小。

质谱法测得的聚甲基丙烯酸丁酯的分子量大小与用不同窄分子量聚苯乙烯标样校准的体积排除色谱法（SEC）所得结果是一致的。

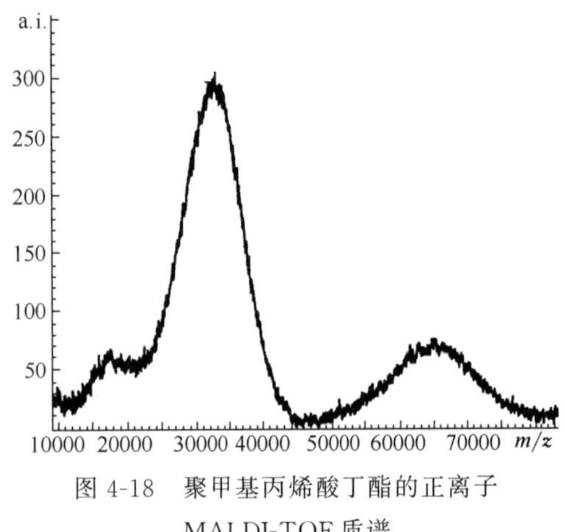

图 4-18 聚甲基丙烯酸丁酯的正离子 MALDI-TOF 质谱

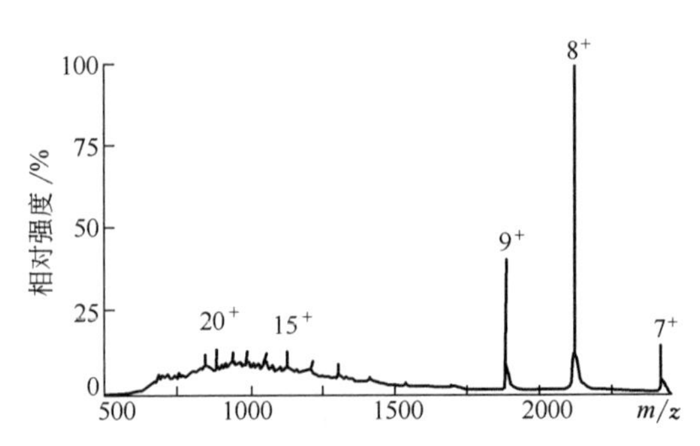

图 4-19 “再生”马脱肌球蛋白的电喷雾-质谱图

质谱法主要用来测定聚合物的绝对分子量。采用 MALDI-TOF 法不仅需要样品量少（＜1mg），测试时间短（≤15min），而且操作简便。但是，当聚合物的多分散系数达到 1.2 时，MALDI-TOF-MS 与 SEC 测得的分子量相差大约 20%。目前聚合物质谱法正在迅速发展中，该法可以发展作为多分散聚合物试样通过 SEC 的分子量检测器。

4.2.6.2 电喷雾质谱

电喷雾电离（ESI）是一种多电荷电离技术，电喷雾离子化质谱（electrospray ionization mass spectrometry，ESI-MS）不仅具有高的灵敏度，多电荷离子的形成降低了 m/z 值，可以测定几万到几十万道尔顿（Da）生物大分子的分子量（1Da＝1Dalton＝1g/mol，生物化学中使用的分子量单位）。

离子阱技术具有存储离子和质量分析的功能。将电喷雾电离与离子阱质谱结合可形成电喷雾-离子阱质谱（ESI-ITMS）。

图 4-19 为某种蛋白质的 ESI-MS 图。

通常，一台质荷比在 1500～2000 范围内的质谱仪，可以测定比其范围大几十倍的蛋白质的分子量，这正是电喷雾质谱的特点之一。

4.2.7 黏度法

高分子溶液黏度的研究不仅可用于测量聚合物的分子量，而且也可用于研究高分子在溶液中的形态、高分子链的无扰尺寸、柔性以及支化高分子的支化程度等。

4.2.7.1 黏度表示法

在高分子溶液中，我们所感兴趣的不是液体的绝对黏度，而是当高分子进入溶液后所引起的液体黏度的变化。

(1) 相对黏度（η_r）

$$\eta_r = \frac{\eta}{\eta_0} \tag{4-66}$$

式中 η——溶液黏度；

η_0——纯溶剂黏度。

表示溶液黏度相当于纯溶剂黏度的倍数，是一个无量纲的量。

（2）增比黏度（η_{sp}）

$$\eta_{sp}=\frac{\eta-\eta_0}{\eta_0}=\eta_r-1 \tag{4-67}$$

表示溶液的黏度比纯溶剂的黏度增加的分数，也是一个无量纲的量。

（3）比浓黏度（η_{sp}/c）

浓度为 c 的情况下，单位浓度增加对溶液增比黏度的贡献。其数值随溶液浓度 c 的表示法而异，也随浓度大小而变更。其单位为浓度单位的倒数。

（4）比浓对数黏度（$\ln\eta_r/c$）

浓度为 c 的情况下，单位浓度增加对溶液相对黏度自然对数值的贡献，其值也是浓度的函数，单位与比浓黏度相同。

（5）特性黏数（intrinsic viscosity）［η］

$$[\eta]=\lim_{c\to 0}\eta_{sp}/c=\lim_{c\to 0}\ln\eta_r/c \tag{4-68}$$

表示高分子溶液 $c\to 0$ 时，单位浓度的增加对溶液增比黏度或相对黏度对数的贡献。其数值不随溶液浓度大小而变化，但随浓度的表示方法而异。［η］的单位是浓度单位的倒数，即 dL/g 或 mL/g。

4.2.7.2　黏度的浓度依赖性

表达溶液黏度与浓度关系的经验方程式很多，由于溶液黏度的复杂性，有关理论还不能提出一个完善的函数形式。

如果以溶液黏度的一个 $[\eta]c$ 多项式

$$\eta/\eta_0=1+[\eta]c+K'[\eta]^2c^2+K''[\eta]^3c^3+\cdots \tag{4-69}$$

来看其他几个应用得比较广的式子

$$\frac{\eta_{sp}}{c}=[\eta]+K'[\eta]^2c \tag{4-70}$$

$$\frac{\ln\eta_r}{c}=[\eta]-\beta[\eta]^2c \tag{4-71}$$

$$\frac{\eta_{sp}}{c}=[\eta]+K_1[\eta]\eta_{sp} \tag{4-72}$$

$$\eta_r=\left(1+\frac{[\eta]c}{n}\right)^n \tag{4-73}$$

因为分子量测定所用溶液的浓度范围一般在 $\eta_r=1.05\sim2.5$，当 $\eta_r<2$ 时，$[\eta]c<1$，所以，在足够稀释的溶液中，式(4-69) 可写为式(4-70) 的形式。

将式(4-69) 的 η_{sp} 代入式(4-71)、式(4-72)，略去高次项，则也可将式(4-71)、式(4-72) 写成式(4-70) 的形式加以比较。

$$\frac{\eta_{sp}}{c}=[\eta]+\left(\frac{1}{2}-\beta\right)[\eta]^2c+\cdots$$

$$\frac{\eta_{sp}}{c}=[\eta]+K_1[\eta]^2c+\cdots$$

将式(4-73) 展开可得

$$\eta_r=\left(1+\frac{[\eta]c}{n}\right)^n=1+[\eta]c+\frac{1}{2}\left(1-\frac{1}{n}\right)[\eta]^2c^2+\cdots$$

$$\frac{\eta_{sp}}{c}=[\eta]+\frac{1}{2}\left(1-\frac{1}{n}\right)[\eta]^2c+\cdots$$

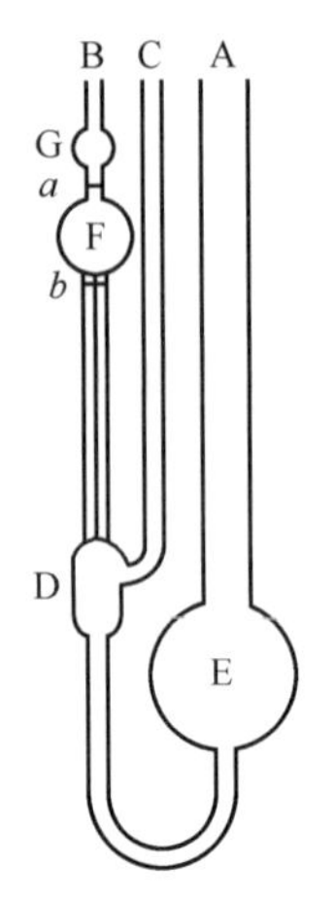

图 4-20 乌氏黏度计

假如式(4-70)～式(4-73)同样准确地表示实验结果，则在极稀溶液中，$K_1=K'$，$K'+\beta=1/2$，$\beta=1/2n$。实际上，上面几式可能在不相同的浓度范围内适用，故参数之间的关系也就不能满足了。

测定高分子溶液黏度时，以毛细管黏度计最为方便。

常用的毛细管黏度计由三支管组成，称为 Ubbelohde 型，简称乌氏黏度计，如图 4-20 所示。黏度计具有一根内径为 R、长度为 l 的毛细管，毛细管上端有一个体积为 V 的小球，小球上下有刻线 a 和 b。待测液体自 A 管加入，经 B 管将其吸至 a 线以上，再使 B 管通大气，任其自然流下，记录液面流经 a 及 b 线的时间 t。这样，外加的力就是高度为 h 的液体自身的重力 P。

假定液体流动时没有湍流发生，即外加力 P 全部用以克服液体对流动的黏滞阻力，则可将牛顿黏性流动定律应用于液体在毛细管中的流动，得到泊松义耳（Poiseuille）定律，又称 R^4 定律。

$$\eta=\frac{\pi PR^4t}{8lV}=\frac{\pi ghR^4\rho t}{8lV}=A\rho t$$

$$\frac{\eta}{\rho}=At \tag{4-74}$$

$$A=\frac{\pi ghR^4}{8lV}$$

式中 η/ρ——比密黏度，单位 Stokes；

A——仪器常数。

实验时，在恒定条件下，用同一支黏度计测定几种不同浓度的溶液和纯溶剂的流出时间 t 及 t_0，由于稀溶液中溶液和溶剂的密度近似相等，$\rho\approx\rho_0$，所以

$$\eta_r=\frac{A\rho t}{A\rho_0t_0}=\frac{t}{t_0} \tag{4-75}$$

这样，由纯溶剂的流出时间 t_0 和溶液的流出时间 t 即可求出溶液的相对黏度 η_r。

一般，选用合适的黏度计使待测溶液和溶剂的流出时间大于 100s，则能满足没有湍流的假定。

如果流速较大，外加力除了用以驱动液体流动以外，同时也使液体得到了动能，这部分能量的消耗须予以改正，称为动能改正。

求出了相对黏度之后，根据黏度对浓度的依赖关系

$$\begin{aligned}\frac{\eta_{sp}}{c}&=[\eta]+K'[\eta]^2c\\ \frac{\ln\eta_r}{c}&=[\eta]-\beta[\eta]^2c\end{aligned} \tag{4-76}$$

只要配制几个不同浓度的溶液，分别测定溶液及纯溶剂的黏度，然后计算出 η_{sp}/c、$\ln\eta_r/c$ 在同一张图上作 η_{sp}/c 对 c、$\ln\eta_r/c$ 对 c 的图，两条直线外推至 $c\to0$，其共同的截距即为 $[\eta]$，见图 4-21。

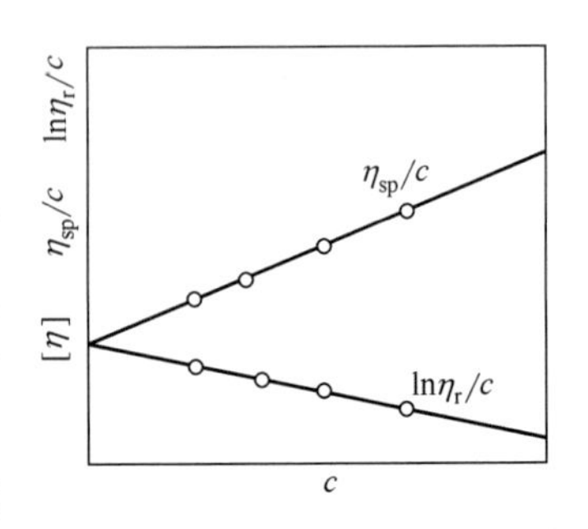

图 4-21 η_{sp}/c-c 和 $\ln\eta_r/c$-c 图

以上浓度外推求出 $[\eta]$ 值的方法称为“稀释法”或“外推法”。第一次测定用浓度较大的少量溶液，然后依次将

一定量的溶剂加入黏度计中，稀释成不同浓度的溶液。这样，可以减少洗涤黏度计的次数。

在实际工作中，由于试样量少，或者需要测定同一品种的大量试样，为了简化实验操作，可以在一个浓度下测定 η_{sp} 或 η_r，直接求出 $[\eta]$，而不需要作浓度外推。这种方法俗称“一点法”。

表述溶液黏度和浓度关系的经验式很多，式中的参数 K'、β、K_1、n 等对给定的高分子-溶剂体系是一常数，与分子量无关。所以，只要对每一体系定出参数数值后，就可以从一个浓度的溶液黏度计算特性黏数。

由

$$\frac{\eta_{sp}}{c}=[\eta]+K'[\eta]^2c$$

$$\frac{\ln\eta_r}{c}=[\eta]-\beta[\eta]^2c$$

假定 $K'+\beta=\frac{1}{2}$

则

$$[\eta]=\frac{1}{c}\sqrt{2(\eta_{sp}-\ln\eta_r)} \tag{4-77}$$

一般柔性链线形高分子在良溶剂中，能够满足 $K'+\beta=1/2$ 或 K 约为 0.35 的条件，故均可采用该式计算分子量。应用时，使 $\eta_r=1.30\sim1.50$ 为好，此时，一点法与稀释法所得 $[\eta]$ 值的误差在 1%以内。

对于一些支化或刚性聚合物，$K'+\beta$ 偏离 1/2 较大，可假设 $K'/\beta=\gamma$，则

$$[\eta]=\frac{\eta_{sp}+\gamma\ln\eta_r}{(1+\gamma)c} \tag{4-78}$$

对于这类高分子-溶剂体系，在某一温度下，用稀释法确定了 γ 值后，即可通过式(4-78)用一点法计算分子量，所得 $[\eta]$ 值与稀释法比较，误差不超过 3%。

4.2.7.3　特性黏数与分子量的关系

实验证明，当聚合物、溶剂和温度确定以后，$[\eta]$ 的数值仅由试样的分子量 M 决定，即

$$[\eta]=K\overline{M}_\eta^\alpha \tag{4-79}$$

这是一个分子量实际测定中习用的、含有两个参数的经验公式，称之为 Mark-Houwink 非线形方程。这样，只要知道参数 K 和 α 值，即可根据所测的 $[\eta]$ 值计算试样的黏均分子量 $\overline{M}_\eta$。

K 值与体系性质有关，但关系不大，仅随聚合物分子量的增大而有些减小（在一定的分子量范围内可视为常数），随温度增加而略有下降；而 α 值却反映高分子在溶液中的形态，取决于温度、高分子和溶剂的性质。α 一般在 0.5～1 之间。线形柔性链大分子在良溶剂中，线团松懈，α 接近于 0.8。溶剂溶解能力减弱，α 值逐渐减小。在 θ 溶剂中，高分子线团紧缩，α 为 0.5。对于硬棒状的刚性高分子链，$\alpha\rightarrow2$。其次，温度升高，有利于高分子线团的松懈。在良溶剂中，线团本身已很松懈，因此温度上升对 α 的影响不大。在不良溶剂中，线团蜷曲，温度升高使聚合物的内聚力减小，高分子线团松懈，α 值增大。最后，对于同一高分子-溶剂体系，高分子链越长，它在溶液中弯曲、缠结趋向越大，所以分子量范围不同时，α 值不同，只是在一定的分子量范围内，α 值可视为常数。总之，对于一定的高分子-溶剂体系，在一定的温度下，一定的分子量范围内，K 和 α 值为常数。

由式(4-79)

$$[\eta]=(\eta_{sp}/c)_{c\to 0}=KM^{\alpha}$$

则
$$(\eta_{sp})_{c\to 0}=K\sum_i c_i M_i^{\alpha}=Kc\sum_i \frac{c_i}{c}M_i^{\alpha}=Kc\sum_i w_i M_i^{\alpha}=Kc\overline{M}_{\eta}^{\alpha}$$

所以，用黏度法测得的分子量为黏均分子量。

在 $[\eta]$-M 方程中，参数 K 和 α 的测定方法如下。

首先，将聚合物试样进行分级，以获得分子量从小到大且分子量比较均一的级分。然后，测定各级分的平均分子量及特性黏数。

因为
$$[\eta]=KM^{\alpha}$$
$$\lg[\eta]=\lg K+\alpha\lg M$$

以 $\lg[\eta]$ 对 $\lg M$ 作图，其斜率即为 α，截距即为 $\lg K$。表 4-2 列出了某些聚合物-溶剂体系的 K 和 α 值。

表 4-2 某些聚合物溶剂体系的 $[\eta]$-M 关系式中的 K 和 α 参数

高聚物	溶剂	温度/℃	$K\times10^2$	α	分子量范围$\times10^{-3}$	测定方法
高压聚乙烯	十氢萘	70	3.873	0.738	2～35	O
	对二甲苯	105	1.76	0.83	11.2～180	O
低压聚乙烯	α-氯萘	125	4.3	0.67	48～950	L
	十氢萘	135	6.77	0.67	30～1000	L
聚丙烯	十氢萘	135	1.00	0.80	100～1100	L
	四氢萘	135	0.80	0.80	40～650	O
聚异丁烯	环己烷	30	2.76	0.69	37.8～700	O
聚丁二烯	甲苯	30	3.05	0.725	53～490	O
聚苯乙烯	苯	20	1.23	0.72	1.2～540	L;S,D
聚氯乙烯	环己酮	25	0.204	0.56	19～150	O
聚甲基丙烯酸甲酯	丙酮	20	0.55	0.73	40～8000	S,D
聚丙烯腈	二甲基甲酰胺	25	3.92	0.75	28～1000	O
尼龙 66	甲酸(90%)	25	11	0.72	6.5～26	E
聚二甲基硅氧烷	苯	20	2.00	0.78	33.9～114	L
聚甲醛	二甲基甲酰胺	150	4.4	0.66	89～285	L
聚碳酸酯	四氢呋喃	20	3.99	0.70	8～270	S,D
天然橡胶	甲苯	25	5.02	0.67		
丁苯橡胶(50℃聚合)	甲苯	30	1.65	0.78	26～1740	O
聚对苯二甲酸乙二酯	苯酚-四氯乙烷(质量比 1∶1)	25	2.1	0.82	5～25	E
双酚 A 型聚砜	氯仿	25	2.4	0.72	20～100	L

注：1. 浓度单位：g/mL。

2. 测定方法：E—端基分析；O—渗透压；L—光散射；S，D—超速离心沉降和扩散。

4.2.7.4 Flory 特性黏数理论

高分子的特性黏数 $[\eta]$ 比例于单位质量高分子在溶液中的流体力学体积 (V_e/M)。在高分子溶液中，假如溶剂和高分子的相互作用使高分子扩张，$[\eta]$ 大；若高分子线团紧缩，$[\eta]$ 小。$[\eta]$ 可近似表示为

$$[\eta]=\Phi\frac{(\overline{h^2})^{3/2}}{M} \tag{4-80}$$

式中　Φ——在高分子的分子量大于 10000 时，是一个与高分子、溶剂和温度无关的普适常数（$\Phi=2.0\times10^{23}\sim2.8\times10^{23}$）；

$\overline{h^2}$——高分子的均方末端距。

若以$\overline{h^2}=\overline{h_0^2}\chi^2$ 代入式(4-80)，则

$$[\eta]=\Phi\frac{(\overline{h_0^2})^{3/2}}{M}\chi^3 \tag{4-81}$$

χ 称为一维膨胀因子或扩张因子（expansion factor），表示高分子链扩张的程度。在 θ 温度时，$\chi=1$，故

$$[\eta]_\theta=\Phi\frac{(\overline{h_0^2})^{3/2}}{M} \tag{4-82}$$

因为$\overline{h_0^2}\propto M$

所以

$$[\eta]_\theta=K_\theta M^{1/2} \tag{4-83}$$

由式(4-82) 和式(4-83) 可得：

$$K_\theta=\Phi\left(\frac{\overline{h_0^2}}{M}\right)^{3/2} \tag{4-84}$$

因此，通过 K_θ 的测定，即可测定高分子的无扰尺寸$\overline{h_0^2}$ 和$\overline{h_0^2}/M$，也可计算出表征高分子链柔性程度的 Flory 特比 c_∞

$$c_\infty=\lim_{n\to\infty}\overline{h_0^2}/nl^2 \tag{4-85}$$

通过测定高分子在良溶剂中的特性黏数，由 Stockmayer-Fixman 关系可求出 K_θ

$$[\eta]/M^{1/2}=K_\theta+0.51BM^{1/2} \tag{4-86}$$

若以 $[\eta]/M^{1/2}$ 对 $M^{1/2}$ 作图，截距即为 K_θ。

高分子在良溶剂中，$\chi>1$，根据 Flory 一维均匀溶胀理论，可推得

$$\chi^5-\chi^3=2c_M\psi_1(1-\theta/T)M^{1/2} \tag{4-87}$$

这里 c_M 为常数，对于指定的高分子-溶剂体系，在一定温度时 $2c_M\psi_1(1-\theta/T)$ 为定值，则

$$\chi^5-\chi^3\propto M^{1/2}$$

当 $\chi\gg1$ 时，$\chi^5\propto M^{1/2}$，$\chi\propto M^{0.1}$

所以

$$[\eta]=K'M^{1/2}\chi^3=KM^{0.8}$$

由式(4-81) 和式(4-82) 可知，高分子在溶液中的一维溶胀因子 χ，可通过在相同温度时该溶剂和 θ 溶剂中特性黏数的测定，以式(4-88) 计算

$$\chi^3=[\eta]/[\eta]_\theta \tag{4-88}$$

4.3　聚合物分子量分布的测定方法

长期以来，人们在实践中创造了多种多样的反映聚合物多分散性的测试方法，这些方法大体上可归纳为以下 3 类。

① 利用聚合物溶解度的分子量依赖性，将试样分成分子量不同的级分，从而得到试样的分子量分布。例如，沉淀分级、溶解分级。

② 利用聚合物在溶液中的分子运动性质，得到分子量分布。例如，超速离心沉降速度法。

③ 利用高分子尺寸的不同，得到分子量分布。例如，体积排除色谱法、电子显微镜法。

4.3.1 沉淀与溶解分级

由于大分子的溶解度是分子量的函数，所以，分子量最大的分子首先从溶液中沉淀出来。

① 沉淀法　沉淀法是通过改变温度或改变溶剂与沉淀剂的比例来控制聚合物的溶解能力的。例如，将沉淀剂加入聚合物稀溶液中（大约 1g/L），当溶液出现轻微的浑浊现象后，等待相分离，移去凝液相（高度溶胀的较浓的聚合物溶液），在稀液相中继续滴加沉淀剂，达到相分离后，再次移去凝液相，依此重复，可将试样分成分子量由小到大的 10～20 个级分。

② 溶解法　溶解法是对涂在色谱柱载体上的已溶胀且高黏度的试样浓相按分子量由小到大的次序，用溶剂逐渐溶洗下来。

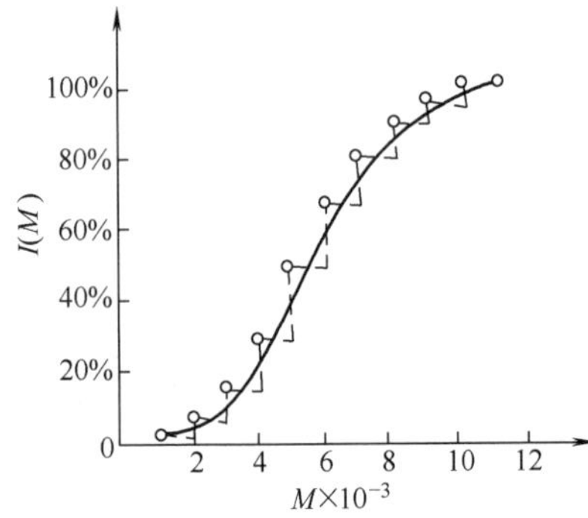

图 4-22　分级曲线和积分分布曲线

其中，溶剂梯度淋洗分级法是在恒温下将逐步提高溶解能力的混合溶剂用泵打入柱中，分子量最小的高分子首先被溶洗下来。温度梯度淋洗分级是溶剂梯度淋洗分级的一个变种，该法沿柱长形成一个温度梯度，大小不同的分子通过色谱柱时经历一系列的溶解和沉淀过程，使分级效果大大提高。

两种分级实验均可得到各级分的质量和平均分子量，从这些数据可以画出阶梯形的分级曲线，如图 4-22 中虚线所示。从分级曲线得到分子量分布曲线可以采用以下两种方法。

① 习惯法　该法假设每一级分的分子量分布对称于其平均分子量，每一级分的分子量分布又互不重叠。为此，可将各阶梯的中点连成一条光滑曲线，即

$$I_j = \frac{1}{2}w_j + \sum_{i=1}^{j-1} w_i \tag{4-89}$$

此曲线称为累积质量分布曲线或积分分布曲线，如图 4-22 中实线所示。

② 董履和函数法　鉴于分级法得到的级分仍有一个较宽的分子量分布，且不一定对称于其平均分子量。而且，各级分的分子量分布又是相互交叠的。故习惯法的两点假定是一种简化的数据处理办法。

以董履和函数处理分级数据的过程如下：

假定实验所得数据符合董履和函数

$$I(M) = 1 - e^{-yM^Z} \tag{4-90}$$

两边取两次对数可得

$$\lg\lg \frac{1}{1-I(M)} = \lg \frac{y}{2.303} + Z\lg M \tag{4-91}$$

以 $\lg \dfrac{1}{1-I(M)}$ 对 M 作图，可得一条直线（图 4-23），由该直线的截距和斜率可计算出参数 y 和 Z。将 y 和 Z 值代入式(4-91)，即可作出 $w(M)$ 对 M 的微分分布曲线（图 4-24）。有了 y 和 Z 值，又可计算出试样的 $\overline{M}_n$、$\overline{M}_w$ 和 $\overline{M}_\eta$。

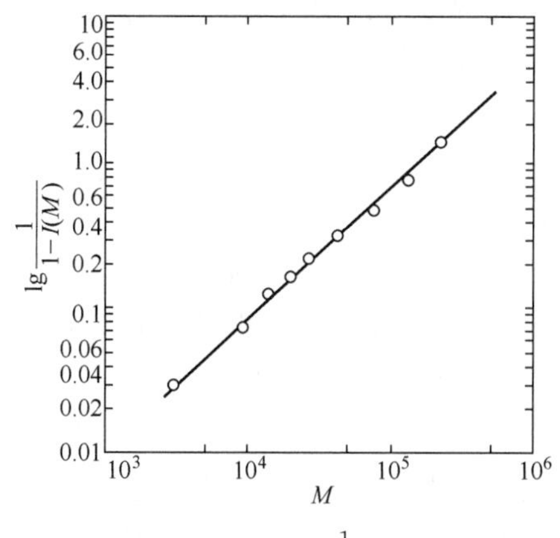

图 4-23　HDPE 的 $\lg\frac{1}{1-I(M)}$-M 双对数图

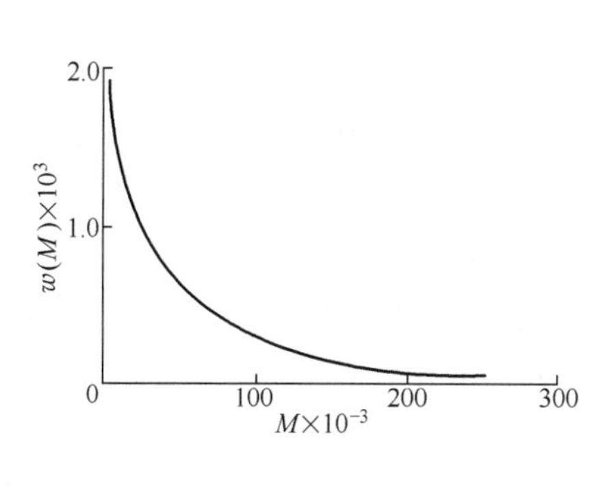

图 4-24　HDPE 的 $w(M)$-M 图

应该提及，如果用两个参数的分布函数来处理级分的分子量分布，然后再叠加，得到整个试样的分子量分布，较之用两个参数的函数直接处理整个试样的分子量分布更为合理。

4.3.2　体积排除色谱（SEC）

体积排除色谱（size exclusion chromatography，SEC）也称凝胶渗透色谱（gel permeation chromatography，GPC），是利用聚合物溶液通过由特种多孔性填料组成的柱子，在柱子上按照分子大小进行分离的方法。这是液相色谱的一个分支。由于它可以用来快速、自动测定聚合物的平均分子量和分子量分布，并可用作制备窄分布聚合物试样的工具，因此，自 20 世纪 60 年代出现以来，获得了飞速的发展和广泛的应用。

4.3.2.1　分离机理

SEC 的分离机理比较复杂，目前有体积排除理论、扩散理论和构象熵理论等几种理论解释。在此着重介绍体积排除理论。

可以认为，SEC 的分离作用首先是由于大小不同的分子在多孔性填料中所占据的空间体积不同而造成的。在色谱柱中，所装填的多孔性填料的表面和内部有着各种各样、大小不同的孔洞和通道，见图 4-25(a) 所示。当被分析的聚合物试样随着溶剂引入柱子后，由于浓度的差别，所有溶质分子都力图向填料内部孔洞渗透。较小的分子除了能进入较大的孔外，还能进入较小的孔；较大的分子就只能进入较大的孔；而比最大的孔还要大的分子就只能停留在填料颗粒之间的空隙中。随着溶剂洗提过程的进行，经过多次渗透-扩散平衡，最大的聚合物分子从载体的粒间首先流出，依次流出的是尺寸较小的分子，最小的分子最后被洗提出来，这样就达到了大小不同的聚合物分子分离的目的，见图 4-25(b)。

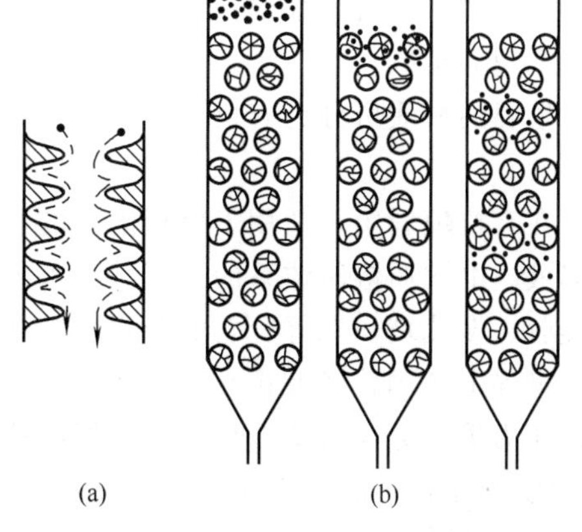

图 4-25　凝胶锥形孔（a）及 SEC 分离机理示意图（b）

以上为分离机理的一般解释。根据这一观点，色谱柱的总体积应由三部分体积所组成，即 V_0、V_i 和 V_s。V_0 为柱中填料的空隙体积或称粒间体积；V_i 为柱中填料小球内部的孔洞体积，即柱内填料的总孔容；V_s 为填料的骨架体积。V_0+V_i 相当于柱中溶剂的总体积。柱子的总体积 V_t 即为此三种体积之和。

$$V_t=V_0+V_i+V_s$$

按照一般色谱理论，试样分子的保留体积 V_R（或淋出体积 V_e）可用下式表示

$$V_e=V_0+K_dV_i$$

式中，$K_d=c_p/c_0$。c_p、c_0 分别表示平衡状态下凝胶孔内、外的试样浓度。

因此，K_d 相当于填料分离范围内某种大小的分子在填料孔洞中占据的体积分数，即可进入填料内部孔洞体积 V_{ic} 与填料总的内部孔洞体积 V_i 之比，称为分配系数。

$$K_d=V_{ic}/V_i \tag{4-92}$$

大小不同的分子，有不同的 K_d 值。当高分子体积比孔洞尺寸大，任何孔洞它都不能进入时，$K_d=0$，$V_e=V_0$，相当于柱的上限。当试样分子比渗透上限分子还要大时，没有分辨能力。当高分子体积很小，小于所有孔洞尺寸，它在柱中活动的空间与溶剂分子相同，则 $K_d=1$，$V_e=V_0+V_i$，相当于柱的下限。对于小于下限的分子，同样没有分辨能力。只有 $0<K_d<1$ 的分子，在此 SEC 柱中，才能进行分离。

溶质分子体积越小，其淋出体积越大。这种解释，不考虑溶质和载体之间的吸附效应，也不考虑溶质在流动相和固定相之间的分配效应，其淋出体积仅仅由溶质分子尺寸和载体的孔洞尺寸决定，分离过程完全是由于体积排除效应所致，故称为体积排除机理。

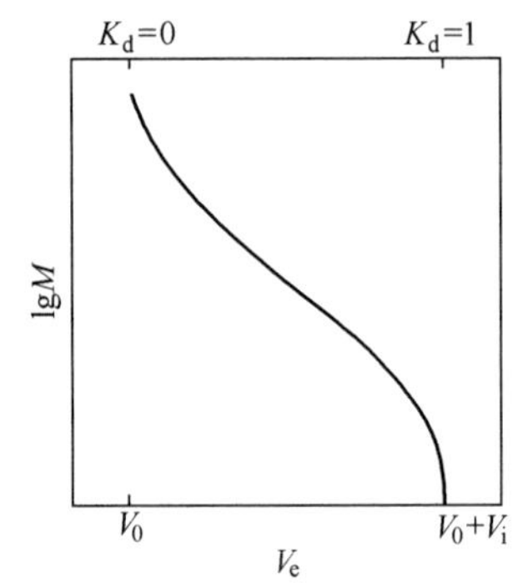

图 4-26　lg$M$-V_e 关系曲线

在 SEC 的分离过程，试样的分子量与保留体积 V_R（或淋出体积 V_e）的关系呈 S 形，如图 4-26 所示。

由图 4-26 可见，lg$M$-V_e 关系只在一段范围内呈直线。显然，该种载体不能测定线形部分对应的最大分子量以上和最小分子量以下的试样的分子量。因此，这一分子量范围称为载体的分离范围，其值决定于载体的孔径及其分布。孔径分布越宽，则分离范围也越宽。为了加宽分离范围，有时可选用几种不同孔径分布的载体混合装柱，或将装有不同规格载体的色谱柱串联起来使用。

4.3.2.2　填料及仪器装置

SEC 柱子所选用的填料（又称载体），除了要求分辨率高，有良好的化学稳定性和热稳定性，有一定的机械强度，不易变形，流动阻力小和对试样没有化学吸附作用外，还要求分离范围越大越好。

填料的材质可分为有机填料和无机填料。从用途可分为适用于水的以及适用于有机溶剂的。

在有机填料中，适用于有机溶剂的有交联聚苯乙烯凝胶、交联聚乙酸乙烯酯等。适用于水溶液、电解质溶液体系的有网状结构的交联葡聚糖、交联聚丙烯酰胺等。而无机填料有多孔硅胶、多孔玻璃珠等，它们对水溶液体系和有机溶剂体系都适用。

世界上各国曾经或正在生产各种型号的 GPC 和 SEC 仪。这些仪器在工作条件（温度、流速压力等）方面有些差异，但仪器结构大体上相仿，都由 4 个部分组成，见图 4-27。

① 试样和溶剂的注入系统。溶剂储槽、脱气器、精密微量泵、过滤器和进样装置等。

② 色谱柱。不锈钢空心细管。

③ 检测器和自动记录系统。为了得到聚合物的分子量分布，不仅要将多分散聚合物按

分子量大小分离开来，而且还要测出各级分的含量和分子量。SEC 淋出液的浓度即级分的含量可以通过与溶液浓度有线性关系的某些物理性质的检测器来测定。最常用的是示差折光指数检测器，其他还有紫外吸收检测器和红外吸收检测器等。级分的分子量可以利用淋出体积与分子量的关系，将测出的淋出体积根据普适标定曲线换算成分子量（详见 4.3.2.4 节）。也可以在浓度检测器测定淋出液浓度的同时，用分子量检测器（毛细管黏度计-自动或者光散射仪）直接测定级分的分子量。自动记录系统包括自动馏分收集器、放大器、计算机和记录仪等。

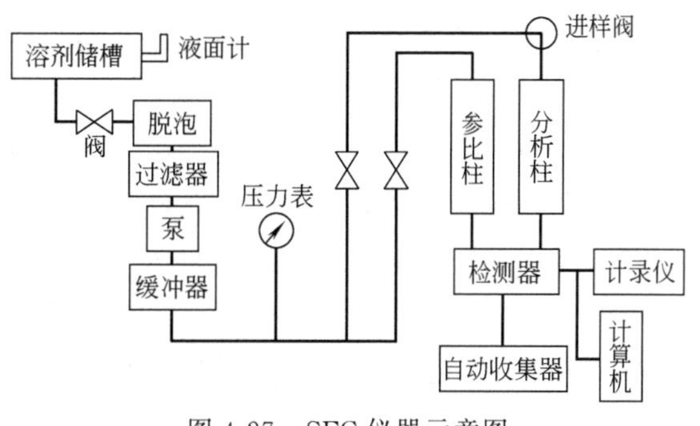

图 4-27　SEC 仪器示意图

④ 加热恒温系统。除通用型 SEC 仪之外，新型仪器主要有高温型和高效型两种。前者进样器、色谱柱、检测器等都需要在高温状态下进行工作。通常，最高温度可控制在 150℃，适用于 PE、PP 等结晶聚合物的分子量分布测定。后者采用高效小颗粒填料，大大提高了柱效，缩短了测试时间，提高了分离度。

4.3.2.3　柱效、分辨率和宽展效应

我们知道，高分子的分离过程发生在色谱柱的 V_0 和 V_0+V_i 之间。V_0 对分离效率是无效的，且 V_0 增大，宽展效应增大。而 V_i 越大，则可用于分离的容量越大。对于一定材质和一定孔径及其分布的载体，其颗粒越小，越均匀，堆积得越紧密，则柱的分离效率越高。

色谱柱的分离效率通常用单位柱长的理论塔板数 N 来表示。若某单分散试样流经长度为 L 的色谱柱，其淋出体积为 V_e，峰宽为 W，则

$$N=\frac{16}{L}\left(\frac{V_e}{W}\right)^2 \tag{4-93}$$

有时利用理论塔板数的倒数来表示色谱柱的效率，称为理论塔板当量高度（HETP）

$$\mathrm{HETP}=1/N=\frac{L}{16}\left(\frac{W}{V_e}\right)^2 \tag{4-94}$$

对于一个柱子，不但要看其柱效，还要考虑它的分辨率。分辨率是色谱柱的柱效与分离能力的综合量度。一般来说，$\lg M$-V_e 关系曲线（图 4-26）的斜率越小，分离能力越好。

若将分子量不同的两个单分散试样流经色谱柱，得到谱图如图 4-28 所示，两试样的峰体积分别为 V_{e1} 和 V_{e2}，峰宽分别为 W_1 和 W_2，则柱子的分辨率为

$$R=\frac{2(V_{e2}-V_{e1})}{W_1+W_2} \tag{4-95}$$

$R\geqslant1$，两个峰完全分离；$R<1$，不完全分离。

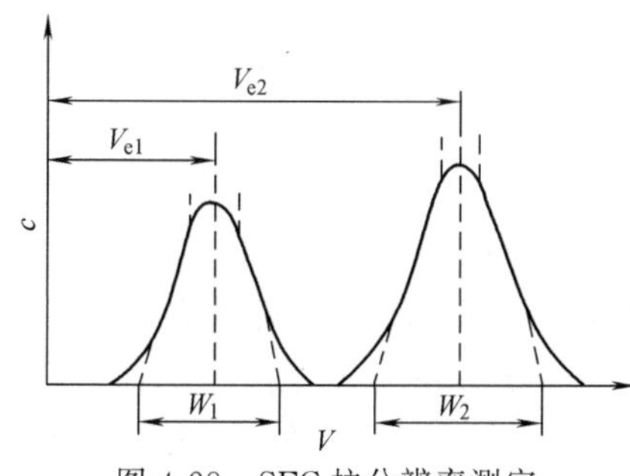

图 4-28　SEC 柱分辨率测定

由式(4-95) 可知，分辨率决定于分离能力和柱效。前者由 V_{e1} 与 V_{e2} 值之差来量度；后者由 W_1 和 W_2 值来量度，其值越小，柱效越高。只有同时具有较高的分离能力和柱效时，色谱柱才具有较高的分辨率。

SEC 测定聚合物的分子量分布是以实验得到的色谱峰作为基础的。作为一种色谱，不可避免地存

在着峰形扩展，又称加宽，这种宽展效应是由于区域分散作用所形成的，不能代表聚合物实际的多分散性，必须加以改正，称为色谱峰的宽展校正。

在色谱图中，色谱峰的加宽作用通常在5%～20%之间，对于宽分布的聚合物（$\overline{M}_w/\overline{M}_n>1.5$），或者分离效率较高的色谱柱，可忽略宽展校正。但是，对于$\overline{M}_w/\overline{M}_n\leqslant1.5$的聚合物或理论塔板数较低的色谱柱，就要考虑色谱峰的宽展校正。

宽展校正方法有多种，例如，特大分子量样品的校正法、已知多分散系数样品的校正法、低分子有机化合物的校正法、逆流校正法等。

4.3.2.4 色谱图的标定及数据处理

对于一般SEC仪，选用示差折光指数检测器，从自动记录仪上得到试样的SEC谱图如图4-29所示。

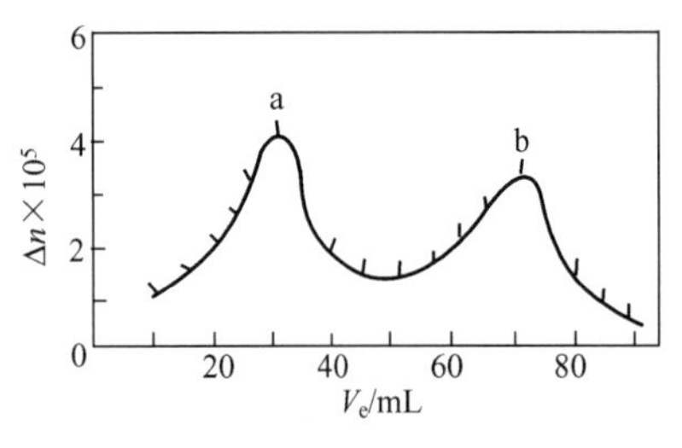

图4-29 SEC谱图

（试样a的分子尺寸大于试样b的分子尺寸）

图4-29中，纵坐标记录的是洗提液与纯溶剂折射率的差值Δn，在稀溶液中，就相当于Δc（洗提液的相对浓度）。横坐标记录的是保留体积V_R（也称淋出体积V_e），它表征着分子尺寸的大小。保留体积小，分子尺寸大；保留体积大，分子尺寸小。所以，色谱图本身就反映了试样的分子量分布概貌。

将该图中横坐标保留体积换算成分子量，需要借助于下述实验得到的“校正曲线”。即选用一组已知分子量的单分散标准样品在相同的测试条件下作一系列的色谱图，见图4-30，以它们的峰值位置的保留体积V_R（或淋出体积V_e）对$\lg M$作图，曲线如图4-31所示。由图4-31可见，当$M>M_a$时，直线向上翘，变得与纵坐标平行，$V_e=V_0$，与溶质分子量无关；当$M<M_b$时，直线向下弯曲，淋出体积与分子量的关系变得很不敏感，$V_e=V_0+V_i$，若用一种小分子液体作为溶质，其V_e可看作是V_0+V_i；在$M_b<M<M_a$时，可得斜率为负的一段直线，称为分子量-淋出体积校正曲线（calibration curve），曲线方程为

$$\lg M=A-BV_e \tag{4-96}$$

式中 A、B——常数，其值与溶质、溶剂、温度、载体及仪器结构有关。

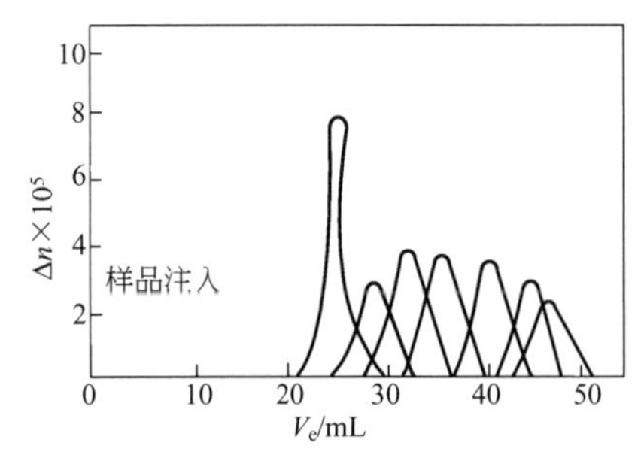

图4-30 标准试样的色谱图

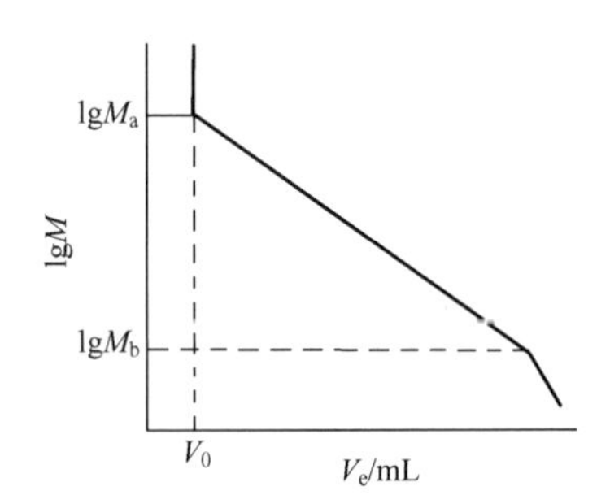

图4-31 校正曲线示意图

有了校正曲线，即可根据谱图中V_e值求出溶质的分子量M。

但是，由于SEC的分离机理是按照分子尺寸的大小进行分离的，与分子量仅仅是一个间接的关系。不同的高分子，虽然其分子量相同，但分子体积并不一定相同。例如，线形PE和支化PE，虽然有相同的分子量，但分子尺寸后者比前者小。因此，在同一根柱子和相同的测试条件下，不同的高分子试样所得到的校正曲线并不重合。

为此，在测定某种聚合物的分子量分布时，都需要有这种聚合物的单分散（或窄分布）试样所求得的专用的校正曲线，这将给测试工作带来极大的不便。因为单分散（或窄分布）试样并不是容易得到的。如果能够采用一种聚合物的标准样品，例如单分散（或窄分布）聚苯乙烯试样，测定它们的色谱图，并绘制一条普适的校正曲线（universal calibration curve），这就使测定工作方便得多。

根据 Flory 特性黏数理论，对于蜷曲分子

$$[\eta]=\Phi(\overline{h^2})^{3/2}/M \tag{4-97}$$

式中　Φ——与高分子、溶剂、温度无关的普适常数。

那么，$[\eta]M\propto(\overline{h^2})^{3/2}$ 具有体积的量纲，代表了溶液中高分子的流体力学体积（hydrodynamic volume）。以 $\lg[\eta]M$ 对 V_e 作图，对不同的聚合物试样，所得的校正曲线是重合的，所以称为“普适校正曲线”，如图 4-32 所示。

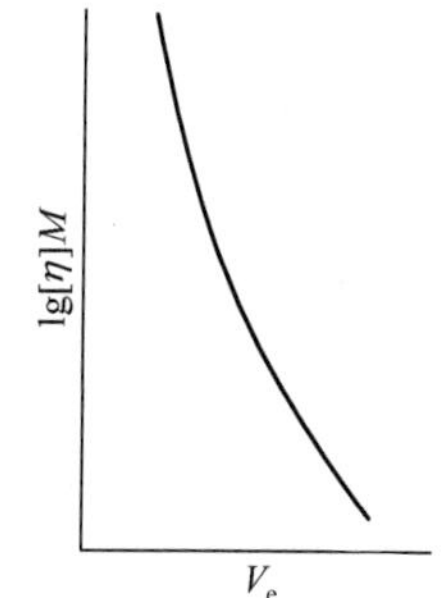

图 4-32　普适校正曲线示意图

这样，只要知道在 SEC 测定条件下特性黏数方程中的参数 K 和 α，利用 $[\eta_1]M_1=[\eta_2]M_2$，即可由标定试样的分子量 M_1 计算被测试样的分子量 M_2。即

$$[\eta]_1=K_1M_1^{\alpha 1},[\eta]_2=K_2M_2^{\alpha 2}$$

$$\lg[\eta]_1M_1=\lg[\eta]_2M_2$$

$$\lg M_2=\frac{1+\alpha_1}{1+\alpha_2}\lg M_1+\frac{1}{1+\alpha_2}\lg\frac{K_1}{K_2} \tag{4-98}$$

用 SEC 方法可以从谱图求出试样的各种平均分子量。常用的计算方法如下。

$$\overline{M}_w=\int_0^\infty Mw(M)\mathrm{d}M=\sum_i M_iw_i(M)$$

$$\overline{M}_n=\left[\int_0^\infty\frac{w(M)}{M}\mathrm{d}M\right]^{-1}=\left[\sum_i\frac{w_i(M)}{M_i}\right]^{-1}$$

$$\overline{M}_\eta=\left[\sum_i M_i^\alpha w_i(M)\right]^{1/\alpha} \tag{4-99}$$

$$[\eta]=K\overline{M}_\eta^\alpha=K\sum_i M_i^\alpha w_i(M)$$

这就是定义法的基本原理。

具体计算方法如下：在图上每隔相等的淋洗体积间隔读出谱线与基线的高度 H_i，此高度与聚合物的浓度成正比，在此区间内淋出聚合物的质量分数为

$$w_i(V_e)=\frac{H_i}{\sum_i H_i}$$

再从校正曲线上读出与淋出体积对应的分子量，则

$$\overline{M}_w=\sum_i w_iM_i=\sum_i\frac{H_i}{\sum_i H_i}M_i \tag{4-100}$$

$$\overline{M}_n=\frac{1}{\sum_i\frac{w_i}{M_i}}=\frac{1}{\sum_i\frac{\frac{H_i}{\sum H_i}}{M_i}} \tag{4-101}$$

$$\overline{M}_\eta=\left[\sum_i w_i M_i^\alpha\right]^{1/\alpha}=\left[\sum_i \frac{H_i}{\sum_i H_i}M_i^\alpha\right]^{1/\alpha} \tag{4-102}$$

$$[\eta]=K\left[\sum_i \frac{H_i}{\sum_i H_i}M_i^\alpha\right] \tag{4-103}$$

计算中，假定每一淋出体积间隔内淋出的聚合物分子量是均一的，故所取间隔越大，计算中取得点越少，假定与实际的偏差就越大。通常取点数应大于 20 个。

若将谱线看成某种特定的分布，进行数据处理，可以得到较为简单的结果。最常见的是高斯函数适应法，在此不作详细介绍。

以上详述了一般 SEC（示差折光指数检测器）测定聚合物分子量和分子量分布的方法。在 SEC 装置中，采用多检测器联用技术（含双检测器、三检测器和多检测器），则可从不同角度观察待测试样，从而取得比单检测器更为丰富的信息。双检测器联用有示差折光指数-自动黏度计[1]、示差折光指数-紫外吸收、示差折光指数-小角激光光散射等。其中，示差折光指数-自动黏度计双检测器联用 SEC 仪，不仅可以测定聚合物的分子量及其分布，而且可以测定聚合物的长链支化度；示差折光指数-紫外吸收双检测器联用 SEC 仪，用于测定共聚物的组成分布和分子量分布；示差折光指数-小角激光光散射双检测器联用 SEC 仪，不需普适校正曲线，即可测定聚合物的绝对分子量及其分布。这些 SEC 在高分子领域特殊应用的原理、实验步骤和数据处理，可参见有关专著。对于商用 SEC 仪，均附有若干计算机软件，可以直接得到谱图和数据。三检测器联用有示差折光指数-光散射-自动黏度计、示差折光指数-光散射-紫外吸收（红外吸收）等。多检测器联用有示差折光指数-光散射-自动黏度计-紫外吸收（红外吸收）等。最后介绍美国 waters 公司的绝对分子量体积排除色谱系统——MALS/GPC。该种 SEC 仪应用十八角激光光散射-自动黏度计-示差折光指数三检测器联用技术，高度自动化和计算机操作，不需做任何假设，不需要任何参比和标准曲线，即可得到聚合物的分子量和分布、均方半径和分布、分子的形态构象分布、分子尺寸大小、特性黏度参数 K 和 a 等。

我国高分子科学家、专家的研究和创新贡献

钱人元院士和他的同事早在 20 世纪 50 年代中期就研制出实验用的光散射仪、示差折光仪、自动分析仪和高频滴定仪，前后花了 4 年时间就把当时在国际上使用的各种分子量和分子量分布的测定方法和设备建立起来。1957 年他接受了国际化组织的三个聚苯乙烯试样的世界性共同测试，他所领导的实验室的测试结果处于最可信区，达到了国际先进水平。他指导和鼓励同行专家先后研制成凝胶渗透色谱仪、小角激光光散射仪等系列科研仪器，绝大部分已在国内投产。1956 年获得中国科学院科学奖金三等奖（高聚物的分子量测定），1978 年获全国科学大会奖（高分子溶液性质），1992 年获中国科学院自然科学二等奖。

此外，钱先生的专著《高聚物的分子量测定》，于 1958 年出版。该书 1962 年和 1963 年，先后被译成俄文和英文在国外出版、发行。

20 世纪 80 年代后期，程镕时院士等进行了顺丁橡胶的分子量和分子量分布表征工作，

[1] 自动黏度计是利用单片机自动采集和处理数据的毛细管黏度计。

为我国顺丁橡胶工业化的选型和聚合条件优化提供了重要的科学依据。其中，“稀土催化聚合顺丁橡胶”项目获国家自然科学三等奖（1983 年），“顺丁橡胶的工业化生产”项目获国家科技进步三等奖（1985 年）。

中国科学院院士程镕时先生，从 1965 年起，开始对当时刚刚出现的体积排除色谱（SEC）即凝胶渗透色谱（GPC）进行研究，在国内首次创建了简易凝胶渗透色谱方法。1975 年起，又致力于凝胶渗透色谱谱图的解析研究，提出了《凝胶渗透色谱扩展和分离效应的统一理论》，1979 年公开发表，受到国内外同行的高度重视。美国化学会两度邀请程镕时参加 1983 年和 1986 年在美国举行的体积排除色谱专题讨论会，美国化学会新闻处作为专题新闻发表，1988 年荣获国家教委科技进步二等奖。

程镕时等对 SEC 发展的研究贡献如下。

(1) 联用技术

程镕时不仅使用一般 SEC 仪（单一示差折光指数检测器），而且使用示差折光指数检测器与其他检测器双检测器联用 SEC 仪，研究并解决了高分子领域的诸多难题。例如，与小角激光光散射仪联用，解决了窄分布聚合物分子量分布宽度的准确测定难点；与毛细管黏度计联用，攻克了聚合物长链支化度的精确测定问题；与紫外吸收光度计联用，测定了齐聚物的链长分布，同时又为共聚物和均聚物相近时的分离提供了良好的解决办法；用示差折光指数检测器，对研究二元共聚物提供了大量实验数据，并且又可对螯合物与其加合物、缔合物进行分离和定量检出。

(2) 体积排除色谱的定量化

程镕时分析了端基对分子量较小短链高分子溶液的折光指数增量的影响，导出了短链高分子的折光指数增量的分子量依赖关系，提出利用端基效应，改变端基结构，测量它们的折光指数增量，即可同时获得高分子链干的分子量及折光指数增量，为测定短链共聚物的组成和分子量提供了一种新的方法。例如：用定量 SEC，以单一示差折光指数检测器，对具有不同端基的聚环氧乙烷—环氧丙烷共聚物进行实验测定，得到了满意的结果。

程镕时在常规的凝胶渗透色谱技术的基础上，进一步发展了定量 SEC 方法。根据不同实验体系和谱图处理方法，提出了两种定量凝胶渗透色谱法：①淋洗剂凝胶渗透色谱法（E-GPC），可应用于测定水溶性高分子在纯水及盐水体系中的折光指数增量，同时又对胶束溶液和非缔合多组分体系提供了有效的实验方法。②差减凝胶渗透色谱法（D-GPC），主要应用于普通化学品的检测和产品浓度的识别方面。

随后，程镕时又将凝胶渗透色谱研究重点转向绝对定量化，开创了一种研究分子水平的吸附作用以及分子间的配合作用的直接、有效定量方法。例如，研究聚合物对混合溶剂中的一种溶剂的优先吸附作用，测定出优先吸附系数。又如，研究冠醚、线性聚醚与金属盐在溶液中的配合反应，其结果可定量地判定分子间的配合机理，使 SEC 的应用从高分子领域扩展到其他领域。

最后应该强调指出，程镕时先生按照 SEC 常规程序，同时提出定量计算方法，这些研究成果均为商业计算软件所采用，目前最大的生产体积排除色谱仪的 Viscotek 公司商用仪器中很多原理都是程先生提出来的。程院士不仅在 SEC 的理论研究方面具有突出贡献，在 SEC 表征技术深入发展方面也做了不少铺垫工作，对 SEC 的应用又开拓了很多新的领域。

第 5 章 聚合物的分子运动和转变

聚合物的结构是材料性能的物质基础。不同结构的聚合物具有不同的物理力学性能。而性能又必须通过分子运动才能表现出来。同一结构的聚合物，环境改变，分子运动方式不同，可以显示出完全不同的性能。也就是说，聚合物的分子运动是微观结构和宏观性能的桥梁。

本章讨论聚合物分子运动的特点，重点讲述非晶态聚合物的主转变——玻璃-橡胶转变和半晶态聚合物的主转变——晶态-熔融态转变。玻璃化转变的实质为链段运动的松弛过程，熔融转变实质为整链运动的热力学相变。

有关聚合物的“结晶过程和结晶动力学”，也在本章“晶态-熔融态转变”前进行讲述。

应该提及，国外不少教材中，结晶动力学和热力学部分均在“结晶聚合物”章节讨论。本教材第 2 章为“高分子的凝聚态结构”，所以，有关内容在本章讨论。

5.1 聚合物分子运动的特点

聚合物结构和性能之间的关系是高分子物理学的基本内容。由于结构是决定分子运动的内在条件，而性能是分子运动的宏观表现，所以，了解分子运动的规律可以从本质上揭示出不同高分子纷繁复杂的结构与千变万化的性能之间的关系。例如，常温下的橡皮柔软而富有弹性，可以用来作轮胎，减震胶板。但是，一旦冷却到零下 100℃，便失去了弹性，变得像玻璃一样又硬又脆；又如聚甲基丙烯酸甲酯室温下是坚硬的固体，一旦加热到 100℃附近，变得像橡皮一样柔软。诸如此类的事实充分说明，对于同一种聚合物，如果所处的温度不同，那么分子运动状况就不相同，材料所表现出的宏观物理性质也大不相同。因此，通过学习聚合物分子热运动的规律，了解聚合物在不同温度下呈现的力学状态、热转变与松弛以及影响转变温度的各种因素，对于合理选用材料、确定加工工艺条件以及材料改性等都是非常重要的。

由于聚合物分子量很大，与小分子相比，它的分子运动及转变又有其特点。

5.1.1 运动单元的多重性

从长链高分子结构角度来看，除了整个高分子主链可以运动之外，链内各个部分还可以有多重运动，如分子链上的侧基、支链、链节、链段等都可以产生相应的各种运动。具体地说，高分子的热运动包括四种类型。

(1) 高分子链的整体运动 这是分子链质量中心的相对位移。例如，宏观熔体的流动是高分子链质心移动的宏观表现。

(2) 链段运动 这是高分子区别于小分子的特殊运动形式。即在高分子链质量中心不变的情况下，一部分链段通过单键内旋转而相对于另一部分链段运动，使大分子可以伸展或卷曲。例如，宏观上的橡皮拉伸、回缩。

(3) 链节、支链、侧基的运动 链节数 $n \geqslant 4$ 的主链 $\left\lbrack CH_2 \right\rbrack_n$ 中，可能有 C_8 链节的曲柄运动。杂链聚合物聚芳砜中，可产生杂链节砜基的运动等。实验表明，这类运动对聚合物的韧性有着重要影响。侧基或侧链的运动多种多样，例如，与主链直接相连的甲基的转动，苯基、酯基的运动，较长的$\leftarrow CH_2 \rightarrow_n$支链运动等。上述运动简称次级松弛，比链段运动需要更低的能量。

(4) 晶区内的分子运动　晶态聚合物的晶区中，也存在着分子运动。例如，结晶的熔融、晶型转变、晶区缺陷的运动、晶区中的局部松弛模式、晶区折叠链的“手风琴式”运动等。

几种运动单元中，整个大分子链称作大尺寸运动单元，链段和链段以下的运动单元称作小尺寸运动单元。

5.1.2　分子运动的时间依赖性

在一定的温度和外场（力场、电场、磁场）作用下，聚合物从一种平衡态通过分子运动过渡到另一种与外界条件相适应的新的平衡态总是需要时间的，这种现象即为聚合物分子运动的时间依赖性。分子运动依赖于时间的原因在于整个分子链、链段、链节等运动单元的运动均需要克服内摩擦阻力，是不可能瞬时完成的。

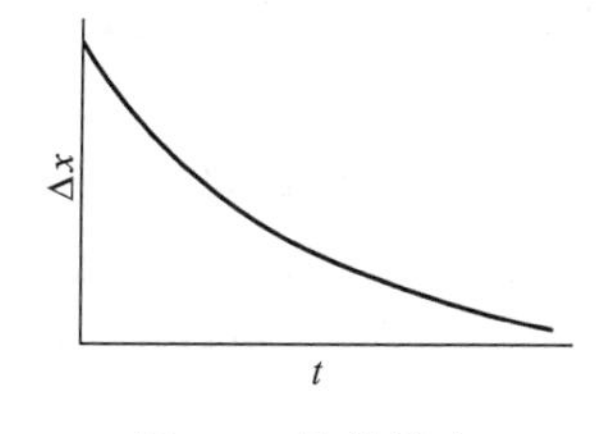

图 5-1　拉伸橡皮的回缩曲线

如果施加外力将橡皮拉长 Δx，然后除去外力，Δx 不能立即变为零。形变恢复过程开始时较快，以后越来越慢，如图 5-1 所示。橡皮被拉伸时，高分子链由卷曲状态变为伸直状态，即处于拉紧的状态。除去外力，橡皮开始回缩，其中的高分子链也由伸直状态逐渐过渡到卷曲状态，即松弛状态。故该过程简称松弛过程（relaxation prosess），可表示为：

$$\Delta x(t)=\Delta x(0)e^{-t/\tau} \tag{5-1}$$

式中　$\Delta x(0)$——外力作用下橡皮长度的增量；

$\Delta x(t)$——除去外力后 t 时间橡皮长度的增量；

t——观察时间，一般为物性测量中所用的时间尺度；

τ——松弛时间。

由式(5-1) 可知，$t=\tau$ 时，$\frac{t}{\tau}=1$，$\Delta x(t)=\frac{\Delta x(0)}{e}$。所以，$\tau$ 的宏观意义为橡皮由 $\Delta x(t)$ 变到 $\Delta x(0)$ 的$\frac{1}{e}$倍时所需要的时间。一般，松弛时间的大小取决于材料固有的性质以及温度、外力的大小。聚合物的松弛时间一般都比较长，当外场作用时间较短或者实验的观察时间不够长时，不能观察到高分子的运动；只有当外场作用时间或实验观察时间足够长时，才能观察到松弛过程。此外，由于聚合物分子量具有多分散性，运动单元具有多重性，所以实际聚合物的松弛时间不是单一的值，可以从与小分子相似的松弛时间 10^{-8}s 起，一直到 10^{-1}～10^{4}s 甚至更长。在一定的范围内可以认为松弛时间具有一个连续的分布，称作“松弛时间谱”。

此外，还有应力松弛、介电松弛等。

5.1.3　分子运动的温度依赖性

温度变化对于聚合物分子运动的影响非常显著。温度升高，一方面运动单元热运动能量提高，另一方面由于体积膨胀，分子间距离增加，运动单元活动空间增大，使松弛过程加快，松弛时间减小。

对于聚合物中的许多松弛过程，特别是那些由于侧基运动或主链局部运动引起的松弛过

程，松弛时间与温度的关系符合 Eyring 关于速度过程的一般理论，即

$$\tau = \tau_0 e^{\frac{\Delta E}{RT}} \tag{5-2}$$

式中　τ_0——常数；

R——气体常数；

T——热力学温度；

ΔE——松弛过程所需要的活化能，kJ/mol。

ΔE 相应于运动单元进行某种方式运动所需要的能量（kJ/mol），其值可以通过测定各种温度下过程的松弛时间，以 $\ln\tau$ 对 $\frac{1}{T}$ 作图，从所得直线的斜率 $\Delta E/R$ 求出。

由式(5-2) 可以看出，温度增加，τ 减小，松弛过程加快，可以在较短的时间内观察到分子运动。反之，温度下降，τ 增大，则需要较长的时间才能观察到分子运动。所以，对于分子运动或对于一个松弛过程，升高温度和延长观察时间具有等效性。

对于聚合物的另一类松弛过程，即由链段运动引起的玻璃化转变过程，式(5-2) 已被证明是不适用的，$\ln\tau$ 对 $1/T$ 作图得不到直线，在这种情况下，松弛时间与温度的关系可以用 WLF 半经验方程描述

$$\ln\left(\frac{\tau}{\tau_0}\right) = \frac{-C_1(T-T_0)}{C_2+(T-T_0)} \tag{5-3}$$

式中　τ_0——某一参考温度 T_0 下的松弛时间；

C_1——经验常数；

C_2——经验常数。

详见第 7 章。

5.2　黏弹行为的五个区域

温度对聚合物的分子运动影响显著。模量-温度曲线（modulus-temperature curve）可以有效地描述聚合物在不同温度下的分子运动和力学行为。这里所说的模量是材料受力时应力与应变的比值，是材料抵抗变形能力的大小。模量越大，材料刚性越大。由于聚合物材料的模量不仅是温度的函数，也是时间的函数，所以实验的时间尺度必须固定。图 5-2 为线形、非晶态聚合物的模量-温度曲线，也表示出交联和结晶的影响。这里，模量 E 即 $E(10)$，是用拉伸应力松弛实验测定的（材料形变固定，观测应力随时间逐渐减小，详见第 7 章）。括号内的 10 代表测量时间规定为 10s，为了使所得模量仅为温度的函数。$\lg E$ 对 T 的曲线显示了线形非晶态聚合物随着温度升高力学行为的 5 个区域。

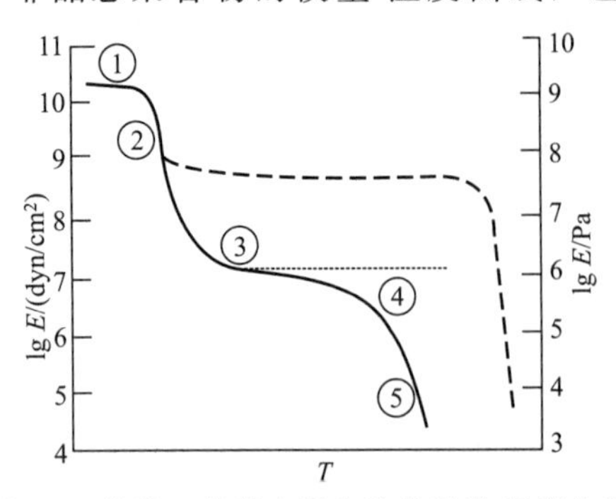

图 5-2　线形、非晶态聚合物的模量-温度曲线
也表示了交联（点线）和结晶（虚线）的影响
（$1\text{dyn/cm}^2 = 0.1\text{Pa}$）

5.2.1　玻璃（态）区

在此区域内，聚合物类似玻璃，通常是脆性的。室温下典型的例子为 PS、PMMA。玻璃化转变温度以下，玻璃态聚合物的杨氏模量近

似为 3×10^9 Pa，分子运动主要限于振动和短程的旋转运动。

5.2.2　玻璃-橡胶转变区

此区域内，在 20～30℃范围，模量下降了近 1000 倍，聚合物的行为与皮革相似。玻璃化转变温度（glass transition temperature，T_g）通常取作模量下降速度最大处的温度。玻璃-橡胶转变区可以解释为远程、协同分子运动的开始。T_g 以下，运动中仅仅只有 1～4 个主链原子，而在转变区，大约 10～50 个主链原子（即链段）获得了足够的热能以协同方式运动，不断改变构象。

5.2.3　橡胶-弹性平台区

模量在玻璃-橡胶转变区急剧下降以后，到达橡胶-弹性平台区又变为几乎恒定，其典型数值为 2×10^6 Pa。在此区域内，由于分子间存在物理缠结，聚合物呈现远程橡胶弹性。如果聚合物为线形的，模量将缓慢下降。平台的宽度主要由聚合物的分子量所控制，分子量越高，平台越长（图 5-3）。未硫化的天然橡胶就是这种材料的一个典型例子，其制品不能保持一定的形状。对于交联聚合物，如图 5-2 中点线所示，橡胶弹性增加，蠕变部分已被抑制。对于半晶态聚合物，平台的高度由结晶度所控制，结晶平台一直延续到聚合物的熔点（T_m）。

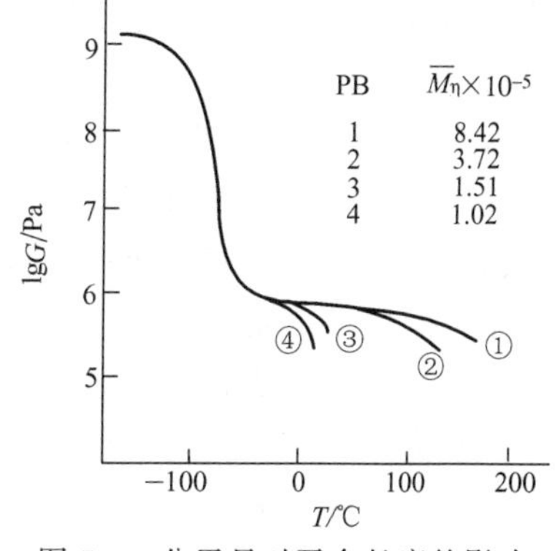

图 5-3　分子量对平台长度的影响

5.2.4　橡胶流动区

在这个区域内，聚合物既呈现橡胶弹性，又呈现流动性。实验时间短时，物理缠结来不及松弛，材料仍然表现为橡胶行为；实验时间增加，温度升高，发生解缠作用，导致整个分子产生滑移运动，即产生流动。对于交联聚合物，不存在④区，因为交联阻止了滑移运动，在达到聚合物的分解温度之前，一直保持在③区状态，如硫化橡胶。

5.2.5　液体流动区

该区内，聚合物容易流动，类似糖浆。热运动能量足以使分子链解缠蠕动，这种流动是作为链段运动结果的整链运动。对于半晶态聚合物，模量取决于结晶度。无定形部分经历玻璃-橡胶转变，结晶部分仍然保持坚硬。达熔融温度时，模量迅速降至非晶材料的相应数值。

应该指出，有的资料中将上述聚合物模量-温度曲线（图 5-2）分为 4 个区域，即第④、⑤区统称末端流动区。受分子量分布、加热条件等因素影响，该区内由无定形聚合物向黏性液体的转变很不明确，无法用一个温度准确地标记其转变点。

5.3　玻璃-橡胶转变行为

非晶态聚合物的玻璃化转变（glass transition），即玻璃-橡胶转变。对于晶态聚合物是指其中非晶部分的这种转变。由于晶态聚合物中，晶区对非晶部分的分子运动影响显著，情况比较复杂，所以像聚乙烯等高结晶度的聚合物，对其玻璃化转变温度至今尚有争议。这里主要讨论非晶态聚合物的玻璃化转变。

玻璃化转变温度（T_g）是聚合物的特征温度之一。所谓塑料和橡胶就是按它们的玻璃化转变温度是在室温以上还是在室温以下而言的。因此，从工艺角度来看，玻璃化转变温度T_g是非晶态热塑性塑料（如 PS、PMMA、硬质 PVC 等）使用温度的上限，是橡胶或弹性体（如天然橡胶、顺丁橡胶、SBS 等）使用温度的下限。

5.3.1 玻璃化转变温度测定

聚合物在玻璃化转变时，除了力学性质如形变、模量等发生明显变化外，许多其他物理性质如比体积、膨胀系数、比热容、热导率、密度、折射率、介电常数等，也都有很大变化。所以，原则上所有在玻璃化转变过程发生突变或不连续变化的物理性质，都可以用来测定聚合物的T_g。通常，把各种测定方法分成 4 种类型：体积的变化、热力学性质及力学性质的变化和电磁效应。测定体积的变化包括膨胀计法、折射率测定法等；测定热学性质的方法包括差热分析法（DTA）和差示扫描量热法（DSC）等；测定力学性质变化的方法包括热机械法（即温度-形变法）、应力松弛法等，还有动态力学松弛法等测量法如测定动态模量或内耗等；电磁效应包括介电松弛法、核磁共振松弛法。

(1) 膨胀计法 膨胀计法是测定玻璃化转变温度最常用的方法，该法测定聚合物的比体积与温度的关系。聚合物在T_g以下时，链段运动被冻结，热膨胀机理主要是克服原子间的主价力和次价力，膨胀系数较小。T_g以上时，链段开始运动，分子链本身也发生膨胀，膨胀系数较大，T_g时比体积-温度曲线出现转折。

膨胀计如图 5-4 所示。在膨胀计中装入一定量的试样，然后抽真空，在负压下充入水银，将此装置放入恒温油浴中，以一定速率升温或降温（通常采用的速率标准是每分钟 3℃），记录水银柱高度随温度的变化。因为在T_g前后试样的比体积发生突变，所以比体积-温度曲线将发生偏折，将曲线两端的直线部分外推，其交点即为T_g，如图 5-5 所示。曲线的斜率与体膨胀系数有关。

由图 5-5 可以看出，玻璃化转变温度与测定过程的冷却速率有关。所以，玻璃化转变过程不是热力学的平衡过程，而是属于松弛过程。

(2) 量热法 聚合物在玻璃化转变时，虽然没有吸热和放热现象，但其比热容发生了突变，在 DSC 曲线上表现为基线向吸热方向偏移，产生了一个台阶。图 5-6 为聚砜的 DSC 曲线。

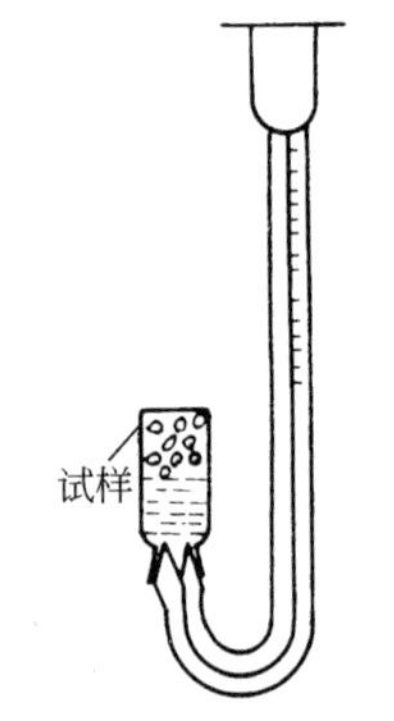

图 5-4 膨胀计示意图

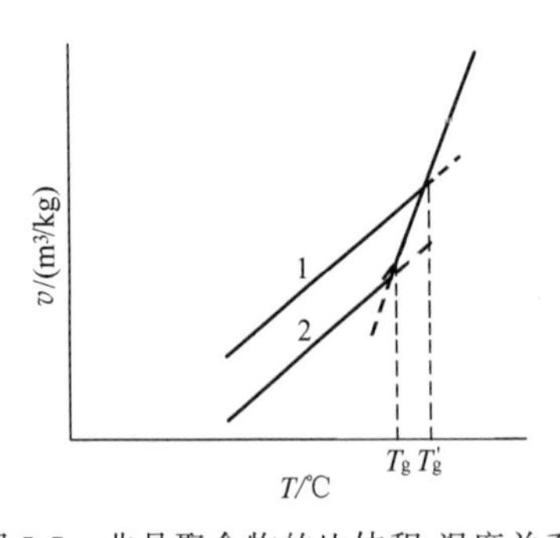

图 5-5 非晶聚合物的比体积-温度关系
1—快速冷却；2—慢速冷却

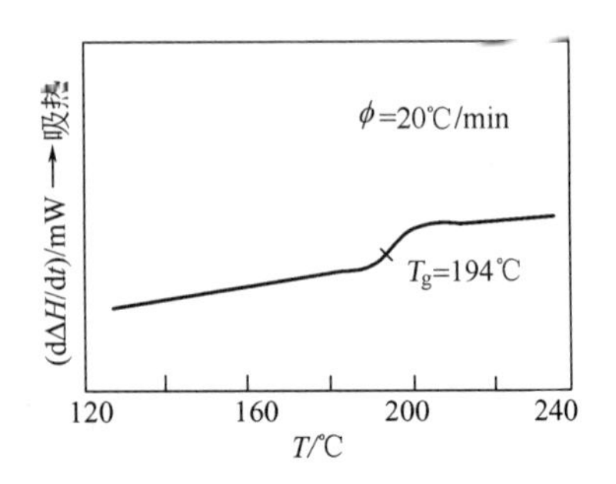

图 5-6 聚砜的 DSC 曲线
（T_g=194℃）

另一种量热法叫 DTA，即差热分析。该法与 DSC 类似，它是在程序温度控制下，测量试样和参比物的温差和温度依赖关系的技术。其灵敏度、分辨率、热量定量等方面均比 DSC 方法差。

(3) 温度-形变法和热机械法　此法是利用聚合物玻璃化转变时形变量的变化来测定其 T_g 的。温度-形变仪的示意图见图 5-7。试样置于加热炉中等速升温，温度用热电偶测定。加于不等臂杠杆上的砝码使试样承受一定外力，所产生的形变通过差动变压器测量。这样，即可得到温度-形变曲线，如图 5-8 所示。

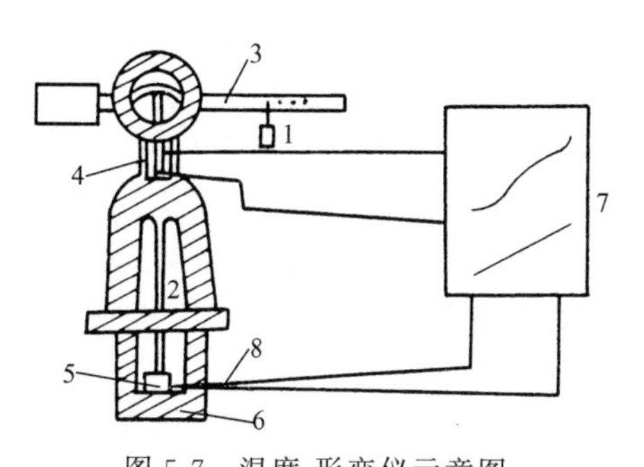

图 5-7　温度-形变仪示意图

1—砝码；2—压杆；3—不等臂杠杆作用；4—差动变压器；5—试样；6—加热炉；7—记录仪；8—热电偶

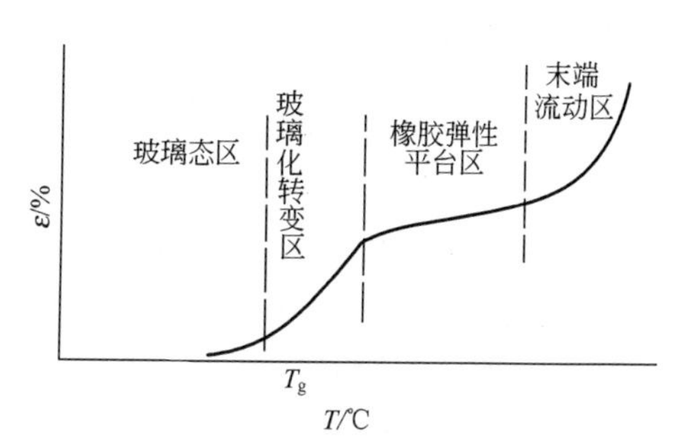

图 5-8　非晶态聚合物的温度-形变曲线

在玻璃化转变时，聚合物的黏弹性响应（第 7 章）发生了很大变化。所以，用“应力松弛”或“蠕变”等静态黏弹性实验方法可以有效地测定 T_g，而采用动态黏弹性实验方法测定 T_g 灵敏度更高。动态力学测试方法所采用的频率较高，得到的 T_g 比静态力学测试方法以及其他静态方法高出 5～15℃。

(4) 动态力学热分析法（DMTA）　详见第 7 章，测量的精度高。

(5) 介电松弛法　详见第 10 章。

(6) 核磁共振法　利用电磁性质的变化研究聚合物玻璃化转变的方法是核磁共振法（NMR）。

在分子运动开始前，分子中的质子处于各种不同的状态，因而反映质子状态的 NMR 谱很宽。当温度升高，分子运动加速后，质子的环境被平均化，共振谱线变窄，到 T_g 时谱线的宽度有了很大改变。图 5-9 给出了聚氯乙烯的 NMR 线宽（ΔH）的变化，由图 5-9 可得 T_g 为 82℃。

(7) 其他方法　图 5-10 为聚甲基丙烯酸丙酯的折射率-温度曲线。由图 5-10 可见，$T \geq T_g$ 时，dn/dT 增加，即链段开始运动后光线在聚合物中的传播速度提高幅度比 T_g 前增加；

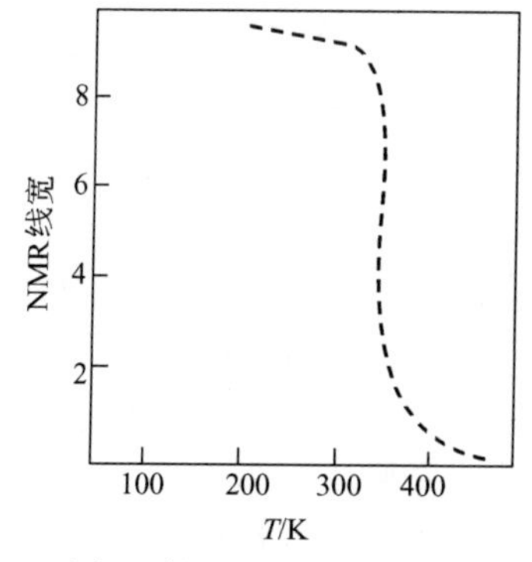

图 5-9　聚氯乙烯的 NMR 线宽随温度的变化

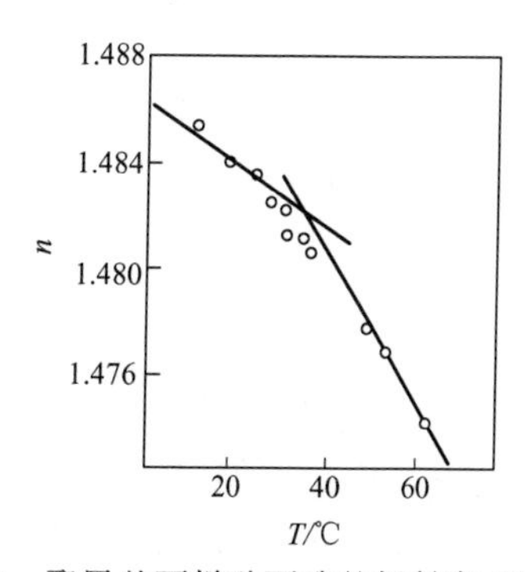

图 5-10　聚甲基丙烯酸丙酯的折射率-温度曲线

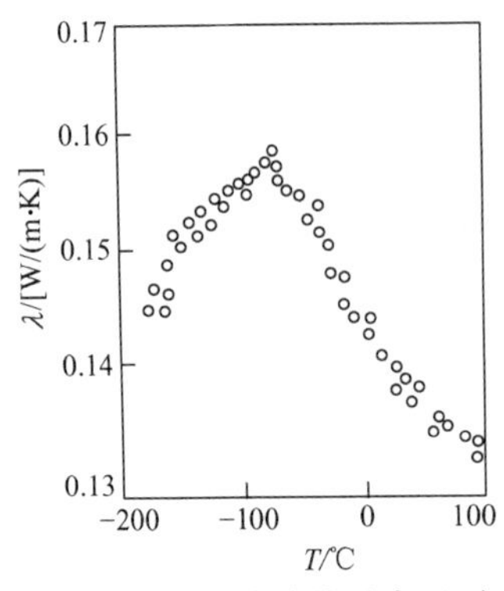

图 5-11 天然橡胶热导率-温度曲线（$T_g=-70$℃）

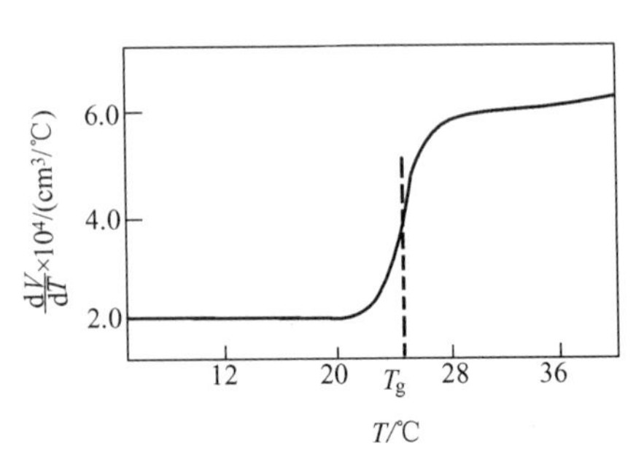

图 5-12 聚乙酸乙烯酯膨胀率-温度曲线

图 5-11 为天然橡胶热导率-温度曲线。可以看出，$T \geqslant T_g$ 时，链段的无规热运动阻碍了热能的定向传导，使 λ 值急剧减小；图 5-12 为聚乙酸乙烯酯的膨胀率-温度曲线。说明 $T \geqslant T_g$ 时，由于链段运动，“自由空间”增加，则 dV/dT 值急剧增大。

此外，工业上有几种耐热性实验方法，如维卡耐热温度、热变形温度、马丁耐热温度等。这些温度统称软化点，用以衡量塑料的最高使用温度，具有实用性。耐热温度都有测试标准，但是，其物理意义不像 T_g、T_m 那样明确。对于非晶态聚合物，软化点接近于 T_g。晶态聚合物结晶度足够大时，软化点接近 T_m。但有时软化点与 T_g 或 T_m 相差很大。

5.3.2 玻璃化转变理论

玻璃化转变有很多理论，其中应用较广的是自由体积理论。此外，还有根据计算理想玻璃态熵的热力学理论和考虑玻璃化转变松弛本质的动力学理论。

5.3.2.1 自由体积理论

自由体积理论（free volume theory）最初由 Fox 和 Flory 提出。

自由体积理论认为，液体或固体，它的整个体积包括两个部分：一部分是为分子本身占据的，称为占有体积（occupied volume）；另一部分是分子间的空隙，称为自由体积（free volume），它以大小不等的空穴（单体分子数量级）无规分布在聚合物中，提供了分子的活动空间，使分子链可能通过转动和位移而调整构象，如图 5-13 所示。

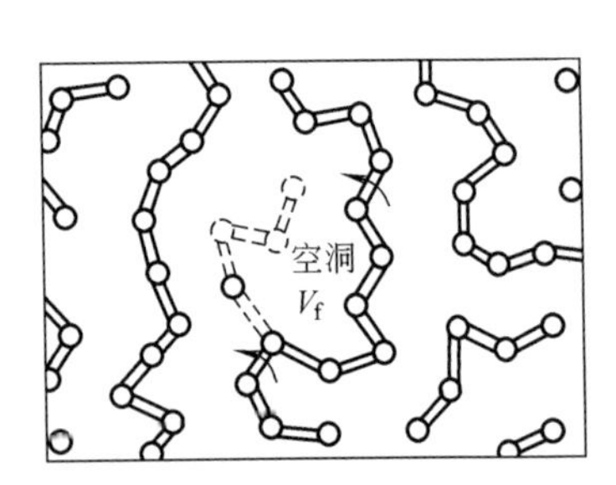

图 5-13 链段实体和自由体积示意图

在玻璃化转变温度以下，链段运动被冻结，自由体积也处于冻结状态，其“空穴”尺寸和分布基本上保持固定。聚合物的玻璃化转变温度为自由体积降至最低值的临界温度。在此温度以下，自由体积提供的空间已不足以使聚合物分子链发生构象调整，随着温度升高，聚合物的体积膨胀只是由于分子振幅、键长等的变化，即分子“占有体积”的膨胀。而在玻璃化转变温度以上，自由体积开始膨胀，为链段运动提供了空间保证，链段由冻结状态进入运动状态，随着温度升高，聚合物的体积膨胀除了分子占有体积的膨胀之外，还有自由体积的膨胀，体积随温度的变化率比玻璃化转变温度以下为大。为此，聚合物的比体积-温度曲线在 T_g 时发生转折，热膨胀系数在 T_g 时发生突变。

非晶态聚合物的体积膨胀可以用图 5-14 来描述。如果以 V_0 表示聚合物绝对零度时的已占体积，V_g 表示在 T_g 时聚合物的总体积，则

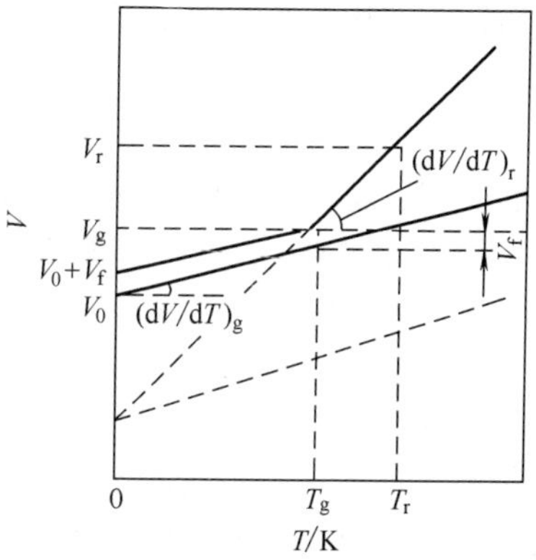

$$V_g = V_f + V_0 + \left(\frac{dV}{dT}\right)_g T_g$$

$$V_f = V_g - V_0 - \left(\frac{dV}{dT}\right)_g T_g \tag{5-4}$$

式中　V_f——T_g 以下的自由体积；

$\left(\frac{dV}{dT}\right)_g$——$T_g$ 以下的膨胀率。

类似地，当 $T > T_g$ 时，聚合物的体积为

$$V_r = V_g + \left(\frac{dV}{dT}\right)_r (T - T_g) \tag{5-5}$$

所以，T_g 以上某温度 T 时的自由体积 V_{hf} 为

$$V_{hf} = V_f + (T - T_g)\left[\left(\frac{dV}{dT}\right)_r - \left(\frac{dV}{dT}\right)_g\right] \tag{5-6}$$

图 5-14　自由体积理论示意图

式中，T_g 上、下的膨胀率之差值 $\left(\frac{dV}{dT}\right)_r - \left(\frac{dV}{dT}\right)_g$ 就是 T_g 以上自由体积的膨胀率。

定义单位体积的膨胀率为膨胀系数 α，则 T_g 上、下聚合物的膨胀系数为

$$\alpha_r = \frac{1}{V_g}\left(\frac{dV}{dT}\right)_r$$

$$\alpha_g = \frac{1}{V_g}\left(\frac{dV}{dT}\right)_g \tag{5-7}$$

T_g 附近自由体积的膨胀系数为

$$\alpha_f = \alpha_r - \alpha_g$$

又令自由体积与总体积之比为自由体积分数（free volume fraction），用 f 表示，则 T_g 以上某温度 T 时的自由体积分数可以由式(5-8) 表示

$$f = f_g + \alpha_f (T - T_g) \quad (T > T_g) \tag{5-8}$$

f_g 是 T_g 以下聚合物的自由体积分数，即

$$f = f_g \quad (T \leqslant T_g) \tag{5-9}$$

关于自由体积的概念，存在着若干不同的定义，引起了一些混乱，使用时必须注意。其中较常遇到的是 Fox 和 Flory 定义的自由体积以及 Williams-Landel-Ferry（W. L. F.）从液体分子的运动程度来定义的自由体积，即 V_f 为分子实际体积与占有体积之间的差值。在 T_g 时，由于

$$V_g = V_f + V_0 + \left(\frac{dV}{dT}\right)_g T_g \approx V_f + V_0$$

则

$$V_f \approx V_g - V_0 \tag{5-10}$$

W. L. F. 从很多聚合物的实验结果中得知，玻璃态时的自由体积分数为一常数，即 $f_g \approx 0.025$，而 $\alpha_f \approx 4.8 \times 10^{-4} K^{-1}$。所以，玻璃态可以看作是等自由体积分数状态。

自由体积理论比较容易理解，也可以说明一些实验现象，如冷却速率快或作用力的频率高，测得的 T_g 值偏高；又如增加压力，可使 T_g 升高等。所以，该理论至今仍被广泛运用。

5.3.2.2　**热力学理论**（thermodynamic theory）

热力学研究表明，相转变过程中自由能是连续的，而与自由能的导数有关的性质发生不连续的变化。以温度和压力作为变量，与自由能的一阶导数有关的性质如体积、熵及焓在晶体熔融和液体蒸发过程中发生突变，这类相转变称为一级相转变。而与自由能的二阶导数有

关的性质如压缩系数 K、膨胀系数 α 及比热容 c_p 出现不连续变化的热力学转变称为二级相转变。非晶态聚合物发生玻璃化转变时，其体积、焓或熵是连续变化的，但 K、α 和 c_p 出现不连续的变化。因此，在早期的文献中，常把玻璃化转变称为二级相转变，把 T_g 称为二级转变点。实际上，玻璃化转变温度的测定过程体系不能满足热力学的平衡条件，转变过程是一个松弛过程，所得 T_g 值依赖于变温速率及测试方法（外力作用速率）。欲使体系达到热力学平衡，需要无限缓慢的变温速率和无限长的测试时间，这在实验上是做不到的。

W. Kauzmann 发现，将简单的玻璃态物质的熵外推到低温，当温度达到绝对零度之前，熵已经变为零；外推到 0K 时，熵变为负值。J. H. Gibbs 和 E. A. Dimarzio 对上述现象进行了解释。他们认为，温度在 0K 以上某一温度，聚合物体系的平衡构象熵变为零，这个温度就是真正的二级转变温度，称为 T_2。而在 T_2～0K 之间，构象熵不再改变。具体地说，在高温时，高分子链可以实现的构象数目是很大的，每种构象具有一定的能量。随着温度的降低，高分子链发生构象重排，高能量的构象数越来越少，构象熵越来越低。温度降至 T_2 时，所有分子链都调整到能量最低状态的那种构象。但是，高分子链的构象重排需要一定的时间，随着温度降低，分子运动速度越来越慢，构象转变所需的时间越来越长。为了保证所有的链都转变成最低能态的构象，实验必须进行得无限缓慢，这实际上是不能实现的。因此，在正常动力学条件下，观察到的只是具有松弛特征的玻璃化转变温度 T_g。

热力学理论的核心问题是关于构象熵的计算。Gibbs 和 Dimarzio 引入了两个参数 u_0 和 ε_0，其中 u_0 称为空穴能，指的是体系中因为引入空穴而破坏相邻链段的范德华作用引起的能量变化，反映了分子间的相互作用；ε_0 称为挠曲能，定义为分子内旋转异构状态的能量之差，反映了分子内的近程作用。由此，可计算出体系处于各种构象状态时的能量。再由 Flory-Huggins 格子模型理论推导出含有 u_0 和 ε_0 两个变量的构象熵及其他热力学函数，进而得到熵降至零时转变温度 T_2 表达式。

尽管人们无法用实验证明 T_2 的存在，但是，T_2 和 T_g 是彼此相关的，影响 T_2 和 T_g 的因素应该是平行的，理论上得到的 T_2 与分子量、共聚、交联密度、增塑之间的关系，对 T_g 也是适用的。

5.3.2.3 动力学理论（kinetic theory）

玻璃化转变现象具有明显的动力学性质，T_g 与实验的时间尺度（如升降温速度，动态力学测试方法所选用的频率等）有关。因此，有人指出，玻璃化转变是由动力学方面的原因引起的。已经提出了多种描述玻璃化转变过程的动力学理论，例如，A. J. Kovacs 采用单有序参数模型定量地处理玻璃化转变的体积收缩过程，Aklonis 和 Kovacs 对上述理论进行了修正，提出了多有序参数模型。所谓有序参数，是由实际体积与平衡体积的偏离量决定的。有了这一参数，就可建立体积与松弛时间的联系。

5.3.3 影响玻璃化转变温度的因素

影响玻璃化转变温度的内因主要有分子链的柔性、几何立构、分子间的作用力等，外因主要是作用力的方式、大小以及实验速率等。

5.3.3.1 链结构、分子量和链间相互作用

(1) 主链的柔性 分子链的柔性是决定聚合物 T_g 的最重要的因素。主链柔性越好，玻璃化转变温度越低。

主链由饱和单键构成的聚合物，因为分子链可以围绕单键进行内旋转，所以 T_g 都不

高，特别是没有极性侧基取代时，其 T_g 更低。不同的单键中，内旋转位垒较小的，T_g 较低。

例如：

聚合物	聚二甲基硅氧烷	聚甲醛	聚乙烯
	$\text{+Si(CH}_3)_2\text{—O+}_n$	$\text{+CH}_2\text{—O+}_n$	$\text{+CH}_2\text{—CH}_2\text{+}_n$
T_g/℃	−123	−83	−68

主链中含有孤立双键的聚合物，虽然双键本身不能内旋转，但双键旁的 α 单键更易旋转，所以 T_g 都比较低。例如，丁二烯类橡胶都有较低的玻璃化转变温度。

聚合物		T_g/℃
聚丁二烯	$\text{+CH}_2\text{—CH═CH—CH}_2\text{+}_n$	−95
天然橡胶	$\text{+CH}_2\text{—C(CH}_3)\text{═CH—CH}_2\text{+}_n$	−73
丁苯橡胶	$\text{+CH}_2\text{—CH═CH—CH}_2\text{—CH}_2\text{—CH(C}_6\text{H}_5)\text{+}_n$	−61

若双键不是孤立双键而是共轭双键，如聚乙炔（—C ═C—C ═C—C ═C—），则分子链不能内旋转，刚性极大，T_g 很高。

主链中引入苯基、联苯基、萘基等芳杂环后，分子链刚性增加，故 T_g 增高。例如：

聚合物	聚碳酸酯	聚苯醚
结构单元	$\text{—O—C}_6\text{H}_4\text{—C(CH}_3)_2\text{—C}_6\text{H}_4\text{—O—CO—}$	$\text{—C}_6\text{H}_2(\text{CH}_3)_2\text{—O—}$
T_g/℃	150	220

(2) 取代基 旁侧基团的极性，对分子链的内旋转和分子间的相互作用都会产生很大的影响。侧基的极性越强，T_g 越高。一些烯烃类聚合物的 T_g 与取代基极性的关系如表 5-1 所示。

表 5-1 一些烯烃类聚合物的 T_g 与取代基极性的关系

聚合物	T_g/℃	取代基	取代基的偶极矩×10^{29}/c·m
聚乙烯	−68	无	0
聚丙烯	−10,−18	—CH_3	0
聚丙烯酸	106	—COOH	0.56
聚氯乙烯	87	—Cl	0.68
聚丙烯腈	104	—CN	1.33

此外，增加分子链上极性基团的数量，也能提高聚合物的 T_g。但当极性基团的数量超过一定值后，由于它们之间的静电斥力超过吸引力，反而导致分子链间距离增大，T_g 下降。例如氯化聚氯乙烯（CPVC）的 T_g 与含氯量的关系如下：

含氯量	61.9%	62.3%	63.0%	63.8%	64.4%	66.8%
T_g/℃	75	76	80	81	72	70

取代基的位阻增加，分子链内旋转受阻程度增加，T_g 升高，如表 5-2 所示。

表 5-2　取代基位阻对聚合物 T_g 的影响

聚合物	结构单元	T_g/℃	聚合物	结构单元	T_g/℃
聚乙烯	$\left[CH_2-CH_2\right]_n$	−68	聚苯乙烯	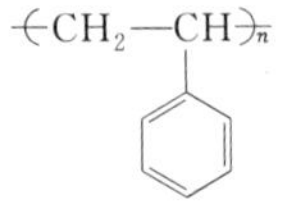 $\left[CH_2-CH(C_6H_5)\right]_n$	100
聚 4-甲基-1-戊烯	$\left[CH_2-CH(CH_2-CH(CH_3)-CH_3)\right]_n$	29	聚乙烯基咔唑	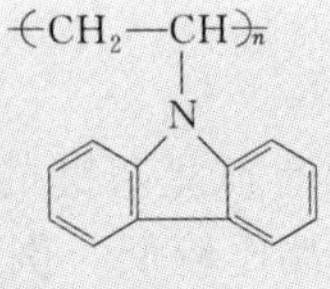 $\left[CH_2-CH(N\text{-咔唑基})\right]_n$	208

应当强调指出，侧基的存在并不总是使 T_g 增大的。例如，取代基在主链上的对称性对 T_g 有很大影响，如表 5-3 所示。

表 5-3　取代基对称性对聚合物 T_g 的影响

聚合物	结构单元	T_g/℃	聚合物	结构单元	T_g/℃
聚氯乙烯	$-CH_2-C(Cl)(H)-$	87	聚丙烯	$-CH_2-C(H)(CH_3)-$	−10
聚偏二氯乙烯	$-CH_2-C(Cl)(Cl)-$	−19	聚异丁烯	$-CH_2-C(CH_3)(CH_3)-$	−70

聚偏二氯乙烯中极性取代基对称双取代，内旋转位垒降低，柔性增加，其 T_g 比聚氯乙烯低；而聚异丁烯的每个链节上，有两个对称的侧甲基，使主链间距离增大，链间作用力减弱，其 T_g 比聚丙烯低。又如，当聚合物中存在柔性侧基时，随着侧基的增大，在一定范围内，由于柔性侧基使分子间距离增大，相互作用减弱，即产生“内增塑”作用，所以 T_g 反而下降。如聚甲基丙烯酸酯类聚合物

$$\left[CH_2-\underset{COOC_nH_{2n+1}}{\overset{CH_3}{C}}\right]_n$$

侧基柔性对 T_g 的影响见表 5-4。这是由于在 $n<18$ 范围内，n 值越大，分子间作用力减小远足以补偿侧基位阻增大所产生的影响。

表 5-4　侧基柔性对聚甲基丙烯酸酯 T_g 的影响

n	1	2	3	4	5	6	8	12	18
T_g/℃	105	65	35	20	−5	−5	−20	−65	−100

(3) 构型　单取代烯类聚合物如聚丙烯酸酯、聚苯乙烯等的玻璃化转变温度几乎与它们的立构无关，而双取代烯类聚合物的玻璃化转变温度都与立构类型有关。一般，全同立构的 T_g 较低，间同立构的 T_g 较高，如表 5-5 所示。采用 Gibbs-Dimarzio 理论可以合理说明这些结果。

表 5-5　构型对 T_g 的影响

侧　基	聚甲基丙烯酸酯		侧　基	聚甲基丙烯酸酯	
	全同 T_g/℃	间同 T_g/℃		全同 T_g/℃	间同 T_g/℃
甲基	45	115	异丙基	27	81
乙基	8	65	环己基	51	104

在顺反异构中，往往反式的分子链柔性差，因而 T_g 较高，例如：

聚合物	顺式聚 1,4-丁二烯	反式聚 1,4-丁二烯
T_g/℃	−95	−18

(4) 分子量　当分子量较低时，聚合物的 T_g 随分子量增加而增加。分子量超过一定值（临界分子量）后，T_g 将不再依赖于分子量了，见图 5-15。这是因为分子链端的活动能力要比中间部分大。从自由体积概念出发，又可以说每个链端均比链中间部分有较大的自由体积，因此，含有较多链末端的聚合物（低分子量）比含有较少链末端的聚合物（高分子量）要在更低的温度才能达到同样的自由体积分数。Fox-Flory 导出 T_g 与 $\overline{M}_n$ 关系如下：

$$T_g = T_g(\infty) - \frac{K}{\overline{M}_n} \tag{5-11}$$

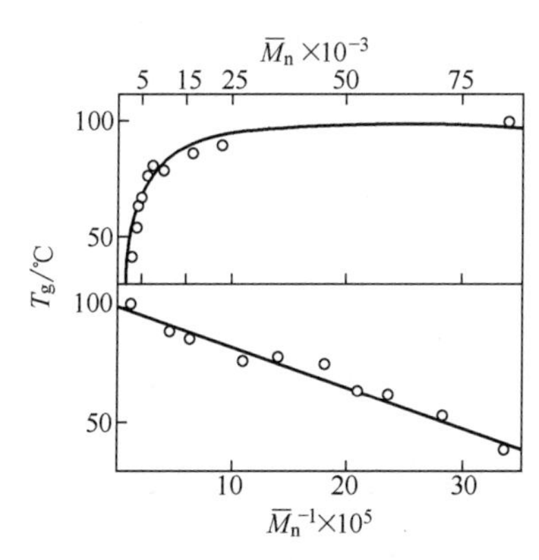

图 5-15　PS 的 T_g 与 $\overline{M}_n$ 的关系

$T_g(\infty)$ 为临界分子量时聚合物的 T_g，K 为特征常数。对于 PS，$T_g(\infty) = 100$℃，$K = 1.8 \times 10^5$。

由于常用聚合物的分子量要比上述临界分子量大得多，所以，分子量对 T_g 值基本无影响。

(5) 链间的相互作用　高分子链间相互作用降低了链的活动性，因而 T_g 增高。例如，聚癸二酸丁二酯与尼龙 66 的 T_g 相差 100℃左右，主要原因是后者存在氢键。

分子链间的离子键对 T_g 的影响很大。例如，聚丙烯酸中加入金属离子，T_g 会大大提高，其效果又随离子的价数而定。用 Na^+ 使 T_g 从 106℃提高到 280℃；用 Cu^{2+} 取代 Na^+，T_g 提高到 500℃。

一些聚合物的玻璃化转变温度见表 5-6。

表 5-6　聚合物的玻璃化转变温度

聚　合　物	T_g/℃	聚　合　物	T_g/℃
聚乙烯	−68(−120)	聚丙烯酸锌	＞300
聚丙烯(全同立构)	−10(−18)	聚甲基丙烯酸甲酯(间同立构)	115(105)
聚异丁烯	−70(−60)	聚甲基丙烯酸甲酯(全同立构)	45(55)
聚异戊二烯(顺式)	−73	聚甲基丙烯酸乙酯	65
聚异戊二烯(反式)	−60	聚甲基丙烯酸正丙酯	35
顺式聚 1,4-丁二烯	−108(−95)	聚甲基丙烯酸正丁酯	21
反式聚 1,4-丁二烯	−83(−50)	聚甲基丙烯酸正己酯	−5
聚 1,2-丁二烯(全同立构)	−4	聚甲基丙烯酸正辛酯	−20
聚 1-丁烯	−25	聚氟乙烯	40(−20)
聚 1-辛烯	−65	聚氯乙烯	87(81)
聚 4-甲基-1-戊烯	29	聚偏二氯乙烯	−40(−46)
聚甲醛	−83(−50)	聚偏二氟乙烯	−19(−17)
聚 1-戊烯	−40	聚 1,2-二氯乙烯	145

续表

聚合物	$T_g/℃$	聚合物	$T_g/℃$
聚氧化乙烯	−66(−53)	聚氯丁二烯	−50
聚乙烯基甲基醚	−13(−20)	聚四氟乙烯	126(−65)
聚乙烯基乙烯基醚	−25(−42)	聚丙烯腈(间同立构)	104(130)
聚乙烯基正丁基醚	−52(−55)	聚甲基丙烯腈	120
聚乙烯基异丁基醚	−27(−18)	聚乙酸乙烯酯	28
聚乙烯基叔丁基醚	88	聚乙烯咔唑	208(150)
聚二甲基硅氧烷	−123	聚乙烯基甲醛	105
聚苯乙烯(无规立构)	100(105)	聚乙烯基丁醛	49(59)
聚苯乙烯(全同立构)	100	三乙酸纤维素	105
聚 α-甲基苯乙烯	192(180)	聚对苯二甲酸乙二酯	65
聚邻甲基苯乙烯	119(125)	聚对苯二甲酸丁二酯	40
聚间甲基苯乙烯	72(82)	尼龙 6	50(40)
聚邻苯基苯乙烯	110(126)	尼龙 10	42
聚对苯基苯乙烯	138	尼龙 11	43(46)
聚对氯苯乙烯	128	尼龙 12	42
聚 2,5-二氯苯乙烯	130(115)	尼龙 66	50(57)
聚 α-乙烯萘	162	尼龙 610	40(44)
聚丙烯酸甲酯	3(6)	聚苯醚	220(210)
聚丙烯酸乙酯	−24	聚碳酸酯	150
聚丙烯酸	106(97)	聚乙烯基吡咯烷酮	175

注：1. 括号中是参考数据。

2. 同一聚合物 T_g 测定值之间的差别与所用的试样有关，又与测试的方法和条件有关。特别是对于结晶度高的聚合物，由于结晶的影响，致使测定 T_g 的部分方法失效或效果不灵敏，故测得的数值大大高于真实值。

5.3.3.2 外力和外力作用速率

(1) 作用力 不同的作用力方式对聚合物的 T_g 的影响不同。

张力可强迫链段沿张力方向运动，聚合物 T_g 降低。如聚氯乙烯无张力时，$T_g=78℃$，张力为 19.6MPa 时，$T_g=50℃$。张力与 T_g 关系可用下列经验方程式表示：

$$T_g=A-Bf \tag{5-12}$$

式中 f——张力；

A、B——两个常数。

从分子运动角度看，增加压力就相当于降低温度使分子运动困难，或者从自由体积理论来看，增加压力就容易排除自由体积，只有继续提高温度，链段才能运动，所以 T_g 增高，如图 5-16 所示。

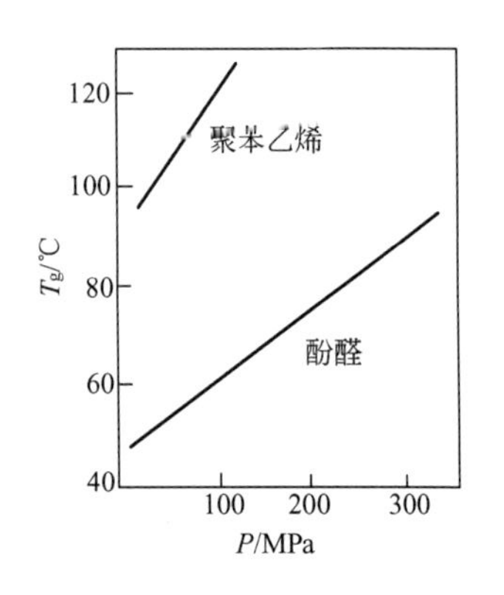

图 5-16 压力对 T_g 的影响

(2) 实验速率 快速冷却得到的 T_g 值比缓慢冷却得到的 T_g 值高。这是由于一方面，温度降低，体系的自由体积减小，同时，黏度增大，链段运动的松弛时间增加；另一方面，冷却速率决定了实验的观察时间。而玻璃化转变温度是链段运动的松弛时间与实验的观察时间相当时的温度，故冷却越快，观察时间越短，测得的 T_g 越高。一般，升（降）温速度提高 10 倍，测得的 T_g 升高 3℃。

由于玻璃化转变是一个松弛过程，所以与升、降温速度类似，外力作用的频率不等，将引起转变点的移动，如表 5-7 所示。

表 5-7　聚氯醚的玻璃化转变温度

测　定　方　法	介电	动态方法	慢拉伸	膨胀计法
频率/Hz	1000	89	3	10^{-2}
T_g/℃	32	25	15	7

5.3.3.3　增塑、共聚和共混

(1) 增塑　添加某些低分子组分使聚合物 T_g 下降的现象称为外增塑作用，所加的低分子物质称为增塑剂。通常，增塑剂加至聚合物中时，使分子链间作用力减弱，因此 T_g 下降。例如纯聚氯乙烯的 T_g=87℃，室温下为硬质塑料。但加入 45%邻苯二甲酸二丁酯后，T_g 可降至−30℃，室温下呈现橡胶弹性，成为软质塑料。

增塑剂应当具有相溶性好、挥发性低、无毒等性质。

如果以 $T_{g,p}$ 和 $T_{g,d}$ 分别表示纯聚合物和增塑剂的玻璃化转变温度，则可以按式(5-13)、式 (5-14) 两个关系式，根据混合的体积分数 φ 或质量分数 w 粗略估计增塑聚合物的 T_g。

$$T_g \approx T_{g,p}\varphi_p + T_{g,d}\varphi_d \tag{5-13}$$

$$\frac{1}{T_g} \approx \frac{w_p}{T_{g,p}} + \frac{w_d}{T_{g,d}} \tag{5-14}$$

为了较准确地估算增塑聚合物的 T_g，可采用从自由体积理论出发导出的公式。

通常增塑作用降低玻璃化转变温度的效应比共聚效应更为有效。

(2) 共聚　共聚对 T_g 的影响取决于共聚方法（无规、交替、接枝或嵌段）、共聚物组成及共聚单体的化学结构。

无规共聚物，由于两种聚合物组分的序列长度都很短，不能分别形成各自的链段，故只能出现一个 T_g。交替共聚物可以看作是由两种单体组成一个单体单元的均聚物，因此也只能有一个 T_g。接枝和嵌段共聚物，存在一个 T_g 还是两个 T_g，取决于两种均聚物的相容性。当两组分完全达到热力学相容时，只出现一个 T_g，若不能相容时，由于 A、B 组分各自在分子链中的序列长度较长，能分别形成各自独立运动的链段，故可显示出两个 T_g。通常这两个 T_g 接近于但又不完全等于两组分各自均聚物的 T_g。

有不少方程式可以估算无规共聚物的玻璃化转变温度，如通过自由体积理论导出的 Gordon-Taylor 方程

$$T_g = \frac{T_{g,A} + (KT_{g,B} - T_{g,A})w_B}{1 + (K-1)w_B} \tag{5-15}$$

Fox 方程（形式简单，有广泛的应用）

$$\frac{1}{T_g} = \frac{w_A}{T_{g,A}} + \frac{w_B}{T_{g,B}} \tag{5-16}$$

此外，L. Mandelkern 还提出另一个方程

$$\frac{1}{T_g} = \frac{1}{w_A + Rw_B}\left(\frac{w_A}{T_{g,A}} + \frac{Rw_B}{T_{g,B}}\right) \tag{5-17}$$

式(5-15)、式(5-16)、式(5-17) 中　T_g、$T_{g,A}$、$T_{g,B}$——共聚物及均聚物 A、B 的 T_g 值；

w_A、w_B——共聚物中 A、B 的质量分数；

K、R——共聚物的特征参数。

从热力学理论可以得到 T_g 与共聚组成的关系如下：

$$T_g = x_A T_{g,A} + x_B T_{g,B} \tag{5-18}$$

式中　x_A，x_B——组分A和B的摩尔分数。

该式也可以根据式(5-15)通过一定的假设和简化而导出。

(3) 共混　共混聚合物的T_g基本上由两种相混的聚合物的相容性决定。如果两种聚合物热力学互容，则共混物的T_g与相同组分无规共聚物的T_g相同，即T_g介于相应聚合物的T_g之间。如果两种聚合物部分相容，那么共混物就像多相共聚物那样出现宽的转变温度范围或者相互内移的两个转变温度。如果两种聚合物是完全不相容的，则其共混物有两相存在，每一相均有对应于共混组分的T_g值。这方面问题动态力学或介电性能研究最为有效。

5.3.3.4　交联

分子间交联阻碍了链段的运动，因而，交联可以提高聚合物的T_g。

交联剂含量与T_g之间存在线形关系如下

$$T_{g,x} = T_g + K_x \rho_x \tag{5-19}$$

式中　$T_{g,x}$，T_g——分别为交联聚合物和未交联聚合物的玻璃化转变温度；

K_x——常数；

ρ_x——交联点的密度。

轻度交联时，不影响链段运动，对T_g无明显影响；交联度提高，T_g增高；高度交联时，交联点之间链长比之玻璃化转变所需要的链段还要短，则交联聚合物就不存在玻璃化转变了。例如，硫化天然橡胶的含硫量增加时，T_g变化如下：

含硫量	0	0.25%	10%	20%	>30%
T_g/℃	−65	−64	−40	−24	硬橡皮

5.3.4　玻璃化转变温度以下的松弛——次级转变

高分子运动单元具有多重性。在玻璃化转变温度以下，尽管链段运动被冻结了，但还存在着需要能量更小的小尺寸运动单元的运动，这种运动简称次级转变（secondary transition）或多重转变。例如：局部松弛模式（键长、键角、C—C单键振动）、曲柄运动（链节运动等）、杂链聚合物中杂链节的运动、侧基或长支链的运动等（见第7章7.5节）。

随着研究聚合物分子运动实验技术的发展，可用以检测次级转变的手段日益增多。通常，静态方法（如量热法、应力松弛法等）不够灵敏，而动态方法（如动态力学方法、介电松弛等）则极为有效，详见第7章和第10章。

物理老化是玻璃态聚合物通过链段的微布朗运动使其凝聚态结构从非平衡态向平衡态过渡的一个松弛过程，一般发生在玻璃化转变温度和次级转变温度之间。由于物理老化，塑料在长期存放过程中，冲击强度和断裂伸长率大幅度降低，材料呈现脆性。物理老化现象应该归结为凝聚缠结点的解开。

物理老化在DSC的升温测量中能够表现出来。当聚合物熔体淬火到玻璃态时，其分子链间凝聚状态冻结在T_g以上的热力学非平衡态，升温时，不需要打开凝聚缠结点就能够达到高弹态，故DSC测量中仅表现为正常的吸热曲线阶跃。当聚合物在T_g以下进行热处理后，其凝聚态结构从非平衡态向平衡态转变的同时，一部分分子链间形成了新的凝聚缠结点。如果这些凝聚缠结点间的链段长度小于约100个碳原子时，就会限制使其向高弹态转变的分子链内旋转。当温度升高到T_g附近时，由于分子的热运动能量增加，可使这些凝聚缠结点打开，分子链的构象发生突变，达到新的构象平衡态，产生一个DSC的吸热峰。

5.4 结晶行为和结晶动力学

聚合物按其能否结晶可以分为两大类：结晶性聚合物和非结晶性聚合物。后者是在任何条件下都不能结晶的聚合物，而前者是在一定条件下能结晶的聚合物，即结晶性聚合物可处于晶态，也可以处于非晶态。聚合物结晶能力和结晶速率的差别根本原因是不同的高分子具有不同的结构特征，而这些结构特征中能不能和容易不容易规整排列形成高度有序的晶格是关键。

5.4.1 分子结构与结晶能力、结晶速率

聚合物结晶的必要条件是分子结构的对称性和规整性，这也就是影响其结晶能力(crystallization capability)、结晶速率（crystallization rate）的主要结构因素。此外，结晶还需要提供充分条件，即温度和时间。首先讨论分子结构的影响。

(1) 链的对称性和规整性　分子链的化学结构越简单，对称性越高，取代基的空间位阻越小，立体规整性越好，柔性越大，越容易规则排列形成高度有序的晶格。

例如，聚乙烯和聚四氟乙烯，结构简单、对称又规整，所以非常容易结晶，结晶度可达95%，而一般聚合物的结晶度仅50%左右。

再如自由基聚合得到的无规立构聚氯乙烯，由于氯原子的引入，破坏了链的对称性，也破坏了化学结构的规整性（有不同键接方式）和立体结构的规整性（构型任意），所以应属于非结晶性聚合物范畴。但是，由于氯原子电负性较大，分子链上相邻的氯原子相互排斥且彼此错开排列，形成近似于间同立构的结构，所以有微弱的结晶能力，使其具有很小的结晶度。聚偏二氯乙烯分子链的对称性比聚氯乙烯好，所以结晶能力比聚氯乙烯有了较大的提高；无规立构聚丙烯同样属于非结晶性聚合物，但是聚异丁烯却属于结晶性聚合物，这同样是由于其分子链具有较高的对称性之故。无规立构聚乙烯醇能够结晶，结晶度可达60%左右，这是由于羟基的体积较小，对分子链的结构规整性破坏不大之故。与此不同，定向聚合物得到的等规立构聚丙烯、聚苯乙烯、聚甲基丙烯酸甲酯，大分子链具有化学和立体两个规整性，故都属于结晶性聚合物，在一定条件下可以结晶。其中，全同立构的结晶能力比间同立构的强，等规度高的结晶能力比等规度低的强。

对于自由基聚合的双烯类聚合物，既有1,2-加成和3,4-加成产物，又有顺式1,4-加成和反式1,4-加成产物，即链的立体构型为无规排列，规整性受到破坏，不能结晶。而定向聚合的此类聚合物则属于结晶性的。其中，全反式结构的对称轴为180°，等同周期为0.48nm，全顺式结构的对称轴为360°，等同周期为0.81nm，所以，前者的结晶能力比后者大。

一些缩聚型高分子，如聚酯、聚酰胺等，化学结构及立体结构均较规整，没有键接方式问题，也没有不对称碳因而不产生立构问题，虽然对称性比不上聚乙烯，但仍属于对称结构，所以有利于结晶。

同样，链的化学规整性和立体规整性越高，链的柔性越大，结晶速率越大。例如聚乙烯，结晶速率很快，即使在液氮中淬火，也得不到完全非晶态的样品。类似的，聚四氟乙烯的结晶速率也很快。脂肪族聚酯、聚酰胺结晶速率明显变慢，与它们的主链上引入的酯基和酰氨基有关。分子链带有侧基时，必须是有规立构的分子链才能结晶，且侧基或者主链上的苯环，都会使分子链柔性减小，不同程度地阻碍链段的运动，影响链段在结晶时扩散、迁移及规整排列的速度。例如，全同立构聚苯乙烯和聚对苯二甲酸乙二酯的结晶速率就慢得多了，通过淬火比较容易得到完全非晶态的样品。再有，天然橡胶在室温下结晶速率非常慢，

如果将其拉伸，才可立即结晶。聚异丁烯通常在任何温度下都不出现结晶，但拉伸可使其结晶。聚碳酸酯和聚砜主链柔性差，在通常的加工条件下，不能结晶。

(2) 分子量 对于同一种聚合物，分子量对结晶速率是有显著影响的。

一般，在相同的结晶条件下，分子量大，熔体黏度增大，链段的运动能力降低，限制了链段向晶核的扩散和排列，聚合物的结晶速率慢。

下列经验公式可用于描述重均分子量 $\overline{M}_w$ 与球晶生长速率 G 之间的关系（G 的定义见 5.4.2.2）。

$$\lg G = K\overline{M}_w^{-1/2} \tag{5-20}$$

式中 K——常数。不同的聚合物有不同的 K 值。

(3) 共聚物 共聚物的结晶能力与共聚单体的结构、共聚物组成、共聚物分子链的对称性、规整性等都有关系。

无规共聚通常会破坏链的对称性和规整性，从而使共聚物结晶能力降低。如果两种共聚单元的均聚物结晶结构不同，当一种组分占优势时，该共聚物是可以结晶的。这时，含量少的组分作为结晶缺陷存在。但当两组分配比比较接近时，结晶能力大大减弱，如乙丙共聚物就是如此，丙烯含量达 25%左右时，产物已不能结晶而成为乙丙橡胶。

如果两种共聚单元的均聚物结晶结构相同，这种共聚物也是可以结晶的。通常，晶胞参数要随共聚物组成而变化。

嵌段共聚物的各个嵌段基本上保持着相对的独立性，其中能结晶的嵌段将形成自己的晶区。如聚酯-聚丁二烯-聚酯嵌段共聚物，聚酯段仍可较好地结晶，形成微晶区，起到物理交联作用。而聚丁二烯段在室温下可以有高弹性，使共聚物成为一种良好的热塑性弹性体。

5.4.2 结晶动力学

结晶性聚合物因分子结构和结晶条件不同，其结晶速率会有很大差别。而结晶速率大小又对材料的结晶程度和结晶状态影响显著。为此，研究聚合物的结晶动力学将有助于人们控制结晶过程，改善制品性能。

5.4.2.1 结晶速率的测定方法

研究聚合物结晶速率的实验方法大体可以分为两种：一类是在一定温度下观察试样总体结晶速率，如膨胀计法、光学解偏振法、DSC 法等；另一类是在一定温度下观察球晶半径随时间的变化，如热台偏光显微镜法、小角激光光散射法等。

(1) 膨胀计法、光学解偏振法和差示扫描量热法（DSC） 聚合物结晶过程中，从无序的非晶态排列成高度有序的晶态，由于密度变大，会发生体积收缩，观察体积收缩即可研究结晶过程。方法是将试样与跟踪液（通常是水银）装入一膨胀计中，加热到聚合物熔点以上，使其全部熔融。然后将膨胀计移入恒温槽内，观察毛细管内液柱的高度随时间的变化。如果以 h_0、h_∞ 和 h_t 分别表示膨胀计的起始、最终和 t 时间的读数，以 $\frac{h_t - h_\infty}{h_0 - h_\infty}$ 对 t 作图，则可得到如图 5-17 所示的反 S 形曲线。该曲线表明，聚合物在等温结晶过程中，体积变化开始时较为缓慢，过了一段时间后速度加快，之后又逐渐减慢，最后体积收缩变得非常缓慢，达到了视平衡。

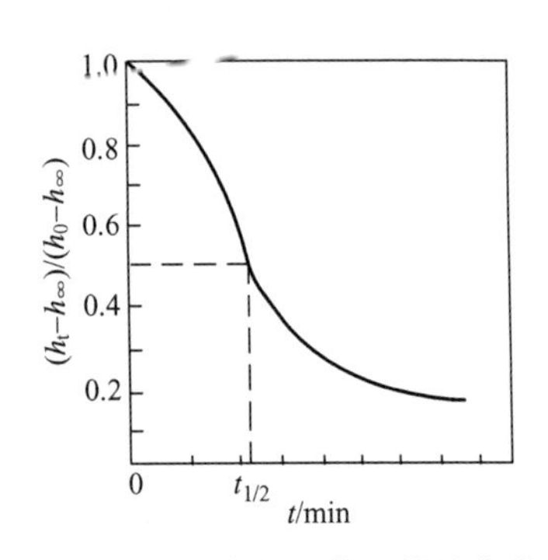

图 5-17 聚合物的等温结晶曲线

从等温结晶曲线还可以看出，不仅体积收缩的瞬时速度一直在变化，而且变化终点所需的时间也不明确，不能用结晶过程所用的全部时间来衡量。但是，体积收缩一半的时间则是可以较准确地测量的，因为在这点附近，体积变化的速度较大，时间测量的误差较小。为此，通常规定体积收缩进行到一半所需要的时间的倒数 $t_{1/2}^{-1}$ 作为实验温度下的结晶速率，单位为 s^{-1}、min^{-1} 或 h^{-1}。

用膨胀计法测定聚合物结晶速率具有简便、重复性好等优点。但是，由于体系充装水银，热容量较大，聚合物熔融后移入等温结晶“池”，达热平衡所需时间较长，故对结晶速率很快的聚合物就不适用了。

光学解偏振法是依据聚合物的光学双折射性质来跟踪结晶过程的。将聚合物试样熔融，然后迅速放入两个正交偏振镜之间的恒温结晶浴中等温结晶，用光电倍增管接收由于聚合物结晶而产生的解偏振光强度，并转换成电信号，以 $\frac{I_\infty - I_t}{I_\infty - I_0}$ 对 t 作图，同样可以得到一条反 S 曲线。其中，I_0、I_t 和 I_∞ 分别表示结晶开始、结晶到 t 时刻和结晶终了时的解偏振光强度。该法也可用 $t_{1/2}^{-1}$ 表征结晶速率。

DSC 方法是将试样以一定的升温速度加热至熔点以上，恒温一定时间，以便充分消除试样的热历史和受力历史。然后，迅速降温至测试温度进行等温结晶。由于结晶时要放出结晶潜热，所以出现一个放热峰，见图 5-18。基线开始向放热方向偏离时，作为开始结晶的时间（$t=0$），重新回到基线时，作为结晶结束的时间（$t=t_\infty$），则 t 时刻的结晶程度为

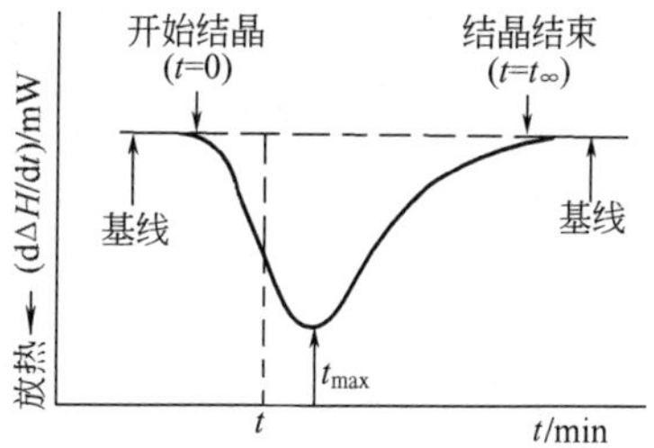

图 5-18 聚合物的结晶放热峰

$$X_t = \frac{x_t}{x_\infty} = \frac{\int_0^t (\mathrm{d}\Delta H/\mathrm{d}t)\mathrm{d}t}{\int_0^\infty (\mathrm{d}\Delta H/\mathrm{d}t)\mathrm{d}t} = \frac{A_t}{A_\infty} \tag{5-21}$$

式中 x_t，x_∞——结晶时间为 t 及无限大时非晶态转变为晶态的分数；

X_t——相对结晶度；

A_t，A_∞——$0 \sim t$ 时间及 $0 \sim \infty$ 时间 DSC 曲线所包含的面积。

DSC 方法可以进行快速结晶的测定，且样品用量很少。除上述等温结晶外，还可进行更有实用价值的非等温结晶研究。

上述膨胀计法和 DSC 法测定聚合物结晶速率的计算过程详见 5.4.2.2。

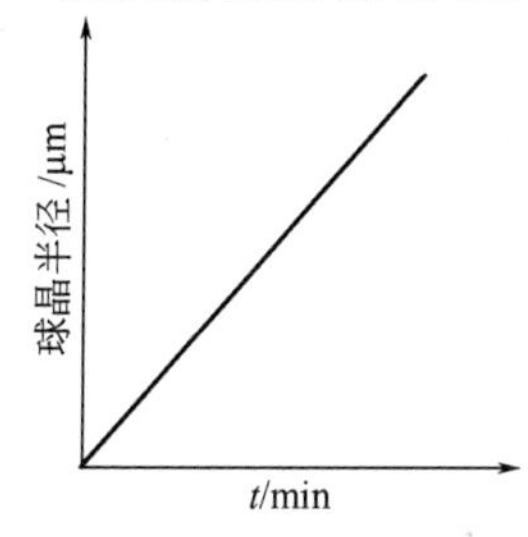

图 5-19 球晶等温生长曲线

(2) 偏光显微镜法和小角激光光散射法 用于结晶动力学研究的偏光显微镜附有等速升温和恒温物台。试样熔融后立即进行等温结晶，观察球晶的半径随时间的增长变化，以球晶半径对时间作图，可得一直线，如图 5-19 所示。因此，可以简单地用单位时间里球晶半径增加的长度作为观察温度下球晶的径向生长速率，单位为 μm/min 或 μm/s，详见 5.4.2.2。

偏光显微镜法相当于目测每一时刻的球晶半径，而小角激光光散射法需要利用 H_v 散射图中产生最大散射强度的散射角 θ_{max} 与样品中球晶半径 R 之间的关系，计算出每一时刻的球晶半径，即

$$(4\pi R/\lambda)\sin(\theta_{max}/2) = 4.1$$

$$R = \frac{4.1\lambda}{4\pi}[\sin(\theta_{max}/2)]^{-1} \tag{5-22}$$

式中 λ——光波在介质中的波长。

5.4.2.2 Avrami 方程和 Hoffmann 方程

聚合物和小分子熔体的结晶过程相同，包括两个步骤，即晶核的形成和晶粒的生长。晶核形成又分为均相成核（homogeneous nucleation）和异相成核（heterogenecous nucleation）两类。均相成核为熔体中的高分子链段依靠热运动形成有序排列的链束（晶核），有时间依赖性。异相成核则以外来杂质、未完全熔融的残余结晶聚合物、分散的小颗粒固体或容器的器壁为中心，吸附熔体中的高分子链有序排列而形成晶核，故常为瞬时成核，与时间无关。以晶核为基础，在其上面继续堆砌高分子链，增长变大，这个过程称为晶粒生长。

由以上讨论可知，膨胀计法研究聚合物的等温结晶动力学是基于结晶过程试样的体积收缩。令 V_0、V_t、V_∞ 分别为结晶开始时、结晶过程某一时刻 t 以及结晶终了时聚合物的比体积，则 V_t-V_∞ 即 ΔV_t 为任一时刻 t 时未收缩的体积，V_0-V_∞ 即 ΔV_∞ 为结晶完全时最大的体积收缩，$\dfrac{\Delta V_t}{\Delta V_\infty}$ 为 t 时刻未收缩的体积分数。

聚合物的等温结晶过程与小分子物质相似，也可以用 Avrami 方程来描述，该方程的定量推导有 Poisson 概率法、固态反应统计力学法等。

$$\frac{V_t-V_\infty}{V_0-V_\infty}=\exp(-Kt^n) \tag{5-23}$$

式中 K——结晶速率常数；

n——Avrami 指数。

n 值与成核机理和生长方式有关，等于生长的空间维数和成核过程的时间维数之和，如表 5-8 所示。可以看出，均相成核时，晶核由大分子链规整排列而成，n 值等于晶粒生长维数+1；异相成核时，晶核是由体系中的杂质形成的，结晶的自由度减小，n 值就等于晶粒生长的维数。故 n 值为 1～4 的整数。由于方程的推导过程中假设结晶体的生长速率为常数，故一般只适合用于结晶速率受成核控制的场合。

表 5-8 不同成核和生长类型的 Avrami 指数值

生长类型	均相成核	异相成核
三维生长(球状晶体)	$n=3+1=4$	$n=3+0=3$
二维生长(片状晶体)	$n=2+1=3$	$n=2+0=2$
一维生长(针状晶体)	$n=1+1=2$	$n=1+0=1$

将上述 Avrami 方程两次取对数可得

$$\lg\left(-\ln\frac{V_t-V_\infty}{V_0-V_\infty}\right)=\lg K+n\lg t$$

对于膨胀计法所得实验数据，以 $\lg\left(-\ln\dfrac{V_t-V_\infty}{V_0-V_\infty}\right)$ 对 $\lg t$ 作图，即可得到斜率为 n、截距为 $\lg K$ 的直线，如图 5-20 所示。由测得的 n 和 K 值，可以获得有关结晶过程成核机理、生长方式及结晶速率的信息。

此外，当 $\dfrac{V_t-V_\infty}{V_0-V_\infty}=\dfrac{1}{2}$ 时，便可得到

$$t_{1/2}=\left(\frac{\ln 2}{K}\right)^{1/n}$$

$$K=\frac{\ln 2}{t_{1/2}^{n}} \tag{5-24}$$

这也就是结晶速率常数 K 的物理意义和采用 $\frac{1}{t_{1/2}}$ 来衡量结晶速率的依据。

Avrami 方程可定量地描述聚合物的结晶前期，即主期结晶（primary crystallization）阶段。但在结晶后期，即次期结晶或二次结晶（secondary crystallization）阶段，由于生长中的球晶相遇而影响生长，方程与实验数据偏离，如图 5-20 所示。钱保功等提出的 Q-改进的 Avrami 方程，其结晶程度的适用范围可比原式扩大。

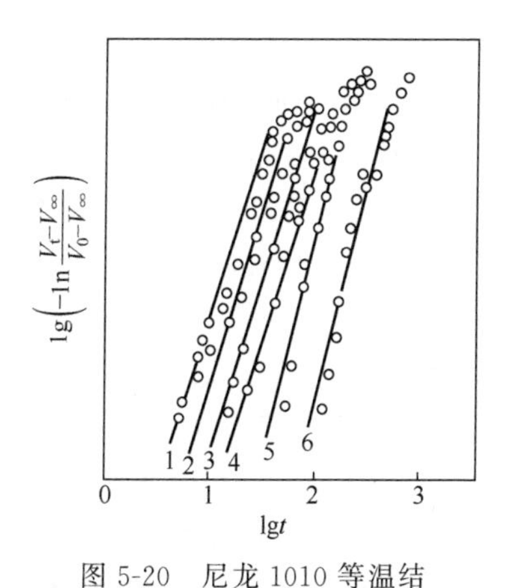

图 5-20　尼龙 1010 等温结晶的 Avrami 作图

1—189.5℃；2—190.3℃；3—191.5℃；4—193.4℃；5—195.5℃；6—197.8℃

二次结晶问题，在生产实际中必须予以考虑。例如，聚酰胺塑料等制品要在 120℃ 进行热处理即“退火”，以加速次期结晶过程，促使结晶达到完全，避免产生变形、开裂。

应该指出，要给一个实际得到的 n 值赋予真正的物理意义，有时是困难的。例如 PET，视其结晶程度不同，n 值介于 2 和 4 之间。此外，有时发现 n 的非整数值及 $n=6$ 这样比较高的数值。说明实际聚合物的结晶过程比起理论的 Avrami 模型要复杂得多。这可归因于有时间依赖性的初期成核作用、均相成核和异相成核同时存在、结晶速率受扩散控制等原因。一些聚合物的 Avrami 指数列于表 5-9 中。

表 5-9　一些聚合物的 Avrami 指数

聚合物	n	聚合物	n	聚合物	n
聚乙烯	1～4 和小数	聚丁二酸乙二酯	3	尼龙 6	2～6
等规聚丙烯	3～4	聚对苯二甲酸乙二酯	2～4	尼龙 8	5～6

聚合物 DSC 等温结晶动力学通常也用 Avrami 方程来描述

$$1-X_t=\exp(-Kt^n) \tag{5-25}$$

式中　X_t——t 时刻的相对结晶度；

K——结晶速率常数；

n——Avrami 指数，与成核机理和晶体的生长方式有关。

将式(5-25) 两边取对数，得：

$$\ln[-\ln(1-X_t)]=\ln K+n\ln t \tag{5-26}$$

以 $\ln[-\ln(1-X_t)]$ 对 $\ln t$ 作图，从直线的斜率可得 n，截距得 $\ln K$。

半结晶时间 $t_{1/2}$ 由式(5-27) 计算：

$$t_{1/2}=(\ln 2/K)^{1/n} \tag{5-27}$$

聚合物非等温结晶动力学研究，大都采用 DSC 方法。该法从等温结晶出发，并考虑非等温结晶的特点进行修正，如 Ozawa 法、Ziabicki 理论方法、Jeziorny 法和 Mo 法等。虽然聚合物等温结晶的理论研究较之非等温结晶成熟，但后者更接近生产实际。

(1) 修正 Avrami 方程的 Jeziorny 方法　Jeziorny 将等温条件下、结晶前期聚合物的结晶过程以下列 Avrami 方程描述：

$$1-X_t=\exp(-Z_t t^n) \tag{5-28}$$

式中　X_t——t 时刻的相对结晶度；

t——结晶时间；

Z_t——动力学结晶速率常数；

n——Avrami 指数，与成核方式以及晶体的生长过程有关。

Jeziorny 方法是直接把 Avrami 方程推广应用于解析等速变温 DSC 曲线的方法。即先将等速变温 DSC 结晶曲线看成等温过程来处理，然后对所得参数进行修正。考虑到降温速率 ϕ 的影响，用下式对 Z_t 进行校正：

$$\ln Z_c=\ln Z_t/\phi \tag{5-29}$$

式中　Z_c——非等温结晶速率常数。

(2) 修正 Avrami 方程的 M_0 方法　Ozawa 假定非等温结晶过程是由无限小的等温结晶步骤构成，推导出式(5-30)

$$1-X_t=\exp[-K(T)/\phi^m] \tag{5-30}$$

式中　X_t——试样在温度 T 时的相对结晶度；

ϕ——降温速率；

m——Ozawa 指数；

$K(T)$——动力学参数。

莫志深等将 Avrami 方程和 Ozawa 方程相关联，导出试样在某一给定结晶度下的非等温结晶动力学方程，其数学表达式为：

$$\ln Z_t+n\ln t=\ln K(T)-m\ln\phi \tag{5-31}$$

整理可得：

$$\ln\phi=\ln F(T)-\alpha\ln t \tag{5-32}$$

式中，$F(T)=[K(T)/Z_t]^{1/m}$，是降温速率的函数，其物理意义为对某一体系，单位时间内达到某一相对结晶度时必须选取的冷却（或加热）速率，可表征聚合物结晶的快慢。$a=n/m$，其中 n 为非等温结晶过程中的表观 Avrami 指数，m 为非等温结晶过程中的 Ozawa 指数。

上述 Avrami 关系所处理的是结晶总速率，而偏光显微镜方法可以直接观察到球晶的生长速率。在很宽的温度范围内，球晶生长的线速度 $G(T)$ 的数学表达式即 Hoffmann 方程为：

$$G(T)=G_0 e^{\frac{-E_D}{RT}} e^{\frac{-\Delta F^*}{RT}} \tag{5-33}$$

式中　E_D——链段从熔体扩散到晶液界面所需的活化能；

ΔF^*——形成稳定的晶核所需的自由能；

G_0——与温度几乎没有关系的一个常数。

因而，式(5-33) 指数第一项称迁移项，第二项为成核项。

进而还可以得知，E_D 与结晶温度和玻璃化转变温度之差 T_c-T_g 成反比；ΔF^* 与熔点和结晶温度之差 $\Delta T=T_m-T_c$（即过冷程度）的一次或二次方成反比，如果将核看成是二元核，则有

$$\Delta F^*=\frac{KT_m}{\Delta H_u\Delta T} \tag{5-34}$$

式中　ΔH_u——链结构单元的熔融热；

K——常数。

5.4.2.3 结晶速率和温度的关系

选用膨胀计法在一系列温度下观察聚合物的等温结晶过程，可以得到一组 $t_{1/2}^{-1}$ 即结晶速率值，然后以 $t_{1/2}^{-1}$ 对 T 作图，即可得到结晶速率-温度曲线。一些聚合物的结晶速率与温度的关系如图 5-21 所示。

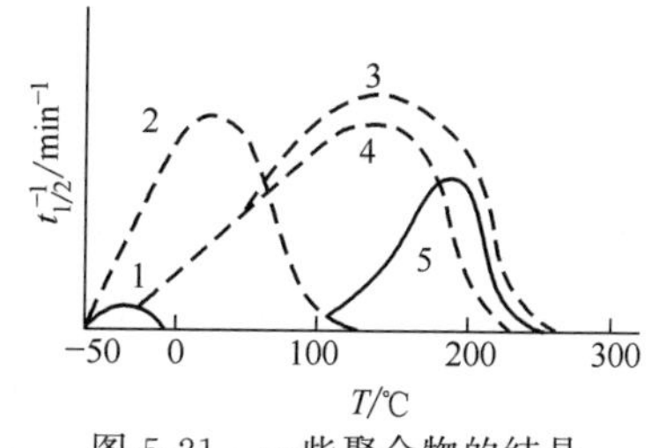

图 5-21 一些聚合物的结晶速率与温度的关系

1—橡胶；2—聚乙烯；3—尼龙 66；4—尼龙的共聚体；5—聚对苯二甲酸乙二酯

如果用偏光显微镜直接观察一系列温度下球晶的生长速率，在球晶半径对时间的图上，将得到一组通过坐标原点的直线，每一根直线的斜率代表该温度下的球晶径向生长速率。以球晶径向生长速率对温度作图，也可以得到与膨胀计法类似的曲线。

仔细分析上列实验结果可以知道，尽管不同聚合物结晶速率随温度的变化关系各不相同，但是它们的变化趋势是相同的，即均呈单峰形。而且结晶温度范围都在其玻璃化转变温度与熔点之间，在某一适当的温度 T_{max} 下，结晶速率将出现极大值。T_{max} 可以由熔点 T_m 利用以下经验关系式来估算：

$$T_{max} \cong (0.80 \sim 0.85) T_m \qquad (5\text{-}35)$$

温度单位为 K。例如聚丙烯的 T_m 为 449K，T_{max} 为 393K。

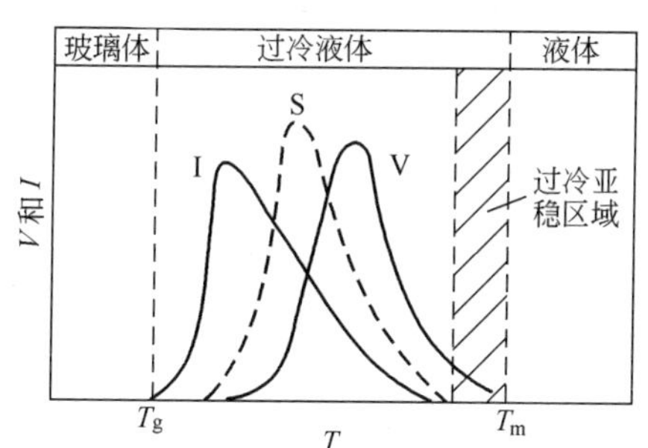

图 5-22 在黏性液体中结晶的成核速率与生长速率依赖于过冷程度的关系曲线

结晶过程可分为晶核生成和晶粒生长两个阶段：成核过程涉及核的生成和稳定，是一个热力学问题。故靠近 T_m，晶核容易被分子热运动所破坏，成核速度极慢，它是结晶总速率的控制步骤；晶粒生长取决于链段向晶核扩散和规整堆砌的速度，是一个动力学问题。故靠近 T_g，链段运动的能力大大降低，晶粒生长速率极慢，结晶总速率由生长速率所控制。两种速度对过冷程度的依赖性详见图 5-22，成核速度（I）和晶粒生长速率（V）都呈现一极大值。在 T_m 和 T_g 附近，结晶总速率接近于零。只有在两条曲线交叠的温度区间，能进行均相和异相成核并继而生长，并且在其间的某一温度，成核、生长速率都较大，结晶总速率最大，也就是说，总速率（S）与温度的关系呈现单峰形。

同样，由球晶生长线速度表达式可以看出，随着温度的降低，迁移项减少，成核项增加。温度降至 T_g 附近，迁移项迅速减少，对结晶速率起支配作用；而温度升高到熔点附近，成核项迅速减少，对结晶速率起支配作用。

5.4.2.4 外力、溶剂、杂质对结晶速率的影响

一般结晶性聚合物在熔点附近是很难发生结晶的，但是如果将熔体置于压力下，就会引起结晶。例如，聚乙烯熔点为 137℃，但在压力达到 150MPa 的高压下，160℃也能结晶。而且，高压下形成的结晶聚合物密度比普通条件下形成的结晶体密度高。例如，聚乙烯在 227℃、480MPa 条件下结晶，所得晶体的密度为 0.994g/mL，而普通的低密度聚乙烯

(LDPE)和高密度聚乙烯(HDPE)晶体密度分别为0.925～0.935g/mL和0.94～0.965g/mL。这种高温、高压下得到的晶体为伸直链晶体。其他聚合物如尼龙、PET熔体在高压下结晶也能得到伸直链晶体。

应力可以加速聚合物的结晶。例如，天然橡胶在室温下结晶速率非常慢，0℃下结晶也需数百小时，但如果将它拉伸，则立即可产生结晶。涤纶在温度低于90～95℃时，实际上不能结晶，但在80～100℃对其进行牵伸，结晶速率比未牵伸时提高3～4倍左右。

一些结晶速率很慢的结晶性聚合物，如聚对苯二甲酸乙二酯等，只要过冷程度稍大，即可形成非晶态。如果将这类透明非晶薄膜浸入适当的有机溶剂中，薄膜会因结晶而变得不透明。这是由于某些与聚合物有适当相溶性的小分子液体渗入到松散堆砌的聚合物内部，使聚合物溶胀，相当于在高分子链之间加入了一些"润滑剂"，从而使高分子链获得了在结晶过程中必须具备的分子运动能力，促使聚合物发生结晶。这一过程被称为溶剂诱导结晶。表5-10列出了不同溶剂诱导无定形聚对苯二甲酸乙二酯诱导结晶的程度。

表5-10 不同溶剂对聚对苯二甲酸乙二酯诱导结晶的程度

液体	溶胀度	结晶度	液体	溶胀度	结晶度
己烷	0	4.2%	苯甲醇	22.3%	50.8%
四氯化碳	0	4.2%	正丁醇	0	4.2%
甲苯	14.7%	38.1%	间甲酚	12.5%	63%
苯	18.8%	45.8%	乙酸	13.1%	45.8%
丙酮	20.0%	45.8%	乙醇	0	4.2%

由表5-10可见，除己烷、四氯化碳、正丁醇、乙醇之外，其余溶剂均能大大促进非晶态PET的结晶。

杂质的存在对聚合物的结晶过程有很大影响。有些杂质能阻碍结晶的进行，有些杂质则能促进结晶。能促进结晶的杂质在结晶过程中起到晶核的作用，被称作"成核剂"。加入成核剂可使聚合物的结晶速率大大加快，并使球晶变小。表5-11为各种成核剂对尼龙6结晶速率和球晶大小的影响。又如，聚烯烃可用脂肪酸碱金属盐作为成核剂。新型晶态聚合物聚醚醚酮(PEEK)与碳纤维组成的复合材料其结晶速率大于纯PEEK，这同样是由于碳纤维表面具有诱导和促进PEEK树脂基体结晶的作用。

表5-11 成核剂对尼龙6结晶速率和球晶大小的影响

成核剂	含量	200℃时 $t_{1/2}^{-1}$/min^{-1}	150℃结晶的球晶大小/μm
尼龙6(本体)		0.05	50～60
尼龙66	0.2%	0.1	10～15
	1.0%		4～5
聚对苯二甲酸乙二酯	0.2%	0.154	10～15
	1.0%		4～5
磷酸铅	0.05%	0.182	10～15
	0.1%		4～5

注：尼龙6，T_m=225℃；尼龙66和聚对苯二甲酸乙二酯，T_m=260℃。均可作为尼龙6的成核剂。

杂质或添加剂是否能成为成核剂，这与它们在溶剂中的溶解性关系极大。可溶性的添加剂可看作是一种稀释剂，反而会迟缓结晶的进程；而不溶性的添加剂，有的对结晶速率无影响，有的却能增加结晶速率，这要看添加剂是否完全是惰性的或是否能为聚合物熔体所润湿。

5.5 熔融热力学

5.5.1 熔融过程和熔点

物质从结晶状态变为液态的过程称为熔融（melting)。熔融过程中，体系自由能对温度 T 和压力 p 的一阶导数（即体积和熵）发生不连续变化，转变温度与保持平衡的两相的相对数量无关，按照热力学的定义，这种转变为一级相转变（phase transition)。

在通常的升温速度下，结晶聚合物熔融过程与低分子晶体熔融过程既相似，又有差别。相似之处在于热力学函数（如体积、比热容等）发生突变；不同之处在于聚合物熔融过程有一较宽的温度范围，例如 10℃左右，称为熔限（melting range)。在这个温度范围内，发生边熔融边升温的现象。而小分子晶体的熔融发生在 0.2℃左右的狭窄的温度范围内，整个熔融过程中，体系的温度几乎保持在两相平衡的温度下。图 5-23(a) 给出了结晶聚合物熔融过程体积（或比热容）对温度的曲线，并与小分子晶体进行比较。

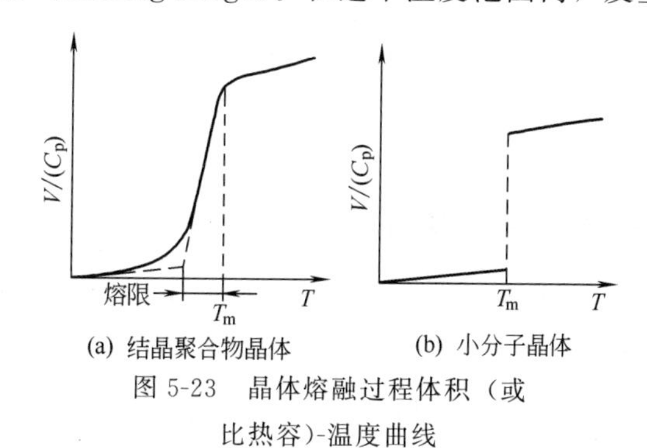

图 5-23　晶体熔融过程体积（或比热容)-温度曲线

为了弄清楚结晶聚合物熔融过程的热力学本质，实验过程中，每变化一个温度，如升温 1℃，便维持恒温约 24h，直至体积不变后才测定比体积。结果表明，在这样的条件下，结晶聚合物的熔融过程十分接近跃变过程，见图 5-23(b)，熔融过程发生在 3～4℃的较窄的温度范围内，熔融终点曲线上也出现明显的转折。对于不同条件下获得的同一种聚合物的不同试样进行类似的测量，结果得到了相同的转折温度（图 5-24)。上述实验事实有力地证明，结晶聚合物的熔化过程是热力学的一级相转变过程，与低分子晶体的熔化现象只有突变程度的差别，而没有本质的不同。比体积-温度曲线上熔融终点处对应的温度为聚合物的熔点（melting point)，由图 5-25 测得线形聚乙烯的熔点为（137.5±0.5)℃。

研究表明，结晶聚合物边熔融边升温的现象是由于试样中含有完善程度不同的晶体。结晶时，如果降温速度不是足够的慢，随着熔体黏度的增加，分子链的活动性减小，来不及作充分的位置调整，则结晶停留在不同的阶段上；等温结晶过程中，也存在着完善程度不同的晶体。这时再升温，在通常的升温速度下，比较不完善的晶体将在较低的温度下熔融，比较完善的晶体则要在较高的温度下熔融，因而出现较宽的熔融范围。如果升温速度足够慢，不完善晶体可以熔融后再结晶而形成比较完善的晶体。最后，所有较完善的晶体都在较高的温度下和较窄的温度范围内被熔融，比体积-温度曲线在熔融过程的末了出现急剧的变化和明显的转折。

原则上结晶熔融时发生不连续变化的各种物理性质都可以用来测定熔点。除观察熔融过程比体积随温度变化的膨胀计法之外，利用结晶熔融过程的热效应也可以测定熔点，这就是 DTA 和 DSC 方法。此外，还有利用结晶熔融时双折射消失的偏光显微镜法，利用结晶熔融时X射线衍射图上晶区衍射消失、红外光谱图上以及核磁共振谱上结晶引起的特征谱带消失的红外光谱法以及核磁共振法等。

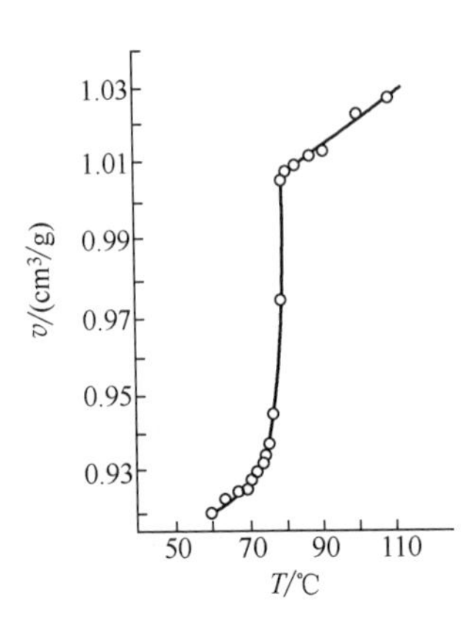

图 5-24　聚己二酸癸二酯的比体积-温度曲线

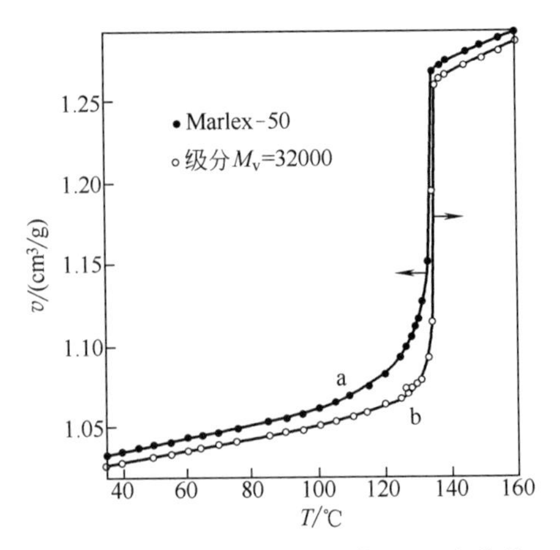

图 5-25　线形聚乙烯的比体积-温度曲线

a—熔体缓慢冷却结晶试样；

b—130℃结晶 40d 后缓慢冷却的试样

5.5.2　影响 T_m 的因素

从热力学观点看，在熔点，晶相和非晶相达到热力学平衡，即自由能变化 $\Delta G=0$。因此，

$$\Delta H-T\Delta S=0$$

$$T=T_m^0=\frac{\Delta H}{\Delta S} \tag{5-36}$$

这就是平衡熔点的定义。然而，高分子结晶时常常难以达到热力学平衡，熔融时也就难以达到两相平衡，故一般不能直接测得平衡熔点，而需采用外推法得到。具体地说，将结晶聚合物试样从熔体结晶，选择不同的过冷度，得到一系列 T_m 以下不同结晶温度 T_c 结晶的试样，结晶尽可能完全。然后，再将各试样在一定升温速度下测定熔点，以 T_m 对 T_c 作图，可得一直线，将此直线向 $T_m=T_c$ 直线外推，就可得到所求样品的平衡熔融温度 T_m^0。T_m-T_c 关系式见“温度影响”部分。

熔融热 ΔH 和熔融熵 ΔS 是聚合物结晶热力学的两个重要参数。熔融热 ΔH 标志着分子或链段离开晶格所需吸收的能量，与分子间作用力强弱有关；熔融熵 ΔS 标志着熔融前后分子混乱程度的变化，与分子链的柔性有关。当 ΔS 一定时，分子间作用力越大，ΔH 越大，T_m 越高；当 ΔH 一定时，链的柔性越差，ΔS 越小，T_m 越高。

5.5.2.1　链结构

(1) 分子间作用力　增加高分子或链段之间的相互作用，即在主链或侧基上引入极性基团或氢键，可以使 ΔH 增大，熔点提高。例如，主链基团可以是酰胺基—CONH—、酰亚胺基—CONCO—、氨基甲酸酯基—NHCOO—、脲基—NH—CO—NH—。侧链基团可以是羟基—OH、氨基—NH_2、氰基—CN、硝基—NO_2、三氟甲基—CF_3。这些基团对分子间作用力的贡献都比—CH_2—大，所以含有这些基团的聚合物的熔点都比聚乙烯高，如表 5-12 所示。

表 5-12　分子间作用力对聚合物 T_m 的影响

聚合物	结构单元	T_m/℃	聚合物	结构单元	T_m/℃
聚乙烯	$\mathrm{\{CH_2-CH_2\}_n}$	137	聚己内酰胺	$\mathrm{\{NH(CH_2)_5CO\}_n}$	225
聚偏二氯乙烯	$\mathrm{\{CH_2-CCl_2\}_n}$	198	聚丙烯腈	$\mathrm{\{CH_2-CH(CN)\}_n}$	317

对于分子链间形成氢键的聚合物，熔点的高低还与形成氢键的强度和密度有关。

图 5-26 是几类聚合物熔点的变化趋势。以聚乙烯为参照标准，聚脲、聚酰胺和聚氨酯三类聚合物都能形成分子间氢键，因而熔点都比聚乙烯高，三条曲线都在聚乙烯水平线之上。其中又以聚脲的曲线最高，聚酰胺的曲线居中，这是因为—NH—CO—NH—比—NH-CO—多了一个—NH—，形成氢键的可能性增大，氢键密度增加。而聚氨酯的曲线低于聚酰胺，是由于—NHCOO—比—NHCO—多了一个—O—键，链的柔性增加，部分抵消了形成氢键提高熔点的效应。这三类聚合物中，随着结构单元中碳原子数的增加，熔点曲线都呈下降趋势。这是由于$\mathrm{\{CH_2\}}$增长，结构单元长度增加，氢键密度减小的缘故。脂肪类聚酯的曲线在聚乙烯下面，其熔点比聚乙烯还低，这是因为其主链中含有—COO—基，增加了链的柔性，而且这种效应超过了—COO—基的极性效应。当脂肪族聚酯类聚合物结构单元的碳原子数增加时，由于—COO—比例下降，链的刚性增加，故熔点又有升高的趋势。最后，当重复单元中的碳原子数趋向无穷大时，五类聚合物的结构都接近于聚乙烯的结构，五条曲线都趋于聚乙烯的水平线。

但是，熔融态中检测到氢键以及聚酰胺和聚酯的熔融热值相近的事实，不支持上述解释。因为主链引进极性基团后，也降低了链的柔性，使熔融熵减小。

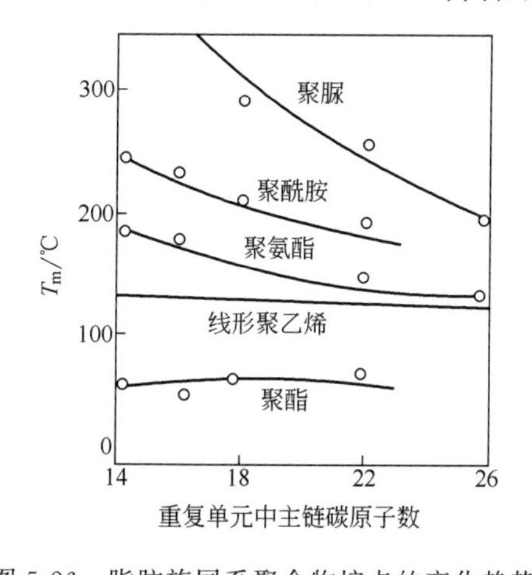

图 5-26　脂肪族同系聚合物熔点的变化趋势

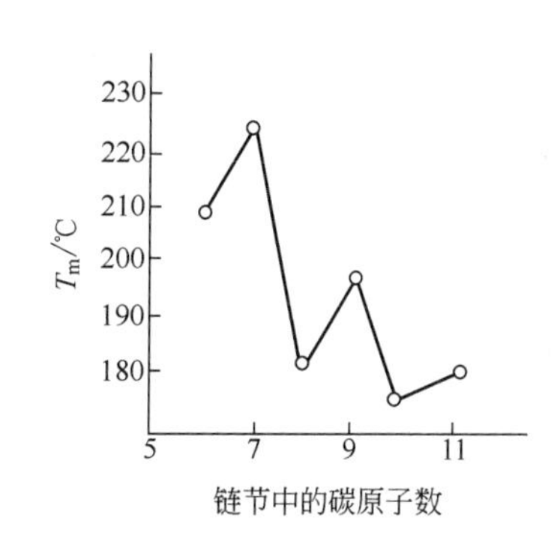

图 5-27　氨基酸中碳原子数和熔点之间的关系

进一步研究表明，聚酰胺的熔点随着主链中相邻两酰胺基间碳原子数目的增加呈锯齿形曲线下降，如图 5-27 所示。由图 5-27 可见，ω-氨基酸中，偶数碳原子的熔点低，奇数碳原子的熔点高，这是由于前一种情况形成半数氢键，后一种情况形成全数氢键。同样，对于二元酸和二元胺合成的聚酰胺，凡二元酸、二元胺中碳原子数全为偶数者，能够形成全部氢键，故熔点高；全为奇数者，形成半数氢键，熔点低；偶酸奇胺，形成半数氢键，熔点低。

(2) 分子链的刚性　增加分子链的刚性，可以使高分子链的构象在熔融前后变化较小，ΔS 较小，故熔点提高。通过在主链上引入环状结构、共轭双键或在侧链上引入庞大而刚性的基团均可达到提高熔点的目的。在主链中可引入次苯基 —⟨◯⟩— 、联苯基 —⟨◯⟩—⟨◯⟩—、萘基、均苯四酸二酰亚胺基、共轭双键 —C═C—C═C—C═C—；在侧链上可引入萘基、氯苯基 —⟨◯⟩—Cl、二氟代苯基、叔丁基 $-C(CH_3)_2-CH_3$。例如，下面三组聚合物结构与熔点的数据充分说明高分子链上的次苯基单元(—⟨◯⟩—)能够特别有效地增加主链刚性以提高熔点，见表 5-13。

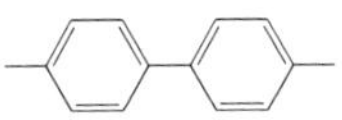

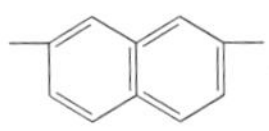

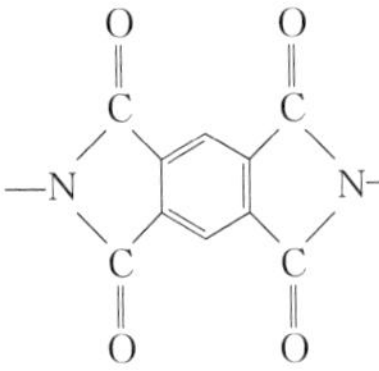

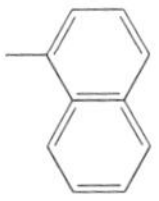

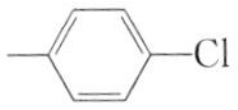

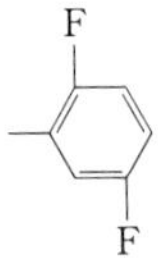

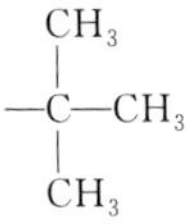

表 5-13　分子链的刚性对聚合物 T_m 的影响

聚合物	结构单元	T_m/℃	聚合物	结构单元	T_m/℃
聚乙烯	$-CH_2-CH_2-$	137	聚对苯二甲酸乙二酯	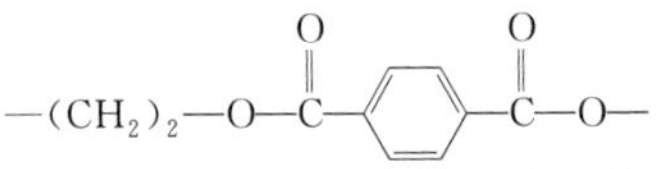 $-(CH_2)_2-O-CO-C_6H_4-CO-O-$	265
聚对二甲苯	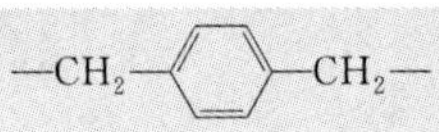 $-CH_2-C_6H_4-CH_2-$	375	尼龙 66	$-NH(CH_2)_6NHCO(CH_2)_4CO-$	265
聚辛二酸乙二酯	$-(CH_2)_2-O-CO-(CH_2)_6-CO-$	45	芳香尼龙	 $-NH-C_6H_4-NHCO-C_6H_4-CO-$	430

最近新发展的双链聚合物如聚苯并咪唑是梯形结构，也是为了增加主链的刚性以提高熔点，其 T_m 大于 500℃。又如，叔丁基是一个相当大且刚性的基团，它可使高分子的主链僵硬化，所以，聚辛烯 $\{CH_2-CH(C_6H_{13})\}_n$ 的 T_m 仅 −38℃，而聚乙烯基叔丁烷 $-CH_2-CH(C(CH_3)_3)-$ 的 T_m 却超过了 350℃。

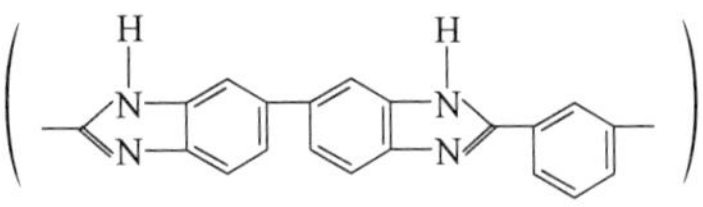

脂肪族的聚酯和聚醚都是低熔点的聚合物，这是因为在主链上引入极性基团 $-C(=O)-O-$ 或—CH_2—O—的同时，引入了易于旋转的—O—CH_2—部分，而—O—CH_2—的作用甚至超过极性的作用，使 ΔS 大大增加，所以熔点比聚乙烯还要低。

对于主链上有非共轭双键的聚合物，如聚丁二烯、聚异戊二烯等，由于有较大的柔性，所以熔点很低，如天然橡胶的 T_m 仅 28℃；而主链上带有共轭双键的高分子，不能内旋转，熔点就高，如聚对苯（ —⟨◯⟩—⟨◯⟩— ）的 T_m 为 530℃。

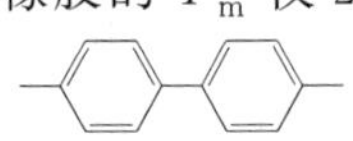

含氟聚合物带有 C—F 键，由于氟的电负性很强，氟原子间的斥力很大，链的内旋转很困难，ΔS 很小。如聚四氟乙烯，T_m 高达 327℃，分解温度低于流动温度，所以不能用一

般热塑性塑料的方法来加工成型。

上述 ΔH 和 ΔS 是从两个方面来描述分子链的性质的，因此不可分割，但在不同情况下两者的主次作用是不同的。

(3) 分子链的对称性和规整性　增加主链的对称性和规整性，可以使分子排列得更为紧密，熔融过程中 ΔS 减小，故熔点提高。例如，苯环上取代基的异构化对 T_m 有很大影响。

邻位（聚邻苯二甲酸乙二酯）

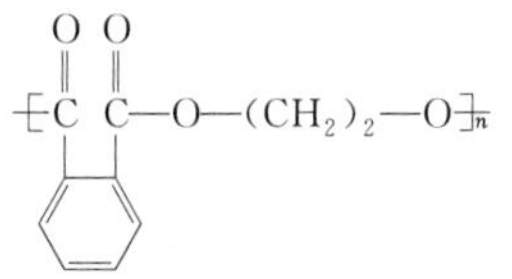

$$\left[\overset{O}{\overset{\|}{C}}-C_6H_4(\text{邻位})-\overset{O}{\overset{\|}{C}}-O-(CH_2)_2-O\right]_n \qquad T_m=110℃$$

间位（聚间苯二甲酸乙二酯）

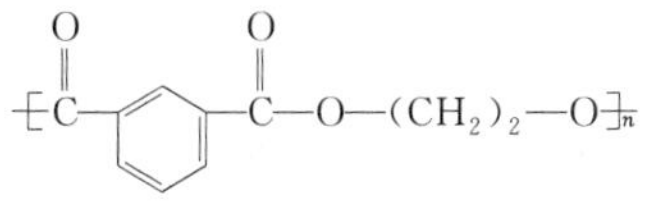

$$\left[\overset{O}{\overset{\|}{C}}-C_6H_4(\text{间位})-\overset{O}{\overset{\|}{C}}-O-(CH_2)_2-O\right]_n \qquad T_m=240℃$$

对位（聚对苯二甲酸乙二酯）

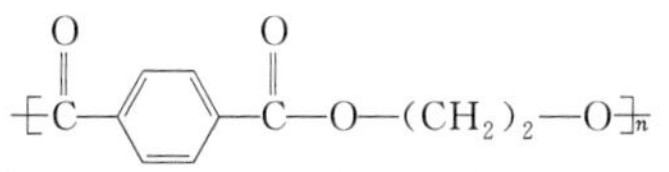

$$\left[\overset{O}{\overset{\|}{C}}-C_6H_4(\text{对位})-\overset{O}{\overset{\|}{C}}-O-(CH_2)_2-O\right]_n \qquad T_m=267℃$$

对位芳香族聚合物的熔点比相应的间位和邻位的熔点要高。这是因为对位基团围绕其主链旋转 180°后构象几乎不变，ΔS 较小，故熔点较高；而邻位、间位基团转动时构象就不相同，所以 ΔS 在熔融过程中变化较大，故熔点较低。

通常反式聚合物比相应的顺式聚合物的熔点高一些，如反式聚异戊二烯（杜仲胶），T_m 为 74℃，而顺式聚异戊二烯，T_m 为 28℃。

全同立构聚丙烯分子链在晶格中呈螺旋状构象，而且在熔融状态时仍能保持这种螺旋状构象，因而熔融熵较小，熔点较高。

表 5-14 列出了部分聚合物的熔点。

表 5-14　聚合物的熔点

聚　合　物	T_m/℃	聚　合　物	T_m/℃	聚　合　物	T_m/℃
聚乙烯	137	聚邻甲基苯乙烯	>360	聚己内酰胺(尼龙 6)	225
聚丙烯	176	聚对二甲苯	375	聚己二酰己二胺(尼龙 66)	265
聚丁烯	126	聚氧亚甲基	181	尼龙 99	175
聚 4-甲基-1-戊烯	250	聚氧化乙烯	66	尼龙 1010	210
聚异戊二烯(顺式)	28	聚甲基丙烯酸甲酯(全同)	160	三乙酸纤维素	306
聚异戊二烯(反式)	74	聚甲基丙烯酸甲酯(间同)	>200	三硝酸纤维素	>725
聚 1,2-丁二烯(间同)	154	聚对苯二甲酸乙二酯	267	聚氯乙烯	212
聚 1,2-丁二烯(全同)	120	聚对苯二甲酸丁二酯	232	聚偏二氯乙烯	198
聚 1,4-丁二烯(反式)	148	聚间苯二甲酸丁二酯	152	聚氯丁二烯	80
聚异丁烯	128	聚癸二酸乙二酯	76	聚四氟乙烯	327
聚苯乙烯	240	聚癸二酸癸二酯	80	聚三氟氯乙烯	220

5.5.2.2　稀释效应

在聚合物加工中，常常加入增塑剂或可溶性添加剂等助剂以改善其加工性能。这类小分子助剂通常使结晶聚合物的熔点降低，即产生稀释效应。

根据经典相平衡理论，杂质使低分子晶体熔点降低服从如下关系

$$\frac{1}{T_m}-\frac{1}{T_m^0}=-\frac{R}{\Delta H_u}\ln a_A \tag{5-37}$$

式中　ΔH_u——摩尔熔融热；

a_A——含可溶性稀释剂的晶体熔化后，结晶组分的活度。

如果稀释剂的浓度很低，则 $a_A=x_A$（x_A 为结晶组分的摩尔分数）。

对于结晶聚合物，各种低分子稀释剂造成的熔点降低，也有类似的关系式

$$\frac{1}{T_m}-\frac{1}{T_m^0}=\frac{R}{\Delta H_u}\times\frac{V_{m,u}}{V_{m,1}}(\varphi_1-\chi_1\varphi_1^2) \tag{5-38}$$

式中　ΔH_u——每摩尔重复单元的熔融热；

$V_{m,u}$，$V_{m,1}$——分别是高分子重复单元和低分子稀释剂的摩尔体积；

χ_1——高分子和稀释剂的相互作用参数；

φ_1——低分子稀释剂的体积分数。

（$\varphi_1-\chi_1\varphi_1^2$）通常为正值，所以，加入稀释剂，$T_m$ 小于 T_m^0。φ_1 增加，T_m 降低越多。χ_1 越小，T_m 下降幅度越大。

高分子的链末端对熔点的影响也可以看作是对长链高分子的稀释效应。这时，把链端链节体积与内部链节体积看成等同的，且相互作用也相同，即 $V_{m,1}=V_{m,u}$，$\chi_1=0$。此外，高分子的数均聚合度若为 P_n，则链端的体积分数 $\varphi_1=2/P_n$。将这些关系式代入式(5-38)，可得

$$\frac{1}{T_m}-\frac{1}{T_m^0}=\frac{R}{\Delta H_u}\times\frac{2}{P_n} \tag{5-39}$$

式(5-39）给出了熔点同聚合度的关系，T_m^0 为聚合度无穷大时的结晶熔点。由式(5-39）可知，聚合度增加，熔点上升。

式(5-39）也可由下述无规共聚物熔点与组成的关系式得出。

对于无规共聚物，其熔点与组成关系可由经典热力学相平衡理论得到

$$\frac{1}{T_m}-\frac{1}{T_m^0}=-\frac{R}{\Delta H_u}\ln x_A \tag{5-40}$$

式中　x_A——结晶单元的摩尔分数。

若 B 组分的含量很少时，式(5-40）可以写作

$$\frac{1}{T_m}-\frac{1}{T_m^0}=-\frac{R}{\Delta H_u}\ln x_A=-\frac{R}{\Delta H_u}\ln(1-x_B)\approx\frac{R}{\Delta H_u}x_B \tag{5-41}$$

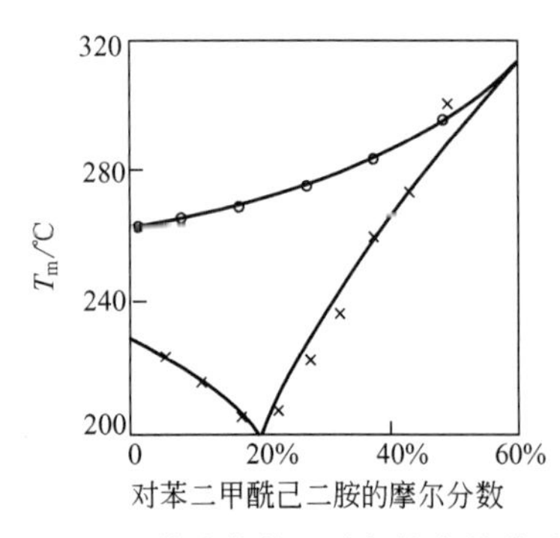

图 5-28　共聚物的组成与熔点的关系
○ 己二酰己二胺与对苯二甲醛己二胺的共聚物；× 癸二酰己二胺与对苯二甲酰己二胺的共聚物

实际的无规共聚物组分对熔点的影响要比理论描述的情况更为复杂。一般，同晶型基本单元组成的无规共聚物，其熔点随共聚物含量增加而有规律地上升或下降，但并非线形关系；非同晶型基本单元组成的无规共聚物，两组分彼此影响的结果其熔点低于各自熔点的线形加和，出现低共熔点。图 5-28 为两个无规共聚物的熔点随共聚物组成变化的曲线。

研究又表明，具有相同组成的共聚物，由于序列分布不同，其熔点将会有很大的差别。例如，嵌段共聚物大多只有轻微的相对于其均聚物的熔点降低；交替共聚物熔点将发生急剧降低。

所以，通过无规共聚可以降低均聚物的熔点，改善其

加工性能；通过嵌段共聚，可以在聚合物熔点降低极少的前提下，改善其弹性等；通过交替共聚，可以大幅度降低聚合物的熔点。

5.5.2.3　片晶厚度

结晶聚合物在成型过程中，往往要作退火或淬火处理，以控制制品的结晶度。与此同时，片晶的厚度和完善程度不同，熔点也不相同。通常，退火处理可以提高结晶度，晶粒进一步完善，片晶厚度增加，熔点高；淬火处理时，制品的结晶度和熔点都比自然冷却来得低。表 5-15 给出了一组片晶厚度（lamellar thickness）对熔点影响的数据。

表 5-15　聚乙烯片晶厚度与熔点关系

l/nm	28.2	29.2	30.9	32.3	33.9	34.5	35.1	36.5	39.8	44.3	48.3
T_m/℃	131.5	131.9	132.2	132.7	134.1	133.7	134.4	134.3	135.5	136.5	136.7

一般片晶厚度对熔点的这种影响与结晶的表面能有关，结晶表面上的分子链不对熔融热做完全的贡献。片晶厚度越小，单位体积内晶体的表面能越高，熔点越低。

从单晶片出发，片晶厚度 l 与熔点 T_m 的关系推导如下：设片晶单位体积的熔融热为 Δh，熔融熵为 ΔS_1，表面能为 σ_e。同时，假定片晶截面积 A 远大于纵向厚度 l，ΔS 与表面积大小无关。则熔融过程中

$$\Delta H = \Delta h A l - 2A\sigma_e$$

$$\Delta S = \Delta S_1 A l$$

$$T_m = \frac{\Delta H}{\Delta S} = \frac{\Delta h}{\Delta S_1} - \frac{2\sigma_e}{\Delta S_1 l}$$

令片晶厚度为无穷大时的熔点为 T_m^0（即平衡熔点）

$$T_m^0 = \frac{\Delta h}{\Delta S_1}$$

则

$$T_m = T_m^0\left(1 - \frac{2\sigma_e}{l\Delta h}\right) \tag{5-42}$$

这就是 Thompson-Gibbs 方程。

图 5-29 为聚三氟氯乙烯晶体的 l^{-1}-T_m 图。

5.5.2.4　结晶温度

结晶聚合物的熔点和熔限与结晶形成的温度有关。实验表明，结晶温度越低，熔点越低，熔限越宽；在较高温度下结晶，则熔点越高，熔限越窄。这是由于在较低温度下结晶时，分子链的活动能力较差，形成的晶体较不完善，完善程度的差别也较大，这样的晶体将在较低的温度下被破坏，即熔点较低，熔融温度范围宽；在较高温度下结晶时，分子链活动能力较强，形成的结晶比较完善，完善程度差别也小，故熔点较高，熔融温度范围较窄。

聚合物熔点 T_m 与片晶厚度 l 有关，而片晶厚度 l 又与结晶温度 T_c 或过冷程度（$T_m^0 - T_c$）有关［第 2 章式(2-5)］，所以，T_m 和 T_c 之间的关系可推导得出

$$T_m = T_m^0\left(1 - \frac{1}{\nu}\right) + \frac{T_c}{\nu} \tag{5-43}$$

ν 是与结构有关的参数。聚合物一般 $\nu=2$，表示实测片晶厚度为晶体生长理论所计算得到的厚度的两倍。以 T_m 对 T_c 作图应为直线，此直线与 $T_m = T_c$ 的直线的交点即为 T_m^0，称为平衡熔点，见图 5-30。

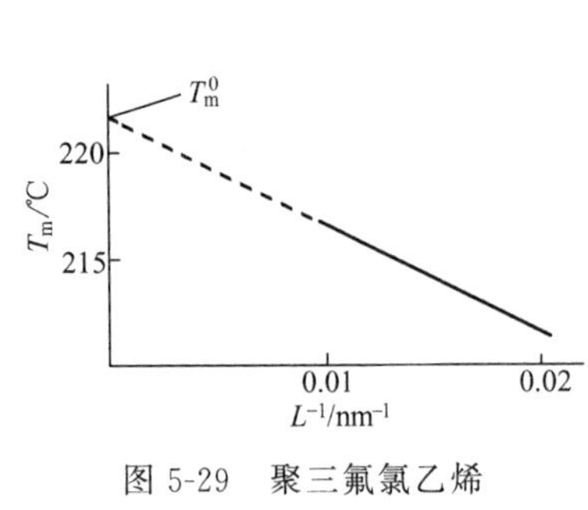

图 5-29 聚三氟氯乙烯晶体的 l^{-1}-T_m 图

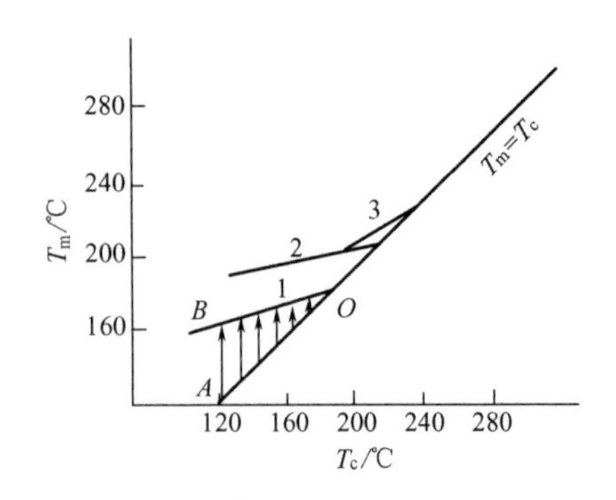

图 5-30 三种聚合物的熔点与结晶温度关系

1—等规聚丙烯；2—聚三氟氯乙烯；3—尼龙 6

5.5.2.5 应力和压力

对于结晶聚合物，拉伸有助于结晶，结果提高了结晶度，也提高了熔点。例如，纤维取向所用的力越大，熔点越高。从热力学观点很容易解释这一现象。因为要使聚合物结晶能自发进行，必须使自由能变化小于零，即

$$\Delta G=\Delta H-T\Delta S<0$$

结晶过程通常是放热的，ΔH 为负值。但是，结晶又是链堆砌从无序到有序的变化，熵减小，ΔS 为负值，不利于结晶自发进行。在结晶前对聚合物进行拉伸，高分子链在非晶相中已经具有了一定的有序性，这样，结晶过程相应的 $|\Delta S|$ 也就小了，有利于结晶。

熔点时，晶相、非晶相达热力学平衡，$\Delta G=0$

$$T_m=\frac{\Delta H}{\Delta S}$$

拉伸使熵变 ΔS 减小，熔点提高。

在压力下结晶，可以增加片晶厚度，从而提高熔点。例如，226℃、485MPa 下形成的聚乙烯晶体为伸直链结构，T_m 可达 140℃。

在这节最后，应该指出，晶态聚合物的分子运动除了结晶熔融主转变之外，还有晶型转变、晶区中小侧基的运动、晶区缺陷部分的运动、晶区与非晶区之间的相互作用等（见第 7 章 7.5 节）。

我国高分子科学家、专家的研究和创新贡献

有关聚合物非等温结晶动力学的研究，主要有以下 3 种方法。

Ozawa 方程是非等温结晶动力学方程的代表，它考虑了晶体成核和生长的实际情况，尤其对冷却结晶动力学描述较为成功。但是，对高分子晶体生长前沿有明显的等温退火等二次结晶行为以及处理结晶温度范围相差很大的聚合物时表现均不理想。

Jeziorny 方法的优点是处理方法简单，只需从一条 DSC 升温或降温曲线就能获得 Avrami 指数 n 和结晶速率常数 Z；其缺点是所得到的动力学参数缺乏明确的物理意义。

中国科学院长春应用化学研究所研究员莫志深（1937—2018），基于多年对聚合物结晶动力学研究的工作积累，联合 Avrami 方程和 Ozawa 方程，提出了一种研究聚合物非等温结晶动力学的新方法。该种新方法既克服了使用 Ozawa 方程所获得的数据点过少、常常出现

非线性、不能得出可靠的动力学参数的缺点，又克服了使用经 Jeziorny 修正的 Avrami 方程所获得的表观 Avrami 指数无法准确预测非等温结晶过程成核、生长机理的缺点。目前，新方法已经成功应用于间规 1,2-聚丁二烯、聚氧化乙烯、聚芳醚酮、聚酰胺、聚烯烃、烷基取代聚噻吩、聚（β-羟基丁酸酯）及其共混物等多种聚合物体系，已成为研究聚合物非等温结晶动力学的一种行之有效的、重要的方法，被国内外专家、学者引用达上千次。

下面简介莫志深方法的思路、推导过程和所得结论——Mo 新方程。

聚合物晶体的 L-H 成核生长理论是 Hoffman 等提出来的。根据成核与生长理论，结晶的总速率取决于成核速率和生长速率。结晶动力学理论是由 Kolmogoroff、Johnson 和 Mehl、Avrami、Evans、Mandelkern 等先后独立提出，其对象均为金属和其它单体，后来转用于聚合物。上列 Avrami 理论和 Evans 理论是等价的。

从以上结晶动力学理论和成核动力学方程可导出常用的 Avrami 等温结晶动力学方程，该方程的一般形式为

$$1-X(t)=\exp(-Zt^n) \tag{5-44}$$

式中，t 为时间；Z 为复合结晶速率常数；$X(t)$ 为与时间 t 相对应的相对结晶度；n 为 Avrami 指数。

Ozawa 基于 Evans 理论，从聚合物结晶的成核和生长出发，推导出用于等速升温或等速降温的聚合物结晶动力学方程

$$1-C(T)=\exp[-K(T)/\Phi^m] \tag{5-45}$$

式中，$C(T)$ 为在温度 T 时的相对结晶度；Φ 为升温或降温速率；m 为 Ozawa 指数；$K(T)$ 与成核方式、成核速率、结晶的生长速率等因素有关，是温度的函数。

由于 Avrami 方程是关联相对结晶度 $X(t)$ 与时间 t 的数学方程，而 Ozawa 方程是联系 $C(T)$ 与 Φ 的数学方程，对任一研究体系，结晶过程与时间 t 和温度 T 密切相关。为此，在非等温条件下对于同一体系，当冷却（或加热）速率为 Φ 时，某时刻 t 和温度 T 的关系为

$$t=(T-T_0)/\Phi \tag{5-46}$$

式中，T_0 为结晶起始温度；Φ 为冷却（或加热）速率。

基于式(5-46)，关联式(5-44) 和式(5-45)，对于某一研究体系在某一时刻 t 时必然存在与之相对应的温度 T 时的相对结晶度 $C(T)$，或者说当选定某一确定的相对结晶度 $C(T)$ 时，可以找到在该温度 T 下某一冷却（或加热）速率 Φ 对应的 $X(t)$，从而

$$\lg\{-\ln[1-X(t)]\}=\lg\{-\ln[1-C(T)]\} \tag{5-47}$$

由式(5-47)，再次关联式(5-44) 和式(5-45)，可得

$$\lg Z+n\lg t=\lg K(T)-m\lg\Phi \tag{5-48}$$

对式(5-48) 进行整理变形，可得

$$\lg\Phi=\lg\left[\frac{K(T)}{Z}\right]^{\frac{1}{m}}-\frac{n}{m}\lg t \tag{5-49}$$

令 $F(T)=\left[\frac{K(T)}{Z}\right]^{\frac{1}{m}}$，$a=n/m$，则有

$$\lg\Phi=\lg F(T)-a\lg t \tag{5-50}$$

注：莫志深新方法中的公式符号与原专著一致。

根据所得的新方程式(5-50)，在某一相对结晶度下，以 $\lg\Phi$ 对 $\lg t$ 作图，可得到一系列直线，从直线可得截距 $\lg F(T)$，斜率 $-a$。$F(T)$ 的物理意义为对某一体系，在单位时间内达到某一相对结晶度时必须选取的冷却（或加热）速率，可表征聚合物结晶的快慢。参数 $a=n/m$，其中 n 为非等温结晶过程中的表观 Avrami 指数，m 为非等温结晶过程的 Ozawa 指数。

第6章　橡胶弹性

橡胶包括天然橡胶和合成橡胶。弹性体是呈现橡胶弹性的聚合物。橡胶的通俗概念是："施加外力时发生大的形变，外力除去后形变可以恢复的弹性材料"。美国材料协会标准（ASTM）规定："20～27℃下、1min可拉伸2倍的试样，当外力除去后1min内至少回缩到原长的1.5倍以下者或者在使用条件下，具有10^6～10^7Pa的杨氏模量者称为橡胶"。

橡胶的柔性、长链结构使其卷曲分子在外力作用下通过链段运动改变构象而舒展开来，除去外力又恢复到卷曲状态。橡胶的适度交联可以阻止分子链间质心发生位移的黏性流动，使其充分显示高弹性。交联（crosslinking）可以通过交联剂硫黄、过氧化物等与橡胶反应来完成。对于热塑性弹性体，则是一种物理交联。

橡胶和弹性体的物理力学性能是极其特殊的。它有稳定的尺寸，在小形变（<5%）时，其弹性响应符合虎克定律，像个固体；但它的热膨胀系数和等温压缩系数又与液体有相同的数量级，意味着其分子间作用力与液体相似；此外，其导致形变的应力随温度升高而增加，又与气体的压强随温度升高而增加有类似性。

单就力学性能而言，橡胶弹性具有如下特点。

① 弹性形变大，可高达1000%。而一般金属材料的弹性形变不超过1%，典型的是0.2%以下。

② 弹性模量小。高弹模量约为10^5N/m^2，而一般金属材料弹性模量可达10^{10}～10^{11}N/m^2。

③ 弹性模量随热力学温度的升高呈正比增加，而金属材料的弹性模量随温度的升高而减小。

④ 形变时有明显的热效应。当把橡胶试样快速拉伸（绝热过程），温度升高（放热）；回缩时，温度降低（吸热）。而金属材料与此相反。

交联橡胶（即橡皮）受到外力拉伸或压缩时，形变总是随着时间逐渐发展的，称为力学松弛。这是因为链段运动需要克服内摩擦力。为此，在实际应用中，橡胶的理想高弹性不能完全发挥，具有一定的永久变形，表现为黏弹性本质。对于未硫化的橡胶，整个分子的位移运动还需要克服分子间的摩擦阻力，弹性损失、永久形变更大，强度也低，必须经过硫化才能具有使用价值。

本章讨论的橡胶弹性热力学分析和统计理论均为交联橡胶热力学平衡态的高弹形变。

6.1　形变类型及描述力学行为的基本物理量

当材料受到外力作用而所处的条件却使其不能产生惯性移动时，它的几何形状和尺寸将发生变化，这种变化就称为应变。材料发生宏观的变形时，其内部分子间以及分子内各原子间的相对位置和距离就要发生变化，致使原子间或分子间原有的引力平衡受到破坏，因而将产生一种恢复平衡的力，这种力简称附加内力，可用来抵抗外力。当达到平衡状态时，附加内力和外力大小相等，方向相反。定义单位面积上的附加内力为应力，其单位为牛顿/米^2，

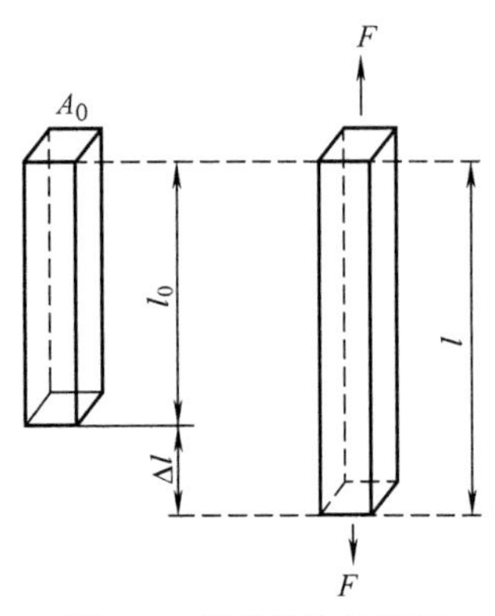

图 6-1 简单拉伸示意图

又称帕斯卡，符号为 N/m^2 或 Pa。

材料受力的方式不同，发生的变形方式也不同。对于各向同性的材料，有下列三种基本的类型。

① 在简单的拉伸情况下，材料受到的外力是垂直于截面积的、大小相等而方向相反的作用于同一直线上的两个力 F，如图 6-1 所示。这时材料的形变称为张应变。

小伸长时，张应变通常以单位长度的伸长来定义。如果材料的起始长度为 l_0，变形后的长度为 l，则张应变（tensile strain）ε 为

$$\varepsilon=\frac{(l-l_0)}{l_0}=\frac{\Delta l}{l_0} \tag{6-1}$$

张应变的这种定义在工程上已被广泛运用，因而又称为工程应变或习用应变。

当材料发生张应变时，材料的应力称为张应力（tensile stree），与工程应变对应的工程应力 σ 定义为

$$\sigma=\frac{F}{A_0} \tag{6-2}$$

式中 A_0——材料的起始截面积。

当材料发生较大形变时，其截面积将发生较大变化，这时工程应力就会与材料的真实应力发生较大的偏差。正确计算应力应该以真实截面积 A 代替 A_0，得到的应力称为真应力（true stress）。

$$\sigma'=\frac{F}{A} \tag{6-3}$$

相应地，提出了真应变（true strain）的定义。如果材料在某一时刻长度从 l_i 变到 l_i+dl_i，则真应变为

$$\delta=\int_{l_0}^{l}\frac{dl_i}{l_i}=\ln\frac{l}{l_0} \tag{6-4}$$

此外，在试样形变大的情况下，有时也采用其他更方便的张应变的定义，如 $\Delta l/l$ 和 $[(l/l_0)-(l_0/l)^2]/3$。后一定义在橡胶弹性理论中已被采用。所有张应变在小形变时，基本上给出相同的值，而在大形变时，则有相当大的差别。

② 在简单剪切的情况下，材料受到的是与截面相平行的剪切力，这是不作用在同一直线上的、大小相等而方向相反的两个力，见图 6-2。在剪切力作用下，材料将发生偏斜，切应变 γ 定义为剪切位移量 S 与剪切面之间的距离 d 的比值，即剪切角 θ 的正切。

$$\gamma=\frac{S}{d}=\tan\theta \tag{6-5}$$

相应地，材料的剪切应力 τ 为

$$\tau=\frac{F}{A_0} \tag{6-6}$$

③ 在均匀（流体静压力）压缩的情况下，材料受到周围压力 P 的作用，发生体积变形，使材料从起始体积 V_0 缩小为 $V_0-\Delta V$，见图 6-3。材料的均匀压缩应变 Δ 定义为单位体积的体积减小。

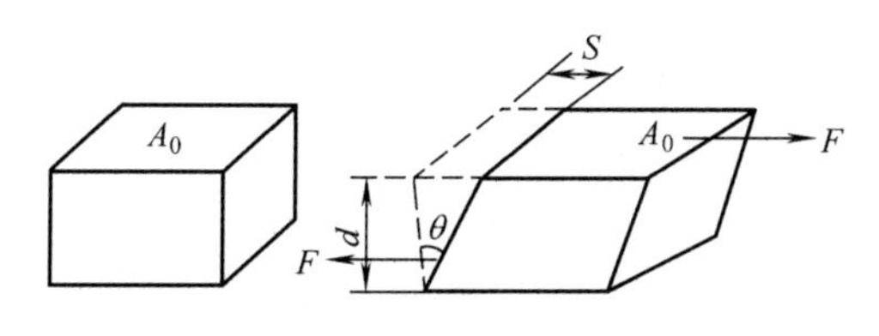

图 6-2 简单剪切示意图

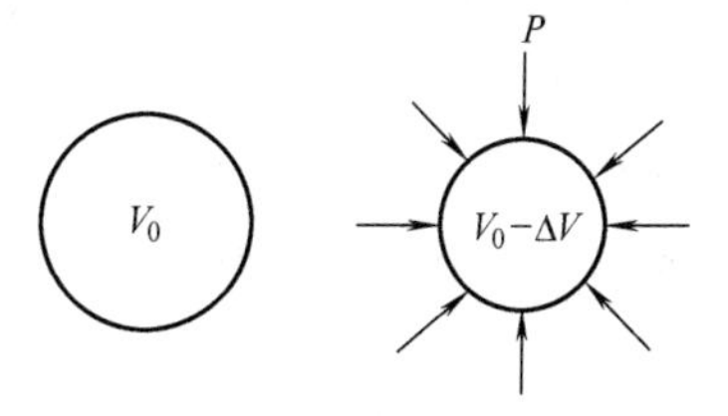

图 6-3 均匀流体静压力示意图

$$\Delta=\frac{\Delta V}{V_0} \tag{6-7}$$

对于理想的弹性固体，应力与应变关系服从虎克定律，即应力与应变成正比，比例常数称为弹性模量（elastic modulus）。

弹性模量=应力/应变

可见，弹性模量是发生单位应变时的应力，它表征材料抵抗变形能力的大小，模量越大，越不容易变形，材料刚性越大。

对于不同的受力方式，也有不同的模量。称为杨氏模量（Young's modulus）、切变模量（shear modulus）和体积模量（volume modulus），分别记为 E、G 和 B。

$$E=\frac{\sigma}{\varepsilon}=\frac{\frac{F}{A_0}}{\frac{\Delta l}{l_0}} \tag{6-8}$$

$$G=\frac{\tau}{\gamma}=\frac{F}{A_0\tan\theta} \tag{6-9}$$

$$B=\frac{P}{\left(\frac{\Delta V}{V_0}\right)}=\frac{PV_0}{\Delta V} \tag{6-10}$$

应变都是无量纲量，因而弹性模量的单位与应力的单位相同。

有时，用模量的倒数比用模量来得方便。杨氏模量的倒数称为拉伸柔量（tensile compliance），用 D 表示；切变模量的倒数称为切变柔量（shear compliance），用 J 表示；而体积模量的倒数称为可压缩度（compresible degree）。

对于各向同性的材料而言，通过弹性力学的数学推导可得出上述三种模量之间的关系

$$E=2G(1+\nu)=3B(1-2\nu) \tag{6-11}$$

ν 为泊松比（Poisson's ratio），定义为拉伸实验中材料横向收缩应变与纵向伸长应变的比值，它也是一个反映材料性质的重要参数。

$$\nu=-\frac{\Delta m/m_0}{\Delta l/l_0}=-\frac{\varepsilon_T}{\varepsilon} \tag{6-12}$$

式中 ε_T——横向的应变。

表 6-1 总结了几种情况下的泊松比数值。

表 6-1 泊松比数值

数 值	解 释	数 值	解 释
0.5	不可压缩或拉伸过程中没有体积变化的材料	0.49～0.499	橡胶的典型数值
0.0	没有横向收缩的材料	0.20～0.40	塑料的典型数值

三种模量的关系式表明，三种模量加上泊松比，这 4 个参数中只有 2 个是独立的。只要知道其中 2 个，其余 2 个便可由关系式求出。即只要知道 2 个参数，就足以描述各向同性材料的弹性力学行为。

对于各向异性的材料，情况则要复杂得多。这时，材料在各个方向上有不同的性质，因而有不止两个的独立的弹性模量。

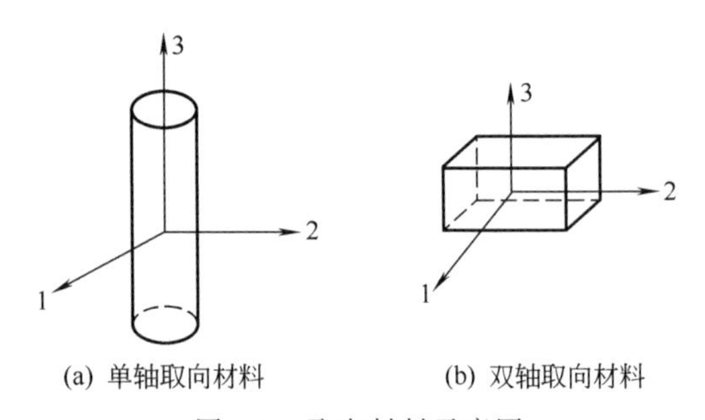

(a) 单轴取向材料　(b) 双轴取向材料

图 6-4　取向材料示意图

对每一个单轴取向的材料，如图 6-4(a) 所示，要 5 个参数才能全面描述。即取向方向的模量 E_{33} 和泊松比 $\nu=-E_{33}/E_{13}$，横向上的模量 $E_{11}=E_{22}$ 和泊松比 $\nu_{12}=\nu_{21}=-E_{11}/E_{21}$ 以及决定绕取向方向扭转的切变模量 G。

双轴取向的材料如图 6-4(b) 所示，需要 9 个参数才能全面描述，即 E_{11}、E_{22}、E_{33}、$\nu_{12}=-\dfrac{E_{22}}{E_{12}}$、$\nu_{21}=-\dfrac{E_{11}}{E_{21}}$、$\nu_{23}=-\dfrac{E_{33}}{E_{23}}$、$\nu_{32}=-\dfrac{E_{22}}{E_{32}}$、$\nu_{31}=-\dfrac{E_{11}}{E_{31}}$、$\nu_{13}=-\dfrac{E_{33}}{E_{13}}$。

6.2　橡胶弹性的热力学分析

把橡皮试样当作热力学体系，环境就是外力、温度和压力等。将长度为 l 的试样在拉力 f 作用下伸长 $\mathrm{d}l$，根据热力学第一定律，体系的内能变化 $\mathrm{d}U$ 为：

$$\mathrm{d}U=\mathrm{d}Q-\mathrm{d}W$$

$\mathrm{d}Q$ 为体系吸收的热量，$\mathrm{d}W$ 为体系对外做的功，包括膨胀功 $P\mathrm{d}V$ 和拉伸功 $f\mathrm{d}l$。即假设过程是可逆的，由热力学第二定律可得

$$\mathrm{d}Q=T\mathrm{d}S$$

而 $\mathrm{d}W$ 包括膨胀功 $P\mathrm{d}V$ 和拉伸功 $f\mathrm{d}l$，即

$$\mathrm{d}W=P\mathrm{d}V-f\mathrm{d}l$$

所以

$$\mathrm{d}U=T\mathrm{d}S-P\mathrm{d}V+f\mathrm{d}l$$

由此可推得等温等压条件下的热力学方程（利用 $H=U+PV$）

$$f=\left(\frac{\partial H}{\partial l}\right)_{T,P}-T\left(\frac{\partial S}{\partial l}\right)_{T,P} \tag{6-13}$$

或

$$f=\left(\frac{\partial H}{\partial l}\right)_{T,P}+T\left(\frac{\partial f}{\partial T}\right)_{l,P} \tag{6-14}$$

以及等温等容条件下的热力学方程

$$f=\left(\frac{\partial U}{\partial l}\right)_{T,V}-T\left(\frac{\partial S}{\partial l}\right)_{T,V} \tag{6-15}$$

或

$$f=\left(\frac{\partial U}{\partial l}\right)_{T,V}+T\left(\frac{\partial f}{\partial T}\right)_{l,V} \tag{6-16}$$

尽管实验在等压条件下容易实现，但等容条件更便于理论分析，因为在此条件下可认为分子间距离不变，即分子间相互作用不变，只需考虑由于分子构象改变而引起的内能和熵的改变。因此，根据式(6-16)，可从拉伸力 f（或应力）的温度依赖性来推求试样伸长时内能和熵的变化。

图 6-5 是一种天然橡胶在伸长 l 恒定时的拉力（或应力）-温度曲线。实验中，改变温度时，必须等待足够长的时间，使张力达到平衡值。对于所有的伸长，拉力-温度关系都是线性的。但是，当伸长率大于 10％时，直线的斜率为正；伸长率小于 10％时，直线的斜率为负。这种斜率的变化称为热弹转变，它是由于橡皮的热膨胀引起的。热膨胀使固定应力下试样的长度增加，这就相当于为维持同样长度所需的作用力减小。在伸长不大时，由热膨胀引起的拉力减小超过了在此伸长时应该需要的拉力增加，致使拉力随温度增加而稍有下降。为了克服热膨胀引起的效应，改用恒定拉伸比（extension ratio）$\lambda = l/l_0$ 来代替恒定长度 l，直线就不再出现负斜率了，见图 6-6。

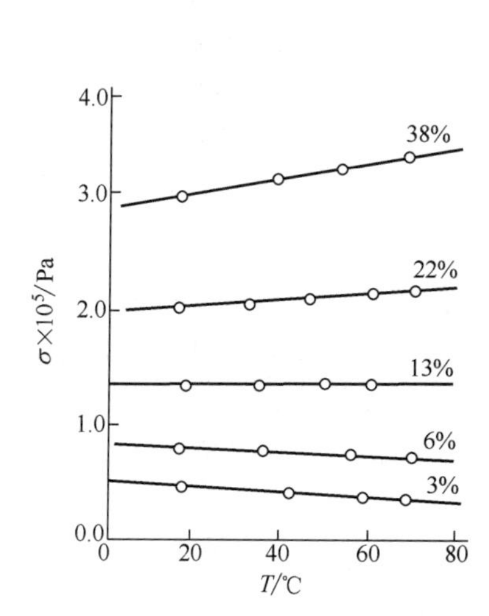

图 6-5　固定伸长时一种天然橡胶的拉力（或应力）-温度关系

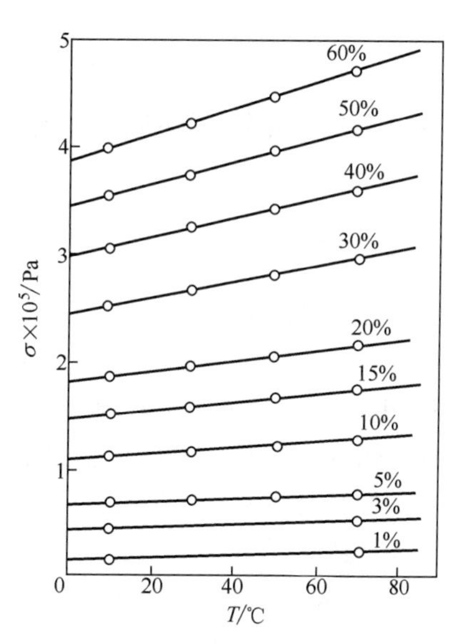

图 6-6　校正到固定伸长比时拉力（或应力）-温度关系

图 6-5 中，伸长率小于 10％时，在相当宽的温度范围内，各直线外推到 $T = 0\text{K}$ 时，几乎都通过坐标原点，由式(6-15)，式(6-16) 可知，$(\partial U/\partial l)_{T,V} \approx 0$，即

$$f = T\left(\frac{\partial f}{\partial T}\right)_{l,V} = -T\left(\frac{\partial S}{\partial l}\right)_{T,V} \tag{6-17}$$

说明橡皮拉伸时，内能几乎不变，而主要引起熵的变化。在外力作用下，橡皮分子链由原来蜷曲状态变为伸展状态，熵值由大变小，终态是一种不稳定的体系。当外力除去后，就会自发的回复到初态。这就说明了高弹性主要是由橡皮内部熵的贡献，即熵弹性（entropic elasticity）。

同样，因内能不变，在恒容条件下由式(6-15) 可得：

$$f\mathrm{d}l = -T\mathrm{d}S = -\mathrm{d}Q$$

当橡皮拉伸时，$\mathrm{d}l > 0$，故 $\mathrm{d}Q < 0$，体系是放热的；反之，当橡皮压缩时，$\mathrm{d}l < 0$，但 $f < 0$，所以 $\mathrm{d}Q < 0$，体系仍将是放热的。

研究表明，内能对聚合物的高弹性也有一定的贡献，约占 10％，但这并不改变高弹性的熵弹本质。

根据式(6-16) 和式(6-15)

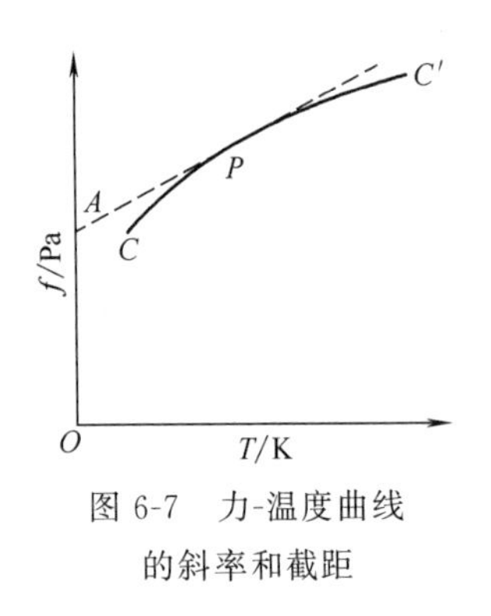

图 6-7 力-温度曲线的斜率和截距

$$f=\left(\frac{\partial U}{\partial l}\right)_{T,V}+T\left(\frac{\partial f}{\partial T}\right)_{l,V}=\left(\frac{\partial U}{\partial l}\right)_{T,V}-T\left(\frac{\partial S}{\partial l}\right)_{T,V}=f_u+f_s \tag{6-18}$$

式中 f_u，f_s——分别表示内能和熵对拉力的贡献。

由式(6-18) 可以看出，试样在任一给定伸长时内能和熵对拉力的贡献可以由实验测定的力-温度图计算得到，见示意图 6-7。图中，曲线 CC' 表示某一恒定伸长率时拉力与温度关系。某一温度对应的曲线上 P 点的切线斜率应为 $(\partial f/\partial T)_{l,V}$，其负值等于该温度下试样单位伸长时熵的变化 f_s；而截距 OA 则为单位伸长时内能的变化 f_u。

6.3 橡胶弹性的统计理论

6.3.1 状态方程

热力学分析只能给出宏观物理量之间的关系。W. Kuhn、E. Guth 和 H. Mark 等把统计力学用于高分子链的构象统计，1935 年建立了橡胶高弹性统计理论（rubber highelasticity statistical theory)，即通过微观的结构参数求得高分子链熵值的定量表达式，进而再从交联网形变前后熵变导出宏观应力-应变关系。

真实的橡胶交联网是复杂的，为了理论处理方便，采用一个理想的交联网模型，该模型必须符合如下假定。

① 每个交联点由 4 个有效链组成，交联点是无规分布的。

② 两交联点之间的链——网链为高斯链，其末端距符合高斯分布。

③ 这些高斯链组成的各向同性网络的构象总数是各个网络链构象数目的乘积。

④ 网络中的各交联点被固定在它们的平衡位置上。当橡胶试样变形时，这些交联点将以相同的比率变形，即所谓的“仿射”变形。

此外，在统计分析中，假设弹性力完全归因于变形的构象熵，内能的影响可以忽略。为此，不必去求内能 U 的明确表达式，而只需致力于求熵 S 的表达式。

对于一个孤立的柔性高分子链，若将其一端固定在坐标的原点 (0,0,0)，根据高斯链统计模型可得另一端出现在坐标点 (x,y,z) 处的小体积元 $\mathrm{d}x\mathrm{d}y\mathrm{d}z$ 内的概率。

$$W(x,y,z)\mathrm{d}x\mathrm{d}y\mathrm{d}z=\left(\frac{\beta}{\sqrt{\pi}}\right)^3 \mathrm{e}^{-\beta^2(x^2+y^2+z^2)}\mathrm{d}x\mathrm{d}y\mathrm{d}z \tag{6-19}$$

$$\beta^2=\frac{3}{2zb^2}$$

式中 b——链段长度；

z——链段数目。

如果 $\mathrm{d}x\mathrm{d}y\mathrm{d}z$ 取成单位小体积元，则链构象数 Ω 同概率密度 $W(x,y,z)$ 成比例。再根据 Boltzmann 定理，体系的熵 S 与体系的微观状态数（构象数）Ω 的关系为

$$S=k\ln\Omega$$

式中 k——玻耳兹曼常数。

则一个孤立柔性高分子链的构象熵应为

$$S=C-k\beta^2(x^2+y^2+z^2) \tag{6-20}$$

式中 C——常数。

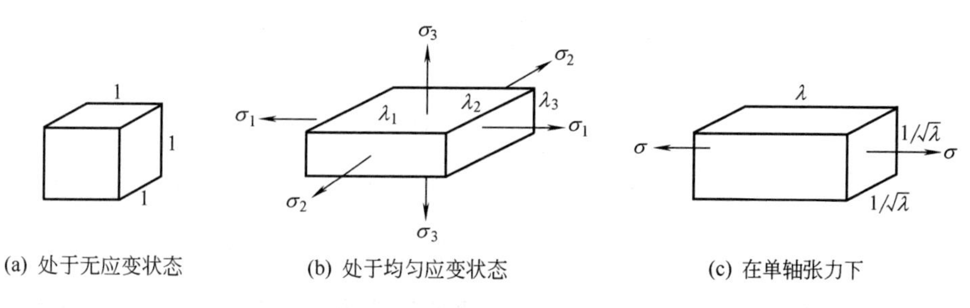

(a) 处于无应变状态　(b) 处于均匀应变状态　(c) 在单轴张力下

图 6-8　橡胶的单位立方体

对于一块各向同性的橡皮试件，设取出其中的单位立方体，如图 6-8(a) 所示。当发生了一般的纯均匀应变后，立方体转变为长方体［图 6-8(b)］。这种长方体在三个主轴上的尺寸是 λ_1，λ_2 和 λ_3，这些 λ 值叫做主伸长比率。与此同时，高分子链的末端距也应发生相应的变化。如果交联网中第 i 个网链的一端固定在坐标原点，另一端形变前在点 (x_i, y_i, z_i) 处，则形变后应在点 $(\lambda_1 x_i, \lambda_2 y_i, \lambda_3 z_i)$ 处，见图 6-9。根据假设条件④，网链的构象熵可以引用式(6-20) 的结果，即第 i 个网链形变前构象熵为

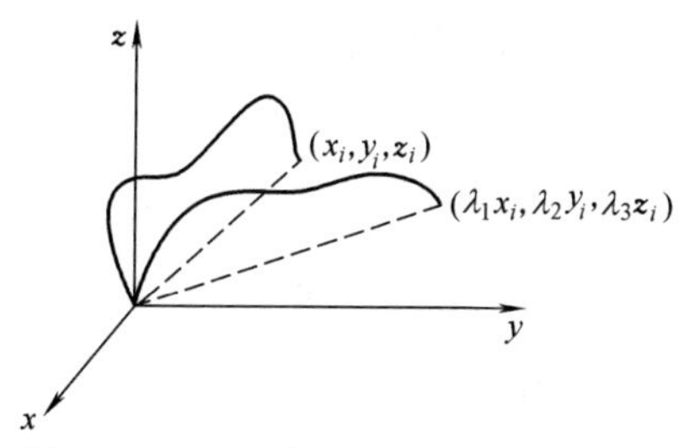

图 6-9　网链“仿射”变形前后的坐标

$$S_{i,\mathrm{u}}=C-k\beta_i^2(x_i^2+y_i^2+z_i^2)$$

形变后的构象熵为

$$S_{i,\mathrm{d}}=C-k\beta_i^2(\lambda_1^2 x_i^2+\lambda_2^2 y_i^2+\lambda_3^2 z_i^2)$$

故形变时网链的构象熵的变化为

$$\Delta S_i=S_{i,\mathrm{d}}-S_{i,\mathrm{u}}=-k\beta_i^2[(\lambda_1^2-1)x_i^2+(\lambda_2^2-1)y_i^2+(\lambda_3^2-1)z_i^2] \tag{6-21}$$

根据假设条件③，整个交联网形变时的总构象熵变化应为交联网中全部网链熵变的加和。如果交联网内共有 N 个网链，则总熵变为

$$\Delta S=-k\sum_{i=1}^{N}\beta_i^2[(\lambda_1^2-1)x_i^2+(\lambda_2^2-1)y_i^2+(\lambda_3^2-1)z_i^2]$$

由于每个网链的末端距都不相等，所以取其平均值，则

$$\Delta S=-kN\beta^2[(\lambda_1^2-1)\overline{x^2}+(\lambda_2^2-1)\overline{y^2}+(\lambda_3^2-1)\overline{z^2}] \tag{6-22}$$

又因为交联网是各向同性的，所以

$$\overline{x^2}=\overline{y^2}=\overline{z^2}=\frac{1}{3}\overline{h^2}$$

式中 $\overline{h^2}$——网链均方末端距。

将上式代入式(6-22)，则得

$$\Delta S=-\frac{1}{3}\overline{h^2}kN\beta^2[(\lambda_1^2-1)+(\lambda_2^2-1)+(\lambda_3^2-1)] \tag{6-23}$$

又根据高斯链的构象统计理论

$$\overline{h_0^2}=zb^2=\frac{3}{2\beta^2}$$

式中，$\overline{h_0^2}$ 是高斯链的均方末端距。而假设条件②中规定，网链的均方末端距 $\overline{h^2}$ 等于高斯链的均方末端距 $\overline{h_0^2}$，所以 $\beta^2=\frac{3}{2\overline{h^2}}$。将此式代入式(6-23)，得

$$\Delta S=-\frac{1}{2}Nk(\lambda_1^2+\lambda_2^2+\lambda_3^2-3) \tag{6-24}$$

接着，由于假设形变过程中交联网的内能不变，$\Delta U=0$，故自由能的变化为

$$\Delta F=\Delta U-T\Delta S=\frac{1}{2}NkT(\lambda_1^2+\lambda_2^2+\lambda_3^2-3) \tag{6-25}$$

根据等容过程，体系自由能的减少，等于对外界所做的功；反之，外力对体系所做的功，等于体系自由能的增加。换句话说，外力做功储存在这个形变了的橡胶里。

$$W=\Delta F=\frac{1}{2}NkT(\lambda_1^2+\lambda_2^2+\lambda_3^2-3) \tag{6-26}$$

故 ΔF 又称为储能函数。

对于单轴拉伸情况，假定在 x 方向上拉伸，$\lambda_1=\lambda$，$\lambda_2=\lambda_3$，且考虑拉伸时体积不变，$\lambda_1\lambda_2\lambda_3=1$，因而 $\lambda_2=\lambda_3=(1/\lambda)^{1/2}$，见图 6-8(c)，则

$$W=\frac{1}{2}NkT(\lambda_1^2+\lambda_2^2+\lambda_3^2-3)=\frac{1}{2}NkT\left(\lambda^2+\frac{2}{\lambda}-3\right) \tag{6-27}$$

又因为 $\mathrm{d}W=f\,\mathrm{d}l$

则
$$f=\left(\frac{\mathrm{d}W}{\mathrm{d}l}\right)_{T,V}=\left(\frac{\mathrm{d}W}{\mathrm{d}\lambda}\right)_{T,V}\left(\frac{\mathrm{d}\lambda}{\mathrm{d}l}\right)_{T,V}=\frac{1}{l_0}\left(\frac{\mathrm{d}W}{\mathrm{d}\lambda}\right)_{T,V}$$

$$\sigma=\frac{f}{A_0}=\frac{1}{A_0l_0}\left(\frac{\mathrm{d}W}{\mathrm{d}\lambda}\right)_{T,V} \tag{6-28}$$

将式(6-27) 代入式(6-28)，可得

$$\sigma=\frac{1}{A_0l_0}NkT\left(\lambda-\frac{1}{\lambda^2}\right)=N_1kT\left(\lambda-\frac{1}{\lambda^2}\right) \tag{6-29}$$

式中　N_1——试样每单位体积内的网链数。

式(6-29) 中 N_1 又可用交联点间链的平均分子量 $\overline{M}_c$ 表示，它们之间有下列关系

$$\frac{N_1\overline{M}_c}{N_A}=\rho$$

式中　N_A——阿伏伽德罗常数；

ρ——聚合物的密度。

因而，式(6-29) 又可写成

$$\sigma=\frac{\rho RT}{\overline{M}_c}\left(\lambda-\frac{1}{\lambda^2}\right) \tag{6-30}$$

式中　R——气体常数。

式(6-29)、式(6-30) 均称为交联橡胶的状态方程。

对于一般固体物质，受到拉伸时服从虎克定律，则

$$\sigma=E\varepsilon=E\,\frac{l-l_0}{l_0}=E(\lambda-1) \tag{6-31}$$

显然，式(6-29)、式(6-30) 与式(6-31) 是不同的。交联橡胶的状态方程所描述的应力-应变关系并不符合虎克定律。然而，根据

$$\lambda=1+\varepsilon,\ \lambda^{-2}=(1+\varepsilon)^{-2}=1-2\varepsilon+\cdots$$

当形变 ε 很小时，式(6-29) 或式(6-30) 可以改写为

$$\sigma=N_1kT\left(\lambda-\frac{1}{\lambda^2}\right)=N_1kT(1+\varepsilon-1+2\varepsilon)=3N_1kT\varepsilon=3\frac{\rho RT}{\overline{M}_c}\varepsilon$$

令

$$E=3N_1kT=3\frac{\rho RT}{\overline{M}_c}$$

则

$$\sigma=E\varepsilon \tag{6-32}$$

式(6-32) 和式(6-31) 就完全相同了。只有在形变很小时，交联橡胶的应力-应变关系才符合虎克定律。

又因为橡胶类聚合物在变形时，体积几乎不变，泊松比 $\nu=0.5$，杨氏模量和切变模量的关系恰为

$$E=2G(1+\nu)=3G$$

因此，式(6-32) 可写为

$$\sigma=E\varepsilon=3G\varepsilon \tag{6-33}$$

这样，状态方程又可以改写为

$$\sigma=E\ \frac{1}{3}\left(\lambda-\frac{1}{\lambda^2}\right)=G\left(\lambda-\frac{1}{\lambda^2}\right) \tag{6-34}$$

E 及 G 分别为拉伸和剪切应力-应变曲线的初始斜率。

图 6-10 把理论的和实验的应力-应变曲线作了比较。可以看出，对于应变在 50%以下或 $\lambda<1.5$ 的情况，理论和实验结果相当一致。但在较高伸长情况下，则不太相符。在很高的应变时，网链接近它的极限伸长，高斯链的假设就不再成立。另一个复杂的因素是应变所引起的结晶作用。所以，实验曲线与理论结果偏差很大。

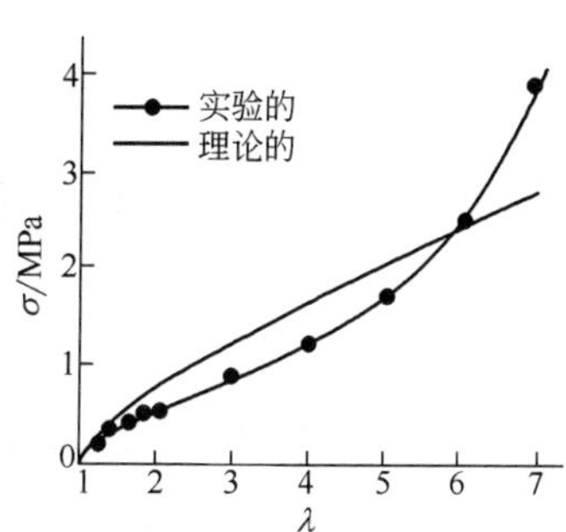

图 6-10　交联天然橡胶的应力 (σ) 与拉伸比 (λ) 曲线

理论曲线是根据方程 $\sigma=G\left(\lambda-\frac{1}{\lambda^2}\right)$ 计算的，其中 $G=\frac{\rho RT}{\overline{M}_c}=0.39\text{MPa}$

虽然，高斯理论仅在相对低的应变下有效，但在对橡胶弹性提供分子解释方面，它仍然具有很大的价值。

有关橡胶双轴均匀拉伸的 σ-ε 关系，这里不再详述。

6.3.2　一般修正

为了使理论更加符合实际，人们不断地对上述理论提出修正。

6.3.2.1　网链末端距非高斯分布

从式(6-23) 至式(6-24)，曾经运用网链的末端距等于高斯链末端距的假定，而这在交联网发生变形之后，特别是形变较大的时候，是有问题的，必须加以修正。如果考虑 $\overline{h^2}\neq\overline{h_0^2}$，则式(6-26) 应为

$$\Delta F=\frac{1}{2}NkT\left(\frac{\overline{h^2}}{\overline{h_0^2}}\right)(\lambda_1^2+\lambda_2^2+\lambda_3^2-3) \tag{6-35}$$

参数 ($\overline{h^2}/\overline{h_0^2}$) 有时称为“前因子”，可以理解为网链的实际尺寸同时假定它们是孤立的且不受任何约束时的尺寸的平均偏差。对于理想橡胶网络，前因子显然等于 1。

同样式(6-29) 应为

$$\sigma=N_1kT\left(\frac{\overline{h^2}}{h_0^2}\right)\left(\lambda-\frac{1}{\lambda^2}\right) \tag{6-36}$$

令

$$G_0=N_1kT\left(\frac{\overline{h^2}}{h_0^2}\right)$$

则上式可写成

$$\sigma=G_0\left(\lambda-\frac{1}{\lambda^2}\right) \tag{6-37}$$

6.3.2.2 **自由链端**（悬吊链）

线形聚合物交联过程不可能形成完美的理想交联网，即除了形成对弹性有贡献的有效链——网链之外，还可能形成只有一端固定在交联点上而另一端是自由端的自由链——端链，或者形成封闭的链圈等，如图 6-11 所示，它们对弹性是没有贡献的。为此，对总的网链数 N 有必要进行修正。

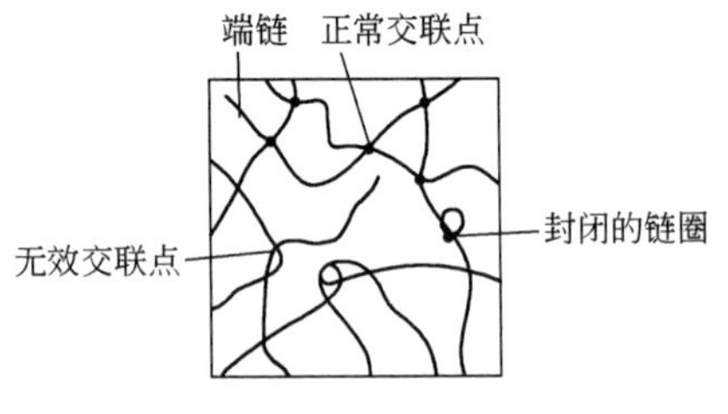

图 6-11　实际交联网示意图

如果橡胶的密度为 ρ，单位体积中理想交联网的网链总数 $N_1=\left(\frac{\rho}{\overline{M}_c}\right)N_A$，假定每个线形分子链交联后都有两个末端形成自由链，则有效链的数目为

$$N'=N_A\left(\frac{\rho}{\overline{M}_c}-\frac{2\rho}{\overline{M}_n}\right)=\frac{N_A\rho}{\overline{M}_c}\left(1-\frac{2\overline{M}_c}{\overline{M}_n}\right) \tag{6-38}$$

式中　$\overline{M}_n$——交联前橡胶的数均分子量。

则

$$G=N_1kT\left(1-\frac{2\overline{M}_c}{\overline{M}_n}\right)=\frac{\rho RT}{\overline{M}_c}\left(1-\frac{2\overline{M}_c}{\overline{M}_n}\right) \tag{6-39}$$

6.3.2.3 **网链的物理缠结**

链缠结（chain entanglement）将会对网链产生更多的构象限制，对应力的贡献不容忽视，但这方面定量计算较为困难，目前简单地将此贡献加到剪切模量上，表示为

$$G=\frac{\rho RT}{\overline{M}_c}+a \tag{6-40}$$

式中　a——缠结对剪切模量的贡献。

6.3.2.4 **交联网形变时体积变化**

交联橡胶在形变时是要发生体积变化的，其变化数量级约为 10^{-4}，而在前面的推导中运用了体积不变的假定，需要进行修正。修正的办法是重新规定参考态，经推导可得

$$\sigma=N_1kT\left(\lambda-\frac{V}{V_0}\times\frac{1}{\lambda^2}\right) \tag{6-41}$$

式中　V_0——拉伸前边长 l_0 的立方体的体积；

V——单轴拉伸后长度为 l 的立方体的体积。

6.3.2.5 **交联网的非仿射形变**

研究表明，交联网的变形不是仿射变形，特别是在较高的应变下更是如此。通常，交联

点的波动使模量减小，作为一种简单的校正，可以在式$G=N_1kT$中引入一个小于1的校正因子A_ϕ，即

$$G=A_\phi N_1 kT \tag{6-42}$$

6.3.3 “幻象网络”理论

对一种变形完全非仿射的极限情况，Flory提出了一种理想的“幻象网络”（phantom network）理论，该理论设想交联网的相邻网链可以相互穿越，完全排除交联点周围网链缠结的存在，从而使交联点的波动完全不受阻碍。在“幻象网络”的情况下，体系中网链的应变可根据降低应力的需要自动调整（称为涨落），故微观网链的应变必然要低于试样宏观的应变，前已提及，实际模量要比仿射变形假设所预测的结果低一个因子$A_\phi<1$。

$$G=A_\phi NkT/V=A_\phi N_1 kT \tag{6-43}$$

式中，N为交联网中的网链总数；N_1为试样单位体积中的网链数。

在完全非仿射的情况下：

$$A_\phi=1-\frac{2}{\phi} \tag{6-44}$$

式中，ϕ为交联点的功能度，即从一个交联点向外发射的网链数目。一个三官能度网络($\phi=3$)，$A_\phi=1/3$；四官能度网络($\phi=4$)，$A_\phi=1/2$；官能度越高，A_ϕ值越高，网络的形变越接近于仿射形变。

“幻象网络”理论预测了一个不同的自由能-形变关系式：

$$\Delta F=\left(1-\frac{2}{\phi}\right)\frac{1}{2}NkT(\lambda_1^2+\lambda_2^2+\lambda_3^2-3) \tag{6-45}$$

在单轴拉伸条件下可得：

$$\sigma=\left(1-\frac{2}{\phi}\right)N_1 kT\left(\lambda-\frac{1}{\lambda^2}\right) \tag{6-46}$$

上式中出现了一个新的物理量——环度（cycling degree），即$\left(1-\frac{2}{\phi}\right)N_1$。与仿射形变模型比较，区别在于用环度代替了单位体积的网链数。仿射形变假定认为：当橡胶试样形变时，网链中的交联点将以相同比率变形，即网链均为有效链，均可承担同样的应力。而“幻象网络”理论中，网链形变不必仿射，通过交联点涨落的调整，只有部分网链为有效链。非仿射的程度越高，承担应力的网链越少。但涨落的调整有一个限度，这个限度就是环度。环度量的链是维持网络完整所必需的网链数，亦即网络中至少要有环度量的网链来支撑应力。

橡胶弹性理论的发展结果与实验有了较好地吻合，但是“幻象网络”的假定在真实链中显然并不十分合适。Edwards S. F. 试图以其管子模型处理弹性问题，工作尚待深入。

6.4 橡胶弹性的唯象理论

统计理论处理小形变时是令人满意的。事实上，要求仅仅一个结构参数的统计理论结果完满地解释实际橡皮大形变的特性是不可能的，进一步引入结构参数在理论上又是困难的。目前，唯象理论（phenomenological theory）可以通过修改储能函数的形式使之能说明实验结果。该理论不涉及任何分子结构参数，纯属宏观现象的描述。

唯象理论具有多种形式，例如，Mooney-Rivlin理论和Ogden理论等。Mooney-Rivlin提出应变储能函数的一种表达式；Ogden则完全抛开了上一理论中应变储能函数必须是拉

伸比的偶数幂函数的限制，于 20 世纪 70 年代提出了不可压缩橡胶储能函数的另一种表达式。这里，主要讲述前一种理论。

当一橡皮发生形变时，外力所做的功一定储存在这个变形了的橡皮里。因此，唯象理论仍以储能函数 W 作为基本点，这时参数只是 λ_1、λ_2 和 λ_3，均可通过实验测定。

储能函数 W 只能是形变 λ_1、λ_2、λ_3 的函数，即

$$W=W(\lambda_1,\lambda_2,\lambda_3) \tag{6-47}$$

再考虑以下两点假定：①橡胶是不可压缩的，在未应变状态下是各向同性的；②简单剪切形变的状态方程可由虎克定律描述，M. Mooney 从对称性出发，由纯粹的数学论证，推导出橡胶材料的应变储能函数公式如下：

$$W=C_1(\lambda_1^2+\lambda_2^2+\lambda_3^2-3)+C_2\left(\frac{1}{\lambda_1^2}+\frac{1}{\lambda_2^2}+\frac{1}{\lambda_3^2}-3\right) \tag{6-48}$$

C_1、C_2 为两个常数，推导过程无明确的物理意义。

但是，与高斯网络统计理论比较，可以认为，式(6-48) 第一项与统计理论的储能函数形式相同，即与弹性模量有关：

$$C_1=\frac{1}{2}NkT$$

因此，可以把统计理论看成是 Mooney 理论在 $C_2=0$ 时的特殊情况，即 C_2 可作为对统计理论偏差的量度。

从 Mooney 函数公式出发，可以导出各种应变状态下的状态方程。对于单轴拉伸或压缩，$\lambda_1=\lambda$，$\lambda_2=\lambda_3=(1/\lambda)^{1/2}$，代入式(6-48) 可得

$$W=C_1(\lambda^2+2/\lambda-3)+C_2(1/\lambda^2+2\lambda-3) \tag{6-49}$$

进一步得到

$$\sigma=2(C_1+C_2/\lambda)(\lambda-1/\lambda^2) \tag{6-50}$$

按照这个方程，以 $\sigma/2(\lambda-1/\lambda^2)$ 对 $1/\lambda$ 作图应得到一斜直线，斜率为 C_2，在 $\lambda=1$ 处的截距为 C_1+C_2。而按统计理论关系，$\sigma/2(\lambda-1/\lambda^2)$ 对 $1/\lambda$ 图应是一水平线。

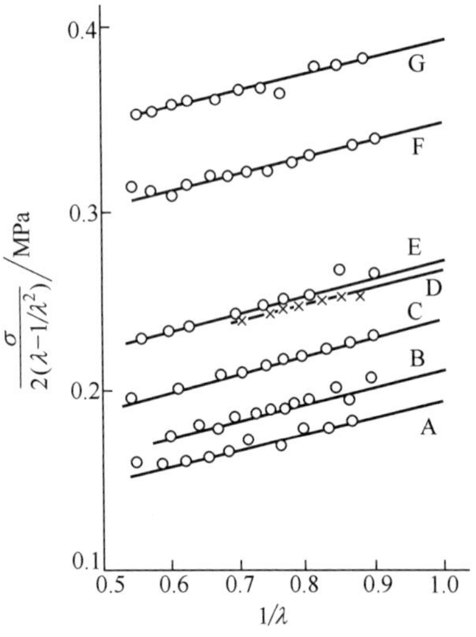

一组不同硫化程度的天然橡胶试样的实验事实证明，当 $\lambda<2$ 时，Mooney 方程比之统计理论可以更好地描述橡胶弹性模量的伸长比的依赖性。即 C_2 基本保持不变，C_1 则随交联程度的增加而增大，说明 C_1 为网络结构的函数，与统计理论的 $\frac{1}{2}G$ 相似（图 6-12）。

图 6-12　不同硫化程度天然橡胶单向拉伸的 Mooney 图

R. S. Rivlin 从数学角度出发，讨论了应变储能函数可采取的最一般形式。Rivlin 认为，储能函数只能是 λ 的偶次函数。其中最简单的三个偶次幂函数为

$$\begin{aligned} I_1&=\lambda_1^2+\lambda_2^2+\lambda_3^2\\ I_2&=\lambda_1^2\lambda_2^2+\lambda_2^2\lambda_3^2+\lambda_3^2\lambda_1^2\\ I_3&=\lambda_1^2\lambda_2^2\lambda_3^2 \end{aligned} \tag{6-51}$$

这三个表达式同坐标轴的选择无关，称为应变不变量。关于 λ_i 的更复杂的偶次幂函数可借助于这三个基本形式导出。

如果橡胶是不可压缩的，则 $I_3=1$，弹性储能为 I_1 和 I_2 两个应变不变量的函数，可写成级数展开的形式

$$W=\sum_{i=0,j=0}^{\infty} c_{ij}(I_1-3)^i(I_2-3)^j \tag{6-52}$$

这里，取（I_1-3）和（I_2-3）而不直接取 I_1 和 I_2 是为了在零应变时满足 $W=0$ 的条件。同理可知，$c_{00}=0$。

取展开式的 $i=1$，$j=0$ 一项时，上式对应于统计理论导出的结果。取 $i=1$，$j=0$ 和 $i=0$，$j=1$ 两项，上式则对应于 Mooney 储能公式。

Rivilin 进一步研究表明，Mooney 方程对橡胶单向拉伸过程是适合的，但却不能反映双向拉伸的实验结果，即不能作为储能函数的一般形式。而 Rivilin 提出的应变储能函数的一般形式既可适用于单向拉伸，又可适用于双向拉伸。具体内容在此不再详述。

6.5　橡胶弹性的影响因素

6.5.1　交联与缠结效应

交联度（degree of crosslinking）的表征有以下几个参数。

网链的总数 N 和网链密度（即单位体积的网链数）$N_1=N/V_0$、交联点数目 μ 或交联点密度 μ/V_0 均可用来表征交联度（没有端链和封闭链圈的交联网），它们之间的定量关系依赖于交联点的功能度 ϕ，图 6-13 为两个简单的完善交联网的实例。不难得出

$$\phi\mu=2N \tag{6-53}$$

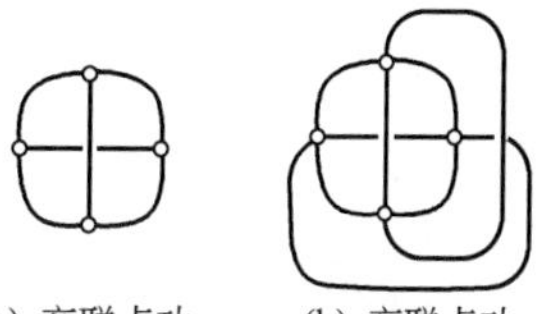

(a) 交联点功能度为3　　(b) 交联点功能度为4

图 6-13　交联网示意图

网链的平均分子量 $\overline{M}_c$ 是另一个交联度的表征参数，它与网链密度的关系为：

$$\overline{M}_c=\rho N_A/N_1 \tag{6-54}$$

通常交联网的结构是高度无规的，其交联点的数目和位置基本上是未知的，并且含有对弹性没有贡献的端链和封闭链圈。

采用通常的硫化方法制备的橡胶，每个分子链上带有两个端链，6.3 节中已给出引入端链校正后硫化橡胶的模量表达式

$$G=\frac{\rho RT}{\overline{M}_c}\left(1-\frac{2\overline{M}_c}{\overline{M}_n}\right)$$

采用 Mooney 方程，令 $2C_1=G$，则有

$$C_1=\frac{\rho RT}{2\overline{M}_c}\left(1-\frac{2\overline{M}_c}{\overline{M}_n}\right) \tag{6-55}$$

实验表明，对于起始分子量不同而具有相同交联度的一系列试样，其 $2C_1$ 同 $\overline{M}_n^{-1}$ 之间具有线性关系（图 6-14），即端链修正关系是成立的，试样的模量随着起始分子量 $\overline{M}_n$ 的增加即端链的减少而提高。

将 $2C_1$-$\overline{M}_n^{-1}$ 关系直线外推到 $\dfrac{1}{\overline{M}_n}=0$ 即得 C_1^{∞}，相应于起始分子量为无穷大即完善交联网络的 C_1 值。按照统计理论，该值等于 $\rho RT/2\overline{M}_c$。因此，式(6-55) 可写成

$$\Delta C_1 = C_1^{\infty} - C_1 = \rho RT/\overline{M}_n \tag{6-56}$$

该式不含有 $\overline{M}_c$，因而对不同 $\overline{M}_c$ 的试样，可由同一直线表示 ΔC_1 同 $\overline{M}_n^{-1}$ 之间的关系。图 6-15 为交联天然橡胶的 ΔC_1-$\overline{M}_n^{-1}$ 关系曲线，所得线性关系良好，但直线斜率与理论值 ρRT 不相符合。

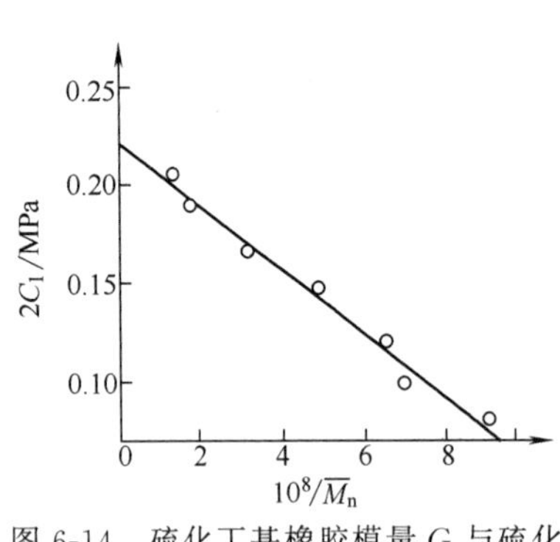

图 6-14　硫化丁基橡胶模量 G 与硫化前分子量 $\overline{M}_n$ 的关系

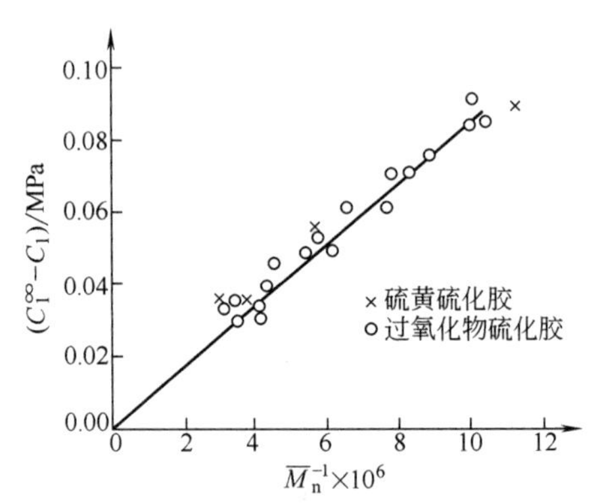

图 6-15　交联橡胶的弹性常数 $C_1^{\infty}-C_1$ 与起始分子量 $\overline{M}_n$ 倒数的关系

20 世纪 70 年代，J. E. Mark 等人采用新的合成技术，制备了一系列具有简单的指定结构的交联网，例如选用带有羟端基的线形聚二甲基硅氧烷（PDMS）为原料，以原硅酸乙酯作为末端连接剂，可以得到交联点功能度为 4 的完善交联网。类似地，以带有烯端基的 PDMS 为原料，用多功能团硅烷进行末端连接，也成功地制备了交联点功能度为 3～11 的 PDMS 交联网，甚至可以得到 ϕ 高达 37 的交联网。这些模型交联网为研究橡胶弹性理论的定量关系创造了条件。

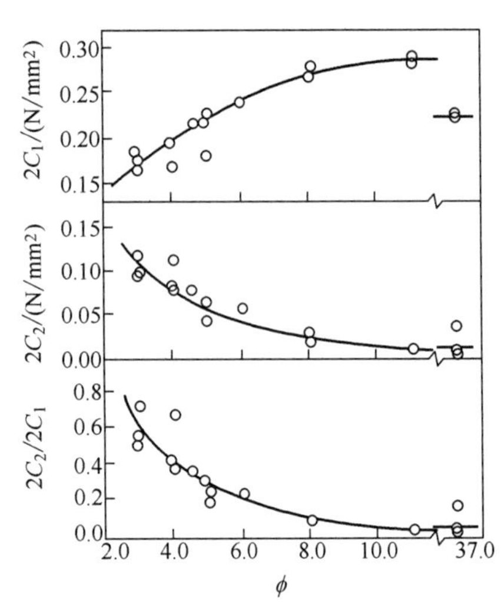

图 6-16　交联点功能度 ϕ 对 $2C_1$、$2C_2$ 和 $2C_2/2C_1$ 的影响

图 6-16 交联点功能度对交联网弹性模量的影响。纵坐标 C_1、C_2 为 Mooney 方程中的两个常数。可以看出，模量 $2C_1$ 随着交联点功能度 ϕ 的增加而升高，与理论关系式(6-49) 和式(6-50) 所预言的结果相符合，表示交联点功能度增大，交联网中网链受到更大的束缚。当 ϕ 足够大时，$2C_1$ 可接近于仿射变形的模量；当 ϕ 较小时，交联网变形时引起交联点波动将使非仿射变形成分增加，橡皮模量减小。$2C_2$ 以及 $2C_2/2C_1$ 对 ϕ 的图显示出 $2C_2$ 随 ϕ 的减小而增加，这正是非仿射变形引起的与统计理论偏差的反映。

应该提及，极限性质主要是指极限强度、最大伸长率和断裂行为，它们也是橡胶材料使用性能中的重要指标。

端链对橡皮极限性质的影响也不容忽视。端链是交联网中的不完善结构因素，对橡胶弹性没有贡献，因而，对高弹体的极限性质也是不利的。研究表明，以链端选择连接方法制备的 PDMS 交联网，其端链发生率最低，极限强度最高；以辐射交联方法制备的 PDMS 交联网，交联点的位置是完全无规的，必然含有最多的端链，其断裂强度最低；而由过氧化物引发交联的PDMS交联网，其断裂强度落在前两种情况之间。有关最大伸长率的测量，也得到了类似的结论。当然，由于交联网中，端链的数目是未知的，故这些研究结果又是半定量的。

除化学交联外，交联网链间的物理缠结（physical entanglement）也是影响弹性模量的因素。橡胶硫化前，分子链彼此缠绕。一旦形成化学交联网络，交联点间网链的“圈套”有可能形成永久性的链间缠结点，如图6-17所示。这些永久性的链缠结点起着附加交联点的作用。

根据6.3节中给出的引入缠结校正后硫化橡胶的模量表达式

$$G=\left(\frac{\rho RT}{\overline{M}_c}+a\right)(1-\beta\overline{M}_c/\overline{M}_n)$$

或

$$C_1=\left(\frac{\rho RT}{2\overline{M}_c}+a\right)(1-\beta\overline{M}_c/\overline{M}_n)$$

取$a=7.8\times10^4$Pa，$\beta=2.3$，由模量G的实测结果可计算得到有机过氧化物硫化天然橡胶试样的$\overline{M}_c$值。该值与交联点密度直接计算的数值一致，说明对缠结效应的分析是合理的，a和β是与橡胶的化学结构及硫化方式有关的参数，表征缠结效应的大小，详见图6-18。

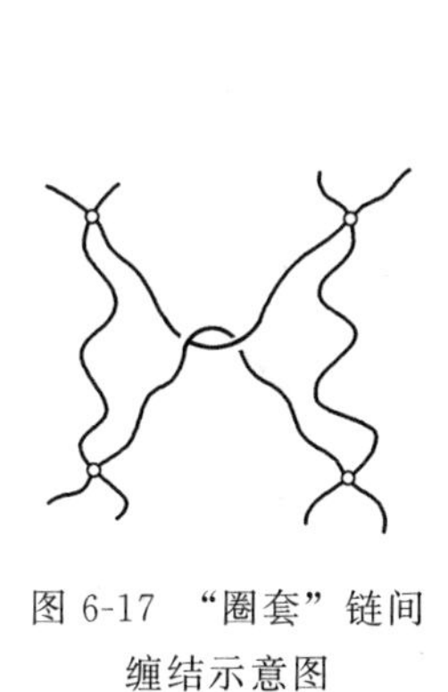

图6-17 “圈套”链间缠结示意图

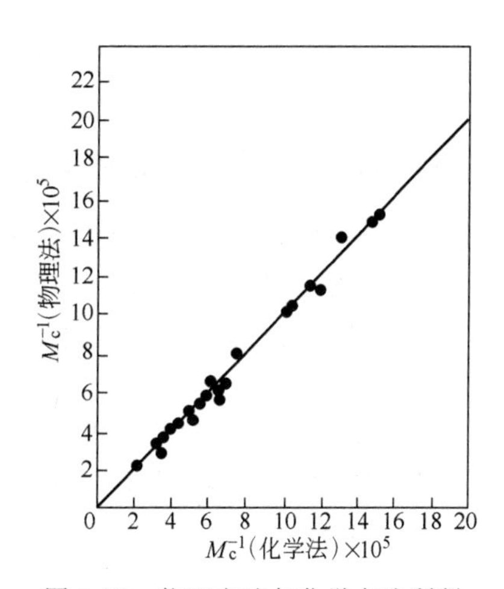

图6-18 物理方法与化学方法所得硫化天然橡胶$\overline{M}_c^{-1}$值的比较

如果硫化过程在溶胀状态或取向状态下进行，缠结作用可望削弱。在某些条件下进行硫化，还可以完全消除物理缠结作用的影响，此时，橡胶的模量与交联程度之间符合统计理论所预期的关系。

6.5.2 溶胀效应

溶剂分子进入橡胶交联网络，使其溶胀（swelling），体系网链密度降低，平均末端距增加，进而模量下降。

溶剂进入单位体积“干”胶中，使其各边长度变为λ_0。然后，将溶胀后的试样进行单轴拉伸，其各边长度变为λ_1、λ_2、λ_3，见图6-19所示。由于溶胀体系中“干”胶的体积分数为$\varphi_2=1/\lambda_0^3$，故网链密度为$N_1\varphi_2$，网链均方末端距为$\overline{h^2}\varphi_2^{-2/3}$，状态方程为

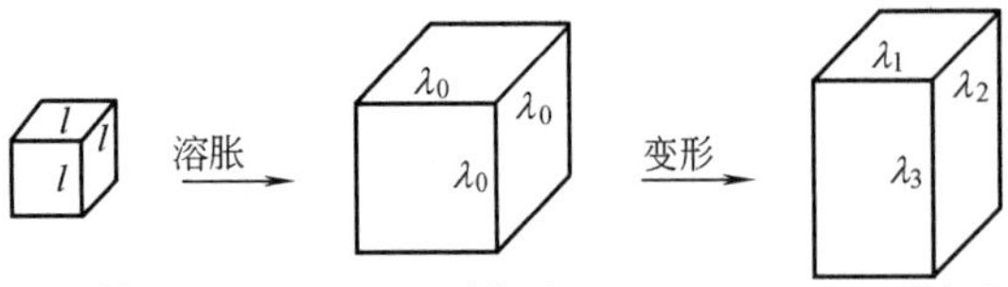

(a) 未溶胀　(b) 溶胀后　(c) 形变后

图 6-19　单位立方体橡胶

$$\sigma_s = N_1 kT\varphi_2^{1/3}\left(\frac{\overline{h^2}}{\overline{h_0^2}}\right)\left(\lambda_s-\frac{1}{\lambda_s^2}\right) \tag{6-57}$$

式中　σ_s，λ_s——溶胀试样的拉伸应力和拉伸比；

N_1，$\overline{h^2}$——“干”胶的网链密度和均方末端距。

式(6-57) 说明，溶胀橡胶的模量是“干”胶模量 $N_1kT\left(\frac{\overline{h^2}}{\overline{h_0^2}}\right)$ 的 $\varphi_2^{1/3}$ 倍，比“干”胶模量低。如果应力按“干”胶的原始截面积 $A_{0,\mathrm{d}}$ 来计算，由于 $A_{0,\mathrm{d}}=A_{0,\mathrm{s}}/\lambda_0^2=A_{0,\mathrm{s}}\varphi_2^{2/3}$，则

$$\sigma_d = N_1 kT\varphi_2^{-1/3}\left(\frac{\overline{h^2}}{\overline{h_0^2}}\right)\left(\lambda_s-\frac{1}{\lambda_s^2}\right)=G_d\varphi_2^{-1/3}\left(\lambda_s-\frac{1}{\lambda_s^2}\right) \tag{6-58}$$

下标 d 表示“干”胶。

如果统计理论成立，则 $G_d=\sigma_d\varphi^{1/3}/(\lambda_s-\lambda_s^{-2})$。对于同一“干”胶试样，溶胀程度不同时 G_d 应为一常数。Mooney 方程在处理橡胶的拉伸过程具有更好的适用性，作为对统计理论的修正，令

$$\frac{\sigma_d\varphi_2^{1/3}}{2(\lambda_s-\lambda_s^{-2})}=C_1+\frac{C_2}{\lambda_s} \tag{6-59}$$

则 C_1 的数值与 $\frac{1}{2}G_d$ 相当。若将天然橡胶/苯溶胀体系的拉伸实验数据按式(6-58) 作图（图 6-20），外推，结果表明：C_1 近似为一常数，与理论符合；C_2 随溶胀度增加而减小，说明统计理论的偏差随溶胀度增加有规律地减小。

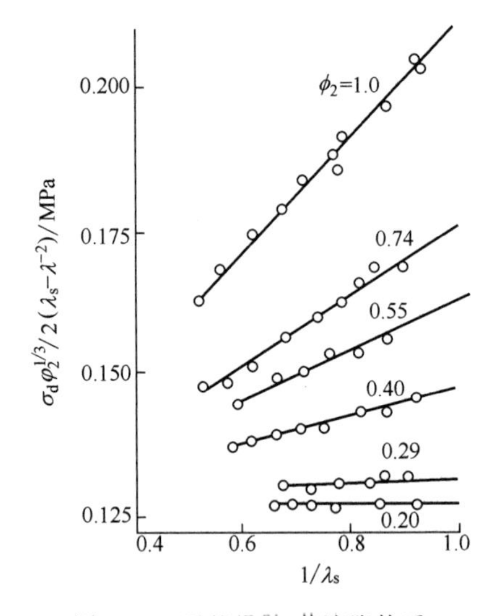

图 6-20　天然橡胶-苯溶胀体系拉伸的 Mooney 图

交联橡胶（橡皮）的溶胀过程包括两个部分：一方面溶剂力图渗入聚合物内部使其体积膨胀；另一方面由于交联聚合物体积膨胀导致网状分子链向三度空间伸展，使分子网受到应力产生弹性收缩能，力图使分子网收缩。当这两种相反倾向相互抵消时，达到了溶胀平衡。

溶胀过程，自由能变化应由两部分组成：一部分是高分子与溶剂的混合自由能 ΔG_M；另一部分是分子网的弹性自由能 ΔG_{el}。

$$\Delta G=\Delta G_M+\Delta G_{el}<0$$

达平衡时

$$\Delta G=\Delta G_M+\Delta G_{el}=0 \tag{6-60}$$

溶胀体内部溶剂的化学位与溶胀体外部纯溶剂的化学位相等

$$\frac{\partial\Delta G}{\partial n_1}=\frac{\partial\Delta G_M}{\partial n_1}+\frac{\partial\Delta G_{el}}{\partial n_1}=0 \tag{6-61}$$

$$\Delta\mu_1=\Delta\mu_{1,M}+\Delta\mu_{1,el}=0$$

根据 Flory-Huggins 晶格模型理论

$$\Delta G_M = RT[n_1\ln\varphi_1 + n_2\ln\varphi_2 + \chi_1 n_1\varphi_2]$$

则 $$\Delta\mu_{1,M} = \left[\frac{\partial(\Delta G_M)}{\partial n_1}\right]_{T,P,n_2} = RT\left[\ln\varphi_1 + \left(1-\frac{1}{x}\right)\varphi_2 + \chi_1\varphi_2^2\right] \underset{x\to\infty}{=} RT[\ln\varphi_1 + \varphi_2 + \chi_1\varphi_2^2] \tag{6-62}$$

又由高弹统计理论得知

$$\Delta F_{el} = \frac{1}{2}NkT(\lambda_1^2 + \lambda_2^2 + \lambda_3^2 - 3)$$

式中　N——交联网络的网链总数；

λ_1、λ_2、λ_3——溶胀后与溶胀前各边长度之比。

考虑理想交联网络等温等压拉伸过程内能不变，体积不变，则

$$\Delta F_{el} = \Delta U - T\Delta S = -T\Delta S$$

$$\Delta G_{el} = \Delta H - T\Delta S = \Delta U - P\Delta V - T\Delta S = -T\Delta S$$

所以

$$\Delta G_{el} = \Delta F_{el} = \frac{1}{2}NkT(\lambda_1^2 + \lambda_2^2 + \lambda_3^2 - 3)$$

进一步考虑橡胶交联网络溶胀是各向同性的，且溶胀前为单位立方体，溶胀后各边长为 λ。则溶胀后凝胶体积

$$\lambda^3 = 1 + n_1 V_{m,1} = \frac{1}{1/\lambda^3} = \frac{1}{\varphi_2}$$

$$\lambda = \left(\frac{1}{\varphi_2}\right)^{1/3}$$

式中　n_1——溶剂物质的量；

$V_{m,1}$——溶剂摩尔体积；

φ_2——试样在凝胶中所占的体积分数。

上式可改写为

$$\Delta G_{el} = \frac{1}{2}N_1 kT(\lambda_1^2 + \lambda_2^2 + \lambda_3^2 - 3) = \frac{1}{2}\frac{\rho_2 RT}{\overline{M}_c}(\lambda_1^2 + \lambda_2^2 + \lambda_3^2 - 3) = \frac{3}{2}\frac{\rho_2 RT}{\overline{M}_c}(\lambda^2 - 1)$$

式中　N_1——单位体积的网链数；

ρ_2——聚合物的密度；

$\overline{M}_c$——网链的平均分子量。

则 $$\Delta\mu_{1,el} = \frac{\partial\Delta G_{el}}{\partial n_1} = \frac{\partial\Delta G_{el}}{\partial\lambda} \times \frac{\partial\lambda}{\partial n_1} = \frac{\rho_2 RTV_{m,1}}{\overline{M}_c}\varphi_2^{1/3} \tag{6-63}$$

将 $\Delta\mu_{1,M}$、$\Delta\mu_{1,el}$ 表达式代入溶胀平衡方程式(6-61)，得

$$\ln\varphi_1 + \varphi_2 + \chi_1\varphi_2^2 + \frac{\rho_2 V_{m,1}}{\overline{M}_c}\varphi_2^{1/3} = 0 \tag{6-64}$$

又设试样溶胀前后体积比为 Q

$$Q = \frac{1}{\varphi_2} \tag{6-65}$$

溶胀平衡时，Q 达一极值。当橡胶交联度不高，即 $\overline{M}_c$ 较大时，在良溶剂体系中，Q 值可以超过10，此时 φ_2 很小，可将 $\ln\varphi_1 = \ln(1-\varphi_2)$ 展开，略去高次项，得：

$$\frac{\overline{M}_c}{\rho_2 V_{m,1}}\left(\frac{1}{2}-\chi_1\right)=Q^{5/3} \tag{6-66}$$

所以，利用溶胀平衡关系式(6-64) 和式(6-66) 可以求得交联橡胶或其他交联聚合物两交联点之间的平均分子量 $\overline{M}_c$。同时，式(6-64) 又将溶胀平衡时的 φ_2 与橡皮的弹性模量（正比于 $\overline{M}_c^{-1}$）定量地联系起来。将平衡溶胀天然橡胶试样的 $2C_1$（相当于 G_d）实验值以及由上述平衡溶胀关系式计算的 $2C_1$ 与 φ_2 作图，结果表明，当 $\chi_1=0.413$ 时，理论与实验相吻合。

6.5.3 其他影响因素

6.5.3.1 网链的极限伸长

6.3 节中已经提及，交联橡胶网链在小形变区和中等形变区的弹性行为可由统计理论或 Mooney 方程来描述。在大形变区，由于网链接近极限伸长，高斯函数不再适用，产生所谓的非高斯效应，使应力或弹性模量大幅度增加，如图 6-10 所示。橡胶的交联密度越高，网链越短，非高斯效应越容易出现，见图 6-21。

溶胀橡胶与干橡胶比较，形变前网链已有一定程度的伸长，在较小的拉伸比时即可达到极限伸长，故应力或模量升高的临界值降低。

6.5.3.2 应变诱发结晶

橡胶试样被拉伸后，网链沿着拉伸方向取向，有序化程度提高，有利于结晶的形成。这种由于应变取向而产生结晶的现象称为应变诱发结晶。为此，对于结晶性橡胶材料来说，高伸长时应力或模量的急剧升高除了网链的极限伸长性之外，还必须考虑结晶的影响。温度升高，抑制了应变诱发结晶作用，交联网的结晶度减小，应力或模量降低。

图 6-22 为天然橡胶在不同温度下的拉伸曲线。0℃时表现出应变诱发结晶效应，λ 约为 4 以上，应力显著升高。X 射线衍射实验证明，此时试样中确有晶态结构出现。而 60℃拉伸时几乎没有结晶作用，试样大伸长时应力的显著增加仅仅是网链非高斯效应的反映。

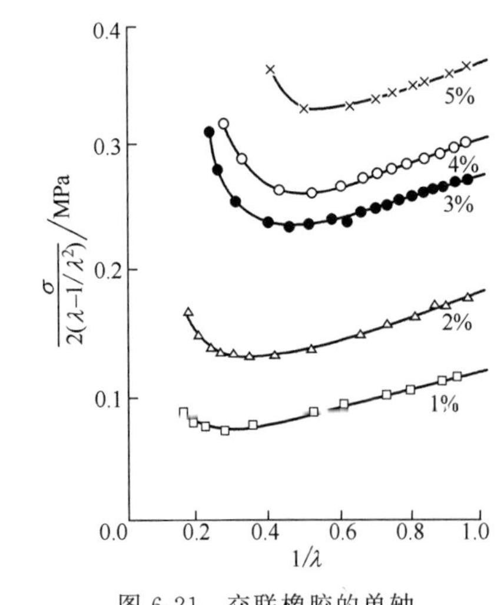

图 6-21 交联橡胶的单轴拉伸 Mooney 图

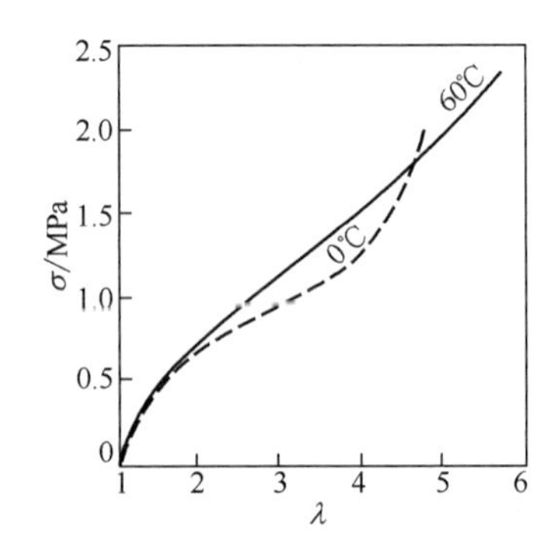

图 6-22 天然橡胶在不同温度下的应力-应变曲线

对于应变诱发结晶作用，溶胀度增大的效应与温度升高的效应是相似的，因为溶胀也抑制了应变诱发结晶作用。

6.5.3.3 填料

填料在硫化橡胶中的应用也具有重要的意义。例如，汽车轮胎中加入填料，可以使模量、拉伸强度、撕裂强度和耐磨性得到提高，这种填料称为增强填料，在橡胶中加入增强填料称为橡胶的补强。填料对橡胶弹性模量的影响可由 Guth-Smallwood 方程来描述：

$$E_f/E_0=1+2.5\varphi_f+14.1\varphi_f^2 \tag{6-67}$$

式中 E_f——补强橡胶的模量；

E_0——未补强橡胶的模量；

φ_f——填料的体积分数。

这一公式来源于刚性球悬浮于流体中时体系黏度的变化关系，将其用以说明填料对橡胶弹性模量的影响，当 $\varphi_f<0.25$ 时，与实验结果相符合，如图 6-23 所示。

填料的增强作用可理解为刚性填料对应变的放大效应。如果补强橡胶的外观应变仍以习用应变 ε 表示 ($\varepsilon=\lambda-1$)，由于填充橡胶中填料本身尺寸维持不变，所以实际上橡胶母体的应变要比 ε 大。将式(6-67) 右端当作应变放大因子，则修正后橡胶母体的拉伸比为

$$\Lambda=1+\varepsilon(1+2.5\varphi_f+14.1\varphi_f^2) \tag{6-68}$$

图 6-24(a) 为一系列炭黑填充天然橡胶的 Mooney 图。根据应变放大因子将同一组实验数据按上式橡胶母体的修正拉伸比作图，如图 6-24(b) 所示。可以看出，不同 φ_f 的试样实验数据基本重合。说明刚性填料对体系起着应变放大的作用，而对橡胶本身的弹性没有影响。

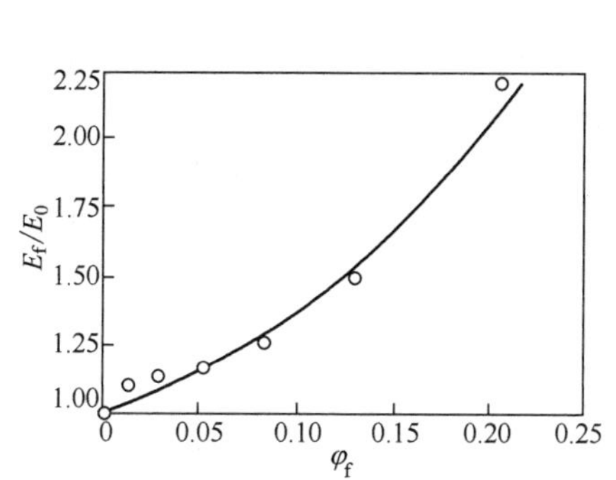

图 6-23 炭黑对天然橡胶模量的影响

○ 为实验点，曲线由式(6-67) 得出

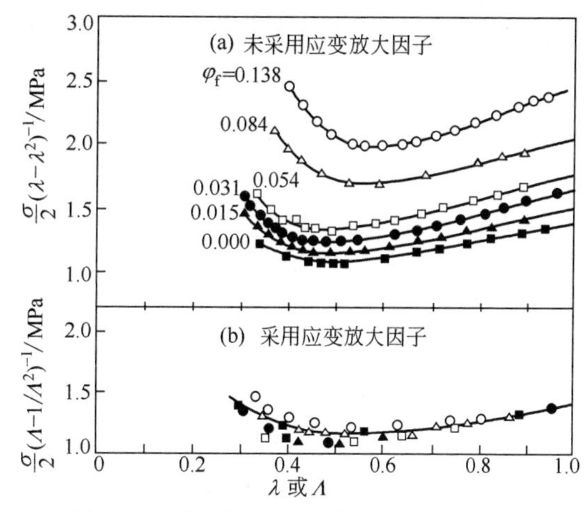

图 6-24 炭黑填充天然橡胶的 Mooney 图

填料补强的本质是填料颗粒表面与弹性体界面间的相互作用，特别重要的是它们之间的结合强度和结合特性。

6.6 热塑性弹性体

热塑性弹性体 (thermoplastic elastomer，TPE) 是一种兼具橡胶和热塑性塑料特性的材料。该种新型材料在室温下具有橡胶特性，在高温下又能熔融并塑化成型，因而，是继天然橡胶、合成橡胶之后的所谓第三代橡胶。

按照生产方法的不同，TPE 可以分为两大类：第一类是通过聚合方法得到的嵌段共聚

物；第二类是由弹性体与塑料在一定条件下通过机械共混方法制备的共混物。其中，前一类是至今研究、开发的重点。

TPE 的用途广泛，涉及的应用范围包括汽车、电气、电子、建筑、医疗与日常生活等领域。自 1960 年以来，各国的化工企业相继推出第三代热塑性弹性体产品。

下面重点讲述嵌段共聚型热塑性弹性体的研发进展，简述共混型热塑性弹性体的共混技术。

6.6.1 嵌段共聚型热塑性弹性体

嵌段共聚型 TPE 的高分子链结构为嵌段共聚物，其中含有不同分子结构的硬段和软段。硬段一般为熔点高的结晶性链段或者玻璃化转变温度高的玻璃态链段，软段为熔点低的结晶性链段或者玻璃化转变温度低的无定型链段。在室温下，由于材料处于软硬段的玻璃化转变温度之间或者熔点之间，硬段微区处于玻璃态或者晶态，作为物理交联点，赋予热塑性弹性体一定的强度，软段微区处于橡胶弹性平台区，赋予材料良好的延展性和弹性。因为硬段部分类似于热塑性塑料的特性，故其物理交联作用随温度的改变而发生熔融和结晶，呈现可逆性变化。

嵌段共聚型 TPE 的主要品种如下。

聚苯乙烯-聚丁二烯-聚苯乙烯（SBS）和聚苯乙烯-聚异戊二烯-聚苯乙烯（SIS）这两种典型的苯乙烯类三嵌段共聚物热塑性弹性体早在 1960 年已实现了产业化，它们是以玻璃化转变温度高的聚苯乙烯作为硬段，聚丁二烯等作为橡胶态软段，通过使用特定的催化剂进行自由基聚合反应而制成。而聚氨酯热塑性弹性体、聚酯热塑性弹性体和聚酰胺热塑性弹性体分别于 1960 年、1970 年和 1980 年实现了商品化，它们均含有熔点高的结晶性硬段、熔点低或者玻璃化转变温度低的软段，通过使用特定的催化剂进行聚加成反应制得。

上述聚酰胺（PA）热塑性弹性体是最新发展起来的一类交替嵌段共聚物（segmented copolymer）弹性体。其分子结构中，硬段一般为结晶性较强、熔点高的聚酰胺，软段为聚醚或聚酯。该类共聚物同时具备聚酰胺和聚醚或聚酯的多种优点，即不仅具有优良的耐磨损性、抗蠕变尺寸稳定性、耐高温性、耐溶剂性和加工性，又具有良好的低温柔性、抗冲击性和回弹性。

特定性能的聚酰胺热塑性弹性体可以通过调整软、硬段的化学结构和组成来实现，见式(6-69)。硬段和软段极性不同，在分子层面无法相容，可以通过缩聚反应得到交替嵌段共聚物。聚酰胺硬段含量高的嵌段共聚物可以作为塑性使用，聚醚或聚酯软段含量高的嵌段共聚物可以作为弹性体使用。在该类弹性体中，两种链段是热力学不相容的，室温下，聚酰胺硬段作为物理交联点分布于聚醚或聚酯软段之中，形成一种微相分离的凝聚态结构。当温度超过聚酰胺硬段的熔融温度 T_m 之后，即可和普通塑料一样进行成型加工而不需要硫化。又由于软段、硬段的熔融温度相差较大，微相分离的结构可以调整，使这类嵌段共聚物能够在一个宽广的温度区间内具有良好的弹性，并且又能够在较高的使用温度下保持稳定性。

$$-\overset{\overset{\displaystyle O}{\|}}{C}-PA-\overset{\overset{\displaystyle O}{\|}}{C}-X-PE-X- \tag{6-69}$$

式(6-69) 为聚酰胺嵌段共聚物的重复单元，其中，PA 代表聚酰胺单元硬段，PE 为聚醚单元或聚酯单元软段，X 为 O 或者 NH。常见的脂肪族聚酰胺热塑性弹性体硬段种类有 PA12、PA11、PA1212、PA1010、PA610、PA612、PA66、PA6、PA46；软段种类有聚四氢呋喃二醇（PTMEG）、聚乙二醇（PEG）、聚丙二醇（PPG）、共聚聚醚二醇、聚醚二胺。

此外，硬段还可以使用芳香族聚酰胺和半芳香族聚酰胺，软段还可以使用聚酯、聚碳酸酯、聚烯烃、聚硅氧烷。对于这两种构成的聚酰胺弹性体，目前尚未有相应的商品出售。

长碳链聚酰胺热塑性弹性体（LCPAE）是一种高性能、高附加值的热塑性弹性体。其分子结构中，硬段为两个相邻酰胺基团之间的碳链长度大于10的长碳链聚酰胺（LCPA），软段为聚醚。该类LCPA具有较低的酰胺基密度，克服了普通聚酰胺吸水率高引起的力学性能降低的缺点。并且，除了具备一般聚酰胺的优良性能之外，还具有良好的韧性、耐溶剂和尺寸稳定性、吸水率低、抗疲劳、高阻尼、加工温度低等特点。LCPAE又兼具LCPA和聚醚的双重优势，其强度、耐磨等力学性能优异，热稳定性和加工性好，低温抗冲击强度高，弹性回复率高，在医疗器件、电器元件、机械部件、高档运动鞋材、服装等领域获得了广泛的应用。LCPAE在国际市场上已经有了系列的、成熟的商品化材料，至今，国内厂家尚未推出这类产品，亟待自主研发，并具中国特色。

由于聚酰胺（PA）热塑性弹性体具有复杂的链结构和凝聚态结构，又具有优异的性能，自从20世纪70年代以来，这类弹性体的结构与性能关系研究对材料的进一步开发应用起着重要的作用。研究内容主要集中在高分子形貌学、凝聚态结构及其在外场作用下的结构演化动力学等方面；研究方法有元素分析、核磁共振、红外光谱、WAXD、SAXD、SALS、TEM、原子力显微镜（AFM）、DSC、动态力学热分析（DMTA）、流变等。其中，长碳链聚酰胺基热塑性弹性体（LCPAE）的本体形貌及其在拉伸外场作用下凝聚态结构的演化是当今国际、国内的研究热点，如何基于基础研究所得的结论开发出强度更高、回弹性更好的新型LCPAE，又成为学术界和工业界共同关注的问题及努力实现的目标。

6.6.2　共混型热塑性弹性体

共混型TPE在共混技术上经历了简单机械共混、部分动态硫化共混和动态硫化共混三个阶段。以热塑性乙丙橡胶为例：第一阶段是在PP中掺入未硫化的乙丙橡胶进行简单机械共混制备TPE（称作TPO），PP含量一般在50份以下（以橡胶100份计）。其特点为密度小，抗冲击性特别是低温脆性好，可用于制造汽车保险杠。第二阶段是在PP与乙丙橡胶共混时，借助交联剂和机械剪切应力的作用使橡胶组分部分动态硫化，产生少量交联结构。该种材料强度、压缩永久形变、耐热、耐溶剂等性能均较TPO有了很大的提高，橡胶含量也可高于TPO。但是，上述两种TPE中，橡胶组分继续增加，共混物流变性能大大降低。第三阶段是制备完全硫化了的EPDM和PP共混物，该种TPE称作热塑性硫化胶（TPV）。其结构为完全交联了的EPOM（黏度大）颗粒分散在PP（黏度小）基质中（尽管PP含量比EPDM少）。由于橡胶组分已被完全交联，所以，材料的强度、弹性、抗压缩永久形变性能及耐热性较前两种TPE有了很大提高。同时，耐疲劳、耐化学药品性及加工稳定性也明显改善，橡塑共混比可以在较大范围内变化，材料的性能具有更大的可调性。

前期，北京化工大学材料科学与工程学院先进弹性体材料研究中心率先研究了上述TPV并将其产业化。近些年来，该中心又研究开发了丁基橡胶/聚丙烯、丁基橡胶/尼龙系列品种，创新性强。

我国高分子科学家、专家的研究和创新贡献

长碳链聚酰胺热塑性弹性体（LCPAE）是一种高性能热塑性弹性体，它是由长碳链聚酰胺（LCPA）硬段和聚醚软段构成的一种嵌段共聚物，通过调节聚酰胺硬段和聚醚软段的分子量及其相对含量，可以获得一系列的嵌段共聚物，邵氏硬度从 25D 到 70D。由于两种链段在热力学上互不相容，使该种弹性体具有微相分离的凝聚态结构，同时具有 LCPA 树脂耐磨、强度高、热稳定性好、加工性好以及聚醚材料的低温柔性、回弹性高等诸多优点。

中国科学院化学研究所工程塑料重点实验室董侠（研究员）研究小组在新型长碳链聚酰胺弹性体研究和制备方面取得了一定的技术突破。该团队以国内长碳链 PA1012 原料为硬段，与国产聚四氢呋喃二醇软段，合成出断裂强度 35MPa、断裂伸长率 800%的弹性体材料。通过调整软硬段链段比例，制备一系列 PA1012-PTMEG 弹性体材料，其邵氏硬度从 25D 至 70D 可调，并申请了中国发明专利。该系统共聚物分别命名为 LCPAEx，x 为 1～5，其应力-应变曲线如图 6-25 所示。PA1012 含量低的共聚物是典型的弹性体（LCPAE1、LCPAE2），PA1012 含量高的共聚物具有塑料的特点（LCPAE3、LCPAE4、LCPAE5）。有别于已有研究，该实验室进行了 LCPAE 高分子结构设计与合成、凝聚态结构表征，并使用原位 X 射线衍射/散射技术分析凝聚态结构在拉伸外场作用下的微观结构演化这一从高分子化学到高分子物理的系统性研究，力图确立 LCPAE 结构与性能关系，为 LCPAE 国产化奠定基础。长碳链聚酰胺基弹性体正在进行产业化。

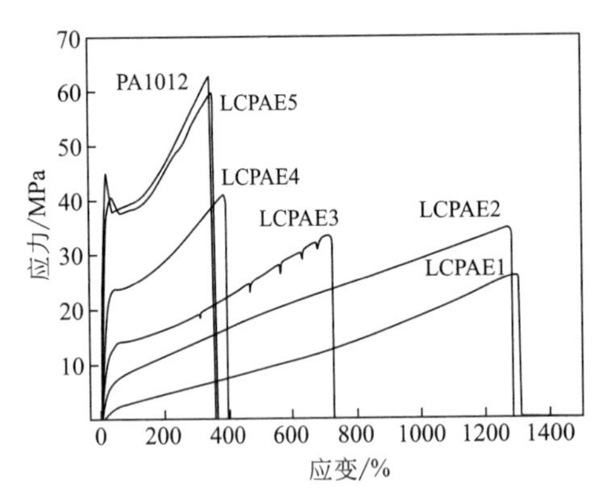

图 6-25 PA1012-PTMEG 系列共聚物长碳链聚酰胺弹性体的工程应力-应变曲线

北京化工大学材料科学与工程学院先进弹性体材料研究中心，在张立群（长江学者、教授）的带领下，通过多年的基础研究和产学研紧密联合，该校作为第一完成单位与山东玲珑轮胎股份有限公司、风神轮胎股份有限公司（合作单位）共同完成“节油轮胎用高性能橡胶纳米复合材料的设计及制备关键技术”项目，荣获 2015 年国家技术发明二等奖。

中心选用橡胶与不同形状系数的纳米填料进行复合，首次完成了原位改性分散和乳液纳米复合两项全新技术，解决了工业化应用时纳米填料的分散与界面调控难题，进而开发了节油轮胎三个关键部件（胎面胶、钢丝圈垫胶和气密内衬层胶）用高性能橡胶纳米复合材料，实现了在轿车节油轮胎的产业化应用，生产出达国际最好水平的节油（B 级）、安全（A 级）轮胎。

张立群教授主持完成了“特种高性能橡胶复合材料关键技术及工程应用”项目，2020 年荣获国家科技进步二等奖。

中心与无锡宝通科技股份有限公司等产学研合作，在纤维/橡胶复合材料结构设计、复合加工制造及关键装备方面具有创新性，研制出冶金、建材、矿山、煤矿等重点行业用大型特种输送带，为我国橡胶工业迈向世界一流作出了重要贡献。

20 世纪 90 年代以来，我国高分子计算机模拟和理论研究蓬勃发展。

在分子模拟中，经常要模拟成千上万个原子的分子体系，量子力学方法是目前难以使用的，只有分子力学（molecular mechanics）方法因其简便且准确才能够胜任。而分子蒙特卡洛方法是使用真实分子模型的方法。当所面对的体系有很多很多结构状态，又需要得到体系的统计平均性质，只有蒙特卡洛方法是行之有效的。

分子力学法研究高分子链的局部构象与构型、高分子的晶体结构以及分子蒙特卡洛法研究高分子链的统计性质等已取得了大量研究成果。但是，上述两种方法在橡胶体系中的研究鲜有文献报导。张立群的团队作出了显著贡献，学术论文在 Macromolecular 上发表。将分子模拟方法引入到复杂的弹性体复合材料体系的研究中，在分散、聚集、界面、黏弹性、结构-性能关系等方面获得了很多重要的结果。例如，采用粗粒度分子动力学手段探讨了接枝改性的纳米杆（nanorod）增强聚合物纳米复合材料的力学性能与黏弹性。结果表明，增强效率由纳米杆与聚合物的界面性质决定，可通过接枝密度、接枝链长度、接枝物与基体的相互作用强度进行调控。

第 7 章　聚合物的黏弹性

材料在外力作用下将产生应变。理想弹性固体（虎克弹性体）的行为服从虎克定律，应力与应变呈线形关系。受外力时平衡应变瞬时达到，除去外力应变立即恢复。理想黏性液体（牛顿流体）的行为服从牛顿流动定律，应力与应变速率呈线形关系。受外力时应变随时间线形发展，除去外力应变不能回复。实际材料同时显示弹性和黏性，即所谓黏弹性（viscoelasticity）。比之其他物体，聚合物材料的这种黏弹性表现得更为显著。如果这种黏弹性可由服从虎克定律的线形弹性行为和服从牛顿流动定律的线形黏性行为的组合来描述，则称之为线性黏弹性（linear viscoelasticity）；否则，称之为非线性黏弹性（non-linear viscoelasticity）。

造成聚合物黏弹性非线性的原因是多方面的。例如，应变过大或时间过长等。目前，该领域的研究还不够充分，主要进行了实验数据的经验处理、将线性黏弹性建立的宏观唯象表述扩充到非线性场合以及本构关系的多重积分表述等方面工作。为此，本章的讨论限于线性黏弹性范围。

作为黏弹性材料的聚合物，其力学性能受到力、形变、温度和时间 4 个因素的影响。在聚合物的加工过程中，有时可能四个因素同时变化。而在测试和研究工作中，往往固定两个因素以考察另外两个因素之间的关系。

① 在一定温度和恒定应力作用下，观察试样应变随时间增加而逐渐增大的蠕变现象。

② 在一定温度和恒定应变条件下，观察试样内部的应力随时间增加而逐渐衰减的应力松弛现象。

③ 在一定温度和循环（交变）应力作用下，观察试样应变滞后于应力变化的滞后现象。

以上三种现象统称聚合物的力学松弛现象。根据应力或应变是否是交变的，蠕变、应力松弛属于静态黏弹性，滞后现象属于动态黏弹性。

通过对黏弹性的研究，首先为聚合物的加工和应用提供力学方面的理论依据。此外，人们又可以从其中获得分子结构和分子运动的信息，这些信息包括：①平均分子量；②交联和支化；③结晶和结晶形态；④共聚结构（无规、嵌段、接枝）；⑤增塑；⑥分子取向；⑦填充；⑧与上述因素有关的运动学问题。

7.1　聚合物的力学松弛现象

蠕变及其回复、应力松弛、动态力学实验这些黏弹性行为反映的都是聚合物力学性能的时间依赖性，统称力学松弛现象（mechanic relaxation phenomenon）。

7.1.1　蠕变

蠕变（creep）是指在一定的温度和较小的恒定应力作用下，材料的应变随时间的增加而增大的现象。例如，软质 PVC 丝勾着一定质量的砝码，就会慢慢地伸长；解下砝码后，丝会慢慢地回缩。这就是软质 PVC 丝的蠕变和回复现象。图 7-1 为线形非晶态聚合物在 T_g 以上单轴拉伸的典型蠕变曲线和蠕变回复曲线。

通常，蠕变曲线代表三部分贡献的叠加。

① 理想的弹性即瞬时的响应，以 ε_1 表示

$$\varepsilon_1=\frac{\sigma_0}{E_1}=D_1\sigma_0 \tag{7-1}$$

式中　E_1——普弹模量；

D_1——普弹柔量。

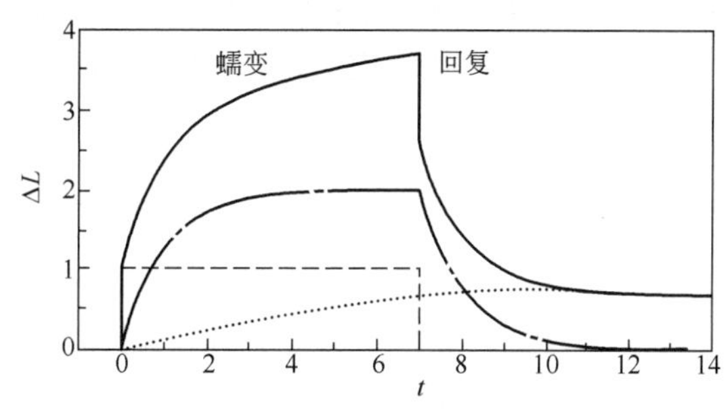

图 7-1　线形非晶态聚合物的蠕变及回复曲线

（t 时刻恒定外力下试样的伸长 ΔL 是三部分的叠加：– – –瞬时弹性响应；–·–·–推迟弹性部分；··········黏性流动，除去外力回复过程完成后，留下不可回复的形变）

② 推迟弹性形变即滞弹部分，以 ε_2 表示

$$\varepsilon_2=\frac{\sigma_0}{E_2}\psi(t)=\sigma_0 D_2\psi(t) \tag{7-2}$$

式中　E_2——高弹模量；

D_2——高弹柔量；

$\psi(t)$——蠕变函数。

推迟弹性形变发展的时间函数为 $\psi(t)$，其具体形式可由实验确定或者理论推导得出。显然，$t=0$，$\psi(t)=0$；$t=\infty$，$\psi(t)=1$。即当应力作用时间足够长时，应变趋于平衡。

③ 黏性流动，以 ε_3 表示

$$\varepsilon_3=\frac{\sigma_0}{\eta}t \tag{7-3}$$

式中　η——本体黏度。

前两部分贡献是可逆的，后一部分贡献是不可逆的。

全部蠕变应变 $\varepsilon(t)$ 为

$$\varepsilon(t)=\sigma_0 D_1+\sigma_0 D_2\psi(t)+\sigma_0\frac{t}{\eta}=\sigma_0 D(t) \tag{7-4}$$

这里

$$D(t)=D_1+D_2\psi(t)+\frac{t}{\eta} \tag{7-5}$$

是恒定应力下的蠕变柔量函数。

以上三种形变的相对比例依具体条件不同而不同。在非常短的时间内，仅有理想的弹性形变（虎克弹性）ε_1，形变很小。随着时间延长，蠕变速度开始增加很快，然后逐渐变慢，最后基本达到平衡。这一部分总的形变除了理想的弹性形变 ε_1 以外，主要是推迟弹性形变 ε_2，当然，也存在着随时间增加而增大的极少量的黏流形变 ε_3。加载时间很长，推迟弹性形变 ε_2 已充分发展，达到平衡值，最后是纯粹的黏流形变 ε_3。这一部分总的形变包括 ε_1、ε_2 和 ε_3 的贡献。

蠕变回复曲线中，理想弹性形变 ε_1 瞬时恢复，推迟弹性形变 ε_2 逐渐恢复，最后保留黏流形变 ε_3。

通过蠕变曲线最后一段直线的斜率 $\Delta\varepsilon/\Delta t=\sigma/\eta$，可以计算材料的本体黏度 η。或者由回复曲线得到 ε_3，然后按 $\eta=\sigma_0(t_2-t_1)/\varepsilon_3$ 计算。

为了能表现宽广范围内蠕变柔量的时间依赖性，一般选用对数坐标作图。恒定温度下，非晶态聚合物 $\lg D(t)$-$\lg t$ 曲线与第 5 章所述 $\lg E(10)$-T 曲线相似，可以呈现 5（或 4）个不同的区域。见图 7-2 所示。

除了上述单轴拉伸条件下聚合物可以产生蠕变以外，恒定的剪切力、压力、扭力等均可应用。例如，在切应力 τ_0 作用下，切应变 $\gamma(t)$ 为

$$\gamma(t)=\tau_0 J(t) \tag{7-6}$$

这里

$$J(t)=J_1+J_2\psi(t)+\frac{t}{\eta} \tag{7-7}$$

是切变柔量函数。

蠕变与温度高低和外力大小有关，见图 7-3。温度过低，外力太小，蠕变很小而且很慢，在短时间内不易觉察；温度过高，外力过大，形变发展过快，也觉察不出蠕变现象；在适当的外力作用下，在聚合物 T_g 以上不远，链段能够运动，但运动时受到内摩擦力又较大，只能缓慢运动，则可观察到较明显的蠕变现象。

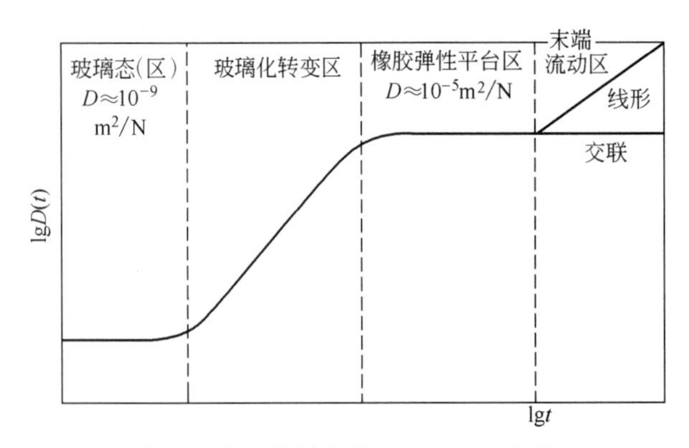

图 7-2 聚合物蠕变的 $\lg D(t)$-$\lg t$ 曲线

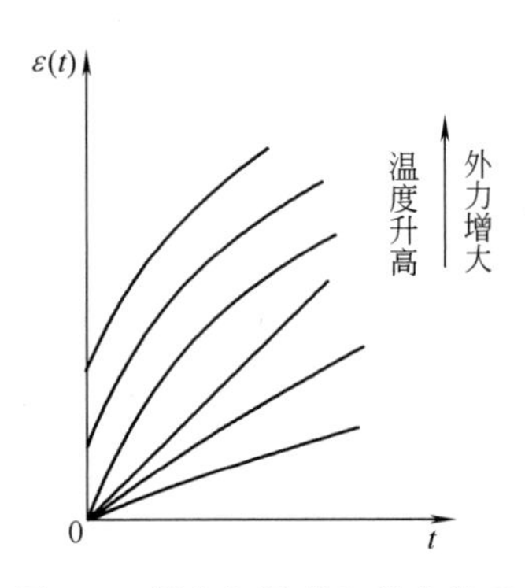

图 7-3 蠕变与温度和外力关系

聚合物蠕变性能反映了材料的尺寸稳定性和长期负载能力，有重要的实用性。主链含芳杂环的刚性链聚合物，具有较好的抗蠕变性能，成为广泛应用的工程塑料，可以代替金属材料加工机械零件。对于蠕变比较严重的材料，使用时必须采取必要的补救措施。例如，硬聚氯乙烯有良好的抗腐蚀性能，可以用于加工化工管道、容器或塔器等设备。但它容易蠕变，使用时必须增加支架以防止因蠕变而影响尺寸稳定性，减少使用价值。聚四氟乙烯是塑料中摩擦系数最小的品种，因而具有很好的自润滑性能，是很好的密封材料。但是，由于其蠕变现象很严重，不能制造齿轮或精密机械元件。橡胶可采用硫化交联的办法阻止不可逆的黏性流动。图 7-4 为几种聚合物的蠕变性能比较。

7.1.2 应力松弛

所谓应力松弛（stress-relaxation），就是在恒定温度和形变保持不变的情况下，聚合物内部的应力随时间增加而逐渐衰减的现象。例如，拉伸一块未交联的橡胶至一定长度，并保持长度不变。随着时间的增长，橡胶的回弹力逐渐减小到零。这是因为其内部的应力在慢慢衰减，最后可以衰减到零。图 7-5 曲线之一为线形聚合物（如未硫化橡胶）在室温、单轴拉伸时典型的应力松弛曲线。

与线形聚合物相比，交联聚合物在足够长的时间里其应力 $\sigma(t)$ 仅能松弛到一个有限值，如图 7-5 所示。

若以模量 $E(t)=\sigma(t)/\varepsilon_0$ 来表示，则交联聚合物在应力松弛过程中，模量可以写成

$$E(t)=E_1+E_0\phi(t) \tag{7-8}$$

式中　E_1——足够长时间后，聚合物的平衡弹性模量；

E_0——起始模量；

$\phi(t)$——应力松弛函数。

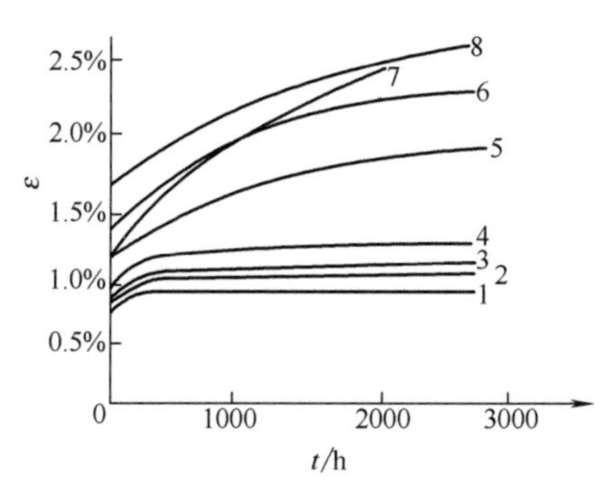

图 7-4　几种聚合物 23℃时的蠕变性能比较

1—聚砜；2—聚苯醚；3—聚碳酸酯；4—改性聚苯醚；5—ABS（耐热级）；6—聚甲醛；7—尼龙；8—ABS

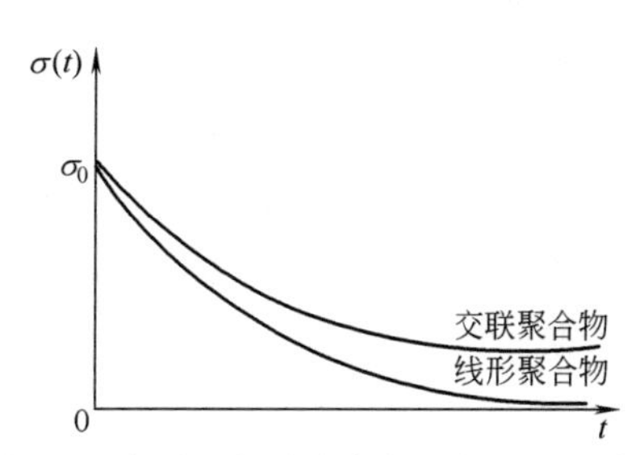

图 7-5　线形和交联聚合物的应力松弛曲线

$\phi(t)$ 随时间 t 的增加而减小。$t=0$，$\phi(t)=1$；$t=\infty$，$\phi(t)=0$。其具体形式可由实验或理论推导而成。

在切应力作用下

$$G(t)=G_1+G_0\phi(t) \tag{7-9}$$

式中　$G(t)$——切变模量。

关于线形聚合物产生应力松弛的原因，可理解为试样所承受的应力逐渐消耗于克服链段及分子链运动的内摩擦阻力上。具体说，在外力作用下，高分子链段不得不顺着外力方向被迫舒展，因而产生内部应力，以与外力相抗衡。但是，通过链段热运动调整分子构象，以致缠结点散开，分子链产生相对滑移，逐渐恢复其蜷曲的原状，内应力逐渐消除，与之相平衡的外力当然也逐渐衰减，以维持恒定的形变。交联聚合物整个分子不能产生质心位移的运动，故应力只能松弛到平衡值。

非晶态聚合物在一定温度下、宽广范围内应力松弛模量的时间依赖性——$\lg E(t)$-$\lg t$ 曲线，同样可以呈现出玻璃（态）区、玻璃-橡胶转变区、橡胶弹性平台区和末端流动区，见图 7-6 所示。

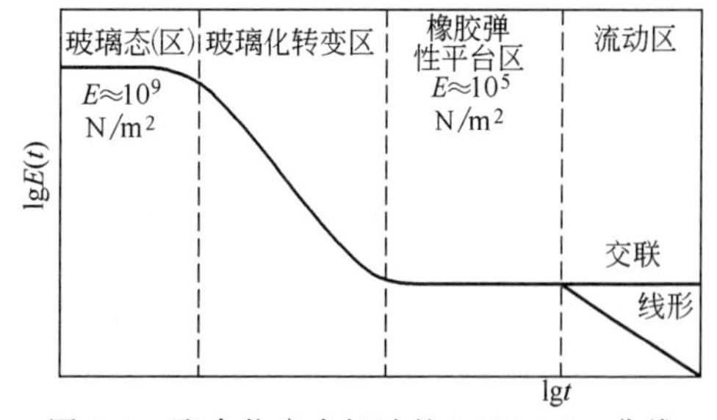

图 7-6　聚合物应力松弛的 $\lg E(t)$-$\lg t$ 曲线

由于聚合物的分子运动具有温度依赖性，所以，应力松弛现象要受到实验温度的影响。温度很高，链段运动受到内摩擦力很小，应力很快就松弛掉了，甚至可快到难以觉察的程度；温度太低，虽然应变可以造成很大的内应力，但是链段运动受到的内摩擦力很大，应力松弛极慢，短时间内也不易觉察到；只有在 T_g 附近，聚合物的应力松弛现象最为明显。

应力松弛可用来估测某些工程塑料零件中夹持金属嵌入物（如螺母）的应力，也可用来估测塑料管道接头内环向应力阻止接头处漏水的期间以及测定塑料制品的剩余应力。此外，可以研究聚合物，尤其是橡胶的化学应力松弛。最后，由于应力松弛结果一般要比蠕变更容易用黏弹性理论来解释，故又常用于聚合物结构与性能关系的研究。

7.1.3 滞后与内耗

动态力学行为是在交变应力或交变应变作用下，聚合物材料的应变或应力随时间的变化。这是一种更接近材料实际使用条件的黏弹性行为。例如，许多塑料零件，橡齿轮、阀片、凸轮等都是在周期性的动载下工作的；橡胶轮胎、传送皮带等更是不停地承受着交变载荷的作用。另一方面，动态力学行为又可以获得许多分子结构和分子运动的信息。例如，对聚合物玻璃化转变、次级松弛、晶态聚合物的分子运动都十分敏感。所以，无论从实用或理论观点来看，动态力学行为都是十分重要的。

在周期性变化的作用力中，最简单而容易处理的是正弦变化的应力 $\sigma(t)$。

$$\sigma(t)=\hat{\sigma}\sin\omega t \tag{7-10}$$

式中 $\hat{\sigma}$——应力 $\sigma(t)$ 的峰值；

ω——角频率；

t——时间。

对于理想的弹性固体（虎克弹性体），应变正比于应力，比例常数为固体的弹性模量。即应变也是相应的正弦应变

$$\varepsilon(t)=\hat{\varepsilon}\sin\omega t \tag{7-11}$$

式中 $\hat{\varepsilon}$——应变 $\varepsilon(t)$ 的峰值。

应力与应变之间没有任何相位差，见图 7-7(a)。在应力的一个周期里，外力所做的功完全以弹性能（位能）的形式储存起来，而后又全部释放出来变成动能，使材料回到它的起始状态，没有能量的损耗。

对于理想的黏性液体（牛顿黏流体），应力与应变速率成正比，应变与应力有 90°相位差，即

$$\varepsilon(t)=\hat{\varepsilon}\sin\left(\omega t-\frac{\pi}{2}\right) \tag{7-12}$$

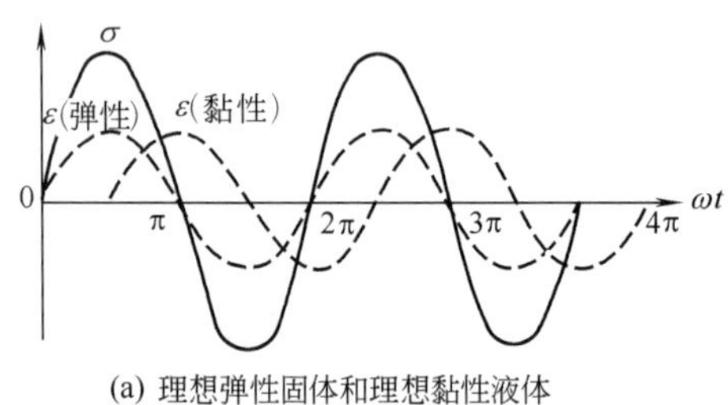

(a) 理想弹性固体和理想黏性液体

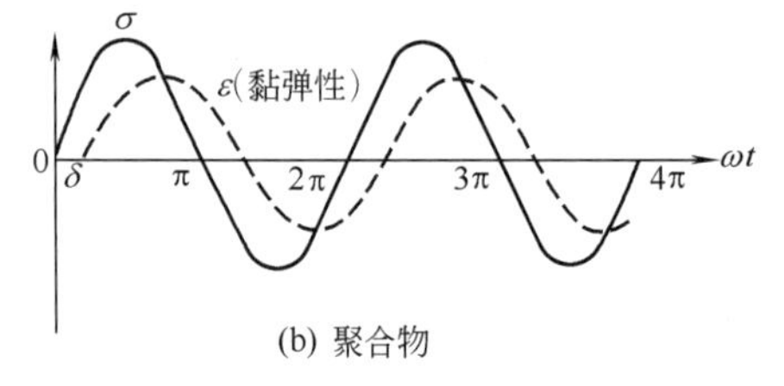

(b) 聚合物

图 7-7 各种材料对正弦应力的响应

如图 7-7(a) 所示，用以变形的功全部损耗为热。

聚合物对外力的响应部分为弹性的，部分为黏性的，应变与应力之间有一个相位差 δ，即

$$\varepsilon(t)=\hat{\varepsilon}\sin(\omega t-\delta) \tag{7-13}$$

在每一形变周期中，损耗一部分能量，见图 7-7(b)。

聚合物在交变应力作用下应变落后于应力的现象称为滞后现象（hysteresis）。由于发生滞后现象，在每一循环变化中，作为热损耗掉的能量与最大储存能量之比 $\psi=2\pi\tan\delta$ 称为力学内耗（mechanical intermal friction dissipation）。从交联橡胶拉伸与回缩过程的应力-应变曲线和试样内部的分子运动情况可深入了解滞后和内耗产生的原因。

对硫化的天然橡胶试条，如果用拉力机在恒温下尽可能地慢慢拉伸后又慢慢回复，其应力-应变曲线如图 7-8 中实线所示。由于高分子链段运动受阻于内摩擦力，所以，应变跟不

上应力的变化，拉伸曲线（OAB）和回缩曲线（BCD）并不重合。如果应变完全跟得上应力的变化，则拉伸与回缩曲线重合，如图 7-8 中虚线 OEB 所示。具体地说，发生滞后现象时，拉伸曲线上的应变达不到与其应力相对应的平衡应变值，回缩曲线上的应变大于与其应力相对应的平衡应变值。如对应于应力 σ_1，有 $\varepsilon'_1<\varepsilon_1<\varepsilon''_1$。在这种情况下，拉伸时外力对聚合物体系所做的功，一方面用来改变分子链的构象，另一方面用来提供链段运动时克服链段间内摩擦阻力所需的能量；回缩时，聚合物体系对外做功，一方面使伸展的分子链重新蜷曲起来，回复到原来的状态，另一方面用于克服链段间的内摩擦阻力。这样一个拉伸-回缩循环中，链构象的改变完全回复，不损耗功，所损耗的功都用于克服内摩擦阻力转化为热。

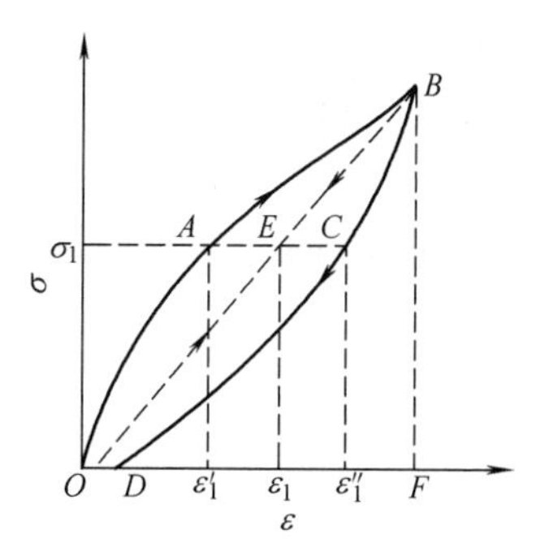

图 7-8　硫化橡胶拉伸和回缩的应力-应变曲线

这里，外力对橡胶所做的拉伸功和橡胶对外所做的回缩功分别相当于拉伸曲线和回缩曲线下所包含的面积（$OABF$ 和 $DCBF$）。所以，一个拉伸-回缩循环中所损耗的能量与这两块面积之差相当。通常，拉伸、回缩两条曲线构成的闭合曲线称为“滞后圈”，“滞后圈”的大小等于单位体积橡胶试样在每一拉伸-回缩循环中（$\omega t=2\pi$）所损耗的功，即

$$\Delta W=\int_0^{2\pi/\omega}\sigma(t)\frac{\mathrm{d}\varepsilon(t)}{\mathrm{d}t}\mathrm{d}t=\int_0^{2\pi/\omega}(\hat{\sigma}\sin\omega t)\frac{\mathrm{d}[\hat{\varepsilon}\sin(\omega t-\delta)]}{\mathrm{d}t}\mathrm{d}t \tag{7-14}$$

式(7-14) 展开，积分可得

$$\Delta W=\pi\hat{\sigma}\hat{\varepsilon}\sin\delta \tag{7-15}$$

由于应力-应变曲线下的积分结果是功密度（即单位体积的功）而不是总功，所以，计算所得的 ΔW 为单位体积试样在每一形变周期内能量的损耗，即反抗外力所做的功。

此外，该橡胶试样在每一拉伸-回缩过程中 1/4 周期（$\omega t=\pi/2$）时具有最大的能量储存 W_{st}。计算可得

$$\int_0^{\pi/2\omega}\sigma(t)\frac{\mathrm{d}\varepsilon(t)}{\mathrm{d}t}\mathrm{d}t=\int_0^{\pi/2\omega}(\hat{\sigma}\sin\omega t)\frac{\mathrm{d}[\hat{\varepsilon}\sin(\omega t-\delta)]}{\mathrm{d}t}\mathrm{d}t$$

$$=\frac{1}{2}\hat{\sigma}\hat{\varepsilon}\cos\delta+\frac{\pi}{4}\hat{\sigma}\hat{\varepsilon}\sin\delta$$

$$W_{st}=\frac{1}{2}\hat{\sigma}\hat{\varepsilon}\cos\delta \tag{7-16}$$

根据以上计算结果，可以得到力学内耗 ψ 的表达式为

$$\psi=\frac{\Delta W}{W_{st}}=\frac{\pi\hat{\sigma}\hat{\varepsilon}\sin\delta}{\frac{1}{2}\hat{\sigma}\hat{\varepsilon}\cos\delta}=2\pi\tan\delta \tag{7-17}$$

该物理量是一个聚合物材料的特征量。

上面讨论了聚合物在交变应力、应变作用下发生的滞后现象和力学损耗，属于动态力学松弛或称为动态黏弹性。在这种情况下，体系模量计算如下。

当 $\varepsilon(t)=\hat{\varepsilon}\sin\omega t$ 时，因应力变化比应变领先一个相位角 δ，故 $\sigma(t)=\hat{\sigma}\sin(\omega t+\delta)$，这个应力表达式可以展开成

$$\sigma(t)=\hat{\sigma}\sin\omega t\cos\delta+\hat{\sigma}\cos\omega t\sin\delta \tag{7-18}$$

由式(7-18) 可见，应力由两部分组成：①与应变同相位的应力，即$\hat{\sigma}\sin\omega t\cos\delta$，这是弹性形变的主动力；②与应变相位差 90°的应力，即$\hat{\sigma}\cos\omega t\sin\delta$，由于该应力所对应的形变是黏性形变，所以必将消耗于克服摩擦阻力上。如果定义 E'为同相的应力和应变幅值的比值，E''为相差 90°的应力和应变幅值的比值，则

$$E'=\frac{\hat{\sigma}\cos\delta}{\hat{\varepsilon}}=\frac{\hat{\sigma}}{\hat{\varepsilon}}\cos\delta \tag{7-19}$$

$$E''=\frac{\hat{\sigma}\sin\delta}{\hat{\varepsilon}}=\frac{\hat{\sigma}}{\hat{\varepsilon}}\sin\delta \tag{7-20}$$

应力的表达式为

$$\sigma(t)=E'\hat{\varepsilon}\sin\omega t+E''\hat{\varepsilon}\cos\omega t \tag{7-21}$$

因此，模量也应该包括两部分，该模量的表达式正好符合数学上的复数形式，叫复数模量 E^* (complex modulus)。

$$E^*=E'+iE'' \tag{7-22}$$

$i=\sqrt{-1}$。E'为实数模量或称储能模量 (storage modulus)，它反映材料形变过程由于弹性形变而储存的能量。E''为虚数模量或称损耗模量 (loss modulus)，它反映材料形变过程以热损耗的能量。$E'(\omega)$ 和 $E''(\omega)$ 依赖于频率 ω。由式(7-19) 和式(7-20) 可得损耗角正切 (loss tanget)，该值与复数模量的分量相关。

$$\tan\delta=\frac{E''}{E'} \tag{7-23}$$

此外，在动态黏弹实验中，正弦变化的量也可用复数形式表示。

$$\sigma(t)=\hat{\sigma}e^{i\omega t} \tag{7-24}$$

式中 $\hat{\sigma}$——$\sigma(t)$ 的绝对值 (振幅)，即该复数向量的模；

ω——角频率，rad/s。

如果 $\varepsilon(t)=\hat{\varepsilon}e^{i\omega t}$，则 $\sigma(t)=\hat{\sigma}e^{i(\omega t+\delta)}$，此时复数模量可写为

$$E^*=\frac{\sigma(t)}{\varepsilon(t)}=\frac{\hat{\sigma}}{\hat{\varepsilon}}e^{i\delta}=|E^*|\ e^{i\delta} \tag{7-25}$$

利用欧拉公式 $e^{i\delta}=\cos\delta+i\sin\delta$

$$E^*=\frac{\hat{\sigma}}{\hat{\varepsilon}}(\cos\delta+i\sin\delta)=|E^*|\ (\cos\delta+i\sin\delta)=E'+iE'' \tag{7-26}$$

$|E^*|$ 是复数模量 E^* 的绝对值，E'、E''的定义及物理意义与前述相同。

在一般情况下，动态模量 (又称绝对模量) 可按式(7-27) 计算。

$$E=|E^*|=\sqrt{E'^2+E''^2} \tag{7-27}$$

因为通常 $E''\ll E'$，所以也常用 E'作为材料的动态模量。

当模量的倒数作为变量时，用类似的考虑，可以定义出复数柔量 (complex compliance)D^*

$$D^*=D'-iD'' \tag{7-28}$$

式中，D'为储能柔量 (storage compliance)；D''为损耗柔量 (loss compliance)。

以上讨论了动态拉伸形变中的动态力学参数及其关系式。

当材料经受动态剪切应力 $\tau(t)$ 产生动态剪切形变 $\gamma(t)$ 时，可以定义复数剪切模量

(complex shear modulus)

$$G^* = G' + iG'' \tag{7-29}$$

式中，G'为（剪切）储能模量（storage modulus）；G''为（剪切）损耗模量（loss modulus）。

或复数剪切柔量（complex shear compliance）

$$J^* = J' - iJ'' \tag{7-30}$$

式中，J'为（剪切）储能柔量（storage compliance）；J''为（剪切）损耗柔量（loss modulus）。

此外，在动态静压缩形变中，有复数体积模量和复数体积柔量。在动态纵向形变中，有复数纵向模量和复数纵向柔量。

各种复数动态模量和柔量可用以下通式来表示。

$$M^* = M' + iM'' \tag{7-31}$$

$$C^* = C' - iC'' \tag{7-32}$$

由于在动态力学实验中，直接测量能量的损耗是有困难的，通常通过强迫振动非共振的黏弹谱仪等方法测量应力与应变相位差角 δ 的正切 $\tan\delta$ 或者通过自由振动法的振幅衰减曲线测量两个相邻振动振幅比值的自然对数 Δ（称为对数减量）来表示，详见 7.4。

$$\Delta = \ln\frac{A_1}{A_2} = \ln\frac{A_2}{A_3} = \cdots \tag{7-33}$$

研究表明，$\tan\delta$ 与 Δ 之间有如下关系

$$\Delta = \pi\tan\delta = \pi\frac{E''}{E'} \tag{7-34}$$

聚合物的宏观性能是内部分子运动状态的反映。例如，非晶态聚合物在一定温度下玻璃化转变前后动态力学性能-频率关系，见图 7-9。当外力作用频率比链段运动松弛时间的倒数高很多时，即 $\omega \gg 1/\tau$，该运动单元基本上来不及跟随这交变的外力而发生运动，E'近乎与 ω 无关，伴随分子运动而产生的能量损耗也很小，E''和 $\tan\delta$ 近乎为零。当外力作用频率比链段运动松弛时间的倒数小很多，即 $\omega \ll 1/\tau$ 时，运动单元的运动完全跟得上作用力的变化，E'也基本上与 ω 无关，伴随分子运动而产生的能量损耗也很小，E''和 $\tan\delta$ 仍几乎为零。只有当外力作用频率接近或等于链段运动松弛时间的倒数时，即 $\omega = 1/\tau$，运动单元运动跟上、但又不能完全跟上外加应力的变化，E'变化很大，分子运动将外力做功部分转变为热能，E''和 $\tan\delta$ 均出现极大值，称为内耗峰。

图 7-10 为聚合物的 ε-T 曲线和 $\tan\delta$-T 比较。T_g 以下，聚合物的应变仅为键长的改变，应变量很小，几乎同应力变化同步进行，$\tan\delta$ 很小。温度升高，由玻璃（态）区向橡胶平台区过渡时，由于链段开始运动，但体系黏度大，运动时受到的摩擦阻力大，$\tan\delta$ 较大。温度进一步升高，虽然应变值较大，但链段运动阻力减小，$\tan\delta$ 减小。为此，在玻璃化转变区，将出现一个内耗的极大值，称为内耗峰。向末端流动区过渡时，由于产生了分子间质心位移的运动，内摩擦阻力再次升高，内耗急剧增加。

形变-温度曲线是在聚合物试样上加以一定载荷，连续改变温度，测定试样形变随温度的变化。

为了对聚合物分子运动有较全面的了解，需要在固定温度、很宽的频率范围内测定其模量和内耗，得到图 7-11 所示的动态力学性能频率谱，纵、横坐标均用对数坐标。此外，频

率一定，测定宽广温度范围内 $\lg E'$、$\lg E''$、$\tan\delta$ 对 T 的动态力学性能温度谱更为普遍，如图 7-12 所示。由图 7-11 上各转变区可以得到该种聚合物的主转变和次级转变的特征频率 ω_α、ω_β、ω_γ、ω_δ 等，分别对应于各种运动单元运动的本征频率，其倒数为各种运动单元的松弛时间 τ_α、τ_β、τ_γ、τ_δ 等。图 7-11 和图 7-12 均可表现出非晶态聚合物的三种力学状态、两个转变及次级松弛。

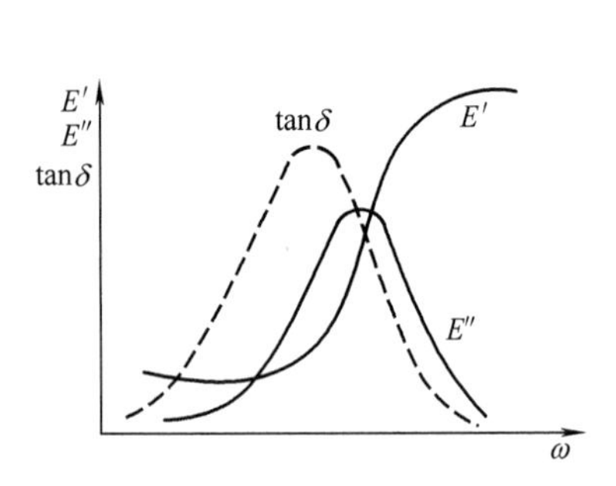

图 7-9 E'、E''和 $\tan\delta$ 对 ω 的关系

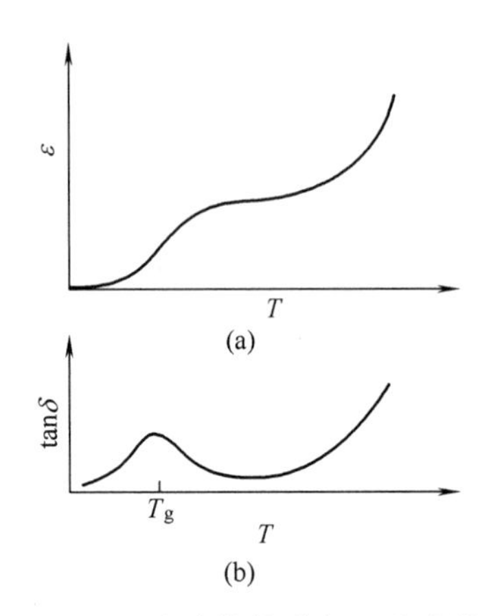

图 7-10 聚合物的形变-温度曲线（a）和内耗-温度曲线（b）

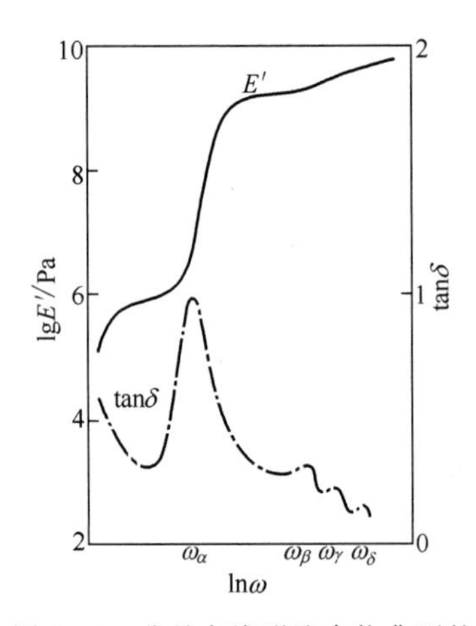

图 7-11 非晶态线形聚合物典型的动态力学性能频率谱

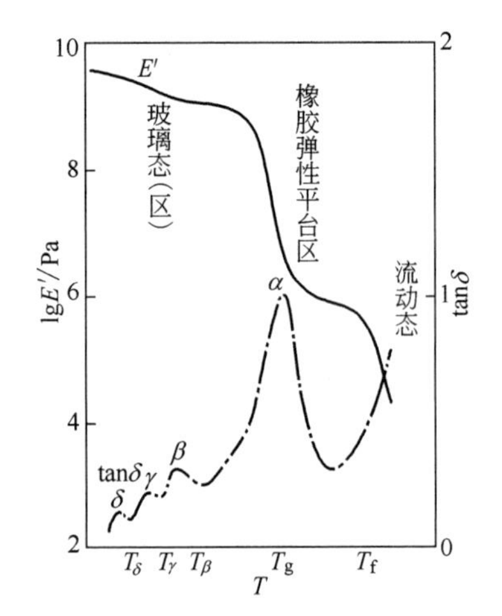

图 7-12 非晶态线形聚合物典型的动态力学性能温度谱

因为黏弹体能量损耗起因于它的黏性成分，在极端情况下，即对于非晶态线形聚合物，当外载作用频率极低而产生流动时，按牛顿流动定律：

$$\sigma(t)=\eta\frac{\mathrm{d}\varepsilon(t)}{\mathrm{d}t} \tag{7-35}$$

与 $\sigma(t)=E^*\varepsilon(t)$ 比较可得

$$E^*\varepsilon(t)=\eta\frac{\mathrm{d}\varepsilon(t)}{\mathrm{d}t} \tag{7-36}$$

将 $\varepsilon(t)$ 以指数形式表示，即 $\varepsilon(t)=\hat{\varepsilon}\mathrm{e}^{i\omega t}$

则

$$E^*\hat{\varepsilon}\mathrm{e}^{i\omega t}=i\omega\eta\hat{\varepsilon}\mathrm{e}^{i\omega t} \tag{7-37}$$

故

$$E^{*}=i\omega\eta \tag{7-38}$$

这里，复数模量 E^{*} 只有虚数部分，$E''=\omega\eta$。

则动态黏度就定义为

$$\eta_{动态}=\frac{E''}{\omega} \tag{7-39}$$

它表示在阻尼振动时聚合物自身的内耗。

7.2 黏弹性的数学描述

7.2.1 力学模型

借助于一些简单的模型，可以对黏弹性作唯象的描述，即只模拟宏观力学行为而不考虑分子水平的运动机理，称为现象学模型。力学模型的最大特点是直观，通过分析，可以得到聚合物黏弹性总的、定性的概括，因此常常为人们所采用。

一个符合虎克定律的弹簧能很好地描述理想弹性体的力学行为，如图 7-13(a) 所示，应变 ε 和应力 σ 成正比。

$$\sigma=E\varepsilon \tag{7-40}$$

一个活塞在充满黏度为 η、符合牛顿流动定律的流体小壶中组成的黏壶能很好地描述理想流体的力学行为，见图 7-13(b)，应变速率与应力成正比。

$$\sigma=\eta\frac{\mathrm{d}\varepsilon}{\mathrm{d}t} \tag{7-41}$$

聚合物的黏弹性现象，可以通过上述弹簧和黏壶的各种组合得到定性的宏观描述。

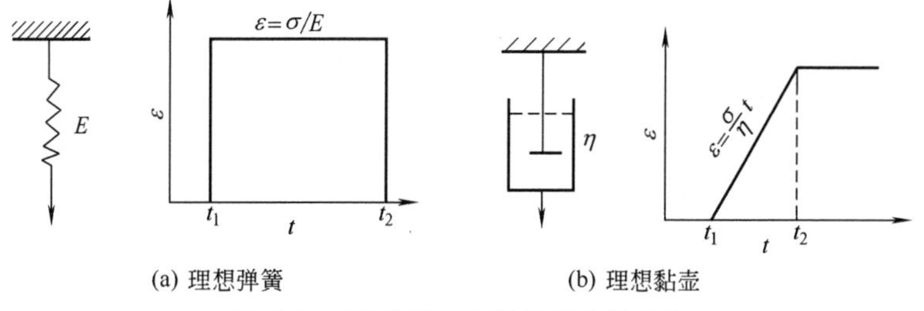

图 7-13　理想弹簧与黏壶的力学行为

7.2.1.1 Maxwell 模型

将弹性模量为 E 的弹簧与黏度为 η 的黏壶串联，即为 Maxwell 模型，该模型对模拟应力松弛过程特别有用。即不加外力时，整个系统处于平衡状态，如图 7-14(a) 所示。当很快地施加向下的拉力 σ 并立即将两端固定时，弹簧很快地产生位移，而黏壶来不及运动，即模型应力松弛的起始形变 ε_0 由理想弹簧提供。此时，体系处于应力紧张的不平衡状态，如图 7-14(b) 所示。随后，黏壶中小球在黏液中慢慢移动从而放松弹簧消除应力，最后，应力完全消除达到新的平衡状态，如图 7-14(c) 所示，完成了应力松弛过程。

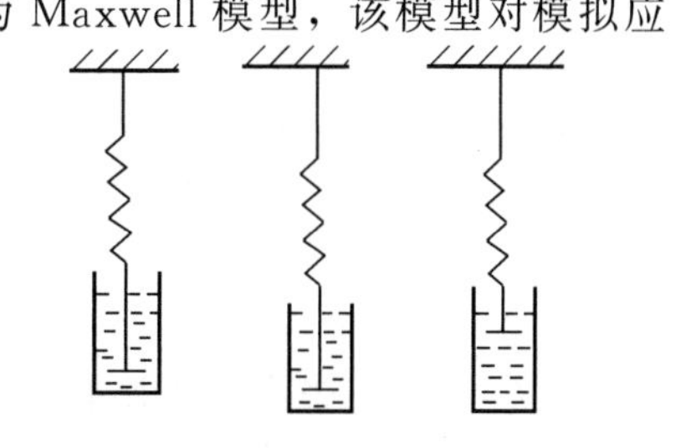

图 7-14　Maxwell 模型及其表示的松弛过程（形变恒定）

利用该模型可以计算应力-应变-时间三者之间的关系。

在一般情况下，模型受力时，弹簧和黏壶所受之力相等，故

$$\sigma = \sigma_{弹} = \sigma_{黏}$$

模型的总形变为

$$\varepsilon = \varepsilon_{弹} + \varepsilon_{黏}$$

由于

$$\sigma_{弹} = E\varepsilon_{弹}$$

$$\sigma_{黏} = \eta \frac{\mathrm{d}\varepsilon_{黏}}{\mathrm{d}t}$$

则

$$\frac{\mathrm{d}\varepsilon}{\mathrm{d}t} = \frac{1}{E} \times \frac{\mathrm{d}\sigma}{\mathrm{d}t} + \frac{\sigma}{\eta} \tag{7-42}$$

该式为 Maxwell 模型的一般化运动方程。

考虑应力松弛的特定情况，$\varepsilon(t) = \varepsilon_0$，即在恒定形变条件下对式(7-42) 求解，并利用边界条件 $t=0$，$\sigma(t) = \sigma(0)$，可得

$$\sigma(t) = \sigma(0)\mathrm{e}^{-Et/\eta} \tag{7-43}$$

式(7-43) 表明，σ 按指数函数衰减。

定义 η/E 为松弛时间 τ，则式(7-43) 变为

$$\sigma(t) = \sigma(0)\mathrm{e}^{-t/\tau} \tag{7-44}$$

从式(7-44) 可以看出，松弛时间 τ 的宏观意义为应力降低到起始应力 $\sigma(0)$ 的 e^{-1} 倍 (0.368 倍) 时所需的时间。松弛时间越长，该模型越接近理想弹性体。此外，松弛时间是黏性系数和弹性系数的比值，说明松弛过程必然是同时存在黏性和弹性的结果。

式(7-44) 两边除以 ε_0，并令 $\sigma(t)/\varepsilon_0 = E(t)$，$\sigma(0)/\varepsilon_0 = E(0)$，则

$$E(t) = E(0)\mathrm{e}^{-t/\tau} = E(0)\phi(t) \tag{7-45}$$

显然，$\mathrm{e}^{-t/\tau}$ 正是在应力松弛实验中需要寻求的松弛函数的具体形式，即

$$\phi(t) = \mathrm{e}^{-t/\tau} \tag{7-46}$$

Maxwell 模型模拟线形聚合物的应力松弛模量与时间关系见图 7-15 所示。

采用 Maxwell 模型模拟线形聚合物的黏弹行为是定性符合的。如果外加应力作用时间极短，材料中的黏性部分还来不及响应，观察到的是弹性应变。对于这样短时间的实验，材料可以看作是一个弹性固体。反之，若应力作用的时间极长，弹性形变已经回复，观察到的仅是黏性流体贡献的应变，材料可考虑为一个简单的牛顿流体。只有在适中的应力作用时间，材料的黏弹性才会呈现，应力随时间逐渐衰减到零，这个适中时间正是松弛现象的内部时间尺度松弛时间 τ。

如果对该模型施以恒定的外力 $\sigma(t) = \sigma_0$，则不产生松弛过程。这是因为 t_1 时间加外力

$$\varepsilon(t) = \frac{\sigma_0}{E} + \frac{\sigma_0}{\eta}t \tag{7-47}$$

t_2 时间除去外力，弹簧形变立即恢复，黏壶形变不能恢复，没有松弛过程，如图 7-16 所示。

式(7-47) 又可变换为

$$D(t) = D(0) + \frac{t}{\eta} \tag{7-48}$$

式中 $D(t)$——张力蠕变柔量；

$D(0)$——弹簧的张力柔量。

$$D(0) = \frac{1}{E(0)} = \frac{\varepsilon_0}{\sigma_0}$$

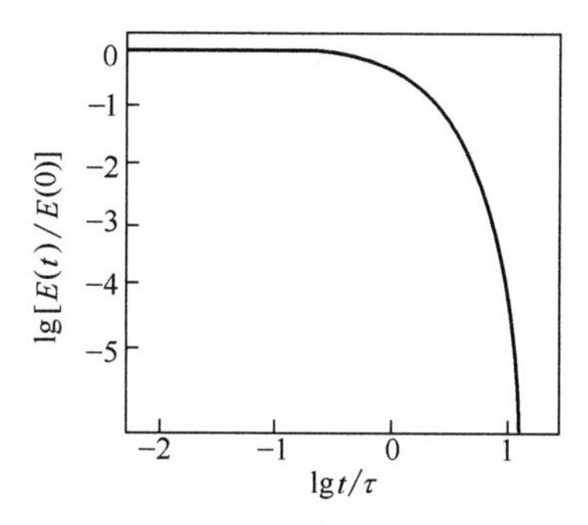

图 7-15　采用应力松弛条件的 Maxwell 体的行为双对数坐标

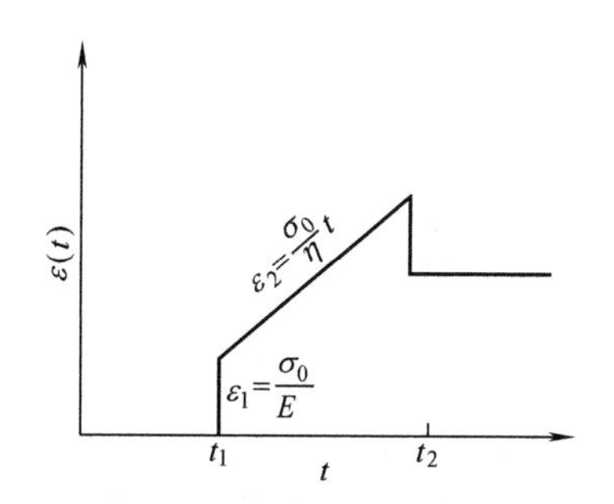

图 7-16　Maxwell 模型对蠕变实验的响应

受到正弦应力作用的 Maxwell 单元的响应如下。

将应力用 $\sigma(t)=\hat{\sigma}e^{i\omega t}$ 代入式(7-42) Maxwell 模型的一般运动方程，可得

$$\frac{d\varepsilon(t)}{dt}=\left(\frac{1}{\eta}+\frac{1}{E}\frac{d}{dt}\right)\sigma(t)=\left(\frac{1}{\eta}+\frac{i\omega}{E}\right)\hat{\sigma}e^{i\omega t} \tag{7-49}$$

式(7-49) 积分

$$\varepsilon(t)=\frac{1}{i\omega}\left(\frac{1}{\eta}+\frac{i\omega}{E}\right)\hat{\sigma}e^{i\omega t}=\frac{1}{E}\left(1-\frac{i}{\omega\tau}\right)\hat{\sigma}e^{i\omega t} \tag{7-50}$$

同样，令 $\tau=\eta/E$，则复数模量 E^* 为

$$E^*=\frac{\sigma(t)}{\varepsilon(t)}=E\frac{\omega^2\tau^2}{1+\omega^2\tau^2}+iE\frac{\omega\tau}{1+\omega^2\tau^2}=E'+iE'' \tag{7-51}$$

储能模量 $E'=E\dfrac{\omega^2\tau^2}{1+\omega^2\tau^2}$；损耗模量 $E''=E\dfrac{\omega\tau}{1+\omega^2\tau^2}$；$\tan\delta=\dfrac{E''}{E'}=\dfrac{1}{\omega\tau}$，它们都是频率的函数，见图 7-17。

与实际聚合物的动态力学行为（图 7-9）比较，可见，$\lg E'$和 $\lg E''$与 $\lg\omega$ 关系符合实际，但 $\tan\delta$ 与 $\lg\omega$ 的关系与实际聚合物不相符合。

7.2.1.2　Voigt-Kelvin 模型

将弹簧和黏壶并联是另一种组合方式，如图 7-18 所示。

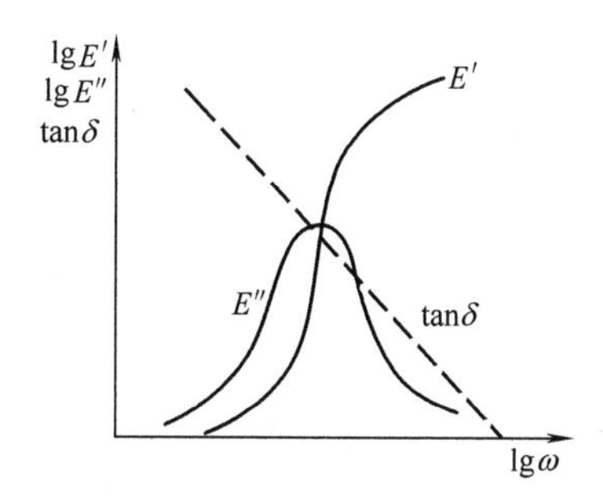

图 7-17　Maxwell 模型的动态力学行为

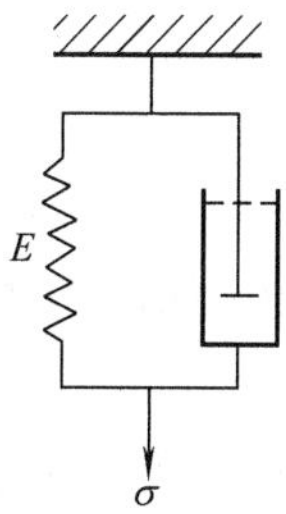

图 7-18　Voigt-Kelvin 并联模型

在此情况下，总的形变为

$$\varepsilon=\varepsilon_{弹}=\varepsilon_{黏}$$

总的应力由这两个元件共同承受，但随着时间的延续，应力在两元件上的分配是不同的，不

过始终满足下式

$$\sigma=\sigma_{弹}+\sigma_{黏}$$

又由于

$$\sigma_{弹}=E\varepsilon_{黏}$$

$$\sigma_{黏}=\eta\frac{\mathrm{d}\varepsilon_{黏}}{\mathrm{d}t}$$

则上式可写为

$$\sigma(t)=E\varepsilon+\eta\frac{\mathrm{d}\varepsilon}{\mathrm{d}t} \tag{7-52}$$

这就是 Voigt-Kelvin 模型的运动方程。

对于蠕变，$\sigma(t)=\sigma_0$，即在恒定应力下，对式(7-52) 求解，并利用边界条件 $t=0$，$\varepsilon=0$，则得到描述试样蠕变行为的方程

$$\varepsilon(t)=\left(\frac{\sigma_0}{E}\right)(1-\mathrm{e}^{-Et/\eta}) \tag{7-53}$$

定义推迟时间（或称滞后时间）τ'为 η/E，则式(7-53) 变为

$$\varepsilon(t)=\left(\frac{\sigma_0}{E}\right)(1-\mathrm{e}^{-t/\tau'})=\varepsilon(\infty)(1-\mathrm{e}^{-t/\tau'}) \tag{7-54}$$

式中 $\varepsilon(\infty)$——$t\to\infty$时的平衡应变值。

从式(7-54) 可以看出，推迟时间 τ'的宏观意义是指应变达到极大值的$\left(1-\frac{1}{\mathrm{e}}\right)$倍(0.632 倍) 时所需的时间，它也是表征模型黏弹现象的内部时间尺度。和松弛时间相反，推迟时间越短，试样越类似于理想弹性体。

对于一般化的运动方程(7-52)，在时间 t_1 时撤去应力（即 $\sigma=0$)，则

$$E\varepsilon+\eta\frac{\mathrm{d}\varepsilon}{\mathrm{d}t}=0 \tag{7-55}$$

解式(7-55)，并利用 $t=0$ 时 $\varepsilon=\varepsilon(\infty)$，则得

$$\varepsilon(t)=\varepsilon(\infty)\mathrm{e}^{-t/\tau'} \tag{7-56}$$

式(7-56) 意味着应力除去后，应变从 $\varepsilon(\infty)$ 按指数函数逐渐恢复，此现象称为蠕变恢复。

所以，Voigt-Kelvin 模型基本上可用来模拟交联聚合物的蠕变行为，这里所谓基本，是因为未能反映出起始的普弹形变部分。

蠕变及其恢复过程一般用蠕变柔量来表示。例如，以起始应力 σ_0 去除式(7-54)，便得到

$$D(t)=D(\infty)(1-\mathrm{e}^{-t/\tau'})=D(\infty)\psi(t) \tag{7-57}$$

即 Voigt-Kelvin 模型给出了蠕变函数的具体形式：

$$\psi(t)=1-\mathrm{e}^{-t/\tau'} \tag{7-58}$$

该模型模拟交联聚合物蠕变柔量与时间关系见图 7-19 所示。

必须指出的是，在理想弹性体中，$E=\frac{1}{D}$，而黏弹体中，$E(t)\neq\frac{1}{D(t)}$，这是因为 $E(t)=\frac{\sigma(t)}{\varepsilon_0}$，不等于$\frac{1}{D(t)}=\frac{\sigma_0}{\varepsilon(t)}$。

最后，对于 Voigt-Kelvin 模型，当维持恒定的形变时，即 $\varepsilon=\varepsilon_0$（常数）时，不产生松

弛过程。见图 7-20。

$$\sigma(t)=E\varepsilon_0+\eta\frac{d\varepsilon_0}{dt}=E\varepsilon_0 \tag{7-59}$$

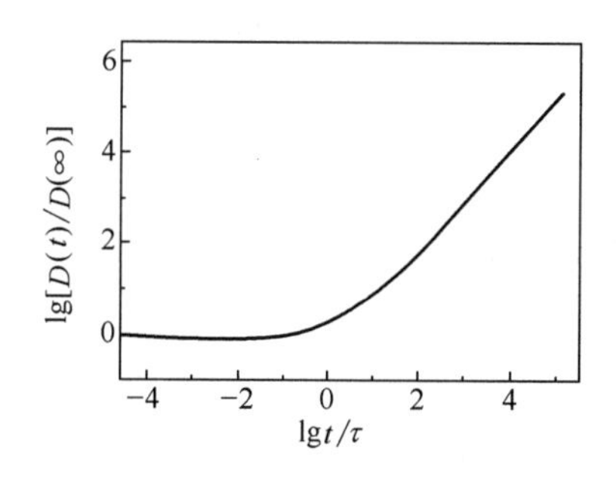

图 7-19　采用蠕变边界条件的 Voigt-Kelvin 体的行为双对数坐标图

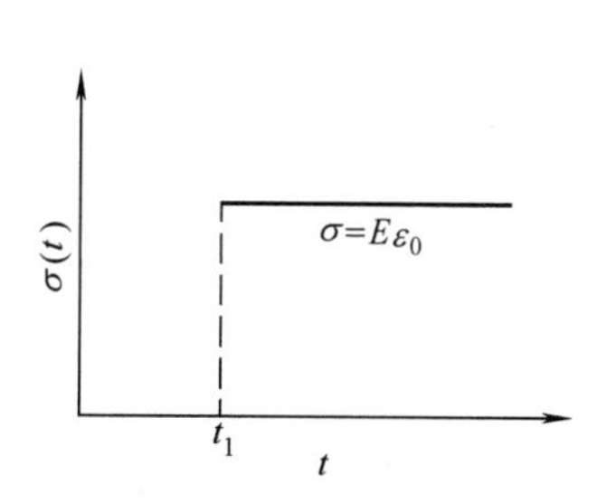

图 7-20　维持恒定形变时 Voigt-Kelvin 模型的响应

实际上，实验不可能在 Voigt-Kelvin 模型上进行，因为欲使黏性单元产生瞬时应变，需要施加一个无限大的力。

如果对 Voigt-Kelvin 模型施加正弦应力，将 $\varepsilon(t)=\hat{\varepsilon}e^{i\omega t}$ 代入模型的运动方程，则可求出储能柔量 D'、损耗柔量 D''和 $\tan\delta$。除了 $\tan\delta$ 之外，$\lg D'(\omega)$、$\lg D''(\omega)$ 与 $\lg\omega$ 的关系均符合实际。

7.2.1.3　多元件模型

Maxwell 模型适用于线形弹性固体的应力松弛，Voigt-Kelvin 模型适用于交联聚合物的蠕变。但是，这两个模型都不能全面描述聚合物静态黏弹性的一般行为，也不能描述动态黏弹性中 $\tan\delta$ 与 $\lg\omega$ 之间的关系，若选用三元件或四元件模型则较为合适，如图 7-21 和图 7-22 所示。

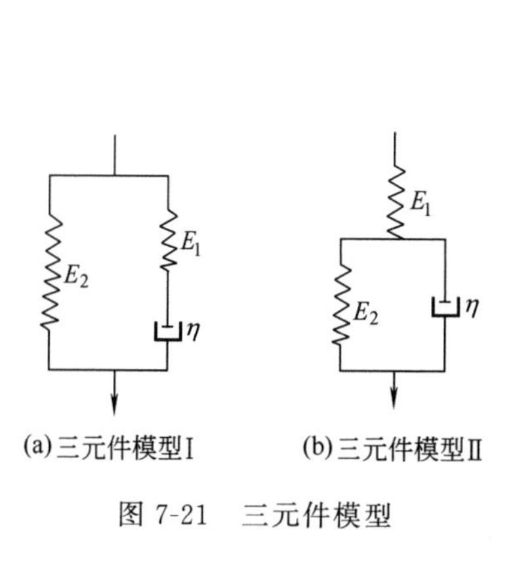

图 7-21　三元件模型

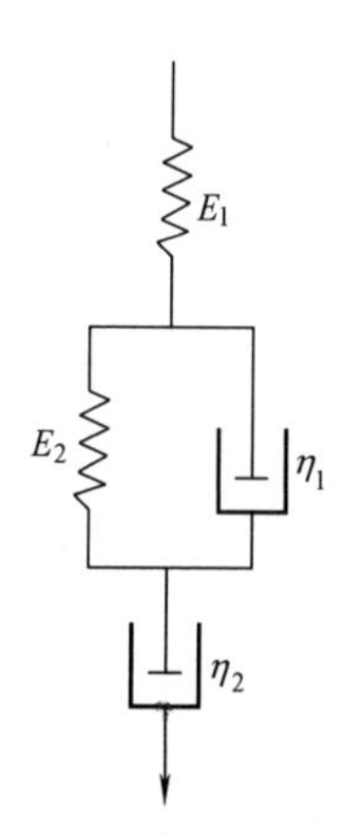

图 7-22　四元件模型

图 7-21(a) 所示三元件模型的应力-应变关系为

$$\sigma=\sigma_1+\sigma_2,\ \varepsilon=\varepsilon_1=\varepsilon_2$$

式中　σ,ε——总应力与应变；

σ_1,ε_1——弹簧（E_2）上的应力与应变；

σ_2,ε_2——弹簧（E_1）与黏壶（η）串联模型上的应力与应变。

由于
$$\varepsilon=\frac{\sigma_1}{E_2}$$
$$\frac{d\varepsilon}{dt}=\frac{1}{E_1}\times\frac{d\sigma_2}{dt}+\frac{\sigma_2}{\eta}$$
$$\sigma_2=\sigma-\sigma_1$$
三式联立，得到该模型的运动方程
$$\sigma+\tau\frac{d\sigma}{dt}=E_2\varepsilon+(E_2+E_1)\tau\frac{d\varepsilon}{dt} \tag{7-60}$$
其中
$$\tau=\frac{\eta}{E_1}$$

类似地，从图 7-21(b) 所示三元件模型可得到下列运动方程
$$\frac{d\varepsilon}{dt}+\frac{E_2}{\eta}\varepsilon=\frac{1}{E_1}\times\frac{d\sigma}{dt}+\left(\frac{E_1+E_2}{\eta E_1}\right)\sigma \tag{7-61}$$

以式(7-61) 为例，讨论聚合物的蠕变行为和应力松弛行为。

设 $\sigma(t)=\sigma_0$，则式(7-61) 为
$$\frac{d\varepsilon}{dt}+\frac{E_2}{\eta}\varepsilon=\left(\frac{E_1+E_2}{\eta E_1}\right)\sigma_0$$
求解得到
$$\varepsilon(t)=\frac{\sigma_0}{E_1}+\frac{\sigma_0}{E_2}(1-e^{-t/\tau'}) \tag{7-62}$$
其中
$$\tau'=\eta/E_2$$

所以，该三元件模型可以有效地模拟交联聚合物的蠕变过程，即首先有一个瞬时弹性应变，随后应变随时间增大，但蠕变速率逐渐减小，直到最后接近最终应变值 $\varepsilon(f)$ 为止。
$$\varepsilon(f)=\frac{\sigma_0}{E_1}+\frac{\sigma_0}{E_2}=\sigma_0\frac{E_1+E_2}{E_1E_2} \tag{7-63}$$

又设 $\varepsilon(t)=\varepsilon_0$，则式(7-61) 可写为
$$\frac{1}{E_1}\times\frac{d\sigma}{dt}+\left(\frac{E_1+E_2}{\eta E_1}\right)\sigma=\frac{E_2}{\eta}\varepsilon_0$$
或
$$\frac{d\sigma}{dt}+\left(\frac{E_1+E_2}{\eta}\right)\sigma=\frac{E_2}{\eta}E_1\varepsilon_0 \tag{7-64}$$
因为 $E_1\varepsilon_0$ 是应力的初始值 $\sigma(0)$，故式(7-64) 求解可得
$$\sigma(t)=\sigma(\infty)+[\sigma(0)-\sigma(\infty)]e^{-t/\tau} \tag{7-65}$$
习惯上应力松弛公式用松弛模量来表示
则
$$E(t)=E(\infty)+[E_1-E(\infty)]e^{-t/\tau} \tag{7-66}$$
两式中
$$\tau=\eta/(E_1+E_2)；\ \sigma(\infty)=E(\infty)\varepsilon_0；\ E(\infty)=\frac{E_1E_2}{E_1+E_2}$$

可以看出，应力以指数函数方式从初始值 $\sigma(0)$ 衰减到平衡值 $\sigma(\infty)$，同时模量相应地从 E_1 衰减到平衡值 $E(\infty)$。这就是说，该三元件模型可以有效地模拟交联聚合物的应力松弛。

若再以式(7-61) 为例，来讨论聚合物的动态力学行为，结果表明，该三元件模型描述

的 E'、E''、$\tan\delta$ 与 $\lg\omega$ 的关系均与实际情况相符。

研究表明，图 7-21(a) 和图 7-21(b) 两个三元件模型在力学行为上具有等当性。

如果用图 7-22 所示的四元件模型来描述蠕变行为，则只要加上一个随时间呈线形变化的附加形变项即可。此时，蠕变公式为

$$\varepsilon(t)=\frac{\sigma_0}{E_1}+\frac{\sigma_0}{E_2}(1-\mathrm{e}^{-t/\tau'})+\frac{\sigma_0}{\eta_2}t \tag{7-67}$$

$$\tau'=\eta_1/E_2$$

式(7-64) 说明，四元件模型可以有效地模拟线形聚合物的蠕变全过程。

7.2.1.4　松弛时间谱和推迟时间谱

三元件、四元件模型用于聚合物黏弹性的近似描述比起二元件模型来说已经有了改善。但是，这些模型仍然只有一个松弛时间，仍然不能完全反映聚合物黏弹性行为。因此，常常采用一般性力学模型即广义的 Maxwell 和 Kelvin 模型来表示。虽然这两类模型是完全等效的，但前者描述应力松弛更为方便，后者描述蠕变较好。

广义的 Maxwell 模型如图 7-23(a) 所示。它是由 $(n-1)$ 个 Maxwell 单元和一个弹簧组成。其中第 i 个 Maxwell 单元中弹簧的模量为 E_i，黏壶的黏度为 η_i。第 n 个单元仅有一个弹簧，它是为交联高分子而设计的。线形聚合物原则上经过无限长的时间后，应力可以松弛至零。交联聚合物则不同，由于受到网络间交联点的限制，应力最后松弛到某一平衡值就不再变化。这部分残余应力由第 n 个单元的弹簧来体现，因为弹簧的松弛时间为无穷大。如将广义的 Maxwell 模型用于线形聚合物，则可设 $E_n=0$。

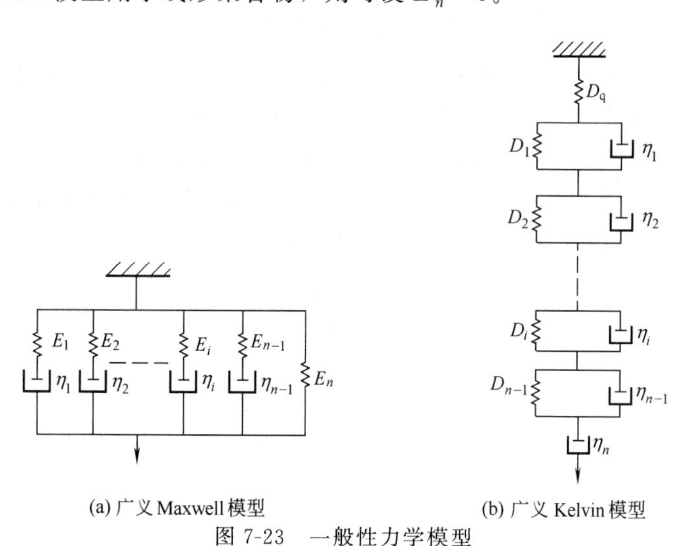

(a) 广义 Maxwell 模型　　(b) 广义 Kelvin 模型

图 7-23　一般性力学模型

对于广义的 Maxwell 模型，设总应力 σ 分配到每一 Maxwell 单元和最后一弹簧的分应力分别为 σ_1、σ_2、…、σ_n，仿照前面推导 Maxwell 模型模拟应力松弛公式的办法，可得

$$\frac{\mathrm{d}\varepsilon}{\mathrm{d}t}=\frac{1}{E_1}\times\frac{\mathrm{d}\sigma_1}{\mathrm{d}t}+\frac{1}{\tau_1 E_1}\sigma_1$$

$$\frac{\mathrm{d}\varepsilon}{\mathrm{d}t}=\frac{1}{E_2}\times\frac{\mathrm{d}\sigma_2}{\mathrm{d}t}+\frac{1}{\tau_2 E_2}\sigma_2$$

$$\cdots$$

$$\frac{\mathrm{d}\varepsilon}{\mathrm{d}t}=\frac{1}{E_n}\times\frac{\mathrm{d}\sigma_n}{\mathrm{d}t}$$

以及

$$\sigma=\sigma_1+\sigma_2+\cdots+\sigma_n=\sum_{i=1}^{n}\sigma_i$$

在恒定应变 $\varepsilon(t)=\varepsilon_0$ 的条件下，对上述微分方程组逐式求解，然后加和，可得

$$\sigma(t)=\varepsilon_0 E_n+\varepsilon_0\sum_{i=1}^{n-1}E_i e^{-t/\tau_i} \tag{7-68}$$

或

$$E(t)=E_n+\sum_{i=1}^{n-1}E_i e^{-t/\tau_i} \tag{7-69}$$

如果选用的单元非常多，即 n 非常大时，τ_i 可视为连续变化的函数，则式(7-69) 可以写成

$$E(t)=E_n+\int_0^{\infty}E(\tau)e^{-t/\tau}d\tau \tag{7-70}$$

式中 $E(\tau)$——松弛时间谱；

$E(\tau)d\tau$——高分子松弛时间在 $\tau\sim(\tau+d\tau)$ 之间对应力松弛的贡献。

又由于松弛时间包括的数量级范围很宽，实验上采用对数时间坐标更为方便。因此通常定义一个新的松弛时间谱 $H(\tau)$

$$H(\tau)=\tau E(\tau) \tag{7-71}$$

则式(7-70) 变为

$$E(t)=E_n+\int_{-\infty}^{\infty}H(\tau)e^{-t/\tau}d\ln\tau \tag{7-72}$$

式中 $H(\tau)d\ln\tau$——高分子松弛时间对数在 $\ln\tau$ 和 $\ln\tau+d\ln\tau$ 之间对应力松弛的贡献。

广义的 Kelvin 模型如图 7-23(b) 所示。它是由一个弹簧（柔量为 D_q）、$(n-1)$ 个 Kelvin 单元和一个黏度为 η_n 的黏壶串联而成。第一个弹簧反映蠕变曲线中的普弹形变部分，$(n-1)$ 个 Kelvin 单元则反映其推迟高弹形变部分，最后一个黏壶反映曲线中黏流部分。

依照前面推导 Kelvin 模型模拟蠕变过程的方法可得

$$\sigma=\frac{\varepsilon_q}{D_q}$$

$$\sigma=\frac{\varepsilon_1}{D_1}+\frac{\tau'_1}{D_1}\times\frac{d\varepsilon_1}{dt}$$

$$\sigma=\frac{\varepsilon_2}{D_2}+\frac{\tau'_2}{D_2}\times\frac{d\varepsilon_2}{dt}$$

$$\cdots$$

$$\sigma=\frac{\varepsilon_{n-1}}{D_{n-1}}+\frac{\tau'_{n-1}}{D_{n-1}}\times\frac{d\varepsilon_{n-1}}{dt}$$

$$\sigma=\eta_n\frac{d\varepsilon_n}{dt}$$

以及

$$\varepsilon=\varepsilon_q+\varepsilon_1+\varepsilon_2\cdots+\varepsilon_n$$

在恒定应力 $\sigma(t)=\sigma_0$ 的条件下，对上述微分方程逐式求解并相加后可得

$$\varepsilon(t)=\sigma_0 D_q+\sigma_0\sum_{i=1}^{n-1}D_i(1-e^{-t/\tau'_i})+\sigma_0\frac{t}{\eta_n} \tag{7-73}$$

或
$$D(t)=D_q+\sum_{i=1}^{n-1} D_i(1-e^{-t/\tau'_i})+\frac{t}{\eta_n} \tag{7-74}$$

如果 τ'_i 视为连续变化的函数，则

$$D(t)=D_q+\int_0^{\infty} D(\tau')(1-e^{-t/\tau'})d\tau'+\frac{t}{\eta_n} \tag{7-75}$$

$D(\tau')$ 称为推迟时间谱（retardation time spectrum）。改为对数坐标时定义新的推迟时间谱

$$L(\tau')=\tau D(\tau') \tag{7-76}$$

则
$$D(t)=D_q+\int_{-\infty}^{\infty} L(\tau')(1-e^{-t/\tau'})d\ln\tau'+\frac{t}{\eta_n} \tag{7-77}$$

有关剪切应力及交变应力作用下模型的推导结果在此不再一一列举。

因此，知道了松弛时间谱 $H(\tau)$ 和推迟时间谱 $L(\tau')$，原则上都可以通过这些积分方程求得聚合物的应力松弛模量、蠕变柔量和动态力学行为的特征量。同时，这些积分方程也为求取松弛时间谱和推迟时间谱提供了方法。不过，这种运算是复杂的，只能采用某些近似计算方法。

一般性力学模型对高分子材料松弛时间谱的结论给人们一个重要启示，即高分子材料的松弛时间确实具有一种分布而不是单一数值。但是，欲利用力学模型得出不同高分子材料完整的松弛时间分布曲线是不可能的。目前，大多采用两种方法：①从实验求得分布曲线；②建立分子模型。后一种方法涉及大量复杂的数学运算，且处于不断完善阶段。前一种方法比较切实可行，其具体步骤如下。

① 完成材料的应力松弛实验，得到不同温度下的模量和时间之间的关系。

② 采用 WLF 方程获得 10^{-12}～10^4s 范围内的 $E(t)$-lg$t$ 组合曲线。

③ 根据 $E(t)=E(0)e^{-t/\tau}$ 公式得到 $t=\tau$ 时 $E(\tau)$-lgτ 组合曲线。

④ 由 $E(\tau)$-lgτ 关系，进一步得到 $\tau E(\tau)$-lgτ 即 $H(\tau)$-lgτ 组合曲线，这也是松弛时间谱的实验曲线。如果 $H(\tau)$ 与 lgτ 关系可用函数表示出来，则可以得到模拟的计算曲线。

得到的 8 种聚合物的松弛时间分布如图 7-24 所示。

由图 7-24 曲线 1～8 可以看出，高分子稀溶液和低分子无定形聚合物的松弛时间谱集中于很短的时间区域内，其余 6 种聚合物松弛时间谱的跨度很大，其中橡胶类弹性体的松弛时间谱主要集中于较短的时间区域内（曲线 6、7），纤维类聚合物松弛时间谱更多地集中于长时间区域（曲线 8），塑料的松弛时间谱通常介于橡胶、纤维之间（曲线 5）。

7.2.2　Boltzmann 叠加原理

力学模型提供了描述聚合物黏弹性的微分表达式，Boltzmann 叠加原理（Boltzmann superposition principle）可以得出描述聚合物黏弹性的积分表达式。由于力学模型中的单元数趋于无穷时，通过引入松弛时间谱和推迟时间谱，最终也能导出积分表达式，故与通过 Boltzmann 叠加原理建立起来的表达式是统一的，这两种处理聚合物黏弹性的方法也是互相补充的。

从聚合物力学行为的历史效应可以推求黏弹性的积分表达式。

大量的生产实践发现，聚合物的力学性能与其载荷历史有着密切关系，甚至在制备、包装、运输过程中，聚合物所受的外力（包括材料自重可能产生的载荷）都对它们的力学性能产生影响。聚合物力学行为的历史效应包括：①先前载荷历史对聚合物材料形变性能的影响；②多个载荷共同作用于聚合物时，其最终形变性能与个别载荷作用的关系。Boltzmann

考虑了上述现象，提出了著名的Boltzmann叠加原理，这是高分子物理学中重要的理论工具之一。该原理的假定有以下两点：

① 试样的形变只是负荷历史的函数；

② 每一项负荷步骤是独立的，而且彼此可以叠加。

考虑一个如图7-25所示的多步骤负荷过程。设在时间u_1，u_2，u_3，…，u_n时，应力的增量分别为$\Delta\sigma_1$，$\Delta\sigma_2$，$\Delta\sigma_3$，…，$\Delta\sigma_n$，则根据Boltzmann叠加原理的基本假定并结合式

$$\sigma D(t)=\varepsilon(t)$$

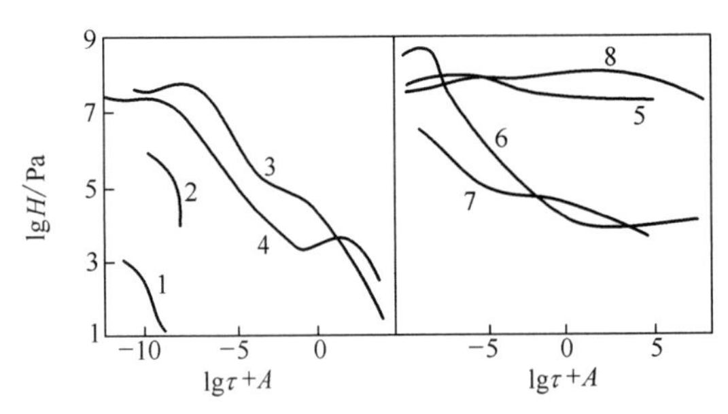

图7-24 8种聚合物的松弛时间分布（横坐标中A为常数）

1—稀的高分子溶液；2—低分子量的无定形聚合物；3—高分子量的无定形聚合物；4—带有侧基的高分子量的无定形聚合物；5—高分子量无定形聚合物在玻璃化转变温度以下；6—轻度交联的无定形聚合物；7—高度交联的无定形聚合物；8—高度结晶的聚合物

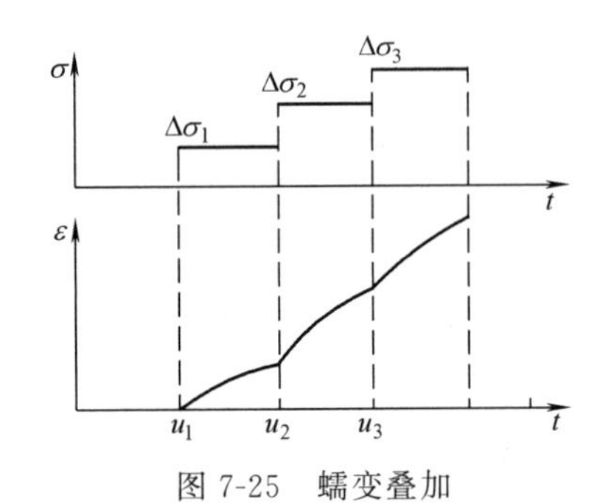

图7-25 蠕变叠加

在时间为t（$t>u_n$）时的总应变可用式(7-78)表示：

$$\varepsilon(t)=\Delta\sigma_1 D(t-u_1)+\Delta\sigma_2 D(t-u_2)+\Delta\sigma_3 D(t-u_3)+\cdots=\sum_{i=1}^{n}\Delta\sigma_i D(t-u_i) \tag{7-78}$$

$D(t-u)$是蠕变柔量函数，此函数只决定于施加应力时和测定应变时的时间间隔，每一个负荷步骤的贡献为应力增量乘以蠕变柔量函数。

如果应力$\sigma(u)$是连续变化的，则施加的应力增量为$\sigma(u)$的微分。式(7-78)可改写为

$$\varepsilon(t)=\int_{-\infty}^{t}\left[\frac{\partial\sigma(u)}{\partial u}\right]D(t-u)\mathrm{d}u \tag{7-79}$$

式(7-79)中，积分的上下限是在t时所观察到的应变，和全部应力历史有关。故下限为负无穷大，不能为零。所谓零，是指实验开始的那一瞬间。实际上，实验开始之前的全部应力历史都有贡献。

将式(7-79)改写为方便的形式，即对式(7-79)用分步积分法进行变换

$$\int w\mathrm{d}v=wv-\int v\mathrm{d}w$$

设

$$\mathrm{d}v=\left[\frac{\partial\sigma(u)}{\partial u}\right]\mathrm{d}u;v=\sigma(u)$$

$$w=D(t-u);\mathrm{d}w=\left[\frac{\partial D(t-u)}{\partial u}\right]\mathrm{d}u$$

将以上诸式代入式(7-79)内，得

$$\varepsilon(t)=D(t-u)\sigma(u)\Big|_{-\infty}^{t}-\int_{-\infty}^{t}\sigma(u)\left[\frac{\partial D(t-u)}{\partial u}\right]\mathrm{d}u$$

再设 $\sigma(-\infty)=0$，并令 $a=t-u$，$\mathrm{d}a=-\mathrm{d}u$ 则上式变为

$$\varepsilon(t)=D(0)\sigma(t)+\int_0^{\infty}\sigma(t-a)\left[\frac{\partial D(a)}{\partial a}\right]\mathrm{d}a \tag{7-80}$$

式中第一项是没有历史效应的部分，第二项代表聚合物黏弹性的历史效应，$D(a)=D(t-u)$ 表示聚合物对过去载荷的记忆效应。

与蠕变（应力历史效应）完全类似，对应力松弛（应变历史效应）有：

$$\sigma(t)=\sum_{i=1}^{n}\Delta\varepsilon_i E(t-u_i) \tag{7-81}$$

$$\sigma(t)=\int_{-\infty}^{t}E(t-u)\left[\frac{\partial\varepsilon(u)}{\partial u}\right]\mathrm{d}u \tag{7-82}$$

$$\sigma(t)=E(0)\varepsilon(t)+\int_0^{\infty}\varepsilon(t-a)\left[\frac{\partial E(a)}{\partial a}\right]\mathrm{d}a \tag{7-83}$$

等式右边第二项代表聚合物应力松弛行为的历史效应。依赖于 $\int_0^{\infty}\varepsilon(t-a)\left[\frac{\partial E(a)}{\partial a}\right]\mathrm{d}a$ 和 $E(0)\varepsilon(t)$ 的大小，应力可以松弛到零（线形聚合物）或松弛到一个有限值（交联聚合物），故该应力松弛的积分表达式对线形和交联聚合物都是适用的。

以上讨论的应力为拉伸应力 σ，对于剪切应力 τ 的情况，有

$$\gamma(t)=J(0)\tau(t)+\int_0^{\infty}\tau(t-a)\left[\frac{\partial J(a)}{\partial a}\right]\mathrm{d}a \tag{7-84}$$

及

$$\tau(t)=G(0)\gamma(t)+\int_0^{\infty}\gamma(t-a)\left[\frac{\partial G(a)}{\partial a}\right]\mathrm{d}a \tag{7-85}$$

Boltzmann 叠加原理的用处还在于通过它可以把几种黏弹行为互相联系起来，从而可以从一种力学行为来推算另一种力学行为。例如，利用 Laplace 变换可以推出蠕变柔量和应力松弛模量之间的关系。把动态力学实验的应力正弦曲线表达为无数个阶梯函数的加和，即可把动态力学实验看成是无数个应力为 $\Delta\sigma_i$ 的蠕变和回复实验的总效应，从而推出动态力学实验和静态力学实验之间的有关关系。

7.2.3　分子理论

分子理论从高分子的结构特点出发，研究聚合物的力学松弛过程，其核心问题是提出合理的分子模型，应用分子的微观物理量（例如，原子半径、键长、键角、内旋转位垒、均方末端距、分子量、内摩擦和外摩擦因子等），通过统计力学方法，推导出聚合物的松弛时间分布、溶液和本体的复数黏度、复数模量、复数柔量等宏观黏弹性的表达式。其中，主要有 RBZ（Rouse-Bueche-Zimm）理论和正在发展中的“蛇行”（reptation）理论。

7.2.3.1　RBZ 理论

首先考虑孤立链的情况。假定高分子链可视为无规线团，每个分子链可以分成 z 个亚分子（高斯链段），即每个亚分子的末端距分布符合高斯分布。根据弹性统计理论，亚分子的弹性回复力可由符合虎克定律的熵弹簧描述。而高分子链间相互作用的黏性阻力可用圆珠在黏性介质中的摩擦阻力表示，亚分子的质量看作为完全集中在圆珠上（弹簧无质量）。这样，大分子链可以设想为由（$z+1$）个无半径、摩擦因子相同的圆珠与 z 个弹性系数相同的熵弹簧自由连接而成，这种模型称为珠簧模型（bead-spring model），见图 7-26。

对于一个孤立的高分子链，假定其构象可以用高斯函数描述，即把单根高分子链的两端限

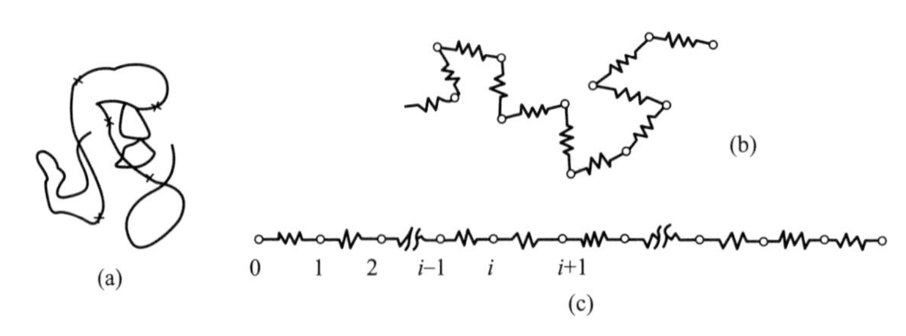

图 7-26 高分子链的珠簧模型

(a) 无规线团，分作若干个亚单元（高斯链段）；(b) 珠簧模型；(c) 珠簧模型在 x 轴上一维投影

制在一定方向上，如 x 轴方向上，在这个方向上拉伸到 l，则构象熵的变化（见第 1 章）为

$$w(l,0,0)=\left(\frac{\beta}{\sqrt{\pi}}\right)^3 e^{-\beta^2 l^2}$$

$$S(l)=k\ln w=c-k\beta^2 l^2$$

$$\left(\frac{\partial S}{\partial l}\right)_{T,V}=-2k\beta^2 l$$

则拉力 f 为（见第 6 章）

$$f=-T\left(\frac{\partial S}{\partial l}\right)_{T,V}=2kT\beta^2 l=\frac{3kT}{Zb^2}l \tag{7-86}$$

将此橡胶弹性理论公式用于珠簧模型。当某一熵弹簧在 x 方向形变为 Δx 时，其回复力 f 为

$$f=\frac{3kT}{b^2}\Delta x \tag{7-87}$$

式中 b——亚分子（高斯链段）的长度。

另一方面，圆珠的黏性阻力可由 Stokes 定律来表示

$$f=\xi\dot{x} \tag{7-88}$$

式中 ξ——摩擦系数；

$\dot{x}$——dx/dt，为位移速率。

当两者平衡时，弹性力和黏滞阻力相等。

对于由 z 个弹簧和 $(z+1)$ 个圆珠组成的高分子链，如果只考虑它对 x 方向上扰动的响应，则可把它投影到 x 轴上，形成一维的线形链。平衡时，有 $(z+1)$ 个微分方程组：

第一个圆珠 $$\xi\dot{x}_0=\frac{-3kT}{b^2}(x_0-x_1)$$

中间的第 i 个圆珠 $$\xi\dot{x}_i=\frac{-3kT}{b^2}(-x_{i-1}+2x_i-x_{i+1})$$

最末一个圆珠 $$\xi\dot{x}_z=\frac{-3kT}{b^2}(-x_{z-1}+x_z)$$

上述方程可由矩阵表示。将矩阵降阶并进行对角化运算，最后可求得珠簧模型链在正则坐标中的解，即松弛函数：

$$q_p(t)=q_p(0)e^{-Bt\lambda_p}=q_p(0)e^{-t/\tau_p} \tag{7-89}$$

$$\tau_p=\frac{1}{B\lambda_p}\quad (p=1,2,\cdots,z) \tag{7-90}$$

q_p 为正则坐标，它是原始坐标的适当线形组合，$q_p(0)$ 为零时刻的正则坐标值。可以看到，坐标对扰动的响应是指数型的，τ_p 为正则运动的松弛时间。式中常数 B 和 λ_p 分别为

$$B=3kT/b^2\xi \tag{7-91}$$

$$\lambda_p=4\sin^2\left[\frac{p\pi}{2(z+1)}\right] \tag{7-92}$$

把分子在实验条件下的实际运动同其正则坐标的变化对应起来。研究表明，实际的松弛时间 τ_p 为正则运动松弛时间的一半，即

$$\tau_p=\frac{1}{2B\lambda_p}=\frac{b^2\xi}{24kT\sin^2[p\pi/2(z+1)]} \tag{7-93}$$

在实际测定中，b 和 ξ 不易得到，为此，引入可测参数黏度。首先讨论聚合物的稀溶液。此时，假定微观圆珠通过介质溶剂时受到的阻力像宏观物体一样与它的速度成正比，则微观的摩擦因子可以用宏观的黏度来代替。经推导可得：

$$\tau_p\approx b^2\xi z^2/6\pi^2kTp^2 \quad (p\ll z) \tag{7-94}$$

以及

$$\eta_0-\eta_s\approx Nb^2\xi z^2/36 \tag{7-95}$$

这样，就可由 η 来求 τ_p

$$\tau_p=\frac{1}{2B\lambda_p}\approx 6(\eta_0-\eta_s)/(NkT\pi^2p^2) \tag{7-96}$$

式中　η_0——聚合物溶液的黏度；

η_s——溶剂的黏度；

N——单位体积溶液中聚合物的分子数。

上述理论可以进一步向本体聚合物推广。此时，介质不是溶剂，而是聚合物本身。以 η_0 表示聚合物本体的剪切黏度，N 表示单位体积中聚合物的分子数，则

$$\eta_0\approx Nb^2\xi z^2/36 \tag{7-97}$$

式(7-97) 和式(7-94) 联立，可得

$$\tau_p=\frac{6\eta_0}{NkT\pi^2p^2} \tag{7-98}$$

有了松弛时间，就可以讨论聚合物的各种宏观黏弹性。例如，应力松弛模量为

$$G(t)=NkT\sum_{p=1}^{z}e^{-t/\tau_p} \tag{7-99}$$

图 7-27(a) 表明由珠簧模型导出的式(7-99) 已能描述橡胶态到黏流态的转变。

聚合物分子量大于临界缠结分子量后（详见第 9 章），黏度明显上升，摩擦系数 ξ 与分子量无关的假定不能成立。从分子运动单元考虑，只有那些松弛时间较短的短程运动单元的运动才与分子量无关，而链段运动和整链运动这些大尺寸的长程运动 ξ 应同分子量有关。Ferry 等假定有两类摩擦因子 ξ_0 和 ξ，ξ_0 在松弛时间小于某一临界值 τ_c 的短程运动时起作用，而 ξ 在 $\tau>\tau_c$ 的长程运动时起作用，两者的差别在于 ξ 依赖于分子量。

ξ_0 和 ξ 有如下关系

$$\lg(\xi/\xi_0)=2.4\lg(M/M_c) \tag{7-100}$$

式中　M_c——刚刚发生缠结时的临界分子量。

$$\tau_p=\frac{\xi_0b^2z^2}{6\pi^2kTp^2} \qquad \tau_p<\tau_c \tag{7-101}$$

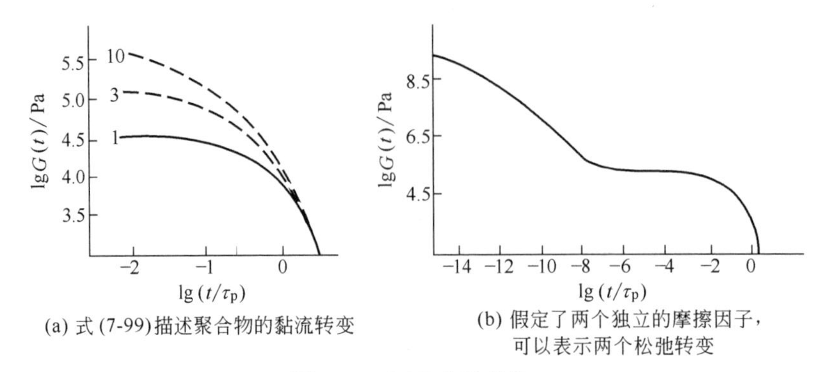

(a) 式(7-99)描述聚合物的黏流转变

(b) 假定了两个独立的摩擦因子，可以表示两个松弛转变

图 7-27　RBZ 分子理论

$$\tau_p=\frac{\xi b^2 z^2}{6\pi^2 kTp^2} \qquad \tau_p>\tau_c \tag{7-102}$$

选择适当的 p 值，上述修正后计算得到的 $\lg G(t)$-$\lg(t/\tau_p)$ 关系如图 7-27(b) 所示，表示出本体聚合物的两个松弛过程，每个松弛过程各对应于一个松弛时间 τ_g 和 τ_f。短时间的 τ_g 是链段运动的松弛时间，长时间的 τ_f 是整链开始流动的松弛时间。这里 τ 的微观意义是结构单元移动一个身位所需的时间。根据分子运动机理，球在格子中的运动，必须要等待第一个球进入空穴后才能启动。第一个球进入空穴的时间就是球移动一个身位所需的时间，就是球的松弛时间。为此，链段运动启动之所以滞后于小单元，是因为链段运动的松弛时间 τ_g 长于小单元；整链运动远远滞后于链段运动，是因为整链运动的松弛时间 τ_f 远远长于链段运动的松弛时间 τ_g。

RBZ 理论从分子结构出发建立了松弛时间与结构之间的关联。但是，对聚合物复杂的分子运动，该模型仍然过于简单。除了 Ferry 的工作之外，相继提出了许多修正模型。例如，20 世纪 70 年代 M. shen 等提出了不同的运动耦合对应于不同的摩擦系数的观点，用大小不同的珠子表示摩擦系数的大小，得到了更为严密的运动方程，借助于计算机可以求出各种黏弹性参数，其结果与实验吻合较好。又如，De Gennes、Doi Masao、Edwards S F. 等发展了另一种广为人们关注的分子模型理论——“蛇行”理论。

7.2.3.2 “蛇行”理论

用一窝长蛇的穿游来形象地描述长链在基体中的曲折受阻滑动。为此，可以认为一条无规长链是处于聚合物的基体中，其周围的链就形成了这条链横向运动的障碍。这些障碍无规地分布在基体中［见图 7-28(a)］。蛇行理论认为，当松弛发生时，分子链必定像蛇的运动那样通过这个存在着障碍物的路程。

把图 7-28(a) 中的高分子链通过一系列障碍物的运动考虑成图 7-28(b) 所示的局限在一根管子中的分子链运动，蛇链滑行到哪里，管子就延伸到哪里，蛇链尾端已滑过的地方，管子就自然消失。

蛇行理论（reptation theory）的计算是非常复杂的。De Gennes 发展了一个将宏观物性与微观分子性质联系起来的“标度定律”。对于求算的某个物理量 R，与链长 N 之间存在如下关系：

$$R=a_0+a_1N^{\nu} \tag{7-103}$$

则按标度定律，在考察 R 时可以忽略因体系不同及实验条件不同所导致变化的一些因子，

在上列方程中就是 a_0、a_1 等。于是，式(7-103) 可写成

$$R \approx a_1 N^{\nu}，R \approx N^{\nu} \tag{7-104}$$

忽略 a_0 时，得到式(7-104) 的左式；同时忽略 a_0、a_1 时，得到式(7-104) 的右式。式(7-104) 的右式说明，从 N 的变化，可以了解 R 的变化。

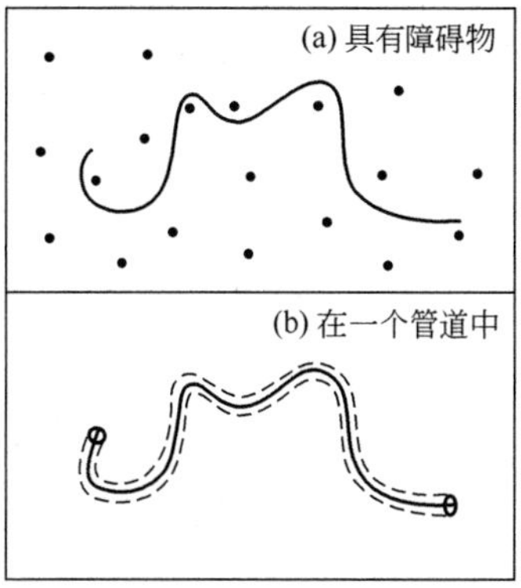

对于"蛇行"模型，一条链的最大松弛时间 τ_m 是与此链从管子中扩散出去所需的时间标度相同。于是，一条链在外力作用下运动使其不再受原来管子约束而发生整个链的松弛问题，就化解为聚合物通过与其自身长度相同的约束管的扩散问题。如果 f 是施加于链上的恒定力，v 是链在管子中运动的速度，则

$$v = \mu_{管} f \tag{7-105}$$

图 7-28　聚合物分子链的蛇行模型示意图

式中　$\mu_{管}$——链在管中的迁移率。

为了使不同长度的分子链具有相同的速度 v_c，力 f 必定与链长 N 成正比，即

$$f \propto N$$

或

$$\frac{v_c}{\mu_{管}} \propto N$$

$$v_c \propto N\mu_{管} = \mu_1 \tag{7-106}$$

这里，迁移率 μ_1 就与分子链长度无关了。根据扩散的 Nernst-Einstein 方程，扩散系数 $D_{管}$ 为

$$D_{管} = kT\mu_{管} = \frac{kT\mu_1}{N} = D_1/N \tag{7-107}$$

式中　k——Boltzmann 常数；

D_1——扩散系数（同样与分子链长度无关）。

扩散系数 $D_{管}$ 与扩散时间 τ、扩散的均方根距离$\sqrt{L^2}$有如下关系

$$D_{管} = L^2/2\tau \tag{7-108}$$

这个扩散时间 τ 就是最大松弛时间，而扩散距离就是管子长度。所以

$$\tau_m \propto N^3 \tag{7-109}$$

该理论数学处理复杂，但所得松弛时间及其他黏弹性参数与实际情况更为接近。

7.3　时温等效和叠加

从分子运动的松弛性质可以知道，同一个力学松弛现象，既可在较高的温度下、较短的时间内观察到，也可以在较低的温度下、较长时间内观察到。因此，升高温度与延长时间对分子运动是等效的，对聚合物的黏弹行为也是等效的。这就是时温等效原理（time-temperature equivalence principle）。

对于非晶聚合物，在不同温度下获得的黏弹性数据，包括蠕变、应力松弛、动态力学试验，均可通过沿着时间轴平移叠合在一起。例如，在保持曲线形状不变的条件下，将相应于温度 T 的应力松弛曲线叠合，见图 7-29(a) 所示。需要移动的量记作 a_T，称为移动因子。那么，时温等效原理给出

$$E(T,t)=E(T_0,t/a_T) \tag{7-110}$$

式中 T——试验温度；

T_0——参考温度。

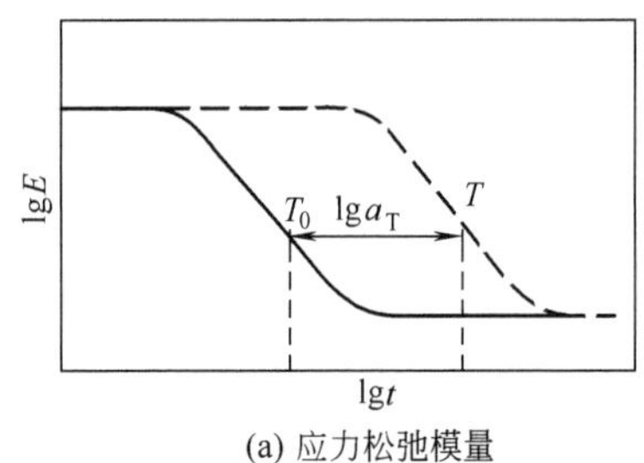

(a) 应力松弛模量

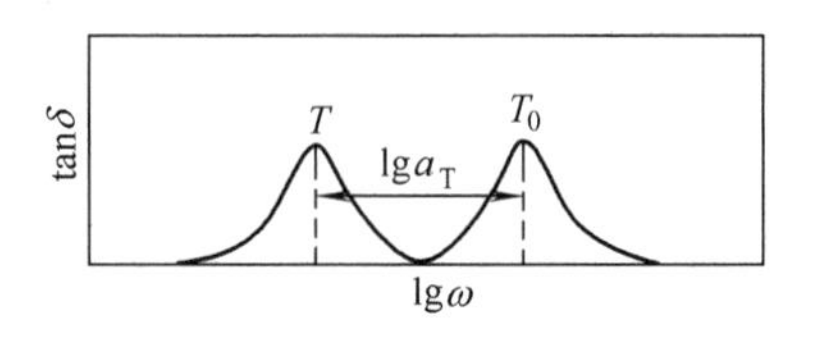

(b) 动态力学试验损耗因子tanδ

图 7-29 时温等效原理示意图

图 7-29(a) 中，$T<T_0$，故 $a_T>1$。若 $T>T_0$，则 $a_T<1$。

如果实验是在交变力场下进行的，类似地有图 7-29(b) 所示的时温等效关系，即降低频率与延长观察时间是等效的，增加频率与缩短观察时间是等效的。

下面列出蠕变及动态力学试验的时温等效基本关系。

$$D(T,t)=D(T_0,t/a_T) \tag{7-111}$$

$$E'(T,\omega)=E'(T_0,a_T\omega) \tag{7-112}$$

$$E''(T,\omega)=E''(T_0,a_T\omega) \tag{7-113}$$

$$D'(T,\omega)=D'(T_0,a_T\omega) \tag{7-114}$$

$$D''(T,\omega)=D''(T_0,a_T\omega) \tag{7-115}$$

严格地说，模量的温度依赖性包括模量本身随温度变化以及密度随温度变化两项。因此，上述时温转换关系尚需进行温度校正和密度校正。例如：

$$E(T,t)=\frac{\rho T}{\rho_0 T_0}E(T_0,t/a_T) \tag{7-116}$$

$$D(T,t)=\frac{\rho T}{\rho_0 T_0}D(T_0,t/a_T) \tag{7-117}$$

$$E''(T,\omega)=\frac{\rho T}{\rho_0 T_0}E''(T_0,a_T\omega) \tag{7-118}$$

甚至可以推广到动态黏度

$$\eta(T)=\frac{\rho T}{\rho_0 T_0}a_T\eta(T_0) \tag{7-119}$$

上述校正称作垂直校正，其改变量一般是很小的。

时温等效原理的定量描述，具有重要的实际意义。

图 7-30 左半部为不同温度下实验测定的聚异丁烯应力松弛模量-时间曲线，可将其变换成 $T=25$℃、包含 $10^{-12}\sim10^4$h 宽广时间范围的曲线。参考温度 25℃时测得的实验曲线在时间坐标轴上不需移动，lga_T 为零；而 0℃测得的曲线转换为 25℃的曲线，其对应的时间依次缩短，也就是说低于 25℃测得的曲线应该在时间坐标轴上向左移动，lga_T 为正；50℃测得的曲线转换为 25℃时相应的时间延长，也就是说，高于 25℃测得的曲线必须在时间坐标轴上向右移动，lga_T 为负；各曲线彼此叠合连接成光滑曲线即成为组合曲线。不同温度下的曲线向参考温度移动的量不同。图 7-30 右上角表示的是应力松弛模量-时间曲线构成组合曲线时必须沿 lg$t$ 坐标轴移动的量与温度的关系。

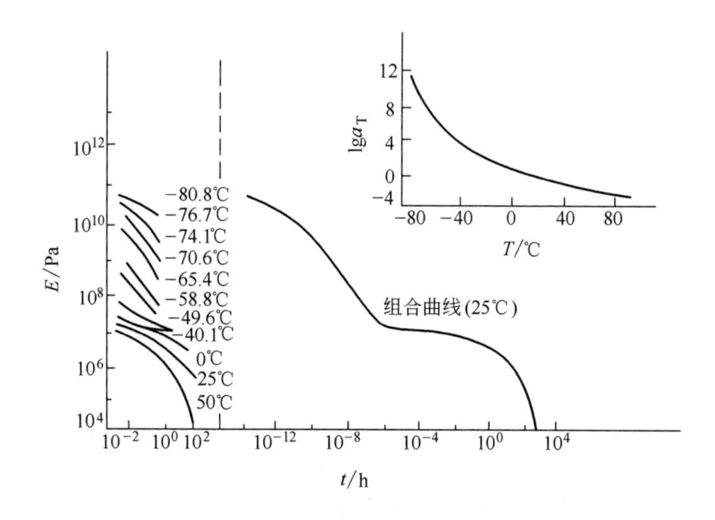

图 7-30　利用时温等效原理将不同温度下测得的聚异丁烯应力松弛数据换成 $T=25℃$ 时的数据

（右上插图给出了在不同温度下曲线需要移动的量）

实验发现，若以聚合物的 T_g 作为参考温度，$\lg a_T$ 与（$T-T_g$）之间的关系均可用 WLF(Willians-Landel-Ferry) 方程表示，式中 c_1、c_2 几乎对所有的聚合物均有普遍的近似值，即 $c_1=17.44$，$c_2=51.6$。

$$\lg a_T=\frac{-c_1(T-T_g)}{c_2+(T-T_g)}=\frac{-17.44(T-T_g)}{51.6+(T-T_g)} \tag{7-120}$$

此方程适用于温度范围为 $T_g \sim (T_g+100℃)$。

下面从自由体积概念来推求 WLF 方程。

移动因子 a_T 是聚合物在不同温度下、同一力学响应所需观察时间的比值。从分子运动观点考虑，当实验的观察时间与聚合物某种运动单元的松弛时间相当时，材料就表现出相应的力学性能。因此，a_T 从微观上看，可以理解为不同温度时、聚合物同一运动模式的松弛时间的比值，即

$$a_T=\frac{t}{t_0}=\frac{\tau}{\tau_0} \tag{7-121}$$

利用动态黏度的时温等效公式(7-119)，可得：

$$a_T=\frac{\tau}{\tau_0}=\frac{\rho_0 T_0}{\rho T}\times\frac{\eta(T)}{\eta(T_0)}$$

密度 ρ 的变化是很小的，温度又是取 K 温标，温度改正 T_0/T 也不大，并且 T 大则 ρ 小，T_0 小则 ρ 大，故 $\left(\frac{\rho_0 T_0}{\rho T}\right)$ 一般可近似看作 1，则

$$a_T=\frac{\tau}{\tau_0}\approx\frac{\eta(T)}{\eta(T_0)} \tag{7-122}$$

有关黏度的分子理论是极为复杂的，但总可以把黏度看作是分子间相互运动时的摩擦阻力。因此，当分子间有较大的活动空间时，摩擦阻力就小，黏度也小。这也就是说，液体黏度是与它本身的自由体积有关，即

$$\eta=A\mathrm{e}^{B\left(\frac{V-V_f}{V_f}\right)}$$

$$\ln\eta=\ln A+B\left(\frac{V-V_f}{V_f}\right) \tag{7-123}$$

式中　V——体系的总体积；

V_f——自由体积；

A,B——常数。

由于自由体积分数 f 为

$$f=\frac{V_f}{V}$$

上式可改写为

$$\ln\eta=\ln A+B\left(\frac{1}{f}-1\right) \tag{7-124}$$

又因为 T_g 以上自由体积分数 f 与温度之间有以下线形关系（第 5 章）

$$f=f_g+a_f(T-T_g)$$

式中　f_g——玻璃化转变温度时的自由体积分数。

将上式代入式(7-124)，得

$$\ln\eta(T)=\ln A+B\left[\frac{1}{f_g+a_f(T-T_g)}-1\right]$$

（在 T_g 以上）

而

$$\ln\eta(T_g)=\ln A+B\left(\frac{1}{f_g}-1\right)$$

（在 T_g 时）

两式相减得

$$\ln\frac{\eta(T)}{\eta(T_g)}=B\left[\frac{1}{f_g+a_f(T-T_g)}-\frac{1}{f_g}\right]$$

$$\lg\frac{\eta(T)}{\eta(T_g)}=-\frac{B}{2.303f_g}\left[\frac{T-T_g}{f_g/a_f+(T-T_g)}\right] \tag{7-125}$$

令

$$C_1=\frac{B}{2.303f_g},\ C_2=\frac{f_g}{a_f}$$

则

$$\lg a_T=\lg\frac{\eta(T)}{\eta(T_g)}=-\frac{-C_1(T-T_g)}{C_2+(T-T_g)} \tag{7-126}$$

实验结果表明，对于几乎所有材料，B 是一个十分接近于 1 的常数。比较式(7-126) 和实验得到的 WLF 方程(7-120)，可以求得

$$f_g=0.025$$

WLF 方程有着重要的实际意义。有关材料在室温下长期使用寿命以及超瞬间性能等问题，实验是无法进行测定的，但可以通过时温等效原理来解决。例如，需要在室温条件下几年甚至上百年完成的应力松弛实验实际上是不能实现的，但可以在高温条件下短期内完成；或者需要在室温条件下几十万分之一秒或几百万分之一秒中完成的应力松弛实验，实际上也是做不到的。但可以在低温条件下几个小时甚至几天内完成。

7.4　研究黏弹行为的实验方法

表征材料黏弹行为的主要方法有五种类型，每种方法具有一定的测量频率范围，详见表 7-1。

表 7-1　表征材料黏弹行为的方法

方　法	近似的频率范围/Hz	方　法	近似的频率范围/Hz
蠕变和应力松弛测定	$<10^{-6}\sim1$	高频共振方法	$10^2\sim10^4$
低频自由振动方法	0.1～10	声波传播方法	$>10^4$
受迫振动方法	$10^{-2}\sim10^2$		

7.4.1　瞬态测量

瞬态测量（transient measurements）包括蠕变和应力松弛，属静态黏弹性实验。

7.4.1.1　蠕变仪

蠕变试验是在恒温、恒定负荷的条件下检测试样的应变随时间的变化。图 7-31 为研究拉伸蠕变仪的示意图。测试时，试样夹于上下夹具上，受到下夹具和负荷的拉力，产生蠕变。线形位移传感器与试样串联，该传感器是由一个带有铁芯的差动变压器构成。位移作为时间的函数通过记录仪或计算机记录。试样可以被流体包围，以变化其测量温度。

7.4.1.2　应力松弛仪

应力松弛试验是在恒温、恒定应变的条件下测定试样应力随时间的变化。应力松弛仪（见图 7-32）是利用模量比试样大得多的弹簧片，通过其位置改变来测定试样拉伸时的应力松弛过程。具体地说，当试样被拉杆拉长时，弹簧片向下弯曲；当试样发生应力松弛时，弹簧片逐渐回复原状。利用差动变压器测定弹簧片的回复形变，然后换算成应力。试样的测试温度也可以通过恒温装置来调节。

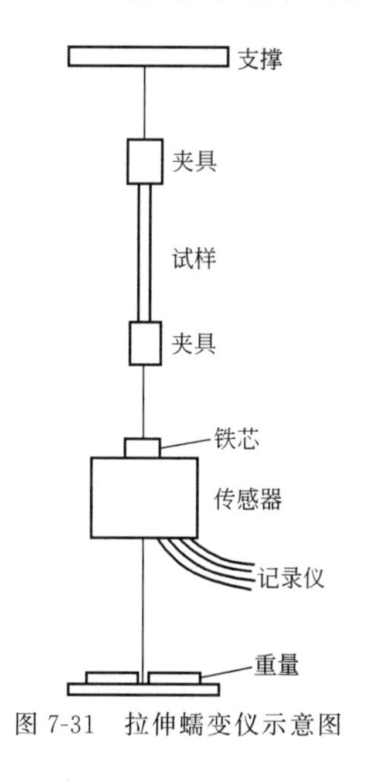

图 7-31　拉伸蠕变仪示意图

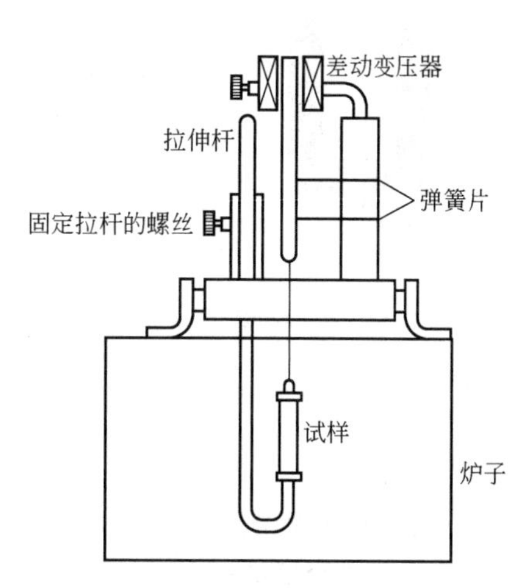

图 7-32　应力松弛仪示意图

7.4.2　动态测量

动态力学测试（dynamic measurements）包括自由衰减振动法（如扭摆法和扭辫法）、强迫共振法（包括振簧法和悬线法）、强迫非共振法和声波传播法（含声脉冲传播法和超声脉冲法）。

自由衰减振动法是将初始扭转力作用于体系，随即除去外力，体系发生形变或形变速率随时间逐渐衰减的振动，根据振动频率与振幅衰减速率计算体系的刚性和阻尼。强迫共振法是指试样在一定频率范围和恒幅力作用下发生强迫共振，测定共振曲线，从共振频率和共振峰宽求得储能模量和损耗因子。强迫非共振法是指强迫试样以设定频率振动，测定应力与应变幅值及应力-应变之间的相位差，直接计算储能模量、损耗模量和损耗角正切。声波传播法测定材料动态力学性能的基本原理为声波在材料中的传播速度取决于材料刚度以及声波振幅的衰减取决于材料的阻尼。

下面简介扭摆仪、扭辫仪、黏弹谱仪及动态力学热分析仪。

7.4.2.1 扭摆仪及扭辫仪

扭摆仪如图 7-33 所示。聚合物试样一端固定，另一端与一个自由振动的惯性体相连。当外力使惯性体扭转一个角度时，试样受到一扭转变形。外力除去之后，由于试样的弹性回复力，使惯性体开始作扭转自由振动。因此，这一装置就称为扭摆。

由于聚合物的内耗，体系的弹性能逐渐转变为热，振动的振幅随时间而衰减，振动曲线如图 7-34 所示。

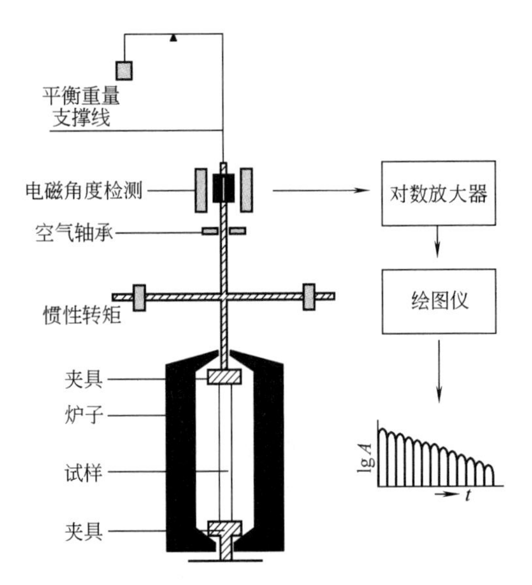

图 7-33　在频率接近 1Hz 测量模量和阻尼的扭摆

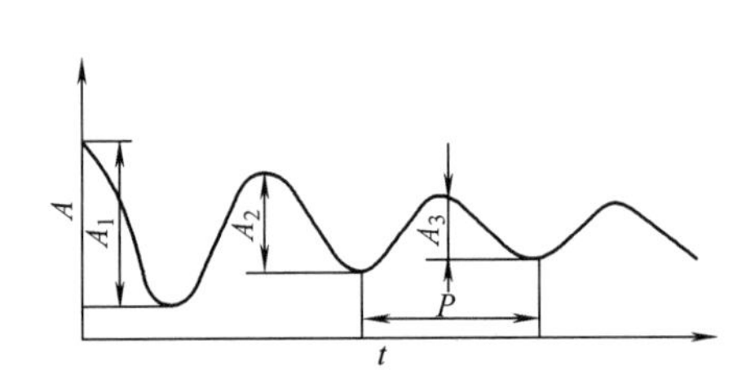

图 7-34　阻尼振动曲线

对于一般扭转振动体系，运动方程式是

$$I\frac{d^2\phi}{dt^2}+KG^*\phi=F(t) \tag{7-127}$$

式中　ϕ——转动角；

I——体系的转动惯量；

G^*——复数切变模量；

K——与试样形状及尺寸有关的常数。

方程式的第一项是惯性力，第二项是扭转试样所需要的力，最后一项是随时间变化的外力。对于自由振动，$F(t)=0$，而复数切变模量 $G^*=(G'+iG'')$，故式(7-127) 变为

$$I\frac{d^2\phi}{dt^2}+K(G'+iG'')\phi=0 \tag{7-128}$$

又假定 G'和 G''不依赖于频率，则方程的一般解为

$$\phi(t)=\phi_0 e^{(i\omega-\alpha)t}=\phi_0 e^{-\alpha t} e^{i\omega t} \tag{7-129}$$

式中　α——衰减因子；

ω——角频率。

将式(7-129) 代入式(7-128)，得

$$-I(\alpha^2-\omega^2)+2i\omega\alpha I=KG'+iKG''$$

则

$$\begin{cases} G'=\dfrac{I}{K}(\omega^2-\alpha^2) \\ G''=\dfrac{2\omega\alpha I}{K} \\ \tan\delta=\dfrac{G''}{G'}\approx\dfrac{2a}{\omega} \end{cases} \tag{7-130}$$

$$G=|G^*|=\sqrt{G'^2+G''^2}=\frac{1}{K}(\omega^2+a^2)\approx\frac{I\omega^2}{K}$$

因为 $\omega=2\pi\nu=2\pi/P$，式中 ν 和 P 分别为振动频率和周期，且对于横截面为矩形的试样，$K=CD^3\mu/16L$，故

$$G=\frac{64\pi^2 LI}{CD^3\mu P^2}=\frac{631.7LI}{CD^3\mu P^2} \tag{7-131}$$

式中，L、C 和 D 分别为试样的有效长度、宽度和厚度，μ 为试样的形状因子，决定于试样的 C/D 比值。由上式可以看出，聚合物试样的动态模量与试样的尺寸、振动体系的转动惯量和振动周期有关。实验时，试样尺寸和转动惯量选定后，动态模量仅与振动周期的平方成反比。

另一方面，在扭摆法（torsional pendulum analysis，TPA）中，力学损耗通常用对数减量 Δ（又称为力学阻尼）来衡量，它定义为两个相继振动的振幅比值的自然对数，即

$$\Delta=\ln\frac{A_1}{A_2}=\ln\frac{A_2}{A_3}=\cdots \tag{7-132}$$

A_1 是第一个振动的振幅，A_2 是第二个振动的振幅等。应用式(7-132) 关于对数减量的定义，并注意到扭摆振动为正弦式，其周期为 P，则

$$e^{i\omega t}=e^{i\omega(t+P)}$$

从式(7-129) 和式(7-132) 可得

$$\Delta=\ln\left(\frac{\phi_i}{\phi_{i+1}}\right)=\ln\frac{\phi_0 e^{-\alpha t} e^{i\omega t}}{\phi_0 e^{-\alpha(t+P)} e^{i\omega(i+P)}}=\alpha P \tag{7-133}$$

因为 $P=\dfrac{2\pi}{\omega}$，将式(7-133) 代入式(7-130)，得出用周期 P 和对数减量 Δ 表示的复数剪切模量的虚实两部分为

$$G'=\frac{I}{KP^2}(4\pi^2-\Delta^2) \tag{7-134}$$

$$G''=\frac{4\pi I\Delta}{KP^2} \tag{7-135}$$

因为对数减量很少超过 1，所以，式(7-134) 中 G'可近似用下式计算

$$G'=\frac{4\pi^2 I}{KP^2} \tag{7-136}$$

这时可以认为 $G'=G$，G 即为测量的剪切模量。

由式(7-136)可见，聚合物试样的动态模量与试样的尺寸、振动体系的转动惯量和振动周期有关。试样尺寸和转动惯量选定之后，动态模量只与振动周期的平方成反比，$1/P^2$ 称为相对刚度。测定扭转振动的周期，即可通过式(7-136)计算试样的剪切模量。

将式(7-135)与式(7-136)相除，得

$$\frac{G''}{G'}=\tan\delta=\frac{\Delta}{\pi} \tag{7-137}$$

实验测定振幅的衰减，即可计算对数减量，从而得到内耗值。

实验时，选用适当尺寸的试样，并调节转动惯量，使扭转振动频率为1Hz。逐一改变温度并测量该温度下的振动周期和振动曲线，按式(7-136)和式(7-137)计算动态模量和力学阻尼，可得模量和阻尼对温度的曲线。

1962年，J. K. Gillham 等发明了扭辫分析法（torsional braid analysis，TBA）。该方法与扭摆法的主要区别在于试样的制备。所用试样不是一条塑料或橡胶，而是将被测试样制备成浓度5%以上的溶液，或将试样熔化，然后浸渍在一条由几千根玻璃单丝编成的惰性物质的辫子上，待溶剂挥发，即得被测材料与惰性载物组成的复合试样。每次用样量少于100mg。

该实验的试样除了自由长度可精确测定之外，截面形状不规则，不可能精确计算复合材料试样的储能模量和损耗模量，更不可能精确计算其中聚合物基体的储能模量与损耗模量。通常，仅以 $1/P^2$ 表征试样的刚度，以 Δ 表征材料的阻尼。

由于试样中有增强纤维支承，即使聚合物基体处于无法承受自重的液态，复合试样仍保持相当的刚度。所以，扭辫仪可以分析从低分子量树脂、橡胶、塑料直至复合材料的各种材料，特别适用于树脂/固化剂体系的固化过程，包括橡胶的硫化过程。

7.4.2.2 动态黏弹谱仪和动态力学分析仪

黏弹谱仪属强迫振动非共振法，该法直接收集加在试样上的应力和试样应变的大小和位相，然后按照最基本的关系求得 E'、E'' 和 $\tan\delta$ 值。仪器的主体部分如图7-35所示。固定在基座上的电磁振动器可以沿基座轴作水平振动，其左端与位移检测器相连，右端与试样夹连接。当振动器工作时，将一定频率的正弦型应变加到试样的一端，同时，通过位移检测器记录出这一应变值 $\varepsilon(t)$。试样通过夹子连接到测力传感器上，实验中，测力传感器测得应力 $\sigma(t)$。经过仪器的信号处理器处理，直接给出应力和应变之间的位相差（力学损耗角）的正切 $\tan\delta$、储能模量 E' 和损耗模量 E''。

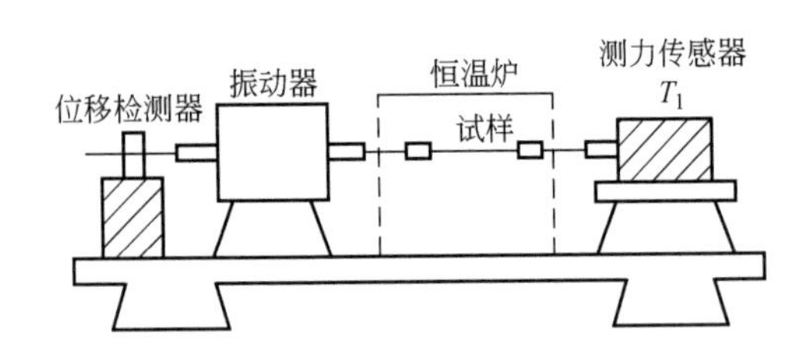

图7-35 动态黏弹谱仪主体部分示意图

动态黏弹谱仪（rheovibron）是20世纪50年代末日本高柳素夫发明的，其中DDV-Ⅱ型黏弹谱仪能在 $-180\sim200$℃之间进行实验，其频率测量挡次为0.01～1Hz、3.5Hz、11Hz、35Hz和110Hz，模量的测量范围为 $10^6\sim10^{11}\mathrm{N/m^2}$，内耗 $\tan\delta$ 的测量范围为0.001～1.7。该仪器常用以测量片状样品，还可测量纤维状样品。

用DDV-Ⅱ所测量的复数模量的绝对值 E^* 按式(7-138)进行计算

$$E^*=\frac{\hat{\sigma}}{\hat{\varepsilon}}\times\frac{L}{S} \tag{7-138}$$

式中　L——样品长度；

S——样品截面积；

$\hat{\varepsilon}$，$\hat{\sigma}$——样品一端和另一端所加正弦应变和应力的振幅。

从 E^* 和 $\tan\delta$ 可分别求出储能模量 E' 和损耗模量 E''

$$E'=E^*\cos\delta$$
$$E''=E^*\sin\delta$$

新型的 DDV-Ⅱ型自动化黏弹谱仪已采用电子计算机进行程序控制和数据处理。

DDV-Ⅲ型自动化黏弹谱仪则把测量温度范围扩大为－150～300℃，样品厚度增为 0.3cm。

自 20 世纪 70 年代中后期起，动态力学分析仪（dynamic mechanical analysis，DMA）发展十分迅速，它也属于强迫振动非共振法之一。例如，美国 Rheometric Scientific Inc. 公司的动态力学热分析仪（DMTA Ⅳ）主机核心部分的工作原理如图 7-36 所示。

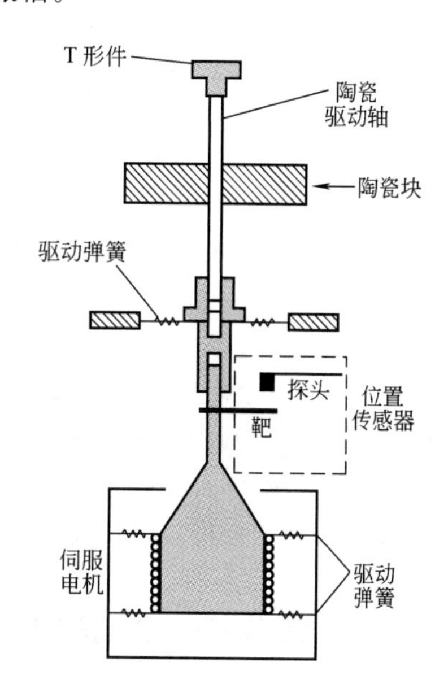

图 7-36　DMTA Ⅳ主机核心部分工作原理示意图

该仪器的测量温度范围为－150℃（用液氮）～600℃，频率范围为 0.001～318Hz，且为无级调节。试样的形变模式有拉伸、压缩、剪切、单/双悬臂梁和三点弯曲。不同形变模式适用的模量范围见表 7-2 所示。在运用此表时，还应全面考虑所需测试温度范围内材料模量的变化范围。

表 7-2　试样的不同形变模式适用的模量范围

形 变 模 式	模量范围/Pa	形 变 模 式	模量范围/Pa
拉伸/压缩	10^6～10^{11}	单/双悬臂梁、三点弯曲	10^4～10^{12}（棒状试样）
剪切	10^3～10^7		

各种形变模式适用的材料类型见表 7-3。

表 7-3　各种形变模式适用的材料类型

形 变 模 式	材　　料
拉伸	橡胶（T_g 以上），塑料薄膜
压缩	橡胶、软泡沫塑料（T_g 以上）
剪切	凝胶、橡胶、软泡沫塑料（T_g 以上）
单/双悬臂梁	塑料、橡胶、复合材料（含预浸料）、金属等（脆性而无法夹持的材料例外）
三点弯曲	已固化树脂基复合材料、金属，薄片陶瓷

由表 7-3 可以看出，单/双悬臂梁模式适用的材料范围最为广泛。

应该提及，其他仪器中，还有杆、棒的扭转模式等。

在试样的各种形变模式中，实测的物理量均为位移幅值、载荷幅值以及位移-载荷之间的相位角。应变幅值由式(7-139) 计算

$$\hat{\varepsilon}=k_{\varepsilon}D_0 \tag{7-139}$$

式中，D_0 是位移幅值；k_ε 称作应变常数，取决于试样的尺寸。应力幅值的计算如下：

$$\hat{\sigma}=k_\sigma F_0 \tag{7-140}$$

式中，F_0 为载荷幅值；k_σ 称为应力常数，取决于试样尺寸。不同形变模式中的 k_ε 和 k_σ 均可按试样尺寸及其他已知条件计算而得。

在 DMTAⅣ中，试样的储能模量、损耗模量和复数模量为

$$M'=\frac{\hat{\sigma}}{\hat{\varepsilon}}\cos\delta=\frac{k_\sigma F_0}{k_\varepsilon D_0}\cos\delta \tag{7-141}$$

$$M''=\frac{\hat{\sigma}}{\hat{\varepsilon}}\sin\delta=\frac{k_\sigma F_0}{k_\varepsilon D_0}\sin\delta \tag{7-142}$$

$$M^*=\sqrt{(M')^2+(M'')^2} \tag{7-143}$$

在任一形变模式下，DMTAⅣ的试验模式又有多种，包括单点测定、应变扫描、温度扫描、频率扫描、频率-温度扫描和时间扫描。此外，该仪器除了可以进行上述应变控制下的动态试验模式之外，还可实现应力控制下的动态试验模式(多频温度扫描）和静态试验模式(蠕变和热机械分析）以及应变控制下的静态试验模式(应力松弛)。

7.5 聚合物、共混物及复合材料的结构与动态力学性能关系

聚合物的动态力学行为对其玻璃化转变、结晶、交联、相分离以及玻璃态（区）和晶态的分子运动等都十分敏感，因此，可用以获得有关分子结构和分子运动的许多信息。

7.5.1 非晶态聚合物的玻璃化转变和次级转变

图 7-37 为热固性树脂环氧 E51 浇注料的动态力学性能温度谱。在玻璃化转变的温度范围内，储能模量发生数量级的变化，内耗出现极大值。

图 7-38 为丁腈橡胶（3606）的动态力学性能温度谱。在玻璃化转变温度范围内，储能模量发生突变，损耗模量和 tanδ 出现极大值，但 tanδ 峰对应的温度较之损耗模量峰对应的温度要高一些。

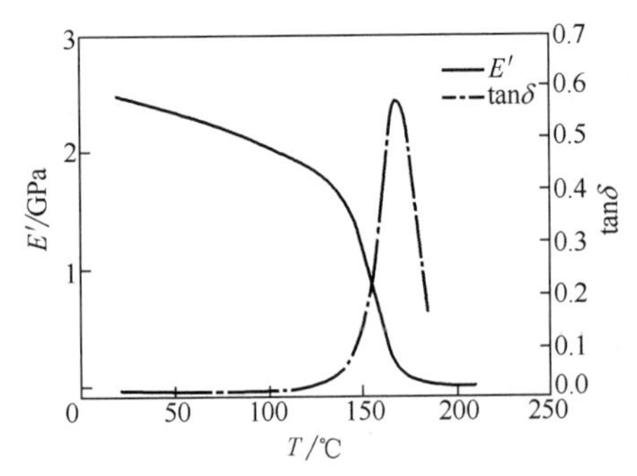

图 7-37 环氧树脂浇注料的 DMTA 温度谱（弯曲形变模式）

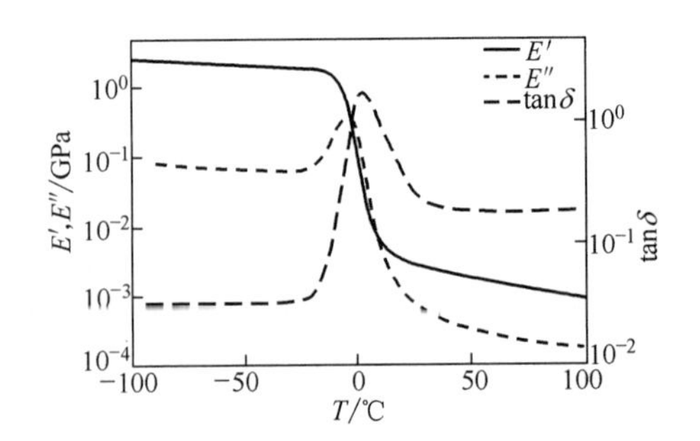

图 7-38 丁腈橡胶的 DMTA 温度谱

在动态力学热分析中，玻璃化转变温度的定义方法有三种，第一种是储能模量曲线上折点所对应的温度；第二种是损耗模量峰所对应的温度；第三种为 tanδ 峰所对应的温度。习惯上，在以 T_g 表征结构材料的最高使用温度时，用第一种方法定义 T_g 为好；在研究阻尼

材料时，常以 $\tan\delta$ 峰对应的温度作为 T_g；ISO 标准中，建议以损耗峰对应的温度为 T_g。为了比较一系列聚合物的 T_g，应该选定一种定义方法。

非晶态聚合物在 T_g 以下，链段运动虽然已经冻结，但是，比链段小的一些运动单元仍然能够发生运动，在动态力学温度谱上出现多个内耗峰和相应的储能模量降低。

为了方便起见，习惯上把包括玻璃化转变在内的多个内耗峰用符号来标记，如果把最高温度下出现的内耗峰（即玻璃化转变）计作 α 松弛，依据随后出现的内耗峰的温度由高到低分别计作 β、γ、δ 松弛。低于玻璃化转变的松弛统称为次级松弛。

图 7-39 表示无规聚苯乙烯的剪切模量 G' 和 $\tan\delta$ 随温度的变化。

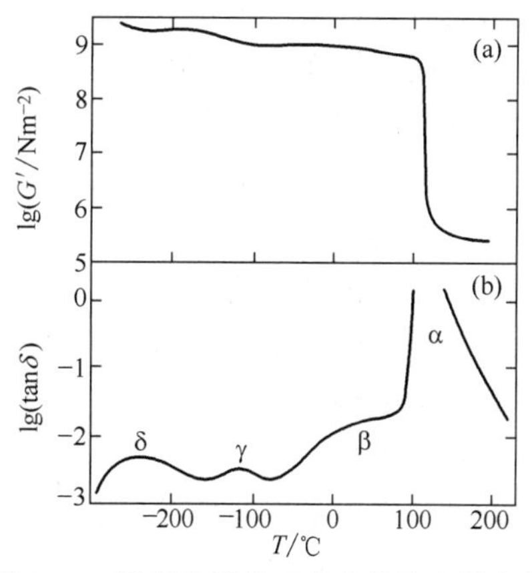

图 7-39　聚苯乙烯的动态力学性能温度谱变化（扭摆法）

图中，最强的 α 转变为玻璃化转变。核磁共振研究结果显示，β 转变为包含主链和苯环共同作用的受限振动而产生的。γ 转变涉及 180°环的旋转运动。δ 转变为苯基的振荡或摇摆所致。

同样，与聚甲基丙烯酸甲酯的酯侧基有关的运动产生 β 松弛，与主链直接相连的 α-甲基的内旋转运动产生 γ 松弛，而酯甲基的转动产生 δ 松弛。

7.5.2　晶态、液晶态聚合物的松弛转变和相转变

7.5.2.1　晶态聚合物

结晶聚合物中，晶区与非晶区并存。其非晶区可以发生多种松弛过程，且不同程度上受到晶区存在的牵制；在晶区中还存在各种分子运动，产生多种松弛过程和相转变。

在结晶聚合物的松弛过程研究中，通常选用不同结晶度的试样进行对照，为了确定这些松弛过程哪些是由晶区分子运动引起的，哪些是由非晶区分子运动引起的。然后，在 α、β、γ 等记号的下脚标以 c 或 a，分别表明该种松弛属于晶区或非晶区。

非晶区内，可以发生如前所述的链段运动引起的玻璃化转变以及侧基运动、较短的主链链段运动产生的次级松弛。除此之外，还有以下几种分子运动机理。

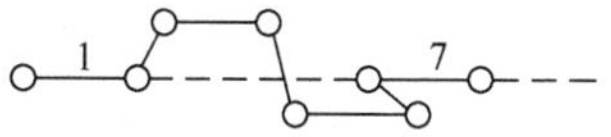

图 7-40　曲柄运动示意图

某些线形聚合物，如高密度聚乙烯、各种聚酯、聚酰胺，当其主链中包含有 4 个以上 $-CH_2-$ 基团时，会在 −120～−75℃ 范围内出现松弛转变，称作 γ 松弛。这可由所谓的曲柄运动来解释，见图 7-40。图中，键 1 和键 7 在一条直线上时，中间的碳原子能够绕这个轴转动而不扰动沿链的其他原子。在多于 4 个 $-CH_2-$ 的长支链和带有小侧基（如甲基）的主链链节 $-CH_2-\overset{\overset{CH_3}{|}}{C}H-CH_2-CH_2-$ 中，也有可能产生曲柄运动。

杂链聚合物主链中的杂链节的运动，包括聚碳酸酯中的 $-O-\overset{\overset{O}{\|}}{C}-O-$、聚芳砜中的 $-\overset{\overset{O}{\|}}{\underset{\underset{O}{\|}}{S}}-$ 和聚酰胺中的 $-\overset{\overset{O}{\|}}{C}-\overset{\overset{H}{|}}{N}-$ 的运动，产生的内耗峰亦称 β 松弛。其他杂链聚合物，如聚对

苯二甲酸乙二酯、纤维素的衍生物等，也都能发生这样的 β 松弛。

晶区中，引起松弛转变和相转变对应的分子运动主要有以下几种。

(1) 结晶聚合物的熔融 结晶的熔融是晶区的主转变，其温度为熔点 T_m。聚合物由晶态变为熔融态，发生相变。

(2) 晶型转变 T_m 以下，晶态聚合物可以发生一种晶型向另一种晶型的转变。例如，在聚四氟乙烯的松弛谱上，于 19～30℃ 的内耗峰是三斜晶向六角晶的转变，X 射线衍射证实了这种晶型转变。又如，加压下，等规立构聚丙烯可由熔体结晶得到的 γ 晶型转变成普通的 α 晶型结构。

(3) 晶区内部运动 晶区缺陷部分运动可以产生内耗峰。例如，聚对苯二甲酸乙二酯在 −30℃ 的内耗峰，就是由晶区缺陷运动所引起的。晶区内部侧基的运动也能产生内耗峰。例如，聚丙烯的侧甲基运动，在 −220℃ 出现内耗峰，该峰大小随结晶度增加而变化，结晶度高，内耗峰大。

此外，还有晶区与非晶区的相互作用，包括外力作用下界面和晶粒之间的滑移运动等。这方面研究，目前尚不成熟。

下面，以聚乙烯、聚四氟乙烯为例，讨论结晶聚合物的结构对动态力学性能的影响。

图 7-41 为高密度聚乙烯和低密度聚乙烯在 −200～150℃ 范围内的动态力学温度谱图。

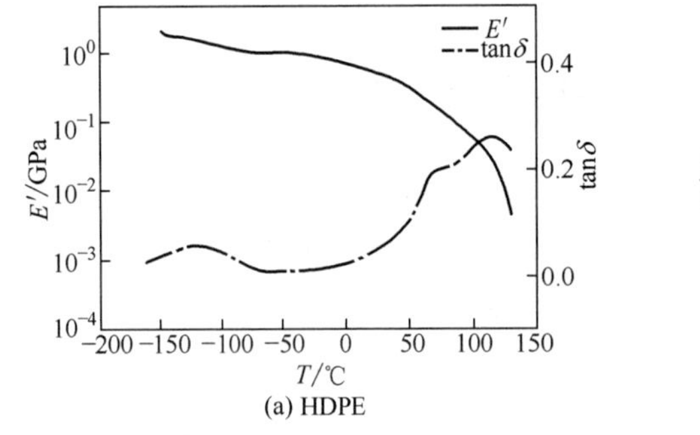

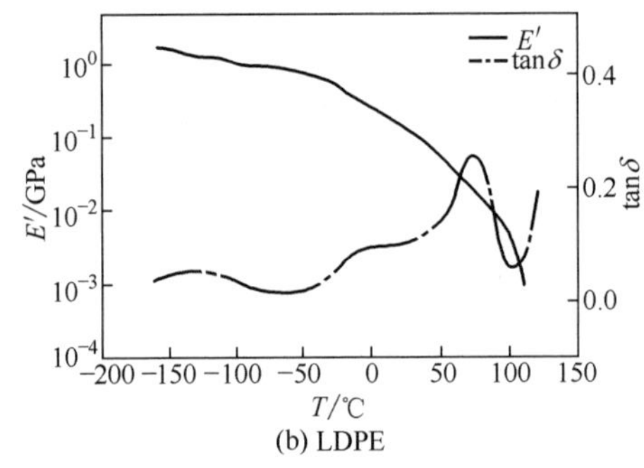

图 7-41 PE 的储能模量 E'、内耗 $\tan\delta$ 与温度关系

（单/双悬臂梁形变模式）

聚乙烯的 α 峰至少由两个峰覆盖而成的，一般计作 α_c 和 α_a。其中 α_c 松弛是 PE 片晶中折叠链沿链方向的旋转位移运动或绕着链作互不相干的扭曲振动，可导致折叠链的再定向。α_c 峰与结晶度和片晶厚度等有关。α_a 松弛是邻接的片晶彼此滑移时，由其间非晶部分的链段运动引起的。这种松弛有时也称为晶粒边界滑移。

聚乙烯的 β 松弛可写作 β_a，因为它仅存在于支化的聚乙烯中，它是支化所引起的非晶区内的松弛。在 HDPE 中，β 峰就大大退化或消失。除了 LDPE 外，在 CPE（氯化聚乙烯）、EVA（乙烯-乙酸乙烯酯的共聚物）中也都存在明显的 β 松弛，因为这些聚合物都存在妨碍结晶的支链。β 松弛峰的大小也受结晶度大小的影响。

聚乙烯的 γ 松弛出现在各种聚乙烯中。无论线形的、支化的，乃至聚乙烯单晶和在高压下形成的伸直链晶体中，γ 峰都可见到。随着结晶度的增加，γ 峰强度减弱。一般认为，γ 松弛是非晶区聚乙烯分子链的曲柄运动 γ_a 和晶区缺陷处分子链的扭曲运动 γ_c 造成的。

两种不同结晶度的聚四氟乙烯试样的动态力学性能温度谱如图 7-42 所示。

由图 7-42 可知，PTFE 的剪切模量、对数减量与温度的关系强烈地依赖于试样结晶度的大小。因为 γ 松弛的 Δ（正比于 $\tan\delta$）随着结晶度的降低而增大，β 松弛的 Δ 随着结晶度的降低而减小，故前者与非晶区有关，而后者与晶区有关。α 松弛的内耗行为表明，在该聚合物中，这一松弛是与非晶区的分子运动相联系的。

7.5.2.2　液晶态聚合物

可形成液晶态的聚合物，当温度高于 T_g 或 T_m 后，由于液晶态的出现而产生特殊的黏弹性质。

研究表明，以氯代对苯酚、4,4′-二羟基苯甲酸、对苯二甲酸（TA）和邻苯二甲酸（IT）共缩聚制备聚芳酯时，当 TA∶IT＞15∶85 后，可形成热致向列型液晶。随着 TA 含量增加，液晶相的稳定性增强且清亮点温度升高。图 7-43 为 TA∶IT 分别为 0∶100、50∶50 和 100∶0 三种聚合物的动态力学温度谱。可以看出，后两个试样在玻璃化转变后不进入高弹（态）区而呈现液晶态，模量下降较前一个试样小，内耗峰的强度也相应降低。

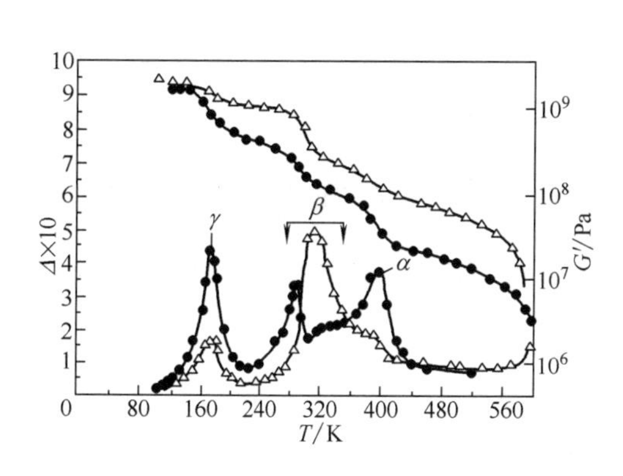

图 7-42　结晶度 76%（△）和 48%（•）的 PTFE 试样的剪切模量 G'（上面的曲线）和对数减量 Δ（下面的曲线）的温度依赖性（频率为 1Hz）

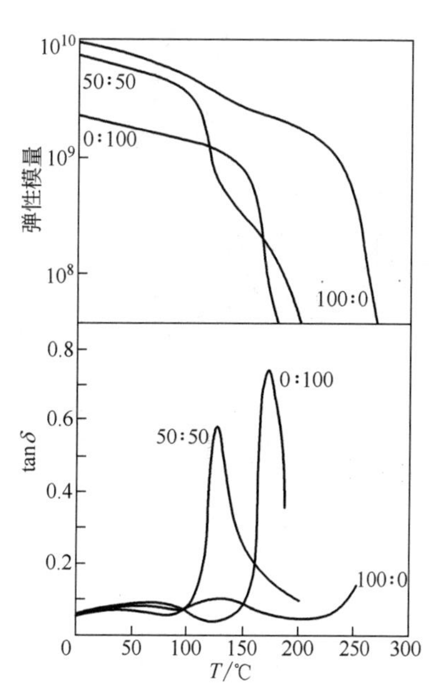

图 7-43　三种共聚酯的动态力学性能

7.5.3　共聚物、共混物的动态力学性能

7.5.3.1　共聚物

对于无规共聚物，其玻璃化转变温度一般介于两种均聚物玻璃化转变温度之间。图 7-44 为丁二烯的均聚物及其和异戊二烯共聚物的动态力学性能曲线，顺式聚 1,4-丁二烯的 T_g 为−95℃±1℃，顺式聚 1,4-异戊二烯的 T_g 为−57℃，而共聚物的 T_g 介于两均聚物之间。

由图 7-44 还可以发现，从室温降至−150℃瞬间，顺式聚 1,4-丁二烯已生成晶体，所以在等速升温通过玻璃化转变温度时，模量下降不多，只有通过熔点 T_m（−10℃左右）后，模量才会明显下降。聚异戊二烯由于在等速降温过程中不生成晶体，所以，在玻璃化转变区模量下降了约 3 个数量级。

此外，从共聚物玻璃化转变区的宽度（即内耗峰半高度之间的宽度）能鉴别共聚物的均一性。均一性好的共聚物，其玻璃化转变温区较窄，均一性较差的就较宽。

这里所谓均一性的好坏，是指两种共聚物单体在链中的分布情况。由于两种单体活泼性的不同，在共聚开始时，较活泼单体所含的链节就较多，在反应后期就较少，这样就造成产物分子的不均一性。图 7-45 为氯乙烯-丙烯酸甲酯共聚物的动态力学性能，曲线 1 的均一性较好，所以，转变区较窄；曲线 2 为非均一的，转变区就宽得多。

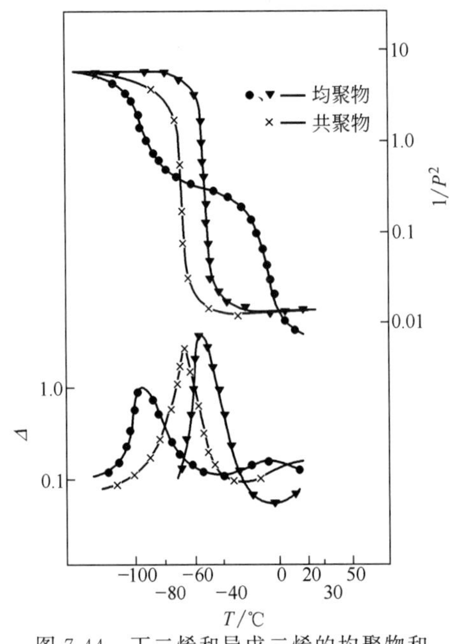

图 7-44　丁二烯和异戊二烯的均聚物和共聚物的动态力学性能

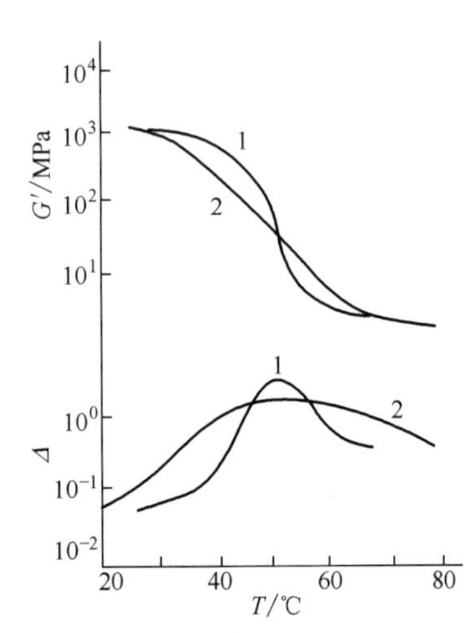

图 7-45　氯乙烯-丙烯酸甲酯共聚物的动态力学性能
1—均一的；2—非均一的

7.5.3.2　共混物

共混聚合物的 T_g 是由两种相混聚合物的相容性决定的。

如果两种聚合物热力学上完全相容，则共混物的 T_g 与相同组分无规共聚物的 T_g 相同，即 T_g 介于相应聚合物的 T_g 之间。图 7-46 为聚乙酸乙烯酯和聚丙烯酸甲酯 50/50 的共混物以及组成相同的乙酸乙烯酯和丙烯酸甲酯的共聚物的模量-温度曲线和内耗（对数减量）-温度曲线。由图可见，它们几乎具有完全相同的力学性能，其 T_g 的内耗峰出现在 30℃。

如果两种聚合物完全不相容，则其共混聚合物中有两相存在，每一相均有自身的 T_g。如果两种聚合物部分相容，则共混聚合物出现相互靠近的两个转变温度，或者出现较宽的转变温度范围。图 7-47 表示聚苯乙烯和苯乙烯-丁二烯共聚物（丁苯橡胶）组成的共混物的模量-温度曲线和内耗（对数减量）-温度曲线。由图可见，共混物的两个内耗峰在与纯聚苯乙烯和纯苯乙烯-丁二烯橡胶的两个内耗峰很接近的温度下出现。具体地说，由于两个共混组分具有部分的相容性，所以，共混物中橡胶相的 T_g 较纯丁苯胶的 T_g 略高，聚苯乙烯相的 T_g 较纯聚苯乙烯的 T_g 略低。

作为弹性材料使用的橡胶，在常温下阻尼一般不大，因为伴随其玻璃化转变而出现阻尼高峰的温度范围远远低于室温。为了将橡胶制备成阻尼材料，可加入第二组分，使共混体系在使用温度范围内，因其中某一组分出现转变而呈现高温阻尼橡胶或因二组分间的摩擦作用而使橡胶的阻尼得以提高。图 7-48 给出某种高温阻尼橡胶的 DMTA 温度谱。

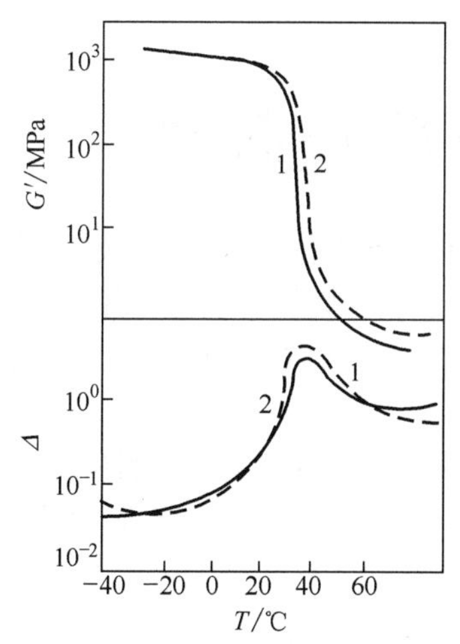

图 7-46　相容的共混聚合物的动态力学性能
1—聚乙酸乙烯酯和聚丙烯酸甲酯的 50/50 的摩尔混合物；2—乙酸乙烯酯-丙烯酸甲酯共聚物

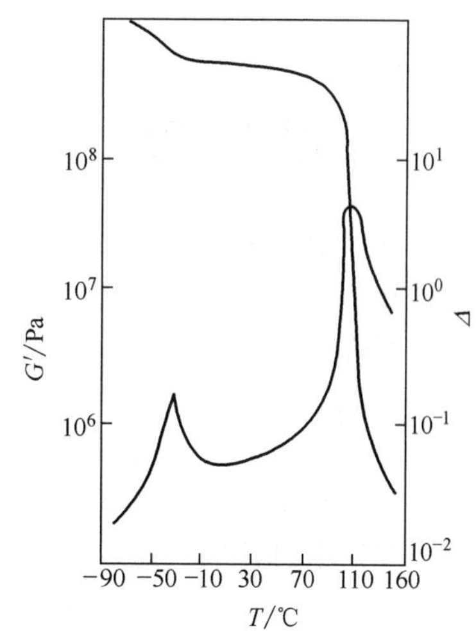

图 7-47　不相容共混聚合物的动态力学性能
（聚苯乙烯和苯乙烯-丁二烯共聚物的混合物）

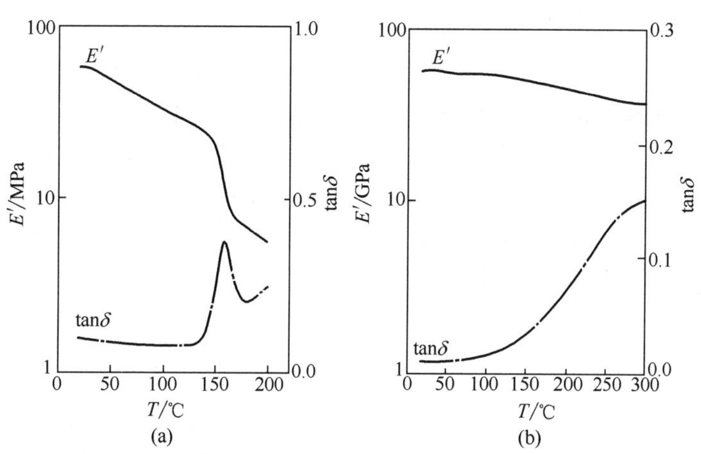

图 7-48　一种高温阻尼橡胶（a）和一种高温阻尼合金（b）的 DMTA 温度谱

7.5.4　复合材料的动态力学性能

由连续相的基体（如聚合物-树脂、金属、陶瓷等）与分散相的增强体（如各种纤维、织物、粉末填料等）组成的多相体系称为复合材料。短切碳纤维增强橡胶也跻身于复合材料的行列。图 7-49 为碳纤维表面处理对复合材料 tanδ-T 谱的影响。由图可见，与未经表面处理的碳纤维比较，经 3# ～6# 表面处理后，复合材料的 T_g 均移向高温，tanδ 峰值降低，说明表面处理提高了纤维-基体的界面黏结性。这一结果与复合材料拉伸性能的提高完全吻合。

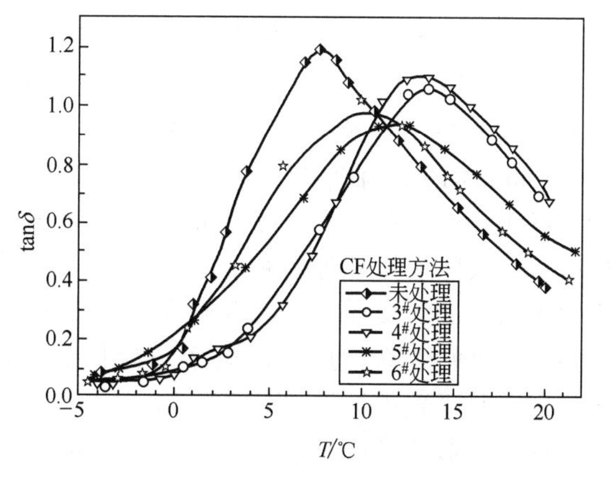

图 7-49　表面处理对碳纤维-丁腈橡胶复合材料 tanδ-T 谱的影响

第8章 聚合物的屈服和断裂

在较大外力的持续作用或强大外力的短期作用下，材料将发生大形变直至宏观破坏或断裂，对这种破坏或断裂的抵抗能力称为强度。材料断裂的方式与其形变性质有着密切的联系。例如，脆性断裂是缺陷快速扩展的结果，而韧性断裂是屈服（yielding）后的断裂。高分子材料的屈服实际上是材料在外力作用下产生的塑性形变。

为了有效地和经济地利用材料或对材料进行改性，不仅需要具体了解材料的各项力学性能指标，如杨氏模量、屈服强度、屈服伸长、断裂强度、断裂伸长、断裂能等，而且必须深入研究屈服和断裂过程的物理本质。

8.1 聚合物的塑性和屈服

8.1.1 聚合物的应力-应变行为

应力-应变实验是一种使用最广泛的、非常重要而又实用的力学实验。

应力-应变实验通常在拉力 F 的作用下进行。试样（如图 8-1 所示）沿纵轴方向以均匀的速率被拉伸，直到断裂为止。实验时，测量加于试样上的载荷和相应标线间长度的改变（$\Delta l = l - l_0$）。如果试样的初始截面积为 A_0，标距的原长为 l_0，那么应力 σ 和应变 ε 分别由下式表示

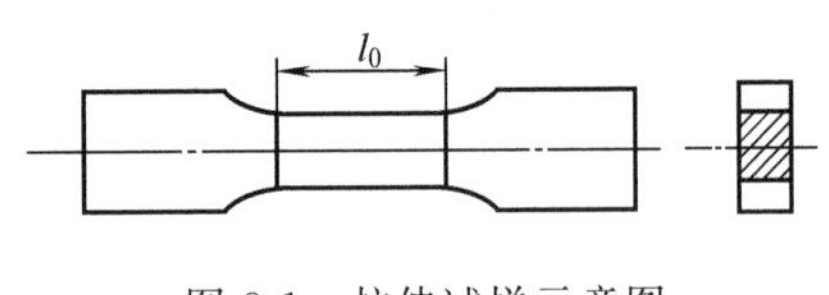

图 8-1 拉伸试样示意图

$$\sigma = \frac{F}{A_0}$$

$$\varepsilon = \frac{\Delta l}{l_0}$$

从实验测得的应力、应变数据可以绘制出应力-应变曲线，见图 8-2，由该曲线可以得到一系列评价材料力学性能的物理量。在宽广的温度和实验速率范围内测得的数据可以判断聚合物材料的强弱、硬软、脆韧。

8.1.1.1 非晶态聚合物

非晶态聚合物，当温度在 T_g 以下几十度、以一定速率被单轴拉伸时，其典型的应力-应变曲线如图 8-2 所示。例如，PMMA 在 60℃、拉伸速度 5mm/min 时的 σ-ε 曲线就是一例。

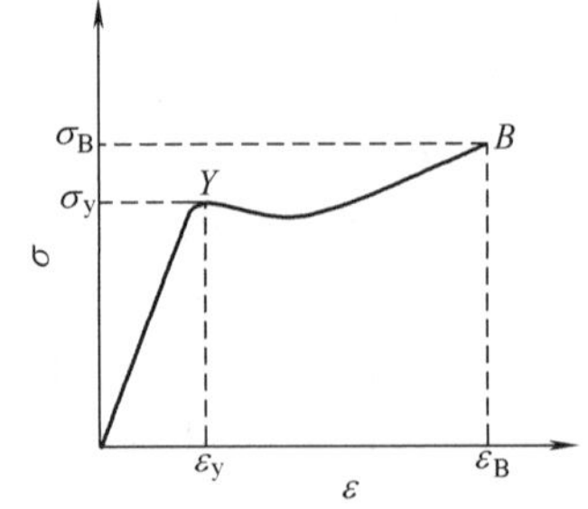

图 8-2 非晶态聚合物典型的应力-应变曲线示意图

以屈服点为界，曲线可以分为两个部分：Y 点以前是弹性区域，试样呈现虎克弹性行为，除去应力，应变可以恢复，不留下任何永久变形。Y 点以后为塑性区域，试样呈现塑性行为，此时倘若除去应力，应变不能恢复，留下永久形变。这种塑性形变只有在 T_g 以上将试样进行退火处理方能回复。Y 点就是所谓的屈服点（yield point）。屈服点前，试样被均匀拉伸；到达屈服点时，试样截面突然变得不均匀，出现“细颈”（neck），该点对应的应力和应变分别称为屈服应力 σ_y

（或称屈服强度）和屈服应变 ε_y（或称屈服伸长率）。聚合物的屈服应变比金属要大得多，大多数金属材料的屈服应变约为 0.01，甚至更小，但聚合物的屈服应变可达 0.2 左右。Y 点以后，开始时应变增加、应力反而有所降低，称作“应变软化”；随后，为聚合物特有的“颈缩阶段”（necking stage），“细颈”（neck）沿样条扩展，载荷增加不多或几乎不增加，试样应变却大幅度增加，可达百分之几百；最后，应力急剧增加，试样才能产生一定的应变，称作“取向硬化”。在这阶段，成颈后的试样又被均匀地拉伸，直至 B 点，材料发生断裂，相应于 B 点的应力称为断裂强度 σ_B，其应变称为断裂伸长率 ε_B。

屈服点以后，材料大形变的分子机理主要是高分子的链段运动，即在大外力作用下，玻璃态聚合物原来被冻结的链段开始运动，高分子链的伸展提供了材料的大形变。此时，由于聚合物处于玻璃态，即使除去外力，形变也不能自发回复，只有当温度升高到 T_g 以上时，链段运动解冻，分子链重新卷曲起来，形变才可恢复。

应该提及，应力-应变曲线下的面积称作断裂能，该物理量可以反映材料的拉伸断裂韧性大小，但不能反映材料的冲击韧性大小。采用特殊结构的材料实验机，能够使聚合物拉伸实验的应变速度达到冲击实验的范围，由此得出的高速拉伸下的应力-应变曲线下的面积才与冲击强度具有等效性。

材料的杨氏模量 E 是指应力-应变曲线起始部分的斜率。

$$E=\tan\alpha=\Delta\sigma/\Delta\varepsilon$$

由于聚合物的黏弹性本质，其应力-应变行为明显地受外界条件的影响。

(1) 温度　温度不同，同一聚合物的应力-应变曲线形状也不同，如图 8-3 所示。当温度很低时（$T\ll T_g$），应力随应变成正比地增加，最后，应变不到 10%就发生断裂，如曲线 1 所示；当温度略为升高以后，应力-应变曲线上出现一个转折点 Y，即屈服点。应力在 Y 点处达到极大值。过了 Y 点，应力反而降低，试样应变增大，但由于温度仍然较低，如继续拉伸，试样便发生断裂，总的应变也不超过 20%，如曲线 2 所示；如果温度继续升高到 T_g 以下几十度的范围内时，拉伸的应力-应变曲线如曲线 3 所示。屈服点之后，试样在不增加外力或者外力增加不大的情况下，能发生很大的应变（甚至可能有百分之几百），在最后阶段，应力又出现较明显的上升，直到最后断裂；当温度升高到 T_g 以上时，在不大的应力作用下，试样形变显著增大，直到断裂前，应力才又出现一段急剧的上升，见曲线 4。

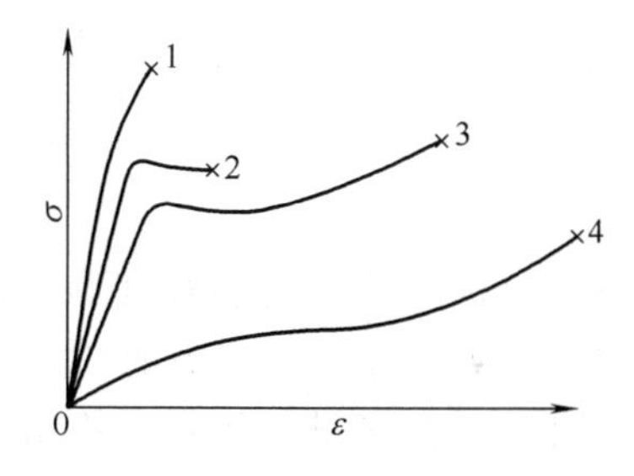

图 8-3　玻璃态聚合物在不同温度时的 σ-ε 曲线（$\dot{\varepsilon}$ 一定）

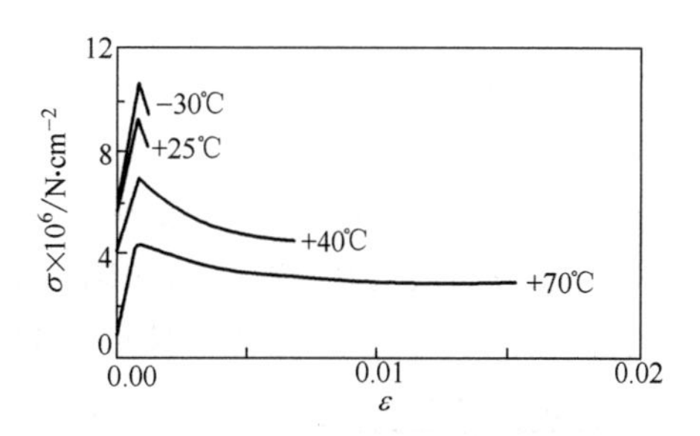

图 8-4　PVC 在不同温度时的 σ-ε 曲线（$\dot{\varepsilon}=1\mathrm{m}\cdot\mathrm{s}^{-1}$）

总之，温度升高，材料逐步变得软而韧，断裂强度下降，断裂伸长率增加；温度下降时，材料逐步转向硬而脆，断裂强度增加，断裂伸长率减小。

PVC 应力-应变曲线的温度依赖性见图 8-4。PMMA、PS、PVAc、乙酸纤维素酯等，其应力-应变曲线均具有类似的温度影响规律。

(2) 应变速率 ($\dot{\varepsilon}$) 同一聚合物试样，在一定的温度和不同的拉伸速率下，应力-应变曲线形状也发生了很大变化，如图 8-5 所示。随着拉伸速度提高，聚合物的模量增加，屈服应力、断裂强度增加，断裂伸长率减小。其中，屈服应力对应变速率具有更大的依赖性。由此可见，在拉伸实验中，增加应变速率与降低温度的效应是相似的。

(3) 流体静压力 流体静压力不仅对聚合物的屈服有很大影响，也对整个应力-应变曲线有很大影响。随着压力的增加，聚合物的模量显著增加，阻止“颈缩”发生。这可能是由于压力减少了链段的活动性，松弛转变移向较高的温度。为此，在给定的温度下增加压力与给定压力下降低温度具有一定的相似效应。

8.1.1.2 晶态聚合物

未取向晶态聚合物在一定温度、以一定拉伸速度进行单轴拉伸时，其典型的应力-应变曲线和试样外形如图 8-6 所示，它比非晶态聚合物的典型应力-应变曲线具有更为明显的转折。

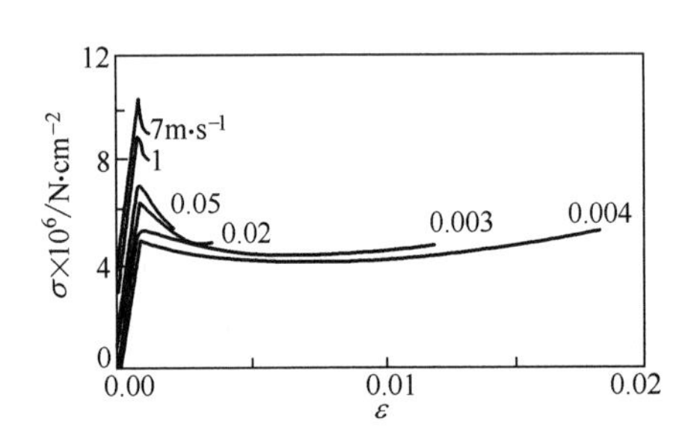

图 8-5 PVC 在室温、图中表明的应变速率下测得的应力-应变曲线

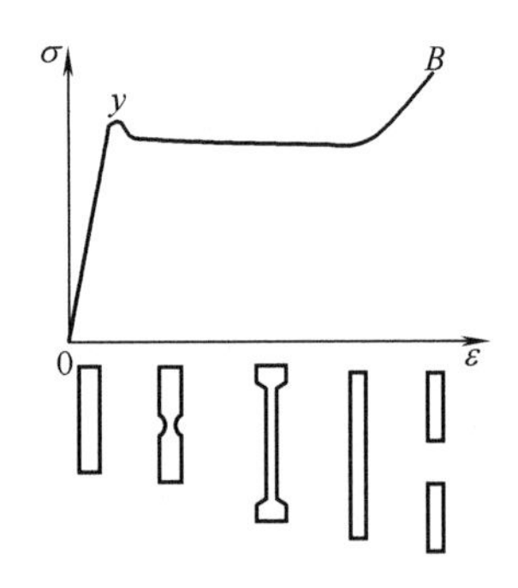

图 8-6 晶态聚合物典型的应力-应变曲线

广泛应用的晶态聚合物聚酰胺、聚酯、聚甲醛、聚丙烯、高密度聚乙烯、全同立构聚苯乙烯等在 T_m 以下适当的温度范围和适当拉伸速度下，均可得到类似图 8-6 所示的应力-应变曲线。

晶态聚合物一般都包含晶区和非晶区两部分，其成颈（也叫“冷拉”“cold-drawing”）也包括晶区和非晶区两部分形变，且非晶区部分首先发生形变，然后球晶部分发生形变。晶态聚合物在比 T_g 低得多的温度到接近 T_m 的温度范围内均可成颈。拉力除去后，只要加热到接近 T_m 的温度，也能部分回复到未拉伸的状态。

人们把晶态聚合物的拉伸成颈归结为球晶中片晶变形的结果。从球晶拉伸变形过程的 X 射线小角散射和聚合物单晶体拉伸形变的电子显微镜观察可见，球晶中片晶的变形大体包括：①相转变和双晶化；②分子链的倾斜，片晶沿着分子轴方向滑移和转动；③片晶的破裂，更大的倾斜、滑移和转动，一些分子链从结晶体中拉出；④破裂的分子链和被拉直的链段一道组成微丝结构。其中，沿着分子轴方向并伴有结晶偏转的片晶滑移使得片晶变薄和变长，如图 8-7 所示，其形变可达 100%甚至更高。

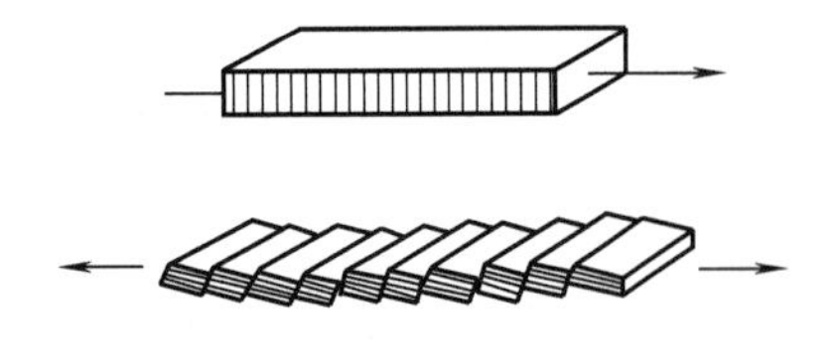

图 8-7 片晶由于沿分子轴的滑移而伸长变薄

温度、应变速率、流体静压力、结晶度、结晶形态等因素对晶态聚合物的应力-应变曲线均有显著影响，见图 8-8～图 8-11。

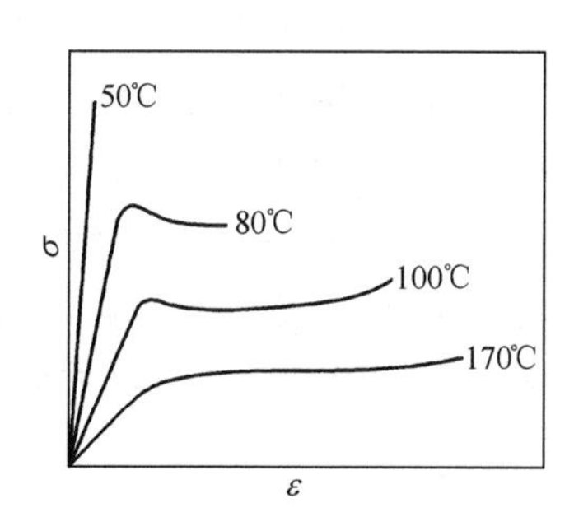

图 8-8　全同立构聚苯乙烯应力-应变曲线与温度关系

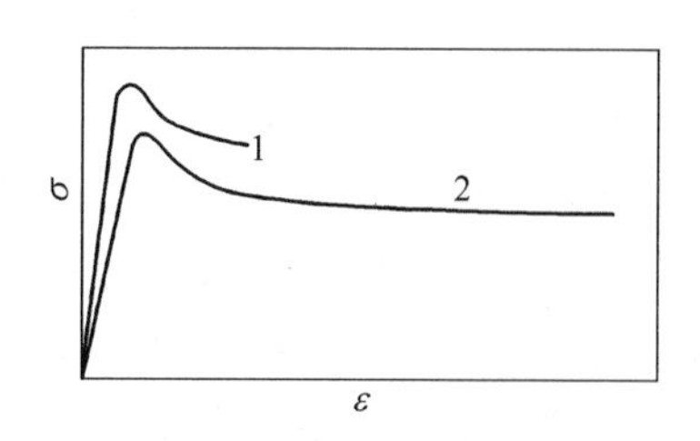

图 8-9　高密度聚乙烯的应力-应变行为

1—高速负荷；2—低速负荷

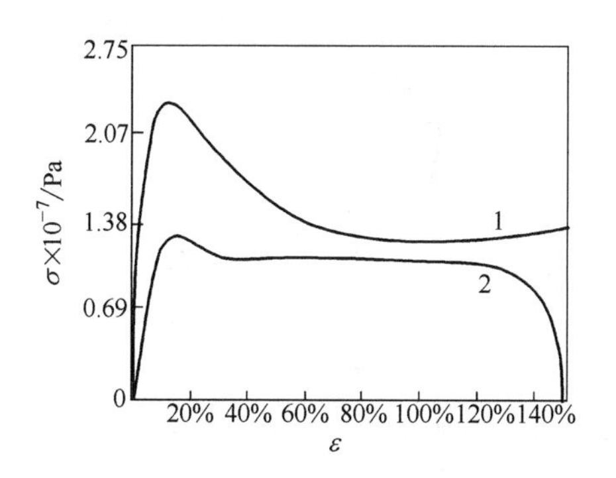

图 8-10　拉伸应力-应变曲线

1—高密度聚乙烯；2—低密度聚乙烯

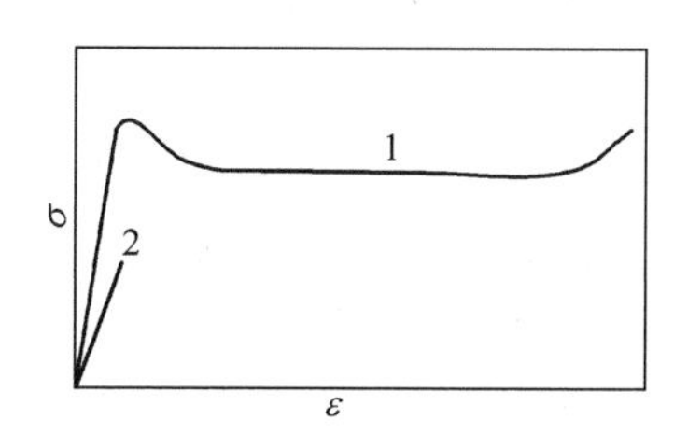

图 8-11　不同结晶形态聚丙烯的应力-应变曲线

1—小球晶；2—大球晶

结晶聚合物的许多性能与结晶度和结晶形态有关。例如，结晶度增加，屈服应力、强度、模量、硬度等提高，断裂伸长率、冲击性能等则下降。图 8-10 说明，HDPE 的结晶度比 LDPE 高，因而模量和屈服应力也比 LDPE 高得多，但两种 PE 试样的延性都很好。PP 与 PE 一样，弹性模量随密度增加而线形增加。为此，缓慢冷却或其后的退火等方法，在增加聚合物密度和结晶度的同时，也就提高了其模量和刚度。又如，球晶大小对强度的影响超过了结晶度的影响。大的球晶一般使试样断裂伸长率和韧性降低。图 8-11 为 PP 球晶大小对 σ-ε 曲线的影响示意。

8.1.1.3　取向聚合物

聚合物材料在取向方向上的强度随取向程度的增加而很快增大，此时，分子量和结晶度的影响较小，性能主要由取向状况所决定。高度取向时，垂直于取向方向上材料的强度很小，容易开裂。

取向方向上，材料的模量也增大。通常，平行方向上模量比未取向时增大很多，而在垂直方向上模量与未取向时差别不大。

双轴取向时，在该双轴构成的平面内，性能不像单轴取向那样有薄弱的方向。为此，利用双轴取向，可以改进材料的力学性能。

8.1.1.4　类型

由于聚合物材料的品种繁多，它们在室温和通常拉伸速度下的应力-应变曲线呈现出复杂的情况。按照拉伸过程中屈服点的表现、伸长率大小以及断裂情况，Carswell 和 Nason 将其大致分为五种类型，即硬而脆、硬而强、强而韧、软而韧、软而弱。见图 8-12。属于硬而脆的有 PS、PMMA 和酚醛树脂等，它们的模量高，拉伸强度相当大，没有屈服点，断裂伸长率一般低于 2%。硬而强的聚合物具有高的杨氏模量，高的拉伸强度，断裂伸长率约为 5%，硬质 PVC 等属于这一类。强而韧的聚合物有尼龙 66、PC 和 POM 等。它们的强度高，断裂伸长率大，可达百分之几百到几千，该类聚合物在拉伸过程中会产生细颈。橡胶和增塑 PVC 属于软而韧的类型，它们的模量低，屈服点低或者没有明显的屈服点，只看到曲线上有较大的弯曲部分，伸长率很大（20%～1000%），断裂强度较高。至于软而弱这一类，只有一些柔软的凝胶，很少用作材料来使用。

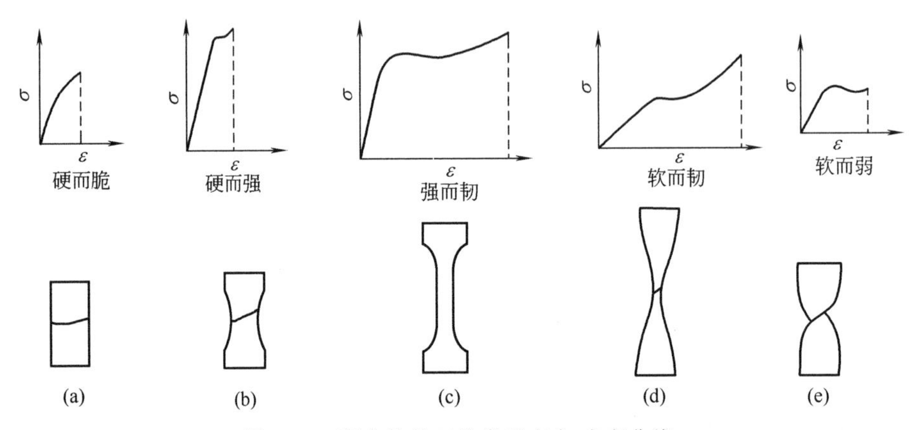

图 8-12 聚合物的五种类型应力-应变曲线

8.1.2 屈服-冷拉机理和 Considère 作图法

8.1.2.1 “成颈”和“冷拉”

许多聚合物在塑性形变时往往会出现均匀形变的不稳定性，拉伸实验中的“细颈”形成就是一例。“成颈”即“冷拉（cold drawing）”，是纤维和薄膜拉伸工艺的基础。

拉伸实验中细颈形成的原因可能有两个：一是几何因素，即材料试片尺寸在各处的微小差别。如果试样某部分有效截面积比试样其他部分稍小，那么，它受到的应力就比其他部分高一点，该部分将首先达到屈服点，其有效刚性就比其他部位低，继续形变更为容易。如此循环，直到该部位发生取向硬化，从而阻止了这一不均匀形变的发展。另一个原因是材料在屈服点以后的应变软化。如果材料在某局部的应变稍稍高于其他地方，则该处将局部软化，进而使塑性不稳定性更易发展，这一过程也只能被材料取向硬化所阻止。

8.1.2.2 细颈稳定性和 Considère 构图

如果先不考虑聚合物拉伸过程的内在机理，仅从唯象角度来讨论，则 Considère 作图能够作为一个聚合物是否能形成稳定细颈的判据。

在深入讨论聚合物的屈服和塑性时，由于形变很大，试样的截面积缩小很多，仍以原始截面积 A_0 来计算应力（工程应力）$\sigma=F/A_0$ 显然是不合宜的，必须改用瞬时截面积 A。这样

$$\sigma_{真}=F/A \tag{8-1}$$

叫做真应力。由于拉伸时，$A<A_0$，所以任何时刻的真应力都大于工程应力，即 $\sigma_{真}>\sigma$。

若试样形变时体积不变，则

$$A=\frac{A_0 l_0}{l}=\frac{A_0}{(1+\varepsilon)} \tag{8-2}$$

真应力对应变作图，可得真应力-应变曲线。

图 8-13 说明如何在真应力-应变曲线上确定与工程应力-应变曲线 Y 点对应的 B 点，即 Considère 作图法。

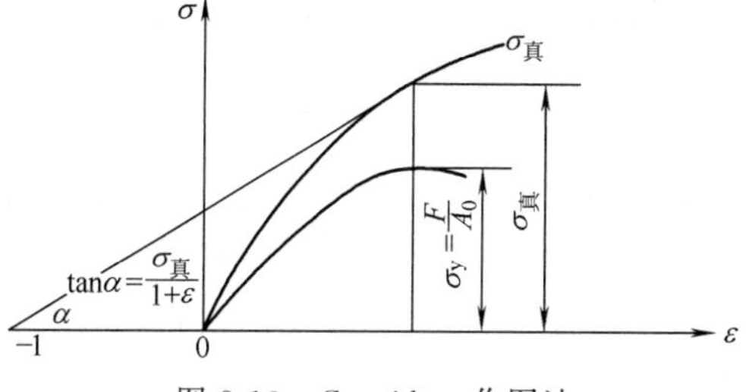

图 8-13　Considère 作图法

由于 Y 点是工程应力-应变曲线的极值点，所以

$$\frac{d\sigma}{d\varepsilon}=0 \tag{8-3}$$

由式(8-1)、式(8-2) 可得

$$\sigma_{真}=(1+\varepsilon)\sigma \tag{8-4}$$

将式(8-4) 代入式(8-3) 可得

$$\frac{d\sigma}{d\varepsilon}=\frac{1}{(1+\varepsilon)^2}\left[(1+\varepsilon)\frac{d\sigma_{真}}{d\varepsilon}-\sigma_{真}\right]=0$$

$$\frac{d\sigma_{真}}{d\varepsilon}=\frac{\sigma_{真}}{1+\varepsilon}=\frac{\sigma_{真}}{\lambda} \tag{8-5}$$

式 (8-5) 表明，与工程应力-应变曲线上屈服点相应的点是真应力-应变曲线上由应变轴上 $\varepsilon=-1$ 处向曲线作切线的切点。

工程应力达极大值，也就是材料开始屈服，因此，就有可能形成细颈。如果在真应力-应变曲线上只有一个点满足上式的条件，那么聚合物在均匀伸长到达屈服点后，虽然有可能形成细颈，但这刚形成的细颈会继续不断地变细，载荷随之不断增加，以致造成材料破裂，不能得到稳定的细颈，如图 8-14(b) 所示。如果真应力-应变曲线上有两个点 A 和 B 满足上式的条件，见图 8-14(c)，也就是从应变轴上 $\varepsilon=-1$ 处可以向真应力-应变曲线画出第二条切线，或者说，真应力-应变曲线具有第二个极值——极小值，此时细颈保持恒定，直至全部试样都变成细颈。这样，可以得到稳定的细颈。至于

$$\frac{d\sigma_{真}}{d\varepsilon}>\frac{\sigma_{真}}{1+\varepsilon}=\frac{\sigma_{真}}{\lambda} \tag{8-6}$$

时，不能从 $\varepsilon=-1$ 处向真应力-应变曲线作出切线，因而也就没有细颈形成。随着载荷增加，材料均匀伸长。见图 8-14(a)。

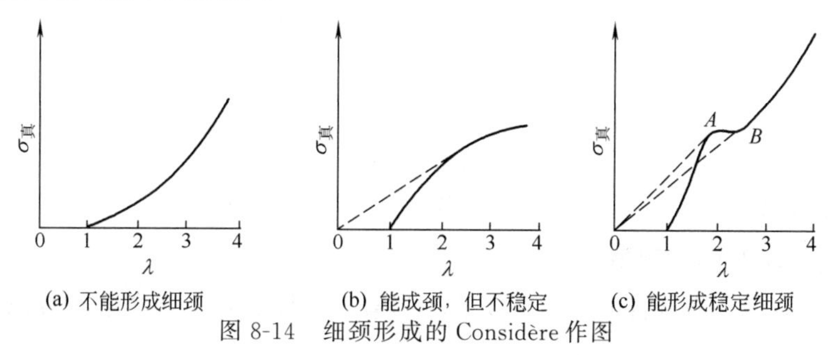

图 8-14　细颈形成的 Considère 作图

8.1.3　屈服判据

虽然，单轴拉伸状态下材料的屈服应力很容易由实验测定，但要想确定组合应力状态下

材料的屈服条件，需要依据一定的强度理论。具体地说，应力一般由包括 3 个正应力和 3 个切应力的 6 个分量组成，即

$$f=(\sigma_{xx},\sigma_{yy},\sigma_{zz},\sigma_{xy},\sigma_{yz},\sigma_{zx}) \tag{8-7}$$

而不同的应力状态又对应于不同应力分量的组合，在组合应力条件下，材料的屈服条件称为屈服判据或屈服准则（yield criterion）。由材料力学可以知道，比较合适的单参数理论是最大切应力理论（或称 Tresca 判据）和最大变形能理论（或称 Von Mises 准则）。上述判据仅包含一个材料参数，故统称为单参数屈服判据。此外，材料除了可以承受正应力和切应力（拉伸力）之外，还可同时承受正压力（流体静压力）的作用。在这种情况下，可以采用 Coulomb 和 Mohr 提出的双参数屈服判据，通常称为 Coulomb 判据或 MC 判据。此外，考虑流体静压力的改进的 Tresca 和 Von Mises 判据也是适用的。

对于聚合物材料，MC 判据较之 Tresca 和 Von Mises 判据合适。

下面对几种屈服判据作简要介绍。

8.1.3.1 Trasca 判据

Trasca 屈服判据是针对金属材料提出来的。

假设材料是各向同性的，应力主轴坐标系中，应力张量为

$$\begin{bmatrix}\sigma_{xx} & \sigma_{xy} & \sigma_{xz}\\ \sigma_{xy} & \sigma_{yy} & \sigma_{yz}\\ \sigma_{xz} & \sigma_{yz} & \sigma_{zz}\end{bmatrix} \tag{8-8}$$

可以选择一组坐标系使全部剪切应力均为零，即

$$\begin{bmatrix}\sigma_1 & 0 & 0\\ 0 & \sigma_2 & 0\\ 0 & 0 & \sigma_3\end{bmatrix} \tag{8-9}$$

则只需用三个正应力描述整个广义应力体系：

$$\sigma_1>\sigma_2>\sigma_3$$

习惯上，Trasca 判据认为，材料达到最大临界剪切应力 σ_s 时，呈现屈服现象，则屈服判据为

$$\frac{1}{2}(\sigma_1-\sigma_3)=\sigma_s \tag{8-10}$$

对于单轴拉伸

$$\sigma_2=\sigma_3=0,\ \sigma_1=\sigma_y \tag{8-11}$$

则剪切屈服判据为

$$\frac{1}{2}\sigma_1=\frac{1}{2}\sigma_y=\sigma_s \tag{8-12}$$

式中 σ_y ——拉伸屈服应力。

上列式中的 σ_s 与材料受力状态无关，仅由材料本身的性质决定。

8.1.3.2 Von Mises 判据

Von Mises 提出，当材料的剪切应变能达到某一临界值时，就产生屈服现象。屈服判据的表示方法为

$$(\sigma_1-\sigma_2)^2+(\sigma_2-\sigma_3)^2+(\sigma_3-\sigma_1)^2=常数 \tag{8-13}$$

单轴拉伸时，$\sigma_2=\sigma_3=0$，可确定式(8-13) 常数为 $2\sigma_y^2$，则

$$(\sigma_1-\sigma_2)^2+(\sigma_2-\sigma_3)^2+(\sigma_3-\sigma_1)^2=2\sigma_y^2 \tag{8-14}$$

纯剪切条件下，$\sigma_1=-\sigma_2$，$\sigma_3=0$，式(8-14) 变为

$$\sigma_s=\sigma_1=\frac{1}{\sqrt{3}}\sigma_y \tag{8-15}$$

在上述两种屈服判据中，$\sigma_s=\frac{1}{2}\sigma_y$ 和 $\sigma_s=\frac{1}{\sqrt{3}}\sigma_y$ 的差别是以简单拉伸状态下两种理论具有相同的 σ_y 为条件的，对应的几何图形是圆的内接正六边形和圆，剪切屈服应力的差别则为

$$\frac{\sigma_s(\text{Tresca})}{\sigma_s(\text{Von Mises})}=\frac{OC}{OQ}=\frac{\sqrt{3}}{2} \tag{8-16}$$

也可取纯剪切状态下两种理论具有相同的 σ_s，则对应的几何图形为圆的外接正六边形和圆，相应的拉伸屈服应力的差异为

$$\frac{\sigma_y(\text{Tresca})}{\sigma_y(\text{Von Mises})}=\frac{OC'}{OQ'}=\frac{\sqrt{2}}{3} \tag{8-17}$$

有关这两种情况的几何图形见图 8-15(a) 所示。而图 8-15(b) 则为二维平面应力状态下 ($\sigma_3=0$) 画出的两种屈服准则的图形。平面应力情况下，Von Mises 判据可写作

$$\left(\frac{\sigma_1}{\sigma_y}\right)^2+\left(\frac{\sigma_2}{\sigma_y}\right)^2-\left(\frac{\sigma_1}{\sigma_y}\right)\left(\frac{\sigma_2}{\sigma_y}\right)=1 \tag{8-18}$$

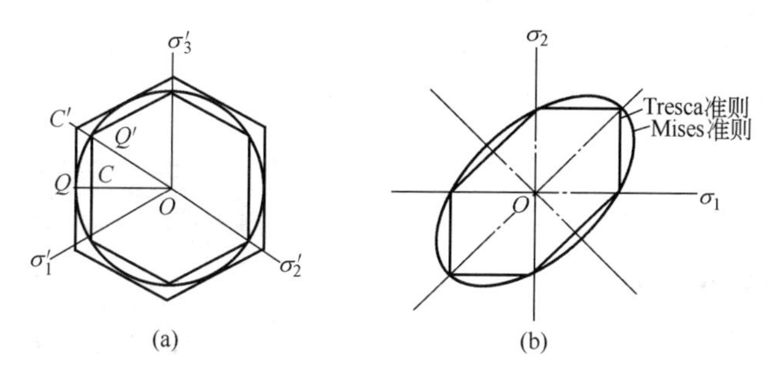

图 8-15　两种屈服判据比较

这是一个椭圆方程。而由 Tresca 判据即式(8-10) 和式(8-11) 可得

$$\frac{1}{2}(\sigma_1-\sigma_2)=\sigma_s=\frac{1}{2}\sigma_y$$

或

$$\frac{\sigma_1}{\sigma_y}-\frac{\sigma_2}{\sigma_y}=1 \tag{8-19}$$

式(8-19) 可以用于 σ_1 与 σ_2 符号相反的象限，即为剪切屈服的判据。若 σ_1 与 σ_2 符号相同，则轴向屈服的判据为

$$\sigma_1=\sigma_y,\ \sigma_2=\sigma_y \tag{8-20}$$

表明 Tresca 判据的图形为 Von Mises 判据椭圆的内接正六边形。

金属材料屈服时，多服从 Von Mises 判据，该种判据的预测较之 Tresca 判据更为准确。

8.1.3.3　Coulomb（或 MC）判据

上述两种描述金属材料屈服的判据完全不适用于聚合物的屈服。因为按照这些准则，材料在拉伸和压缩条件下，应具有相同的屈服应力，流体静压对屈服现象没有影响，而这对聚合物来说是不确切的。描述聚合物的屈服是考虑了流体静压力应力分量的 Coulomb（或

MC）屈服判据。

Coulomb 提出，在某平面出现屈服行为的临界应力 σ_s 与垂直于该平面的正压力 σ_N 成正比，即

$$\sigma_s - \mu\sigma_N = 常数 \tag{8-21}$$

式中，μ 为内摩擦系数。

从 Coulomb 判据可推知：①聚合物在拉伸载荷和压缩载荷作用下屈服应力不同。②于任一平面出现屈服时的临界切应力 σ_s 随着施加于该平面的垂直压力 σ_N 的增加线性增加。③压缩条件下，σ-ε 曲线的斜率比拉伸时大。聚氯乙烯、聚乙烯、聚四氟乙烯、乙酸纤维素、聚碳酸酯等许多聚合物，都证实了以上结论。因此，Coulomb 屈服判据是适用于许多聚合物的屈服准则。

材料在复杂的受力状态下使用时，仅仅从简单的受力实验来推断其抗破坏的能力是不充分的，只有应用屈服判据综合考虑材料受到各种作用力时的屈服条件才是有效的。

8.1.4 剪切带的结构形态和应力分析

通常，韧性聚合物单向拉伸至屈服点时，常可看到试样上出现与拉伸方向成大约 45°角的剪切滑移变形带（shear band）。同一聚合物，受力方式、实验温度等条件不同，可呈现出不同的力学性能和屈服现象。

图 8-16 为聚碳酸酯试样常温、单轴拉伸成颈时，剪切带的显微图。

图 8-17 为聚苯乙烯试样在 60℃、单轴应力-应变条件下开始屈服时，在正交偏振棱镜间观察的截面。剪切带在大约 4%压缩应变时开始形成。

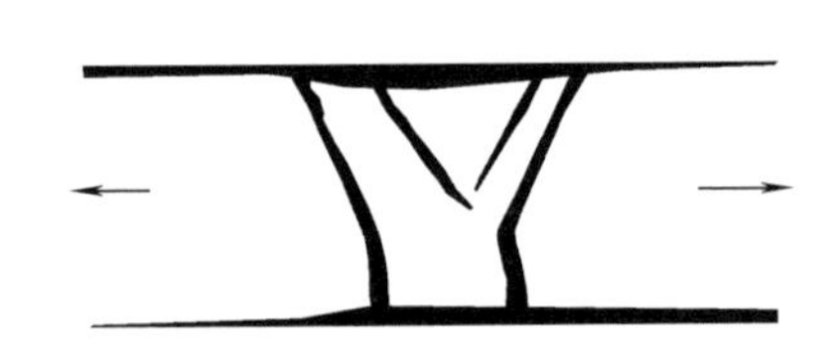

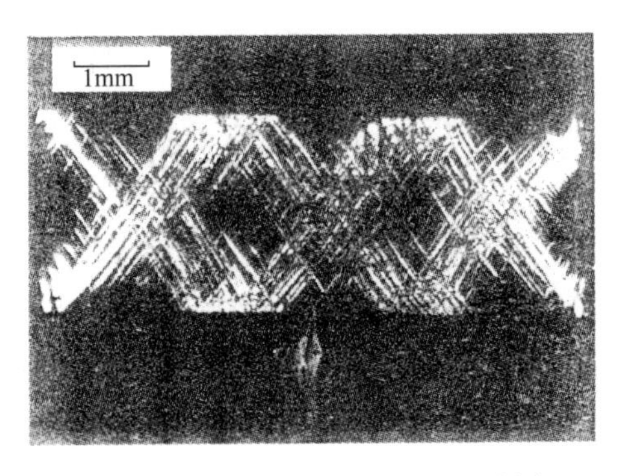

图 8-16 PC 试样“细颈”开始时剪切带形成的显微图（箭头表示施加的张应力的方向）

图 8-17 正交偏振棱镜间观察的 PS 试样在 60℃、单轴拉伸至开始屈服形变时的截面形貌

图 8-18 为正交偏振棱镜间观察的平面-应变压缩聚苯乙烯、聚甲基丙烯酸甲酯试样屈服时的截面。

上述实验结果表明，在一定实验条件下试样屈服时，剪切应力分量起着重要作用，这与屈服判据是一致的。

下面以单轴拉伸应力分析为例，对试样剪切屈服现象作进一步讨论。

考虑一个横截面积为 A_0 的试样，受到轴向拉力 F 的作用，如图 8-19 所示。这时，横截面积上的应力 $\sigma_0 = F/A_0$。如果在试样上任意取一倾斜截面，设其与横截面的夹角为 α，则其面积 $A_\alpha = A_0/\cos\alpha$，作用在 A_α 上的拉力 F 可以分解为沿平面法线方向和沿平面切线方向的两个分力，这两个分力互相垂直，分别记为 F_n 和 F_s，显然，$F_n = F\cos\alpha$，$F_s = F\sin\alpha$，因此，这个斜截面上的法应力 $\sigma_{\alpha n}$ 和切应力 $\sigma_{\alpha s}$ 分别为

$$\sigma_{\alpha n}=\frac{F_{n}}{A_{\alpha}}=\sigma_{0}\cos^{2}\alpha \tag{8-22}$$

$$\sigma_{\alpha s}=\frac{F_{s}}{A_{\alpha}}=\frac{\sigma_{0}\sin 2\alpha}{2} \tag{8-23}$$

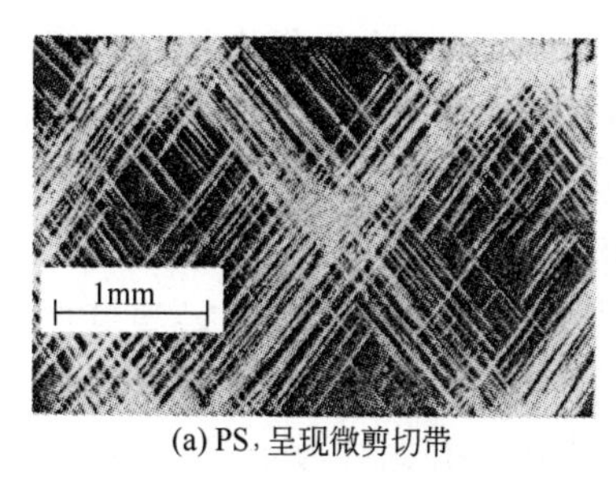

(a) PS，呈现微剪切带

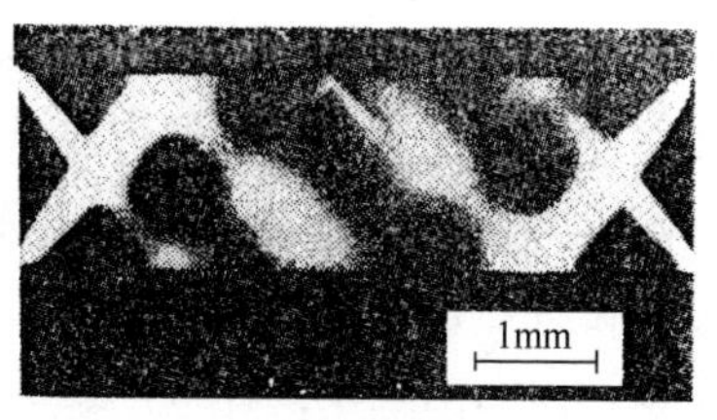

(b) PMMA，呈现宽的和扩散的剪切带

图 8-18　在平面-应变压缩实验中，试样屈服时截面的偏光显微镜照片

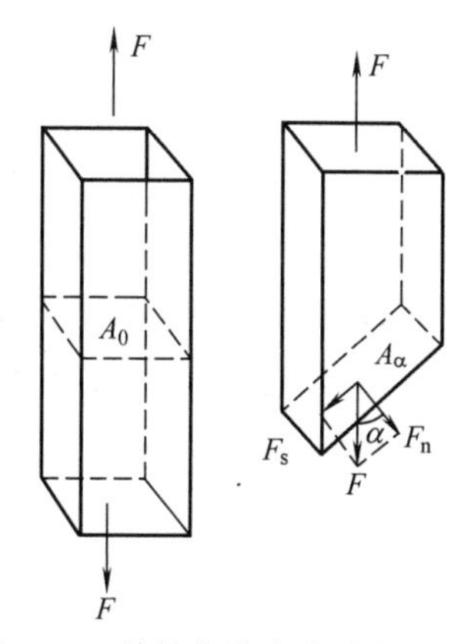

图 8-19　单轴拉伸应力分析示意图

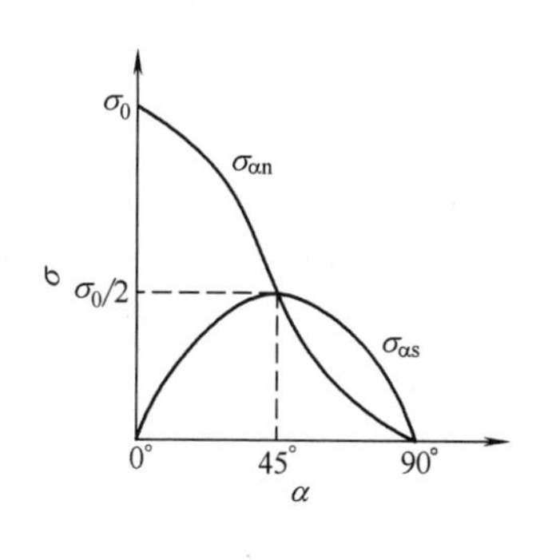

图 8-20　任意截面上的正应力和法应力与截面倾角的关系曲线

即试样受到拉力时，试样内部任意截面上的法应力和切应力只与试样的正应力 σ_0 和截面的倾角 α 有关，拉力一旦选定，$\sigma_{\alpha n}$ 和 $\sigma_{\alpha s}$ 只随截面倾角而变化。

当 $\alpha=0°$时，则 $\sigma_{\alpha n}=\sigma_0$，$\sigma_{\alpha s}=0$；当 $\alpha=45°$时，则 $\sigma_{\alpha n}=\frac{\sigma_0}{2}$，$\sigma_{\alpha s}=\frac{\sigma_0}{2}$；当 $\alpha=90°$时，则 $\sigma_{\alpha n}=0$，$\sigma_{\alpha s}=0$。以 $\sigma_{\alpha n}$ 和 $\sigma_{\alpha s}$ 对 α 作图，可以得到如图 8-20 所示的曲线。就切应力而言，当截面倾角等于 45°时，达到了最大值。法向应力则以横截面上为最大。

对于倾角为 $\beta=\alpha+\frac{\pi}{2}$ 的另一个截面，运用式(8-22)、式(8-23)，同样可以有

$$\sigma_{\beta n}=\sigma_{0}\cos^{2}\beta=\sigma_{0}\sin^{2}\alpha \tag{8-24}$$

$$\sigma_{\beta s}=(\sigma_{0}\sin 2\beta)/2=-(\sigma_{0}\sin 2\alpha)/2 \tag{8-25}$$

由式(8-22)、式(8-24) 可得

$$\sigma_{\alpha n}+\sigma_{\beta n}=\sigma_{0} \tag{8-26}$$

即两个互相垂直的斜截面上的法向应力之和是一定值，等于正应力。

由式(8-23)、式(8-25) 可得：

$$\sigma_{\alpha s}=-\sigma_{\beta s} \tag{8-27}$$

即两个互相垂直的斜面上的剪应力的数值相等，方向相反，它们是不能单独存在的，总是同时出现，这种性质称为切应力双生互等定律。

根据拉伸试样应力分析的结果，就不难理解聚合物拉伸时的种种现象。

不同聚合物有不同的抵抗拉伸应力和剪切应力破坏的能力。一般，韧性材料拉伸时，斜截面上的最大切应力首先达到材料的剪切强度，因此试样上首先出现与拉伸方向成约45°角的剪切滑移变形带（或互相交叉的剪切带），相当于材料屈服。进一步拉伸时，变形带中由于分子链高度取向使强度提高，暂时不再发生进一步变形，而变形带的边缘则进一步发生剪切变形。同时，倾角为135°的斜截面上也要发生剪切滑移变形。因而，试样逐渐生成对称的细颈。对于脆性材料，在最大切应力达到剪切强度之前，正应力已超过材料的拉伸强度，试样不会发生屈服，而在垂直于拉伸方向上断裂。

实际上，单向拉伸或压缩实验产生的剪切带倾角很少恰为45°，一般大于45°。这是因为材料形变时体积变化等原因造成的。如果材料受到组合应力的作用，则截面倾角与试样的受力状态相关。

总的来说，剪切屈服是一种没有明显体积变化的形状扭变，前已提及，一般又分为扩散剪切屈服和剪切带两种。扩散剪切屈服是指在整个受力区域内发生的大范围剪切形变，剪切带是指只发生在局部带状区域内的剪切形变。剪切屈服不仅在外加剪切力作用下能够发生，而且拉伸应力、压缩应力都能引起。

在剪切带中存在较大的剪切应变，其值在1.0～2.2之间，并且有明显的双折射现象，这充分表明其中分子链是高度取向的，但取向方向不是外力方向，也不是剪切力分量最大的方向，而是接近于外力和剪切力合力的方向。剪切带的厚度约为1μm左右，每一个剪切带又是由若干个更细小的（0.1μm）不规则微纤所构成。

8.1.5 银纹现象

银纹（crazing）现象是聚合物在张应力作用下，于材料某些薄弱部位出现应力集中而产生局部的塑性形变和取向，以至在材料表面或内部垂直于应力方向上出现长度为100μm、宽度为10μm左右（视实验条件而异）、厚度约为1μm的微细凹槽或“裂纹”的现象。

银纹为聚合物所特有，通常出现在非晶态聚合物中，如PS、PMMA、PC、聚砜等，但某些结晶聚合物中（如PP、聚4-甲基-1-戊烯等）也有发现。

图8-21为PS试样在张应力作用下断裂前形成的银纹光学显微镜照片，图8-22为银纹的透射电镜（TEM）照片。图8-23为银纹结构示意图。

由图8-21可见，PS样条拉伸断裂前在弯曲范围内观察到应力发白现象，即产生了大量银纹。而图8-22和图8-23进一步表明，银纹的平面垂直于产生银纹的张应力，在张应力作用下能产生银纹的局部区域内，聚合物呈塑性变形，高分子链沿张应力方向高度取向并吸收能量。由于聚合物的横向收缩不足以全部补偿塑性伸长，致使银纹体内产生大量空隙，其密度为聚合物本体的50%左右，折射率也低于聚合物本体。因此，在银纹和本体聚合物之间的界面上将对光线产生全反射现象，很容易在全反射角度下观察到银色的闪光。由于银纹体的两个面（银纹与聚合物本体的界面）之间为在张应力方向上高度取向的高分子链构成的微纤，亦称银纹质（如电镜观察到PS银纹中的微纤直径为10～40nm，空隙直径为10～20nm），所以，银纹与裂缝或裂纹（crack）（质量为零）不同，它们仍然具有强度。例如，银纹扩展到整个横截面的PS样品还可承受高达2×10^4Pa的负荷。

图 8-21　PS 试样在张应力作用下呈现银纹的光学显微镜照片

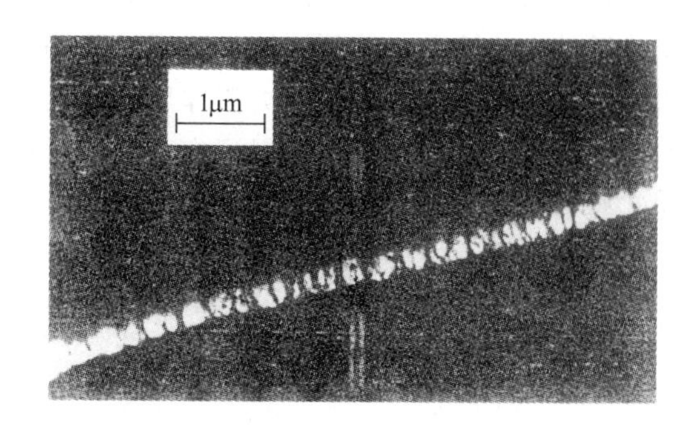

图 8-22　聚苯乙烯中银纹的 TEM 照片

银纹结构的详细观察表明，它是由许许多多高度取向的聚合物圆筒状微纤组成，见图 8-24。每条微纤又为空隙所隔开。微纤轴与应力方向平行，但银纹结构在其长度方向是不均一的。

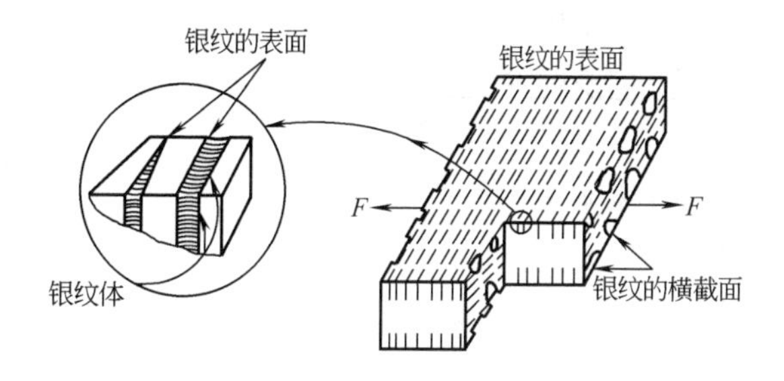

图 8-23　塑料银纹的结构示意图

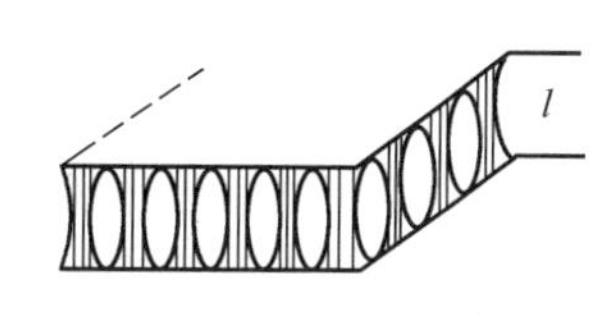

图 8-24　聚合物圆筒状微纤组成的银纹示意图

图 8-25 是小圆孔附近银纹形成的实验事实。即在 PMMA 板上打一圆孔，在该板水平方向上施加张应力使之产生一个平面应力场（$\sigma_3=0$），可以观察到某些区域产生银纹，银纹密度有规律地改变；某些区域却完全不产生银纹。从应力角度分析可知，银纹增长平行于平面应力场中较小的那个主应力矢量。由于较小的主应力矢量的等值线与较大的主应力矢量的等值线是正交的，表明较大主应力是作用在垂直银纹平面的方向，也即平行于银纹区的分子取向轴。

上述实验仅仅涉及表面银纹，在更为一般的组合应力作用下，银纹形成的应力判据可以用应力偏量 σ_b 表示：

$$\sigma_b=|\sigma_1-\sigma_2|\geqslant A+\frac{B}{I_1} \tag{8-28}$$

式中，$I_1=\sigma_1+\sigma_2$ 是应力的第一不变量；A 和 B 是与温度有关的常数，$A<0$，$B>0$。

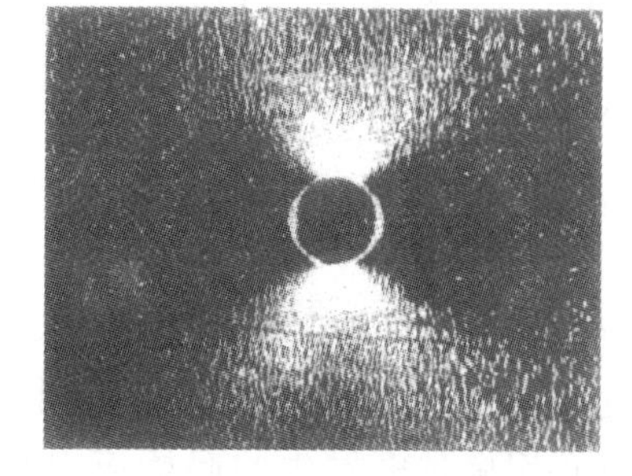

图 8-25　在水平方向经受张应力的 PMMA 板中，圆孔附近的银纹图像

银纹的生长有两种形式，即银纹尖端的向前扩展和银纹宽度的增加。此外，银纹凹陷深度随银纹宽度

线形增加，当其深度达到一平台值后就停止增加。

长期以来，Argon 等提出并发展的基于 Taylor 弯月面不稳定机理的银纹尖端向前生长规律已被广泛接受。该理论认为，银纹尖端存在着一个楔形区域，区域里的聚合物由于应变软化和塑性形变而形成一种类流体层，银纹尖端就是在这个类流体层中不稳定指进。这一模型已在许多聚合物材料中获得证实。模型所预示的尖端应力集中程度以及银纹内部空洞间距与实验基本相符（见图 8-26）。

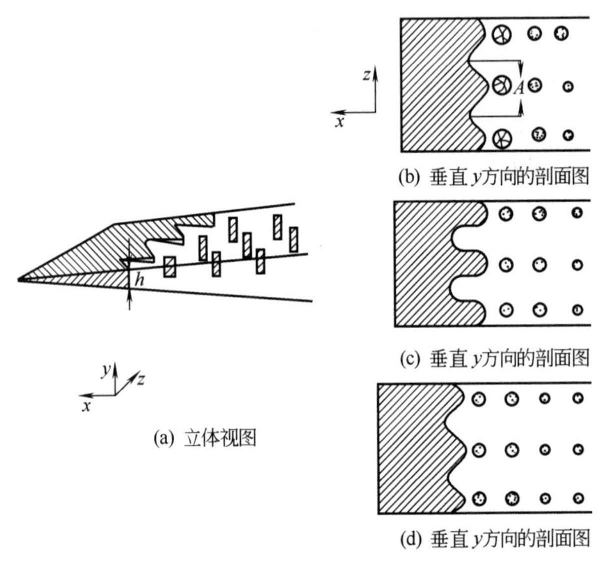

图 8-26 银纹弯月面不稳定机理扩展示意图
（阴影区是高分子材料）

宽度增加有两种可能的机理：一种是银纹微纤的蠕变，另一种是材料本体/银纹界面软化层中未银纹化的物质被逐渐转变成微纤。尽管有些研究认为银纹微纤的蠕变是主要的，但近期的研究表明，对应力银纹的增宽仅考虑蠕变是不够的，界面软化层的转入可能是更主要的机理，见图 8-27 所示。银纹微纤定常拉伸比 λ 和银纹微纤断裂位置几乎都在银纹/本体材料的界面处的实验结果使人们有理由更加倾向于接受第二种机理。该机理认为，在取向银纹与材料本体之间的界面处存在一个应变软化层或称为活性区（active zone），其厚度依赖于局部的应变速率和温度，与银纹微纤直径大致相当，可通过染金技术来观察。活性区内分子链受到银纹应力的作用而解缠或断裂，不断地转入银纹微纤中，使银纹微纤长度增大，银纹增宽。进一步研究认为，银纹微纤的转入是通过微细观颈缩过程完成的。因此，可以在真实应力-工程应变曲线上通过 Considère 图解的方法确定微颈缩发生的起始应力和应变，并可将它们视为银纹引发应满足的应力和应变条件。

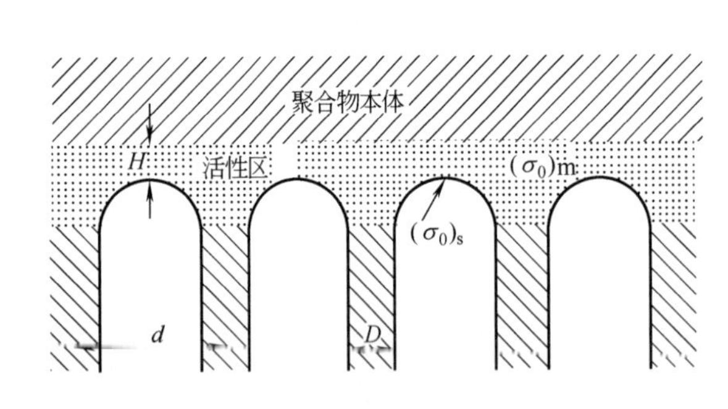

图 8-27 银纹增宽的界面转入机理示意图

裂尖银纹增宽过程的观察可通过透射电子显微镜（TEM）和光干涉技术实现。

关于银纹的终止过程，目前还没有一个普遍的认识。银纹的终止方式是多样的，银纹与银纹的作用，银纹与剪切带、空洞以及分散相橡胶粒子的相遇，都已被证明是有效的银纹终止手段，但以哪种方式为主导还取决于材料的微观结构。关于橡胶粒子阻止银纹的作用有一种定量的解释是橡胶粒子能使发展迅速的银纹发生分支。

根据上述讨论可以得知，微纤的拉伸过程与细颈扩展的宏观冷拉过程是相当的，只是前者发生在亚微观尺度。根据银纹中材料的体积分数，可以直接导出微纤的拉伸比。

研究表明，非晶态聚合物的分子量达到临界值 M_c 以上时，就会产生分子间的缠结，形成物理交联结构。而微纤的缠结结构与其拉伸比相关。图 8-28 为微纤缠结链形变示意图，缠结链的最大拉伸比 λ_{max} 可用式(8-29) 表示

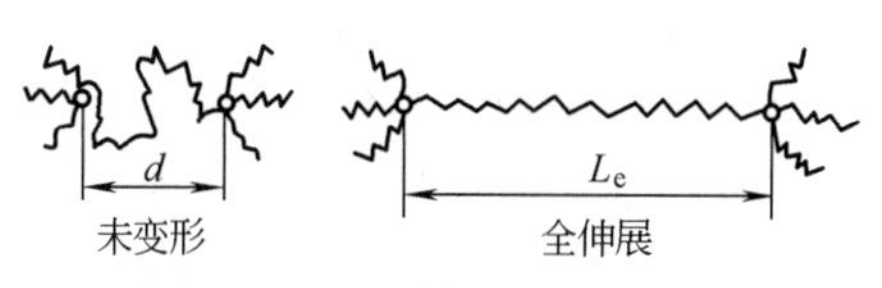

图 8-28　微纤缠结链形变示意图

$$\lambda_{max}=\frac{L_e}{d} \tag{8-29}$$

式中　d——微纤网络缠结点之间链的平均距离；

L_e——网链拉伸成锯齿形的长度。

几种聚合物的分子参数和银纹体参数如表 8-1 所示。

表 8-1　聚合物的分子参数和银纹体参数

聚合物①	$\overline{M}_c$②	L_e/nm	d/nm	λ_{max}	λ
PTBS	43400	60.0	12.5	4.8	7.2
PVTS	25000	47.0	10.7	4.4	4.5
PS	19100	41.0	9.6	4.3	3.8
PSMAL	19200	40.0	10.1	4.0	4.2
PMMA	9150	19.0	7.3	2.6	2.0
PSMLA	8980	19.0	6.1	3.1	2.6
PPO	4300	16.5	5.5	3.0	2.6
PC	2490	11.0	4.4	2.5	2.0

① PTBS 为聚叔丁基苯乙烯；PVTS 为聚对甲基苯乙烯；PSMLA 为聚苯乙烯-马来酸酐共聚物。

② 网络缠结点间的分子量。

由表 8-1 的数据可以看到，微纤的缠结链伸长比 λ 与 L_e 有关。缠结点密度高时，L_e 小，λ 值也小，缠结链伸展较困难，容易发生应变硬化；这种情况下银纹化形变不会得到充分发展；当应力增大到剪切屈服应力时，试样即可产生剪切形变。例如，PC 和 PPO，λ 较小，不易发生银纹化，这类韧性较好的聚合物的塑性形变主要是剪切形变。而 PVTS、PS 等脆性聚合物，因缠结点密度低，L_e 较大，λ 值也较大，它们的缠结链伸长长度大，容易产生银纹化。

对于那些能形成稳定银纹结构的脆性聚合物，实际测得的缠结链伸长比 λ 均小于理论的最大伸长比 λ_{max}。即达到一定的伸长比后，由于缠结链的取向导致应变硬化，伸长不再增加，银纹结构得以稳定。外力的进一步作用将使银纹在长度方向上发展或者引发更多的新银纹。但若 L_e 很大，伸长比 λ 可达到很高的数值以至 λ 接近 λ_{max} 甚至超过 λ_{max}，此时缠结网已经破坏，发生了解缠或分子链的断裂。例如，表 8-1 中 PTBS、PVTS 的 λ 值均超过其 λ_{max}，说明这些脆性聚合物在张应力作用下不能形成稳定的银纹结构，银纹的进一步发展必将导致材料的脆性断裂。因此，这些脆性聚合物虽然容易产生银纹，但却难以使银纹结构稳定，因而也就不能发生屈服。

表 8-1 中的 λ 值在 2～7 范围内，这对银纹体本身的形变来说，形变量是不小的。但是银纹在整个聚合物试样中的体积分数是有限的，因此银纹的形变对脆性聚合物的宏观形变贡献不大。

银纹化可以是玻璃态聚合物断裂的先决条件，也可以是聚合物屈服的机理。

银纹屈服的一个典型例子是 PS 的增韧。对于接枝共聚的高抗冲 PS（HIPS）或 PS/PB 共混型抗冲击 PS，在应力作用下，橡胶粒子引发周围 PS 相产生大量银纹并控制其发展，吸收塑性形变能，达到提高 PS 韧性的目的。

应力银纹结构若不能稳定，则将发展而导致聚合物断裂。除了应力银纹之外，高分子材料或制件在加工或使用过程中，因环境介质（流体、气体）与应力的共同作用，也会出现银纹，称之为环境银纹，它时常发展为环境应力开裂。环境介质的作用，致使引发银纹所需的应力或应变大为降低。研究表明，银纹化的临界应变随环境介质对聚合物溶解度的增加以及溶剂化聚合物 T_g 的降低而降低。例如，聚碳酸酯是透明且耐冲击的非晶态工程塑料，具有耐热、尺寸稳定性好等特点，在电器、电子、汽车、医疗器械等方面获得了广泛的应用。但是，该种材料也具有一些弱点。例如，熔体黏度大，流动性差，难以成型，且成型后制件的残余应力大。又如，在应力作用下易产生银纹，特别是处于溶剂环境中，易产生溶剂银纹，这些银纹发展，导致开裂。为此，改善 PC 的熔融流动性及耐环境应力开裂性能具有重要的意义。PC/PA 合金在 PC 系列合金中是耐药品性、特别是耐碱性药品性最优异的一种。PPO、PMMA 等玻璃态聚合物也易产生溶剂银纹，并且发展为裂缝以致环境应力开裂。此外，PE、PP 等半晶态聚合物在某些侵蚀性环境介质中会过早失效。例如，延性的 PE 在某些极性液体（如醇、洗涤剂、各种油类）中，在较低的应力作用下即可发生脆性断裂。至于橡胶的臭氧开裂，则是由于臭氧与处于张力作用下的橡胶大分子主链上的双键作用而引起断裂、开裂，其机理与上述两类聚合物是不同的。

8.2 聚合物的断裂与强度

聚合物材料在各种使用条件下所能表现出的强度和对抗破坏的能力是其力学性能的重要方面。目前，人们对聚合物强度的要求越来越高，因此研究其断裂（fracture）类型、断裂形态、断裂机理和影响强度（strength）的因素，显得十分重要。

8.2.1 脆性断裂和韧性断裂

从实用观点来看，聚合物材料的最大优点之一是它们内在的韧性，即这种材料在断裂前能吸收大量的能量。但是，材料内在的韧性不是总能表现出来的。由于加载方式改变，或者温度、应变速率、制件形状和尺寸的改变等都会使聚合物材料的韧性变坏，甚至以脆性形式断裂。而材料的脆性断裂，在工程上是必须尽量避免的。

从应力-应变曲线出发，脆性在本质上总是与材料的弹性响应相关联。断裂前试样的形变是均匀的，致使试样断裂的裂缝迅速贯穿垂直于应力方向的平面。断裂试样不显示有明显的推迟形变，断裂面光滑，相应的应力-应变关系是线形的或者微微有些非线形，断裂应变值低于 5%，且所需的能量也不大。而所谓韧性，通常有大得多的形变，这个形变在沿着试样长度方向上可以是不均匀的，如果发生断裂，试样断面粗糙，常常显示有外延的形变，其应力-应变关系是非线形的，消耗的断裂能很大。在这许多特征中，断裂面形状和断裂能是区别脆性和韧性断裂最主要的指标。

图 8-29 为不同辐射剂量处理后 HDPE/PVC/PS 三元合金断裂面的 SEM 照片。随着辐射剂量从（a）→（d）依次增加，试样断面从光滑变为粗糙，变得高低不平，甚至出现拉丝的现象。由此可见，试样的韧性经过辐射得到提高。

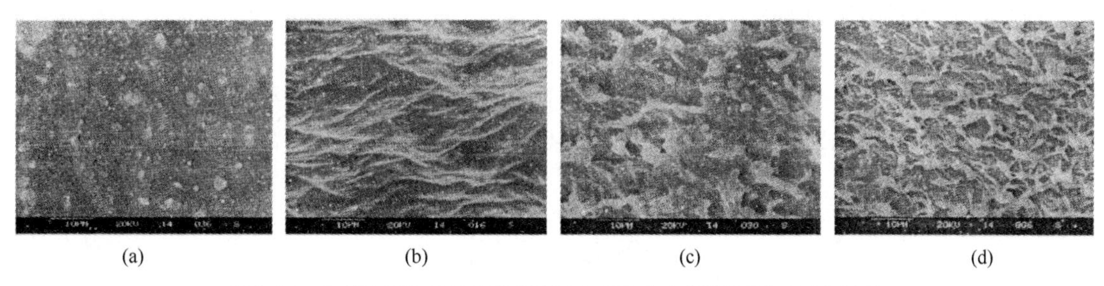

图 8-29　辐射处理 HDPE/PVC/PS 三元合金断裂面的 SEM 照片

一般脆性断裂是由所加应力的张应力分量引起的，韧性断裂是由切应力分量引起的。因为脆性断面垂直于拉伸应力方向，而切变线通常在以韧性形式屈服的聚合物中被观察到。

所加的应力体系和试样的几何形状将决定试样中张应力分量和切应力分量的相对值，从而影响材料的断裂形式。例如，流体静压力通常可使断裂由脆性变为韧性，尖锐的缺口在改变断裂方式由韧变脆方面有特别的效果。

对于高分子材料，脆性和韧性还极大地依赖于实验条件，主要是温度和测试速率（应变速率）。在恒定应变速率下的应力-应变曲线随温度而变化，断裂可由低温的脆性形变变为高温的韧性形变。应变速率的影响与温度正相反。

材料的脆性断裂和塑性屈服是两个各自独立的过程。实验表明，在一定应变速率$\dot{\varepsilon}$下，断裂应力 σ_B 和屈服应力 σ_y 与温度 T 的关系如图 8-30(a) 所示。显然，两条曲线的交点就是脆韧转变点。同样，在一定温度下，σ_B-$\dot{\varepsilon}$ 和 σ_y-$\dot{\varepsilon}$ 关系见图 8-30(b)。由图 8-30 可见，断裂应力受温度和应变速率影响不大，而屈服应力受温度和应变速率影响很大。即屈服应力随温度增加而降低，随应变速率增加而增加。因此，脆韧转变将随应变速率增加而移向高温，即在低应变速率时是韧性的材料，高应变速率时将会发生脆性断裂。此外，材料中的缺口对其脆韧转变影响显著，尖锐的缺口可以使聚合物的断裂从韧性变为脆性。

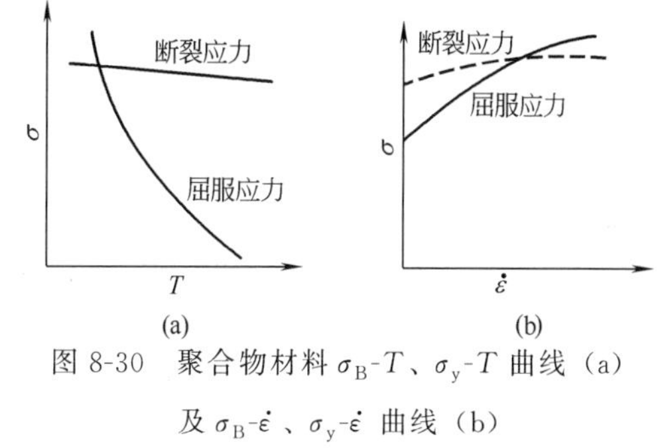

图 8-30　聚合物材料 σ_B-T、σ_y-T 曲线（a）及 σ_B-$\dot{\varepsilon}$、σ_y-$\dot{\varepsilon}$ 曲线（b）

8.2.2　聚合物的强度

8.2.2.1　实验方法和力学参数

当材料所受的外力超过其承受能力时，材料就被破坏。机械强度是材料抵抗外力破坏的能力。对于各种不同的破坏力，有不同的强度指标。这里，先讨论拉伸强度（tensile strength）等几项强度。

拉伸强度是在规定的实验温度、湿度和实验速度下，在标准试样上沿轴向施加拉伸载荷直至断裂前试样承受的最大载荷 P 与试样横截面（宽度 b 和厚度 d 的乘积）的比值，通常

用 σ_t 表示，即

$$\sigma_t=\frac{P}{bd} \tag{8-30}$$

其单位为牛顿/米^2，N/m^2 或 Pa。

拉伸实验示意图见图 8-31。

试样宽度在拉伸过程中是随试样的伸长而逐渐减小的，但在工程上一般采用起始尺寸来计算拉伸强度。又由于整个拉伸过程中，聚合物的应力和应变的关系不是线形的，只有当变形很小时，才可视为虎克弹性体。因此，拉伸模量（即杨氏模量）通常由拉伸初始阶段的应力与应变比例计算，即

$$E_t=\frac{\Delta P/(bd)}{\Delta l/l_0} \tag{8-31}$$

式中 ΔP——变形较小时的载荷。

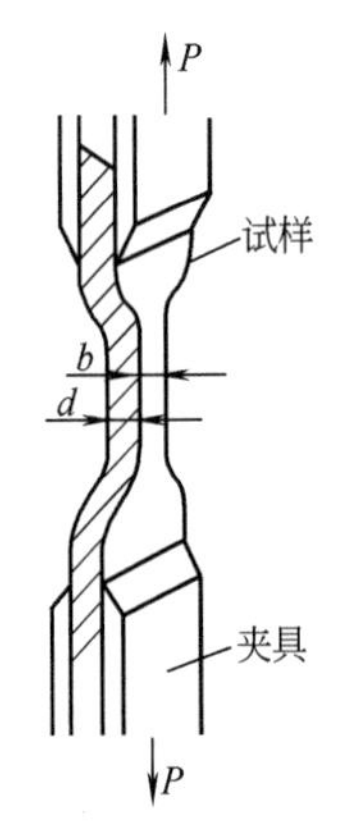

图 8-31 拉伸实验示意图

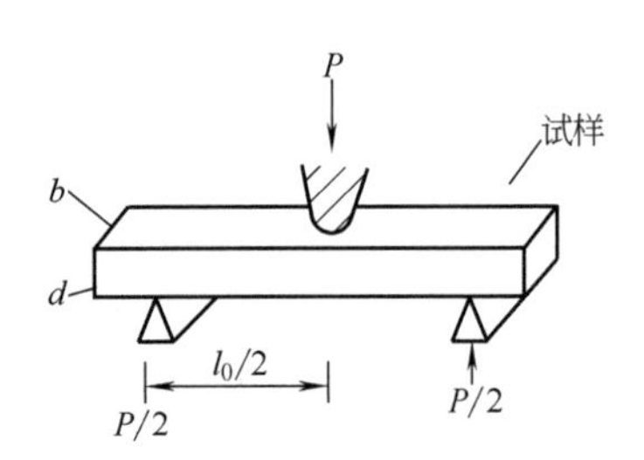

图 8-32 弯曲实验示意图

类似地，如果向试样施加的是单向压缩载荷，则得到的是压缩强度和压缩模量。理论上，虎克定律也适用于压缩的情况，所得压缩模量应与拉伸模量相等，$E_t=E_c$，但实际上压缩模量通常稍大于拉伸模量，而拉伸强度与压缩强度的相对大小则因材料的性质而异。一般塑性材料善于抵抗拉力，而脆性材料善于抵抗压力。

弯曲强度（或称挠曲强度）是在规定实验条件下对标准试样施加静弯曲力矩（见图 8-32），直到试样断裂为止。取实验过程的最大载荷 P 并按式（8-32）计算弯曲强度。

$$\sigma_f=\frac{P}{2}\times\frac{l_0/2}{bd^2/6}=1.5\,\frac{Pl_0}{bd^2} \tag{8-32}$$

弯曲模量为

$$E_f=\frac{\Delta P l_0^3}{4bd^3\delta} \tag{8-33}$$

式中 δ——挠度，是试样着力处的位移。

弯曲实验也可以让试样一端固定，在另一端施加载荷，或者采用圆形截面的试样。

表 8-2 列出了一些塑料的拉伸强度、断裂伸长率、拉伸模量以及弯曲强度和弯曲模量。

硬度是衡量材料表面抵抗机械压力的能力的一种指标。硬度的大小与材料的拉伸强度和弹性模量有关，而硬度实验又不破坏材料且方法简单。所以，有时可作为估计材料拉伸强度的一个替代办法。

表 8-2 常见塑料的拉伸和弯曲性能

塑料名称	σ_t/MPa	ε_t	$E_t\times10^{-3}$/MPa	σ_f/MPa	$E_f\times10^{-3}$/MPa
高密度聚乙烯	21.6～38.2	60%～150%	0.82～0.93	24.5～39.2	1.1～1.4
聚苯乙烯	34.5～62	1.2%～2.5%	2.7～3.4	60～96.4	2.9
ABS塑料	16.6～62	10%～140%	0.7～2.8	24.8～93	
聚甲基丙烯酸甲酯	48.2～75.8	2%～10%	3.1	89.6～117	1.2～1.6
聚丙烯	33～41.4	200%～700%	1.2～1.4	41.4～55.1	
聚氯乙烯	34.5～62	20%～40%	2.5～4.2	71.5～110.3	2.8～2.9
尼龙66	81.3	60%	3.1～3.2	98～107.8	2.4～2.6
尼龙6	72.5～76.4	150%	2.6	98	1.3
尼龙1010	51～54	100%～250%	1.6	87.2	2.6
聚甲醛	60.8～66.6	60%～75%	2.7	89.2～90.2	2.0～2.9
聚碳酸酯	65.7	60%～100%	2.2～2.4	96～103.9	2.7
聚砜	70.6～83.3	20%～100%	2.5～2.7	105.8～124.5	3.1
聚酰亚胺	92.6	6%～8%		>98	2.0～2.1
聚苯醚	84.8～87.7	30%～80%	2.6～2.8	96～134.3	0.9
氯化聚醚	41.5	60%～160%	1.1	68.6～75.5	
线形聚酯	78.4	200%	2.8	114.7	
聚四氟乙烯	13.7～24.5	250%～350%	0.4	10.8～13.7	

因测量和计算方法的差异，硬度又可分为布氏、洛氏和邵氏等几种。

8.2.2.2 影响因素

聚合物材料的破坏是高分子主链的化学键断裂或是高分子链间相互作用力的破坏。通常，由主链化学键强度或链间相互作用力强度估算的理论强度比聚合物实际强度大100～1000倍，这是由于材料内部的应力集中所致。引起应力集中的缺陷有几何的不连续，如孔、空洞、缺口、沟槽、裂纹；材质的不连续，如杂质的颗粒、共混物相容性差造成的过大第二组分颗粒；载荷的不连续；不连续的温度分布产生的热应力等。许多缺陷可以是材料中固有的，也可能是产品设计或加工时造成的。例如，开设的孔洞及缺口、不成弧形的拐角、不适当的注塑件浇口位置、加工温度太低以致物料结合不良、注塑中两股熔流相遇等。当材料中存在上述缺陷时，其局部区域中的应力要比平均应力大得多，该处的应力首先达到材料的断裂强度值，材料的破坏便在那里开始。为此，注意克服不适当的产品设计和加工条件，对提高材料的强度是非常必要的。

下面详细讨论影响聚合物强度的内因——结构因素和外因——温度、拉伸速率。

由于高分子材料的强度上限取决于主链化学键力和分子链间的作用力，在一般情况下，增加高分子的极性或形成氢键可以使其强度提高。例如，高密度聚乙烯的拉伸强度只有21.6～38.2MPa，聚氯乙烯因有极性基因，拉伸强度为49MPa，尼龙610有氢键，拉伸强度为58.8MPa。在某些例子中，极性基因或氢键的密度越大，则强度越高。如尼龙66的拉伸强度比尼龙610还大，达81.3MPa。如果极性基因过密或取代基团过大，不利于分子运动，材料的拉伸强度虽然提高，但呈现脆性。

主链含有芳杂环的聚合物，其强度和模量都比脂肪族的高。因此，新颖的工程塑料大都是主链含芳杂环的。例如，芳香尼龙的强度和模量比普通尼龙高，聚苯醚比脂肪族聚醚高，双酚A聚碳酸酯比脂肪族聚碳酸酯高。侧基为芳杂环时，强度和模量也较高。例如，聚苯乙烯的强度和模量比聚乙烯高。

分子链的支化程度增加，分子之间的距离增加，作用力减小，聚合物拉伸强度降低。例如，低密度聚乙烯由于支化度高，故其拉伸强度比高密度聚乙烯低。当然，后者的结晶度高也是一个重要原因。

适度的交联可以有效地增加分子链间的联系，使分子链不易发生相对滑移。随着交联度的增加，往往不易发生大的形变，同时材料强度增高。例如，聚乙烯交联后，拉伸强度可提高 1 倍。但是，交联过程中，往往会使聚合物结晶度下降或结晶倾向减小，因而，过分的交联反而使强度下降。对于不结晶的聚合物，交联密度过大强度下降的原因可能是交联度高时，网链不能均匀承载，易集中应力于局部网链上，使有效网链数减小。这种承载的不均匀性随交联度增高而加剧，强度随之下降。

分子量对聚合物脆性断裂强度的影响可用下式表示

$$\sigma_B = A - B/\overline{M}_n$$

式中　A、B——常数，A 可看作 $\overline{M}_n \to \infty$ 时的 σ_B。

在某一 $\overline{M}_n$ 以下，σ_B 随 $\overline{M}_n$ 减小而急剧下降；在该 $\overline{M}_n$ 以上，M_B 随 $\overline{M}_n$ 增加而逐渐增大，最后趋于恒定。将 σ_B-$\overline{M}_n$ 曲线中 σ_B 外推至零，可得 $\overline{M}_0$ 值。该值与熔体中开始出现稳定缠结分子量的 $\overline{M}_e$ 值有关。PS、PMMA、PC 等的 σ_B-$\overline{M}_n$ 关系基本上服从此规律。分子量提高到一定程度后，对断裂强度的改善就不明显了，但是冲击强度则继续增加。

晶态聚合物中的微晶与物理交联相似。结晶度增加，拉伸强度、弯曲强度和弹性模量均有提高。例如，等规聚丙烯中的无规结构含量增加，其结晶度下降，拉伸和弯曲强度也随之下降。然而，如果结晶度太高，材料将发脆。

球晶的结构对强度的影响更大，它的大小对聚合物的力学性能以及物理、光学性能起着重要作用。而球晶是聚合物熔体结晶的主要形式。所以，成型加工的温度、成核剂的加入以及后处理条件等，对结晶聚合物的机械性能有很大影响。

从晶体结构来看，由伸直链组成的纤维状晶体，其拉伸性能较折叠链晶体优越得多。因此，可以以较刚硬的链或采用冷冻纺丝新工艺制成高强度的合成纤维。

取向可以使材料的强度提高几倍甚至几十倍，这在合成纤维工业中是提高纤维强度的一个必不可少的措施。因为单轴取向后，高分子链顺着外力方向平行排列，故沿取向方向断裂时破坏主价键的比例大大增加，而主价键的强度比范德华力的强度高 50 倍左右。对于薄膜和板材，也可以利用取向来改善其性能。这是因为双轴取向后在长、宽两个方向上强度和模量都有提高，同时还可以阻碍裂缝向纵深发展。表 8-3 列出了几种高度取向的聚合物纤维的模量、强度和比模量、比强度，并与其他材料进行对比，充分显示了这些聚合物材料质轻、刚度高、强度大的特点。

表 8-3　各种高度取向聚合物纤维的力学性能

材　料	相对密度	拉伸模量/GPa	比模量/GPa	拉伸强度/GPa	比强度/GPa
高倍率拉伸聚乙烯	0.966	68	71	>0.3	>0.3
高模量挤出聚乙烯	0.97	67	69	0.48	0.49
聚双乙炔单晶纤维	1.31	61	50	1.7	1.3
Kevlar49 纤维(聚芳酰胺)	1.45	128	88	2.6	1.8
玻璃纤维	2.5	69～138	28～55	0.4～1.7	0.15～0.7
碳钢	7.9	210	27	0.5	0.07
碳纤维	2.0	200～420	100～210	2～3	1.0～1.5

注：比模量和比强度是模量和强度与相对密度的比值。

前已提及，材料中的缺陷造成应力集中，严重地降低了材料的强度。加工过程中由于混合不均或塑化不良，成型过程中由于制件表里冷却速率不同而产生内应力等，均可产生缺陷，必须引起注意。

增塑剂的加入，对聚合物来说起了稀释作用，减小了分子间作用力，因而强度降低。

此外，低温和高应变速率条件下，聚合物倾向于发生脆性断裂。温度越低，应变速率越高，断裂强度越大。

8.2.3 断裂理论

有裂缝的材料极易开裂。而且，裂缝端部的锐度对裂缝的扩展有很大影响。例如，塑料雨衣，一有裂口，稍不小心，就会蔓延而被撕开。如若在裂口根部剪成一圆孔，它就较难扩展。这表明，尖锐裂缝尖端处的实际应力相当大。

裂缝尖端处的应力有多大，可以用一个简单模型来说明。设在一薄板上刻出一圆孔，施以平均张应力 σ_0，在孔边上与 σ_0 方向成 θ 角的切向应力分量 σ_t 可表示为

$$\sigma_t = \sigma_0 - 2\sigma_0 \cos 2\theta \tag{8-34}$$

式(8-34) 指出，在通过圆心并和应力平行的方向上（$\theta=0$），孔边切向应力等于 $-\sigma_0$，是压缩性；在通过圆心并和应力垂直的方向上 $\left(\theta=\dfrac{\pi}{2}\right)$，孔边切向应力等于 $3\sigma_0$，为拉伸性。可见，圆孔使应力集中了 3 倍。假如在薄板上刻一椭圆孔（长轴直径为 $2a$，短轴直径为 $2b$），该薄板为无限大的虎克弹性体。在垂直于长轴方向上施以均匀张应力 σ_0，经计算可知，该椭圆孔长轴的两端点应力 σ_t 最大，为

$$\sigma_t = \sigma_0\left(1+\frac{2a}{b}\right) \tag{8-35}$$

式(8-35) 说明，椭圆长短轴之比 a/b 越大，应力越集中。图 8-33 为圆孔和椭圆孔在垂直于外加张力截面上的应力分布情况。当 $a \gg b$ 时，它的外形就像一道狭窄的裂缝。在这种情况下，裂缝尖端处的最大张应力 σ_m 可表示为

$$\sigma_m = \sigma_0\left(1+2\sqrt{\frac{a}{\rho}}\right) \approx 2\sigma_0\sqrt{\frac{a}{\rho}} \tag{8-36}$$

式中　a——裂缝长度之半；

ρ——裂缝尖端的曲率半径。

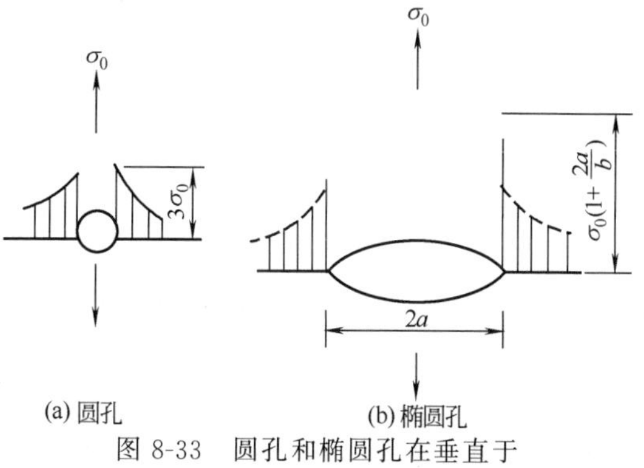

(a) 圆孔　　(b) 椭圆孔

图 8-33　圆孔和椭圆孔在垂直于外加张力截面上的应力分布

式(8-36) 说明，应力集中随平均应力的增大和裂缝尖端处半径的减小而增大。这样，当应力集中到一定程度时，就会达到和超过分子、原子的最大内聚力而使材料破坏。

裂缝对降低材料的强度起着重要作用，而尖端裂缝尤为致命。如若能消除裂缝或钝化裂缝的锐度，则材料强度可相应提高。实践证明了这一点。例如用氢氟酸处理粗玻璃纤维，其强度有显著提高。

从裂缝存在的概率来看，它与试样的几何形状和尺寸有关。例如细试样中危害大的裂缝存在的概率比粗试样中小，因而纤维强度随其直径的减小而增高。同样，大试样中出现裂缝

的概率比小试样大得多，因而试样的平均强度随其长度的降低而提高。这就是测定材料强度时要求试样有一定规格的原因。

8.2.3.1 格里菲思（Griffith）线弹性断裂理论

当裂缝尖端变成无限地尖锐，即 $\rho \to 0$ 时，材料的强度就小到可以忽略的程度。一个具有尖锐裂缝的材料，是否具有有限的强度，必须进一步弄清楚发生断裂的必要条件和充分条件。

格里菲思从能量平衡的观点研究了断裂过程，认为：①断裂要产生新的表面，需要一定的表面能，断裂产生新的表面所需要的表面能是由材料内部弹性储能的减少来补偿的；②弹性储能在材料中的分布是不均匀的。裂缝附近集中了大量弹性储能，有裂缝的地方要比其他地方有更多的弹性储能来供给产生新表面所需要的表面能，致使材料在裂缝处先行断裂。因此，裂缝失去稳定性的条件可表示为

$$-\frac{\partial U}{\partial A} \geqslant \mathscr{T} \tag{8-37}$$

式中，U 为材料中的内储弹性能；A 为裂缝面积；$-\partial U/\partial A$ 为每扩展单位面积裂缝时，裂缝端点附近所释放出来的弹性能，称为能量释放率，是驱动裂缝扩展的原动力，以 ζ 标记。该值与应力的类型及大小、裂缝尺寸、试样的几何形状等有关；$\mathscr{T}$ 为产生每单位面积裂缝的表面功，反映材料抵抗裂缝扩展的一种性质。它不同于冲击强度，也不同于应力-应变曲线覆盖面积所表征的“韧性”概念。

格里菲思最初针对无机玻璃、陶瓷等脆性材料确定裂缝扩展力为

$$\zeta = -\frac{\mathrm{d}U}{\mathrm{d}A} = \frac{\pi\sigma^2 a}{E} \tag{8-38}$$

式中 a——无限大薄板上裂缝长度之半；

σ——张应力，见图 8-34；

E——材料的弹性模量。

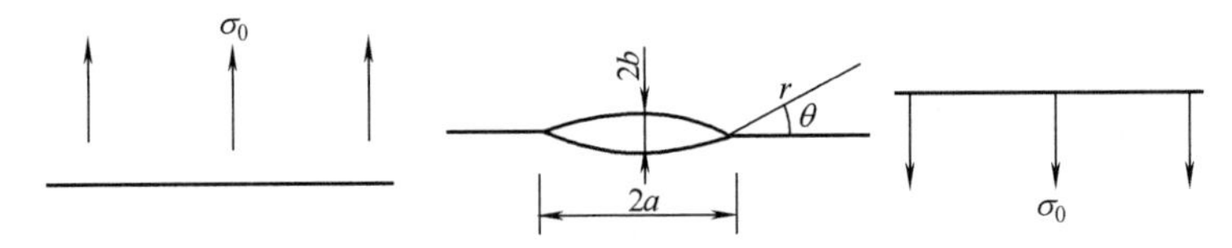

图 8-34 均匀拉伸的无限大薄板上的椭圆裂缝

将式(8-38) 代入式(8-37)，则得到引起裂缝扩展的临界应力 σ_c

$$\sigma_c = \left(\frac{E\mathscr{T}}{\pi a}\right)^{1/2} \tag{8-39}$$

格里菲思又假定，脆性玻璃无塑性流动，每产生单位面积裂缝所需的表面功仅与单位面积的表面能 γ_s（表面张力）有关。因此

$$\mathscr{T} = 2\gamma_s \tag{8-40}$$

则式(8-39) 变为

$$\sigma_c = \left(\frac{2\gamma_s E}{\pi a}\right)^{1/2} \tag{8-41}$$

式(8-41) 即为著名的脆性固体断裂的格里菲思能量判据方程。式中并未出现尖端半径，即它适用于尖端无曲率半径的“线裂缝”的情况。该式表明，σ_c 正比于$\sqrt{\gamma_s}$和$\sqrt{E}$，而反比于

$\sqrt{a}$。它指出，对于长度 $2a$ 的某裂缝，只要外应力 $\sigma \leqslant \sigma_c$，裂缝能稳定，材料有安全的保证。

将式(8-41)改写为

$$\sigma_c(\pi a)^{1/2}=\sqrt{2\gamma_s E} \tag{8-42}$$

即对于任何给定的材料，$\sigma(\pi a)^{1/2}$ 应当超过某个临界值才会发生断裂，$\sigma(\pi a)^{1/2}$ 叫做应力强度因子 K_I（stress intensity factor）（下标 I 表示张开性裂纹）

$$K_I=\sigma(\pi a)^{1/2} \tag{8-43}$$

由式(8-43)可知，材料的断裂与外应力和裂纹长度的乘积有关。而材料断裂时的临界应力强度因子（critical stress intensity factor）记作 K_{IC}

$$K_{IC}=\sigma_c(\pi a)^{1/2} \tag{8-44}$$

格里菲思方程的正确性已广泛地为脆性聚合物的实验所证实。

8.2.3.2　非线性断裂理论

弹性体的撕裂为非线性断裂过程，可采用广义的格里菲思判据，即撕裂时释放的应变能大于撕裂能时裂缝将失去稳定性

$$-(\partial U/\partial A)\geqslant T \tag{8-45}$$

式中，U 为应变能；A 为裂缝的表面积；$-(\partial U/\partial A)$ 为每扩展单位面积裂缝所释放的能量；T 为产生单位面积裂缝的撕裂能（tearing energy），包括表面能、塑性流动耗散的能量以及不可逆黏弹过程耗散的能量。

通过各种试样受力时 $-(\partial U/\partial A)$ 的计算，并与材料参数 T 比较，即可对裂缝扩展进行有效的判断。

8.2.3.3　断裂的分子动力学理论

格里菲思理论本质上是一个热力学理论，它只考虑了为断裂形成新表面所需要的能量与材料内部弹性储能之间的关系，没有考虑聚合物材料断裂的时间因素，这是该理论的不足之处。Жирков 的断裂分子动力学理论考虑了结构因素，认为材料的断裂也是一个松弛过程，宏观断裂是微观化学键断裂的热活化过程，即当原子热运动的无规热涨落能量超过束缚原子间的势垒时，会使化学键离解，从而发生断裂。

若以状态 A 和状态 B 分别表示未断键和已断键，如图 8-35(a) 所示。由于无规热涨落引起热能或动能随时间而变化，当它超过势垒时，发生 A→B 或 B→A 的转变，转变时的频率 ν 为

$$\nu=\nu_0\exp\left(-\frac{U}{kT}\right) \tag{8-46}$$

式中　ν_0——原子热振动的频率，其值为 $10^{12}\sim10^{13}\,s^{-1}$；
U——势垒高度；
k——玻耳兹曼常数；
T——热力学温度。

在无应力状态下，如图 8-35(a) 所示，由于断裂状态 B 的势能高于未断裂状态 A，B→A 的概率大于 A→B 的概率，故实际上不发生 A→B 转变，即不发生键的断裂。但是，在应力状态下，即试样受到外力作用时，A 状态的势能将提高，并大于 B 状态，如图 8-35(b) 所示，使 A→B 的势垒（活化能）降低。于是，A→B 的概率显著增加，B→A 的概率则显

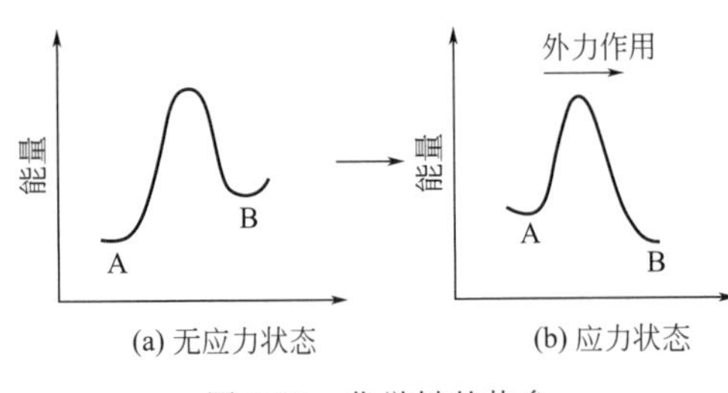

图 8-35 化学键的势垒

著减少，过程由 A→B，即发生键的断裂。在这种情况下，键断裂的净频率 ν^* 可近似表示为

$$\nu^*=\nu_0\exp\left(-\frac{U_{AB}}{kT}\right) \tag{8-47}$$

式中 U_{AB}——应变下 A→B 的势垒。

U_{AB} 与外应力有如下关系。

$$U_{AB}=U_0-\beta\sigma \tag{8-48}$$

式中 U_0——未应变时 U_{AB} 的值；

β——常数，具有体积量纲，称为活化体积，它与聚合物的分子结构和分子间力有关，其值大致与原子键离解的活化体积相当。

将式(8-48) 代入式(8-47)，得

$$\nu^*=\nu_0\exp\left(-\frac{U_0-\beta\sigma}{kT}\right) \tag{8-49}$$

为了衡量材料的强度，规定必须有一定数目的键（N）破裂，以致剩余的完整键失去承载的能力。这样，得到材料由承载至断裂所需的时间，即材料的承载寿命 τ_f 为

$$\tau_f=\frac{N}{\nu^*}=\frac{N}{\nu_0}\exp\left(\frac{U_0-\beta\sigma}{kT}\right) \tag{8-50}$$

由式(8-50) 看出，材料所受的应力与温度对材料的承载寿命有着重要影响。应力的作用，从 $(U_0-\beta\sigma)$ 项可看出，在于减低了键的离解能，促进了热涨落的离解效应。温度的作用反映于 kT 项，该项为体系的热能。比值 $(U_0-\beta\sigma)/kT$ 的大小表示热涨落引起键离解的难易程度。

将式(8-50) 取对数，得

$$\ln\tau_f=C+\frac{U_0-\beta\sigma}{kT} \tag{8-51}$$

式中，$C=\ln N/\nu_0$。

式(8-51) 表明，材料的承载寿命 $\ln\tau_f$ 与应力 σ 和温度倒数 $1/T$ 呈线形关系。其正确性已为实验所证实。

8.2.3.4 普适断裂力学理论

Andrews 的普适断裂力学理论为聚合物的断裂奠定了更为广阔的基础。普适断裂力学理论的表达式为

$$2\mathscr{T}=2\mathscr{T}_0\phi(\dot{c},T,\varepsilon_0) \tag{8-52}$$

式中 $2\mathscr{T}$——产生单位新表面所需要的能量，包括破坏分子间化学键所需的能量 $2\mathscr{T}_0$ 和使分子局部取向和塑性形变消耗的能量；

ϕ——损耗函数，与裂纹扩展速率 $\dot{c}$、温度 T 和初始应变量 ε_0 有关，可由实验求出。

该理论已用于丁苯橡胶、乙丙橡胶、增塑 PVC、LDPE 等聚合物的断裂行为研究，理论与实际符合良好。

8.2.4 聚合物的增强

尽管单一聚合物在许多应用中已能胜任，然而它的性能毕竟比较单一。就力学强度和刚度而言，它比起金属来要低得多，这就限制了它的应用。如果在聚合物基体中加入第二种物

质，则形成“复合材料”，通过复合来显著提高材料力学强度的作用称为“增强”作用，能够提高聚合物基体力学强度的物质称为增强剂或活性填料。活性填料与惰性填料不同，后者在聚合物中起着稀释作用，可以降低材料的成本。

8.2.4.1　粉状和纤维填料

按照填料的形态，可以分为粉状和纤维状两类。

粉状填料如木粉、炭黑、轻质二氧化硅、碳酸镁、氧化锌等，它们与某些橡胶或塑料复合，可以显著改善其性能。例如，天然橡胶中添加 20% 的胶体炭黑，拉伸强度可以从 16MPa 提高到 20MPa；丁苯橡胶强度仅为 3.5MPa，加入炭黑后强度可达 22～25MPa，补强效果显著；硅橡胶中加入胶体二氧化硅，拉伸强度可提高约 40 倍。

活性填料的作用，如对橡胶的补强，可用填料的表面效应来解释。即活性填料粒子的活性表面较强烈地吸附橡胶的分子链，通常一个粒子表面上联结有几条分子链，形成链间的物理交联。吸附了分子链的这种粒子能起到均匀分布负荷的作用，降低了橡胶发生断裂的可能性，从而起到增强作用。

填料增强的效果受到粒子和分子链间结合的牢固程度所制约。两者在界面上的亲和性越好，结合力越大，增强作用就越明显。在许多情况下，这种结合力可采用一定的化学处理方法或加入偶联剂加以强化，甚至使惰性填料变为活性填料。如在 30%～60% 玻璃微珠填充的高密度聚乙烯中加入 TTS（三异十八烷基异丁基钛酸酯）高效活化剂，即可使填充聚乙烯的力学性能和加工性能接近或优于未填充的纯聚乙烯的水平。又如，亲油的炭黑对橡胶的补强作用要比普通炭黑好得多；天然橡胶中含有脂肪酸、蛋白质等表面活性物质，故惰性的碳酸镁、氯化锌等对其产生补强作用，但这些填料对不含表面活性剂的合成橡胶不起补强作用。

纤维填料中使用最早的是各种天然纤维，如棉、麻、丝及其织物等。后来，发展了玻璃纤维。随着尖端科学技术的发展，又开发了许多特种纤维填料，如碳纤维、石墨纤维、硼纤维、超细金属纤维和单晶纤维即晶须，在宇航、电讯、化工等领域获得应用。

纤维填料在橡胶轮胎和橡胶制品中，主要作为骨架，以帮助承担负荷。通常采用纤维的网状织物，俗称为帘子布。在热固性塑料中，常以玻璃布为填料，得到所谓玻璃纤维层压塑料，强度可与钢铁媲美。其中，环氧玻璃钢的比强度甚至超过了高级合金钢。用玻璃短纤维增强的热塑性塑料，其拉伸、压缩、弯曲强度和硬度一般可提高 100%～300%，但冲击强度一般提高不多，甚至可能降低。

纤维填充塑料增强的原因是依靠其复合作用。即利用纤维的高强度以承受应力，利用基体树脂的塑性流动及其与纤维的黏结性以传递应力。

表 8-4 列出未取向复合材料和相应纤维的物理、力学性能。

表 8-4　纤维和未取向复合材料的性能

纤维/复合材料	弹性模量/GPa	拉伸强度/GPa	密度/(g/cm^3)	比刚度/(MJ/kg)	比强度/(MJ/kg)
环氧树脂	3.5	0.09	1.20	—	—
E-玻璃纤维	72.4	2.4	2.54	28.5	0.95
环氧复合材料	45	1.1	2.1	21.4	0.52
S-玻璃纤维	85.5	4.5	2.49	34.3	1.8
环氧复合材料	55	2.0	2.0	27.5	1.0
硼纤维	400	3.5	2.45	163	1.43
环氧复合材料	207	1.6	2.1	99	0.76

续表

纤维/复合材料	弹性模量/GPa	拉伸强度/GPa	密度/(g/cm³)	比刚度/(MJ/kg)	比强度/(MJ/kg)
高强石墨纤维	253	4.5	1.8	140	2.5
环氧复合材料	145	2.3	1.6	90.6	1.42
高模量石墨纤维	520	2.4	1.85	281	1.3
环氧复合材料	290	1.0	1.63	178	0.61
芳香聚酯纤维	124	3.6	1.44	86	2.5
环氧复合材料	80	2.0	1.38	58	1.45

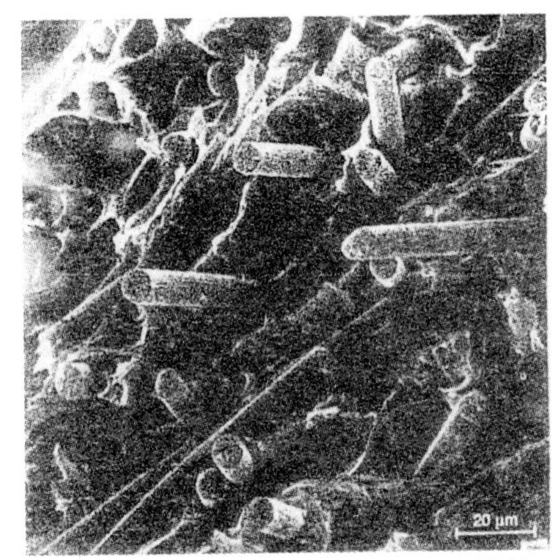

图 8-36 聚醚醚酮-短切碳纤维复合材料断裂表面的 SEM 照片

图 8-36 为聚醚醚酮-短切碳纤维复合材料断裂表面的扫描电镜照片。

图 8-36 表明，纤维与基体之间黏结得很好。性能测定显示，纤维的加入，使基体的强度、刚度和韧性提高，但耐腐蚀性、蠕变和疲劳性能降低。

8.2.4.2 液晶增强和分子复合材料

随着高分子液晶的商品化，20 世纪 80 年代后期开辟了聚合物液晶与热塑性塑料共混制备高性能复合材料的新途径。这些聚合物液晶一般为热致型主链液晶，在共混物中可形成微纤而起到增强作用。而微纤结构是加工过程中由液晶棒状分子在共混物基体中就地形成的，故称作“原位”复合增强。随着增强剂用量增加，复合材料的弹性模量和拉伸强度增加，断裂伸长率下降，发生韧性向脆性的转变。表 8-5 为两种聚合物的液晶增强效果。

表 8-5 聚酯液晶增强聚醚砜和聚碳酸酯

材料		拉伸强度/MPa	伸长率/%	拉伸模量/GPa	弯曲强度/MPa	弯曲模量/GPa	缺口冲击强度/J·m⁻¹
聚醚砜	未增强	63.6	122	2.50	101.9	2.58	77.4
	增强	125.5	3.8	4.99	125.9	6.11	35.2
聚碳酸酯	未增强	66.9	100	2.32	91.3	2.47	—
	增强	121	3.49	5.72	132	4.54	14.8

所谓分子复合材料，是指柔性聚合物基体中加入少量（5%～10%）刚性聚合物——增强剂，并近似单分子形式分散于基体中，最大限度提高基材的物理力学性能。这里，少量刚性聚合物增强剂可达到大量纤维才能达到的增强效果，同时保持基体原有的加工性能和冲击性能。

聚合物分子复合材料领域研究最活跃和成功的是美国 Akron 大学、德国汉堡大学的研究组。例如，尼龙 6-聚酰亚胺-尼龙 6 三嵌段共聚物及尼龙 6/聚酰亚胺接枝共聚物。通过优化共聚物结构参数，引入 5%聚酰亚胺单体与尼龙 6 单体嵌段共聚，就可提高尼龙 6 模量和强度 2～3 倍，而断裂韧性与加工性能与尼龙 6 相当。最引起工业界感兴趣的是加入 2%～3%（质量）的聚酰亚胺单体接枝共聚，尼龙 6 吸水性可降低一半以上。只有当两者分散达纳米级与分子级时，才有这种协同增强效应。又如，合成一系列不同结构的芳香族聚酯类液晶聚合物，将这些聚酯液晶聚合物与热塑性塑料（聚己内酯）共混，得到具有独特形态结构的亲液性共混物（lyotropic blend）。这种亲液性共混物类似于经乳化后的油水分散体系，具有分子复合材料协同增强效应。即仅加入 2%～4%（质量）的硬段聚酯液晶，热塑性聚己内酯的模量和强度提高 1～2 倍。

8.2.4.3　聚合物基纳米复合材料

纳米材料通常是指微观结构上至少在一维方向上受纳米尺度（1～100nm）调制的各种固态材料。根据构成晶粒的空间维数，可分为纳米结构晶体或三维纳米结构、层状纳米结构或二维纳米结构、纤维状纳米结构或一维纳米结构及零维原子簇或簇组装四大类。

由于纳米材料的特殊结构，产生了几种特殊效应，即纳米尺度效应、表面界面效应、量子尺寸效应和宏观量子隧道效应。这些纳米效应导致该种新型材料在力学性能、光学性能、磁学性能、超导性、催化性质、化学反应性、熔点蒸气压、相变温度、烧结以及塑性形变等许多方面具有传统材料所不具备的纳米特性。

聚合物基纳米复合材料是指分散相尺度至少有一维小于 100nm 的高性能、高功能材料。

其制备方法主要有以下几种。

(1) 插层复合法（intercalation compounding）　是制备聚合物/黏土纳米复合材料的主要方法。该法是将单体分散、插入经插层剂处理过的层状硅酸盐片层之间或将聚合物与有机土混合，利用层间单体聚合热或聚合物/黏土熔融共混时的切应力，破坏硅酸盐的片层结构，使其剥离成单层，并均匀分散在聚合物基体中，实现聚合物与黏土纳米尺度上的复合。

(2) 共混法　包括熔融共混、溶液或乳液共混、机械共混等。

该法所得复合材料虽然也表现出某些优异的性能和功能，但由于纳米粒子（例如，纳米 $CaCO_3$、纳米 SiO_2、纳米 TiO_2 等）具有极高的表面能，易于自身团聚，在聚合物基体中难以均匀分散以及无机分散相与有机聚合物基体间界面结合弱等问题，其应用受到了一定限制。为此，纳米材料的分散与表面改性问题已成为研究的热门课题。

(3) 原位聚合或在位分散聚合法（in situ polymerization）　该法应用在位填充，使纳米粒子在单体中均匀分散，然后在一定条件下就地聚合，形成复合材料。制得的复合材料填充粒子分散均匀，粒子的纳米特性完好无损；同时，只经一次聚合成型，不需要热加工，避免了由此产生的降解，保证基体各种性能的稳定。

(4) 溶胶-凝胶法　由前驱物 $R—Si(OCH_3)_3$ 开始反应，其中 R 是可聚合的单体。无机相是由 $—Si(OCH_3)_3$ 基团的水解和缩合生成的体形硅酸盐，有机相是由 R-聚合而成的高分子，有机-无机两相间以 C—Si 共价键连接。

该法制备过程初期就可以在纳米尺度上控制材料结构。其缺点为凝胶干燥过程中，溶剂、小分子、水的挥发导致材料收缩与脆裂。

下面以聚合物/黏土纳米复合材料为例，简述其制备、分类、表征、性能与应用。

黏土是一种具有层状晶体结构的无机盐，包括高岭土、滑石、蒙脱土、云母四大类。以蒙脱土为例，其品种有钠蒙脱土、锂蒙脱土等。蒙脱土晶胞由两层硅氧四面体中间夹带一层铝氧八面体构成，二者间由共用氧原子连接。蒙脱土片层厚度约为 1nm，长宽各为 100～200nm 左右。蒙脱土铝氧八面体上部分三价铝被二价镁同晶置换，片层内表面带有负电荷，这些过剩的负电荷由吸附的可交换的碱金属或碱土金属离子来平衡。由于片层间的作用力较弱，其他分子，包括高分子可以进入片层中间。插层剂通过离子交换作用进入片层之间，可使片层间距增大，再与聚合物通过插层复合形成插层型或剥离型的纳米复合材料。

硅酸盐片层的强极性不利于聚合物分子链的层间插入，需要先以插层剂对层间微环境进行有机改性，增加与聚合物的相容性。常用的插层剂包括烷基铵盐、季铵盐、吡啶衍生物等含氮化合物，它们通过与层间的 Na^+、K^- 离子的离子交换反应进入层间。插层剂的作用是增加片层间距、减小无机片层的表面能并增加其对聚合物基体的浸润性。同时，插层剂最好含有可与聚合物反应或强烈作用的官能团，以增加无机片层与聚合物间的界面强度。

自从 1987 年日本丰田中央研究所首次报道采用原位插层聚合复合方法制备尼龙 6/黏土混杂材料以来，美国康奈尔大学、密歇根大学和中国科学院化学研究所等进行了大量研究，制备出多种聚合物/黏土纳米复合材料。

该类材料的制备方法分类可示意如下：

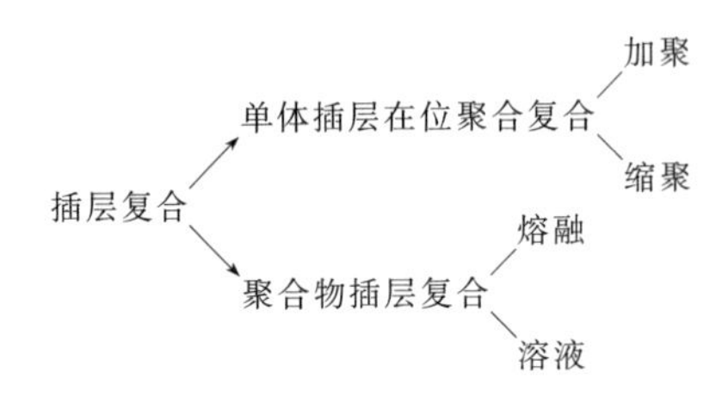

结构表征方法包括广角 X 射线衍射（WAXD）、透射电子显微镜（TEM）、小角中子散射（SANS）、原子力显微镜（AFM）等。其中，WAXD 可以测定层间的距离，由此来判断是否有插层过程发生；TEM 提供了结构细节，可直接观察片层在基体中的分散状态。

从结构观点来看，聚合物黏土纳米复合材料包括插层型（intercalated）和剥离型（exfoliated）两种。插层型中，层状硅酸盐在近程仍保留其层状有序结构，而远程无序；剥离型中，层状硅酸盐有序结构被破坏。因此，二者性质上有很大差别。

材料的性能特点有以下几种。

(1) 优异的物理、力学性能 具有高强度、高耐热性。当蒙脱土用量为 3%～5%（质量）[通常在 10%（质量）以下] 时，性能与一般填充量 30%（质量）的通用复合材料相当，而密度低，又不损失冲击性能。

(2) 高阻隔及自熄灭性 如尼龙 6 纳米复合材料的氧气透过率与纯尼龙 6 相比降低了一半。

(3) 优良的加工性能 纳米材料熔体强度低，结晶速率快，熔体黏度低。因此，注塑、挤出、吹塑等加工性能优良。

该种新型高性能、高功能材料，在航空、汽车、家电、电子、日用品等领域具有广阔的应用前景。

聚合物/黏土纳米复合材料中，研究得最早且最多的是聚酰胺/蒙脱土纳米复合材料。首先用 12～18 烷基氨基酸作插层剂对纳基蒙脱土进行阳离子交换处理，然后将阳离子交换后的蒙脱土与 ε-己内酰胺复合。该种单体在层间聚合过程中，蒙脱土的平均尺寸由原来的 50μm 解离为 40nm，甚至可达 10nm 以下，均匀分散于尼龙 6 基体中。同样，聚合物熔体插层法制备尼龙 6/蒙脱土纳米复合材料也研制成功。

与纯 PA6 相比，该种新型材料具有密度低、高强度、高模量、高耐热性、低吸湿性、高尺寸稳定性、阻隔性好、易加工等特点。普通尼龙吸水率高，在较强外力和加热条件下，其刚性和耐热性不佳，制品的稳定性和电性能较差。

本课题组对聚丙烯/蒙托土纳米复合材料的结构-形态-性能进行了系统研究。

8.2.5　聚合物的耐冲击性

8.2.5.1　冲击强度

冲击强度（impact strength）σ_i 是衡量材料韧性的一种指标，依据国标（GB），定义为试样在冲击载荷 W 的作用下折断或折裂时单位横截面积所吸收的能量，即

$$\sigma_i = \frac{W}{bd} \tag{8-53}$$

式中　W——冲断试样所消耗的功。

冲击强度的测试方法很多，应用较广的有摆锤式冲击实验、落重式冲击实验和高速拉伸实验三类。各种冲击实验所得结果很不一致，不同实验方法常给出不同的聚合物冲击强度顺序。而且，用给定的方法测得的值也不可能是材料常数，它与试样的几何形状和尺寸有很大关系，薄的试样一般比厚的试样给出较高的冲击强度。

摆锤式冲击实验是让重锤摆动冲击标准试样，测量摆锤冲断试样消耗的功。试样的安放方式有简支梁和悬壁梁式，前者（Charpy 实验）试样的两端被支承，摆锤冲击试样的中部（见图 8-37）；后者（Izod 实验）试样的一端被固定，摆锤冲击自由端（见图 8-38）。两者的试样皆可用带缺口的或无缺口的。采用带缺口试样的目的是使缺口处的截面积大为减小，受冲击时试样断裂一定发生在这一薄弱处，所有的冲击能量都能在这局部地区被吸收，从而提高实验的准确性。

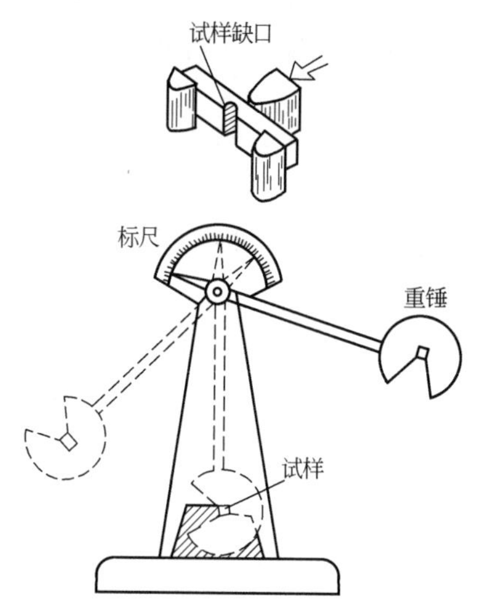

图 8-37　Charpy 冲击实验示意图

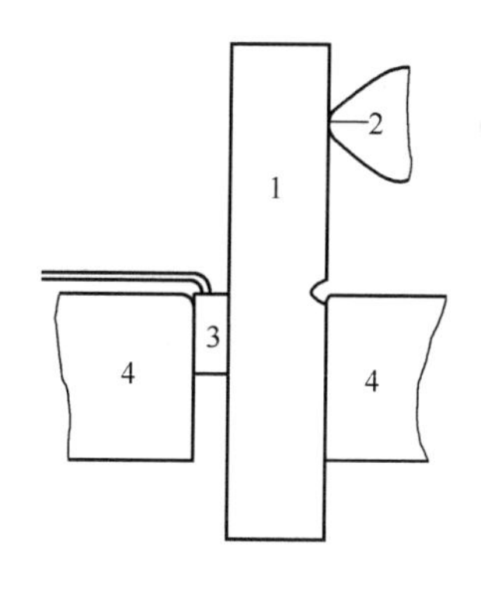

图 8-38　Izod 冲击实验示意图

1—带缺口的 Izod 试样；2—冲头；3—压力传感器；4—夹紧钳口

采用无缺口试样的冲击强度测定，国标（GB）和美国材料协会标准（ASTM），均为试样在一次冲击实验时，单位原始横截面积 bd（b—样条宽度，d—样条厚度）所消耗的功 W，单位为 kJ/m^2。采用带缺口试样的冲击强度测定，GB 为试样在一次冲击实验时，单位横截面积 bd（b—样条宽度，d—样条厚度）所消耗的功 W，单位为 kJ/m^2；而 ASTM 为试样在一次冲击实验时，单位样条宽度所消耗的功 W，单位为 J/m。

对于高速拉伸实验的冲击强度，则定义为试样应力-应变曲线下的面积。

一些常见聚合物的缺口 Izod 冲击强度列于表 8-6 之中。

表 8-6 一些聚合物悬臂梁式缺口冲击强度（ASTM）

聚合物	σ_i/(J/m)	聚合物	σ_i/(J/m)
聚苯乙烯	13.4～21.4	聚乙烯(低密度)	＞854.4
高抗冲聚苯乙烯	26.7～427	聚乙烯(高密度)	26.7～106.8
ABS	53.4～534	聚丙烯	26.7～106.8
聚氯乙烯(硬质)	21.4～160.2	聚碳酸酯(双酚A型)	640.8～961.2
聚甲基丙烯酸甲酯	21.4～26.7	聚四氟乙烯	106.8～213.6
乙酸纤维素	53.4～299	聚砜	69.4～267
尼龙66	53.4～160.2	玻璃纤维增强聚酯	106.8～1068
尼龙6	53.4～160.2	环氧树脂	10.7～267
聚甲醛	106.8～160.2	聚酰亚胺	48.1

8.2.5.2 影响因素

(1) 高分子的结构 分子链柔性好，聚合物受冲击时易通过链段运动分散、吸收较多的能量，故抗冲击性能好；分子链柔性差，链段活动性差，聚合物受冲击时能量不易分散、吸收，故抗冲击性能差。

分子链支化程度提高，链间距离增大，作用力减小，聚合物冲击强度提高；适度交联，冲击强度提高。

玻璃化转变温度以下的某些次级转变，对聚合物的冲击强度有显著影响。例如，聚碳酸酯和聚芳砜，具有特殊链节运动的β转变，吸收能量，冲击强度提高；聚乙烯、聚酰胺等链节曲柄运动引起的γ转变，使主链有一定程度活动性，从而提高冲击韧性；聚苯乙烯和聚甲基丙烯酸甲酯，尽管均有小侧基运动引起的δ转变，但与宏观冲击强度没有明显关系，材料呈现脆性。

聚合物分子量增大，抗冲击性能提高；但当分子量足够高时，分子量与抗冲击性能基本无关。

如果晶态聚合物的玻璃化转变温度比测试温度低得多，它们具有高的冲击强度；晶态聚合物的冲击强度随结晶度的增加或球晶的增大而降低。

分子链有取向结构的聚合物，具有各向异性的抗冲击性能；适度双轴取向的聚合物，冲击强度提高。

(2) 温度 随着温度升高，热塑性塑料的冲击强度逐渐增加，接近玻璃化转变温度时，冲击强度随温度升高急剧增加；相比之下，热固性塑料的冲击强度受温度影响较小。

8.2.6 塑料增韧

8.2.6.1 橡胶或弹性体增韧

塑料增韧的主要方式是机械共混、接枝共聚和嵌段共聚。但无论哪一种方式，其目的都是相同的。这就是以刚性的连续相作为塑料的基体，在其中分散一定粒度的微细橡胶相，同时要求两相之间的界面上有良好的黏结。

采用橡胶增韧的热塑性塑料包括聚苯乙烯、聚甲基丙烯酸甲酯、聚氯乙烯、聚烯烃（如PP、HDPE)、尼龙类、聚碳酸酯、聚甲醛和聚酯（如PET、PBT）等；热固性塑料有环氧树脂、酚醛树脂和聚酰亚胺等。

最为熟知的实例见第2章已叙及的HIPS和ABS共聚物。

这里以聚丙烯为例，讨论增韧效果的影响因素。

可用于增韧 PP 的橡胶和弹性体有多种，如乙丙橡胶（EPR）、顺丁橡胶（BR）、丁苯橡胶（SBR）、三元乙丙橡胶（EPDM）、SBS 弹性体、POE 弹性体等。无论采用何种橡胶或弹性体增韧 PP，最终增韧效果的好坏与 PP 树脂的性质、橡胶的性质以及 PP 与橡胶粒子之间的相互作用密切相关。例如，PP 是均聚还是共聚产品，PP 的分子量、分子量分布、PP 的结晶度；橡胶的玻璃化转变温度、橡胶的分子量及分布；橡胶与 PP 树脂的相容性的好坏，橡胶在 PP 基质中分散的情况、其粒径大小、分散的形态，橡胶的用量等。

(1) 橡胶或弹性体品种　不同橡胶或弹性体对 PP 的增韧效果不同。例如，相同配比的 EPDM、BR、SBR、SBS、与 PP 四种共混体系中，EPDM 的增韧效果最好，SBS 最差。

聚烯烃弹性体 POE 是一种饱和的乙烯-辛烯共聚物，是由美国 DOW 公司通过乙烯、辛烯的原位聚合技术生产的。这种技术生产的 POE 具有非常窄的分子量分布和一定的结晶度。其结构中结晶的乙烯链节作为物理交联点承受载荷，非晶态的乙烯和辛烯长链贡献弹性。由于其表观切变黏度对温度的依赖性与 PP 相近，具有较强的剪切敏感性，在 PP 基体中易得到较小的分散相粒径和较窄的粒径分布，因而对 PP 的增韧效果十分明显；同时，整个体系具有优良的加工性能。与 EPR、EPDM 等相比，POE 更具有价格优势，且耐候性好（不含双键），流动性也较好。

通常用于增韧聚烯烃的橡胶或弹性体都是块状或粒状的，而且在共混之前橡胶是非交联的，如乙丙橡胶、SBS 弹性体等。2000 年后，乔金樑教授级高工利用 γ 射线辐照普通橡胶胶乳并喷雾干燥的全新技术制备出系列纳米粉末橡胶，即粒径较之普通粉末橡胶要小得多，大约 50～500nm 的超细全硫化粉末橡胶（UFPR），如纳米尺度的粉末丁苯橡胶、羟基丁苯橡胶、丙烯酸酯橡胶、丁腈橡胶、羧基丁腈橡胶、聚丁二烯橡胶和硅橡胶。本课题组与乔金樑合作，以丁苯 UFPR 作为 PP 的增韧剂，不仅使共混物的韧性大幅度提高，而且克服了橡胶增韧技术的缺点，体系的刚度、耐热性提高，强度改善，具有重要的研究和开发价值。

(2) 弹性体含量　增韧材料的冲击强度与弹性体的含量有关。PP/SBS 共混体系研究表明，弹性体含量增加有利于基体吸收冲击能，体系冲击强度提高；但弹性体含量增加到一定比例后，体系形成两相穿插结构，韧性降低。PP/HDPE/SBS 三元共混物研究中得到了同样结论。并且，第三组分 HDPE 的引入，可以大大减少弹性体的含量，即少量弹性体即可使共混体系的冲击强度迅速提高。

(3) 弹性体粒径　实验表明，当弹性体粒径小于 0.5μm 时，体系主要产生剪切屈服变形，并有少量银纹产生。剪切屈服变形吸收冲击能，对共混体系的增韧效果最为有利。弹性体分散相粒径应控制在 0.5μm 左右为宜。大小不同的粒子并存有利于改善材料的性能，其中大粒子引发银纹，小粒子诱发剪切带。

(4) 基体韧性　研究表明，不同的基体树脂，其弹性体增韧效果不同。共聚 PP 比均聚 PP 增韧效果显著。对共聚体系而言，增韧剂含量在 20%左右材料呈现脆韧转变，而相同含量的均聚体系仍然呈现脆性。除了上述基体的韧性对弹性体增韧效果的影响之外，PP 的熔体流动速率大小也影响各种弹性体的增韧效果。

8.2.6.2　非弹性体增韧塑料

刚性粒子增韧理论是在橡胶增韧理论基础上的一个重要飞跃。通常弹性体增韧可使塑料的韧性大幅度提高，但同时又使基体的强度、刚度、耐热性及加工性能大幅度下降。为此，人们提出了刚性粒子增韧聚合物的新思想，在提高塑料韧性的同时保持基体的强度，提高基体的刚性和耐热性，为高分子材料的高性能化开辟新的途径。

(1) 有机刚性粒子增韧 1984 年，Kurauchi 和 Ohta 在研究 PC/ABS 和 PC/AS 共混物的力学性能时，首先提出了有机刚性粒子（ROF）增韧塑料的新概念，并且用“冷拉”概念解释了共混物韧性提高的原因。他们认为，对于含有有机刚性粒子的复合物，拉伸过程中，由于粒子和基体的模量 E 和泊松比 ν 之间的差别而在分散相的赤道面上产生一种较高的静压强。在这种静压力作用下，分散相粒子在垂直于赤道面发生屈服冷拉，产生大的塑性形变，从而吸收大量的冲击能量，材料的韧性得以提高。具体地说，当作用在有机刚性粒子分散相赤道面上的静压力大于刚性粒子塑性形变所需的临界静压力时，粒子将发生塑性形变而使材料增韧，这即所谓的脆韧转变的冷拉机理。随着粒子用量的增加，刚性粒子所受的应力场强度随着粒子的相互接近而降低，且随着共混组成比的接近和粒子间距的减小，强度降低的现象愈加显著，即粒子的含量增加到一定程度后，增韧效果变差，这与 Kurauchi 的结论是一致的。这是因为这时 ROF 粒子间的相互作用已不能忽略。

另一些研究者重复了 Kuranchi 和 Ohta 的实验结果，又研究了 PC/PMMA、PC/PPS、PBT/AS、尼龙/PS、PVC/PS 等体系，其中只有 PC/PMMA 显示增韧效果。他们同样以应力分析为基础，用冷拉概念来解释增韧机理。再如，用不同份数的 MBS 改性 PVC，制得不同模量的共混体系，再添加 PMMA 刚性粒子。发现添加 PMMA 具有明显增韧效果的共混组分都处于韧性对 MBS 用量变化敏感的区域，说明有机刚性粒子与基体间要有合适的脆韧匹配。

总结前人的研究结果，可得出有机刚性粒子增韧塑料必须满足下列条件：

① 基体的模量 E_1、泊松比 ν_1 和粒子的模量 E_2、泊松比 ν_2 要有一定的差异，一般要求 $E_1<E_2$，$\nu_1>\nu_2$。

② 基体与 ROF 有一定的脆韧匹配性，基体本身要有一定的强韧比。

③ 要求分散的 ROF 粒子与基体的界面黏结良好，以满足应力传递，从而保证在刚性粒子的赤道面上产生强的压应力。

④ 粒子的分散浓度应适当，浓度过大或过小都会导致韧性的下降。

(2) 无机刚性粒子增韧 有机刚性粒子增韧的新概念，被认为是刚性粒子增韧思想的起源。随后，用量大、价廉并能赋予材料各种独特性能的无机刚性粒子（RIF）增韧塑料立即引起了人们极大的兴趣。Pukanszky、Jancar 等从 1984 年以来在填充材料的脆韧转变研究方面做了大量工作。中国科学院化学所从 1987 年起在增韧机理、力学分析、界面效应等方面进行了较为深入的研究，使我国在该领域中某些方面的研究水平处于世界领先水平。一般来说，对于无机粒子增韧体系，基体韧性、无机粒子形状、尺寸及含量、无机粒子与基体间的界面作用是决定增韧效果的内因。

① 基体韧性影响 基体韧性不同，无机刚性粒子增韧的效果也不同。目前广泛研究的无机刚性粒子增韧体系主要是准韧性偏脆性的 PP、PE 等基体。过渡型基体 PVC，其断裂行为既有剪切屈服又有银纹破坏，也有少量报道。但对于脆性基体如 PS 和 SAN 等，用无机刚性粒子增韧的报道很少。

对于化学结构相同的聚合物，增韧效果还与基体的分子量、分子间作用力、结晶度、晶型等有关。总之，准韧性基体必须具有一定韧性和一定的强韧比，才能实现无机刚性粒子增韧。

② 无机粒子尺寸及含量 如果把无机粒子视作惰性粒子，则决定增韧效果的主要因素为粒径大小及其分布、粒子含量等。

粒径和粒径分布影响无机粒子填充体系的脆韧转变。粒径小的粒子相对于大颗粒，其表面缺陷少，非配位原子多，与聚合物发生物理或化学结合的可能性大，若与基体黏结良好，就有可能在外力作用下促进基体脆韧转变。例如，对 HDPE/$CaCO_3$ 复合体系的研究表明，其他条件相同时，随着碳酸钙粒径的减小及其分布的变窄，复合材料的冲击强度明显提高。并且，其拉伸强度和弯曲强度也呈增大趋势（但仍低于基体）。当碳酸钙粒径过大且分布过宽时，碳酸钙的加入反而引起材料缺口冲击强度的显著下降，起不到增韧作用。

一定粒径和粒径分布的无机刚性粒子分散于准韧性基体，只有当粒子浓度超过临界值 ϕ_c 时，体系韧性才迅速增大，在 ϕ_c 处发生脆韧转变。当 $\phi>\phi_c$ 后，体系韧性随 ϕ 值增大而提高，并于一定 ϕ_m 时达到最大。超过 ϕ_m，韧性随 ϕ 增大而又急剧降低，变为脆性破坏。

③ 无机粒子与基体间的界面作用　复合体系的界面是指聚合物基体与无机粒子之间化学成分有显著变化的、构成彼此结合的、能起载荷传递作用的微小区域。通过界面相和界面作用，将基体与粒子结合成一个整体，并传递能量，终止裂纹扩展，减缓应力集中，使复合体系韧性提高。

界面作用的强弱和界面相的形态除与基体、粒子种类有关外，还与表面处理剂（表面活性剂、偶联剂、接枝物等）密切相关。

界面作用的强弱尚无量化指标，不同研究者所指的强弱概念不尽相同。目前较为普遍的观点是：界面作用太弱，意味着复合体系相容性太差，导致无机刚性粒子在体系中分散差，不能很好地传递能量，复合体系于裂纹增长前脱黏而于界面处破坏，不利于增韧；但界面作用太强，则空洞化过程受阻，同时限制诱导产生剪切屈服，也对增韧不利。因此，应控制适当的强度范围。

界面形态也决定着复合体系的增韧效果。一般认为，界面相若能保证粒子与基体具有良好的结合，并且本身为具有一定厚度的柔性层，则有利于材料在受到破坏时引发银纹，终止裂纹，既可消耗大量冲击功，又能较好地传递应力，达到既增韧又增强的目的。

从以上讨论可知，无机刚性粒子增韧塑料必须具备以下条件：基体要有一定强韧比；无机粒子粒径及用量应合适；无机粒子与基体间界面黏结应良好；无机粒子在基体中应分散良好。

随着 20 世纪末纳米技术的兴起，无机刚性纳米粒子对塑料的增韧、增强研究，又取得了长足的进展。例如，2000 年前后，北京化工大学陈建峰教授（长江学者，中国工程院院士）研制出新型的超重力反应结晶法纳米 $CaCO_3$ 水浆料。该超重力反应中心和本课题组均系统研究了该种纳米 $CaCO_3$ 的湿法表面处理。2002—2003 年，本课题组用已表面处理的纳米 $CaCO_3$ 对均聚型 PP 和共聚型 PP（EPS30R）（简称 PPR）进行了增韧改性。发现 PP/纳米 $CaCO_3$ 和 PPR/纳米 $CaCO_3$ 复合材料的冲击强度较之基体显著提高。采用偶联剂 B_1 和自制偶联剂 B_2 表面处理的纳米粒子对基体的增韧效果明显优于脂肪酸盐，纳米 $CaCO_3$ 对 PPR 的增韧效果又优于 PP。该类复合材料的拉伸强度与基体保持不变，后一结果与 $CaCO_3$ 的纳米效应密切相关。图 8-39 为 PP/纳米 $CaCO_3$ 共混体系的 TEM 照片。又如，本课题组又研究了 LLDPE/纳米 SiO_2 复合材料的力学性能和光学性能。表明随着纳米 SiO_2 的加入，复合材料的弹性模量提高，冲击强度与拉伸强度呈峰形变化，且均在 SiO_2 含量 3phr 左右达到最大值。更有趣的是加入少量纳米 SiO_2 后，复合材料薄膜对长波红外线（7～11μm）的吸收能力较 LLDPE 有了显著提高，薄膜的保温性能得以改善。随着纳米 SiO_2 含量的增加，

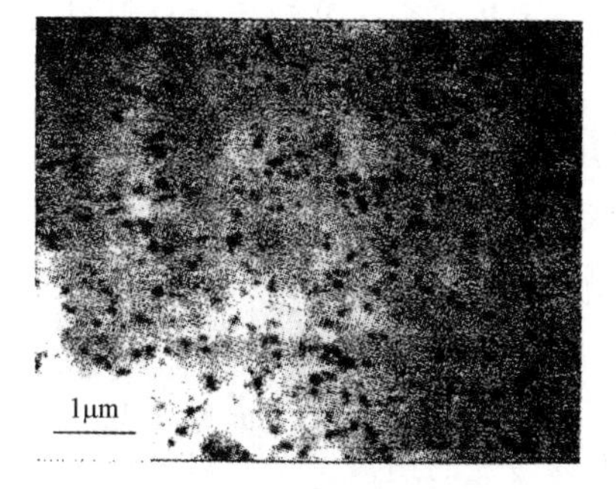

图 8-39　PP/纳米 $CaCO_3$ 共混体系的 TEM 照片

薄膜的透光率略有下降，但雾度明显增加。

(3) 热固性树脂增韧示例 1990年前后，本课题组选用PES、PEK-C分别对高性能复合材料树脂基体四官能环氧Ag-80/酚醛环氧F-51或E-51混合环氧树脂进行共混改性。浇铸体的断裂伸长率和断裂能提高，模量和T_g基本不变。同期，合成了新型环氧树脂固化剂砜醚二胺（SED）。Ag-80/SED体系与Ag-80/DDS体系比较，不仅韧性提高，而且耐湿热性显著改善。2007年前后，课题组在环氧树脂复合材料研究方面又取得了新的进展，并已在航空材料领域开发、应用。

8.2.6.3 增韧机理

(1) 橡胶或弹性体增韧塑料机理的研究由最初的、简单的定性解释向模型化、定量化的方向发展。目前被人们普遍接受的增韧理论为多重银纹化理论（multiple crazing theory）、剪切屈服理论（shear-yield theory）、逾渗理论（percolation theory）、微孔及空穴化理论（microvoids and cavitation theory）等。

① 多重银纹化理论 1965年，Bucknall和Smith在基于Schmitt橡胶粒子作为应力集中物设想的基础上，提出了这些应力集中物引发基体产生大量银纹，耗散冲击能量的思想。此后，Buchnall和Kramer分别对此理论进行了补充，进一步提出了橡胶粒子又是银纹的终止剂以及小粒子终止银纹的思想。上述观点被称为多重银纹化理论。

② 剪切屈服理论 剪切屈服理论的前身是屈服膨胀理论。该理论是由Newman和Styella在1965年提出的。其主要思想是橡胶粒子在周围的基体相中产生了三维静张力，由此引起体积膨胀，使基体的自由体积增加，玻璃化转变温度降低，产生塑性变形。但该理论没有解释材料发生剪切屈服时常常伴随的应力发白现象。

③ 剪切屈服-银纹化理论 在早期增韧理论的基础上，逐步建立了橡胶增韧塑料机理的初步理论体系。当前普遍接受的是所谓银纹-剪切带理论。该理论是Bucknall等在20世纪70年代提出的，其要点为：橡胶颗粒在增韧体系中发挥两个重要的作用。其一是作为应力集中中心诱发大量银纹和剪切带，其二是控制银纹的发展并使银纹及时终止而不致发展成破坏性裂纹。银纹尖端的应力场可诱发剪切带的产生，而剪切带也可阻止银纹的进一步发展。银纹或剪切带的产生和发展消耗能量，从而显著提高材料的冲击强度。进一步的研究表明，银纹和剪切带所占比例与基体性质有关，基体的韧性越高，剪切带所占的比例越大；同时也与形变速率有关，形变速率增加时，银纹化所占的比例提高；还与形变类型等有关。由于这一理论成功的解释了一系列实验事实，因而被广泛采用。

上述早期的增韧理论只能定性地解释一些实验结果，未能从分子水平上对材料形态结构进行定量研究，又缺乏对材料形态结构和韧性之间相关性的研究。

④ 逾渗理论 逾渗理论是处理强无序和具有随机几何结构系统常用的理论方法，可被用来研究在临界现象的许多问题。20世纪80年代，S. Wu将逾渗理论引入聚合物共混物体系的脆韧转变（brittle-ductile transition，BDT）分析，使得脆韧转变过程从定性的图像观测提高到半定量的数值表征，具有十分重要的意义。

1988年，美国Du Pont公司S. Wu在对改性EPDM增韧PA-66的研究中提出了临界粒子间距普适判据的概念，继而又对热塑性聚合物基体进行了科学分类，并建立了塑料增韧的脆韧转变的逾渗模型，对增韧机理的研究起了重大推动作用。

对于准韧性聚合物为基体的橡胶增韧体系，其橡胶平均粒间距T如图8-40所示。图中，d为橡胶的平均粒径。当橡胶的体积分数Φ_r和基体与橡胶的亲和力保持恒定时，体系

脆韧转变发生在临界橡胶平均粒径 d_c 值时，且 d_c 随 Φ_r 的增大而增大，其定量关系为

$$d_c = T_c[(\pi/6\Phi_{rc})^{1/3} - 1]^{-1} \tag{8-54}$$

式中，T_c 为临界基体层厚度（即临界粒子间距）；Φ_{rc} 为临界橡胶相体积分数。该式是共混物发生脆韧转变的单参数判据。Wu 认为，只有当体系中橡胶粒子间距小于临界值时才有增韧的可能。与之相反，如果橡胶颗粒间距远大于临界值，材料表现为脆性。T_c 是决定共混物能否出现脆韧转变的特征参数，它对于所有通过增加基体变形能力增韧聚合物共混物都是适用的。其增韧机理为：当 $T > T_c$ 时，分散相粒子之间的应力场相互影响很小，基体的应力场是这些孤立的粒子的应力场的简单加和，故基体塑性变形能力很小，材料表现为脆性；当 $T = T_c$ 时，基体层发生平面应变到平面应力的转变，降低了基体的屈服应力，当粒子间的剪切应力的叠加超过了基体平面应力状态下的屈服应力时，基体层发生剪切屈服，出现脆韧转变。当 T 进一步减小，剪切带迅速增大，很快布满整个剪切屈服区域。值得一提的是，T_c 的大小除了与基体本身性质有关之外，还受到材料加载方式、测试温度和测试速度的影响。

在此基础上，Wu 建立了塑料脆韧转变的逾渗模型。Wu 提出，当橡胶分散在塑料中时，每个橡胶粒子与其周围 $T_c/2$ 的基体球壳形成平面应力体积球，见图 8-41。

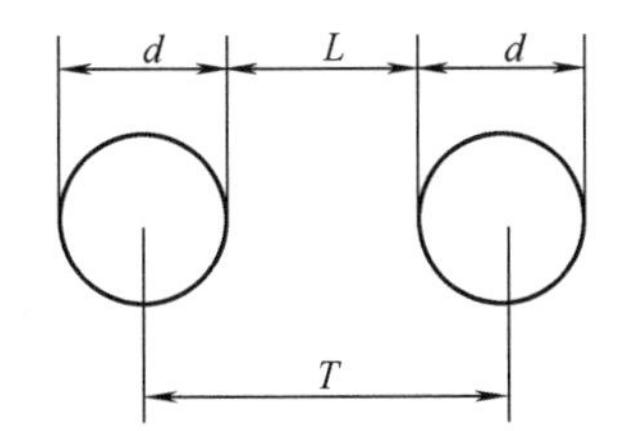

图 8-40　粒间距 T 示意图（基体层厚度）

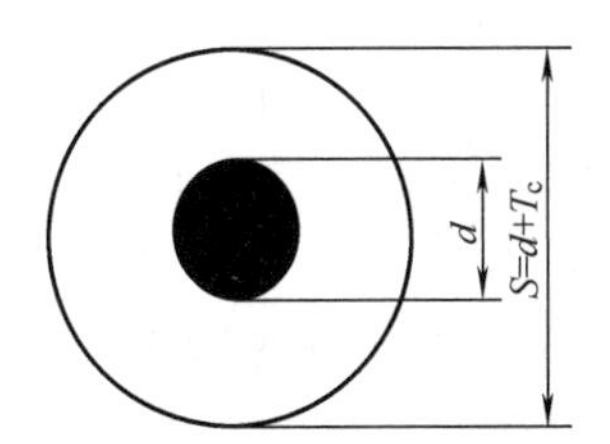

图 8-41　橡胶周围的应力体积球示意图
（图中阴影部分为橡胶粒子）

S 为应力体积球的直径。在橡胶粒子间距 $T \leqslant T_c$ 时，相邻平面应力体积球发生关联，出现逾渗通道，体系发生脆韧转变，对应的临界平面应力体积球直径（S_c）为：

$$S_c = d_c + T_c \tag{8-55}$$

式中，d_c 为临界橡胶平均粒径；T_c 为临界基体层厚度。此时，对应的橡胶相体积分数 Φ_{rc} 定义为逾渗阈值。该值随橡胶平均粒径减小而减小。

随着平面应力体积球的体积分数（V_s）增大，发生关联的平面应力体积球的数目增多，相互连接，形成大小不一的逾渗集团。当 V_s 增大到逾渗阈值（V_{sc}）时，出现一条贯穿整个剪切屈服区域的逾渗通道，体系发生脆韧转变。临界平面应力体积球分数（V_{sc}）：

$$V_{sc} = \Phi_{rc}(S_c/d_c)^3 \tag{8-56}$$

Wu 的这一理论是增韧理论发展的一个突破，但也存在不足，主要表现在该理论模型是建立在橡胶粒子在基体中呈简立方分布，粒子为球形且大小相同的假设条件下，忽略了粒子形状、尺寸分布及空间分别对材料韧性的影响。为此，理论尚待进一步完善。

⑤ 空穴化理论　由应力分析可知，橡胶相粒子赤道面的应力集中效应最大，在该处容易发生基体与分散相的界面脱黏，形成微孔。同时，与基体相比，橡胶粒子的泊松比更高，断裂应力值更低。当所受外力达到断裂应力值时，橡胶粒子内部会产生空洞。这些微孔和空穴的形成可吸收能量，使基体发生脆韧转变。例如，Van der Wal 和 Gaymans 研究了 PP/EPDM 体系，发现橡胶粒子空洞化是材料变形的主要机理。J. U. starke 指出，在 EPR 增韧共聚聚丙烯的断裂过程中，橡胶粒子的空洞化是形变的第一步。当 PP/EPR 共混比为 80/20

时，空洞化橡胶粒子之间的基体通过剪切屈服形成空洞带（cavitation bands），但空洞带分布不均匀，且彼此孤立。随着橡胶含量增加到出现脆韧转变后，空洞带结构遍布整个试样，且在垂直于拉伸方向上出现了类银纹的丝状结构，这即 Argon 等所称的银纹洞（croids, from craze and void）。

（2） 无机刚性粒子增韧塑料的机理研究比较有代表性的是逾渗理论、裂纹受阻机理以及 J 积分理论。下面分别进行简要介绍。

① 脆韧转变 Lc 判据及其逾渗理论　前已述及，美国 Du Pont 公司 Wu. S 在对改性 EPDM 增韧 PA-66 的研究中提出了临界粒子间距普适判据的概念，继而又对热塑性聚合物基体进行了科学分类。

对于 HDPE/$CaCO_3$，用特种界面偶联剂处理得到具有准脆韧转变的韧性复合材料。研究结果表明，其脆韧转变也遵从 Lc 判据和逾渗模型转变定律。而未加特种偶联剂表面处理的 HDPE/$CaCO_3$ 复合材料，缺口冲击强度随碳酸钙的 V_f 增加急剧减少。表明具有适当的界面性能和状况的填充复合材料其脆韧转变特征和橡胶增韧准韧性聚合物的规律相似。

② 裂纹受阻机理　对于刚性粒子体积分数增加体系韧性提高的现象，Lange 用裂纹受阻理论进行了解释。Lange 认为，与位错通过晶体的运动相类似，材料中的裂纹也具有线张力，当遇到不可穿透的阻碍物时，裂纹被阻止。未通过阻碍物，裂纹将弯曲绕行，从而导致断裂能的增加。Lange 导出了断裂能 G_{rc} 和阻碍物分散度 D_S 的关系：

$$G_{rc}=G_{rco}+T_L/D_S$$

式中，G_{rco} 为基体的断裂能；T_L 为裂纹线张力；D_S 是粒子直径 d_f 的函数，$D_S=2d_f(1-V_f)/3V_f$。

上述两式表明，对于一定粒子直径 d_f，断裂能随 V_f 增加而增加。在 V_f 值较小时，这一规律和实验现象吻合。但是实验发现，随着 V_f 增加，G_{rc} 值达到一最大值，然后减小，说明在高填充量时，裂纹阻止理论是不适用的。

③ J 积分法　J 积分概念最早由 Rice 在研究金属材料时提出，其理论依据是：在塑性较大的材料中，裂纹尖端的应力和应变场具有单值性，可以由一个从裂纹自由表面下任意一点开始，绕裂纹尖端，终止于裂纹自由表面上任意一点回路的积分值表示，这一积分就称为 J 积分。J 积分值与路径无关，反映裂纹尖端附近应力应变场的强度，同时它又代表着向缺口区域的能量输入，可作为大规模塑性屈服时的裂纹判据。

J 积分可以简单定义为势能 U 随裂纹长度 a 降低的速率

$$J=\frac{-1}{B}\left(\frac{\partial U}{\partial a}\right)_{\Delta}$$

式中，B 为样条宽度；Δ 为形变。

当 J 积分超过一临界值，即 $J>J_c$ 时，裂纹开始生长，J_c 是与裂纹长度、试件几何形状和加载方式无关的材料参数。

用断裂力学的 J 积分法研究碳酸钙增韧 PP 复合材料的断裂韧性，结果认为，由于碳酸钙的加入，使 PP 基体的应力集中状况发生了变化。拉伸时，基体对粒子的作用在两极表现为拉应力，在赤道位置则为压应力，同时由于力的相互作用，球粒赤道附近的 PP 基体也受到来自填料的反作用力，三个轴向应力的协同作用有利于基体的屈服。另外，由于无机刚性粒子不会产生大的伸长变形，在拉应力作用下，基体和填料会在两极首先产生界面脱黏，形成空穴，而赤道位置的压实力为本体的 3 倍，其局部区域可产生提前屈服。应力集中产生屈服和界面脱黏都需要消耗更多的能量，这就是无机刚性粒子的增韧作用。众多的研究结果表明，只有超细的无机刚性粒子的表面缺陷少，非配对原子多，比表面积大，与聚合物发生物理或化学结合的可能性大，粒子与基体间的界面黏结时可以承受更大的载荷，从而达到既增强又增韧的目的。

有关无机刚性纳米粒子增韧、增强塑料的机理研究尚待进一步深入进行。

8.2.7　疲劳

疲劳（fatigue）是材料或构件在周期应力作用下断裂或失效的现象，是材料在实际使用中常见的破坏形式。在低于屈服应力或断裂应力的周期应力作用下，材料内部或其表面应力集中处引发裂纹并促使裂纹传播，从而导致最终的破坏。

材料疲劳实验的目的是获得材料在各种条件下的“疲劳”或“疲劳极限”应力数据。典型的疲劳曲线常称为 S-N 曲线，这里 S 是受载应力的极大值（即振幅），N 是达到材料破坏的应力循环次数（即周期数），也叫做疲劳寿命。图 8-42 为聚氯乙烯的 S-N 曲线。可以看出，σ_{max} 随 N 增加而逐渐减小，到达一定周期数时就产生“疲劳极限”，即随着 N 的增加，S-N 曲线变为水平线。疲劳极限是这样一个应力值，当应力低于这个值时，材料可承受的周期数为无限大。

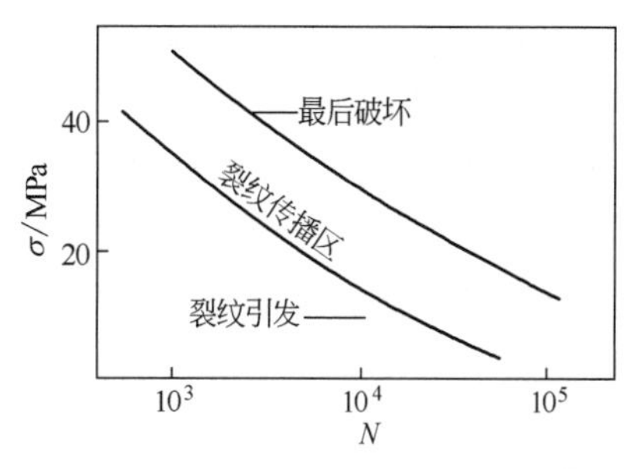

图 8-42　聚氯乙烯的 S-N 曲线

（实验条件：轴向加载，实验频率 0.5Hz）

一般热塑性聚合物的“疲劳极限”约为静态极限强度的$\frac{1}{5}$，增强塑料的这个比值略高一些，只有一些特殊聚合物如聚甲醛、聚四氟乙烯，这个比值为 0.4～0.5。

聚合物材料对周期载荷的响应比较复杂。由于聚合物的黏弹性是非线形的，导热性又差，力学性能对温度特别敏感，所以，其疲劳性能与金属材料比较存在许多差异。例如，实验频率较高时，试样表面明显发热而升温，故通常频率采用 0.5Hz 为宜。

疲劳破坏是裂纹的形成和增长造成的损伤在周期应力作用下逐渐积累而发生的，而玻璃态聚合物和某些半晶态聚合物的裂纹可能是最初就存在的，或者是外加应力后以银纹为先导而产生的。若将断裂的撕裂能概念应用到疲劳裂纹的传播上，则疲劳裂纹长度的增长可用经验式(8-57）表示

$$\frac{\mathrm{d}C}{\mathrm{d}N}=AT^{n} \tag{8-57}$$

式中　C——裂纹长度；

N——应力的周期数；

T——撕裂能；

A，n——与材料有关的常数，一般随温度等条件而变化，n 的数值在 1～6 之间。

由式(8-57）可知，T 一定是一个正值，在实验的周期内，T 从 $T_{极小}=0$ 变为某个有限极值 $T_{极大}$。业已发现，对于有限值 $T=T_0$，存在着一个疲劳极限，低于这个极限，疲劳裂纹将不再能够传播。对于玻璃态聚合物，疲劳裂纹生长速率通常以经验式(8-58）表示

$$\frac{\mathrm{d}C}{\mathrm{d}N}=A'(\Delta K)^{m} \tag{8-58}$$

式中 ΔK——应力强度因子的范围（即 $K_{极大}-K_{极小}$，$K_{极小}$一般为零）；

A',m——与材料本身和实验条件有关的常数。

我国高分子科学家、专家的研究和创新贡献

中国科学院化学研究所工程塑料实验室漆宗能研究员（1934—2016）在20世纪90年代后，开拓了聚合物非弹性体增韧增强新途径研究，建立了聚合物多相体系的、有分子参数的脆-韧转变损伤竞争理论和判据，提出了刚性粒子增强增韧的新方法。漆宗能先生通过界面设计和接枝技术，解决了刚性粒子填料的均匀分散与原位形成柔性界面相的技术关键，打破了只有用橡胶才能增韧塑料的传统观念，首次成功地制备出不含橡胶的超高韧性、高刚性聚乙烯、聚丙烯、尼龙等工程塑料，受到国际学术界的广泛重视和高度评价。“聚合物增韧及机理研究”获中国科学院自然科学三等奖（1999年）。漆宗能等在国内率先开展了聚合物/黏土纳米复合材料方面的研究，取得了突破性进展。在理论上认识层状硅酸盐的化学改性，层状硅酸盐在聚合物中的插层、剥离机理，以及原位纳米复合的热力学与动力学规律、界面作用等；在技术上解决了克服纳米粒子团聚、促进分散的技术难题，提出了适用于不同类型高分子的纳米复合材料系列制备技术，制备出插层型或剥离型的聚合物/层状硅酸盐纳米复合材料，并完成了数种产品的工业化生产和应用，在科研成果转化为生产力方面做出了重要贡献，荣获河北省科学技术进步二等奖（2000年），使我国在此领域进入国际先进行列。漆宗能研究员的卓越贡献受到国内外科学家的广泛赞誉和敬仰。

近些年来，该实验室在漆宗能先生的研发基础上，在聚合物纳米复合材料的制备、结构与性能关系等研究方面又取得了新的、重要的进展，在聚合物纳米复合材料微观结构与宏观热性能、阻隔性能、老化与降解、燃烧行为等性能的关联上取得突破，部分聚合物纳米复合材料产品得到成功应用，并荣获北京市科学技术进步二等奖（2008年）。通过纳米粒子的表面化学改性，使其与石蜡关键成分相匹配，并控制粒子表面电荷量，制备了新型有机无机纳米杂化降黏降凝剂，已用于我国东北管网高黏原油的输运，对管网运输安全起到了重要的保障作用。该项研发工作荣获中国石油和化学工业联合会技术发明一等奖（2013年），美国机械工程师学会（ASME）“全球管道奖”（Global Pipeline Award 2013年），北京市科学技术进步二等奖（2014年）。

20世纪90年代后，中国科学院化学研究所何嘉松研究员等，阐明了在聚合物中实现亚微米增强的基本规律，提出了原位混杂复合材料的新概念与原位混杂增强新技术，发现了流变混杂效应，从而解决了纤维增强塑料黏度大、难于加工成型的难题，成功地实现了在微米和亚微米两个层次尺寸上的混杂协同增强效应，提高了材料的强度和韧性。何嘉松荣获了Flory高分子研究奖（2008年）。

第 9 章　聚合物的流变性能

线形聚合物在熔融态时，外力作用下产生质心位移的黏性流动，形变随时间发展，除去外力，形变不能恢复。

绝大多数聚合物的成型加工都是在熔融态进行的，特别是热塑性塑料的加工。例如，滚压、挤出、注射、吹塑、浇注薄膜以及合成纤维的纺丝等。为此，线形聚合物在一定温度下的流动性，正是其成型加工的重要依据。

液体流动阻力的大小以黏度值表征。聚合物熔体的黏度通常比小分子液体大，原因在于高分子链很长，熔体内部能形成一种拟网状的缠结结构。这种缠结不同于硫化等化学交联，而是通过几何位相物理结点形成的。在一定的温度或外力的作用下，可发生"解缠结"，导致分子链相对位移而流动。

由于聚合物熔体内部存在这种拟网状结构以及大分子的无规热运动，使整个分子的相对位移比较困难，所以流动黏度比小分子液体大得多。

聚合物熔体或溶液的流动行为比起小分子液体来说要复杂得多。在外力作用下，熔体或溶液不仅表现出不可逆的黏性流动形变，而且还表现出可逆的弹性形变。这是因为聚合物的流动并不是高分子链之间简单的相对滑移，而是运动单元依次跃迁的总结果。在外力作用下，高分子链不可避免地要顺着外力方向伸展，除去外力，高分子链又将自发地卷曲起来。这种构象变化所致的弹性形变的发展和回复过程均为松弛过程，该过程取决于分子量、外力作用的时间、温度等。在成型加工过程中，弹性形变及其随后的松弛对制品的外观、尺寸稳定性、"内应力"等有重要影响。聚合物的流变学（rheology）正是研究材料流动和形变的一门科学，它为聚合物的成型加工奠定了理论基础。

9.1　牛顿流体和非牛顿流体

9.1.1　牛顿流体

液体的流动有层流和湍流两种。当流动速度不大时，黏性液体的流动是层流；当流动速度很大或者遇到障碍物时，会形成漩涡，流动由层流变为湍流。层流可以看作液体在切应力作用下以薄层流动，层与层之间有速度梯度。相应地，液体内部反抗这种流动的内摩擦力叫做切黏度。

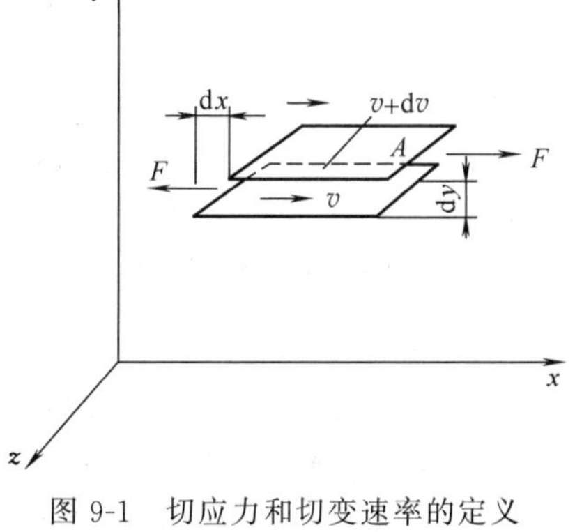

图 9-1　切应力和切变速率的定义

考察层流情况下液体中一对平行的液层，如图 9-1 所示。坐标系中 x 轴的方向表示液体的流动方向，两液层之间的距离为 $\mathrm{d}y$，由于液层上受到剪切力 F 的作用，上液层比下液层的速度大 $\mathrm{d}y$，上、下液层速度有变化，速度梯度方向平行于 y 轴方向。

由图 9-1 可见，在 y 处液层以速度 $v=\mathrm{d}x/\mathrm{d}t$ 沿

x 方向流动，而在 $y+\mathrm{d}y$ 处液层以 $v+\mathrm{d}v$ 的速度流动。剪切形变用符号 γ 表示。

$$\gamma=\frac{\mathrm{d}x}{\mathrm{d}y} \tag{9-1}$$

γ 对时间的导数称为切变速率$\dot{\gamma}$。

通过变换二阶导数中求导次序，可以得到如下关系式：

$$\dot{\gamma}=\frac{\mathrm{d}\gamma}{\mathrm{d}t}=\frac{\mathrm{d}}{\mathrm{d}t}\left(\frac{\mathrm{d}x}{\mathrm{d}y}\right)=\frac{\mathrm{d}}{\mathrm{d}y}\left(\frac{\mathrm{d}x}{\mathrm{d}t}\right)=\frac{\mathrm{d}v}{\mathrm{d}y}\quad(\mathrm{s}^{-1}) \tag{9-2}$$

可见，切变速率$\dot{\gamma}$ 即速度梯度$\frac{\mathrm{d}v}{\mathrm{d}y}$。

切应力 τ，即垂直于 y 轴的单位面积液层上所受的力。表示为

$$\tau=\frac{F}{A} \tag{9-3}$$

液体流动时，受到切应力越大，产生的切变速率越大。对低分子来说，τ 与$\dot{\gamma}$ 成正比，即

$$\tau=\eta\dot{\gamma} \tag{9-4}$$

式(9-4) 称为牛顿流动定律，比例常数 η 即黏度，其值不随切变速率变化而变化。

黏度 η 等于单位速度梯度时单位面积上所受到的切应力，其值反映了液体分子间由于相互作用而产生的流动阻力即内摩擦力的大小，单位为帕·秒（Pa·s)。

凡流动行为符合牛顿流动定律的流体就称为牛顿流体（Newtonian fluid)，典型的牛顿流体甘油、水的切应力与切变速率关系（流动曲线）为一直线，如图 9-2 所示，直线的斜率即为黏度 η。

9.1.2 非牛顿流体

许多液体包括聚合物的熔体和浓溶液，聚合物分散体系（如胶乳）以及填充体系等并不符合牛顿流动定律，这类液体统称为非牛顿流体（non-Newtonian fluid)，它们的流动是非牛顿流动。对于非牛顿流体的流动行为，通常可由它们的流动曲线作出基本的判定。图 9-3 为各种类型流体的流动曲线。

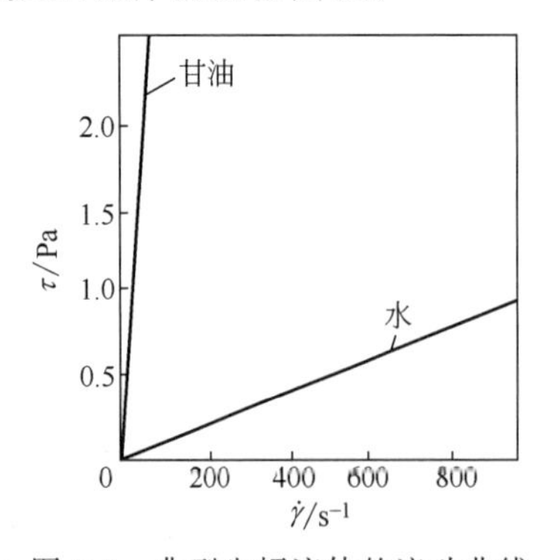

图 9-2 典型牛顿流体的流动曲线

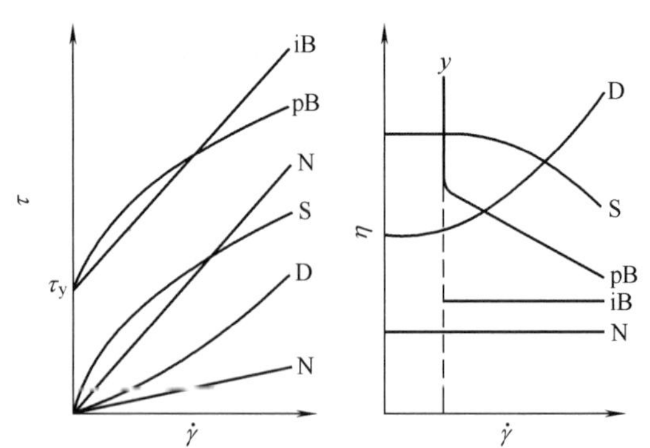

图 9-3 各种类型流体的 τ、η 对$\dot{\gamma}$ 的依赖性

N—牛顿液体；D—切力增稠液体；S—切力变稀液体；iB—理想的宾汉体；pB—假塑性宾汉体

由图 9-3 可见，宾汉流体（Bingham fluid)（塑性体）具有一个屈服值，流动前，需要一个剪切应力极小值 τ_y，呈现塑性。在 τ_y 以上，宾汉体的行为或者像牛顿流体（理想的宾汉体)，或者像非牛顿流体（假塑性宾汉体)。油漆、沥青等均属宾汉流体，大多数聚合物在良溶剂中的浓溶液也属于这一类型。大多数聚合物熔体的行为在低切变速率时为牛顿流体，

随着切变速率增加，黏度降低。这主要是由于切应力作用下流动体系的结构发生了改变。切力变稀有时也称假塑性流体（pseudoplastic fluid），因为其流动曲线偏离起始牛顿流动阶段的部分可以看作类似塑性流动的特性，尽管曲线没有实在的屈服应力。切力增稠液体的特征为随着切变速率增加，切应力较牛顿流体的正比增加更为强烈，膨胀性引起黏度随切变速率的增加而增大。一般悬浮体系具有这一特征，聚合物分散体系如胶乳、聚合物熔体-填料体系、油漆颜料体系的流变特性均具有这种切力增稠现象，故也称为膨胀性流体（dialatant fluid）。图 9-4 为悬浮体系在剪切力作用下膨胀的示意图。

(a)　　(b)

图 9-4　密集悬浮体系在剪切作用下的膨胀
（a）静止时的悬浮体系，颗粒好像嵌入相邻的空隙中；（b）快速剪切下的悬浮体系，颗粒来不及进入层间空隙，各层沿邻层滑动

由于在非牛顿流体中切黏度 η 的数值不再是一个常数，而是随切变速率或切应力变化而变化，为此，将流动曲线上某一点的 τ 和 $\dot{\gamma}$ 之比值

$$\tau/\dot{\gamma}=\eta_a \tag{9-5}$$

称为表观切黏度（apparent viscosity）。

在非牛顿流体中，如果流体特性（如表观黏度）不能随切变速率的变化瞬时调整到平衡态，而是不断随时间而改变，这样的流体称为“与时间有关”的流体，包括触变体和流凝体，见图 9-5。

如果维持恒定切变速率所需的切应力随剪切持续时间的增长而减少，这种流体称为触变体（thixotropic fluid）。如果维持恒定的切变速率所需的切应力随剪切持续时间的延长而增加，这种流体称为流凝体（rheopectic fluid）。

采用滞回流动曲线可以研究以上两类流体。当流体受到的切变速率逐渐增加至某点后又逐渐减少，可得到该流体的 τ-$\dot{\gamma}$ 关系，如图 9-6 所示。

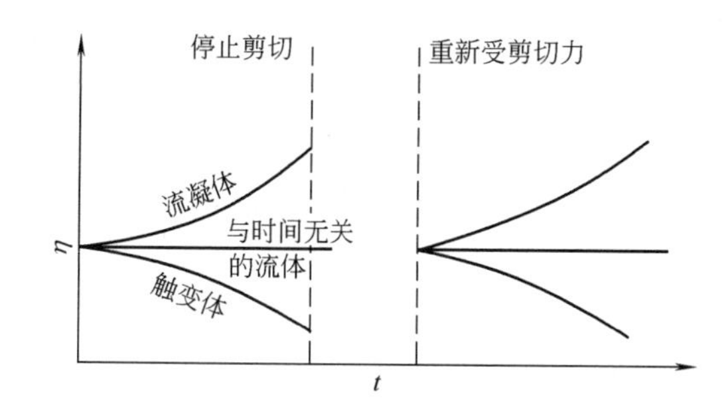

图 9-5　流体表观黏度与时间的关系

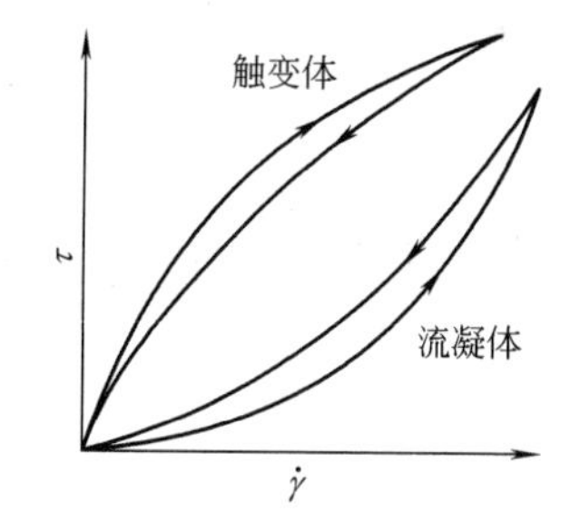

图 9-6　触变体和流凝体的滞回流动曲线

通常认为触变和流凝这两种与时间有关的效应是由于流体内部物理或化学结构发生变化而引起的。触变体在持续剪切过程中，有某种结构的破坏，使黏度随时间减小；而流凝体则在剪切过程中伴随着某种结构的形成。

在触变体和流凝体中，前者较为常见，如胶冻、油漆以及加有活性炭黑的橡胶胶料等都具有触变性。流凝体较为少见，实验发现，饱和聚酯在一定切变速率下表现出流凝性。

9.1.3　流动曲线

研究聚合物的黏性流动当然是从它的流动曲线着手。流动类型，指的是典型化了的情况，不能用以概括实际聚合物熔体和溶液的流动行为。绝大多数实际聚合物熔体和溶液的流动行为

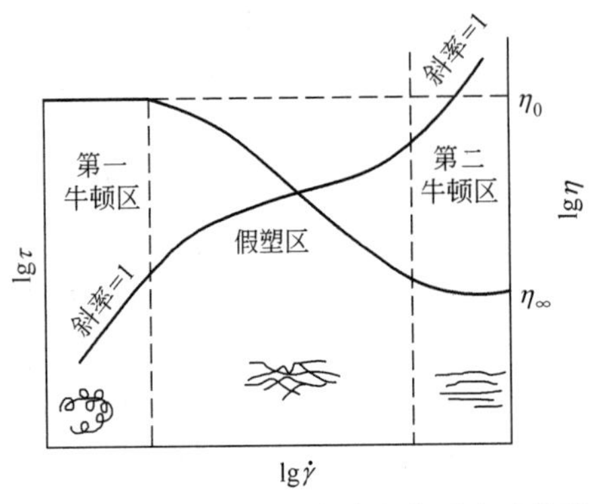

图 9-7 聚合物熔体和溶液的普适流动曲线

可以用图 9-7 所示的普适流动曲线来概括。由于涉及的切应力和切变速率变化范围很宽，因而表征 τ-$\dot\gamma$ 的流动曲线一般以双对数坐标画出，即 $\lg\tau$-$\lg\dot\gamma$。

由于牛顿流体、假塑性流体和膨胀性流体的 τ-$\dot\gamma$ 关系均可用幂律方程（power law equation）来描述，即

$$\tau = K\dot\gamma^n \tag{9-6}$$

式中 K——稠度系数；

n——幂律指数（power law indax）或非牛顿指数。

故以 $\lg\tau$ 对 $\lg\dot\gamma$ 作图，从曲线的斜率可以得到 n 值。牛顿流体 $n=1$；假塑性流体 $n<1$；膨胀性流体 $n>1$。

幂律定律又可以改写为牛顿定律的形式

$$\tau = K\dot\gamma^n = (K\dot\gamma^{n-1})\dot\gamma$$

或

$$\tau = \eta_a\dot\gamma \tag{9-7}$$

其中

$$\eta_a = K\dot\gamma^{n-1}$$

对于牛顿流体，K 即为黏度。

由图 9-7 可以看出，实际聚合物的流动曲线可以分为三个区域：在低切变速率下斜率为 1，符合牛顿流动定律，称作第一牛顿（流动）区，该区的黏度通常为零切黏度 η_0，即 $\dot\gamma \to 0$ 的黏度。切变速率增大，流动曲线的斜率 $n<1$，称作假塑性（流动）区，该区的黏度为表观黏度 η_a，且 $\dot\gamma$ 增大，η_a 减小。通常聚合物熔体成型时所经受的切变速率正在这一范围内。切变速率继续增大，在高切变速率区，流动曲线为另一斜率为 1 的直线，也符合牛顿流动定律，称作第二牛顿（流动）区。高切变速率区的黏度为无穷切黏度或极限黏度 η_∞。一般在实验上达不到这一区域，因为远未达到这一区域的 $\dot\gamma$ 值以前已出现了不稳定流动。绝大部分聚合物熔体和溶液的零切黏度、表观黏度、无穷切黏度（或极限黏度）有如下顺序

$$\eta_0 > \eta_a > \eta_\infty$$

对以上聚合物流动曲线形状的解释有许多理论。例如，缠结理论、松弛理论等。现以缠结理论为例来加以说明。在足够小的切应力 τ（或 $\dot\gamma$）下，大分子处于缠结的拟网状结构，流动阻力很大。此时，由于 $\dot\gamma$ 很小，虽然缠结结构能被破坏，但破坏的速度等于形成的速度，故黏度保持恒定的最高值，表现为牛顿流体的流动行为；当切变速率增大时，大分子在剪切作用下发生构象变化，开始解缠结并沿着流动方向取向。随着 $\dot\gamma$ 的增大，缠结结构被破坏的速度就越来越大于其形成速度，故黏度不为常数，而是随 $\dot\gamma$ 的增加而减小，表现出假塑性流体的流动行为；当 $\dot\gamma$ 继续增大，达到强剪切的状态时，大分子中的缠结结构几乎完全被破坏，$\dot\gamma$ 很高，来不及形成新的缠结，取向也达到极限状态，大分子的相对运动变得很容易，体系黏度达到恒定的最低值 η_∞，而且此黏度与拟网状结构不再有关，只和分子本身的结构有关，因而第二次表现为牛顿流体的流动行为。

研究表明，Carrean function 方程似乎可以覆盖切力变稀液体的三个区域

$$\eta = \eta_\infty + (\eta_0 - \eta_\infty)[1 + (\lambda\dot\gamma)^2]^{(n-1)/2} \tag{9-8}$$

式中 λ、n——体系的特征常数。

聚异丁烯熔体的流动曲线见图 9-8。

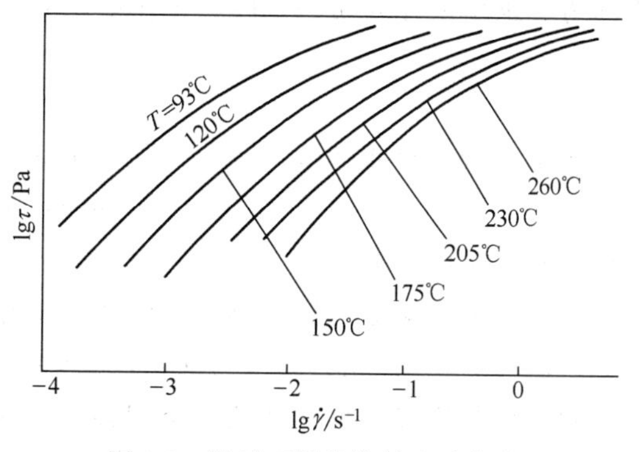

图 9-8　聚异丁烯熔体的流动曲线

由于实验仪器难以测出宽广切变速率范围下的流变数据，因此，实际聚合物的流动曲线通常是普适曲线中的一部分。除了用流动曲线以及表观黏度来评价聚合物的流动性以外，在工业上还常常采用另外一些更简单的物理量，例如，塑料工业中常用熔体指数，橡胶工业中常用门尼黏度。

塑料的熔体指数是在标准化的熔体指数仪中测定的。首先将聚合物加热到一定温度，使之完全熔融。然后加上一定负荷（常用 2160g），使其从标准毛细管中流出。单位时间（一般以 10min 计）流出的聚合物质量（克数）即为该聚合物的熔体指数 MI。

对于同一种聚合物，在相同的条件下，流出的量越大，MI 越大，说明其流动性越好。但对于不同的聚合物，由于测定时所规定的条件不同，因此，不能用熔体指数的大小来比较它们的流动性。

以高密度聚乙烯为例，在 190℃、2160g 荷重条件下测得的熔体指数可表示为 $MI_{190/2160}$。不同的加工条件对聚合物的熔体指数有不同的要求，通常，注射成型要求树脂的熔体指数较高，即流动性较好；挤出成型用树脂，其熔体指数较低为宜；吹塑成型用的树脂，其熔体指数介于以上两者之间，表 9-1 列出不同 MI 的高密度聚乙烯（0.94～0.96g/cm^3）的加工主要范围。

表 9-1　不同 *MI* 的 HDPE 的加工主要范围

熔体指数	加工主要范围	熔体指数	加工主要范围
0.3～1.0	挤出电缆	2.5～9.0	吹塑薄膜及制板
<0.2	挤出管材	0.2～8.0	注射成型
0.2～2.0	吹塑制瓶	4～7	涂层

门尼黏度是在一定温度（通常为 100℃）和一定转子转速下，测定未硫化胶（生胶料）对转子转动的阻力。通常表示为 MI_{3+4}^{100}，即试样 100℃下预热 3min 转动 4min 的测定值。

门尼黏度值越小，生胶流动性越好。

9.2　聚合物熔体的剪切黏度

9.2.1　测定方法

聚合物熔体黏度的测定方法主要有下列三种：落球黏度计、毛细管流变仪、旋转黏度计。此外，应该提及，其动态流变行为的测定方法为振荡型流变仪，本节中也加以简介。

9.2.1.1　落球黏度计

落球黏度计装置如图 9-9 所示。

一个半径为 r，密度为 ρ_s 的圆球，在密度为 ρ_l 的液体介质中以恒速 v 下落。可用斯托克斯方程求出液体介质的黏度，记作斯托克斯黏度 η_s。

$$\eta_s=\frac{2}{9}\times\frac{r^2}{v}(\rho_s-\rho_1)g \tag{9-9}$$

在实验上，有时将式(9-9) 改写为经验方程

$$\eta_0=K(\rho_s-\rho_1)t \tag{9-10}$$

式中　K——仪器常数；

t——小球由 a 刻度落到 b 刻度所需的时间；

η_0——零切黏度 (zero-shear-rate viscosity)。

该方法只能测定低切变速率下的黏度，故可视为零切黏度。由于测定的切变速率很低，$0<\dot{\gamma}<10^{-2}$ (s^{-1})，所以，不能用落球黏度计研究聚合物黏度的切变速率依赖性，但可以配合其他流变性能测定方法来测定聚合物在低切变速率下的黏度值。

9.2.1.2　毛细管流变仪 (capillary rheometer)

在测定聚合物熔体黏度时，毛细管流变仪用得最为广泛。其优点是结构简单，可以在较宽的范围调节切变速率和温度，得到十分接近于加工条件的流变学物理量。常用的切变速率范围为 $10\sim10^6 s^{-1}$，切应力为 $10^4\sim10^6 N/m^2$。除了测定黏度外，该种仪器还可用来观察聚合物的熔体弹性和不稳定流动现象。

毛细管流变仪的装置见图 9-10。

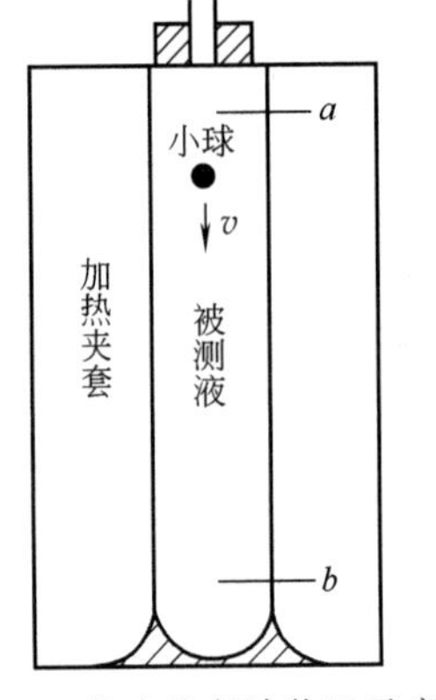

图 9-9　落球黏度计装置示意图

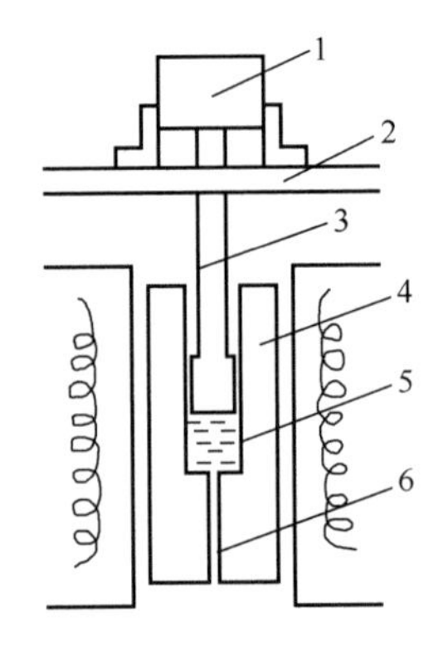

图 9-10　毛细管流变仪装置

1—测力头；2—十字头；3—活塞杆；4—活塞筒；5—熔体；6—毛细管

装置有不同内径 D 和不同长径比 L/D 的毛细管与料筒相接。料筒内加入物料后，即由加热线圈加热熔融，然后由活塞杆以设定的速度将物料挤压出毛细管。熔体从毛细管口被挤出时，其抵抗形变而产生的黏性阻力作用于活塞杆，由连接于活塞杆上部的测力装置输出信号至记录仪中。使用一组不同的速度 v 值，相应可以测出一组力值 F。

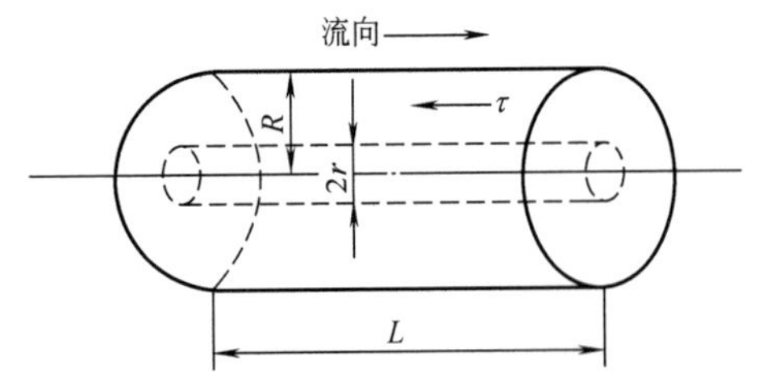

图 9-11　流体在毛细管中流动分析示意图

由负荷 F 和十字头（或活塞杆）下降速度 v 值即可计算 τ-$\dot{\gamma}$ 及 η_a-$\dot{\gamma}$ 之间的关系。

(1) 切应力表达式　考虑一个不可压缩流体在半径为 R 的圆管中的层流，如图 9-11 所示。

在这无限长的管中取一长度 L、两端压差为

Δp 的液柱。由于是层流，所以图中虚线部分的圆柱流体所受的力是平衡的，即在半径为 r 的圆柱面上，在稳流时，阻碍流动的黏流阻力应与两端压差所产生的促使液柱流动的推动力相平衡。即

$$\pi r^2 \Delta p = 2\pi r L \tau$$

则

$$\tau = \frac{\Delta p r}{2L} \tag{9-11}$$

式中　τ——圆柱面上的切应力。

当 $r=R$（管壁时），压差 Δp 可由所加负荷求出，即

$$\Delta p = \frac{4F}{\pi d_p^2} \tag{9-12}$$

式中　d_p——活塞杆的直径。

则

$$\tau_w = \frac{\Delta p R}{2L} = \frac{2R}{\pi d_p^2 L} F \tag{9-13}$$

(2) 牛顿切变速率或表观切变速率 $\dot{\gamma}'_w$　首先求出牛顿切变速率 $\dot{\gamma}'$ 与压差 Δp 的关系。

因为

$$\tau = \eta \dot{\gamma}'$$

$$\tau = \frac{\Delta p r}{2L}$$

所以

$$\dot{\gamma}' = \frac{\Delta p r}{2\eta L} \tag{9-14}$$

$$\dot{\gamma}'_w = \frac{\Delta p R}{2\eta L} \tag{9-15}$$

接着计算线速度 v 的分布和体积流率 Q（单位时间通过的流体体积）。因为 $\dot{\gamma}' = -\mathrm{d}v/\mathrm{d}r$，所以由式(9-14) 可得 $\dot{\gamma}' = \Delta p r / 2\eta L = -\mathrm{d}v/\mathrm{d}r$，将此式对 r 积分，边界条件为 $r=R$ 处的 $v=0$，则

$$-\int_v^0 \mathrm{d}v = \int_r^R \frac{\Delta p r}{2\eta L} \mathrm{d}r$$

$$v(r) = \frac{\Delta p}{4\eta L}(R^2 - r^2) = \frac{\Delta p R^2}{4\eta L}\left[1 - \left(\frac{r}{R}\right)^2\right] \tag{9-16}$$

由式(9-16) 可知，对于牛顿流体，其在径向的线速度分布为抛物线分布。

将式(9-16) 对 r 作整个截面的积分，求出体积流率 Q，即

$$Q = \int_0^R v(r) 2\pi r \, \mathrm{d}r = \int_0^R \frac{\Delta p}{4\eta L}(R^2 - r^2) 2\pi r \, \mathrm{d}r = \frac{\pi R^4 \Delta p}{8\eta L} \tag{9-17}$$

式(9-17) 为管中层流的 Hagen-Poiseuille 方程。

从式(9-17) 得

$$2\eta L = \frac{\pi R^4 \Delta p}{4Q}$$

将此式代入式(9-15)，即可得管壁表观切变速率 $\dot{\gamma}'_w$ 与体积流率 Q 的关系

$$\dot{\gamma}'_w = \frac{\Delta p R}{2\eta L} = \frac{4Q}{\pi R^3} \tag{9-18}$$

又由于体积流率 Q 与十字头（或活塞杆）的下降速度 v 的关系为

$$Q = \frac{\pi}{4} d_p^2 v \tag{9-19}$$

所以
$$\dot{\gamma}'_{w}=\frac{4Q}{\pi R^{3}}=\frac{d_{p}^{2}}{R^{3}}v \tag{9-20}$$

(3) 非牛顿流体的修正 式(9-20)是按牛顿流体导出的，实际聚合物熔体为非牛顿流体，经推导可得
$$\dot{\gamma}_{w}=\frac{3n+1}{4n}\dot{\gamma}'_{w} \tag{9-21}$$

式中 n——非牛顿指数。

因为
$$\tau_{w}=K\dot{\gamma}_{w}^{n}=K\left[\left(\frac{3n+1}{4n}\right)\dot{\gamma}'_{w}\right]^{n}$$
$$\lg\tau_{w}=\lg K'+n\lg\dot{\gamma}'_{w}$$

以 $\lg\tau_{w}$ 对 $\lg\dot{\gamma}'_{w}$ 作图，所得曲线上各点的斜率即为 n，即 $n=\frac{\mathrm{d}\lg\tau_{w}}{\mathrm{d}\lg\dot{\gamma}'_{w}}$。通常，在$\dot{\gamma}'_{w}$变化 1～2 个数量级的范围内，$n$ 近似为常数。故可分段按对应的 $\dot{\gamma}'_{w}$值计算 n 值。

除切变速率的非牛顿校正之外，对切应力值有时还需要进行“入口校正”。这是由于物料从料筒被挤入毛细管时，流速和流线变化，引起黏性的摩擦能量耗散（节流损失）和弹性的拉伸形变（物料弹性形变吸收能量），这两项能量的损失致使毛细管入口处的压力降特别大，形成“入口效应”。压差 Δp 并不反映入口处的真实压力降，故作用在毛细管壁的实际切应力变小。加之，要求压力降或压力梯度 $\Delta p/L$ 是均匀的，由于入口效应又产生了误差。所以通常需要对切应力进行“入口校正”。但是，实验表明，使用较大长径比 L/D 的毛细管时，入口压力降与毛细管中流动的压力降相比，可以忽略，此时允许略去“入口校正”。

(4) 表观黏度的计算 非牛顿流体表观黏度的表述式如下
$$\eta_{a}=\frac{\tau_{w}}{\dot{\gamma}_{w}} \tag{9-22}$$

到此，就可以得到流动曲线 $\lg\tau_{w}$-$\lg\dot{\gamma}_{w}$、η_{a}-$\dot{\gamma}_{w}$、η_{a}-τ_{w} 以及恒定 $\dot{\gamma}$ 或 τ 时的 η_{a}-T。还可以得到恒定 τ 时的黏流活化能 E_{τ} 和恒定 $\dot{\gamma}$ 时的黏流活化能 $E_{\dot{\gamma}}$。

9.2.1.3 旋转黏度计

旋转黏度计也可用来测定聚合物的黏度。常用的旋转黏度计有同轴圆筒式、锥板式以及平行板式三种，见图 9-12 所示。现以锥板式旋转黏度计为例，说明切应力与切变速率的表达式。

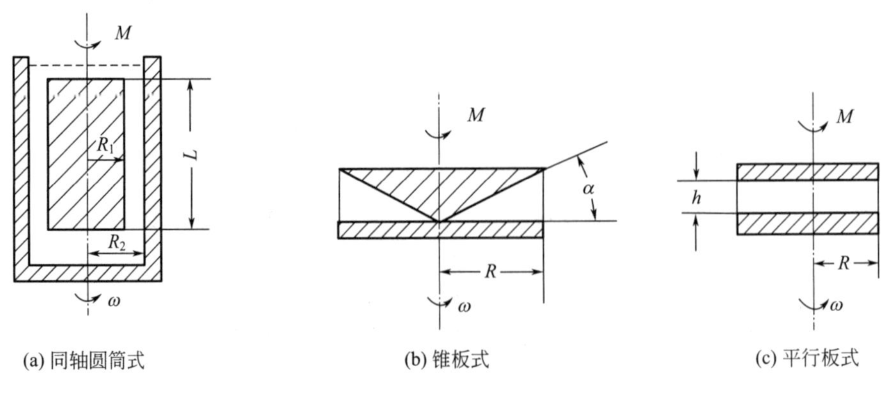

图 9-12 旋转黏度计示意图

锥板黏度计中，流体置于圆形平板和线性同心锥体之间。平板的半径为 R，锥与板之间的夹角为 α。平板以角速度 ω 均匀旋转，检测锥体所受的转矩 M。在距离轴心 r 处流体的线速度为 $r\omega$，而剪切面间的距离即试样的厚度 $h=r\tan\alpha$，当锥板夹角 α 很小时（通常 $\alpha<4°$），$h\cong r\alpha$，剪切速率为

$$\dot{\gamma}=\frac{\mathrm{d}v}{\mathrm{d}h}=\frac{r\omega}{ra}=\frac{\omega}{\alpha} \tag{9-23}$$

所得 $\dot{\gamma}$ 近似与 r 无关，即锥板间剪切速率近似均一。

剪切应力可以从转矩求得

$$\tau_{\mathrm{s}}=3M/2\pi R^3 \tag{9-24}$$

被测流体的黏度为

$$\eta=\tau_{\mathrm{s}}/\dot{\gamma}=3\alpha M/2\pi\omega R^3=M/b\omega \tag{9-25}$$

式中，$b=2\pi R^3/3\alpha$ 是仪器常数。此式对牛顿流体和非牛顿流体一般均可适用。

锥板黏度计试样用量少，样品装填容易，仪器经改装还能测定法向应力。但锥板黏度计也只限于较低的切变速率。当切变速率较高时，聚合物中有产生次级流动的倾向，同时还有聚合物溢出仪器或破裂的倾向。此外，锥板的间距要求比较精确。

表 9-2 列出一些聚合物熔体黏度的测定方法。同时，说明每一种方法适用的切变速率范围和测得的黏度范围。

表 9-2　聚合物熔体黏度的测定方法

仪　　器	切变速率范围/s^{-1}	黏度范围/Pa·s
落球黏度计	$<10^{-2}$	$10^{-3}\sim10^{3}$
毛细管流变仪	$10^{-1}\sim10^{6}$	$10^{-1}\sim10^{7}$
旋转黏度计	$10^{-3}\sim10$	平板式 $10^{3}\sim10^{8}$
	$10^{-3}\sim10$	同轴圆筒式 $10^{-1}\sim10^{11}$
	$10^{-3}\sim10$	锥板式 $10^{2}\sim10^{11}$

9.2.1.4　振荡型流变仪

聚合物熔体为黏弹性流体，在动态剪切力场中表现出显著的动态黏弹行为。

与第 7 章 7.1.3 节相仿，设聚合物熔体为线性体，交变应力、应变的振幅为小振幅，可以导出复数剪切模量 $G^*(\omega)$ 的表达式为：

$$G^*(\omega)=\frac{\tau}{\gamma}=\frac{\tau_0}{\gamma_0}\mathrm{e}^{i\delta}=\frac{\tau_0}{\gamma_0}(\cos\delta+i\sin\delta)=G'(\omega)+iG''(\omega) \tag{9-26}$$

式中

$$G'(\omega)=\frac{\tau_0}{\gamma_0}\cos\delta$$

$$G''(\omega)=\frac{\tau_0}{\gamma_0}\sin\delta$$

$$\tan\delta=\frac{G''(\omega)}{G'(\omega)} \tag{9-27}$$

称 $G'(\omega)$ 为储能剪切模量；$G''(\omega)$ 为损耗剪切模量；$\tan\delta$ 为损耗角的正切。

旋转黏度计经过适当改造后，所得的流变仪可以测量聚合物熔体的动态黏弹性。

例如：锥-板型黏度计中，转子不再作定向转动，而是在控制系统调制下作振幅很小的

正弦振荡，振荡频率 ω 可以调节。当从转子输入正弦振荡的应变后，固定板上即可测得相应的正弦振荡的应力响应，两者频率相同，但位相差 $0<\delta<\pi/2$。

实验中，设定一系列的 ω，测得相应的 τ_0、γ_0 及 δ，根据上述公式即可求得聚合物熔体的 $G'(\omega)-\omega$、$G''(\omega)-\omega$ 关系曲线。

美国 TA 公司对基本流变测试手段技术革新和不断改进，推出一款全新的 ARES-G2 流变仪。这是应用于高级研究和材料开发领域最具有特色的旋转流变仪，是第一台可进行动态振荡模式(含锥板、平行板模式）测量的商品化流变仪，又是第一台可以同时测量流体、熔体和固体剪切和拉伸的流变仪。ARES-G2 既可进行动态测定，也可进行稳态测定，还具有同步流变-光学分析和同步流变-介电分析等特殊功能。

9.2.2　影响因素

9.2.2.1　分子结构与熔体结构

低切变速率下，聚合物熔体的零切黏度 η_0 与重均分子量 $\overline{M}_w$ 的关系见图 9-13，两者之间存在如下经验关系：

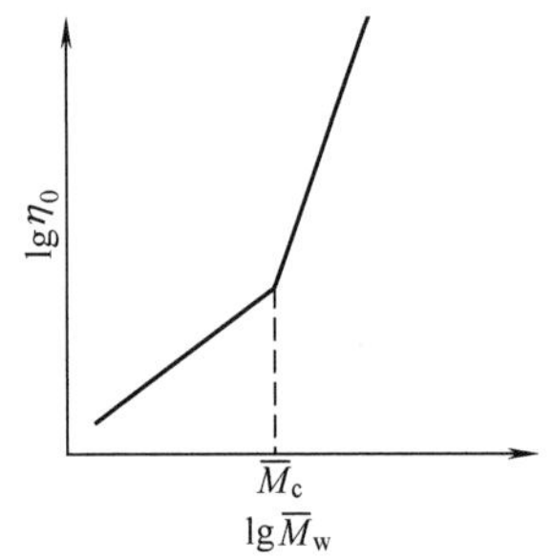

当 $\overline{M}_w<\overline{M}_c$ 时，$\eta_0=K_1\overline{M}_w^{1\sim1.6}$，略依赖于聚合物的化学结构和温度；

当 $\overline{M}_w>\overline{M}_c$ 时，$\eta_0=K_2\overline{M}_w^{3.4\sim3.5}$，与聚合物的化学结构、分子量分布及温度无关。$\overline{M}_c$ 为临界重均分子量，与温度以及聚合物结构有关。对于大多数聚合物来说，$\overline{M}_c$ 包含主链上大约几百个原子。几种聚合物的 $\overline{M}_c$ 值和 $\overline{M}_c$ 中所包含的主链原子数 Z_c 值列于表 9-3 中；K_1，K_2 是经验常数。

图 9-13　分子量对零切黏度的影响

当分子量较低时，即 $\overline{M}_w<\overline{M}_c$ 时，分子链短，不能发生缠结，η_0 随着分子量有一定程度的增加，类似于低分子的情况，这是由于分子间作用力增大而引起的；随着分子量增加，当 $\overline{M}_w>\overline{M}_c$ 时，分子链较长，发生了缠结，分子间相互位移较困难，流动阻力大大增加，故零切黏度随分子量增加而迅速增大。所以，临界分子量 $\overline{M}_c$ 可以看作发生分子链缠结的最小分子量。

表 9-3　一些聚合物的临界分子量和临界链长 Z_c

聚　合　物	M_c	Z_c	聚　合　物	M_c	Z_c
聚乙烯	3500	250	聚丙烯腈	1300	50
聚丙烯	7000	330	聚丁二烯	6000	440
聚苯乙烯	35000	670	聚异戊二烯	10000	590
聚氯乙烯	6200	200	聚对苯二甲酸乙二酯	6000	310
聚甲基丙烯酸甲酯	30000	600	聚己内酰胺	5000	310
聚乙酸乙烯酯	25000	580	聚碳酸酯	3000	140

黏弹性液体的稳态可回复剪切柔量 J_e^0 与分子量 M 的关系，如图 9-14 所示。由图可见，$\overline{M}<\overline{M}'_c$时，不发生分子链间的缠结，$J_e^0\propto M$；$\overline{M}>\overline{M}'_c$后，发生了物理缠结，$J_e^0$ 与 M 无关。这里，稳态可回复剪切柔量 J_e^0 为实际聚合物熔体蠕变曲线中剪切柔量平台值，见图 9-15。

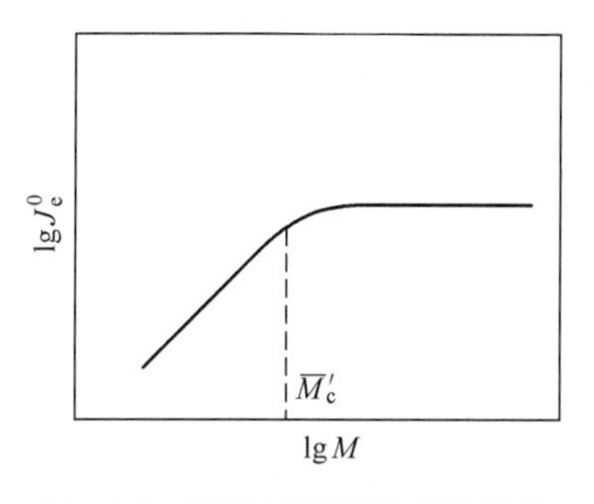

图 9-14　稳态可回复剪切柔量的对数对分子量对数作图

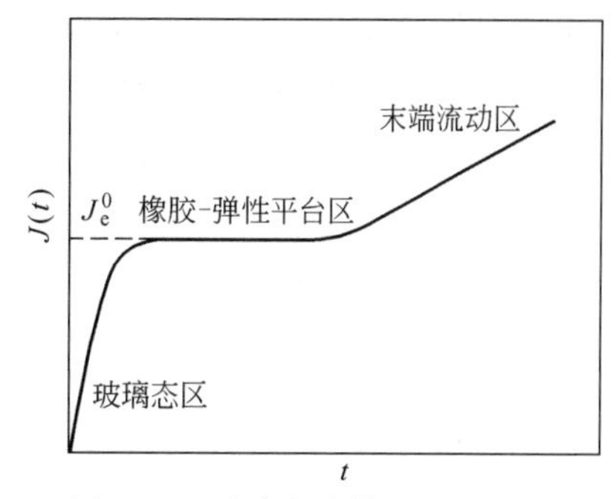

图 9-15　聚合物熔体的蠕变曲线

实验表明，由零切黏度-分子量关系得到的临界分子量 $\overline{M}_c$ 是由剪切应力松弛模量-分子量关系得到的缠结分子量 $\overline{M}_e$ 的 2～3 倍；而从熔体的稳态可回复剪切柔量-分子量关系得到的临界分子量 $\overline{M}'_c$ 是 $\overline{M}_e$ 的 5 倍。

聚合物熔体的 $\overline{M}_e$ 可借助于橡胶弹性理论公式进行估算

$$\overline{M}_e = \rho RT / G_e^0$$

ρ 为熔体密度，G_e^0 为熔融聚合物剪切应力松弛模量-时间曲线中的剪切模量平台值，如图 9-16 所示。

增大切变速率，链的缠结结构破坏程度增加。故随着切变速率的增大，分子量对体系黏度的影响减小。当切变速率非常大时，几乎难以形成缠结结构，$\lg\eta$-$\lg\overline{M}_w$ 平行于临界分子量 $\overline{M}_c$ 以前的直线，如图 9-17 所示。

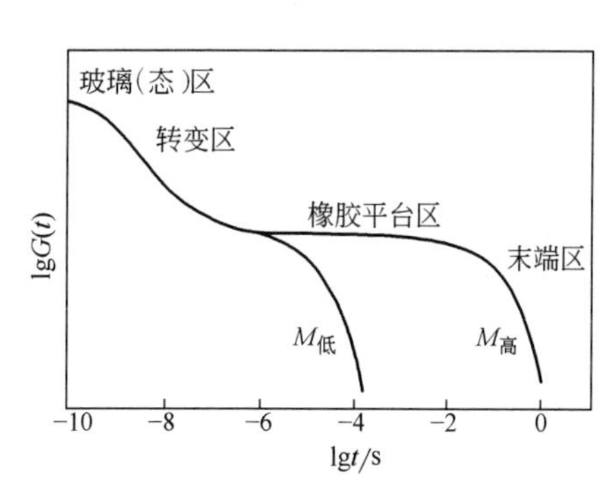

图 9-16　不同分子量（M）熔融聚合物的剪切应力松弛模量作为时间函数的示意图

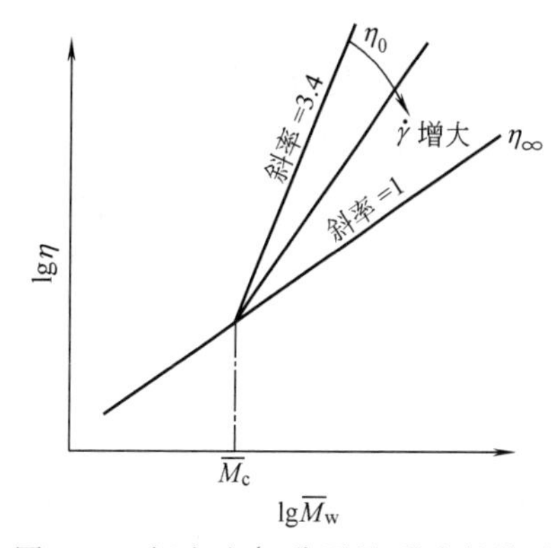

图 9-17　切变速率-分子量-黏度的关系

从成型加工考虑，希望聚合物有较好的流动性，这样可以使聚合物与配合剂混合均匀，充模良好，制品表面光洁。降低分子量可以增加流动性，改善其加工性能，但过多地降低分子量又会影响制品的机械强度。所以，在聚合物加工时应当调节分子量的大小，在满足加工要求的前提下尽可能提高其分子量。

通常，天然橡胶分子量要求控制在 20 万左右，这是为了使材料有良好的高弹性；合成纤维分子量一般控制得比较低，2 万～10 万左右，否则聚合物在通过直径为 0.16～0.45mm 的喷丝孔时会存在困难；塑料的分子量一般控制在纤维和橡胶之间。

不同的成型加工方法对分子量大小的要求也不相同。一般注射成型用的分子量较低，挤出成型用的分子量较高，吹塑成型（中空容器）用的分子量介于两者之间。

分子量对聚合物流动曲线的影响见图 9-18 所示。聚合物熔体出现非牛顿流动时的切变速率随着分子量的加大而向低切变速率移动。此外，剪切引起的黏度下降，分子量低的试样也比分子量高的试样小一些。这是由于分子量越高，缠结越多，有些易先解缠，且随着$\dot{\gamma}$增大解缠并引起黏度降低越多，黏度的切变速率依赖性越大。

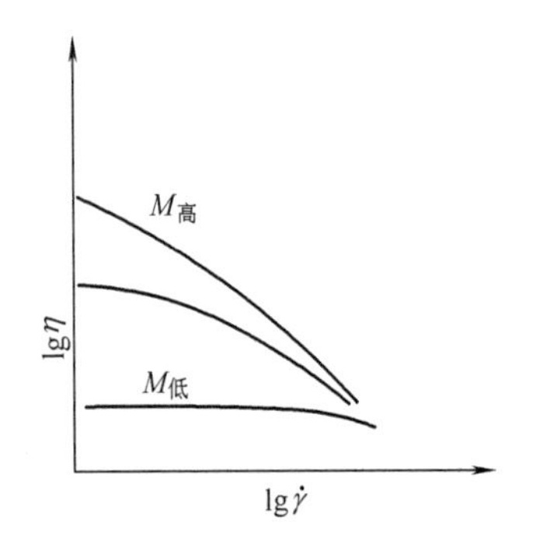

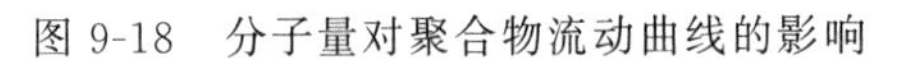
图 9-18 分子量对聚合物流动曲线的影响

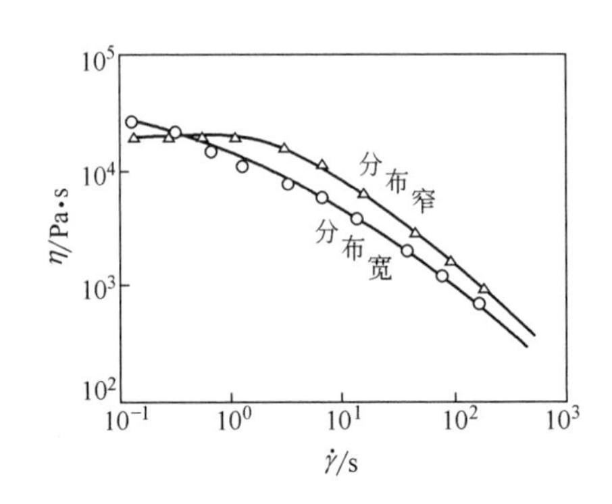

图 9-19 分子量分布对聚合物流变曲线的影响

分子量相同时，分子量分布宽的聚合物熔体出现非牛顿流动的切变速率比分布窄的要低得多，如图 9-19 所示。

由图 9-19 可见，当切变速率小时，分子量分布宽的试样其黏度反而比分子量分布窄的高；但在切变速率高时，情况就会改变，分子量分布宽的试样黏度反而比分子量分布窄的低。出现这种情况的原因为：当切变速率较小时，分布宽者，一些特长的分子相对较多，形成的缠结结构也较多，故黏度较高。当切变速率增大后，分子量分布宽的试样中，由于缠结结构较多，且易被较高的切变速率所破坏，故开始出现“切力变稀”的$\dot{\gamma}$值较低，而且越长的分子随切变速率增加对黏度下降的贡献越大；而分子量相同且分子量分布较窄的试样，必然特长的分子数目较少，体系的缠结作用不如分子量分布宽的大，故受剪切作用而解缠结的变化也不那么明显，即开始“切力变稀”的$\dot{\gamma}$值较高，而且随着$\dot{\gamma}$增大引起黏度的降低较少。总之，分布宽的试样对切变速率敏感性较分布窄的试样为大。另一方面，分布宽的聚合物中低分子量部分含量较多，在剪切力作用下，取向的低分子量部分对高分子量部分起到增塑的作用，故切变速率高时，体系黏度降低更为显著。

20 世纪 90 年代，本课题组在 UHMWPVC 和球形 PVC 的分子量分布-颗粒形态-力学性能和流变行为关系研究方面，具有特色。其中，“大口径管材专用树脂”（球形 PVC）国家八五重点科技攻关项目荣获国家石油和化学工业局科技进步二等奖（1998 年 12 月）。

分子量分布对聚合物熔体流动曲线的影响在实际生产中具有重要意义。例如，一般模塑加工中的切变速率都比较高，在此条件下，单分散或分子量分布很窄的聚合物，其黏度比一般分布或分布宽的同种聚合物高。因此，一般分布或宽分布的聚合物比窄分布聚合物更容易挤出或模塑加工。但是，对于塑料，分子量一般较低，分子量分布宽虽然有利于成型加工条件的控制，但分布太宽对其他性能必将带来不良影响。如 PC 的低分子量部分含量越多，应力开裂越严重。PP 的高分子量部分含量越多，流动性越差，可纺性越差。对于橡胶，如天然橡胶，分子量分布比较宽，其中低分子量部分，不但本身流动性好，对高分子量部分还能起增塑作用。另一方面，在平均分子量相同的情况下，分子量分布宽，说明有相当数量的高分子量部分存在，所以，流动性能得到改善的同时，又可以保证一定的物理力学性能。

当分子量相同时，分子链是否支化以及支链的长度如何，对黏度影响很大。例如图 9-20 为顺丁橡胶的零切黏度 η_0 与分子支化之间的关系。支化对黏度的影响情况与支链的长短有关。当分子量相等时，对于短支链（M 较小），支链分子的黏度比直链分子的黏度略低。因为短支链的存在，使缠结的可能性减小，分子间距离增大，分子间作用力减小，且支链越多越短，黏度就越低，流动性越好。对于长支链，支化分子的黏度比直链分子黏度高。这是因为支链的长度超过了可以产生缠结的临界分子量 $\overline{M}_c$ 的 2～4 倍以后，主链及支链都能形成缠结结构，故黏度大大增加。

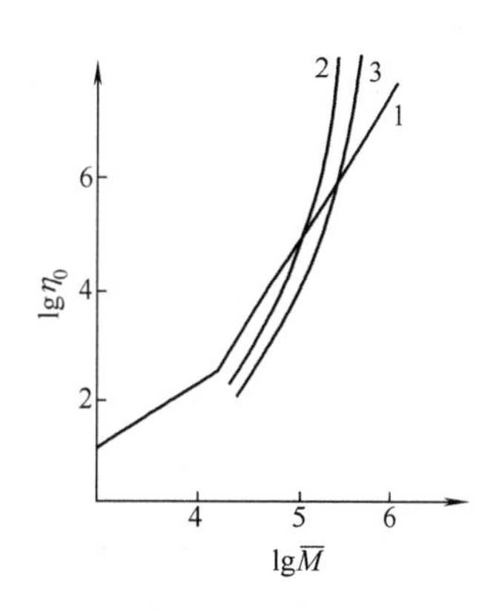

图 9-20　顺丁橡胶零切黏度与分子支化的关系（379K）
1—直链；2—三支链；3—四支链

由于短支链分子对降低物料黏度的效果很大，故橡胶加工工艺上有时掺入一些支化的或已经降解的低交联度的再生胶来改善物料的加工性能。

熔体结构对聚合物黏度和流动性也有影响。聚合物熔体应该是微观均一的，但在温度较低时并非如此。突出的例子是乳液聚合的聚氯乙烯，在 160～200℃ 挤出时，从挤出物断面的电子显微镜观察发现仍有颗粒结构，即熔体中的颗粒结构尚未完全消失。因此，熔体的流动不是完全的剪切流动，还有颗粒的滑动，这就使得乳液法聚氯乙烯树脂在 160～200℃ 之间的熔体黏度比分子量相同的悬浮法树脂小好几倍。当温度略高于 200℃ 时，熔体中颗粒完全消失，流动性就变得与悬浮聚合聚氯乙烯无甚差别。另一个例子是全同立构聚丙烯，它在 208℃ 以下熔体中仍然存在分子链的螺旋构象，当切变速率达到一定值时，熔体黏度会突然变小。熔点附近，随着$\dot{\gamma}$ 变大，熔体黏度会突然增加一个数量级以上，甚至使流动突然停止，即使降低切应力，也不能回复到流动态，只有加热至熔点以上才能回复到流动态。这是由于聚合物熔体在切应力作用下发生结晶所致，简称剪切诱导结晶。实验证明，这种聚丙烯晶体中分子链是高度单轴取向的。

9.2.2.2　加工条件

控制加工温度是调节聚合物流动性的重要手段。一般温度升高，黏度下降。各种聚合物的黏度对温度的敏感性有所不同。同一聚合物在不同的温度范围内，温度对黏度的影响规律也不一样。

在较高温度的情况下，即 $T > T_g + 100℃$ 以上时，聚合物熔体内自由体积相当大，流动黏度的大小主要取决于高分子链本身的结构，即链段跃迁运动的能力。此时聚合物黏度与温度的关系可以采用低分子液体的 η-T 关系式，即 Arrhenius 方程来描述

$$\eta = A e^{\frac{\Delta E_\eta}{RT}} \tag{9-28}$$

式中　ΔE_η——黏流活化能；

A——与结构有关的常数；

R——气体常数。

低聚物、聚合物 ΔE_η 的测定发现，当分子量很小时，ΔE_η 随分子量增高而增大；但当分子量在几千以上时，ΔE_η 趋于恒定，不再依赖于分子量。因此可以断定，流动时高分子链是分段移动，而不是整个高分子的移动。整个高分子链质量中心的移动是通过分段运动的方式实现的，如同蚯蚓的运动一样，流动时，高分子链运动单元的分子量一般要比临界分子量 $\overline{M}_c$ 为小。

如果对式(9-28)取对数，则得到

$$\ln\eta = \ln A + \frac{\Delta E_\eta}{RT} \tag{9-29}$$

由 $\ln\eta$ 对 $1/T$ 作图，一般在 50～60℃的温度范围内可得一直线，斜率为 $\Delta E_\eta/R$。图 9-21 是一些聚合物熔体的 η_a-$\frac{1}{T}$ 关系。不同聚合物的流动活化能不同，意味着各种聚合物的表观黏度具有不同的温度敏感性。直线斜率 $\Delta E_\eta/R$ 较大，则流动活化能较高，即黏度对温度变化敏感。一般分子链越刚硬或分子间作用力越大，则流动活化能越高，这类聚合物是温敏性的。例如，聚碳酸酯和聚甲基丙烯酸甲酯的熔体，温度每升高 50℃左右，表观黏度可以下降一个数量级。因此，在加工过程中，可采用提高温度的方法调节刚性较大的聚合物的流动性。而柔性高分子如聚乙烯、聚甲醛等，它们的流动活化能较小，表观黏度随温度变化不大，温度升高 100℃，表观黏度也下降不了一个数量级，故在加工中调节流动性时，单靠改变温度是不行的，需要改变切变速率。因为大幅度提高温度，可能造成聚合物降解，从而降低制品的质量。而且，成型设备等的损耗也较大。

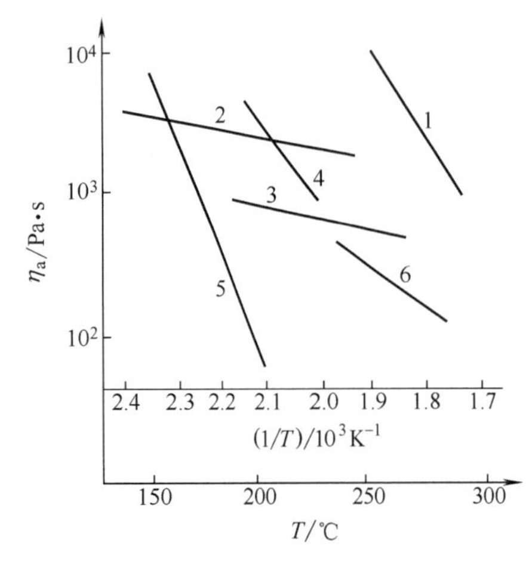

图 9-21 几种聚合物熔体表观黏度和温度的关系

1—聚碳酸酯（4MPa）；2—聚乙烯（4MPa）；3—聚甲醛；4—聚甲基丙烯酸甲酯；5—乙酸纤维素（4MPa）；6—尼龙（1MPa）

几种聚合物在恒定切应力下的 ΔE_η 值见表 9-4。

表 9-4 几种聚合物的黏流活化能

聚合物	ΔE_η/(kJ/mol)	聚合物	ΔE_η/(kJ/mol)
高密度聚乙烯	25.1	聚异丁烯	50.2～67
低密度聚乙烯	46.1～71.2	聚氯乙烯	94.6
	(长支链支化越多,ΔE_η 值越大)	聚对苯二甲酸乙二酯	58.6
聚丙烯	41.9	聚酰胺	62.8
聚苯乙烯	104.7	聚二甲基硅氧烷	17

当温度处于一定的范围即 $T_g < T < T_g + 100$℃时，由于自由体积减小，链段跃迁速率不仅与其本身的跃迁能力有关，也与自由体积大小有关，因此，聚合物黏度与温度的关系不能再用 Arrhenius 方程描述，其黏流活化能 ΔE_η 也不再是一个常数，而是随温度降低而急剧增大，此时可采用 WLF 方程来描述。对于大多数非晶态聚合物，T_g 时黏度 $\eta(T_g) = 10^{12}$ Pa·s，因此可由 WLF 方程计算温度在 $T_g < T < T_g + 100$℃范围内的黏度。

多数聚合物熔体属于非牛顿流体，其黏度随切变速率的增加而降低，但各种聚合物黏度降低的程度不同。图 9-22 是几种聚合物的表观黏度与切变速率关系曲线。

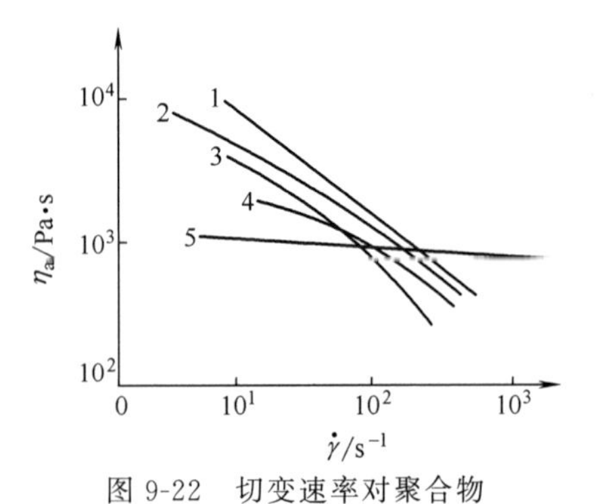

图 9-22 切变速率对聚合物表观黏度的影响

1—氯化聚醚（200℃）；2—聚乙烯（180℃）；3—聚苯乙烯（200℃）；4—乙酸纤维素（210℃）；5—聚碳酸酯（302℃）

从图 9-22 可以看出，柔性链高分子的表观黏度随切变速率的增加而明显地下降，如氯化聚醚和聚乙烯；刚性链高分子的表观黏度也随切变速率的增加而下降，但下降幅度较小，如聚碳酸酯、乙酸纤维素等。这是因为切变速率增加，柔性高分子链容易改变构象，即通过链段运动破坏了原有的缠结，降低了流动阻力。而刚性高分子链的链段较长，构象改变比较困难，随着切变速率增加，流动阻力变化不大。

切应力对聚合物黏度的影响与切变速率类似。同样，柔性链高分子是“切敏性”的。几种聚合物表观黏度与切应力的关系见图 9-23。

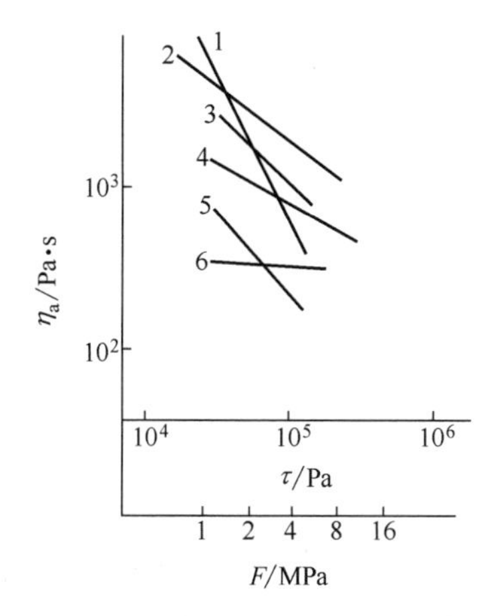

图 9-23 几种聚合物的表观黏度与切应力的关系

1—聚甲醛（200℃）；2—聚碳酸酯（280℃）；3—聚乙烯（200℃）；4—聚甲基丙烯酸甲酯（200℃）；5—乙酸纤维素（180℃）；6—尼龙（230℃）

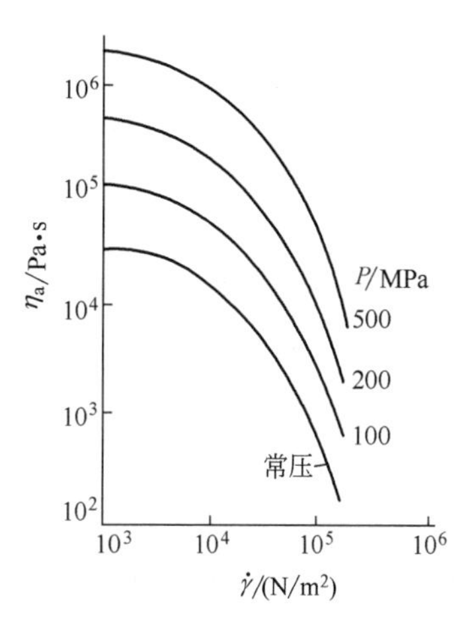

图 9-24 低密度聚乙烯的黏度与压力的关系

聚合物熔体切黏度的切变速率依赖性对成型加工极为重要。黏度降低，熔融聚合物较易加工，充模过程也较易流过窄小的管道。同时，又减少了大型注射机、挤出机运转所需的能量。所以，切敏性聚合物宜采用提高切变速率或切应力的方法（即提高挤出机的螺杆转速、注射机的注射压力等方法）来调节其流动性。

在注射、挤出等加工中，聚合物熔体还可能受到周围熔体的静压力作用，这种压力导致物料体积收缩，分子链之间相互作用增大，熔体黏度增高，甚至无法加工。所以对聚合物熔体的流动，静压力的增加相当于温度的降低，例如图 9-24 为低密度聚乙烯黏度与压力的关系。

不同的聚合物，其黏度对压力的敏感性不同，压力的影响程度与分子结构、聚合物的密度、分子量等因素有关。例如，HDPE 比 LDPE 受压力影响小；分子量高的 PE 比分子量低的 PE 受压力影响大；聚苯乙烯因为有很大的苯环侧基，且分子链为无规立构，分子间空隙较大，所以对压力非常敏感。

9.2.2.3 Rouse 模型、管子及蛇行模型

结构对聚合物切黏度影响的分子解释有以下几种模型。

(1) Rouse 模型 Rouse 模型认为，聚合物链是由在黏性环境（溶液或熔体）中运动的、服从高斯统计的完全柔性重复单元所组成。每一个重复单元受三种类型的力作用：①摩擦力，其值与重复单元对周围介质的相对速度成正比；②同一分子中，相邻重复单元引起的

作用力；③布朗运动的无规作用力。Rouse 模型描述这些力对流体动力学的影响。排除体积和长程效应（如链缠结）没有考虑在内。依据此模型，可以导出未稀释熔体的表达式

$$\tau_0=\left(\frac{\xi_0 N_A K_\theta}{\pi^2 M_{rep} RT}\right)M^2 \tag{9-30}$$

$$\eta_0=\left(\frac{\xi_0 N_A K_\theta \rho}{6M_{rep}}\right)M \tag{9-31}$$

$$J_e^0=\left(\frac{2}{5\rho RT}\right)M \tag{9-32}$$

$$K_\theta=s^2/M$$

式中 ξ_0——单体的摩擦系数；

N_A——阿伏伽德罗常数；

s——旋转半径；

M_{rep}——重复单元的分子量；

R——气体常数；

T——温度；

ρ——密度；

M——聚合物的分子量。

Rouse 理论不能应用于分子量大于 $\overline{M}_c$ 的聚合物熔体，因为此时链的缠结起着重要作用。然而，对于未缠结分子的熔体，即分子量小于 $\overline{M}_c$ 的熔体，计算得到的零切黏度 η_0 和稳态可回复剪切柔量 J_e^0 的分子量依赖性与实验结果相同。Rouse 模型也不能预测切黏度的任何切变速率依赖性，理论所得结果与实验数据相矛盾。这些问题可利用管子模型和蛇行模型来讨论。

将 Rouse 理论应用于非线形聚合物，可以预示支化链的 η_0 和 J_e^0 比相同分子量的线形链为小。定性地说，黏度低是由于线团尺寸较小，可回复柔量低是因为线团不易变形。这些预测与实验相符合，甚至在缠结区域也是这样，一直到支链自身长到足以发生明显的缠结为止（$M_b>2\sim4M_e$，M_b 是支链的分子量）。对于较长的臂，如星形支化聚合物，其黏度随分子量增大而升高比之线形聚合物要快得多，前者很快超过后者 100 倍或者更多。黏度和扩散系数对分子量不再具有简单的幂律定律依赖性。黏度随支链长度呈指数增长。这些现象也可以通过管子模型加以解释。

（2）管子模型（tube model）和蛇行模型（reptation model） de Gennes 提出了一个新的概念——蛇行（第 7 章中已提及），首先考虑一个两维的卷曲链在网络之中，一根卷曲的链被四周的相邻链构成的障碍所包围，该链不允许横穿任何一个障碍，只能沿着自身的轴向像蛇一样地运动。为了方便起见，可以认为该链被装在一根管子中，不断向前运动，当一根链端钻出管子后，另一端的管子就消失了。

聚合物分子链的蛇行模型是否适用于聚合物熔体尚有争议。但是，大量实验表明，对于处于缠结状态链的动力学来说，“蛇行”是主要的机理。

Doi Masao 和 Edwards S F. 以 de Gennes 的蛇行概念为基础，发展了一个理论，该理论将浓聚合物液体的力学性能与分子量关联起来。他们假设，对于不存在永久网络的缠结聚合物链的运动，蛇行也是主要的机理。Doi 和 Edwards 利用橡胶弹性理论计算了单分散线形缠结链在施加分步应变后单个链所承受的应力。然后，在蛇行是应力松弛的唯一机理的假定

下，计算了随后的应力松弛。由此导出末端区剪切松弛模量 $G(t)$ 的方程式。通过 $G(t)$，可以得到平台模量、零切黏度和稳态可回复柔量的表示式

$$G_p \propto M^0 \tag{9-33}$$

$$\eta_0 \propto M^3 \tag{9-34}$$

$$J_e^0 \propto M^0 \tag{9-35}$$

实验数据表明，η_0 随 M 增加比预测情况更为显著，$\eta_0 \propto M^{3.4}$。事实上，预测的黏度值低于实验值。对于 J_e^0，其预测值低于实验值。Graessley 指出，在真实聚合物熔体中存在蛇行和其他松弛机理的竞争，由仅仅考虑蛇行的 Doi-Edwards 模型得到的黏度值应该看作是上限值。竞争机理的贡献导致松弛的增加和黏度相对于上限值的降低。De Gennes 指出，管子中链的限制可以通过邻近链的蛇行而解脱。这一机理应该是热塑性熔体独一无二的，对聚合物永久网络是不适用的。另一个竞争机理是链在其所占据的管子长度范围内与时间有关的涨落（fluctuation）。即使不发生蛇行，在管子长度以内，链随时间的涨落仍然可以松弛应力，虽然这种松弛比起蛇行来说要慢得多。这种涨落被认为是早期提出的 η_0 对 M 关系产生差异的原因所在，也是长支链阻止蛇行松弛的主要机理。研究表明，对于接近单分散的线形聚合物，限制的解脱不很重要。但是在多分散体系中，却起着相当重要的作用。图 9-25 为缠结聚合物熔体示意图。图 9-26 为通过蛇行的构象和应力松弛进程。图 9-27 表示缠结链松弛的蛇行、涨落和限制解脱机理。

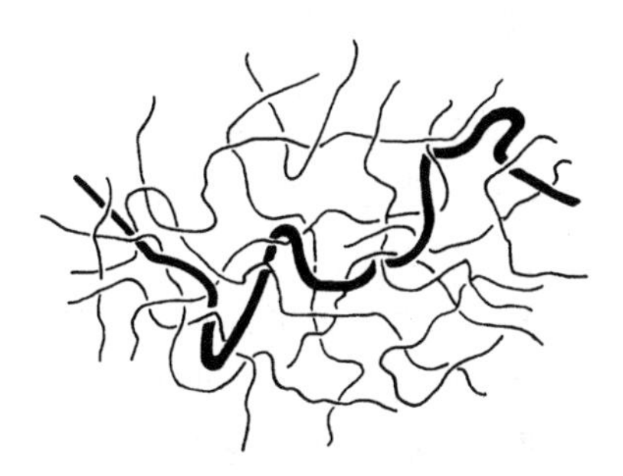

图 9-25　缠结聚合物熔体示意图

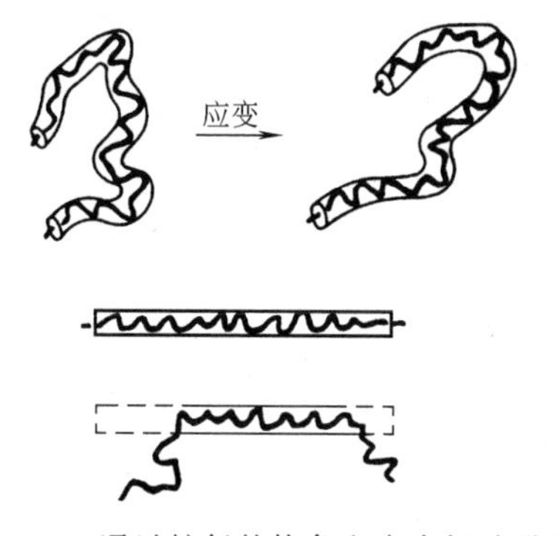

图 9-26　通过蛇行的构象和应力松弛进程

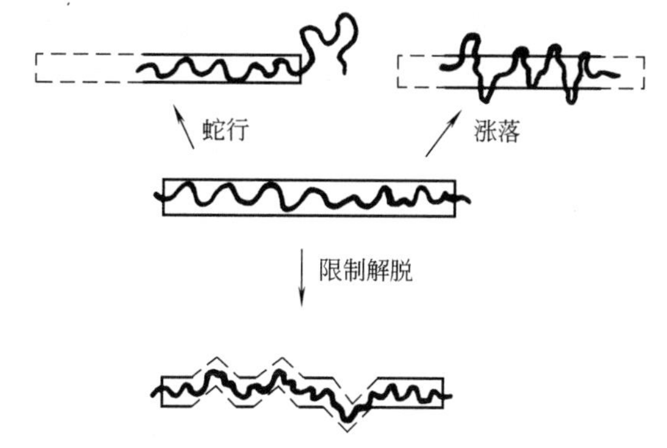

图 9-27　缠结链松弛的蛇行、涨落和限制解脱机理

9.3　多组分聚合物的流变行为

9.3.1　黏度与组成的关系

9.3.1.1　共混

聚合物-聚合物共混体系的黏度与共混比的关系有多种情况。

如果只知道共混物各组分的流变数据，而不知道它们混合的类型，在温度和切变速率恒

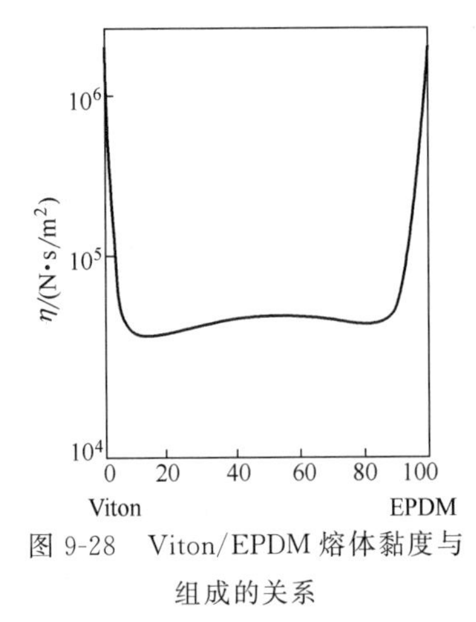

图 9-28 Viton/EPDM 熔体黏度与组成的关系

（温度：160℃；剪切速率：14s^{-1}）

定时，可采用混合对数法来估算共混物的黏度

$$\lg\eta=\varphi_1\lg\eta_1+\varphi_2\lg\eta_2$$

式中 η_1,η_2——相同温度和切变速率下，两种纯聚合物的黏度；

φ_1,φ_2——共混组分的体积分数。

加入少量第二组分，有时可降低共混聚合物的熔体黏度，改善加工性能。例如，硬质 PVC 管材挤出时，加入少量丙烯酸树脂，可以提高挤出速率，改善制品外观光泽；聚苯醚与少量聚苯乙烯共混，才能顺利加工；制造唱片用的氯乙烯-乙酸乙烯共聚物，加入 1%低分子量 PVC，可使唱片质量显著改进。

EPDM（乙烯、丙烯及少量二烯烃的三元共聚物）与聚氟弹性体 Viton（偏氟乙烯与六氟丙烯共聚物）共混物的熔体黏度与组成的关系见图 9-28 所示。由图可见，共混物黏度比两组分本身的黏度均小。

对这种现象可从不同角度加以解释。一种看法是从熔体的超分子结构来解释。当聚合物熔体中含有少量另一种不相容的聚合物时，可大大改变熔体的超分子结构，因而黏度有大幅度变化。当第二种聚合物用量继续增加时，熔体的超分子结构不再有明显的变化，所以黏度的变化趋势缓慢。另一种解释是从实验事实出发，认为由于少量不相容的第二种聚合物聚积于管壁，因而由管壁与该聚合物熔体之间的滑移来决定黏度。

不相容两组分聚合物的共混物，其熔体黏度随共混配比的变化还可能出现极大或极小值。

例如，图 9-29 为 PP/PS 的黏度-组成关系，曲线上出现一个极小值。而 HDPE/EVA 共混物的零切黏度-组成关系曲线上存在一个极大值，见图 9-30。

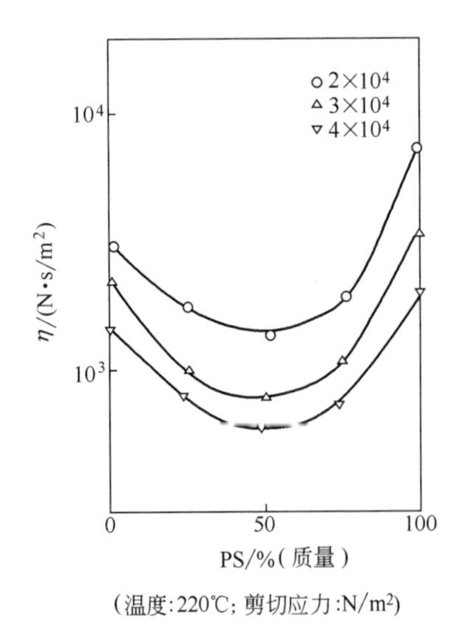

图 9-29 PP/PS 共混物的黏度-组成关系

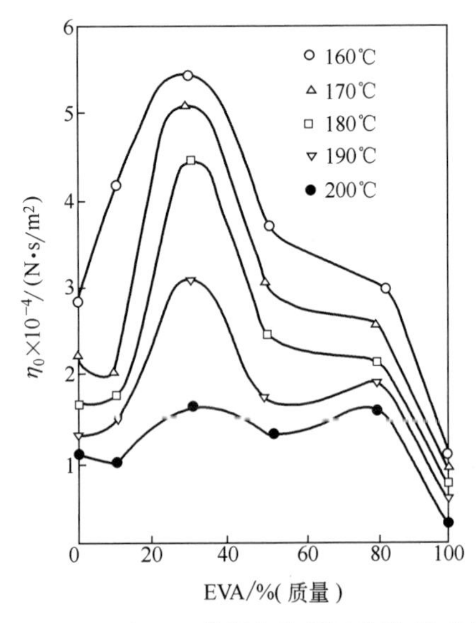

图 9-30 HDPE/EVA 共混物的零切黏度-组成的关系

又如，HDPE/PS 共混体系在 200℃、不同切应力下，黏度与共混配比关系见图 9-31。由图可见，在低切应力时（$\tau_w=0.6\times10^5$Pa），PS 的黏度比 HDPE 大，共混物的黏度在共

混比约为 HDPE/PS＝50/50（质量比）时，经过一个极小值，共混比约为 HDPE/PS＝80/20（质量比）时，经过一个极大值。然而，在高切应力时（$\tau_w = 1.2 \times 10^5$Pa），PS 的黏度变得低于 HDPE，共混物的黏度不出现极小值，但在共混配比约为 HDPE/PS＝80/20（质量比）时，经过一个极大值。

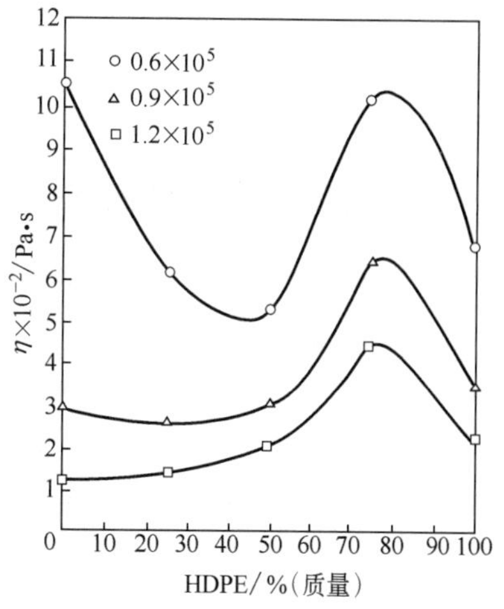

图 9-31　HDPE/PS 共混物在 200℃、不同剪切应力（Pa）下，黏度与共混配比关系

9.3.1.2　填充体系

加入无机填充剂如二氧化钛、碳酸钙、炭黑等，通常使聚合物的黏度增大，弹性减小，如图 9-32 和图 9-33 所示。填充聚合物可视为悬浮体系，Einstein 曾对硬颗粒悬浮体系的黏度做过研究。当填充剂浓度极稀且悬浮介质为牛顿流体时，悬浮体的黏度与填料的体积分数有如下关系

$$\eta/\eta_0 = 1 + 2.5\phi$$

式中　η_0——悬浮介质黏度；

ϕ——填充颗粒的体积分数。

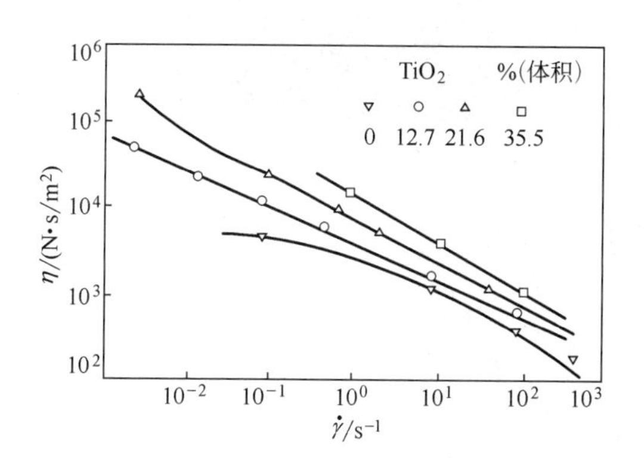

图 9-32　填充 TiO_2 的 HDPE 的黏度-剪切速率关系

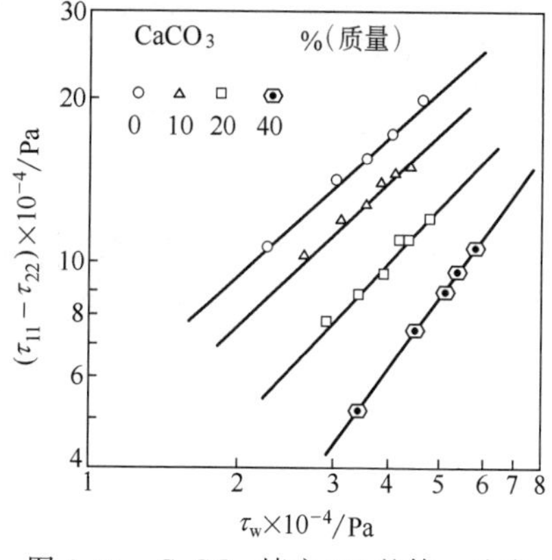

图 9-33　$CaCO_3$ 填充 PP 的第一法向应力差与剪切应力的关系

由于上式有许多限制，实际填充聚合物的黏度尚须通过实验测定或以经验方程描述。

除了填充剂含量外，填料的颗粒形状、粒径大小及分布以及粒子与大分子介质的亲和性等因素都对填充体系的流变性有很大影响。

聚合物-无机填料复合是聚合物改性的重要手段。自从纳米材料问世以来，聚合物纳米复合材料（polymer nanocomposites，PNC）在近 30 年来已成为聚合物材料的研究热点。除了 PNC 的制备、结构、力学性能之外，其熔体复杂的流变行为研究意义重大，包括结构与动态流变性能关系，理论模型预测等等。

聚合物接枝纳米颗粒（polymer grafted nanoparticles，PGNPs）是一类重要的聚合物改性填料。由于表面聚合物链的存在，在一定条件下，PGNPs 可以均匀地分散在聚合物基体中，形成“完全相容性”的聚合物纳米复合材料。近年来，PGNPs 填充聚合物体系的结构

与性能关系研究已成为高分子科学的重要研究课题。其中，新型材料复杂的动态流变行为研究已取得了显著进展，包括：纳米复合体系粒子网络结构、松弛动力学、内核形状对流变行为的影响等等。

9.3.2 流变性能与形态

多相聚合物的流变性与其结构形态密切相关。

一般说来，黏度-组成曲线上存在极大值或极小值都与两相的相互影响及相的转变有关。当共混比改变至一定程度时，连续相和分散相出现相互转变，黏度发生突变。另外，当形成某种流动形态，能增加两相界面的相互作用力时，黏度出现极大值；反之黏度出现极小值。

例如，在高切应力条件下，HDPE/PS共混物的黏度-组成关系已由前面图9-31给出，相应的共混物形态如图9-34所示。

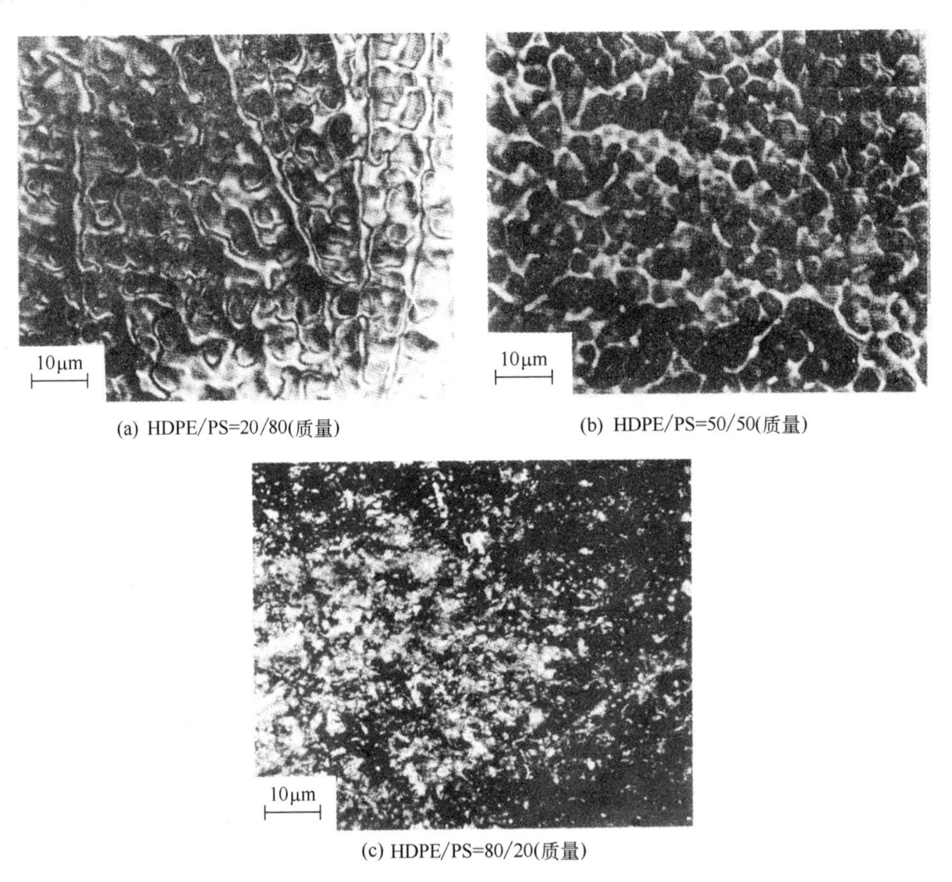

(a) HDPE/PS=20/80(质量)　(b) HDPE/PS=50/50(质量)

(c) HDPE/PS=80/20(质量)

图9-34　冻结的挤出共混物横切面照片

由图9-34中可以看出，当共混比HDPE/PS＝80/20时，共混物黏度达一极大值，共混物的形态与另外两个共混比比较时有很大区别，两相分散得很充分，很难辨别出哪一相为连续相，哪一相为分散相。这种分散状态可以使两相界面间有很强的相互作用力，共混物的流动阻力增大，因此黏度出现一极大值。

共混聚合物的形态除了与黏度有关外，还与混合设备有关。例如，HDPE/PS＝40/60（质量比）的共混物仅用一个单螺杆挤出机共混或使用带静态混合器的单螺杆挤出机共混，其共混物的形态有所不同，见图9-35所示。

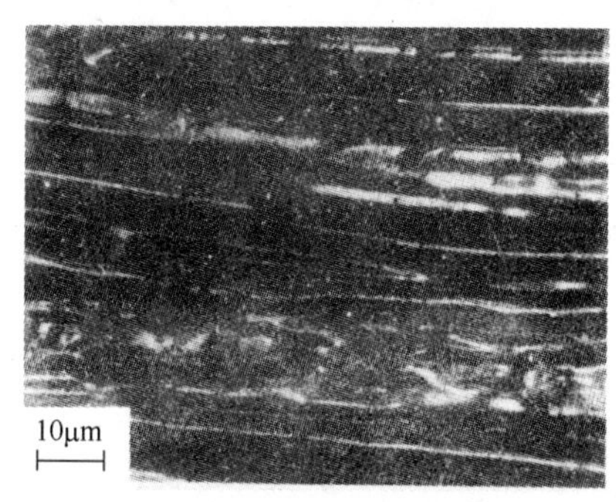

(a) 不带静态混合器的单螺杆挤出机挤出的共混物

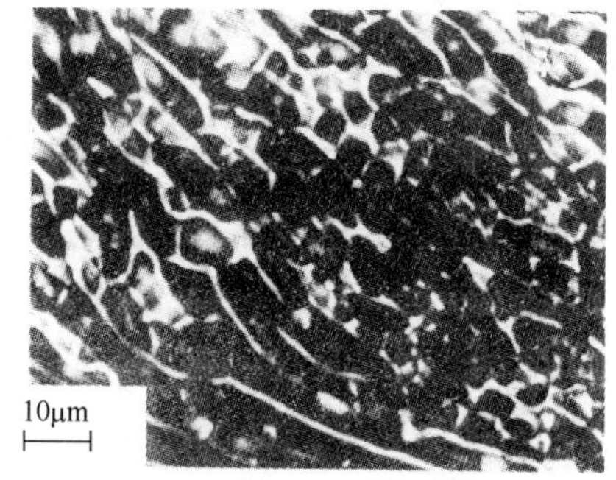

(b) 带有静态混合器的单螺杆挤出机挤出的共混物

图 9-35　HDPE/PS=40/60（质量比）共混物截面（矩形）显微照片

显然，单螺杆挤出机挤出的物料中 HDPE 相形成长纤维状的分散状态，而带有静态混合器的单螺杆挤出机，强化了混合效果，HDPE 相形成很细的小颗粒。

9.4　聚合物熔体的弹性效应

聚合物熔体是一种弹性液体，在切应力作用下，不但表现出黏性流动，产生不可逆形变，而且表现出弹性行为，产生可回复的形变。弹性形变的发展和回复过程都是松弛过程。分子量大、外力作用的时间很短或速度很快、温度在熔点以上不多时，黏性流动的形变不大，弹性形变的效果就特别显著。在成型加工过程中，这种弹性形变及其随后的松弛对制品的外观、尺寸稳定性、“内应力”等有着密切的关系。

9.4.1　可回复的切形变

以同轴圆筒黏度计为例，聚合物熔体的形变可分为可回复形变（recoverable deformation）和黏性流动产生的形变（deformation of viscous flow），见图 9-36。温度高、起始的外加形变大、维持恒定形变的时间长，均可使弹性形变部分减小。从可回复的弹性形变 $\gamma_{弹}$、切应力 τ，可以定义熔体的弹性切模量 G，即

$$\gamma_{弹}=\tau/G \tag{9-36}$$

聚合物熔体的切模量在低切应力（$\tau<10^4\mathrm{Pa}$）时是一常数，约为 $10^3\sim10^5\mathrm{Pa}$。以后，随 τ 增加而增加。

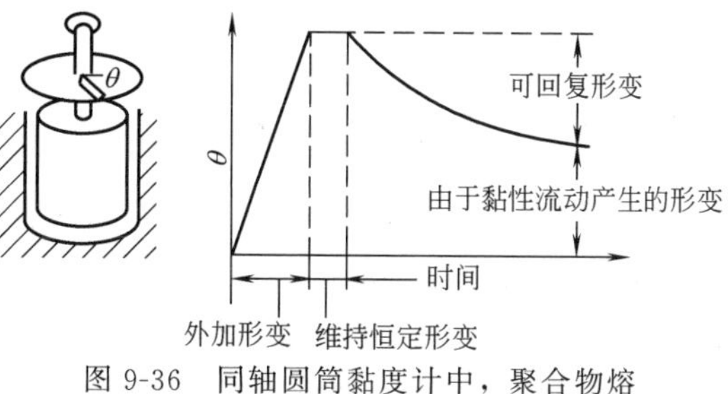

图 9-36　同轴圆筒黏度计中，聚合物熔体的可回复形变与黏性流动形变示意图

弹性形变在外力除去后的松弛快慢由松弛时间 $\tau=\eta/G$ 所决定。如果形变的时间尺度 t 比聚合物熔体的松弛时间 τ 大很多，则形变主要反映黏性流动，因为弹性形变在此时间内几乎都已松弛了。反之，如果形变的时间尺度 t 比聚合物熔体的 τ 值小很多，则形变主要反映弹性，因为此时黏性流动产生的形变还很小。与切黏度相比，聚合物熔体的切模量对温度、液压和分子量并不敏感，但都显著地依赖于聚合物的分子量分布。分子量大，分布宽时，熔体的弹性表现得十分显著。因为分子量大，熔体黏度大，松弛时间长，弹性形变松弛得慢；分子量分布宽，切模量低，松弛时间分布也宽，熔体的弹性表现特别显著。

9.4.2 动态黏度

在交变应力作用下，聚合物熔体的弹性形变与应力同相位，不消耗能量；黏性形变的应变速率与应力同相位，消耗能量。以正弦振动为例，将切应力和切应变用复数表示

$$\gamma(t)=\hat{\gamma}e^{i\omega t} \tag{9-37}$$

$$\tau(t)=\hat{\tau}e^{i(\omega t+\delta)} \tag{9-38}$$

切变速率可表示为

$$\dot{\gamma}(t)=\mathrm{d}\gamma(t)/\mathrm{d}t=i\omega\hat{\gamma}e^{i\omega t} \tag{9-39}$$

如果仍以 $\tau/\dot{\gamma}$ 定义动态黏度，而 $\dot{\gamma}$ 是 $\dot{\gamma}_{黏}$ 和 $\dot{\gamma}_{弹}$ 的总和，则此动态黏度有与 τ 同相位的组分，也有比 τ 落后 90°相位的组分，需用复数黏度 η^* 来表示，即

$$\eta^*=\frac{\tau(t)}{\dot{\gamma}(t)}=\frac{\hat{\tau}e^{i(\omega t+\delta)}}{i\omega\hat{\gamma}e^{i\omega t}}=\left(\frac{\hat{\tau}}{\hat{\gamma}}\right)\frac{e^{i\delta}}{i\omega}=\frac{1}{\omega}\times\frac{\hat{\tau}}{\hat{\gamma}}(\sin\delta-i\cos\delta) \tag{9-40}$$

令

$$\eta'=\frac{1}{\omega}\times\frac{\hat{\tau}}{\hat{\gamma}}\sin\delta,\ \eta''=\frac{1}{\omega}\times\frac{\hat{\tau}}{\hat{\gamma}}\cos\delta \tag{9-41}$$

则

$$\eta^*=\eta'-i\eta'' \tag{9-42}$$

式中 η'——切应力与切变速率同相位（或切应力与切应变相差 $\pi/2$）的黏度，是能量损耗的量度；

η''——切应力与切应变同相位的黏度，是能量储存的量度。

对比复数模量的定义可知

$$\eta'=G''/\omega \tag{9-43}$$

$$\eta''=G'/\omega \tag{9-44}$$

若定义动态拉伸应力作用下材料的复数黏度为 η_t^*，则它与动态拉伸模量的关系为

$$\eta_t'=E''/\omega \tag{9-45}$$

$$\eta_t''=E'/\omega \tag{9-46}$$

9.4.3 法向应力效应

法向应力效应（normal stress effect）（包轴效应）是韦森堡首先观察到的，故又称为韦森堡效应。其现象是：如果用一转轴在液体中快速旋转，聚合物熔体或浓溶液与低分子液体的液面变化明显不同。低分子液体受到离心力的作用，中间部位液面下降，器壁处液面上升，见图 9-37(a)；高分子熔体或溶液受到向心力作用，液面在转轴处是上升的，在转轴上形成相当厚的包轴层，见图 9-37(b) 和图 9 38。

包轴现象是由高分子熔体的弹性所引起的。由于靠近转轴表面熔体的线速度较高，分子链被拉伸取向缠绕在轴上。距转轴越近的高分子拉伸取向的程度越大。取向了的分子有自发恢复到蜷曲构象的倾向，但此弹性回复受到转轴的限制，使这部分弹性能表现为一种包轴的内裹力，把熔体分子沿轴向上挤（向下挤看不到），形成包轴层。

物体在外力（表面力）作用下，内部应力分布状态可用极小的立方体积元来描述。见图 9-39。体积元上的应力情况是各种力的组合，不能用简单的标量或矢量描述，必须用具有两个方向的二阶张量描述。一个二阶张量在三维直角坐标系中可分解为九个分量。

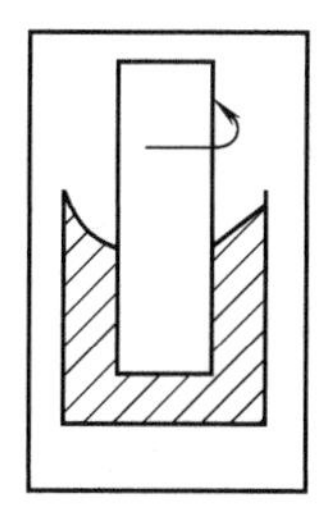
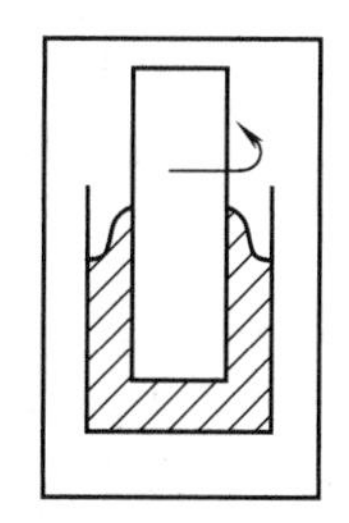

(a) 低分子液体　(b) 聚合物熔体或溶液

图 9-37　在转轴转动时的液面变化

图 9-38　聚异丁烯-聚丁烯溶液中用旋转棒示意的韦森堡效应

$$T=\begin{bmatrix}\sigma_{11} & \tau_{12} & \tau_{13}\\ \tau_{21} & \sigma_{22} & \tau_{23}\\ \tau_{31} & \tau_{32} & \sigma_{33}\end{bmatrix} \tag{9-47}$$

每个分量有两个下标。第一个下标表示应力作用面的法向，第二个下标表示应力的方向。σ_{11}、σ_{22}、σ_{33} 三个分量称为正应力（法向应力），因为它们垂直于所作用的面。其他分量均为切应力。当体积元处于平衡状态下，$\tau_{12}=\tau_{21}$，$\tau_{23}=\tau_{32}$，$\tau_{13}=\tau_{31}$。

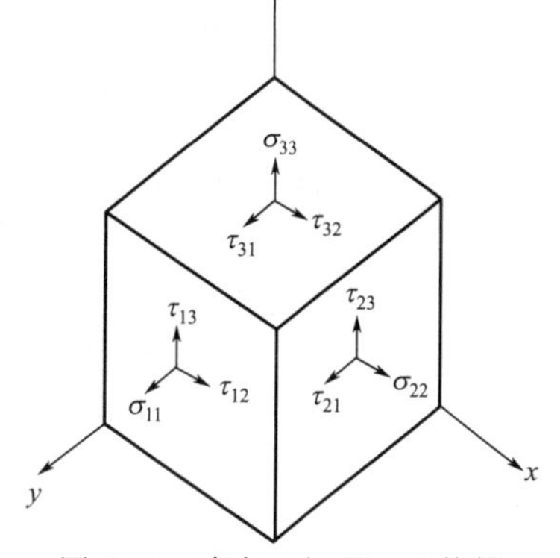

图 9-39　直角坐标系下立体体积元及应力分布

在简单剪切的情况下，三个剪切应力中只有 $\tau_{12}=\tau_{21}\neq 0$，故应力张量

$$T=\begin{bmatrix}\sigma_{11} & \tau_{12} & 0\\ \tau_{21} & \sigma_{22} & 0\\ 0 & 0 & \sigma_{33}\end{bmatrix} \tag{9-48}$$

法向应力关系式如下：

$$\begin{aligned}\sigma_{11}-\sigma_{22}&=N_1\\ \sigma_{22}-\sigma_{33}&=N_2\end{aligned} \tag{9-49}$$

式中，N_1 为第一法向应力差；N_2 为第二法向应力差。

对于牛顿流体，是各向同性的，在受切应力作用而流动时，法向应力差为零。即

$$\begin{aligned}\sigma_{11}-\sigma_{22}&=0\\ \sigma_{22}-\sigma_{33}&=0\end{aligned} \tag{9-50}$$

作为非牛顿流体的聚合物熔体都具有弹性，在受到剪切力作用时会产生法向应力差。

$$\sigma_{11}\neq\sigma_{22}\neq\sigma_{33} \tag{9-51}$$

一般，$N_1>0$ 且随γ 的增大而增加。在低γ 区，其值正比于γ^2；在高γ 区，其值可以比切应力还要大。而 $N_2=\sigma_{22}-\sigma_{33}<0$，在低$\gamma$ 区接近于零，γ 增高时，$|N_2|$ 有所增加。

聚合物熔体第一、第二法向应力差与切变速率的关系见图 9-40。

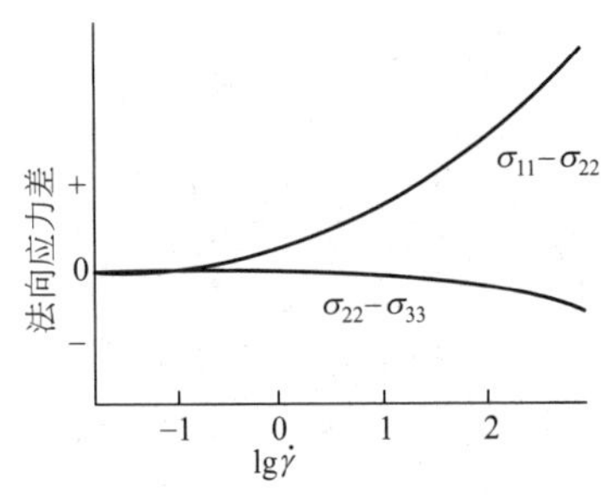

图 9-40 聚合物熔体和溶液中的第一和第二法向应力差随切变速率变化的一般规律

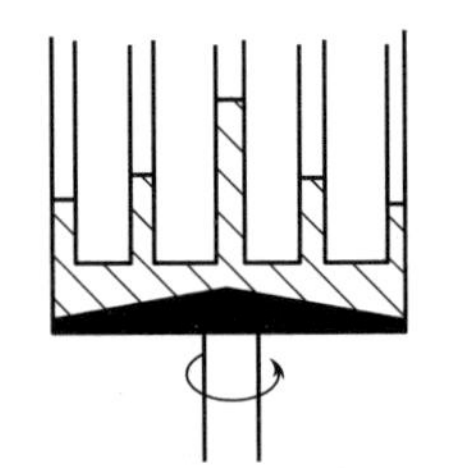

图 9-41 用锥板黏度计演示流动时的法向应力

法向应力差一般可用经过改装的、装有显示管的锥板黏度计来测定。即在仪器的板上钻一些与旋转轴平行的小孔，则法向应力将迫使液体向上涌入小孔，见图 9-41。转速一定时，测定液体沿管上升的高度，就是计算法向应力的一种基本方法，第一法向应力差（N_1）与液体在管中的高度成正比，在旋转轴中心，管中液面最高；离旋转轴中心越远，管中液面越低。

法向应力在加工成型中起着重要的作用。例如，导线的塑料涂层工艺。在发生熔体破裂前，法向应力有助于得到厚度均匀的光滑涂层。如果第二法向应力差为负，则法向应力还能使导线保持在正中心的位置上。

9.4.4 挤出物膨胀

挤出物膨胀（extrudate swelling）或出口胀大（die swell）现象又称巴拉斯效应，是指熔体挤出模孔后，挤出物的截面积比模孔截面积大的现象。当模孔为圆形时，挤出胀大现象可用胀大比 B 来表征。B 定义为挤出物直径的最大值 D_{max} 与模孔直径 D_0 之比。

$$B=\frac{D_{max}}{D_0} \tag{9-52}$$

挤出物膨胀现象也是聚合物熔体弹性的表现。目前公认，至少有两方面因素引起。其一是聚合物熔体在外力作用下进入模孔，入口处流线收敛，在流动方向上产生速度梯度，因而分子受到拉伸力产生拉伸弹性形变，这部分形变一般在经过模孔的时间内还来不及完全松弛，出模孔之后，外力对分子链的作用解除，高分子链就会由伸展状态重新回缩为蜷曲状态，形变回复，发生出口膨胀。另一个原因是聚合物在模孔内流动时由于切应力的作用，表现出法向应力效应，法向应力差所产生的弹性形变在出模孔后回复，因而挤出物直径胀大，见图 9-42。当模孔长径比 L/R 较小时，前一原因是主要的；当模孔长径比 L/D 较大时，后一原因是主要的。

通常，B 值随切变速率 $\dot{\gamma}$ 增大而显著增大。在同一切变速率下，B 值随 L/D 的增大而减小，并逐渐趋于稳定值。温度升高，聚合物熔体的弹性减小，B 值降低。聚合物分子量变高，分布变宽，B 值增大。这是因为分子量大，松弛时间长之故。此外，支化严重影响挤出物膨胀。长支链支化，B 值大大增大。

研究表明，加入填料，能减小聚合物的挤出物膨胀。刚性填料的效果最为显著。

挤出物膨胀比对纺丝、控制管材直径和板材厚度、吹塑制瓶等均具有重要的实际意义。为了确保制品尺寸的精确性和稳定性，在模具设计时，必须考虑模孔尺寸与膨胀比之间的关系，通常模孔尺寸应比制品尺寸小一些，才能得到预定尺寸的产品。

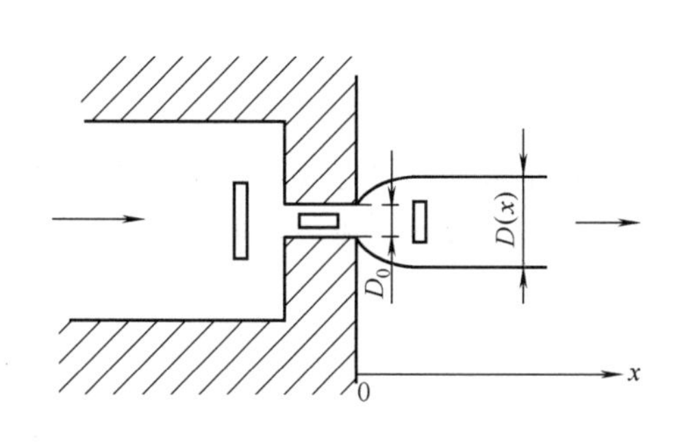

图 9-42　挤出胀大效应中的弹性回复过程示意图

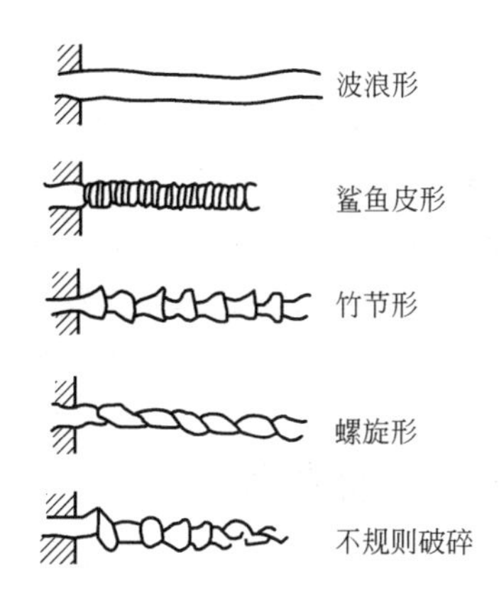

图 9-43　不稳定流动的挤出物外观示意图

9.4.5　不稳定流动

聚合物熔体在挤出时，如果切应力超过一极限值时，熔体往往会出现不稳定流动，挤出物外表不再是光滑的，如图 9-43 所示，最后导致不规则的挤出物断裂，即熔体破裂（melt fracture）。

有多种原因造成熔体的不稳定流动，其中熔体弹性是一个重要原因。

对于小分子，在较高的雷诺数下，液体运动的动能达到或超过克服黏滞阻力的流动能量时，则发生湍流；对于高分子熔体，黏度高，黏滞阻力大，在较高的切变速率下，弹性形变增大，当弹性形变的储能达到或超过克服黏滞阻力的流动能量时，导致不稳定流动的发生。因此，把聚合物这种弹性形变储能引起的湍流称为高弹湍流。

引起聚合物弹性形变储能剧烈变化的主要流动区域通常是模孔入口处、毛细管壁处以及模孔出口处。

不同聚合物熔体呈现出不同类型的不稳定流动。研究表明，可找到某些类似于雷诺数的准数来确定出现高弹湍流的临界条件。

(1) 临界切应力 τ_{mf}　熔体挤出时，当切应力接近 $10^5 N/m^2$ 时，往往使挤出物出现熔体破坏现象。以不同聚合物熔体出现不稳定流动时的切应力取其平均值可得到临界切应力 τ_{mf}。

$$\tau_{mf}=1.25\times10^5 N/m^2 \tag{9-53}$$

(2) "弹性雷诺数"——韦森堡值　"弹性雷诺数" N_w 又称韦森堡值，该准数将熔体破裂的条件与分子本身的松弛时间 τ 和外界切变速率 $\dot{\gamma}$ 关联起来，即

$$N_w=\tau\dot{\gamma}\ （无量纲） \tag{9-54}$$

$$\tau=\eta/G$$

式中　η——聚合物熔体黏度；

G——聚合物熔体的弹性剪切模量。

当 $N_w<1$ 时，熔体为黏性流动，弹性形变很小；当 $N_w=1\sim7$ 时，熔体为稳态黏弹性流动；当 $N_w>7$ 时，熔体为不稳定流动或称弹性湍流。

(3) 临界黏度降　另一个衡量聚合物不稳定流动的临界条件是临界黏度降。即随切变速率增大，当熔体黏度降至零切黏度的 0.025 倍时，则发生熔体破坏。

$$\frac{\eta_{mf}}{\eta_0}=0.025 \tag{9-55}$$

式中　η_{mf}——熔体破裂时的黏度。

对任何聚合物，只要知道 η_0，就可以求出 η_{mf}。

在聚合物的加工过程中，应该尽可能避免熔体的不稳定流动，以确保成型制品的外观和质量。例如，为了避免熔体在模孔入口处的死角，可将模孔入口设计成流线形。此外，提高加工温度，可以使熔体破裂在更高的切变速率下发生。

9.5　拉伸黏度

除剪切流动外，还有一种不可忽视的流动类型，即拉伸流动。拉伸流动在纤维纺丝、薄膜拉伸或吹塑等生产过程中经常发生。通常在流动中凡是发生了流线收敛或发散的流动都包含拉伸流动成分。

拉伸流动的示意图见图 9-44。拉伸流动的特点是液体流动的速度梯度方向与流动方向相平行，即产生了纵向的速度梯度场，此时流动速度沿流动方向改变。

拉伸流动又可按拉伸是沿一个方向或相互垂直的两个方向同时进行而分为单轴和双轴拉伸流动。

特鲁顿发现，对于牛顿流体，拉伸应力 σ 与拉伸应变速率 $\dot{\varepsilon}$ 之间有类似于牛顿流动定律的关系

$$\overline{\eta}=\frac{\sigma}{\dot{\varepsilon}},\ \sigma=\overline{\eta}\dot{\varepsilon} \tag{9-56}$$

式中　$\overline{\eta}$——拉伸黏度（tensile viscosity or extensionas viscosity），又称为特鲁顿黏度。

研究表明，拉伸黏度 $\overline{\eta}$ 是其剪切黏度 η 的 3 倍。即

$$\overline{\eta}=3\eta \tag{9-57}$$

此式称特鲁顿（Trouton）关系式。

在低拉伸应变速率下，聚合物熔体服从特鲁顿关系式。当拉伸应变速率增大时，聚合物熔体的非牛顿性变得显著，其拉伸黏度不为常数，随拉伸应变速率或拉伸应力而变化。

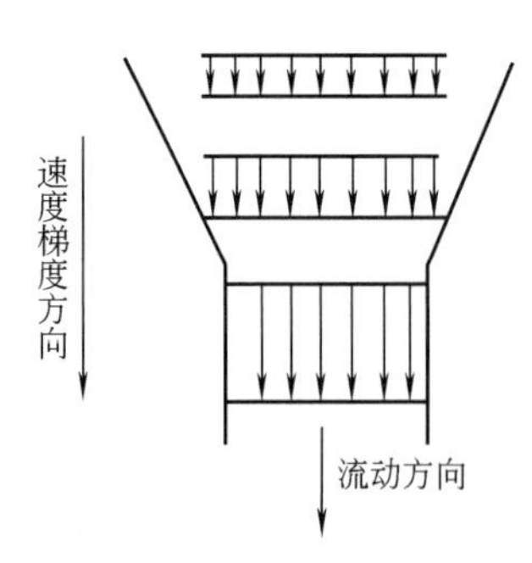

图 9-44　拉伸流动示意图

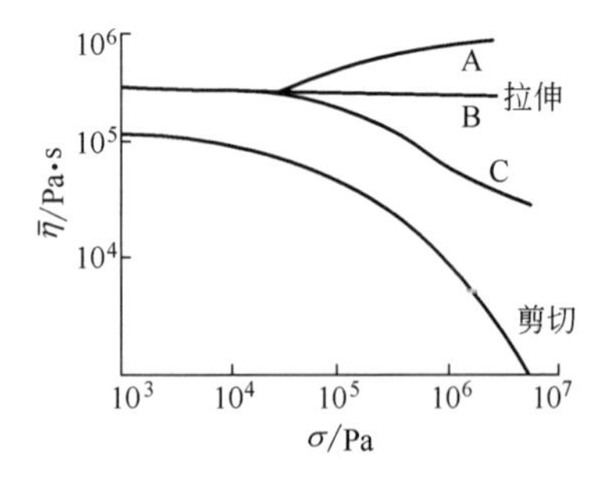

图 9-45　三种典型的拉伸黏度行为（与剪切黏度的比较）

对于不同的聚合物，拉伸黏度随拉伸应变速度或拉伸应力的变化趋势不同。图 9-45 给出了三种典型的拉伸黏度行为。

由图 9-45 可见，一些聚合物的 $\overline{\eta}$-σ 关系如曲线 A 所示，拉伸黏度随拉伸应力的增加而增大，一般支化聚合物如 LDPE 属于此类；另一些聚合物，其拉伸黏度几乎与拉伸应力无关，如丙烯酸类树脂、尼龙 66 以及低聚合度的线形聚合物；还有一类聚合物，拉伸黏度随拉伸应力的增大而减小，一般高聚合度的线形聚合物属于此类，如 PP 等。

除上述聚合物外，研究发现，聚异丁烯、聚苯乙烯的 $\overline{\eta}$ 随 $\dot{\varepsilon}$ 的增大而增大，HDPE 的 $\overline{\eta}$ 随 $\dot{\varepsilon}$ 增大而减小，PMMA、ABS 树脂、聚酰胺、聚甲醛的 $\overline{\eta}$ 与 $\dot{\varepsilon}$ 无关。

多数情况下，剪切黏度随切应力的增加而大幅度下降，但拉伸黏度却随拉伸应力的增加而增加（即使有下降，其下降幅度也很小），因此在大应力的情况下，拉伸黏度不再等于剪切黏度的 3 倍，前者可能较后者大一个甚至两个数量级。

在双轴拉伸情况下，如果 x 方向和 y 方向拉伸形变相同，即 $\dot{\varepsilon}_x=\dot{\varepsilon}_y=\dot{\varepsilon}$，$z$ 方向缩短（变薄），而 $\sigma_x=\sigma_y=\sigma$，则对牛顿流体有如下关系

$$\sigma=\overline{\overline{\eta}}\dot{\varepsilon} \tag{9-58}$$

$$\overline{\overline{\eta}}=2\overline{\eta}=6\eta \tag{9-59}$$

式中　$\overline{\overline{\eta}}$——双轴拉伸黏度。

聚合物熔体的 $\overline{\overline{\eta}}$ 除了在形变速率很小时为常数外，也有形变速率依赖性。

聚合物熔体的拉伸黏度与其分子结构、分子量及分子量分布等因素有关。研究表明，多分散性大的聚合物，其拉伸黏度高。拉伸黏度对聚合物的成型加工具有重要意义，例如，纤维的熔融纺丝与拉伸黏度密切相关，拉伸黏度低，纺丝好。而吹塑、拉弧薄膜等与双轴拉伸黏度有关。

我国高分子科学家、专家的研究和创新贡献

流变行为对聚合物纳米复合材料（polymer nanocomposites，PNC）的成形加工和制品性能有着至关重要的影响，数十年来一直是高分子科学、材料学、物理学、胶体科学等交叉学科的研究热点。然而，PNC 的凝聚态结构复杂，其流变行为受到高分子的化学结构、粒子及其凝聚体结构、粒子-聚合物的界面相互作用、加工工艺等诸多因素的显著影响，导致流变学研究难度大，补强机理、非线性流变、分子弛豫特性等若干基本科学问题长期存在争议。浙江大学高分子系郑强教授主持的课题组对 PNC 复杂体系流变学研究作出了重要贡献。

宋义虎、郑强等将高分子（受限）吸附链视为“粒子相”的必要组成部分，提出了“两相”模型。该模型用应变放大因子来描述高分子“本体相”的微观黏弹性，独立参数少，无需引入界面吸附寿命等人为假设，无需解析高分子动力学信息，即可准确预测 PNC 的动态流变行为。然而，简单地将聚合物非均质结构划分为界面“死”层（玻璃化层）、自由“本体相”的模型简化方法仍然存在着局限性，与 PNC 中聚合物基体动力学受限的基本科学事实不相符合。于是，他们又在“两相”流变模型中引入受限“本体相”动力学参数，可以获得“本体相”终端松弛时间、（粒子引入的）应变放大因子等重要结构参数。进一步发现，PNC 动态流变的时间-浓度叠加原理，揭示了 PNC 补强、耗散行为与频率、粒子浓度有关，即 PNC 复数模量在高频、低浓区服从爱因斯坦黏度方程或其修正方程，而复数模量在高浓、低频区服从粒子拥堵机理。

白炭黑填充天然橡胶的线性流变及其频率-浓度可叠加性补强、耗散行为见图 9-46 所示。

郑强、宋义虎等《粒子填充改性高分子复杂体系流变学及其应用》项目荣获 2014 年浙

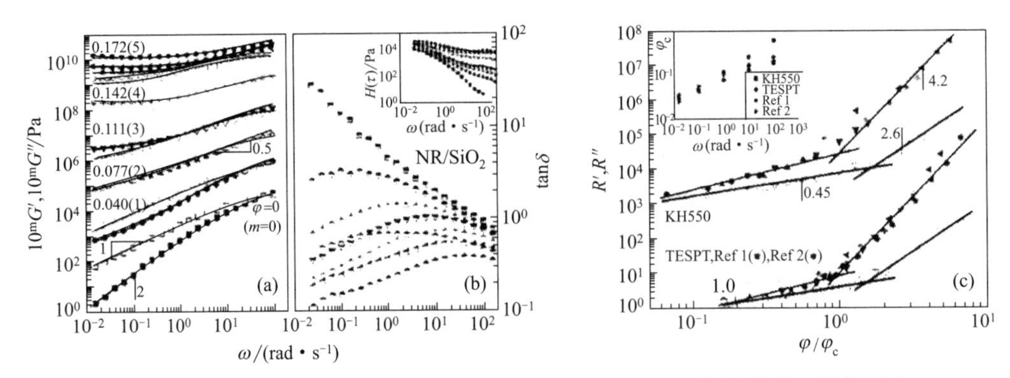

图 9-46 白炭黑填充天然胶的线性流变及其频率-浓度可叠加性补强、耗散行为

江省自然科学一等奖。

高性能的高分子材料大多为多相/多组分体系，其性能主要取决于其形态结构。而多相/多组分聚合物的形态结构与其流变性能密切相关。一方面，多相聚合物体系在加工过程中的流变行为会影响其微观形态结构的形成和发展；另一方面，多相聚合物体系的流变行为对组分间相互作用及形态结构非常敏感。浙江大学高分子系郑强教授主持的课题组在流变学方法确定聚合物共混体系相分离温度研究中，成果显著。

左敏、郑强等利用动态流变参数对浓度涨落和相分离初期相形态差异的不同响应，通过升温或恒温逼近两种方式来判定相分离温度。聚合物共混体系临近相边界时，由于浓度的大幅涨落而导致体系的结构由均相向非均相转变，存在一些特征的热流变行为，尤其在长时松弛区域的动态流变学响应，如弹性增加、损耗角正切 tanδ 的特征峰、松弛时间延长以及时-温叠加原理失效等。由此，即可通过恒温逼近的方法获得体系的相分离温度。此外，通过其反

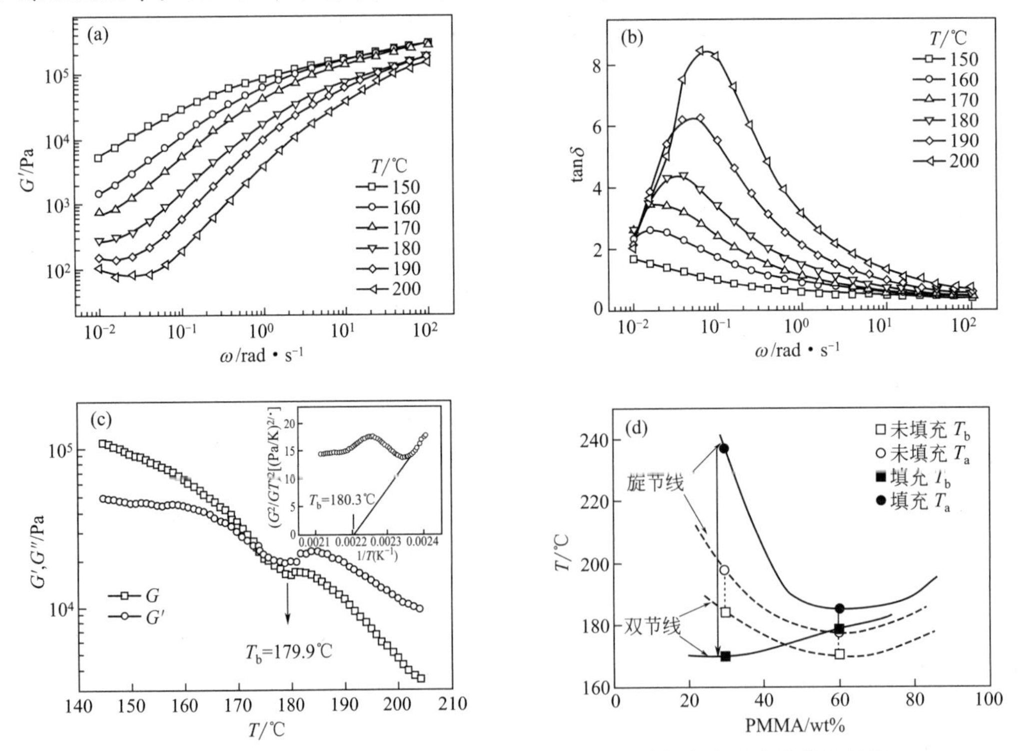

图 9-47 PMMA/SAN(60/40) 体系动态流变行为对频率和温度的依赖性及由此确定的共混和复合体系的相图

常的预转变行为，可由升温流变曲线变化的拐点得到体系的 Binodal 温度，根据平均场理论又可以得到 Spinodal 温度。因此，动态流变学方法既可保证测试过程中聚合物熔体的结构特征几乎不受影响和破坏，且其特征的流变响应又可作为共混体系相分离临界点的有效判据。此外，借助动态流变学方法研究多组分聚合物体系相行为时，不受聚合物本身结构、化学特性和样品透明与否的限制，弥补了其它常规研究相分离手段的不足，并可在线追踪高分子共混和复合体系的相形态演变过程。

PMMA/SAN（60/40）体系动态流变行为对频率和温度的依赖性及由此确定的共混和复合体系的相图见图 9-47 所示。

第 10 章　聚合物的电学性能、热学性能和光学性能

10.1　聚合物的介电性能

聚合物在外场（包括电、力、温度等）作用下，可以产生极化现象 。在外电场作用下，由于分子极化将引起电能的储存和损耗，这种性能称为介电性（dielectric property）。在力场或者变化温度时产生电荷、显示极化的现象分别称为压电性和焦电性。这里主要讨论聚合物的介电极化和介电松弛。

绝大多数聚合物是绝缘体，具有卓越的电绝缘性能，其介电损耗和电导率低，击穿强度高，为电器工业中不可缺少的介电材料和绝缘材料。例如，用于制造电容器，用于仪表绝缘和无线电遥控技术等。

10.1.1　介电极化和介电常数

在外电场的作用下，电介质分子或者其中某些基团中电荷分布发生的相应变化称为极化(Polarization)，包括电子极化、原子极化、取向极化、界面极化等。

电子极化是外电场作用下分子中各个原子或离子的价电子云相对原子核的位移。极化过程所需的时间极短，约为 $10^{-15}\sim10^{-13}$s。当除去电场时，位移立即恢复，无能量损耗，所以也称可逆性极化或弹性极化。

原子极化是分子骨架在外电场作用下发生变形造成的。如 CO_2 分子是直线形结构 O＝C＝O，极化后变成 O═C═O 弯折形（C 在上，两个 O 在下），分子中正负电荷中心发生了相对位移，极化所需要的时间约为 10^{-13}s，并伴随有微量能量损耗。

以上两种极化统称变形极化或诱导极化，其极化率不随温度变化而变化，聚合物在高频区均能发生变形极化。

取向极化又称偶极极化，是具有永久偶极矩的极性分子沿外场方向排列的现象。由于极性分子沿外电场方向的转动需要克服本身的惯性和旋转阻力，所以极化所需要的时间长，一般为 10^{-9}s，发生于低频区域。此外，外电场强度越大，偶极子的取向度越大；温度越高，分子热运动对偶极子的取向干扰越大，取向度越小。对聚合物而言，取向极化的本质与小分子相同，但具有不同运动单元的取向，从小的侧基到整个分子链。因此，完成取向极化所需的时间范围很宽，与力学松弛时间谱类似，也具有一个时间谱，称作介电松弛谱。

界面极化是一种产生于非均相介质界面处的极化，这是由于在外电场作用下，电介质中的电子或离子在界面处堆积的结果。这种极化所需的时间较长，从几分之一秒至几分钟，甚至更长。一般非均质聚合物材料如共混聚合物、泡沫聚合物、填充聚合物等都能产生界面极化，均质聚合物也因含有杂质或缺陷以及晶区与非晶区共存而产生界面极化。测量界面极化一般需用低频技术。

如果在真空平行板电容器中加上直流电压 V，则两极板上将产生电荷 Q_0，电容器的电容为

$$C_0=\frac{Q_0}{V} \tag{10-1}$$

当电容器中充满电介质时，由于电介质分子的极化，两极板上产生感应电荷 Q'，极板电荷增加为 Q，$Q=Q_0+Q'$，此时电容也相应增加为 C

$$C=\frac{Q}{V} \tag{10-2}$$

定义含有电介质的电容器的电容与相应真空电容器的电容之比为该电介质的介电常数（dielectric constant），即

$$\varepsilon=\frac{C}{C_0}=\frac{Q}{Q_0} \tag{10-3}$$

由式(10-3) 可见，电介质的极化程度越大，Q 值越大，ε 也越大。所以介电常数 ε 是衡量电介质极化程度的宏观物理量，它可以表征电介质储存电能的能力。

又因为

$$C_0=\epsilon_0\frac{S}{d} \tag{10-4}$$

式中　S——真空平行板电容器极板的面积；

d——两极板间的距离；

ϵ_0——真空电容率（permittivity of vacuum），其值为 8.85×10^{-12}F/m。

同样

$$C=\epsilon\frac{S}{d} \tag{10-5}$$

式中　ϵ——电介质的电容率（permittivity of electrolyte），表示单位面积、单位厚度电介质的电容值。

所以

$$\varepsilon=\frac{C}{C_0}=\frac{\epsilon}{\epsilon_0} \tag{10-6}$$

聚合物的品种繁多，偶极矩大小不同，介电常数在 1.8～8.4 之间，大多数为 2～4。

介电常数 ε 表示电介质储电能力的大小，是电介质极化的宏观表现。而分子极化率 α 是反映分子极化特征的微观物理量。所谓极化率（polarizability）α，定义为

$$\alpha=\mu_1/(\epsilon_0 E_1) \tag{10-7}$$

式中　μ_1——诱导偶极矩；

E_1——有效电场强度；

ϵ_0——真空电容率。

ε 与 α 之间的关系可由 Clausius-Mosotti 方程给出。

$$\frac{\varepsilon-1}{\varepsilon+2}\times\frac{M}{\rho}=\frac{N_A}{3\epsilon_0}\alpha \tag{10-8}$$

对于非极性分子

$$\frac{\varepsilon-1}{\varepsilon+2}\times\frac{M}{\rho}=\frac{N_A}{3\epsilon_0}\alpha=\frac{N_A}{3\epsilon_0}(\alpha_e+\alpha_a) \tag{10-9}$$

式中　α——分子极化率；

α_e——电子极化率；

α_a——原子极化率；

M——分子量；

ρ——密度；

N_A——阿伏伽德罗常数。

对于极性分子

$$\frac{\varepsilon-1}{\varepsilon+2}\times\frac{M}{\rho}=\frac{N_A}{3\epsilon_0}\alpha=\frac{N_A}{3\epsilon_0}\left(\alpha_e+\alpha_a+\frac{\mu_0^2}{3kT}\right) \tag{10-10}$$

$$\alpha_\mu=\frac{\mu_0^2}{3kT}$$

式中 α_μ——取向极化率；

μ_0——偶极子的固有偶极矩；

k——玻耳兹曼常数；

T——热力学温度。

根据 Maxwell 的电磁辐射理论，可以得知 $\varepsilon=n^2$。这里，ε 是在折射率（refractive index）n 的频率下测量的介电常数，因而方程(10-10）即可导出 Lorentz-Lorentz 方程

$$\frac{n^2-1}{n^2+2}\times\frac{M}{\rho}=\frac{N_A}{3\epsilon_0}\alpha \tag{10-11}$$

10.1.2 介电松弛

实际体系对外场刺激响应的滞后统称为松弛现象，这里讨论介电松弛（dielectric relaxation)。

在交变电场 $E=E_0\cos\omega t$（E_0 为交变电流峰值）的作用下，电位移矢量也是时间的函数。由于聚合物介质的黏滞力作用，偶极取向跟不上外电场变化，电位移矢量滞后于施加电场，相位差为 δ，即

$$D=D_0\cos(\omega t-\delta)=D_1\cos\omega t+D_2\sin\omega t \tag{10-12}$$

式中 D_1——电位移矢量跟上施加电场的部分；

D_2——电位移矢量滞后于施加电场的部分。

$$D_1=D_0\cos\delta$$

$$D_2=D_0\sin\delta \tag{10-13}$$

令

$$\frac{D_1}{E_0}=\varepsilon',\quad \frac{D_2}{E_0}=\varepsilon'' \tag{10-14}$$

则复数介电系数

$$\varepsilon^*=\varepsilon'+i\varepsilon'' \tag{10-15}$$

式中 ε'——实测的介电系数，代表体系的储电能力；

ε''——损耗因子，代表体系的耗能部分；

ε^*——复数介电系数。

通常，用介电损耗角正切（dielectric loss tangent）$\tan\delta$ 表征聚合物电介质耗能与储能之正，即

$$\tan\delta=\varepsilon''/\varepsilon' \tag{10-16}$$

取真空的相对介电常数为 1，则非极性聚合物的介电常数在 2 左右，损耗角正切小于 1×10^{-4}；极性聚合物的损耗角正切在 $5\times10^{-3}\sim1\times10^{-1}$ 之间。表 10-1 列出了某些聚合物的介电常数和损耗因子。

表 10-1　某些聚合物的介电性能（24℃，60Hz）

聚合物	ε'	ε''	聚合物	ε'	ε''
聚乙烯	2.28	0.002	聚甲基丙烯酸甲酯	3.5	0.04
聚苯乙烯	2.5	0.001	聚氯乙烯	3.0	0.01
聚四氟乙烯	2.1	0.0002	尼龙 6	6.1	0.4

前已提及，在交变电场中，介电常数可写成复数形式：

$$\varepsilon^*=\varepsilon'-i\varepsilon''$$

Debye研究表明，复数介电系数（complex dielectric costant）ε^* 与松弛时间 τ 的关系为

$$\varepsilon^*=\varepsilon_\infty+\frac{\varepsilon_s-\varepsilon_\infty}{1+i\omega\tau} \tag{10-17}$$

式中　ε_s——$\omega\to0$ 时的介电常数，即静电介电常数；

ε_∞——$\omega\to\infty$时的介电常数，即光频介电常数。

介电常数为

$$\varepsilon'=\varepsilon_\infty+\frac{\varepsilon_s-\varepsilon_\infty}{1+\omega^2\tau^2} \tag{10-18}$$

$$\varepsilon''=\frac{(\varepsilon_s-\varepsilon_\infty)\omega\tau}{1+\omega^2\tau^2} \tag{10-19}$$

损耗角正切为

$$\tan\delta=\frac{(\varepsilon_s-\varepsilon_\infty)\omega\tau}{\varepsilon_s+\omega^2\tau^2\varepsilon_\infty} \tag{10-20}$$

当 $\omega\to0$ 时，所有的极化都能完全跟得上电场的变化，介电常数达到最大值，即 $\varepsilon'\to\varepsilon_s$，介电损耗最小，即 $\varepsilon''\to0$ 和 $\tan\delta\to0$；当 $\omega\to\infty$时，偶极取向极化不能进行，只能发生变形极化，介电常数很小，$\varepsilon'\to\varepsilon_\infty$，介电损耗也小，$\varepsilon''\to0$；在上述两个极限范围内，偶极的取向不能完全跟上电场的变化，介电常数下降，介电损耗出现峰值。在峰值$\frac{\varepsilon_s-\varepsilon_\infty}{2}$时，外场频率 ω 与某种偶极运动单元的松弛时间的倒数$\frac{1}{\tau}$接近或相当，相应的介电常数的降低为$\varepsilon_s-\varepsilon_\infty$。图 10-1 为 ε'、ε''和 $\tan\delta$ 与 $\lg\omega$ 关系示意图。

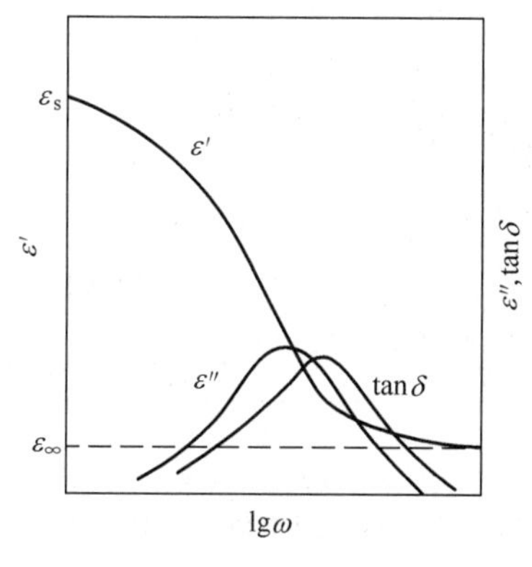

图 10-1　介电松弛的 Debye 图

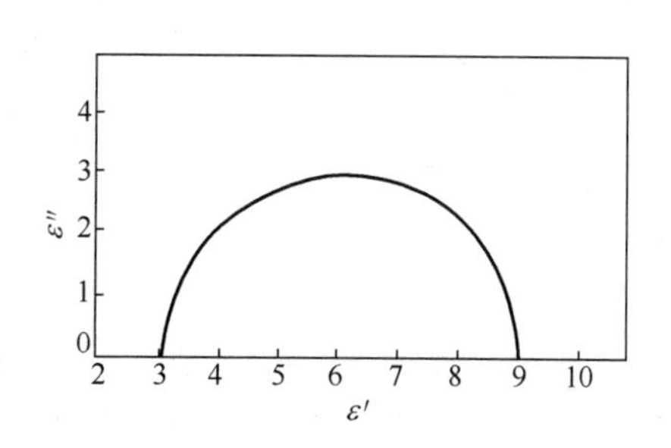

图 10-2　Cole-Cole 图

小分子物质的介电松弛谱（dielectric relaxation spectrum）接近德拜松弛。聚合物的介电松弛谱远比单-德拜松弛宽得多，这是因为介电增量 $\Delta\varepsilon$ 为具有不同松弛时间的、不同尺寸偶极极化贡献的加和。

松弛时间分布的函数形式难以通过实验测得，习惯上常用 Cole-Cole 作图法表征电介质偏离德拜松弛的程度。

将式(10-18) 和式(10-19) 合并，消去 $\omega\tau$，得

$$\left(\varepsilon'-\frac{\varepsilon_s+\varepsilon_\infty}{2}\right)^2+\varepsilon''^2=\left(\frac{\varepsilon_s-\varepsilon_\infty}{2}\right)^2 \tag{10-21}$$

这是一个圆的方程。以 ε'' 对 ε' 作图，对于具有单一松弛时间的体系，得到圆心坐标为 $\left(\frac{\varepsilon_s+\varepsilon_\infty}{2},\ 0\right)$、半径为 $\frac{\varepsilon_s-\varepsilon_\infty}{2}$ 的半圆，称为 Cole-Cole 图，见图 10-2 所示。

Cole 在松弛方程中引进校正因子 β，$0<\beta\leqslant 1$，则

$$\varepsilon^*=\varepsilon_\infty+\frac{\varepsilon_s-\varepsilon_\infty}{1+(i\omega\tau_0)^\beta} \tag{10-22}$$

$$\varepsilon'=\varepsilon_\infty+(\varepsilon_s-\varepsilon_\infty)\frac{1+(\omega\tau_0)^\beta\cos\frac{\beta\pi}{2}}{\left[1+2(\omega\tau_0)^\beta\cos\frac{\beta\pi}{2}+(\omega\tau_0)^{2\beta}\right]} \tag{10-23}$$

$$\varepsilon''=(\varepsilon_s-\varepsilon_\infty)\frac{(\omega\tau_0)^\beta\sin\frac{\beta\pi}{2}}{\left[1+2(\omega\tau_0)^\beta\cos\frac{\beta\pi}{2}+(\omega\tau_0)^{2\beta}\right]} \tag{10-24}$$

当 $\beta=1$ 时，ε'' 对 ε' 作图得一半圆，即德拜松弛的情况。当 $\beta<1$ 时，ε'' 对 ε' 作图偏离半圆而呈圆弧，介电松弛宽度随之增加。图 10-3 为不同摩尔质量聚乙酸乙烯酯的 Cole-Cole 图。

当固定频率条件下，测定试样的介电常数和介电损耗随温度的变化，可得介电松弛温度谱。当温度很低时，聚合物的黏度过大，极化过程太慢，甚至于偶极取向完全跟不上电场的变化，故 ε' 和 ε'' 都很小；随着温度升高，聚合物的黏度减小，偶极可以跟随电场变化而取向，但又不能完全跟上，ε' 迅速上升，ε'' 出现峰值；当温度升到足够高之后，偶极取向已完全跟得上电场的变化，故 ε' 增至最大，而 ε'' 则又降低。图 10-4 为各种频率下，聚合物的介电常数和介电损耗与温度的关系。

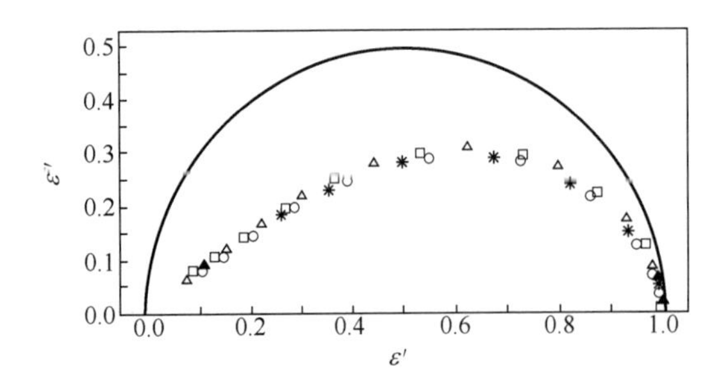

图 10-3 不同摩尔质量聚乙酸乙烯酯的 Cole-Cole 图

＊ 11000g/mol；○ 140000g/mol；□ 500000g/mol；△ 1500000g/mol

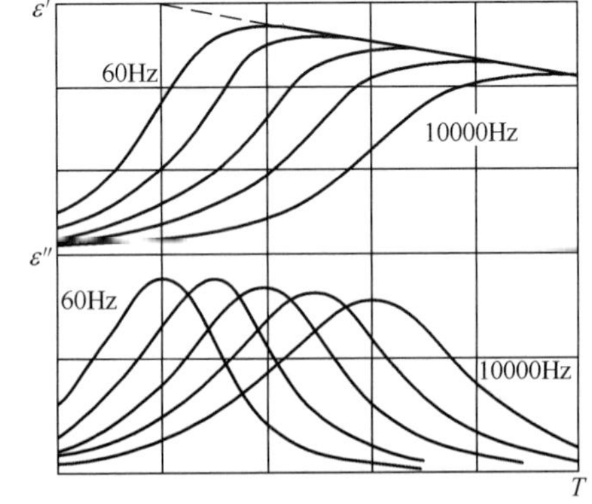

图 10-4 聚合物的介电常数、介电损耗与温度的关系（图中数字为频率大小）

通常，在不太高的温度范围内，取向作用占优势，介电常数随着温度升高而增加。但当温度很高时，分子热运动加剧，促使偶极子解取向，且这种解取向作用占优势，故介电常数将随着温度升高而缓慢下降。

图 10-5 为聚乙烯的介电松弛谱和力学松弛谱的比较。

由图 10-5 可见，两个谱图中最为明显的特性为 α、β、γ 三个主松弛峰对应的温度是接近的，虽然它们的相对松弛强度是不同的。相同类型聚乙烯在两种谱中峰的位置不是精确相同的，原因可能是测量频率不同所致，介电测量的频率较之力学测量的频率要高得多。

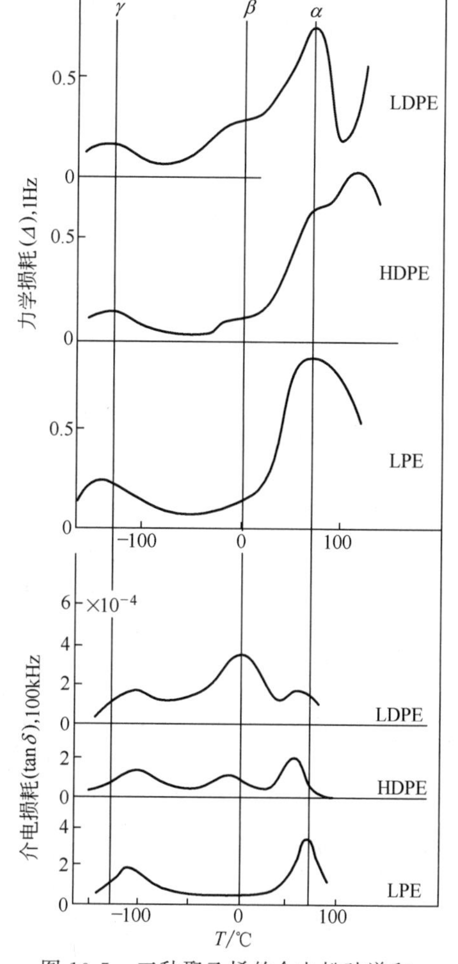

图 10-5　三种聚乙烯的介电松弛谱和力学松弛谱的比较

10.1.3　聚合物驻极体及热释电

将电介质置于高压电场中极化，随即冻结极化电荷，可获得静电持久极化。这种具有被冻结的长寿命（相对于观察时间而言）非平衡电矩的电介质统称为驻极体（electret）。

聚合物驻极体的研究始于 20 世纪 40 年代。目前，聚偏氟乙烯、聚四氟乙烯、聚丙烯等聚合物超薄薄膜驻极体已广泛用作能量转换器件，并在空气净化、骨伤治疗、抗血栓等技术以及医疗领域显示了很大的潜力。

将聚合物薄膜置于两个电极中，在恒定温度（称作极化温度）下施加高压直流电场（场强为几至几十千伏/厘米）进行极化，然后在保持电场的条件下急速降低体系温度致使极化电荷运动冻结，最后再撤离电场。

如果对聚合物驻极体再次施加温度场，已被冻结了的偶极解取向，电极极板上的感应电荷释放，可通过微电流计记录到退极化电流。为了便于实验结果的数学处理，聚合物驻极体的实际放电在等速升温条件下进行。放电过程记录的电流-温度谱就是热释电谱（thermal stimulated current spectrum，TSC）。图 10-6 为 PVC 的热释电谱。其中，α 峰对应于玻璃化主转变，β 峰对应于局部松弛模式。

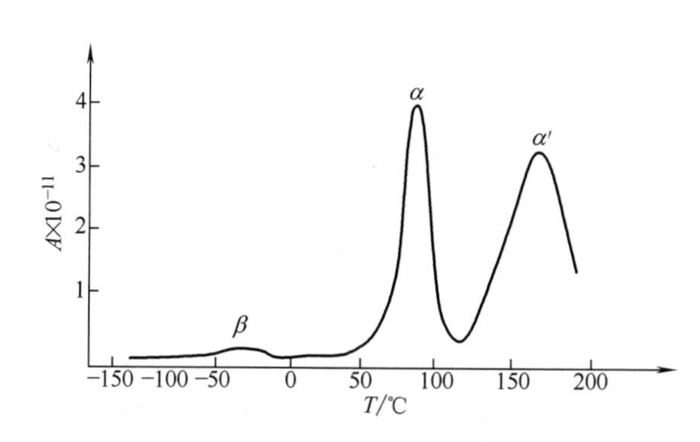

图 10-6　PVC 的 TSC 谱图

（极化电场 10kV/cm，温度 150℃，加热和冷却速率 10℃/min）

TSC 技术属于低频测量，频率在 $10^{-5}\sim10^{-3}$ Hz 范围，测量结果的分辨率之高为以往介电、动态力学等方法所不及。

10.1.4 聚合物的电击穿

在强电场（$10^5 \sim 10^6$ V/cm）中，随着电压升高，聚合物的电绝缘性能会逐渐下降。当电压升到一定数值时，形成局部电导，发生击穿。击穿时，聚合物完全失去电绝缘材料，材料的化学结构遭到破坏。

击穿强度定义为发生击穿时电极间的平均电位梯度，即击穿电压 V 和样品厚度 d 的比值

$$E_b = V/d \tag{10-25}$$

聚合物绝缘材料的击穿强度一般在 10^7 V/cm 左右。

击穿实验是一种破坏性实验，工业上常采用耐压实验。即在聚合物试样上加一额定实验电压，经过一定时间后仍不发生击穿的就算合格样品。

聚合物击穿时，样品的破坏机理可能是多种形式的，如电击穿、电机械击穿、热击穿、化学击穿、放电击穿等。

聚合物绝缘体中总有载流子存在。在弱电场中，载流子从电场中获得的能量在与周围分子的碰撞中大部分消耗了。但当电场强度达到某些临界数值（这对不同材料是不同的）时，载流子从外部电场所获得的能量大大超过它们与周围碰撞所损失的部分能量，将使被撞击的高分子链发生电离，产生新的载流子，如此继续，就会发生所谓的“雪崩”现象，以致电流急剧上升，聚合物发生击穿。这类击穿叫做电击穿。

如果聚合物材料在低于电击穿所需的场强下就发生变形，那么击穿强度主要取决于电机械压缩，即当电压升高时，材料的厚度因电应力的机械压缩作用而减小。一般把电击穿和电机械击穿统称为内部击穿。

在强电场作用下，聚合物偶极取向时为克服介质黏滞阻力所损耗的能量以热的形式耗散。如果材料传导热量的速度不足以及时地将介质损耗的热能散发出去，则内部温度就逐渐升高。而随着温度的升高，电导率增加，介质损耗进一步增大，从而放出更多的热量，使温度继续升高。如此循环的结果导致聚合物的破坏称为热击穿。显然，热击穿一般都发生在散热最差、软化点低的极性聚合物中。

化学击穿是聚合物绝缘体在高压下长期工作后出现的。由于高电压的作用能在聚合物表面或缺陷、小孔等处引起局部的空气碰撞电离，从而引起电导的增加直至发生击穿。

放电击穿与聚合物内部存在的微孔或微缝有关。在微孔或微缝中的电场强度将高于平均电场强度，而气体本身的击穿电场强度又很低，因而，在较低的平均电场强度之下，聚合物中的孔缝容易以气体火花放电的形式被击穿。

聚合物材料的实际击穿，通常不只是一种机理，可能是多种机理的综合结果。

聚合物击穿强度数值不仅取决于本身的结构，还随外界测试条件而变化。电极的形状和大小、升压速率、电场频率、温度和试样的厚度等都是影响击穿强度的因素。因此，在实验聚合物击穿强度时，必须严格规定测试条件，否则，测试结果将无法比较。

10.1.5 聚合物的静电现象

任何两个固体，不论其化学组成是否相同，只要它们的物理状态不同，其内部结构中电荷载体能量的分布也就不同。当这样两个固体互相接触或摩擦时，它们各自的表面就会发生电荷再分配，重新分离后，每一个固体都将带有比接触前过量的正（或负）的电荷，这种现象称为

静电。聚合物在生产、加工和使用过程中，相互之间或与其他材料、器件之间发生接触以致摩擦是十分普遍的，这时如果在聚合物中几百个原子里转移一个电子就会使聚合物带上相当大的电荷量，变成带电体。例如塑料从金属模具中脱离出来时就会带电，合成纤维在纺织过程中也会带电，塑料、纤维和橡胶制品在使用过程中产生静电更为常见。

静电现象虽然早已为人们所熟悉，但是，对其形成机理尚处于研究之中。

接触起电的研究表明，两种物质接触起电与它们的功函数差有关。所谓功函数（电子伏特）或称逸出功，就是电子克服原子核的吸引作用从物质表面逸出所需的最小能量。具有不同功函数的两种物质接触时，在界面上将产生电场，其接触电位差与功函数之差成正比，在电场作用下，电子将从功函数小的一方向功函数大的一方转移，直至接触界面上形成的双电层产生的反向电位差与接触电位差相抵消时为止。结果，功函数高的物质带负电，功函数低的物质带正电。

起电原理最初是从研究两种金属接触时得到。实际上，聚合物与金属、聚合物与聚合物接触时，界面上也发生类似的电荷转移。表 10-2 给出了若干聚合物的功函数（以金为参考值）。

表 10-2　聚合物的功函数

聚合物	功函数/eV	聚合物	功函数/eV
聚氯乙烯	4.85±0.2	聚对苯二甲酸乙二酯	4.25±0.10
聚酰亚胺	4.36±0.06	聚苯乙烯	4.22±0.07
聚碳酸酯	4.26±0.13	尼龙 66	4.08±0.06
聚四氟乙烯	4.26±0.05		

摩擦起电的情况要比接触起电复杂得多。轻微摩擦时的起电特征与接触起电相同，但在剧烈摩擦时，局部接触面以较高速度相互运动，聚合物发热甚至软化，有时两接触面间还有质量交换，其起电机理至今尚不完全清楚。实验结果表明，金属与聚合物摩擦起电，所带电荷的正负基本上由它们的功函数大小决定。而聚合物与聚合物摩擦时，一般认为，介电常数大的聚合物带正电，介电常数小的带负电。根据聚合物摩擦起电所带电荷的符号，可以把它们排列成摩擦起电顺序，如表 10-3 所示。任何两种聚合物摩擦时，排在前面的聚合物带正电，后面的带负电。将表 10-3 和表 10-2 比较可见，聚合物的摩擦起电顺序与其功函数大小顺序是基本一致的。

表 10-3　聚合物的摩擦起电顺序

+ ——————————————→ −

聚氨酯	尼龙66	纤维素（棉）	乙酸纤维素	聚甲基丙烯酸甲酯	维尼纶	涤纶	聚丙烯腈	聚氯乙烯	聚碳酸酯	氯化聚醚	聚偏二氯乙烯	聚苯醚	聚苯乙烯	聚乙烯	聚丙烯	聚四氟乙烯

由于一般聚合物的电绝缘性很好，它们一旦带上静电，则这些电荷的消除很慢。静电的积聚，在聚合物加工和使用中造成了种种问题。第一，表面电荷能引起材料个别部分相互排斥或吸引等静电作用，给一些工艺环节带来很大困难。例如聚丙烯腈纤维因摩擦产生的静电会使纺丝、拉伸、加捻、织布等各道工序都难以进行。第二，静电作用往

往影响产品的质量。例如录音磁带由于涤纶片基的静电放电会产生杂音；电影胶片由于表面静电吸尘会影响其清晰度；静电也是衣着污染的重要起因之一。第三，静电作用有时可能影响人身或设备的安全。例如聚合物加工时静电电压有时可高达上千甚至上万伏，周围如有易燃易爆物品，就会造成重大事故。因此，消除静电是聚合物加工和使用中一个重要的实际问题。

为了消除或减少静电，通常可加入抗静电剂来提高材料的表面电导率，使带电的聚合物材料迅速放电以防止静电的积聚。常用的抗静电剂为表面活性剂，其一端带有亲水基团，另一端带有疏水基团。在聚合物表面涂布表面活性剂，其疏水基团向下，亲水基团向上，亲水基团吸附空气中的水分子，形成一层导电水膜，聚合物表面的静电就可从水膜带走。例如，烷基二苯醚磺酸钾可用作聚酯电影片基的抗静电剂涂层；季胺类、吡啶类、咪唑衍生物等阳离子和非离子型活性剂常用作塑料的抗静电剂。

聚合物的静电现象一般是有害的，但是有时也有一定的作用。例如，人们利用聚合物很强的静电现象研制成静电复印、静电记录等新技术，推动了科研和生产的进步。

10.2 聚合物的导电性能

1977 年，白川英树（H. Shirakawa）、A. G. MacDiarmid 和 A. J. Heeger 等发现，聚乙炔薄膜经电子受体掺杂后，电导率增加了 9 个数量级，即从 10^{-6}S/cm 增加到 10^{3}S/cm。这一发现，打破了聚合物都是绝缘体的传统观念，开创了导电聚合物的研究领域。此后，人们又相继发现聚吡咯（PPy）、聚苯胺（PAn）、聚噻吩（PTh）等共轭聚合物经掺杂后都具有导电性，从而，大大拓宽了导电聚合物（conductive polymer）的研究范围。三位科学家获得 2000 年度诺贝尔化学奖。

10.2.1 聚合物的电导率

物质内部存在着传递电流的自由电荷，这些自由电荷通常称之为载流子，它们可以是电子、空穴，也可以是正、负离子。所谓电导，即载流子在电场作用下通过介质的迁移。为此，材料导电性的优劣，应该与其所含载流子的多少以及载流子的运动速度有关。

当试样加上直流电压 U 时，如果流过试样的电流为 I，则试样的电阻 R 为

$$R=\frac{U}{I} \tag{10-26}$$

试样的电导（conduction）G 为电阻的倒数

$$G=\frac{1}{R}=\frac{I}{U} \tag{10-27}$$

电阻和电导的大小又与试样的几何尺寸有关。

$$R=\rho\frac{D}{S}\quad \rho=R\frac{S}{D} \tag{10-28}$$

$$G=\sigma\frac{S}{D}\quad \sigma=G\frac{D}{S} \tag{10-29}$$

式中 D——试样厚度；

S——试样面积；

ρ——电阻率，电导率的倒数，Ω・m；

σ——电导率（conductivity），定义为单位电位下，流过 $1cm^3$ 材料的电流，$\Omega^{-1}\cdot m^{-1}$。

显然，电阻率或电导率均与试样的尺寸无关，而只有决定于材料的性质，故可用来表征材料的导电性，见表 10-4 所示。

表 10-4 各种材料的导电性评价

材 料	电阻率/$\Omega\cdot m$	电导率/$\Omega^{-1}\cdot m^{-1}$	材 料	电阻率/$\Omega\cdot m$	电导率/$\Omega^{-1}\cdot m^{-1}$
绝缘体	$10^{13}\sim10^{7}$	$10^{-18}\sim10^{-7}$	导体	$10^{-5}\sim10^{-8}$	$10^{5}\sim10^{8}$
半导体	$10^{7}\sim10^{-5}$	$10^{-7}\sim10^{5}$	超导体	10^{-8} 以下	10^{8} 以上

有时，需要分别表示材料表面和内部的不同导电性，则可用表面电阻率和体积电阻率表示。如果将试样置于电极之间，外加直流电压 V，测得流经整个试样的电流 I_v，则可得到体积电阻 R_v，进而求出体积电阻率 ρ_v。如果将试样的一个面上放置两个电极，如图 10-7 所示，施加直流电压 V，测得沿两电极试样表面层上流过的电流 I_s，则可得到表面电阻 R_s，进而求出表面电阻率 ρ_s。

$$\rho_v=R_v\frac{S}{D}=\frac{U}{I_v}\times\frac{S}{D} \tag{10-30}$$

$$\rho_s=R_s\frac{l}{b}=\frac{U}{I_s}\times\frac{l}{b} \tag{10-31}$$

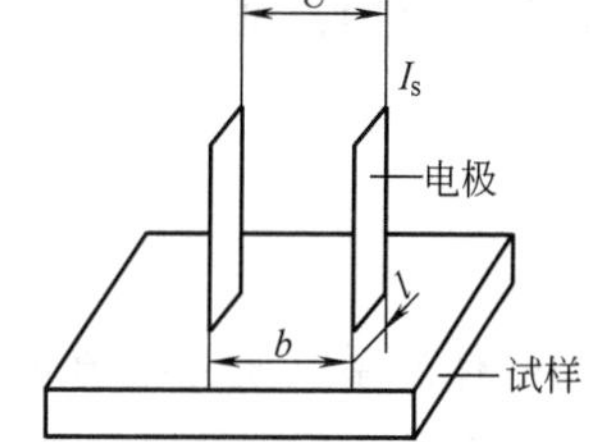

图 10-7 刀形电极示意图

研究表明，材料导电性的好坏与载流子所带电荷量 q、迁移速率 v 以及载流子的密度 N 有关。这里，迁移速率 v 与电场强度 E 成正比，比例系数为迁移率，以 μ 表示。

对于长度和截面积均为 1 的单位立方体试样，电流和电压可表示为

$$I_u=Nq\mu E \tag{10-32}$$

$$U_u=E \tag{10-33}$$

则宏观物理量电导率 σ 与微观物理量载流子密度 N、电荷 q、迁移率 μ 之间存在下列关系

$$\sigma=Nq\mu \tag{10-34}$$

10.2.2 导电聚合物的结构与导电性

研究表明，欲获得有机导体或导电聚合物，即增加高分子晶体的电导性，必须设法使电子云在分子内和分子间有一定程度的交叠。具体途径为：①将小分子合成为一维或二维大共轭体系聚合物；②使共轭平面分子内 π 电子云在分子间交叠。

10.2.2.1 具有共轭双键的聚合物

一些具有共轭双键结构的有机小分子化合物如蒽具有半导体的性质，这种共轭双键结构体系的半导体性能是与 π 电子的非定域化有关的。双键由一对 σ 电子和一对 π 电子构成，在具有共轭双键的化合物中，σ 电子定域于 C—C 键上，2 个 π 电子并没有定域在该 C—C 键上，它们可以从一个 C—C 键转移到另一个 C—C 键。分子内 π 电子云的重叠产生了为整个分子共有的能带，类似于金属导体中的自由电子。实验证明，π 电子沿着分子链的迁移率与它所表现出的增高的电导是相对应的。

具有共轭双键的聚合物常具有半导性甚至导电性。例如，聚炔类的聚乙炔和聚苯乙炔，它们的电子云在高分子内交叠，只是由于分子量不高，而且共轭不完善，才是半导体。再如，聚硫化氮 $(SN)_n$ 单晶在分子链方向具有金属电导，其分子结构为共轭双键。焦化聚合

物中，以聚丙烯腈的热解处理研究得最为充分。在200～300℃、有氧存在时，形成含亚氨基官能团的共轭六元环，继而在惰性气氛中300℃以上处理，主链脱氢生成全共轭梯形结构。再继续升温到600℃以上，脱去NH_3或HCN后，即可得到延伸平面的类石墨层内结构，在其纤维轴方向呈现金属电导。

10.2.2.2 电荷转移型聚合物（charge transfer polymer）

电荷转移络合物是一种分子复合物，它是在电子给体分子D和电子受体分子A之间由于电子从分子D部分或完全地转移到分子A上而形成的络合物（complex），这种分子络合物可用［$D^{\delta+}A^{\delta-}$］表示，这里δ代表了相互作用的强度。这类电荷转移相互作用是电性质的，它比范德华力强些，但是通常比离子或共价键弱些。这样形成的电荷转移复合物的偶极矩和导电性都已不同于起始分子。

聚合物电荷转移络合物通常是由聚合物给体和小分子受体之间靠电荷的部分转移而形成，其中以四氰基对二亚甲基苯醌（TCNQ）

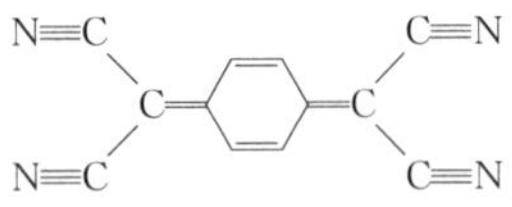

N≡C　　　　C≡N
C=⟨苯醌环⟩=C
N≡C　　　　C≡N

等为受体的系列研究报道较多。

π体系电荷转移复合物中，给体和受体都是共轭的平面分子，在晶体中以分子柱的形式堆砌，在一条有π电子云相互作用的平面分子柱里，对电子的运动呈现一维的周期性位能，形成能带，其带宽视相邻平面分子间π电子云的交叠程度而异。当柱中平面分子堆砌的间隙均一而且有最小的面间距即有最大的π电子云交叠时，能带最宽，最有利于导电性。

另一类电荷转移型聚合物是离子自由基盐聚合物（ion radical-salt polymer）。即以电子给体聚合物与小分子受体（如卤素）经电荷转移组成为正离子自由基盐聚合物；或由正离子型聚合物（包括主链为正离子）与TCNQ类受体分子的负离子自由基组成负离子自由基盐聚合物。例如，聚乙烯吡啶体系可示意如下：

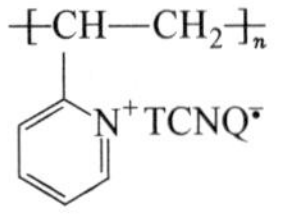

$$\text{+CH—CH}_2\text{+}_n$$

（吡啶环）$N^+TCNQ^{\cdot-}$

电导率高的聚2-乙烯基吡啶碘的复合物已用作锂-碘电池的固体电解质。这类聚合物中给体和受体之间电荷发生了完全的转移。

10.2.2.3 掺杂（doping）

聚乙炔类共轭聚合物电导率不高。研究发现，将聚乙炔薄膜暴露在Cl_2、Br_2或I_2等卤素蒸气中时，其电导率竟然能增加9个数量级，这就是所谓掺杂。

与饱和聚合物比较，共轭聚合物能隙小，电离位小，电子亲和力大。这类聚合物极易与某些电子受体或给体发生电荷转移。为此，聚乙炔类共轭聚合物化学掺杂的实质就是电荷转移。

若用P表示共轭聚合物的基本结构单元（如聚乙炔中的—CH═），P_n代表共轭聚合物，y表示掺杂剂浓度，则化学掺杂过程的电荷转移反应可用下列式子示意

$$P_n + nyA \longrightarrow (P^{+y}A_y^-)_n$$

$$P_n + nyD \longrightarrow (P^{-y}D_y^+)_n$$

可以看出，虽然受体 A 或给体 D 分子分别接受或给出了一个电子，变成了负离子 A^- 或正离子 D^+，但是共轭聚合物中每个单元链节 P 却只有 y 个电子发生了迁移（y 值很小，一般小于 0.1），或者说在掺杂过程中仅发生了部分电荷转移，这种部分电荷转移正是提高掺杂共轭聚合物电导性的重要原因。

实验证实，碘在掺杂聚乙炔时，以 I_3^- 和 I_5^- 离子形式存在

$$3I_2 + 2e \longrightarrow 2I_3^-$$

$$I_3^- + I_2 \longrightarrow I_5^-$$

用 $FeCl_3$ 掺杂聚乙炔时，以 $FeCl_4^-$ 离子的形式出现

$$2FeCl_3 + e \longrightarrow FeCl_4^- + FeCl_2$$

共轭聚合物掺杂过程的电荷转移是个可逆过程。因此，控制其掺杂和脱掺杂作用，为导电聚合物开辟了新的应用前景。例如，利用聚乙炔的掺杂和脱掺杂现象，可以充放有机二次电池。又如，由于掺杂、脱掺杂发生绝缘体-金属相变时，吸收光谱改变，聚合物颜色也随之改变，故导电聚合物又可用作电致变色显示元件。

AsF_3 掺杂聚乙炔是研究得最充分并已商品化的导电高分子薄膜。此外，聚苯胺、聚吡咯、聚噻吩等共轭体系聚合物及其掺杂的研究也已获得了不同程度的进展。

同样，焦化聚合物如焦化聚丙烯腈、人造石墨等也可通过掺杂进一步增高电导率。

表 10-5 列出了若干典型的 π 共轭导电聚合物的电导率。

表 10-5　典型的 π 共轭导电聚合物的电导率

聚　合　物	英文名称(简称)	掺　杂　剂	电导率 σ/S · cm^{-1}
聚乙炔	polyacetylene(PA)	I_2,AsF_5,$FeCl_3$,$SnCl_4$,Li^+,Na^+,ClO_4^-,NR_4^+ 等	$10^3 \sim 2\times10^5$
聚噻吩及其衍生物	polythiophene(PTh)	I_2,SO_4^{2-},$FeCl_3$,$AlCl_4^-$,Li^+,ClO_4^-,BF_4^-,NMe_4^+ 等	10～600
聚吡咯及其衍生物	polypyrrole(PPy)	ClO_4^-,BF_4^-,SO_4^{2-},I_2,Br^- 等	10^3
聚对亚苯基	poly(p-phenylene)(PPP)	AsF_5,SbF_5,ClO_4^-,Na^+,Li^+ 等	$10^2 \sim 10^3$
聚苯胺	polyaniline(PAn)	ClO_4^-,BF_4^-,SO_4^{2-} 等	10^2
聚苯并噻吩	poly(isothianaphthalene)	ClO_4^- 等	10^2
聚对苯乙炔	poly(phenylene vinylene)(PPV)	I_2,AsF_5 等	5×10^3
聚噻吩乙炔	poly(thiophene vinylene)(PTV)	I_2 等	2.7×10^3
聚双炔及其衍生物	polydiacetylene(PDA)	无,I_2	$10^{-2} \sim 10^0$
一维石墨		无	$10^2 \sim 10^3$
聚苯硫醚	poly(phenylene sulfide)(PPS)	AsF_5	10^0

注：1. 表中列出的是已报道的以各种不同方法合成的材料的最大值。作为参照，金属铜在室温下 σ 为 $5.5\times10^5 \Omega^{-1} \cdot cm^{-1}$。

2. 聚苯并噻吩是一种可以透过大部分可见光的透明性导电聚合物。

10.2.3　离子电导

离子电导（ionic conduction）是指离子质量在电场作用下通过介质的传导。

离子电导的判据是质量的传递。离子是一种电解产物，如酸、碱，盐在溶液中或多或少能离解成荷电体。聚合物经过长时间通电，若在电极附近的材料中有电解产物沉析，则可确定为离子电导机理。

在含有离子型载流子的聚合物体系中，如离子键聚合物、高分子聚电解质、含有能电离基团或加进某些离子性材料时，离子电导起着主导作用。

有些聚合物分子自身能离解，提供离子型载流子。例如，聚酰胺结构内，相邻两个酰胺基可发生自离解，跟随而来的是质子转移和质子、电子转移。在聚烯烃中也有类似的电导机理。

除了聚合物自身离解外，在外场作用下，还可发生场助离解。此外，在合成、加工和使用过程中，进入聚合物材料的催化剂、添加剂填料及水分和其他杂质的解离，都可以提供导电离子。特别是对于导电率很低的非极性聚合物，这些外来离子成为导电的主要载流子。

长期以来，提及离子电导型聚合物，一般指聚电解质或者含有大量溶剂的极性聚合物体系。实际上，它们的电导率量级很低。1973 年，P. V. Wright 首次发现一种含杂原子的结晶聚合物聚环氧乙烷$\left[O-(CH_2)_2\right]_n$(PEO) 碱金属盐（$M^+X^-$）络合物可以增高电导性能。晶区内两条主链呈内径为 2.6Å 的双螺旋结构，此通道恰好适宜于半径较小的 Na^+、Li^+ 等阳离子，且 Li^+ 最佳。因为 Li 是固体电池通用的电极材料。此后，一类新型导电聚合物——快离子导体问世，已研制出电导率为 $10^{-4}\Omega^{-1}\cdot cm^{-1}$ 的络合物。

快离子导体这类络合物具有制备成高能密度薄膜电池的诱人前景。在计算机微型化、城市交通电气化等方面有着很大的应用潜力。但是，以 PEO、PPO 为母体的络合物不易同时满足高离子电导率和优良力学性能及加工成膜等性能。科学家们又将 PEO、PPO 及 PEO 和 PPO 的共聚物与异腈酸酯形成聚氨酯型三维交联网，提高了络合物的综合性能，是一种理想的高性能材料。

对于上节所讨论的共轭聚合物、聚合物电荷转移络合物、聚合物自由基-离子化合物和有机金属聚合物等，聚合物导体、半导体则有强的电子电导。例如，共轭聚合物中，分子间的电子迁移是通过“跳跃”（hopping）机理来实现的。

综上所述，从导电机理来看，聚合物存在电子电导（electronic conduction），也存在着离子电导（ionic conduction）两种，即载流子（charge），可以是电子、空穴，也可以是正、负离子。电导各有其特点，但在多数聚合物中，由于导电性很小，确定它属于哪一种导电机理并不容易。实际上，在聚合物中，可能两类载流子同时存在，两种导电机理都起作用。试验条件的影响还增加了鉴别的复杂性。

10.2.4 电致发光共轭聚合物、共轭聚合物光伏材料和太阳能电池

导电聚合物领域的研究发展趋势为：从 20 世纪 80 年代掺杂态导电聚合物的研究，到 90 年代逐渐转移到以聚合物电致发光材料和器件等的研究为主，再到 2005 年之后又逐渐向共轭聚合物光伏材料和聚合物太阳能电池的研究方向调整。

10.2.4.1 电致发光共轭聚合物

发光是把其它能量转换为光能的过程。电致发光（electroluminescence）是指发光材料在电场作用下受到电流和电场的激发而发光的现象。发光源于电子从高能级向低能级的辐射跃迁。一个原子的核外电子按能量从低到高分布在不同轨道上，处于平衡态，并不发光。当外层的一个电子被激发到能量更高的轨道上，该原子处于激发态，这个电子是不稳定的，将立即回到原来的轨道，把多余的能量发出，即可发光。

有机分子处于 n 轨道、π 轨道、σ 轨道的电子是基态的，吸收能量就可进入能量较高的 π^* 轨道、σ^* 轨道，这就是激发态。其中，以 $n\rightarrow\pi^*$ 和 $\pi\rightarrow\pi^*$ 最为重要。因为 σ 键的能量比 π 键低，而 σ^* 键的能量比 π^* 键高，所以实现 $\pi\rightarrow\pi^*$ 跃迁比 $\sigma\rightarrow\sigma^*$ 跃迁所需的能量低，更容易实现。而 $n\rightarrow\pi^*$ 跃迁甚至比 $\pi\rightarrow\pi^*$ 跃迁所需能量更低。但一般情况下，$\pi\rightarrow\pi^*$ 跃迁概率

要比 $n\rightarrow\pi^*$ 跃迁概率大很多。这是因为 n 轨道与 π^* 轨道相互垂直，两者的交叠非常小，故 $n\rightarrow\pi^*$ 跃迁是空间禁阻的，而 π 轨道与 π^* 轨道之间的跃迁却是允许的，因此跃迁概率大。

首次实现电致发光的聚合物是共轭的聚苯乙炔（PPV），其半导体特性来自沿高分子链的非局域 π 键，发光就来自于电子在 π 和 π^* 轨道之间的跃迁。1990 年，Friend 等制备出基于 PPV 的聚合物电致发光器件。将溶液旋涂技术制备的聚合物薄膜夹在透明电极阳极和低功函数金属阴极之间，有机层既作发光层，又兼作电子传输层和空穴传输层（工作原理略）。

聚合物电致发光材料均为共轭结构的聚合物。目前，广泛研究并常用的聚合物电致发光材料除上述聚苯乙炔类（PPV）外，还有聚乙炔类（PAs）、聚对苯类（PPP）、聚烷基芴类（PF）、聚噻吩类（PT）以及聚吡啶类、聚噁唑类、聚呋喃类等。

利用共轭聚合物半导性的发光现象，将在显示器领域中取代传统的液晶屏，成为软性、超薄的新一代信息显示材料。

10.2.4.2　共轭聚合物光伏材料和太阳能电池

共轭聚合物光伏材料（conjugated polymer photovoltaic materials）是具有在光作用下产生光生电压或光生电流特性的一类有机材料。利用这种特性，可以研究、制作有机聚合物太阳能电池。

与无机半导体不同，共轭有机材料在光激发下（吸收光能），并不直接产生自由载流子，而是产生由库仑力束缚的电子-空穴对，称作激子。据估计，共轭聚合物在室温下光激发的激子仅有 10%产生载流子，其余激子以辐射或非辐射过程释放能量。由于激子分离成载流子的概率很低，所以，均相有机材料的光电导性几无利用价值。

如何提高共轭聚合物光伏材料光致电荷效率使其具有实用、重大的意义呢？

聚合物太阳能电池（polymer solar cells，PSC）通常是由共轭聚合物给体和可溶性富勒烯衍生物受体的共混活性层夹在透明导电玻璃（ITO）正极和低功函数金属负极之间所组成的。其光电转换工作原理为：入射光透过透明电极照射到活性层之后，活性层中的给体或受体光伏材料根据其吸收特性吸收响应波长的光子产生激子（电子-空穴对），激子扩散到给体/受体界面，在那里给体中激子的电子从给体最低空分子轨道（LUMO）能级转移到受体的 LUMO 能级上，而空穴保留在给体的最高占有分子轨道（HOMO）能级上；同时受体中激子的空穴转移到给体的 HOMO 能级上，而电子保留在受体的 LUMO 能级上，从而实现激子的电荷分离。然后，电子和空穴在器件内建电场的驱动下，分别沿受体和给体网络通道向负极和正极移动并被电极收集，形成光电流和光电压。

PSC 与硅基太阳能电池相比，具有器件结构简单、重量轻、可以通过低成本的溶液印刷方式制备成大面积柔性或半透明器件等优点。但是，能量转换即光电转换效率仍然较低。为此，研制高效给体和受体光伏材料已成为当今的一个热门课题。

对于聚合物给体光伏材料，需要具有可见-近红外区宽和强的吸收、高的空穴迁移率、与受体匹配的电子能级以及适当低的 HOMO 能级、可溶以及在共混活性层中能够与受体形成纳米尺度相分离的互穿网络结构。因此，高效共轭聚合物给体光伏材料研究的关键是设计并合成具有上述性能的共轭高分子，研究成果显著。

由于富勒烯类受体材料存在可见区吸收较弱、LUMO 能级过低、凝聚态形貌热稳定性差、价格较昂贵等缺点，近期，具有吸收和能级易于调控、形貌稳定性好等优点的非富勒烯（n-型有机半导体）受体光伏材料受到广泛关注，基于非富勒烯受体的聚合物太阳能电池能量转换效率已经超过了基于富勒烯受体的聚合物太阳能电池。

10.3 聚合物的热学性能

聚合物的热性能包括耐热性（thermal resistance）、热稳定性（thermal stability）、导热性能（thermal conductivity）和热膨胀性能（thermal dilation）等。

10.3.1 耐热性

表征聚合物耐热性的温度参数为玻璃化转变温度（T_g）和熔点（T_m）。此外，工业上还有几种塑料耐热性的测定方法，分别给出不同的耐热性指标，例如，马丁耐热温度、维卡耐热温度和热变形温度。这些耐热温度统称为软化点，具有实用性。

有关聚合物的结构对 T_g 和 T_m 的影响前面章节已进行过讨论。归结起来，欲提高聚合物的耐热性，主要有以下 3 个结构因素。

(1) 增加高分子链的刚性 玻璃化转变温度是高分子链柔性的宏观体现。增加高分子链的刚性，非晶态聚合物的玻璃化转变温度提高，晶态聚合物的熔融温度提高。

在高分子主链中尽量减少单键，引入共轭双键、三键或环状结构，对提高聚合物的耐热性极为有效。例如，聚乙炔、芳香聚酯、芳香尼龙、聚苯醚、聚苯并咪唑、聚酰亚胺、聚醚醚酮等均为优良的耐高温聚合物。

表 10-6 为部分耐高温聚合物的结构对 T_m 的影响。

(2) 提高聚合物的结晶性 结晶聚合物的熔融温度大大高于相应的非晶态聚合物的玻璃化转变温度。因而，聚合物的结构规整，其耐热性可以大大提高。例如，自由基聚合所得无规立构聚苯乙烯的 $T_g=80℃$。但采用定向聚合所得等规立构聚苯乙烯的 $T_m=240℃$。

表 10-6 部分耐高温聚合物的结构与 T_m

聚合物	分子结构	T_m/℃
聚乙炔	$\left[CH{=}CH \right]_n$	>800
芳香聚酯	$\left[O-C_6H_4-O-C(=O)-C_6H_4-C(=O) \right]_n$	500
芳香尼龙(B纤维)	$\left[NH-C_6H_4-NH-CO-C_6H_4-CO \right]_n$	570
聚苯醚(PPO)	$\left[C_6H_2(CH_3)_2-O \right]_n$	>300
聚苯并咪唑(PBI)	$\left[C{=}N\text{–(苯并咪唑–联苯–苯并咪唑，N–H)–}N{=}C-C_6H_4 \right]_n$	>500
聚酰亚胺(PI)	$\left[N(C{=}O)_2C_6H_2(C{=}O)_2N-C_6H_4-O-C_6H_4 \right]_n$	>500，不熔性树脂，T_m 已接近于分解温度
聚醚醚酮(PEEK)	$\left[C_6H_4-C(=O)-C_6H_4-O-C_6H_4-O \right]_n$	338

在高分子主链或侧链中引入强极性基团或者使分子间产生氢键，均有利于聚合物结晶和提高 T_m，如表 10-7 所示。

表 10-7　高分子中带有极性基团或形成氢键的聚合物的 T_m

聚合物	T_m/℃	聚合物	T_m/℃
$\text{-[}CH_2O\text{]-}_n$	175	$\text{-[}CF_2—CF_2\text{]-}_n$	327
$\text{-[}NH(CH_2)_5CO\text{]-}_n$	215～223	三乙酸纤维素	306
$\text{-[}CH_2—CH(CN)\text{]-}_n$	317	三硝基纤维素	700

(3) 进行交联　交联聚合物的链间化学键阻碍了链的运动，提高了其耐热性。例如，辐射交联聚乙烯，其耐热性提高到了 250℃；具有交联结构的热固性树脂（酚醛、环氧等），一般都具有较好的耐热性。

聚合物在惰性气体中能够抵抗温度的影响且其性质不发生明显变化，可认为是耐热的。具体标准如表 10-8 所示。

表 10-8　一般聚合物的耐热标准

温度/℃	时间/h	温度/℃	时间/h
175	30000	500	1
250	1000	700	0.1

对于酚醛树脂来说，其耐热性又取决于温度和耐受时间，见表 10-9。

表 10-9　酚醛树脂的耐热性

温度/℃	时间	温度/℃	时间
1000～1500	以秒钟计	250～500	以小时计
500～1000	以分钟计	＜200	以年计

以上讨论的提高聚合物耐热性的三个结构因素只适用于塑料，不适用于橡胶。因为橡胶提高耐热性的同时，必须保持其高弹性。

10.3.2　热稳定性

高温下聚合物可以发生降解和交联。降解是指高分子主链的断裂，导致分子量下降，材料的物理-力学性能变坏。交联使高分子链间生成化学键，引起分子量增加。适度交联，可以改善聚合物的耐热性和力学性能。但交联过度，会使聚合物发硬变脆。

聚合物的热降解和交联与化学键的断裂或生成有关。组成高分子的化学键的键能越大，材料就越稳定，耐热分解能力也就越强。

研究表明，聚合物的热稳定性与高分子链的结构密切相关。在此基础上，找到了提高聚合物热稳定性的三条途径。

(1) 在高分子链中避免弱键　主链中靠近叔碳原子和季碳原子的键较易断裂，故聚合物分解温度的高低顺序为：聚乙烯＞支化聚乙烯＞聚异丁烯＞聚甲基丙烯酸甲酯。又如，聚氯乙烯中含有 C—Cl 弱键，受热易脱出 HCl，热稳定性大大降低。聚四氟乙烯中，由于形成了 C—F 键，故热稳定性很好。无机聚合物一般都具有很好的热稳定性，如聚氯化磷腈等。

(2) 在高分子主链中避免一长串连接的亚甲基 —CH_2— ，并尽量引入较大比例的环状结构。例如，聚酰亚胺的热稳定性优异。

(3) 合成“梯形”、“螺形”和“片状”结构的聚合物 “梯形”、“螺形”结构的高分子链，不容易被打断。因为这类高分子中，一个链断了并不会降低分子量。即使几个链同时断裂，但只要不是断在同一个梯格或螺圈里，也不会降低分子量。只有当一个梯格或螺圈里的两个键同时断开时，分子量才会降低，而这样的概率当然是很小的。第1章提及的全梯形吡隆就是一例。至于“片状”结构，即相当于石墨结构，当然具有很好的热稳定性。这类聚合物的主要缺点是难于加工成型。

热重分析（TGA）是研究聚合物热稳定性的重要方法。该法采用灵敏的热天平来跟踪试样在程序控温条件下产生的质量变化。

图10-8为用TG测量比较五种聚合物的相对热稳定性，表征参数为热分解温度（thermal decomposition temperature）（T_d）。

由图10-8可知，在相同的实验条件下，热分解温度（T_d）的高低顺序为：PI＞PTFE＞HPPE（高压PE）＞PMMA＞PVC。同时可知，PMMA、HPPE、PTFE只有一个失重阶段，并且可以完全分解为挥发性组分。三者的 T_d 大约为300℃、400℃和480℃，PVC和PI两者分解后均留下残余物。而且，PVC的热分解分为两个阶段；第一失重阶段发生在200～210℃，主要分解产物是HCl。当HCl气体全部逸出后，TG曲线出现一个平台，这是由于主链形成了共轭双链，热稳定性提高。420℃以后，发生主链断裂，开始第二失重阶段。最后约有10%残余物，其结构与碳相似，700℃也不会分解，形成第二个平台。前已提及，PI分子中含有大量的芳杂环结构，所以具有很高的热稳定性，500℃以上才开始分解。

研究聚合物热分解动力学的方法包括微分法（如Freeman-Carroll差减微分法等）和积分法（如Doyle-Ozawa法等）。其中，Ozawa法的计算公式如下：

$$\lg\Phi = \lg\frac{AE}{R} - \lg F(\alpha) - 2.315 - 0.4567\frac{E}{R}\times\frac{1}{T}$$

$$= 常数 - 0.4567\frac{E}{R}\times\frac{1}{T} \qquad (10\text{-}35)$$

式中 Φ——扫描速度；

T——温度，℃；

α——反应程度；

$F(\alpha)=\int_0^{\alpha}\frac{d\alpha}{(1-\alpha)^n}$；

n——反应级数；

R——气体常数；

A——频率因子；

E——表观活化能。

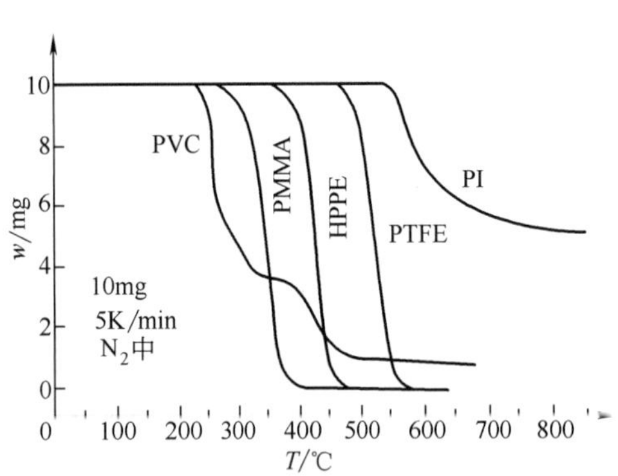

图10-8 五种聚合物的TG曲线

当 α 一定时，$\lg\Phi$ 对 $\frac{1}{T}$ 作图为直线，由直线的斜率可求得活化能 E。

应该提及，聚合物在空气或氧气气氛中的热氧降解温度较之在氮气或其他惰性气体中的热降解温度为低，并且，两种降解反应的机理不同。在此不再详述，可参阅有关专著。

以上讨论了聚合物的耐热性和热稳定性。作为材料使用，与金属材料比较，聚合物材料的热性能尚待大幅度提高。多年来，人们合成出一系列耐高温聚合物材料。例如，聚酰亚胺的长期使用温度为 250～280℃，间歇使用温度达 480℃。虽然在长期耐高温方面，聚合物材料至今还不如金属，但在短期耐高温方面，金属反而不如聚合物。聚合物烧蚀材料（polymeric ablative materials）就是一例。该种新型材料由聚合物基体与增强剂组成，是利用聚合物材料（表层）在瞬间高温条件下发生熔融、分解、碳化等物理和化学变化，消耗大量热量，以达到保护内部结构的防热材料。例如，当导弹、卫星和飞船等空间飞行器重返大气层时，与空气摩擦产生大量热量，在这种特殊的高温环境下需要使用聚合物烧蚀材料。高分子基体有酚醛树脂、沥青树脂、硅橡胶和环氧树脂等；增强剂分有机和无机两种。聚合物烧蚀材料密度大于 $1g/cm^3$ 的为高密度烧蚀材料，是由树脂基体与纤维或织物增强剂复合，采用缠绕成型工艺制成部件，作为弹头头部和裙部烧蚀防热层材料以及火箭发动机燃烧室和火箭喷管等部件的材料。用碳纤维编织的三向织物为增强体，在高压条件下浸渍树脂再进行固化和碳化，得到的碳-碳复合材料，密度在 $1.95g/cm^3$ 以上，具有高烧蚀热、低烧蚀率及热震等特点，用作导弹弹头鼻锥部件。密度小于 $1g/cm^3$ 的低密度烧蚀材料是由树脂基体通过发泡或添加空心小球与粉末状填料或短纤维等制成，其整体结构是在蜂窝格子中填充复合，密度在 $0.55g/cm^3$ 左右。

20 世纪 90 年代，本课题组研究了钼酚醛树脂的结构-固化反应及其动力学-热稳定性-复合材料的耐烧蚀性及其机理，国内领先。

10.3.3　导热性

热量从物体的一个部分传到另一个部分或者从一个物体传到另一个相接触的物体，从而使系统内各处的温度相等，叫做热传导。热导率（thermal conductivity）λ 是表征材料热传导能力大小的参数，可由热传导的基本定律——傅里叶定律给出

$$q = -\lambda \operatorname{grad} T \tag{10-36}$$

式中　q——单位面积上的热量传导速率；

$\operatorname{grad} T$——温度 T 沿热传导方向上的梯度。

聚合物材料的热导率很小，是优良的绝热保温材料。表 10-10 列出几种典型非晶聚合物的热导率，并与几种其他材料的数据进行比较。

表 10-10　典型非晶聚合物的热导率

聚　合　物	热导率 λ/[W/(m·K)]	聚　合　物	热导率 λ/[W/(m·K)]
聚丙烯(无规立构)	0.172	聚碳酸酯	0.193
聚异丁烯	0.130	环氧树脂	0.180
聚苯乙烯	0.142	铜	385
聚氯乙烯	0.168	铝	240
聚甲基丙烯酸甲酯	0.193	软钢	50
聚对苯二甲酸乙二酯	0.218	玻璃	约 0.9
聚氨酯	0.147		

10.3.4 热膨胀

热膨胀是由于温度变化而引起的材料尺寸和外形的变化。材料受热时一般都会发生膨胀，包括线膨胀、面膨胀和体膨胀。膨胀系数（swell factor）即试样单位体积的膨胀率。对于各向同性材料，体膨胀系数 β 和线膨胀系数 α 之间具有如下关系：

$$\beta=\frac{1}{V}\left(\frac{\partial V}{\partial T}\right)_p=3\alpha \tag{10-37}$$

对于结晶聚合物和取向聚合物，热膨胀具有很大的各向异性。在各向同性的聚合物中，热膨胀在很大程度上取决于微弱的链间相互作用。与金属比较，聚合物的热膨胀系数较大，见表 10-11 所示。

表 10-11　典型聚合物的热膨胀系数（20℃）

聚合物	线膨胀系数 $\times 10^{-5}/K^{-1}$	聚合物	线膨胀系数 $\times 10^{-5}/K^{-1}$
软钢	1.1	尼龙 66	9.0
黄铜	1.9	聚碳酸酯	6.3
聚氯乙烯	6.6	聚甲基丙烯酸甲酯	7.6
聚苯乙烯	6.0～8.0	缩醛共聚物	8.0
聚丙烯	11.0	天然橡胶	22.0
低密度聚乙烯	20.0～22.0	尼龙 66+30%玻璃纤维	3.0～7.0(与取向有关)
高密度聚乙烯	11.0～13.0		

热膨胀系数大这一特性对塑料的使用性能产生不良影响。例如，用高分子材料对其他材料进行表面涂覆或制备塑料和金属的复合材料时，由于两者膨胀系数不同会产生弯曲、开裂和脱层问题，必须引起注意。

10.4 聚合物的光学性能

当光线照射聚合物时，一部分在表面发生反射，其余的进入内部产生折射、吸收、散射等。

10.4.1 光的折射和非线性光学性质

当光线由空气入射到透明介质中时，由于在两种介质中的传播速率不同而发生了光路的变化，这种现象称为光的折射（refraction），如图 10-9 所示。

由图 10-9 可见，光的入射角为 i，折射角为 r，则物质的折射率（refractive index）n 为：

$$n=\frac{\sin i}{\sin r}=\frac{\sin r'}{\sin i'} \tag{10-38}$$

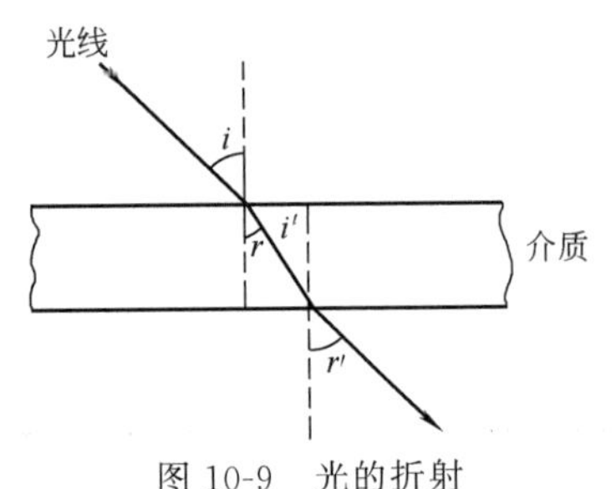

图 10-9　光的折射

n 与两种介质的性质及光的波长有关。通常将各种物质对真空的折射率简称为该物质的折射率。

根据光的电磁波理论，折射率 n 与分了极化率 α 的关系可用 Lorentz-Lorentz 公式给出：

$$\frac{n^2-1}{n^2+2}\times\frac{M}{\rho}=\frac{N_A}{3\epsilon_0}\alpha \tag{10-39}$$

大多数碳-碳聚合物的折射率大约为 1.5 左右，当碳链上带有较大侧基时，折射率较大，带有氟原子和甲基时，折射率较小。表 10-12 列出一些聚合物的折射率。

表 10-12　聚合物的折射率

聚　合　物	折射率(25℃,λ=589.3nm)	聚　合　物	折射率(25℃,λ=589.3nm)
聚四氟乙烯	1.3～1.4	顺式聚 1,4-异戊二烯	1.519
聚二甲基硅氧烷	1.404	聚丙烯腈	1.518
聚 4-甲基-1-戊烯	1.46	聚己二酸己二胺	1.53
聚乙酸乙烯酯	1.467	聚氯乙烯	1.544
聚甲醛	1.48	聚碳酸酯	1.585
聚甲基丙烯酸甲酯	1.488	聚苯乙烯	1.59
聚异丁烯	1.509	聚对苯二甲酸乙二酯	1.64
聚乙烯	1.51～1.54	聚二甲基对亚苯基	1.661
聚丙烯	1.495～1.510	聚偏二氯乙烯	1.63
聚丁二烯	1.515		

光波作为一种电磁波，使介质极化一般是一种谐振过程。在较低的电场强度下，极化偶极或极化强度正比于电场强度；在很高的电场强度下，极化强度与电场强度之间呈现非线性关系。

对于微观的原子或分子，其极化强度 p 与电场强度 E 的表达式为

$$p=(\alpha E+\beta E^2+\gamma E^3+\cdots) \tag{10-40}$$

对于宏观材料，其极化强度 P 与电场强度 E 的关系为

$$P=\epsilon_0[\chi^{(1)}E+\chi^{(2)}E^2+\chi^{(3)}E^3+\cdots] \tag{10-41}$$

式中，α 和 $\chi^{(1)}$ 分别是微观和宏观的线性极化率；β、γ 等分别是微观的高阶极化系数或非线性系数，$\chi^{(2)}$、$\chi^{(3)}$ 等分别是宏观的高阶极化系数或非线性系数。ϵ_0 为真空电容率。

普通光波的场强很弱，高次项很小，极化强度与场强呈线性关系。当场强很大时，物质将表现为非线性光学性能（non-linear optical property）。例如，激光通过石英晶体时，除了透过原频率的光线之外，还可观察到倍频光线，这就是二阶极化系数不为零、产生非线性光学效应之故。

非线性极化系数的大小与分子结构有关。凡是有利于极化过程进行和极化程度提高的结构因素均可使非线性系数增大。同时，偶次项系数不为零必须满足电重心不对称的结构条件。

早期，非线性光学材料的研究主要集中于无机材料和小分子有机晶体。随后，高分子非线性光学材料引起了人们的极大兴趣，现已在光电调制、信号处理等许多方面获得应用。

高分子二阶非线性光学材料的制备方法通常是将本身具有较大 β 值的不对称性共轭结构单元连接到高分子链侧旁，或者直接与高分子材料复合。例如：

$$(CH_3CH_2)_2N-\langle\bigcirc\rangle-N=N-\langle\bigcirc\rangle-CH=C(CN)_2$$

与高分子键接或复合，通过直流电场将其制成驻极体，致使整个材料具有宏观不对称性，即为二阶非线性光学材料。

10.4.2　光的反射

照射到透明材料上的光线，除有部分折射进入物体内部之外，还有一部分在物体表面发生反射（reflex）。反射角与入射角相等，如图 10-8 所示。令反射光强为 I_r，则：

$$I_r=\frac{I_0}{2}\left[\frac{\sin^2(i-r)}{\sin^2(i+r)}+\frac{\tan^2(i-r)}{\tan^2(i+r)}\right] \tag{10-42}$$

式中 I_0——入射光强；

i——入射角；

r——折射角。

因为折射角 r 可表示为折射率的函数

$$r=\arcsin(\sin i/n) \tag{10-43}$$

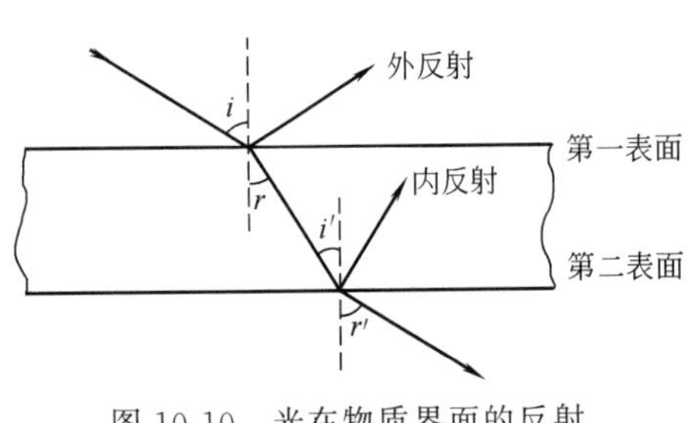

图 10-10 光在物质界面的反射

则反射光强 I_r 与折射率 n 和入射角 i 有关。对于确定的材料，n 是一定的，I_r 随 i 的增大而增加。

图 10-10 中，对于第一个表面，光线由光疏介质进入光密介质，r 恒小于 i。但对于第二个表面，光线由光密介质进入光疏介质，r'恒大于 i'。当 $i'=i'_c$时，有可能使 $r'=90°$，此时，折射光沿着两种介质的界面掠过且强度非常弱，反射光的强度接近入射光的强度。当$i'>i'_c$时，折射光消失，入射光全部反射，称作全反射。令 $r'=90°$，由折射率的定义可以得到全反射的临界条件为

$$\sin i'_c=1/n \tag{10-44}$$

根据全反射原理，在吸光性极小的光学纤维中，只要使 $i'\geqslant i'_c$，光线就不能穿过纤维表面进入空气中，故可实现在纤维的弯曲处不会产生光的透射，这也就是光导纤维应用的基础。

10.4.3 光的吸收

光从物质中透过时，透射光强 I 与入射光强 I_0 之间的关系可由朗伯-比尔定律描述：

$$I=I_0\exp(-ab) \tag{10-45}$$

式中 b——试样的厚度；

a——物质的吸收系数（absorptive index），它是材料的特征量，通常与波长有关。

高分子的颜色由其本身结构、表面特征以及所含其他物质所决定。玻璃态聚合物在可见光范围内没有特征的选择吸收，吸收系数 a 值很小，通常为无色透明的。部分结晶聚合物含有晶相和非晶相，由于光的散射，透明性降低，呈现乳白色。聚合物中加入染料、颜料或者含有杂质，均会产生颜色变化。

第 11 章　聚合物的表面与界面

11.1　聚合物表面与界面

材料表面（surfaces）严格的定义是指暴露于真空的材料最外层部分；而界面（interfaces）指不同物体或相同物质不同相之间相互接触的过渡部分。材料与空气或其蒸气相接触的界面经常被称为材料表面，有时界面和表面也统称为表面。材料表面与界面通常具有和材料体相不同的结构和性能。在界面层中，高分子链可能处于与本体中不同的构象，化学组成或结晶度也会有所不同。聚合物熔体与空气间界面层厚度可达 1.0～1.5nm。聚合物由于其链状结构，其表面性能与小分子物体不同。

高分子材料由于其各种优异的性能而在众多领域被广泛使用，如高分子基复合材料、薄膜材料、医用生物材料等。在这些材料中的聚合物经常与其他各种物体相接触，包括空气、金属、电解质溶液、生物组织、其他种类聚合物等。不仅聚合物的体相性能将影响到材料的整体性能，而且聚合物与其他物体的界面性能也将直接影响材料的使用。有些应用要求聚合物材料与其他相接触的材料相互作用较弱，如日常使用的不粘锅表面的聚合物涂层与食物之间不易发生润湿；而有些应用要求聚合物材料与相接触的材料有较好的黏结性能，如纤维增强聚合物、涂料等。

在聚合物实际应用中，必须考虑到聚合物的表面性能。以隐形眼镜为例，我们不仅要考虑到隐形眼镜的透光性、强度等体相性能，同时要考虑到所采用材料的众多的表面性能。首先，要考虑到材料的生物相容性。由于材料表面直接与生物器官相接触，如果该材料表面的生物相容性差，则佩戴该材料制成的隐形眼镜会引起机体的排斥，使眼睛有不适感甚至产生炎症。其次，要考虑到隐形眼镜的润湿性。隐形眼镜佩戴时前后都有一层泪液膜，隐形眼镜具有良好的润湿性才能使泪液在其表面充分地铺展开来。另外，表面耐磨性与润滑性也是重要的考虑因素。虽然佩戴时的隐形眼镜前后都有一层泪液膜保护，但长时间佩戴中，人需要经常性地眨眼，以及眼球转动，而且佩戴、保存等过程，都可能会造成隐形眼镜表面的磨损。此外，由于隐形眼镜与一层泪液膜相接触，泪液中含有蛋白质等生物大分子以及类脂体等小分子，这些分子都可能在眼镜表面沉积，从而影响眼镜的使用性能，因而所采用材料的表面对这些生物分子不能有较强的吸附作用。总之，选用和设计隐形眼镜专用聚合物时既要考察体相性能，如氧透过性、毒性、形状稳定性等，也不得不兼顾其表面性能。

事实上，一些聚合物材料的体相性能十分优异，但其表面性能却不理想，无法满足使用要求，这种情况下，可以通过对其进行表面处理，以期达到使用要求。表面处理实际上就是通过化学或物理方法改变聚合物表面分子的化学结构，来提高或降低聚合物表面张力。工业上，对聚合物表面进行处理的已经十分广泛，譬如采用火焰或电晕处理可以提高聚合物的表面张力，从而使后续加工得以进行。

虽然聚合物表面与界面性能对聚合物的使用性能有着十分重要的影响，但在理论上对聚合物表面与界面的探索仍处于初级阶段，有些领域的研究工作才刚刚开始。本章将对聚合物表面与界面科学的基本概念、基本理论以及技术应用等相关知识作一简单的介绍，一些科学研究的最新进展和成果也反映在这些介绍之中。

11.2 聚合物表面与界面热力学

11.2.1 表面张力与润湿

物质表面层中的分子、链段与体相内的分子、链段所处的力场是不相同的。在体相中，任一分子被其他同类分子所包围，该分子与其他分子之间的作用力在各个方向上可以看成是互相对称的，因而总的合力为零。然而，对于表面层中的分子而言，体相内部的分子对其的吸引力要远远大于表面外部如气体分子对其的作用力，所以表面层分子受到不对称力场的作用，总的合力即表现为指向体相内部的拉力。因此，处于表面层的分子总是趋于向体相内部运动，使得表面积尽可能最小化。这种使液体表面紧缩，沿着液体表面，垂直作用于单位长度上的力称为表面张力（surface tensions）。表面张力的方向与物体表面平行，对于弯曲表面则与表面相切。

由于物体表面存在着表面张力，要增大表面积就必须克服这一张力对体系做功。增加单位面积所需的可逆非体积功，称为比表面功。表面张力和比表面功虽然是不同的物理量，但对于纯液体而言，它们的数值和量纲恰恰相同。表 11-1 列出了几种常见聚合物的表面张力，表 11-2 列出了几种常见聚合物间的界面张力。由于固体中分子间作用要比液体中的强，所以一般固体的表面张力要高于液体的表面张力。但从表 11-2 中可以看出，固体聚合物的表面张力同常温下处于液态的非极性小分子物质接近，而同小分子固体的表面张力相差很大。

表 11-1 几种常见聚合物及小分子物质的表面张力

聚合物	表面张力 γ/(mN/m)			$-d\gamma/dT$ /(mN/mK)	Macleod 指数
	20℃	150℃	200℃		
支化聚乙烯					
$M_n=7000$	35.3	26.6	23.3	0.067	3.3
$M_n=2000$	33.7	25.9	22.9	0.060	—
线形聚乙烯					
$M_n=\infty$	36.8	29.4	26.6	0.056	3.2
$M_n=67000$	35.7	28.2	25.4	0.057	3.2
聚丙烯					
无规	29.4	22.1	19.3	0.056	3.2
等规	29.4	22.1	19.3	0.056	3.2
聚苯乙烯					
$M_v=44000$	40.7	31.4	27.8	0.072	4.4
$M_n=9300$	39.4	31.0	27.7	0.065	—
$M_n=1700$	39.3	29.2	25.4	0.077	—
聚四氟乙烯					
$M_n=\infty$	23.9	16.3	13.4	0.058	—
聚二甲基硅氧烷					
$M_n=75000$	20.4	14.2	11.8	0.048	3.5
聚异丁烯					
$M_n=2700$	33.6	25.3	22.1	0.064	4.1
聚氯乙烯	41.9	—	—	—	—
聚乙烯醇	37	—	—	—	—

续表

聚合物	表面张力 γ/(mN/m)			−dγ/dT /(mN/mK)	Macleod 指数
	20℃	150℃	200℃		
聚甲基丙烯酸甲酯					
$M_v=3000$	41.1	31.2	27.4	0.076	4.2
聚甲基丙烯酸乙酯					
$M_v=5200$	35.9	26.8	23.3	0.070	—
尼龙 66					
$M_n=17000$	46.5	38.1	34.8	0.065	—
水	72.8				
乙醇	24.1				
苯	28.9				
云母	4500				
锡			685		
汞	485				

表 11-2　几种常见聚合物间的界面张力

聚合物对	界面张力 γ_{12}/(mN/m)			−dγ/dT /(mN/mK)
	20℃	150℃	200℃	
线形聚乙烯/聚苯乙烯	8.3	5.7	4.7	0.020
线形聚乙烯/聚甲基丙烯酸甲酯	11.8	9.5	8.6	0.018
聚甲基丙烯酸甲酯/聚苯乙烯	3.2	1.5	0.8	0.013
聚异丁烯/聚乙酸乙烯酯	9.9	7.3	6.3	0.020
聚丙烯/聚二甲基硅氧烷	3.2	2.9	2.8	0.002
聚苯乙烯/聚二甲基硅氧烷	6.1	6.1	6.1	0

众多因素可能影响聚合物的表面张力。不同的聚合物分子间的作用力不同，而表面张力是分子之间相互作用的结果，因此分子之间相互作用力越大，表面张力也越大。一般而言，分子链上带极性基团的聚合物表面张力较大，而只含有非极性基团的聚合物表面张力较小。20℃时，尼龙 66 的表面张力为 46.5mN/m，而聚丙烯的表面张力仅为 29.4mN/m。

温度对聚合物的表面张力也有一定的影响。当温度升高时，聚合物内的自由体积增加，分子间距加大，使分子之间的相互作用减弱。所以当温度上升时，许多聚合物的表面张力都是逐渐减小的。温度同聚合物表面张力的关系可以由式(11-1) 来表示

$$\gamma=\gamma_0(1-T/T_c)^{11/9} \tag{11-1}$$

式中　γ_0——温度 $T=0$K 时的表面张力；

T_c——临界温度。

由式 (11-1) 可以得到表面张力的温度影响系数 $-d\gamma/dT$ 为

$$-d\gamma/dT=(11/9)(\gamma_0/T_c)(1-T/T_c)^{2/9} \tag{11-2}$$

由于对大多数聚合物而言，T_C 值很大，接近于 1000K，所以在一般温度下，$-d\gamma/dT$ 可以认为是一个与温度无关的常数。

大多数不相容聚合物共混体系，存在着上临界共溶温度，这些体系中不同聚合物之间的界面张力随着温度的升高而降低，最后在上临界共溶温度时消失，两相均匀混合。对于那些具有下临界共溶温度的聚合物体系，在不相容相区时，界面张力随着温度的降低而减小。当

温度降到下临界共溶温度时，界面张力消失。

聚合物表面张力与数均分子量 M_n 之间的关系可表示为

$$\gamma^{1/4}=\gamma_{\infty}^{1/4}-k_1/M_n \tag{11-3}$$

式中 γ_{∞}——聚合物分子量无限大时的表面张力；

k_1——常数。

另外还有一个关于聚合物表面张力和数均分子量之间关系的经验方程

$$\gamma=\gamma_{\infty}-k_2/M_n^{2/3} \tag{11-4}$$

上面两个方程与实验数据符合得很好。

一般来讲，表面张力随着分子量的增加而增加。但当分子量达到 2000～3000 以上时，表面张力变化很小，所以对于高分子量的聚合物，分子量的影响可以忽略。

聚合物的密度与表面张力之间也存在着一定的关系，这个关系称为 Macleod 关系，即

$$\gamma=\gamma^0\rho^{\beta} \tag{11-5}$$

式中，γ^0 和 β 都是与温度无关的常数；β 被称为 Macleod 指数，对聚合物而言，其值一般在 3.0～4.5 之间。所以，某种给定的聚合物的表面张力只由其密度决定。γ^0 值取决于聚合物单体单元的化学组成。

Macleod 关系可以用来分析分子量、玻璃化转变、结晶以及化学组成对聚合物表面张力的影响。由 Macleod 关系可知，聚合物玻璃化转变时，表面张力是连续变化的，而表面张力温度影响系数在玻璃化转变温度上下是不同的，与热膨胀系数成正比

$$(\mathrm{d}\gamma/\mathrm{d}T)_g=(\alpha_g/\alpha_r)(\mathrm{d}\gamma/\mathrm{d}T)_r \tag{11-6}$$

式中，$(\mathrm{d}\gamma/\mathrm{d}T)_g$ 和 α_g 分别为玻璃态时的表面张力温度影响系数和等压体积热膨胀系数；$(\mathrm{d}\gamma/\mathrm{d}T)_r$ 和 α_r 分别为高弹态时的表面张力温度影响系数和等压体积热膨胀系数。因为 α_g 通常小于 α_r，所以在玻璃态时表面张力对温度依赖性要小于橡胶态时的依赖性。

在结晶前后聚合物的密度发生不连续的变化，所以聚合物的表面张力也是不连续的，其变化可由 Macleod 关系计算。通常，聚合物晶体的表面张力要远高于非晶态的。

我们把液体和固体接触后体系吉布斯自由能降低的现象叫润湿，因此可以用自由能降低的多少来表示润湿程度。假设单位面积的固体和液体未接触前表面自由能分别为 $\gamma_{固}$ 和 $\gamma_{液}$，接触后形成单位面积的液固界面，界面自由能为 $\gamma_{液\text{-}固}$，在恒温恒压下，接触过程中自由能降低为

$$-\Delta G=\gamma_{液}+\gamma_{固}-\gamma_{液\text{-}固}=W_{黏} \tag{11-7}$$

式中，$W_{黏}$ 为黏附功，可用来衡量润湿程度，$W_{黏}$ 越大，液-固界面结合也越牢。但事实上，液-固界面张力和固体表面张力都无法用实验准确测定，因此式(11-7) 并无多大实用价值，必须采用其他方法来判断液体对固体表面的润湿能力。经验表明，液体在固体表面形成的接触角与液体对固体的润湿能力有密切关系。在一个固体表面上滴一滴液体，会形成三个相界面：固-液界面、固-气界面以及液-气界面，液滴会逐渐改变其形状，直至各界面张力达到平衡。液体在固体表面可形成图 11-1 所示形态。图中 O 点为气、液、固三相的交汇点，固-液界面的水平线与气-液界面在 O 点的切线之间的夹角 θ 称为接触角。在 O 点处的液体分子受到三种力的同时作用，固-气界面张力 γ_{sv} 将液体分子向右拉，以取代更多的固-气界面；固-液界面张力 γ_{sl} 将液体分子向左拉，以缩小固-液界面；而液-气界面张力 γ_{lv} 则将液体分子拉向液面的切线方向，以缩小液-气界面。托马斯-杨提出了著名杨氏方程，该方程描述这三个界面张力之间平衡关系。托马斯-杨认为沿固体表面平行方向各界面张力的矢量和为零(图 11-1)，即

$$\gamma_{sv}-\gamma_{sl}=\gamma_{lv}\cos\theta \quad (11\text{-}8)$$

式中　γ_{sl}——固-液界面张力；

γ_{sv}——固-气界面张力；

γ_{lv}——液-气界面张力；

θ——平衡接触角。

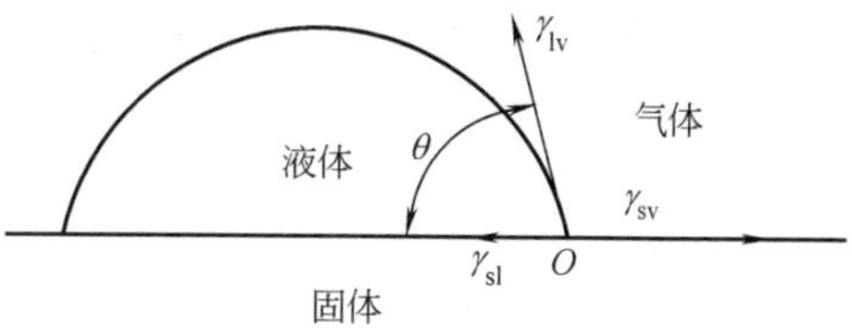

图 11-1　液体在固体表面形成接触角

由式(11-8) 可知，在一定的温度、压力下：

① 当 $\theta<90°$时，$\cos\theta>0$，固-气界面张力大于固-液界面张力，液体对固体表面润湿；如果$\theta=0$，则液体在固体表面完全平铺，即发生铺展，完全润湿固体表面；

② 当 $\theta>90°$时，$\cos\theta<0$，固-气界面张力小于固-液界面张力，液体趋向于缩小固-液界面面积，此时，液体对固体不润湿。

因此，从接触角的大小可以判断液体对固体的润湿能力，接触角越小，润湿能力越好。由于 γ_{sl} 和 γ_{sv} 难以测定，所以只要知道接触角的大小就可大致衡量润湿程度。故在表面科学中，接触角是一个表征表面性能的十分重要的物理量。

许多固体与液体之间的界面张力值在两者的表面张力值之间。如果固体的表面张力小于液体的表面张力，则根据杨氏方程可以推测，此时的接触角大于 90°，则这种液体不能润湿该种固体。这也是一种粗略的估计方法。聚四氟乙烯在 20℃下的表面张力为 23.9mN/m，而鸡蛋清（可看成蛋白质溶液）的表面张力约为 70mN/m。由上面的讨论可知，鸡蛋清的表面张力大于聚四氟乙烯的表面张力。所以，将鸡蛋清放到表面用聚四氟乙烯改性的不粘锅内，鸡蛋清不会润湿不粘锅表面，保持锅表面所谓的“不粘”。但如果把鸡蛋清放到没有经过表面处理的金属锅内，由于金属的表面张力要超过 1000mN/m，远远大于鸡蛋清的表面张力，鸡蛋清就会润湿金属锅表面。

11.2.2　界面张力的计算

如前所述，在杨氏方程中，只有液体表面张力和接触角可以用实验测定出来，仍有两个物理量是未知的。为求得固体表面张力，还需要一个方程描述界面张力（interface tensions）与各相表面张力之间的关系

$$\gamma_{sl}=f(\gamma_s,\gamma_l) \quad (11\text{-}9)$$

为此，已经建立起许多相关理论。由杨氏方程可知，当接触角为零时，液体的表面张力是固体表面张力与固-液界面张力之差。对于某固体而言，一系列的液体的表面张力与在该固体表面前进接触角余弦成近似的线形关系。将接触角余弦对相应的液体表面张力作图，将直线外延至 $\cos\theta=1$，对应的液体表面张力 γ_c 即为临界表面张力，其物理意义是在该固体表面铺展所需要的液体表面张力的最低值。临界表面张力经常被误作为固体的表面张力，事实上，该张力要小于固体的表面张力。这种前进接触角余弦对表面张力作图称为 Zisman 图。图 11-2 是憎水的聚四氟乙烯表面的 Zisman 图。有些含氢键的液体常常偏离 Zisman 图中直线，这表明很难只用一个参数来清楚表示界面上的作用，如一个亲水固体表面与非极性液体的作用和与极性液体的作用是显然不同的，不可能用单一的前进接触角来表征。

在 20 世纪 50 年代，Good 等试图将两相间界面张力同两相的表面张力联系起来，认为界面张力是两相的表面张力的几何平均：

$$\gamma_{12}=\gamma_1+\gamma_2-2(\gamma_1\gamma_2)^{1/2} \quad (11\text{-}10)$$

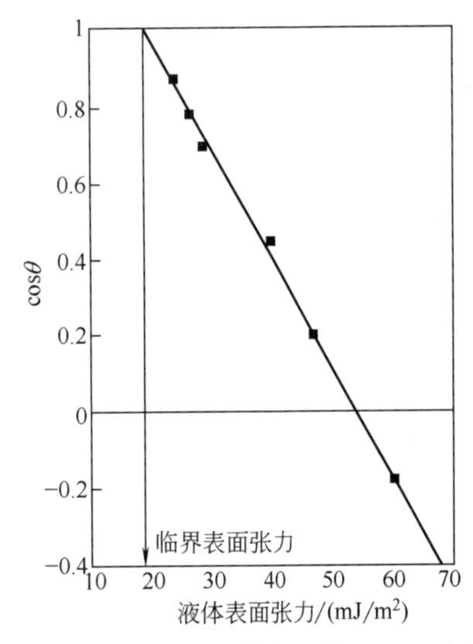

图 11-2 聚四氟乙烯表面的 Zisman 图

一些固体与液体间界面张力与式(11-10)计算结果不符，是因为式(11-10)只是 Good-Girifalco 方程的一个特例

$$\gamma_{12}=\gamma_1+\gamma_2-2\Phi(\gamma_1\gamma_2)^{1/2} \tag{11-11}$$

式中，Φ 是作用参数，具有一定的物理意义，可由两相的分子参数来计算。当内聚力与黏结力相当时，该参数接近于 1，满足该条件的界面称为规则界面，其界面张力可由式(11-10)来表示。作为近似，作用参数可由式(11-12)来估算

$$\Phi=4(V_1V_2)^{1/3}/(V_1^{1/3}+V_2^{1/3})^2 \tag{11-12}$$

式中 V——摩尔体积。

将式(11-11)代入杨氏方程，可得到一关系式

$$\gamma_s=\gamma_l(1+\cos\theta)^2/4\Phi^2 \tag{11-13}$$

由式(11-13)可知，利用试验测得的表面张力以及体系作用参数的有关知识可以计算固体表面张力。根据临界表面张力的定义，由上式可以推导得到

$$\gamma_c=\Phi^2\gamma_s \tag{11-14}$$

将式(11-13)代入式(11-14)可得到

$$\gamma_c=\frac{1}{4}(1+\cos\theta)^2\gamma_l$$

将 γ_c 对 γ_l 作图，可得到一个光滑曲线。由于 Φ 的最大值为 1，所以该曲线上的最大值即为固体表面张力。

Neumann 等提出了一个经验方程来描述界面张力与两相的表面张力之间的关系

$$\gamma_{sl}=(\gamma_s^{1/2}-\gamma_l^{1/2})^2/\{1-[0.015(\gamma_s\gamma_l)^{1/2}]\} \tag{11-15}$$

将此式与杨氏方程联立，也可由接触角和液体的表面张力计算得到固体的表面张力。

另一种理论是认为表面张力是几项的加和，每一项对应于一种分子间作用力。如以水(w)为例，水中的氢键(h)和色散力(d)是主要的分子间力，相应地，水的表面张力可分离为

$$\gamma_w=\gamma_w^h+\gamma_w^d \tag{11-16}$$

而对于饱和烷烃(c)而言，其表面张力主要是来自于色散力的贡献，因此在水-烷烃的界面，只有色散力是两相间的有效作用，故而，水和烷烃间的界面张力可用 Good-Girifalco 方程表达为

$$\gamma_{cw}=\gamma_c+\gamma_w-2(\gamma_c\gamma_w^d)^{1/2} \tag{11-17}$$

这一方程在表面化学中十分有用。当水滴于聚烯烃表面时，只有色散力是界面上的有效作用力。将式(11-17)代入杨氏方程有

$$\gamma_w(1+\cos\theta)=2(\gamma_w^d\gamma_s)^{1/2} \tag{11-18}$$

继而可求得固体表面张力。根据不同的作用力划分方式，如酸碱作用、范德华作用、偶极作用等，形形色色的表面张力组成分离理论被提了出来，但各有优缺点，尚无完美的理论能与所有的实验观察相一致。

11.3　聚合物表面与界面动力学

上一节主要介绍了聚合物表面与界面的热力学性质，这一节将主要讨论聚合物表面与界面动力学方面的基本问题。对聚合物表面与界面的动力学行为的研究已经日益重视。一些经典的表面物理化学理论可适用于金属和陶瓷，这些无机材料要比聚合物刚硬，因此通常假定表面分子冻结，不做大标度运动，忽略其表面的动力学性质。而常温下，高分子具有更高的运动能力，聚合物的表面与界面有其特殊的动力学行为。

实验发现，聚合物所处的环境对聚合物的表面结构有重要的影响，聚合物表面的高分子能根据接触相的性质做出反应而调整结构。当聚甲基丙烯酸羟乙酯（PHEMA）与空气相接触时，憎水的甲基暴露于界面；而当其表面改为与水接触时，则亲水的羟基暴露于界面。从热力学上看，PHEMA 通过改变表面结构来降低其界面自由能。而动力学则研究表面结构改变过程这一与时间相关的问题。

聚合物表面与界面动力学的首要问题是研究所涉及的分子运动单元。聚合物中多种分子运动形式共存，包括侧基的转动与摆动，链段的运动以及整个分子链的运动等，其中链段运动和整个分子链的运动对于聚合物的体相性能具有决定性的影响。对于聚合物表面与界面而言，分子链从本体相扩散到界面相或者链段在界面层的重排可影响高分子合金或嵌段共聚物的结构与功能，而侧基的重新取向对表面性能具有重要的影响，例如聚合物表层的官能团取向和聚合物的润湿性能有密切的联系。因此，理解侧基的短程运动是聚合物表面与界面科学的重要问题。

聚合物表面及其本体的动力学行为存在着较大的差异。蛇行理论较为成功地描述了聚合物本体缠结链的动力学行为。在本体中，高分子链在一虚拟的管子中蛇行，该管子的管壁由高分子蛇行轨迹周围的高分子链组成，对该高分子的蛇行运动形成约束。对于处于表面或界面的高分子链而言，不难想象这种虚拟的管壁由与其相接触的介质的性质决定。因此，可以预计聚合物的表面动力学行为与本体中的不同。实验和计算机模拟的结果表明，在表面层中，各种形式的分子运动都得到了加强。表面的各种特征转变温度可能发生改变，如玻璃化转变温度 T_g，本体中侧链旋转的松弛转变温度都不能直接应用于表面和界面相中，不能简单地使用聚合物体相的一些参数值来解释一些表面动力学现象。试验发现，一些聚合物薄膜的玻璃化转变温度与其厚度有关。图 11-3 是三种分子量聚苯乙烯薄膜玻璃化转变温度与其厚度的关系。当薄膜厚度小于 100nm 时，其玻璃化转变温度要低于体相的玻璃化转变温度，如果薄膜厚度只有几十纳米时，玻璃化转变温度甚至可降低 20K。分子量对这种玻璃化转变温度的降低影响不大，反映了薄膜中链构型的变化并非玻璃化转变温度降低的主要影响因素。对这种现象一种可能的解释是聚合物的表面层中“自由体积”比例要高于本体相。

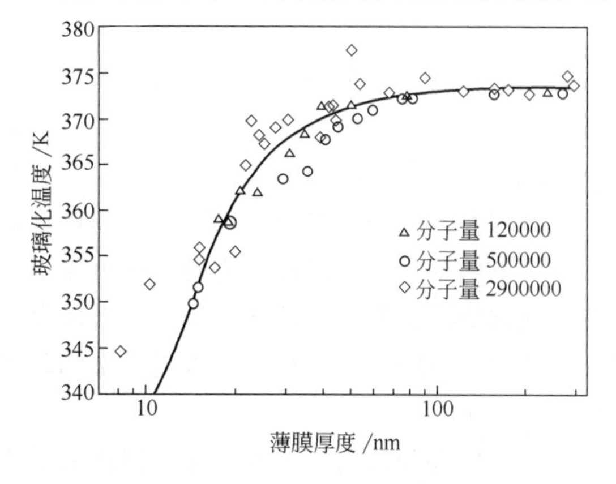

图 11-3　聚苯乙烯薄膜厚度与玻璃化转变温度的关系

聚合物最外层分子的运动能力的提高使得表面官能团可以根据接触介质的性能

发生翻转变为可能。除了分子运动的自由度的提高，聚合物表面一些水分子的存在（如来自于空气中的水分）起到了增塑剂的作用，进一步降低了表面相玻璃化转变温度，提高了表面分子的运动能力。

经过表面处理的聚合物其表面性能随着时间增加而发生劣化（一种老化现象）。虽然表面污染或添加剂的析出可能造成表面性能劣化，而聚合物的表面动力学可能也是一种重要的原因。一些憎水聚合物的表面经过处理后具有亲水性，而这种亲水的表面具有更高的表面能，当材料与空气相接触，表面产生一种驱动力以降低表面能，结果具有高能量的极性基团被迫朝向材料内部而使材料表面丧失亲水性。

总之，研究聚合物表面性能时，必须考虑到高分子链各级分子运动都有更高的自由度，化学基团的取向及表面改性处理都是与时间、温度以及环境有关。目前对聚合物表面动力学的研究仍处于初级阶段。

11.4 聚合物表面与界面的测量、表征技术

聚合物的表面与界面日益引起高分子科学家的兴趣，对表面与界面的研究需要有相应的测量与表征技术来获知各种需要的信息。研究聚合物表面与界面经常需要的表征信息包括：表面几何形态、化学组成、分子取向、分子图像等。传统的表面分析技术有接触角测量、X射线光电子能谱法、二次离子质谱、高能电子损失谱等。各种显微镜也常用来直接观察表面的形状与性能。这些技术通常可以提供样品表层以及接近表面的几个纳米厚的薄层内的信息。而对于表面二维平面的分辨率可以达到零点几纳米到几个微米。X射线光电子能谱可以提供表面组成的有关信息，空间分辨率可达0.1nm，而深度方向只能达到10nm以内。动态二次离子质谱在深度方向可穿透几百个纳米，空间分辨率可达13nm，所测得的只是相对浓度。原理上，透射电镜在深度方向具有无限的穿透能力，分辨率可到纳米级。但透射电镜要求试样切片并染色，且无法获得定量的浓度值。中子或X射线散射纵深方向能达到几百纳米，分辨率也很好，但必须首先建立模型，才能通过比较解读实验结果。由此可见，各种实验技术都有一定的优势和缺点，如果将几种技术综合起来利用，可以发挥各种技术的优点，以便清楚地表征聚合物的表面和界面。

11.4.1 接触角测量

前已述及，接触角（contact angles）的测量在表面科学中有重要的意义，通过对接触角的测量，可以了解两种物质之间的润湿程度、黏结性能等。种类众多的商业接触角测量仪器可供选择，所使用的测量原理与方法不尽相同，常见的方法有以下几种：座滴法、俘泡法和Wilhelmy平板法等。下面简单介绍这三种常用的方法。

座滴法是将一滴液体用注射器滴到固体表面，然后用显微镜观察液滴，通过目镜内的量角器或用电脑软件自动图像分析测量接触角。这种方法简单易行，是一种静态的接触角测量方法。俘泡法是将气泡或液滴滴到浸于液体介质中的固体表面下面。如果使用的是液滴，必须与液体介质不相容。这种方法可以直接测量含水环境下使用的固体与另一种憎水液体的接触角。

当一固体部分插入一个液体时，液体会沿着固体平板壁有上升（亲液）或下降（疏液）的现象。附在固体上的液体表面与固体表面之间有一个接触角。这时，平板除了受到重力和

浮力以外，还受到液体表面张力的作用。Wilhelmy 法就是测定液体对固体的拉力（推力）F_i 的方法来间接测定润湿角 θ 的，此时

$$F_i=\gamma_1 P\cos\theta \tag{11-19}$$

式中　γ_1——液体的表面张力；

P——固体和液体接触的周长；

θ——接触角。

通过测定平板所受的作用力可以计算出接触角的大小。如果控制平板的运动，则可以动态地测量接触角，特别适合于研究接触角滞后现象，但 Wilhelmy 法要求使用的液体较多。

对于固体而言，无法直接测定其表面张力。所以固态聚合物的表面张力是通过测定不同温度下聚合物熔体的表面张力，然后外推到熔融温度以下来估计固态下的表面张力，所得的结果基本符合要求。

11.4.2　X 射线光电子能谱法

X 射线光电子能谱法（XPS）又称为化学分析用能谱法（ESCA），是一种很常用的高分子表面分析技术。

当聚合物用单色 X 射线照射时，光子与聚合物表面的原子内层电子发生碰撞，X 射线的能量一部分被用于克服电子的结合能，使电子脱离轨道成为光电子，另一部分转化为光电子的动能，通过测定光电子的动能，来计算该电子的结合能。由于各种原子中各轨道上的电子具有其特定的结合能，因而 XPS 可用来定量分析表面中含有的组成元素的种类和含量。内层电子对于原子的化学状态不如外层价电子敏感，保留了较多的原子性质，处于不同分子中的某种原子有大致相同的结合能，能产生最重要的能谱特征。X 射线光电子能谱图中横坐标是电子结合能，纵坐标为光电子强度，各峰可用所对应的元素符号和电子轨道来标记，在谱图中选用各元素最强的特征峰来鉴别元素。

除了 H 和 He 外，XPS 可用来鉴别其他所有元素。利用光电子峰强度（峰面积）可以定量地测定元素或基团含量。测定 XPS 谱图时，试样表面必须保持清洁，如果试样表面被水分、尘埃或 CO_2 等污染，在谱图中就会出现 O、Si、C 等元素的特征峰。受原子价态及其化学环境的影响，谱峰可能发生化学位移。如在含氟聚合物中，由于氟具有较强的吸电子作用，Cls 的谱峰位置发生较大的化学位移。由于所激发的光电子能量较低，试样内部发射的电子易发生散射，而只有试样表层发射的光电子才能被检测到，所以 XPS 对金属材料表面的有效探测深度可达 0.5～2.5nm，对聚合物表面可高达 10nm。通过调整 X 射线与试样表面法线的夹角，可以获悉试样表面纵深方向的分布信息，是一种非损伤性的纵深分布测定方法。虽然 XPS 的绝对灵敏度高，可达 10^{-18}g，但一般只能检测出试样中 0.1%以上的组分。

XPS 可用于研究聚合物表面的氧化、氟化，共聚物表面组成，断裂面组成等。

11.4.3　离子散射谱

使用离子束来研究聚合物表面的方法可分为两类，第一类是离子散射谱（ISS），另一类是二次离子质谱（SIMS），两者的主要区别在于离子散射谱测量的是离子能量，而二次离子质谱测量的是反射离子数目。

离子散射谱作为一种表面分析技术最早使用惰性气体正离子轰击金属靶物。在离子散射谱中，He、Ne 或 Ar 等离子束聚焦于试样表面，入射的离子与表面原子相碰撞引起原子运

动状态及能量发生变化。如果假设入射离子与表面原子发生弹性碰撞，则碰撞后离子的能量 E_1 可由式(11-20) 给出：

$$E_1=E_0\left[\cos\theta+(M_2^2/M_1^2-\sin^2\theta)^{1/2}/(1+M_2/M_1)\right]^2 \tag{11-20}$$

式中 E_0——入射离子初始能量；

M_1——入射离子的质量；

M_2——表面原子的质量；

θ——观测角（如图 11-4 所示）。

如果使用低能离子散射，入射离子的能量一般为 500～5000eV，只有试样的最外层被探测到，因此，该法是一种对表面敏感的技术。ISS 可以半定量地测定表面组成。ISS 应用到聚合物表面分析具有一定的局限性，因为 ISS 会对表面造成破坏，而使用静态二次离子质谱可以提供更多的信息，动态二次离子质谱具有更高的分辨率，因为动态二次离子质谱测量的是质量，比测定能量更为精确。

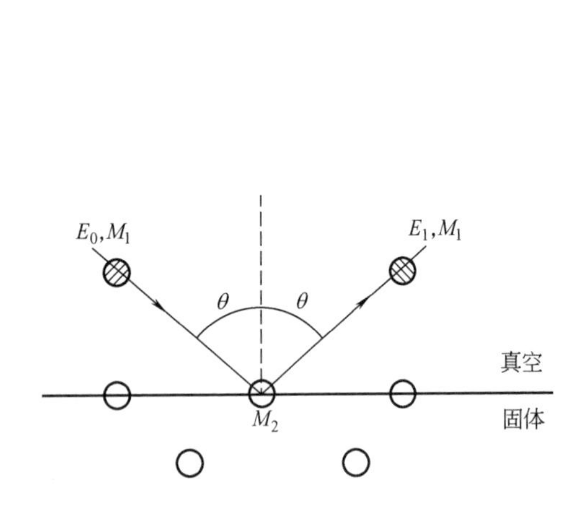

图 11-4 离子散射谱原理图

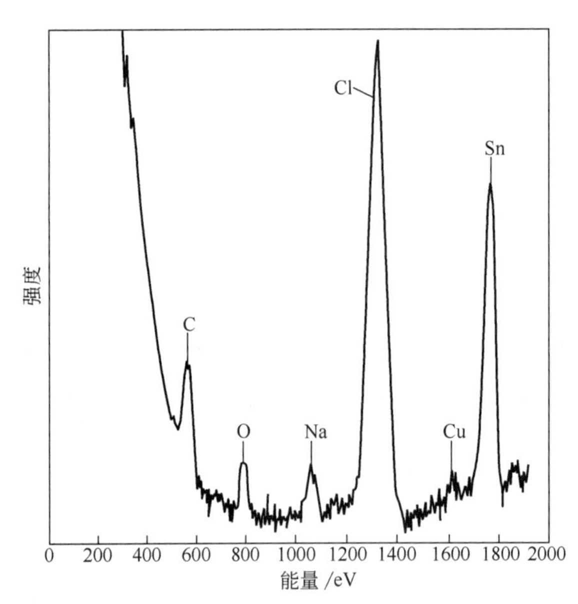

图 11-5 一种含 Sn 的 PVC 的 ISS 谱图

低能 ISS 对于聚合物表面的杂质非常敏感。一些聚合物中经常含有一些无机化合物或有机金属化合物作为添加剂，这些小分子具有向表面析出的倾向，因此当用低能 ISS 分析聚合物表面时，这些小分子就能被检测出来。图 11-5 是一种含 Sn 的 PVC 的 ISS 谱图，图中显示大量的锡析出在 PVC 表面。

另一种 ISS 分析技术是卢瑟福背散射。卢瑟福背散射实验中，由串联的加速器产生高能的 He^+ 离子，其能量 E_0 可高达几个 MeV。入射粒子束与样品中的更大的原子碰撞后发生背散射，通过位于与入射离子流成 θ 夹角的探测器测量散射离子的能量。由于入射离子与样品中目标离子的碰撞可以认为是弹性碰撞，可以通过散射离子的能量来计算样品中原子的质量。由式(11-20) 可知，发生表面弹性背散射时，当入射离子与较重的原子发生碰撞时，散射离子能量较强。因此，卢瑟福背散射常用来检测重原子，而不能有效检测原子量低于 28 的元素。

此外，大部分的入射 He^+ 离子不与表面层的原子发生碰撞，而是直接进入样品，在进入样品过程中损失一定的能量，然后与内部的原子发生碰撞背散射。卢瑟福背散射比低能

ISS 的穿透能力更强，所测量的表面层由离子束能量决定，通常可达几百纳米。

11.4.4　二次离子质谱

二次离子质谱在聚合物表面分析中应用广泛。在二次离子质谱测量中，离子或原子轰击材料表面产生二次离子，然后对二次离子进行质谱分析。二次离子质谱可分为静态二次离子质谱和动态二次离子质谱。静态二次离子质谱中入射的离子流量较小，大约为 10^{-11}nm，因此二次离子来自于材料表面的第一层或第二层原子，对材料表面的破坏较轻微。而动态二次离子质谱中，入射的离子流量较大（10^{-8}nm），材料表面被迅速蚀化，蚀化逐渐向材料内部推进。所以，静态二次离子质谱可用来研究材料表层信息，而动态二次离子质谱可用来研究表面纵深方向组成分布。

11.4.5　原子力显微技术

1982 年，G. Bining 和 H. Rohrer 发展了扫描隧道显微镜，使得对材料表面的直接观察达到了原子尺度。自此以后，各种扫描探针技术层出不穷。其共同的特征是利用一末端尖细的探针对试样表面扫描而探测试样表面的局部形貌。根据成像所依据的物理、化学作用，可探测整个材料的表面性能。

扫描探针技术在材料科学中广泛应用，其中原因之一是其既可在干燥表面使用，也可在液体环境中使用。这与其他传统成像技术不同，如扫描电子显微镜中试样需要置于真空中。此外，测量速度相对较快，且易于操作；而且，结构与性能和时间之间关系的动力学研究成为可能。

扫描隧道显微镜（STM）是第一种扫描探针显微技术。当探针和试样带电时，探针与试样表面形成一隧道电流，隧道的电流强度与针尖-试样间距成反比，当针尖扫描到表面一突起区域，针尖与试样间距减小，隧道电流增大；为补偿这一增大，针尖上移而使隧道电流恢复原值。将 STM 探针的平面扫描位置与探针高度作图，可以获得试样表面的三维图像。由于 STM 要求试样可以导电，而聚合物通常是绝缘的，因此限制了 STM 在聚合物材料研究中的应用。

原子力显微镜（atom force microscopy，AFM）是 1986 年在 STM 基础上发展起来的一种三维成像技术，其工作原理如图 11-6 所示。AFM 是通过测量探针与试样表面的作用力来产生试样表面三维结构的图像。由硅制成的微悬臂末端安装有氮化硅的探针，探针末端极其尖细（直径大约为 10～20nm）。因此，AFM 除导电样品外，还能够观测绝缘样品的表面结构，其应用领域更为广阔，且分辨率亦可达到原子级水平，其横向分辨率可达 2nm，纵向分辨率可达 0.01nm。随着原子力显微技术的迅速发展，应用日趋广泛，其优点主要有：①直观反映表面形态；②能在真空、气体、液体等多种环境中使用；③能进行实时动态观察；④分辨率高，也能精确测量分子间作用力。

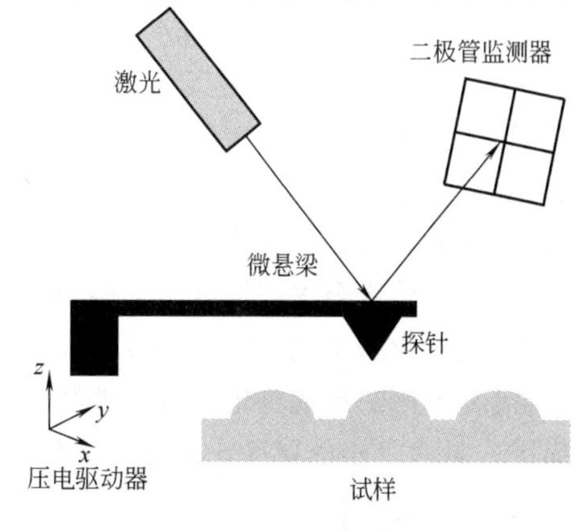

图 11-6　原子力显微镜工作原理

AFM 是通过探针与被测样品之间的微弱的相互作用力（原子力）来获得物质表面形貌的信息。原子力显微镜的基本原理是：如果针尖接触到样品表面时，两者表面原子之间产生一斥力。

受到斥力的作用，微悬臂发生弯曲。二极管激光器发出的激光束经微悬臂背面反射到由光电二极管构成的检测器。在样品扫描时，微悬臂随样品表面形貌而弯曲起伏，反射光束也将随之偏移，偏转位移量比微悬臂的偏转量放大了数千倍。因而，通过光电二极管检测光斑位置的变化，就能获得被测样品表面形貌的信息。根据探针与表面接触程度，AFM 可分为接触模式和轻敲模式。当针尖与样品间距很小，基本上互相接触，则称接触模式。接触模式 AFM 分辨率极高，达原子级水平。但由于聚合物的弹性模量较低，针尖与样品表面间产生的斥力可能使样品变形或破坏。轻敲模式 AFM 解决了这个问题。轻敲模式 AFM 的微悬臂以振荡方式探测试样表面，针尖在微悬臂振荡到幅度的底部时与样品轻轻接触，这种接触非常短暂，不易损坏样品表面。轻敲模式在聚合物表面研究中应用广泛。此外，针尖可以在表面水层中进出，故可应用于液体环境。

11.4.6 界面面积测量

高分子共混物和复合材料内部具有微观或亚微观相分离结构，可以利用小角中子或 X 射线散射来测量材料内部界面的面积。该方法适用于无规形成的界面，包括双连续结构。如果界面不是无规形成的，如分散相为球状，则必须根据已知的界面几何结构对计算结果作一定的修正。

一个结构无序的材料中遇到界面的概率可由一指数形式的相关函数来表示

$$\gamma=\exp(-r/a) \tag{11-21}$$

式中，$\gamma(r)$ 为散射中心间特征长度为 r 的相关函数；a 为定义异相尺寸的相关距离。相关距离计算可以从任意一相中某一点开始，任意选择方向，直至相界面。实际测量中，当使用的粒子的波长为 λ 时，根据散射强度 I 和散射角 θ 关系可以求得相关距离 a。定义 $K=4\pi\lambda^{-1}\sin(\theta/2)$，利用 $I^{-1/2}$ 对 K^2 作图，a 的值可由曲线的斜率 s 和截距 l 来确定

$$a=\left(\frac{\lambda}{2\pi}\right)\left(\frac{s}{l}\right)^{1/2} \tag{11-22}$$

由相关距离可以计算比界面体积，即界面面积 A 与质量之比 m，为

$$S_{sp}=\frac{A}{m}=\frac{4\varphi(1-\varphi)}{ad} \tag{11-23}$$

式中，φ 为其中任意一项的体积分率；d 为材料的密度。

11.5 聚合物共混物界面

在第 2 章中我们已经知道，聚合物-聚合物之间通常不能达到分子水平的混合。有机分子之间混合热通常为正值，而且混合焓对自由能的影响要超过混合熵的影响，因此，同种高分子链段之间混合比异种高分子链段之间混合具有更低的自由能。由于聚合物-聚合物混溶性较差，当两种聚合物相混合时，会形成微相分离结构，产生相界面。聚合物共混物界面自由能对于共混物的微观形态以及性能具有重要的影响。至今，已经发展了许多理论来描述聚合物共混物界面的形成机理以及性能特征。对于一真实的聚合物两相体系，其相间过渡区域（相间区）具有一定的厚度，而非一几何平面，在这一相间区内，组成与结构逐渐变化，两体相内的浓度是连续的。

对于高分子共混物而言，界面厚度由链构象熵和不同种类链段之间作用能来决定，链的

构象熵有利于一个更厚的界面，而链段间作用却有利于一个更窄的界面。我们可以估计这两种影响因素之间的平衡。假如聚合物 B 有一个 N 个链节组成的一段链深入到了界面的另一侧聚合物 A 之中，由此产生一个作用能大约为

$$U \approx N\chi kT \tag{11-24}$$

平衡时该能量大小的数量级为 kT，所以有

$$N\chi = 1 \tag{11-25}$$

如果这段高分子链符合无规行走轨迹，链的尺寸即界面厚度 w 为

$$w \approx a\sqrt{N} \tag{11-26}$$

式中，a 为无规行走步长。

我们可以得到

$$w \approx \frac{a}{\sqrt{\chi}} \tag{11-27}$$

最后可以估算界面自由能为

$$\frac{\gamma}{kT} \approx \rho a\sqrt{\chi} \tag{11-28}$$

以上只是粗略地估计了界面厚度和界面张力，但所获得的结果基本上给出了两个物理量的正确的函数形式。

我们知道，一个理想的高分子链可以用无规行走的轨迹来模拟，而无规行走的末端分布函数可以用扩散方程来表示。我们假定一个高分子“链段”受到一个平均场势能的作用，这个势能可以分为两个部分，第一部分来自于“链段”之间的空间位阻排斥，即两个“链段”不能同时占据一个位置，另一部分来自于其他“链段”间的化学吸引或排斥，这个作用通过 Flory 作用参数 χ 来表达。这就是平均场理论的基本思想。若有两种不相容的聚合物 A 和 B，两者分子量很大，可以看成无限，两种“链段”长度相同，假设 A 和 B 的共混物的界面中心位于 $z=0$，右侧是聚合物 A，左侧是聚合物 B，则根据平均场理论可以计算聚合物 A 在共混物界面层中的体积分率 ϕ_A

$$\phi_A(z) = \frac{1}{2}\left[1+\tanh\left(\frac{z}{w}\right)\right] \tag{11-29}$$

其中界面层厚度 w 为

$$w = \frac{a}{(6\chi)^{1/2}} \tag{11-30}$$

界面张力也能由计算得到，

$$\frac{\gamma}{kT} = \rho a\left(\frac{\chi}{6}\right)^{1/2} \tag{11-31}$$

我们可以看到，由平均场理论得到的结果同前面简单的标度分析结果具有相同的函数形式。这个结果是基于两种“链段”长度相同的假设上的，事实上，两种聚合物的“链段”长度可能不一致，对于不同“链段”长度的聚合物的共混，其界面张力可由式（11-32）给出

$$\frac{\gamma}{kT} = [\chi(\rho_A\rho_B)^{1/2}]^{1/2}\left(\frac{\beta_A+\beta_B}{2}+\frac{1}{6}\times\frac{(\beta_A-\beta_B)^2}{\beta_A+\beta_B}\right) \tag{11-32}$$

式中，ρ_A，ρ_B 分别为聚合物 A 和 B 的密度，参数 β_A 和 β_B 与“链段”长度有关

$$\beta_i = \left(\frac{1}{6}\rho_i a_i^2\right)^{1/2} \tag{11-33}$$

相应地，界面厚度为

$$w=\left[\frac{\beta_{A}^{2}+\beta_{B}^{2}}{2\chi(\rho_{A}\rho_{B})^{1/2}}\right]^{1/2} \tag{11-34}$$

如果考虑到高分子链段数 N 的影响，共混物的界面厚度估算方程为

$$w(N)=\frac{a}{(6\chi)^{1/2}}\left[\frac{3}{4}\left(1-\frac{2}{\chi N}\right)+\frac{1}{4}\left(1-\frac{2}{\chi N}\right)^{2}\right]^{-1/2} \tag{11-35}$$

而界面张力估算方程为

$$\frac{\gamma(N)}{kT}=\rho a\left(\frac{\chi}{6}\right)^{1/2}\left[1-\frac{1.8}{\chi N}-\frac{0.4}{(\chi N)^{2}}\right]^{3/2} \tag{11-36}$$

将典型的聚合物对应的 χ 值代入式(11-30) 及式(11-31)，可以发现界面厚度大约为几个纳米，而界面张力大约为几个 mJ/m^2。聚苯乙烯/聚甲基丙烯酸甲酯共混物的界面厚度可以用中子反射直接测量，大约为 2.5nm。

当嵌段共聚物存在于均聚物的共混物的界面时，嵌段共聚物在界面聚集形成“钉锚”，可以有效地降低两相之间的界面张力，使得微相尺寸变小，两相之间相容性增加。微相尺寸的减小可以有效地提高共混物的抗冲击韧性。虽然直觉上以及理论上可以预计共聚物会处于相界面，但直至最近才实验观察到共聚物在均聚物共混物界面聚集。利用悬滴法观测悬滴形状发现，一些均聚物共混体系中加入少量相应的共聚物，可以降低 50% 的界面张力，可见添加嵌段共聚物可以大幅度降低界面张力，提高相容性，是一种简单而有效的方法。

11.6 聚合物表面改性技术

当聚合物材料的本体性能可达到使用要求，而其表面或界面性能不够理想时，必须对聚合物进行表面改性。聚合物表面改性技术可以分为两大类，一类是直接改变材料原有表面的化学组成；另一类是在原有表面上添加其他种类的材料，从而获得所添加材料的表面性能。

11.6.1 表面接枝

作为最常用的一种聚合物表面改性技术，表面接枝被广泛应用于各个领域。表面接枝是将第二种高分子链通过化学键连接到原有的基体聚合物表面，从而获得接枝高分子链的表面性能。化学键的产生可通过化学的方法或辐射方法在基体材料表面产生反应基团，利用该反应基团与单体上的反应基团反应并引发聚合反应，生成高分子链或与高分子链上的相应基团反应，使该高分子链直接接枝到基体材料的表面。

如果材料表面有羟基，如 PVA、聚甲基丙烯酸羟乙酯等，可以利用铈离子 Ce(Ⅳ) 在材料表面引入自由基

$$—CH_2OH+Ce(IV)\longrightarrow —CH_2O\cdot+Ce(III)+H^+$$

如果材料表面不存在可反应的基团，需对材料表面进行化学处埋或者进行辐射处理，使材料表面产生自由基，进而进行接枝聚合。如对聚丙烯表面进行处理时，先用氧化铬（Ⅵ）将 PP 表面化，产生含有羟基的表面，然后再用 Ce(Ⅳ) 引发自由基聚合。

另一种常用的方法是利用辐射，包括电磁辐射和粒子辐射。聚合物表面改性常用的辐射是 γ 射线或高能电子束。γ 射线比高能电子穿透能力强，因此必须考虑到 γ 射线对材料本体性能产生的副作用。

图 11-7 是在聚苯胺（PANi）表面用紫外线接枝上聚五氟苯乙烯的原子力显微镜照片。从图中可以看出，未接枝的聚苯胺表面光滑，随着接枝率的提高，表面粗糙度增加。接枝的聚五氟苯乙烯以“峰状”分散在聚苯胺表面，而不是完全均匀覆盖在表面。

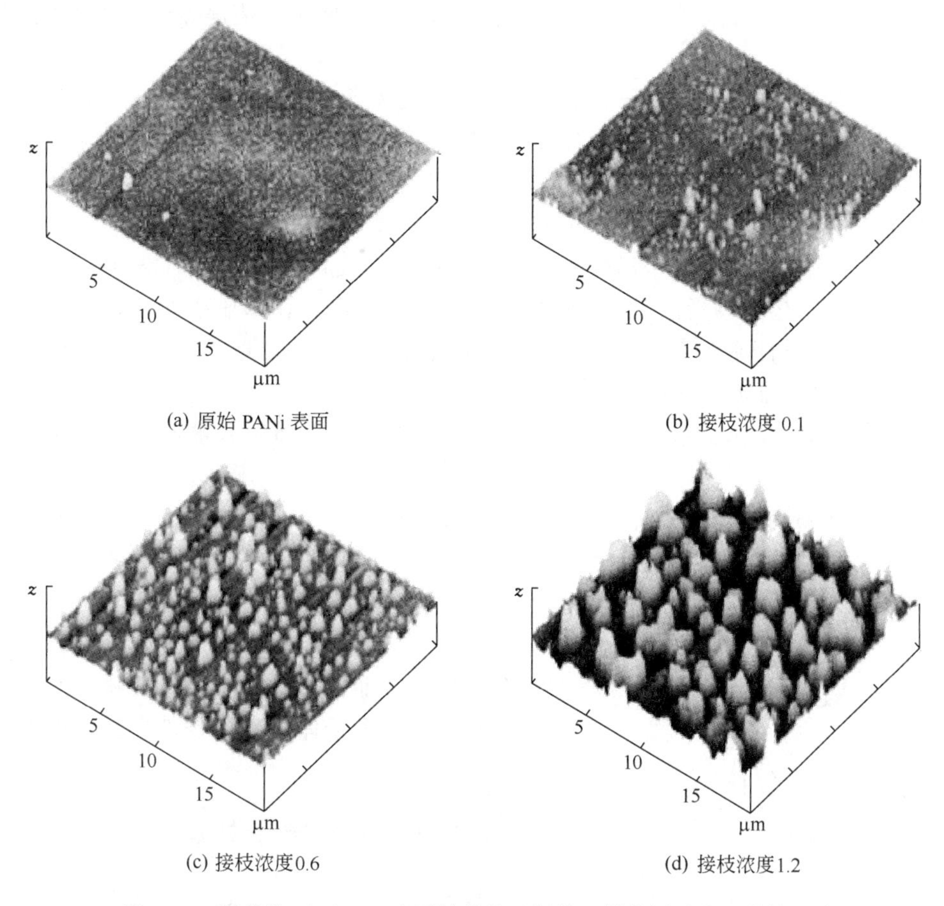

图 11-7　聚苯胺（PANi）表面接枝聚五氟苯乙烯的原子力显微镜照片

11.6.2　火焰处理

火焰处理广泛应用于聚合物的表面改性，具有相当长的历史。火焰处理可以将含氧官能团引入聚合物表面，从而改进聚合物表面的可印刷性以及与涂料的黏合性。该方法既可以用于薄膜的处理，也可用于大件物体表面的处理，如吹塑容器，甚至汽车的保险杠。聚烯烃是最常用火焰处理的聚合物之一。火焰处理设备简单，在处理中通过对火焰气体组成（一般使用一些甲烷之类的烃类和空气的混合物）、温度、火焰离聚合物表面距离以及火焰扫描速度来控制改性后聚合物材料的性能。由于有些处理的温度要达到 1000℃，所以一般火焰暴露时间小于 1s 以避免聚合物处理过度甚至引起燃烧。聚乙烯处理后，其氧化层可达 4～9nm，氧化层中氧的含量显著提高。少量的含氧基团即可使表面张力增加，表面黏结性得以改善。

11.6.3　等离子体处理

对聚合物材料表面等离子体处理的研究已经若干年了，但在工业上尚不如电晕及火焰处理更为普遍。等离子体处理必须在真空中进行，所需的设备花费较高，而且最佳的处理条件对应于各个处理系统，不能应用于其他处理系统，这些都限制了等离子体处理的普及。但等离子体处理通过改变处理条件很容易获得所需的表面性能，处理后的表面比火焰或电晕处理更为均匀，改变表面性能而不会影响材料的本体性能。这些优点使得等离子体处理具有较大的发展前景。

等离子体是指气态的带电粒子，其中可含有正负离子、电子、自由基等。通过等离子体与表面基团的反应，可以在表面产生各种官能团。处理中，聚合物表面的高分子也会形成链自由基，最后在表面产生交联。变化气体中等离子的种类，可以获得不同的官能团，常用的等离子体有氩、氨、一氧化碳、二氧化碳、氢、氮、氧等带电粒子。

当用含氧的等离子体处理聚丙烯表面时，可以在表面产生 C—O、C ═O、O—C ═O、C—O—O 等基团。经处理后的 PP 表面能量获得很大提高。在印刷工业中，利用等离子体在表面产生的含氧基团来改善聚丙烯薄膜的印刷性能。而且，处理后的 PP 与其他材料（例如钢）的界面黏结性能有较大改进。

而用含氟的等离子体处理聚合物表面时，可在聚合物表面引入氟原子，提高表面憎水性能。

正如 11.3 节所讨论，经处理后的聚合物表面受所处环境的影响可发生老化现象。当聚合物表面经过含氧等离子体处理后，由于在表面形成了极性基团，表面张力提高。当该表面与空气等极性较小的介质相接触一段时间后，由于极性基团向材料内部翻转而导致表面张力的减小。而用含氟等离子体处理过的聚合物与水等极性介质接触后，非极性基团将会从材料表面向内部迁移。通过调整等离子体处理中条件参数，可以改变这种老化速率。

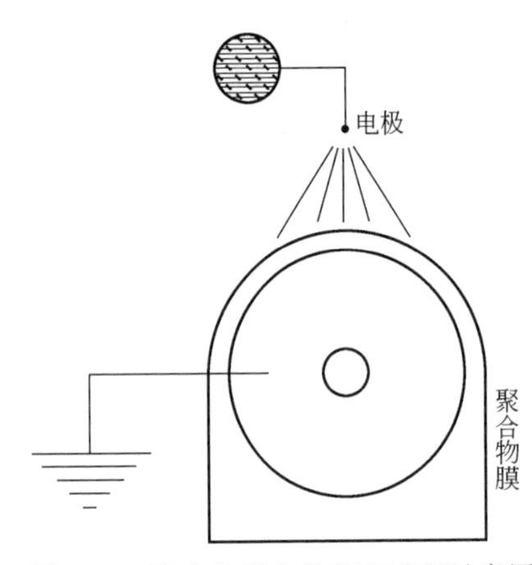

图 11-8 聚合物膜电晕处理过程示意图

11.6.4 表面电晕处理

一些常用聚合物，如聚乙烯、聚丙烯、聚苯乙烯等，其表面能很低，界面黏结性能差，必须对其表面进行处理后才能使用。电晕处理和火焰处理在工业上已经被广泛应用。电晕处理是利用电晕效应通过高能电磁场使聚合物离子化的一种表面改性方法。电晕处理可以在常压以及相对较低的温度下进行。电晕处理过程如图 11-8 所示。

一些包装用聚烯烃膜就是利用电晕处理进行表面改性。当聚合物表面进行过电晕处理后，表面产生的自由基与氧发生反应形成含氧官能团，使其表面润湿性能得到改善。电晕处理也可被用来对需要进行接枝处理的表面进行预处理。

11.6.5 表面金属化

将金属利用 Joule 作用或电子束激发沉积到聚合物表面可形成金属涂层。最常见的应用是将金属铝沉积到塑料薄膜表面，应用于电子或包装领域，起到阻隔或装饰作用。同电晕处理一样，金属化是工业上最常用的表面处理方法之一。金属的蒸发发生在金属喷镀器中的真空室中。金属铝被广泛使用的原因之一是因为铝可以以液态的形式进料，并且对真空度和温度的要求不高。因为蒸发作用是有方向性的，所以所用的聚合物材料最好具有较为简单的几何形状，如膜状。

工业上还经常采用其他多种技术来改变聚合物材料的表面性能。利用化学试剂可以氧化或者刻蚀聚合物的表面。其他辐射的方法还包括紫外线处理、激光处理、X 射线处理等，可以根据需要选用。

11.7　生物医用高分子材料的表面改性及其应用

聚合物作为生物医用材料使用时，首要的条件是赋予材料表面抗菌性能以及材料与血液的相互作用和抗凝血问题。为此，上述两方面的研究开发工作已成为近些年来聚合物表面与界面研究的热门课题。

以下简介医用高分子材料抗菌表面构建及其在医疗器械中的应用。

医疗器械在介（植）入体内后，在其表面滋生细菌是引发体内感染的最主要原因，给病患带来重大的经济损失，甚至危及生命安全。细菌首先在材料/器械表面黏附，进而形成生物膜，生物膜一旦形成，会引起细菌持续性感染。为了赋予材料表面抗菌性能，有针对性地进行抗菌表面的构建，开展医用材料抗菌性能研究具有十分重要的意义。

11.7.1　抗细菌黏附策略

细菌黏附是生物医用材料和器件感染的第一步，调控细菌在材料表面的黏附行为是制备高效抗菌表面的重要环节。细菌黏附行为与细菌种类及其生化性能有关，但主要是取决于材料/器件的表面性能。例如，生物材料/器械表面的化学组成、临界表面张力、界面能、表面亲疏水性、表面电荷等均对细菌黏附和生物膜的形成产生影响。

11.7.1.1　亲水性表面

材料表面利用亲水性物质改性后，在水环境中形成水化层并抑制细菌在其表面的黏附，避免后续感染的发生，是构建抗菌表面的有效策略之一。常见的亲水性改性物质有聚乙二醇、内盐等。其中，聚乙二醇利用氢键与水分子结合形成水化层，以分子链的空间排斥作用抑制细菌黏附；内盐类改性剂利用电荷价态作用结合水分子形成水化层，从而抑制细菌的黏附。

(1) 在外周静脉导管表面通过氧化-还原反应接枝磺酸内盐。研究结果表明，磺酸内盐改性的导管能够有效地降低多种细菌在材料表面的黏附，同时还具有优良的抗凝血性能。其抗菌机理为亲水性内盐类聚合物通过离子键与水分子发生水化作用，形成致密的水化层。该水化层可抑制蛋白、人体细胞、细菌等在外周静脉导管表面的黏附和生物膜的形成。

(2) 利用不同分子量的聚乙二醇对医用聚氨酯表面进行改性，并研究不同细菌（表皮葡萄球菌和大肠杆菌）和蛋白在其表面的黏附行为。结果表明，聚氨酯经过表面改性后，尤其是选用高分子量的聚乙二醇时，细菌黏附量明显降低。

11.7.1.2　超疏水性表面

疏水作用往往会造成细菌在材料表面的黏附，它通过增强细菌与表面的相互作用移除界面水分和降低系统自由能。然而，超疏水性表面却具有优异的抗细菌黏附性能。这方面的研究报导在此从略。

11.7.1.3 滑移表面

Leslie等制备出一种滑移表面，可有效地抑制血细胞和细菌在材料表面的黏附。该涂层通过化学键连接柔性含氟碳链可与全氟液体相互作用形成“滑移”液膜。研究发现，涂层能降低血小板黏附与活化、抑制纤维蛋白原吸附和生物膜形成。改性后的导管在8小时内能够抑制凝血的发生，同时抗细菌黏附性能显著提高。

抗细菌黏附策略虽然能够有效地降低细菌在材料或器械表面的黏附和生物膜的形成，但不可能具有100%抑制细菌的能力，一旦少量细菌附着于材料/器械表面，抗细菌黏附体系很难进一步阻止细菌的增殖。

11.7.2 杀菌策略

根据杀菌机制，可分为接触型和释放型两种杀菌类型。接触型杀菌是通过在材料表面构建阳离子聚合物、抗菌肽、活性氧、碳纳米管等，直接接触作用于细菌；释放型杀菌是通过杀菌剂从材料内部缓释到环境中达到杀菌作用。杀菌剂包括抗生素、银离子/纳米粒子、氮氧化物等。

例如，首先在导尿管表面固定一层多巴胺，然后利用多巴胺与抗菌肽之间发生的化学反应，最终制得抗菌肽改性的导尿管。研究表明，表面改性后的导尿管具有优异的抗菌性能，21天后仍能保持较好的抗菌活性，并且，对人体红细胞和上皮细胞的毒性可以忽略。这一方法简单、快捷，且抗菌涂层稳定性良好。

该类方法的不足之处为：死细菌容易在杀菌材料表面快速积累，不仅屏蔽杀菌基团，而且激发免疫反应，进而引发感染；抗生素类杀菌剂容易造成耐药性等副作用；银粒子/纳米粒子、季铵盐等杀菌剂对人体细胞有毒副作用，其生物相容性较差。

11.7.3 抗细菌黏附-杀菌（抗-杀）结合策略

将上述抗细菌黏附和杀菌（抗-杀）有机结合起来，可以避免两种方式各自存在的不足。目前，这一策略主要采用的手段如下：抗粘和杀菌单体接枝共聚；抗粘刷和杀菌刷共混；抗粘刷和释放型杀菌剂协同。

例如，合成含有抗污（聚乙二醇）、杀菌（阳离子）和粘接（多巴胺）多功能组分的聚碳酸酯共聚物。该种共聚物在水溶液中可以有效地杀灭大肠杆菌和金黄色葡萄球菌，固定在材料表面后可以有效地抑制细菌的黏附，并可抑制蛋白质和血小板黏附。合成出的共聚物能够一步涂层于导管表面，致使医用导管兼具抗-杀功能，同时，血液相容性优良。

这类方法也存在一些问题，如：杀菌组分一般直接作用于细菌和人体细胞，存在细胞毒性；如果在聚合物表面共接枝抗细菌黏附链（段）和杀菌链（段），由于各自接枝密度降低，以致抗细菌黏附能力和杀菌能力减弱。此外，抗细菌黏附组分会屏蔽杀菌基团，杀菌组分又易黏附死细菌，两种性能相互干扰。

11.7.4 抗细菌黏附-杀菌转化表面构建策略

杀菌表面杀死细菌后，通常造成死细菌在材料或器械表面的积累，这不仅降低了材料或器械表面的杀菌活性，同时又激发了免疫反应，进而引发感染。为此，通过表面设计，细菌在材料/器械表面被杀菌组分杀死后，利用pH值、干-湿态、温度等智能响应，使杀菌表面转换成抗污表面，已杀灭的细菌从表面释放到环境中，从而获得了长效抗菌表面。

Jiang 等采用易水解酯键，将水杨酸类杀菌剂连接到羧基甜菜碱功能单体上。水解后放出的水杨酸可以杀菌，分子刷转化成羧基甜菜碱内盐可以抗细菌黏附，二者协同作用实现了长效抗菌的目标。

抗细菌黏附-杀菌转化表面构建策略制备过程比较繁琐。此外，转化需要在特定条件下进行（如 PH 响应型等），改性后的抗菌表面在碱性条件下水解后才能达到抗细菌黏附的效果。

本节结束时，应该提及，抗菌医用高分子材料及器件研究、开发，未来亟待在以下三个方面有所突破：

(1) 材料/器械抗菌表面改性新方法和新技术的建立；

(2) 材料/器械表面兼具优良的抗菌性能和生物相容性；

(3) 加速开发具有抗感染、多功能的生物材料和医疗器械，如：具有抗菌、抗凝血、自润滑等功能的中心静脉导管、外周静脉导管、腹膜透析导管、导尿管等。

11.8　黏结

利用聚合物黏结（adhesion）在古代就为人类所应用，如在建筑上，人们利用鸡蛋清或糯米的黏性黏结砖石。而现在随着人类社会的进步，胶黏剂的应用越来越广泛，性能也日益提高。如在现代医学中，试图用生物胶黏剂黏合伤口来替代传统的伤口缝合。在伤口上的胶黏剂同伤口表面的水分发生聚合反应，从而将伤口黏合，而且一些胶黏剂在体内可以缓慢分解，最终使疤痕变浅甚至消失。由于应用领域的不同，所选择的胶黏剂有其特定的粘接方式、黏结强度、化学或生物活性等各种性能。

由于黏结涉及被粘物与胶黏剂的直接接触，所以黏结性能同材料的润湿性能以及接触角现象有着十分密切的关系。为得到理想的黏结，必要的条件就是胶黏剂与被粘物能够紧密接触。而要实现紧密的接触，胶黏剂必须能够自发地在材料表面铺展开来，使两者之间的界面面积最大化。前已述及，胶黏剂能否铺展开来，取决于固体表面的润湿性能。因此，固体表面的润湿性能直接影响到黏结效果。图 11-9 中，一滴环氧胶黏剂在不同聚合物表面上的接触角变化很大。环氧胶黏剂的表面张力大约为 $42mJ/m^2$，它在固化的环氧树脂以及聚氯乙烯表面的润湿相对较好。在聚乙烯表面，环氧胶黏剂的液滴轮廓相对较高，而在聚四氟乙烯表面，接触角很大，所以可以说环氧胶黏剂不能黏结聚四氟乙烯。

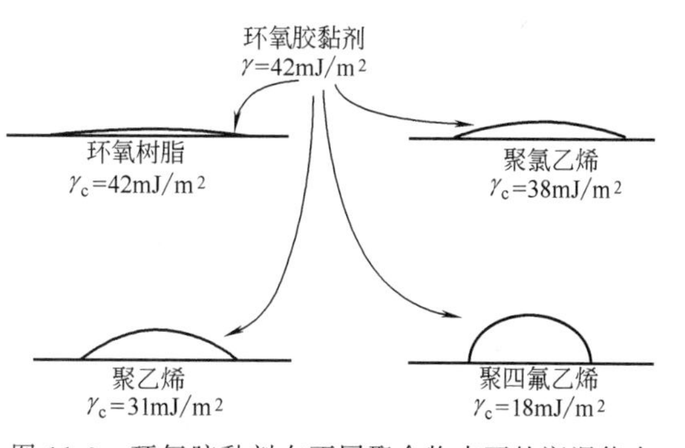

图 11-9　环氧胶黏剂在不同聚合物表面的润湿能力

虽然胶黏剂的主要目的是将两个物体黏结起来，但实际应用中胶黏剂还需要满足许多特定的要求，譬如黏度、热稳定性等。所以胶黏剂中除了基础聚合物以外，还应含有许多添加剂来改善性能，以便适应各种需要。一般的胶黏剂根据其固化方式可以分为三大类：通过溶剂的蒸发固化（如动物胶、淀粉、聚乙烯醇、聚乙酸乙烯酯），通过化学反应固化（如环氧树脂、酚醛树脂）以及通过相转变固化（如聚乙酸乙烯酯热熔胶）。

11.8.1 黏结理论与机理

人们在生产生活实践中发现，当用胶黏剂黏结两个表面时，如果表面比较粗糙，则粘接效果比较好。许多胶黏剂在使用前都要求先用砂纸对拟黏结表面进行打磨，提高表面的粗糙度。

机械联结是黏结的一种重要方式。一些体系中，机械联结似乎对表面黏结强度有一定的影响，例如橡胶与天然纤维。对许多如木头、纺织品、纸张等物体，机械联结起作用是因为这些物体表面具有多孔状或凸起的结构，在胶黏剂固化前可以向下凹处流动，因而固化后在界面形成类似于钉铆的结构，强化了黏结效果。为了得到理想的黏结强度，经常对要黏结的聚合物表面进行处理，使之具有多孔状结构。当然，单凭经验并不能很好地解释粗糙度对黏结效果的影响。一些光滑的表面也能够产生很好的黏结效果，如云母片之间的黏结力就非常强。而用脲醛树脂粘接枫树木块的实验表明，木块表面粗糙度与黏结强度之间并无确定的关系。

另一种只对聚合物/聚合物黏结体系有效的黏结机理是扩散机理。当两种聚合物相互接触时，如果所处的温度高于两者的玻璃化转变温度，此时链段可以向另一种聚合物运动，使两种聚合物链互相扩散。两种聚合物之间的扩散程度与两种聚合物之间的相容性密切相关。如果两种聚合物完全相容时，能达到最佳的扩散效果，扩散层的厚度可达几个微米。而两种不相容的聚合物接触时，扩散层的厚度仅有几个纳米。必须注意的是，这种扩散机理往往只对聚合物/聚合物黏结体系有效，而对其他体系包括聚合物/金属体系并无作用。

当在干燥条件下将压敏胶带快速从一些表面剥离时，会产生噼里啪啦的响声，甚至有发光现象。这种现象被认为是由于在黏结界面上存在电荷，产生了静电作用。金属在真空中沉积到聚合物基体表面，两者之间存在着一定的黏结强度。当将该体系进行电晕放电后，黏结强度降为零，这一实验结果支持了黏结中静电力的作用。扫描电子显微镜的研究也证实了界面上存在着双电层。低密度聚乙烯与铝箔的黏结强度是 $1J/m^2$，而由静电作用对黏结强度的贡献仅为 $1.71\times10^{-3}J/m^2$，所以该体系中黏结强度中双电层静电作用贡献非常小。橡胶黏结中也可以得出同样的结论。如果绝缘聚合物本身带电，则静电作用相对强一些，可以与范德华力相当。

两个物体间的化学作用力对于两者的黏结也有很大的影响。所谓化学作用力，是指包括众多的原子或分子间作用力，如化学键力，以及色散力、偶极间静电力、偶极-诱导偶极间德拜作用等（统称为范德华力）。范德华力的强度和作用距离关系很大。虽然界面上化学键存在与否取决于两物体的性质，但范德华力却是普遍存在的。要在两个物体间产生化学作用力，必须使两者紧密接触，因此表面的润湿性能对黏结很重要。此外，氢键、路易斯酸碱作用等也对黏结有重要影响。

以上讨论了几种表述聚合物黏结的理论，在各种作用力中，化学作用力是普遍存在的，具有广泛的应用领域。静电作用在黏结中能起一定的作用，但与化学作用力相比，其强度与重要性都要小。对于某些特定的体系，扩散作用非常重要，但扩散作用并不是对任何体系都起作用，不具有普遍性。而机械连接只能起到辅助作用而已。因此，提高聚合物间黏结性能的最佳方法是改善聚合物表面的化学性质。

11.8.2　黏结薄弱层及内应力

黏结强度主要来自于胶黏剂同基体之间的分子间作用力。当两凝聚态物体相距为原子尺寸大小时，两者的作用力能产生较高的黏结强度。计算表明，当接触表面相距 4×10^{-10}m 时，特氟隆-聚酰胺间作用力可达 115MPa，特氟隆-金属间为 434MPa，聚酰胺-金属间为 569MPa。虽然，计算中仅仅考虑了接触表面间色散力的作用，但这些计算值已远远超过了聚合物的实际黏结强度与内聚强度。在黏结过程中，众多因素影响导致理论计算结果与实验所测定的结果存在着差异。胶黏剂同基体之间有薄弱的边界层，而且体系中存在着内应力。当黏结表面不能被胶黏剂完全润湿或者在表面上有杂质时，在黏结层中就会产生薄弱层。固体表面总是被其他物质所污染，这些杂质可能来自于环境、基体本身或者胶黏剂。环境中的物体，如蒸汽、尘埃、油脂等可吸附到固体表面。基体相中的小分子量组分也可由体相中逐渐扩散到表面层并累积起来。聚合物中这些小分子量组分包括增塑剂、稳定剂、残留单体以及其他添加物。薄弱层理论认为，黏结强度低于预计的强度就是因为在界面层中出现了低内聚强度的材料，这些低内聚强度的材料形成一个薄弱层。薄弱层理论能用来解释一些黏结失败的例子。

使用聚合物胶黏剂黏结两个物体，会在黏结处产生内应力。内应力的产生有两种原因。在胶黏剂固化过程中，由于溶剂的挥发、小分子聚合等原因，胶黏剂的体积收缩。但胶黏剂同黏结基体的黏合作用使得胶黏剂只能在厚度方向上收缩，而在黏结表面平行方向无法收缩，产生与黏结表面平行的内应力。另一种内应力是由于胶黏剂同基体的线形热膨胀系数不同引起。当黏结表面加热或冷却时，便产生这种热应力。内应力的存在可引起胶黏剂的剥离甚至黏结断裂。为降低内应力的破坏作用，必须采取措施降低内应力。根据内应力的产生机理与过程，可将这些措施分为三类：降低胶黏剂在固化过程中的收缩率；提高胶黏剂中内应力的松弛速率；消除胶黏剂同基体间线形热膨胀系数差异。应用较广的降低内应力的方法是提高内应力松弛速率，例如通过在胶黏剂中加入增塑剂或与弹性体混合来降低弹性模量。研究发现，当胶黏剂的弹性模量低于 2.4×10^{3}MPa 时，残留应力显著降低。但聚合物弹性模量的降低会导致其耐热性以及拉伸强度的降低。如果内应力松弛速率同聚合物产生的速率相当时，可同时获得较高的黏结强度和较小的内应力。松弛速率相对较快时，也能达到一定的效果。对于热应力，可以通过热处理的方法来降低。

11.8.3　结构胶黏剂

一些胶黏剂具有较高的内聚强度，常用来黏结一些结构材料，其黏结强度很高，在室温下可超过 6.9MPa，这种胶黏剂常被称为结构胶黏剂。由于对力学性能要求很高，这些结构胶黏剂经常采用热固性交联聚合物，表面能量较高，具有较强的耐环境能力，黏结有效期可达几年甚至几十年。

结构胶黏剂在工业上以及日用产品上都有使用。一些膏状胶黏剂有的只用单一组分，有的采用双组分。单组分胶黏剂里面已经含有固化所需要的材料，通常需要加热或其他形式的能量来固化，一般要求储存在室温下。而双组分胶黏剂、固化剂和可交联树脂各为一种组分，分开储存，使用时将两种组分混合即可。有些胶黏剂固化前为液状，室温下这些液状胶黏剂在包装内可稳定地长期保存，但是一旦暴露于空气中则迅速固化。

结构胶黏剂常使用的高分子的种类包括酚醛树脂、环氧树脂、蛋白质、聚氨酯、丙烯酸类树脂等。酚醛树脂是利用苯酚同甲醛之间的反应得到的热固性树脂。许多家具木材的黏结就是大量使用酚醛树脂。酚醛树脂胶黏剂的黏结强度较高，但要求的固化温度也高，另外，在设计酚醛树脂胶黏剂的配方时必须考虑到固化的酚醛树脂较脆的弱点。

用于结构胶黏剂的蛋白质常用动物的血液、乳液、结缔组织以及黄豆制得。这种蛋白质胶黏剂的使用已经有较长的历史了。由结缔组织制成的胶黏剂称为胶原基胶黏剂。在动物乳液中加入酸，如乳酸，酪蛋白可从乳液中沉淀出来，所使用的酸对制得的胶黏剂的性能有一定的影响。为了制得蛋白质胶黏剂，要将蛋白质离子化，以便蛋白质能在一些介质中分散开来，水是常用的介质。蛋白质分子链上本身带有可电离的基团，所以可采用一些必要的方法，如加热水、溶剂萃取或洗涤等，一旦蛋白质溶解于水中后，可加入钙盐，以便在不同的蛋白质分子链上的负离子基团间形成二价离子交联。利用硫化或者用含铜、铬的氧化剂氧化也可以交联蛋白质。蛋白质胶黏剂的缺点是无法忍耐恶劣的环境，不宜使用于室外。

环氧树脂胶黏剂可以说是目前使用最为广泛的结构胶黏剂，由酚和氯化环氧丙烷制得。环氧树脂胶黏剂被广泛使用的原因之一是由于环氧基团能发生众多的交联固化反应，醇、硫醇、酸酐、路易斯酸、胺等都可以与环氧基团反应。胺类是环氧基团最为常用的固化剂，可在室温下固化，不需要催化剂，因而许多以前使用酚醛树脂胶黏剂的场合被环氧胶黏剂所替代。同酚醛树脂一样，环氧树脂也较脆，对于热固性树脂胶黏剂，固化温度、固化时间以及胶黏剂物理状态之间关系复杂，利用时间-温度-转变图（T-T-T 图）可以了解固化进程。T-T-T 图的横坐标和纵坐标分别为时间和温度，图中各区域代表胶黏剂的各种状态（见图 11-10）。读图时，先从纵坐标上选定胶黏剂所处的固化温度，然后从纵坐标开始沿横坐标平行方向向右直到固化所用时间，读取该点所处的区域即可知胶黏剂的状态。T-T-T 图中有三个玻璃化转变温度：树脂 T_g、凝胶 T_g 以及 $T_{g\infty}$。$T_{g\infty}$ 表示完全交联的胶黏剂的玻璃化转变温度，凝胶 T_g 指体系可以同时发生凝胶化和玻璃化的温度。图中的凝胶化转变线对应于某温度下热固性树脂形成凝胶或交联网络的时间。当温度低于树脂 T_g 时，热固性树脂能保持非交联的玻璃状态很长时间，而当温度高于树脂 T_g 时，树脂能形成凝胶。发生凝胶化所需时间与所处温度有关，温度越高，发生凝胶化时间越短。当温度处于凝胶 T_g 和 $T_{g\infty}$ 之间时，树脂可先发生凝胶化，然后玻璃化（即进入图中阴影部分形成固体凝胶），这种玻璃化意味着化学反应不完全，所形成的体系玻璃化转变温度确切地应称为“固态化温度”。当温度进一步提高到阴影区域以外时，固化反应能进一步完成，体系的玻璃化转变温度也随之升高。现在利用 T-T-T 图来讨论环氧树脂胶黏剂的固化。如果在室温下使用双组分环氧胶黏剂，环氧树脂是否能完全固化？其玻璃化转变温度是否超出室温许多？根据 T-T-T 图，我们可以知道答案是否定的。室温一般要低于 $T_{g\infty}$，因而环氧树脂在完全固化前已经凝胶化或者玻璃化。室温下固化的环氧树脂玻璃化转变温度一般不超过 50～60℃。

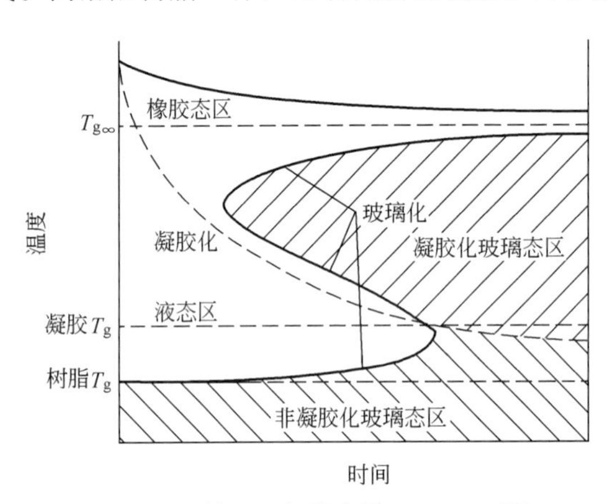

图 11-10 时间-温度-转变图（T-T-T 图）

聚氨酯树脂广泛应用于涂料和泡沫产品中，也用作结构胶黏剂的组分。聚氨酯胶黏剂的优点是能够吸收大量的能量。与环氧树脂和聚氨酯树脂相比，聚丙烯酸类胶黏剂可以迅速固化，黏结强度也较高。

一般来讲，聚丙烯酸类胶黏剂使用方便，但缺点为热塑性并具有刺激性气味。酚醛胶黏剂的优点是其耐久的黏结，但使用起来并不方便。环氧胶黏剂使用最为广泛。这些胶黏剂固化后都比较脆，必须加以改性，通常采用添加弹性体的方式。以上所介绍的结构胶黏剂都有相应的使用温度。酚醛树脂耐高温能力较强，要远高于其固化温度。对于环氧结构胶黏剂，当温度超过固化温度 30℃时，性能有所下降。聚氨酯胶黏剂使用上限一般在 120～150℃。如果要在高温条件下使用这些胶黏剂，则需要设计特定的配方。

11.8.4　弹性体胶黏剂

弹性体胶黏剂在日常生活中使用最为广泛，压敏胶带可能是人们最为熟悉的产品之一。为此，这一节我们通过对压敏胶黏剂有关性能的讨论来了解弹性体胶黏剂。压敏胶黏剂具有下列性能：具有干黏性与永久黏性；只需用手指的压力即可黏结；不需要其他能源来活化；具有足够的黏结强度黏结在被粘物上；具有足够的内聚强度，能够完全从被粘物上剥离下来。

这些性能构成了压敏胶黏剂的定义。我们要讨论的压敏胶黏剂的第一个性能便是它的黏性。压敏胶黏剂的黏性是通过向弹性体中加入某种小分子量物质产生的，这一过程称为增黏，这些小分子量物质称为增黏剂。向弹性体中加入增黏剂小分子物质，能降低弹性体的内聚强度，但压敏胶黏剂必须保持黏性和足够的内聚强度将两个物体粘接起来，所以设计和研究压敏胶黏剂时必须同时考虑到两种似乎矛盾的性能：既要有足够的黏结强度来黏结两个物体，又能够完全从被粘物中剥离。

许多弹性体可以用来制成压敏胶黏剂，第一个被广泛应用的材料就是天然胶。将天然橡胶机械降解后，溶解于合适的溶剂中，最后与增黏剂混合。天然胶制成的压敏胶黏剂的优点是成本低廉，如果选用的配方合适，其剥离强度也很高。但其缺点是由于天然橡胶中高分子主链含有不饱和键，随着时间推移，胶黏剂会变黄、发生交联而变脆。因此，已经用许多其他树脂来代替天然胶制备压敏胶黏剂，譬如聚丙烯酸类。聚丙烯酸类胶黏剂通常不需要增黏剂来使之具有压敏性，其压敏性来自于高分子的内部结构。天然胶与聚丙烯酸类都需要通过交联来获得一定的内聚强度，以达到压敏胶黏剂的使用要求。另一类压敏胶黏剂所用的树脂通过相分离来达到这些要求，这些树脂是具有嵌段结构的弹性体。我们知道 A-B-A 型嵌段共聚物（以 SBS 为例）能产生相分离结构，单独成相的聚苯乙烯段构成物理交联，从而增强了黏结作用。这些利用嵌段共聚物制备的压敏胶黏剂主要用于包装胶带中。嵌段共聚物中也必须加入增黏剂才能具有压敏性。这种压敏胶黏剂也有一些不足之处，由于丁二烯段中有不饱和键，所以其氧化稳定性也不佳。另外，因为其中存在着聚苯乙烯链，所得的胶黏剂模量相对较高。压敏胶黏剂主要使用以上三种类型弹性体。

压敏胶黏剂中使用的增黏剂通常是小分子，却具有类似树脂的性质，其玻璃化转变和软化温度要高于室温，正是这种性质的组合使之可用于压敏胶黏剂。一些增黏剂由天然物制成，其中包括松香酸、海松酸以及 α-松烯或 β-松烯。松香酸和海松酸可从一些木材副产品中提取。松香酸及其酯类经常用于天然胶压敏胶黏剂。松烯可以用氯化铝做催化剂进行阳离子聚合，其软化点依赖于分子量，对于小分子而言，其软化点是相当高的，例如当分子量为

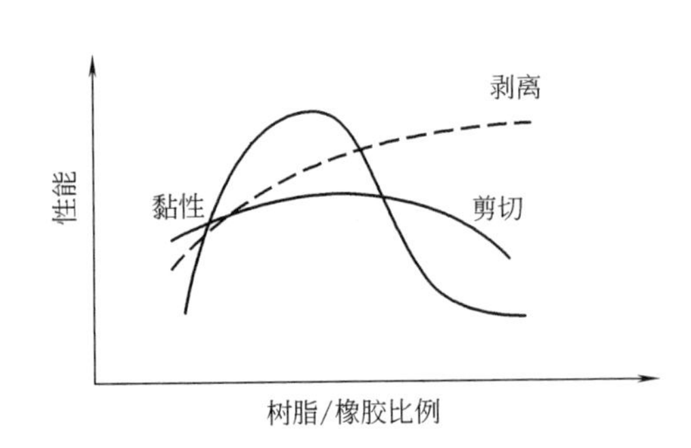

图 11-11 压敏胶带树脂/橡胶比例与性能之间的关系

1200 时（聚合度约为 9），软化点大约为 120℃。松烯可从柑橘皮和木材副产品中得到。另外一些增黏剂系石油制品，同松烯一样，这些增黏剂通过聚合提高软化点后适用于压敏胶黏剂中，根据结构，它们可以被分为芳香族树脂和脂肪族树脂，脂肪族树脂常指碳-5 树脂。

压敏胶带要求能迅速润湿被粘物，有一定的抗剥离能力，也有一定的抗剪切能力。压敏胶带的配方必须平衡各种性能，调整橡胶/增黏树脂比例以及交联程度是主要的配方手段。图 11-11 大致反映了树脂/橡胶比例与性能之间的关系。随着树脂/橡胶比例的增加，剪切强度先上升到最大值然后下降，而剥离强度是单调上升，黏性也是先达到一最高值然后下降，压敏胶黏剂的配方是设法将这三个性能参数最大化。当压敏胶带用很小的压力粘到被粘物上时，最好能自发地铺展开来，也就是说最好具有液体的性质。而当压敏胶带被剥离时，我们期望压敏胶黏剂能抵抗外力，具有固体的性质。黏弹材料能同时具有这两种相反的性能。首先，考察一下上述两个过程的时间长度。一般压敏胶带使用于基材上时，这一过程并不是很快，放到基材上后允许胶带在基材上待上一段时间，因此这一使用过程的时间较长，通常在几秒钟以上。而移去压敏胶带时，时间要短得多，大约在十分之一秒数量级。所以，我们要求压敏胶黏剂对于几秒及以上的时间标度能表现出液体的特性，而对于十分之一秒或更短的时间标度能表现出固体的特性。我们知道黏弹材料能满足这种性能，在设计和选用压敏胶黏剂时就是要考察所用的黏弹材料在使用温度下长时间的润湿性类似液体，短时间内剥离性质类似固体。

其他种类的弹性体胶黏剂与压敏胶黏剂类似，主要的差别在于其他胶黏剂一般能黏结被粘物很长的时间，同时黏结强度也大一些，具有一些结构胶黏剂的性质。

我国高分子科学家、专家的研究与创新贡献

中国科学院长春应用化学研究所高分子物理与化学国家重点实验室殷敬华、栾世方研究员主持的课题组，近些年来，在抗菌医用高分子材料及器件的研究方面取得了长足的进展，学术水平和开发应用在国内领先，在国际上也占有一席之地。

(1) 采用紫外接枝技术，制备具有褶皱结构、氟化物高分子刷接枝的聚合物表面。改性后的聚合物表面能够有效地“捕获”氟油，形成完整、平滑的氟油液膜，从而赋予表面优良的抗凝血和抗菌性能。表面纤维蛋白原吸附量降低 96%，基本上没有血小板黏附，凝血指数增大至 95%左右，表明该种表面有效地抑制了蛋白质吸附、血小板黏附和凝血的发生，具有优异的血液相容性。表面大肠杆菌和金黄色葡萄球菌的黏附量分别降低了约 98.8%和 96.9%，表现出优异的抗细菌黏附性能。图 11-12 为 SIBS 滑移表面的形成过程。

(2) 首先通过紫外引发聚乙二醇（PEG）接枝到热塑性聚氨酯（TPU）电纺丝膜表面，然后采用超声辅助手段将纳米银负载到 TPU 上。聚乙二醇具有良好的抗细菌黏附性能，纳米银具有独特的杀菌性能，构建出的抗-杀结合 TPU 电纺丝膜表现出优异的抗菌-杀菌性能。

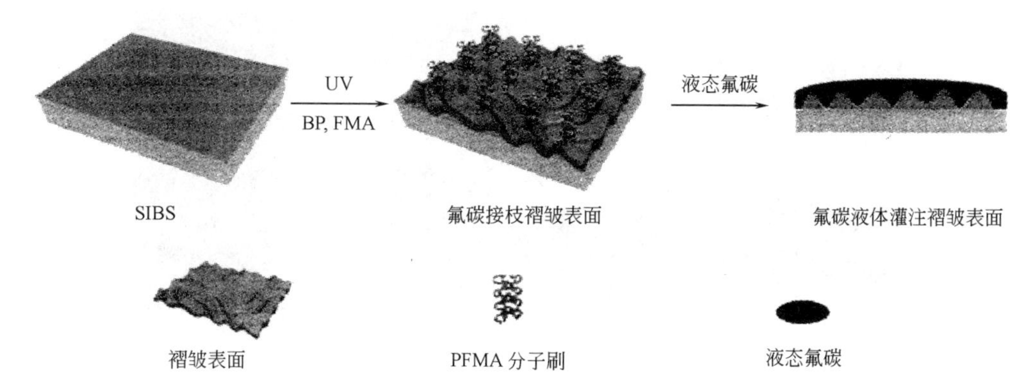

图 11-12　SIBS 滑移表面的形成过程

此外，PEG 的引入又可降低纳米银的毒性，从而提高了膜的表面生物相容性。该项技术制备出的抗-杀结合功能膜在敷料领域中具有潜在的应用价值。

(3) 构建出具有杀菌向抗污转化性能的壳聚糖无纺布，如图 11-13 所示。首先合成吖内酯与阳离子羧基甜菜碱酯共聚物，然后利用吖内酯与氨基易于发生类似“click”亲核反应的特点，将共聚物化学接枝到壳聚糖表面。阳离子基团赋予壳聚糖较好的杀菌性能；甜菜碱酯水解成两性离子基团，赋予壳聚糖抗细菌、蛋白、血小板和红细胞黏附效果，具有优良的抗污性能。转化水解过程中，实现了壳聚糖无纺布敷料在储存时杀菌、在使用时抗污的目标，应用前景显著。

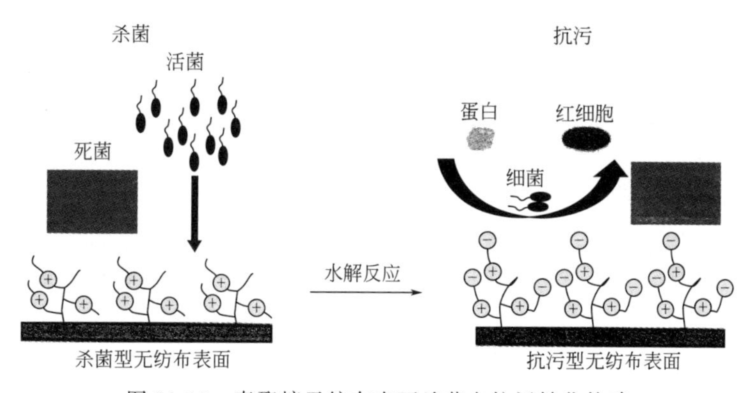

图 11-13　壳聚糖无纺布表面杀菌向抗污转化构建

制备出阳离子羧酸甜菜碱酯功能化的 SIBS（Q-SIBS），在碱性条件下能够水解羧酸甜菜碱酯的末端酯基，得到内盐化的 SIBS 抗污表面，而阳离子基团赋予材料表面优异的杀菌作用，从而实现了医用高分子材料存储时杀菌、接触人体服役时的血液相容性。

提出构建双层结构平台，将阳离子抗菌聚合物隐藏在一个抗生物污染的“干净”表面下，见图 11-14。在干态条件下，最外层的分子刷表面失水坍塌，内部的抗菌聚合物以接触杀菌方式杀死由气体、液滴等途径传播来的细菌。在水相条件下，外层两性聚合物形成水化层，有效抑制了溶液中（如血液、尿液等）细菌的黏附。一旦出现细菌在表面的机会性黏附，内部阳离子抗菌聚合物还能够杀灭黏附细菌，防止发生后续感染。此外，覆盖层可以隔离细胞、血液组分与杀菌层的直接接触，提高了抗菌表面的生物相容性。

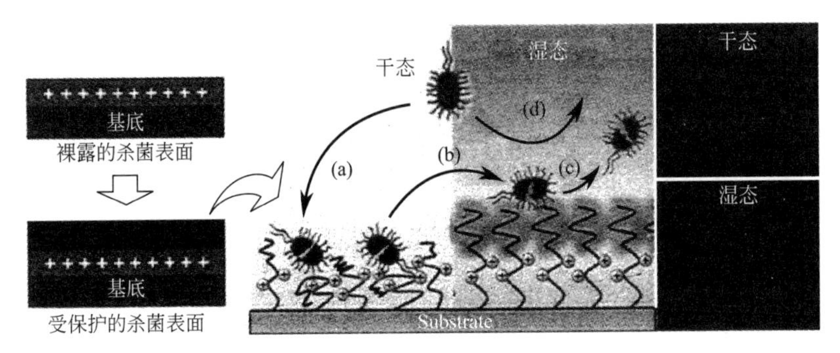

图 11-14 干-湿态转换及抗菌性能示意图

思考题与习题

第1章　高分子链的结构

1.名词解释

全同、间同立构，共聚物的序列结构，接枝、嵌段共聚物，环形及梯形聚合物，超支化高分子，生物高分子（蛋白质、核酸），红外光谱IR，核磁共振NMR和固体核磁共振NMR，构象，链段（或kuhn单元），链柔性，近程相互作用，远程相互作用，自由连接链，自由旋转链，等效自由连接链，高斯链，无扰链和无扰尺寸，极限特征比（c_∞），持续长度，平面锯齿构象，螺旋构象。

2.什么叫构型和构造？写出聚氯丁二烯的各种可能构型；举例说明高分子链的构造。

3.构象与构型有何区别？聚丙烯分子链中碳-碳单键是可以旋转的，通过单键的内旋转是否可以使全同立构聚丙烯变为间同立构聚丙烯？为什么？

4.为什么等规立构聚苯乙烯分子链在晶体中呈3_1螺旋构象，而间规立构聚氯乙烯分子链在晶体中呈平面锯齿构象？

5.哪些参数可以表征高分子链的柔性？如何表征？

6.聚乙烯分子链上没有侧基，内旋转位能不大，柔性好。该聚合物为什么室温下为塑料而不是橡胶？

7.现有：①少量PB通过化学接枝连接到PS基体上所得的接枝共聚物；②用阴离子聚合得到的丁二烯和苯乙烯的三嵌段共聚物SBS（S/B为30/70）；③PS（80%）和PB（20%）的共混物。试从产物的性能上说，各自的名称是什么？

8.现有两种乙烯和丙烯共聚物，其组成相同。其中一种室温时是橡胶状的，另一种室温时硬而韧且不透明。试说明两者结构上的差别。

9.从结构出发，简述下列各组聚合物的性能差异：

（1）聚丙烯腈与碳纤维；

（2）无规立构聚丙烯与等规立构聚丙烯；

（3）顺式聚1,4-异戊二烯（天然橡胶）与反式聚1,4-异戊二烯（杜仲橡胶）；

（4）高密度聚乙烯、低密度聚乙烯与交联聚乙烯。

10.比较下列四组高分子链的柔性并简要加以解释。

（1）$\left[CH_2-CH_2\right]_n$，$\left[CH_2-CH(Cl)\right]_n$，$\left[CH_2-CH(CN)\right]_n$；

（2）$\left[C_6H_4-O\right]_n$，$\left[CH_2-O\right]_n$，$\left[C_6H_4\right]_n$；

（3）$\left[CH_2-CH(Cl)\right]_n$，$\left[CH_2-C(Cl)=CH-CH_2\right]_n$，$\left[CH_2-CH=CH-CH_2\right]_n$；

（4）$\left[CH_2-CH(F)\right]_n$，$\left[CH_2-CF_2\right]_n$，$\left[CH(F)-CH(F)\right]_n$。

11.某单烯类聚合物的聚合度为10^4，试估算分子链完全伸展时的长度是其均方根末端距的多少倍？（假定该分子链为自由旋转链）

12.无规聚丙烯在环己烷或甲苯中，30℃时测得的空间位阻参数（即刚性因子）$\sigma=1.76$，试计算其等效自由连接链的链段长度b（已知碳-碳键长为0.154nm，键角为109.5°）。

13.某聚苯乙烯试样的分子量为416000，试估算其无扰链的均方末端距（已知特征比$c_\infty=12$）。

14. 聚乙烯主链 C—C 键长 l 为 0.154nm，键角 θ 为 109.5°，极限特征比 $c_{\infty}=7.4$。试计算其链段长度（即 Kuhn 长度）b。

第 2 章 高分子的凝聚态结构

1. 名词解释

凝聚态，单分子链凝聚态，内聚能，晶胞，晶系，Miller 指数，单晶，球晶，片晶厚度，结晶度，高分子链的缠结，聚合物液晶，溶致液晶，热致液晶，液晶晶型，取向及取向度，双折射，相容性，多组分聚合物，自组装，海-岛结构，核壳结构，包藏结构，电子显微镜，X 射线衍射，偏光显微镜，差示扫描量热法（DSC），软物质。

2. 什么叫内聚能密度？它与分子间作用力的关系如何？如何测定聚合物的内聚能密度？

3. 聚合物在不同条件下结晶时，可能得到哪几种主要的结晶形态？各种结晶形态的特征是什么？

4. 叙述晶态聚合物的结构模型发展历史和非晶态聚合物的结构模型。

5. 测定聚合物结晶度的方法有哪几种？简述其基本原理和实验应注意的问题。不同方法测得的结晶度是否相同？为什么？

6. 高分子液晶的分子结构有何特点？分类方法有哪几种？液晶态如何表征？

7. 简述高分子液晶的研究现状，举例说明其应用价值。

8. 聚合物取向结构有哪些内容？取向度的测定方法有哪几种？阐明原理和不同方法得到的取向度的含意。举例说明聚合物取向的实际意义。

9. 某结晶聚合物的注射制品中，靠近模具的皮层具有双折射现象，而制品内部用偏光显微镜观察发现有 Maltese 黑十字，并且越靠近制品芯部，Maltese 黑十字越大。试解释产生上述现象的原因。如果降低模具的温度，皮层厚度将如何变化？

10. 采用“共聚”和“共混”方法进行聚合物改性有何异同点？

11. 简述判断多组分聚合物相容性的方法（含原理和相容水平）和提高高分子合金相容性的手段。

12. 现有 PVC/PE、PS/PB (80/20)、PPO/PS 三种共混物，试讨论各自的相容性，为什么？

13. 已知某 PP 试样，DSC 方法测得结晶放热峰的热效应 $\Delta H=94.4\text{J/g}$，查阅手册可知聚丙烯的 $\Delta H_0=8.79\text{kJ/mol}$，试计算该试样的结晶度。

14. 某一聚合物完全结晶时的密度为 0.936g/cm^3，完全非晶态的密度为 0.854g/cm^3，现知该聚合物的实际密度为 0.900g/cm^3，试问其体积结晶度应为多少？

15. 已知聚乙烯晶体属斜方晶系，其晶胞参数 $a=0.738\text{nm}$，$b=0.495\text{nm}$，$c=0.254\text{nm}$。

(1) 根据晶胞参数，验证聚乙烯分子链在晶体中为平面锯齿形构象；

(2) 若聚乙烯无定形部分的密度 $\rho_a=0.83\text{g/cm}^3$，试计算密度 $\rho=0.97\text{g/cm}^3$ 聚乙烯试样的质量结晶度。

16. 用声波传播法测定拉伸涤纶纤维的取向度。若实验得到分子链在纤维轴方向的平均取向角 $\bar{\theta}$ 为 30°，试问该试样的取向度为多少？

17. 现有一个特别的取向（假设的）聚合物试样，其半数结构单元取向时取向轴平行于拉伸方向，另外半数结构单元取向时取向轴在垂直于拉伸方向的平面上均匀分布。如果该试样的双折射 $\Delta n=0.02$，试计算完全单轴取向试样的双折射 Δn_{max}。

18. 某聚合物单轴取向时，双折射 Δn 为 0.03，完全取向时，双折射 Δn_{max} 为 0.05，试计算该聚合物的平均取向角 $\bar{\theta}$。

19. 一个特殊的半晶聚合物，采用最简单的单轴取向方式得到其双折射 $\Delta n=0.042$，密度测定显示其体积结晶度 $x_c^v=0.45$，X 射线衍射测定显示结晶相的取向函数 $f_c=0.91$。假设晶相 $\Delta n_{max}=0.05$，无定形相 $\Delta n_{max}=0.045$。试计算该试样无定形相的 f_a。

第 3 章 高分子溶液

1. 名词解释

溶胀，溶度参数（δ），Huggins 参数（χ_1），θ 溶液，渗透压第二维利系数（A_2），相图（UCST，

LCST)，聚电解质溶液，凝胶和冻胶。

2. 写出：(1) 高分子极稀溶液、稀溶液、亚浓溶液、浓溶液、极浓溶液和熔体的质量浓度范围和分子链的形态；(2) 以上高分子溶液五个层次之间的分界浓度名称和物理意义。

3. 什么是高分子理想溶液？它与小分子理想溶液有何本质区别？

4. Flory-Huggins 格子模型理论推导高分子溶液混合熵、混合热和混合自由能时做了哪些假定？混合热公式中 Huggins 参数的表达式和物理意义是什么？

5. Flory-Krigbaum 稀溶液理论如何引入“Flory 温度 (θ)”的概念？其物理意义是什么？如何测定？

6. 什么叫推斥体积效应？Flory-Krigbaum 稀溶液理论如何导出渗透压第二维利系数 (A_2) 与排斥体积 (u) 之间的关系？

7. 高分子溶液发生相分离时，Flory-Huggins 相互作用参数 χ_1 如何变化？混合自由能—体积分数曲线有何特征？相分离的临界条件是什么？写出临界条件下的相互作用参数表达式。

8. 假定共混体系中，两组分聚合物（非极性或弱极性）的分子量不同但均为单分散的，$x_A/x_B=r$。试写出计算临界共溶温度和该温度下组成关系的方程式，画出 r 分别为小于 1 和大于 1 时该体系的旋节线示意图。

9. 写出两种两性生物聚电解质的名称。

10. 高分子合金相分离机理有哪两种？比较其异同点。

11. 苯乙烯-丁二烯共聚物 ($\delta=16.7$) 难溶于戊烷 ($\delta=14.4$) 和乙酸乙烯 ($\delta=17.8$)。若选用上述两种溶剂的混合物，什么配比时对共聚物的溶解能力最佳？

12. 计算下列三种情况下溶液的混合熵，讨论所得结果的意义。

(1) 99×10^{12} 个小分子 A 与 10^8 个小分子 B 相混合（假定为理想溶液）；

(2) 99×10^{12} 个小分子 A 与 10^8 个大分子 B（设每个大分子“链段”数 $x=10^4$）相混合（假定符合平均场理论）；

(3) 99×10^{12} 个小分子 A 与 10^{12} 个小分子 B 相混合（假定为理想溶液）。

13. 在 20℃将 10^{-5}mol 的聚甲基丙烯酸甲酯 ($\overline{M}_n=10^5$，$\rho=1.20\text{g/cm}^3$) 溶于 179g 氯仿 ($\rho=1.49\text{g/cm}^3$) 中，试计算溶液的混合熵、混合热和混合自由能（已知 $\chi_1=0.377$）。

14. 简述测定极稀聚合物溶液的相对黏度时，不使用式(3-97)，如何通过实验步骤的改变来消除高分子链在毛细管壁上的吸附对结果的影响。

第 4 章　聚合物的分子量和分子量分布

1. 名词解释

统计平均分子量，微分（与积分）分子量分布函数，分子量分布宽度，多分散系数 α，Tung（董履和）分布函数，散射介质的 Rayleigh 比，散射因子 $P(\theta)$，特性黏数 $[\eta]$，膨胀（或扩张）因子 χ，SEC、SEC 校正曲线和普适校正曲线，多检测器联用 SEC。

2. 什么叫分子量微分分布曲线和积分分布曲线？两者如何相互转换？

3. 测定聚合物数均分子量和重均分子量的方法有哪几种？每种方法适用的分子量范围如何？

4. 证明渗透压法测得的聚合物分子量为数均分子量。

5. 简述质谱法测定聚合物分子量的基本原理，所得分子量是相对分子量还是绝对分子量？

6. 现有一超高分子量的聚乙烯试样，欲采用 SEC 方法测定其分子量和分子量分布，试问：

(1) 能否选择 SEC 法的常用溶剂 THF？如果不行，应该选择何种溶剂？

(2) 常温下能进行测定吗？为什么？

(3) 如何计算该试样的数均分子量、重均分子量和黏均分子量。

7. 某个聚合物试样是由三种单分散聚合物混合而成，三者的摩尔质量为 250000g/mol、300000g/mol 和 350000g/mol，分子链数的比例为 1∶2∶1，试计算该试样的 $\overline{M}_n$、$\overline{M}_w$ 和 $\overline{M}_w/\overline{M}_n$。

8. 采用渗透压法测得试样 A 和 B 的摩尔质量分别为 4.20×10^5 g/mol 和 1.25×10^5 g/mol，试计算 A、B 两种试样等质量混合物的数均分子量和重均分子量。

9. 35℃时，环己烷为聚苯乙烯（无规立构）的 θ 溶剂。现将 300mg 聚苯乙烯（$\rho=1.05\text{g/cm}^3$，$\overline{M}_n=1.5\times10^5$）于 35℃溶于 150mL 环己烷中，试计算：(1) 第二维利系数 A_2；(2) 溶液的渗透压。

10. 某聚苯乙烯试样经分级后得到 5 个级分。用光散射法测定了各级分的重均分子量，用黏度法（22℃、二氯乙烷溶剂）测定了各级分的特性黏数，结果如下所示：

$\overline{M}_w\times10^{-4}$	0.308	1.55	48.0	56.8	157
$[\eta]/(\text{dL/g})$	0.0405	0.122	1.38	1.42	2.78

试计算 Mark-Houwink 方程 $[\eta]=KM^{\alpha}$ 中的两个参数 K 和 α。

11. 推导一点法测定特性黏数的公式：

(1) $[\eta]=\dfrac{1}{C}\sqrt{2(\eta_{sp}-\ln\eta_r)}$，假设 $K'+\beta=\dfrac{1}{2}$；

(2) $[\eta]=\dfrac{\eta_{sp}+\gamma\ln\eta_r}{(1+\gamma)C}$，其中 $\gamma=K'/\beta$。

12. 三乙酸纤维素-二甲基甲酰胺溶液的 Zimm 图如习题图 1 所示。试计算该聚合物的分子量和旋转半径 $[\lambda=5.461\times10^{-1}\text{nm}，n(\text{DMF})=1.429]$。

注：忽略散射体积改变的修正。

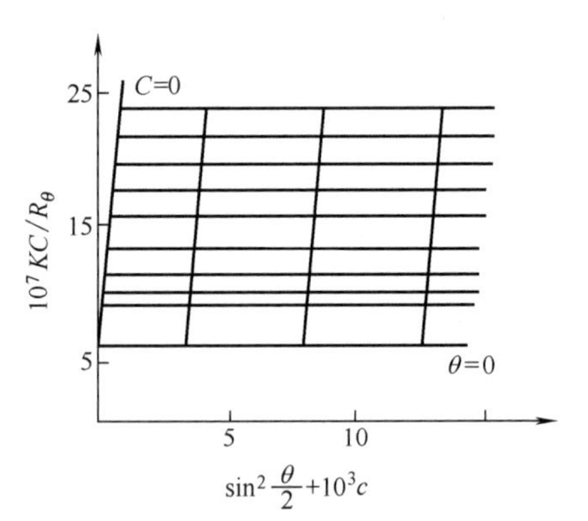

习题图 1 三乙酸纤维素-二甲基甲酰胺溶液的 Zimm 图

13. PMMA 在丙酮中、20℃的特性黏数 $[\eta]$ 与分子量 M 之间的关系为 $[\eta]=5.5\times10^3M^{0.73}$。试计算分子的无扰尺寸 $(h_0^2/M)^{1/2}$、极限特征比 c_∞、空间位阻参数 σ、链段长度 l 和链的持续长度 a。

14. 现有一聚合物试样，黏度法测得其 $[\eta]=5.5\text{mL/g}$，SEC 法测得其 $V_e=144\text{mL}$。试计算该聚合物的分子量。已知聚合物的 SEC 普适校正曲线如习题图 2 所示。

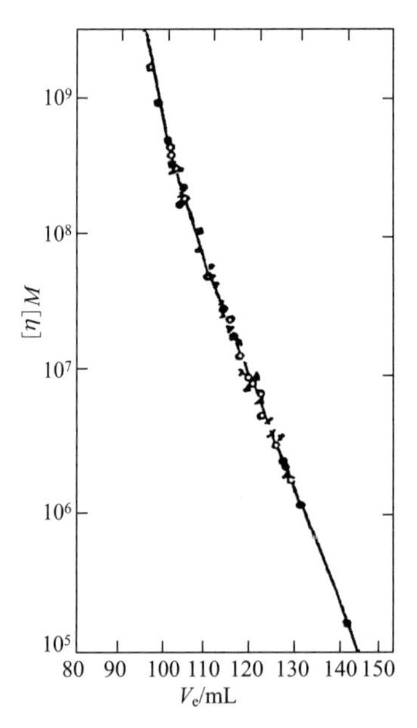

习题图 2 SEC 普适校正曲线

●线形PS；○支化PS(梳形)；+支化PS(星形)；△PS/PMMA支化嵌段共聚物；×PMMA；⊗PVC；▽PS/PMMA接枝共聚物；■聚苯基硅氧烷；□聚丁二烯

第 5 章　聚合物的分子运动和转变

1. 名词解释

玻璃-橡胶转变（玻璃化转变），晶态-熔融态转变，松弛过程，松弛时间（τ），玻璃化转变温度（T_g），自由体积理论，次级转变（或次级松弛），物理老化，结晶速率，主期结晶，次期结晶，熔限，熔点，片晶厚度。

2. 以分子运动观点和分子间物理缠结概念说明非晶态聚合物随着温度升高黏弹行为的 4 个区域，并讨论分子量对应力松弛模量-温度曲线的影响规律。

3. 讨论结晶、交联聚合物的模量-温度曲线和结晶度、交联度对曲线的影响规律。

4. 写出四种测定聚合物玻璃化转变温度的方法，简述其基本原理。不同实验方法所得结果是否相同？为什么？

5. 聚合物的玻璃化转变是否是热力学相变？为什么？

6. 试用玻璃化转变的自由体积理论解释：（1）非晶态聚合物冷却时体积收缩速率发生变化；（2）冷却速率越快，测得的 T_g 值越高。

7. 试用自由体积理论导出 Gordon-Taylor 方程。

8. 玻璃化转变的热力学理论基本观点是什么？

9. 聚合物晶体结构和结晶过程与小分子晶体结构和结晶过程有何差别？造成这些差别的原因是什么？

10. 测定聚合物结晶速率有哪些方法？简述其原理和主要步骤。

11. 聚合物非等温结晶动力学研究主要有哪三种方法？为什么说 Mo 新方法是行之有效的、重要的方法？

12. 比较下列各组聚合物的 T_g 高低并说明理由：

（1）聚二甲基硅氧烷，顺式聚 1,4-丁二烯；

（2）聚己二酸乙二酯，聚对苯二甲酸乙二酯；

（3）聚丙烯，聚 4-甲基-1-戊烯；

（4）聚氯乙烯，聚偏二氯乙烯。

13. 以结构观点讨论下列聚合物的结晶能力：聚乙烯、尼龙 66、聚异丁烯。

14. 讨论本章图 5-21 五种聚合物的结晶速率-温度关系曲线。

15. 用膨胀计法测得分子量 $3.0\times10^3\sim3.0\times10^5$ 之间八个级分聚苯乙烯试样的 T_g 数据如下：

$\overline{M}_n/(\times10^3)$	3.0	5.0	10	15	25	50	100	300
T_g/℃	43	66	83	89	93	97	98	99

试作出 T_g 对 $\overline{M}_n$ 和 $1/\overline{M}_n$ 的图形，并从图中求出方程式 $T_g=T_g(\infty)-\dfrac{K}{\overline{M}_n}$ 中的常数 K 和 $T_g(\infty)$。

16. 已知 PB 的 $T_g=-85$℃，PS 的 $T_g=100$℃，试预测苯乙烯含量为 23.5%的未硫化丁苯橡胶的 T_g 值。

17. 甲苯的 $T_{gd}=113$K，假如用甲苯作为 PS 试样的增塑剂，试估算含有 20%体积分数甲苯的 PS 试样的 T_g。

18. 现有某种聚丙烯试样，将其熔体 10mL 于 150℃在膨胀计中进行等温结晶，不同时间测得聚合物的体积值如下：

t/min	3.2	4.7	7.1	12.6	20
V/mL	9.9981	9.9924	9.9765	9.8418	9.5752

已知聚丙烯晶胞密度为 0.96g/cm^3，完全非晶态时密度为 0.84g/cm^3，结晶完全时体积结晶度为 50%。试用 Avrami 方程计算该试样的结晶速率常数 K 和 Avrami 指数 n。

19. 均聚物 A 的熔点为 200℃，熔融热为 8368J/mol 重复单元。如果在结晶的 AB 无规共聚物中，单体 B 不能进入晶格，试预测含单体 B 10%摩尔分数的共聚物的熔点。

20. 某一种 PEO 试样，其含水量 $\varphi_1=0.01$。试计算该试样的 T_m。已知纯 PEO 的 $T_m=66$℃，$\Delta H_u=1980$cal/mol，$\rho=1.33$g/cm^3，$\chi_1=0.45$。

21. 两种聚乙烯试样，其晶片厚度 l 分别为 30nm 和 15nm，熔点分别为 $T_{m,1}=131.2$℃，$T_{m,2}=121.2$℃。假设折叠表面的表面自由能 $\sigma_c=93$mJ/m^2，晶体的密度 $\rho_c=1.00\times10^3$kg/m^3，其无限厚的晶体熔融时单位质量的焓增 $\Delta H=2.55\times10^5$J/kg。试确定平衡熔融温度 T_m^0。

22. 根据本章表 5-15 聚乙烯片晶厚度 l 和熔点 T_m 的实验数据，求出片晶厚度趋于无穷大时的熔点 T_m^0。已知聚乙烯结晶的单位体积熔融热 $\Delta h=280$J/cm^3。试用 Thompson-Gibbs 方程（5-42）计算表面能 σ_c。

第 6 章 橡胶弹性

1. 名词解释

交联，张应力，张应变，弹性模量，泊松比，柔量，拉伸比，熵弹性，交联橡胶的状态方程，非高斯效应，环度，交联度，交联点密度（μ/V_0），交联点的功能度（ϕ），物理缠结，溶胀效应，网络链，应变诱发结晶，热塑性弹性体，长碳链聚酰胺热塑性弹性体。

2. 高弹性有哪些特征？为什么聚合物具有高弹性？在什么情况下要求聚合物充分体现高弹性？什么情况下应设法避免高弹性？

3. 试述交联橡胶平衡态高弹形变热力学分析的依据和所得结果的物理意义。

4. 简述橡胶“幻象网络理论”较之“基础的橡胶弹性统计理论”有何进展？如何导出自由能-形变关系式以及试样单轴拉伸时应力-拉伸比之间的关系？该理论还有何不足之处？S. F. Edwards 处理弹性问题的模型是什么？

5. 说明“橡胶弹性唯象理论”的优缺点。

6. 什么叫热塑性弹性体？举例说明其结构与性能关系。

7. 一交联橡胶试片，长 2.8cm、宽 1.0cm、厚 0.2cm、重 0.518g，于 25℃时将其拉伸 1 倍，测定张力为 9.8N。请计算该试样网链的平均分子量。

8. 某硫化天然橡胶试样，其网链平均分子量为 10000，密度为 1g/cm^3。问 25℃时拉长 1 倍需要多大的应力（$R=8.314$J/K・mol）？

9. 一硫化橡胶试样，25℃、应力为 1.5×10^6N/m^2 时拉伸比为 2.5。试计算该试样 1cm^3 中的网链数。

10.（1）利用橡胶弹性理论，计算交联点间平均分子量为 5000、密度为 0.925g/cm^3 的弹性体在 23℃时的拉伸模量和切变模量（$R=8.314$J/K・mol）。

（2）若考虑自由末端校正，模量将怎样改变（已知试样的 $\overline{M}_n=100000$）？

11. 有一个特殊类型的橡胶，像一个新-虎克固体，$G=4\times10^5$Pa。试计算：①拉伸横截面 1cm^2 的该种未伸展的橡胶长条到其原始长度的两倍时所需要的力（F）；②压缩横截面 1cm^2 的薄片到其原始厚度的一半时，需要多大的力（F）？（如果该试样可以在横向自由伸展）。对于①和②的真应力各为多大？

12. 一根橡胶带，尺寸为 1cm×1cm×10cm，在 25℃、1.5×10^4Pa 应力下单轴拉伸至长度达 25cm。

（1）已知网络功能度 $\phi=4$，试计算交联点的密度 μ/V_0。

（2）若试样在 25℃条件下单轴拉伸到长度为 15cm 时，需要多大的应力 σ？

13. 称取交联后的天然橡胶试样，于 25℃在正癸烷溶剂中溶胀。达溶胀平衡时，测得体积溶胀比为 4.0。已知高分子-溶剂相互作用参数 $\chi_1=0.42$，聚合物的密度 $\rho_2=0.91$g/cm^3，溶剂的摩尔体积为 195.86cm^3/mol，试计算该试样的剪切模量 G（$R=8.314$J/K・mol）。

14. 聚异丁烯试样在环己烷溶剂中溶胀，溶胀后的体积是溶胀前的 10 倍。试问该试样在溶剂甲苯中可以溶胀到几倍？已知聚异丁烯/甲苯的 $\chi_1''=0.457$，甲苯的 $V_{m,1}''=106cm^3/mol$，聚异丁烯/环己烷的 $\chi_1'=0.436$，环己烷的 $V_{m,1}'=108cm^3/mol$。

15. 什么是分子模拟方法？在高分子物理学科中的研究内容有哪些？

第 7 章　聚合物的黏弹性

1. 名词解释

线性黏弹性和非线性黏弹性，力学松弛现象，蠕变，蠕变函数 [$\psi(t)$]，应力松弛，应力松弛函数 [$\phi(t)$]，滞后，力学内耗 (ψ)，储能模量 (E')，损耗模量 (E'')，损耗角正切 ($\tan\delta$)，松弛时间 (τ) 及松弛时间谱 [$E(\tau)$]，推迟时间 (τ') 及推迟时间谱 [$D(\tau')$]，Boltzmann 叠加原理，时温等效原理，移动因子或平移因子 (a_T)，动态力学热分析 (DMTA)。

2. 举例说明聚合物的蠕变、应力松弛、滞后和内耗现象。为什么聚合物具有这些现象？这些现象对其的使用性能存在哪些利弊？

3. 简述温度和外力作用频率对聚合物内耗大小的影响。

4. 指出 Maxwell 模型、Voigt-Kelvin 模型、三元件模型和四元件模型分别适宜于模拟哪一类型聚合物的哪一种力学松弛过程？

5. 时温等效原理在预测聚合物材料的长期使用性能方面和在聚合物加工过程中各有哪些指导意义？

6. 为什么说作用力的时间与松弛时间相当时，松弛现象才能被明显地观察到？

7. 聚合物黏弹性的分子理论——“RBZ 理论”和“蛇形理论”推导的假设、依据和主要结构是什么？简述该理论较之模型理论有何进展。

8. 查阅文献资料，以图形或表格说明 DMTA 方法研究聚合物、共混物（或接枝、嵌段共聚物）和复合材料的结构和动态力学性能之间的关系（教材 7.5 例子除外）。

9. 现有一边长为 2cm 的黏弹性立方体，其剪切柔量与时间的关系为 $J(t)=\left(10^{-10}+\frac{t}{10^8}\right)cm^2/dyn$。要使该试样在 $10^{-4}s$ 后产生剪切变形 Δx 即剪切位移量 $s=0.40cm$，请计算需用多重的砝码？

10. 以某种聚合物材料作为两根管子接口法兰的密封垫圈，假设该材料的力学行为可以用 Maxwell 模型来描述。已知垫圈压缩应变为 0.2，初始模量为 $3\times10^6N/m^2$，材料应力松弛时间为 300d，管内流体的压力为 $0.3\times10^6N/m^2$，试问多少天后接口处将发生泄漏？

11. 将一块橡胶试片一端夹紧，另一端加上负荷，使之自由振动。已知振动周期为 0.60s，振幅每一周期减少 5%，试计算：

(1) 橡胶试片在该频率（或振幅）下的对数减量 (Δ) 和损耗角正切 ($\tan\delta$)；

(2) 假若 $\Delta=0.02$，问多少周期后试样的振动振幅将减少到起始值的一半？

12. 某个 Maxwell 单元由一个模量为 $E=10^9Pa$ 的弹簧和一个黏度为 $10^{11}Pa\cdot s$ 的黏壶组成。试计算在习题图 3 所述载荷程序条件下、时间为 $t=100s$ 时的应力 (σ)：①$t=0$ 时，瞬时应变为 1%；②$t=30s$ 时，应变从 1% 瞬时增加至 2%。

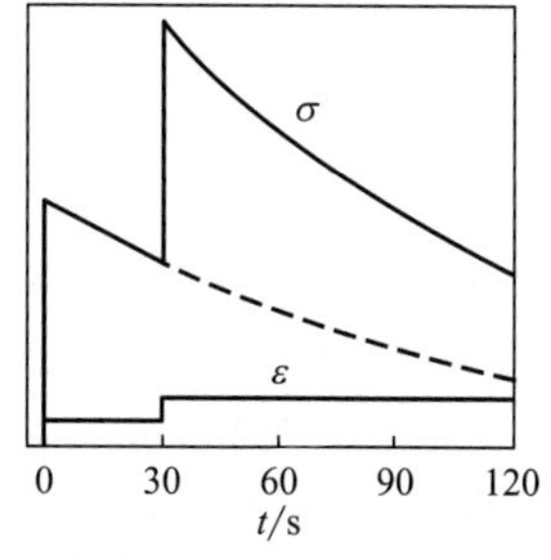

习题图 3　某个 Maxwell 单元

13. 分别写出纯黏性液体（黏滞系数 η）、理想弹性体（弹性模量 E）、Maxwell 单元（E_M、η_M）和 Voigt-Kelvin 单元（E_K，η_K）在 $t=0$ 时加上一恒定应变速率 K 后应力（σ）随时间（t）的变化关系，并以图形表示之。

14. 设聚丙烯为线性黏弹体，其柔量为 $D(t)=1.2t^{0.1}(\text{GPa})^{-1}$（$t$ 的单位为 s），应力状态如下：

$\sigma=0$　　　　$t<0$

$\sigma=1\text{MPa}$　　　　$0\leqslant t\leqslant 1000\text{s}$

$\sigma=1.5\text{MPa}$　　　　$1000\text{s}\leqslant t\leqslant 2000\text{s}$

试计算 1500s 时，该材料的应变值。

15. 有一聚合物试样，其 $T_g=0℃$，40℃时的 $\eta=2.5\times10^4\text{Pa}\cdot\text{s}$，试求出 50℃时的黏度。

16. 在频率为 1Hz 条件下进行聚苯乙烯试样的动态力学性能实验，125℃出现内耗峰。请计算在频率 1000Hz 条件下进行上述实验时，出现内耗峰的温度（已知聚苯乙烯的 $T_g=100℃$）。

17. 某聚合物试样，25℃时应力松弛到模量为 10^5N/m^2 需要 10h。试计算 −20℃时松弛到同一模量需要多少时间（已知该聚合物的 $T_g=-70℃$）?

18. 某聚合物的黏弹行为服从 Voigt-Kelvin 模型，其中 η 值服从 WLF 方程，E 值服从橡胶弹性统计理论。该聚合物的玻璃化转变温度为 5℃，该温度下黏度为 $1\times10^{12}\text{Pa}\cdot\text{s}$，有效网链密度为 $1\times10^{-4}\text{mol/cm}^3$。试写出 30℃、$1\times10^6\text{Pa}$ 应力作用下该聚合物的蠕变方程。

19. 某聚合物的黏弹行为可以用 Voigt-Kelvin 模型描述。当施加 10^3Pa 的张应力、时间为 10s 时，其长度为初始长度的 1.15 倍；除去应力 10s 后，长度变成初始长度的 1.10 倍。试计算该模型的弹簧模量（E）。

第 8 章　聚合物的屈服和断裂

1. 名词解释

屈服和屈服点，细颈，剪切带，银纹，脆-韧转变和脆-韧转变点，应力集中，拉伸强度，增强，冲击强度，增韧，疲劳。

2. 画出非晶态和晶态聚合物拉伸时典型的应力-应变曲线，指出曲线上的特征点及相应的应力、应变名称，说明两条曲线的主要差异。

3. 讨论温度、应变速率对聚合物应力-应变曲线的影响规律，举例说明室温、通常的拉伸速率下应力-应变曲线的五种典型的类型。

4. 写出 Trasca 屈服判据、Coulomb 屈服判据的表达式和适用范围。

5. 讨论聚合物材料脆性断裂和韧性断裂在断裂能和断裂面形貌方面的差异。

6. 何谓聚合物的强度？为什么理论强度比实际强度高很多倍?

7. 各举一例说明粉状和纤维填料增强、液晶增强、分子复合材料增强以及聚合物基纳米复合材料增强的机理。

8. 橡胶或弹性体增韧塑料的机理主要有几种？非弹性体增韧塑料的机理是什么？S. Wu 的逾渗理论是否适用于无机刚性粒子增韧?

9. 从高分子链结构，简要讨论下列几种聚合物的冲击性能。

（1）聚苯乙烯；（2）聚苯醚；（3）聚碳酸酯；（4）ABS；（5）聚乙烯。

10. 如何采用物理改性的方法制备下列材料？简述其改性机理。

（1）抗冲击聚丙烯塑料；（2）高强度丁苯橡胶；（3）高强度尼龙纤维；（4）高强度、高耐折性的聚酯薄膜；（5）高强度环氧树脂。

11. 用低密度聚乙烯改性尼龙的研究和应用报道很多。该种共混体系相容性很差，用什么方法可以改善两者的相容性？用什么实验手段可以说明相容性确实显著提高了？

12. 现有一块有机玻璃（PMMA）板，内有长度为 10mm 的中心裂纹，该板受到一个均匀的拉伸应力 $\sigma=450\times10^6\text{N/m}^2$ 的作用。已知材料的临界应力强度因子 $K_{IC}=84.7\times10^6\text{N/m}^2\cdot\text{m}^{1/2}$，安全系数 $n=1.5$，问板材结构是否安全?

13. 一个宽 1cm、厚 1mm 的聚合物长条，不含裂缝。在其长度方向受到一个 100N 的拉力（F），产生 0.3% 的应变（ε）。另一个同样的聚合物窄条，除了在它的中心、垂直于长轴处有一长度为 1mm 的裂缝之外，都与前者相同。如果该聚合物的 γ_s 值是 $1500J/m^2$，请估算第 2 条试样断裂所需的拉伸载荷（F）。

第 9 章　聚合物的流变性能

1. 解释下列名词、概念

（1）牛顿流体和非牛顿流体；

（2）剪切黏度和拉伸黏度；

（3）真实黏度和表观黏度；

（4）非牛顿指数和稠度系数；

（5）触变性流体和流凝性流体；

（6）临界分子量（$\overline{M}_c$）和缠结分子量（$\overline{M}_e$）；

（7）法向应力效应和挤出物膨胀。

2. 什么是假塑性流体？绝大多数聚合物熔体和浓溶液在通常条件下为什么均呈现假塑性流体的性质？试用缠结理论加以解释。

3. 聚合物的黏性流动有何特点？为什么？

4. 为什么聚合物的黏流活化能与分子量无关？

5. 讨论聚合物的分子量和分子量分布对熔体黏度和流变性的影响。

6. 从结构观点分析温度、切变速率对聚合物熔体黏度的影响规律，举例说明这一规律在成型加工中的应用。

7. 为什么涤纶采用熔融纺丝方法，而腈纶却用湿法纺丝？

8. “管子模型”和“蛇形理论”如何解释聚合物熔体的力学性能、流变性能与分子量之间的关系？

9. 简述聚合物熔体的动态流变性能研究方法和聚合物纳米复合材料复杂的动态流变行为研究进展。

10. 某聚合物在 0℃时黏度为 1.0×10^3 Pa·s，如果该试样黏度-温度关系服从 WLF 方程，并假设 T_g 时的黏度为 1.0×10^{12} Pa·s，请计算 25℃时的黏度值。

11. 一聚苯乙烯试样，已知 160℃时黏度为 8.0×10^5 Pa·s，试预计 T_g（100℃）时及 120℃时的黏度。

12. 一种聚合物在加工中劣化，其重均分子量从 1×10^6 下降到 8×10^5。问加工前后熔融黏度之比是多少？

13. 用毛细管流变仪挤出顺丁橡胶试样，不同柱塞速度 v 条件下，得到载荷下的数值如下：

v/(mm/min)	0.6	2	6	20	60	200
F/N	2068	3332	4606	5831	6919	7781

已知柱塞直径 $d_p=0.9525$cm，毛细管长径比 $L/D=40$，忽略入口校正，试作出熔体的 τ_w-$\dot{\gamma}_w$ 曲线和 η_a-$\dot{\gamma}_w$ 曲线。

第 10 章　聚合物的电学性能、热学性能和光学性能

1. 名词解释

极化，介电常数，介电损耗，介电损耗角正切（$\tan\delta$），复数介电常数，介电松弛和介电松弛谱，cole-cole 图，电击穿，聚合物电荷转移复合物，导电聚合物，掺杂，离子导电聚合物，耐热性，热稳定性，热分解温度（T_d），热导率，热膨胀系数，非线性光学性能，全反射。

2. 比较聚合物介电松弛和力学松弛的异同点。

3. 讨论影响聚合物介电常数和介电损耗的因素。

4. 试证明：根据 Debye 模型，以介电损耗 ε'' 对频率 ω 作图，在半峰高处测量介电损耗峰的宽度为 1.14（十进制）。

5. 如何由聚合物的介电松弛谱研究分子运动？可以得到哪些参数？$\left(\varepsilon^{*}=\varepsilon_{\infty}+\dfrac{\varepsilon_{s}-\varepsilon_{\infty}}{1+(i\omega\tau)^{\beta}}\right)$

6. 什么叫聚合物的柱极体？什么叫热释电流法（TSC）？该法为什么能有效地研究聚合物的分子运动？

7. 结构型导电聚合物的分子结构与导电性关系如何？举例说明。

8. 举例说明电子导电聚合物和离子导电聚合物导电能力和特征，它们各自有什么用途？

9. 什么是电致发光共轭聚合物和共轭聚合物光伏材料？阐明其研究意义和研究进展。

10. 简述导电聚合物领域的研究历程。

11. 写出聚合物耐热性和热稳定性的表征值，讨论提高聚合物耐热性和热稳定性的途径。

12. 聚合物成型加工的上限温度是什么？下限温度是在模量-温度曲线的哪一个区域？为什么结晶聚合物的成型加工温度较之无定形聚合物的成型加工温度范围要窄？

13. 查手册得知，C—H 键、C—Cl 键和 C—C 键的 Na D 线摩尔键合折射度分别为 $1.676\times10^{-6}\,m^3$、$6.51\times10^{-6}\,m^3$ 和 $1.296\times10^{-6}\,m^3$，试计算 PVC 的折射率（n）。假设 PVC 的密度 ρ 为 $1.39\times10^{3}\,kg/m^3$。

14. 讨论提高聚合物透明性的途径。

第 11 章　聚合物的表面与界面

1. 名词、概念解释

聚合物的表面与界面，表面张力，界面张力，接触角，标度理论，X 射线光电子能谱（KPS），离子散射谱和二次离子质谱，原子粒显微镜（AFM），黏结。

2. 简要讨论聚合物表面和界面热力学和动力学。

3. 写出五种聚合物表面改性技术的原理及应用。

4. 试分别讨论表面接枝、火焰处理、等离子处理、表面金属化等表面处理手段可能影响哪些黏结机理（机械联结、扩散作用、静电作用、化学作用力等）。

5. 写出生物医用高分子材料表面改性研究的两个热门课题，简述抗菌表面构建及其应用的方法和技术。

6. 20℃时，某聚四氟乙烯试样的表面张力为 23mN/m，经测量，水在该试样表面的接触角为 112℃，试求该聚四氟乙烯与水之间的界面张力。

参 考 文 献

[1] He Pingsheng. Structure and Properties of Polymer [M]. Oxford, England: Alpha Science International Ltd, 2013.

[2] Fumihiko Tanaka. Polymer Physics: Applications to Molecular Association and Thermoreversible Galation. Cambridge, England: Cambridge University Press, 2011.

[3] Utracki L A, Jamieson Alexander M. Polymer physics: from suspensions to nanocomposites and beyond. Hoboken N J, US: Wiley, 2010.

[4] Stein Richard S, Powers Joseph. Topics in polymer physics. London, England: Imperial college Press, 2006.

[5] Rotello Vincent M, Thayumanavan S. Molecular recognition and polymers: Control of polymer structure and self-assembly. Hoboken, US: John Wiley & Sons, 2008.

[6] Pethrick R A. Polymer structure characterization: From nano to macro organization. Cambridge, England: RSC Pub, 2007.

[7] Kozlov G V, Zaikov, Gennadii Efremovich, Yanovskii Yu G. Structure and properties of particulate-filled polymer composites: the fractal analysis. New York, US: Nova Science Publishers, 2010.

[8] Kozlov G V, Zaikov Gennadii Efremovich. Structure of the polymer amorphous state. Utrecht; Boston, US: VSP, 2004.

[9] Havrats Charef, Thomas Sabu, Groeninckx Gabriel. Micro-and nanostructured multiphase polymer blend systems: phase morphology and interfaces. Boca Raton: Taylor & Francis, 2006.

[10] Kontopoulou Marianna. Applied polymer rheology: polymeric fluids with industrial applications. Hoboken, US: John Wiley & Sons, 2012.

[11] Han Chang Dae. Rheology and processing of polymeric materials. V. I polymer rheology. New York, US: Oxford University Press, 2007.

[12] Rubinstein M, Colby Ralph H. Polymer Physics. New York, US: Oxford University Press, 2003.

[13] Sperling L H. Introduction To Physical Polymer Science. 4th Edition. New York, US: John Wiley & Sons, Inc. , 2006.

[14] Bower David I. An Introduction To Polymer Physics. Cambridge, England: Cambridge University Press, 2002.

[15] Bincai Li. Fundamentals of Polymer Physics. Beijing, China: Chemical Industry Press, 1999.

[16] Gedde Ulf W. Polymer Physics. London, England: Chapman & Hall, 1995.

[17] Strobl Gert R. The Physics of Polymers. 3rd Edition. Berlin, Germany: Springer, 2012.

[18] DOI. M. Introduction To Polymer Physics. Clarendon, England: Oxford University Press, 1996.

[19] Elias Hans-Georg. An Introduction To Polymer Science. New York, US: VCH Press, 1997.

[20] Elias Hans-Georg. Mocromolecules. 2nd Edition. New York, US: Plenum Press, 1984.

[21] Fried Joel R. Polymer Science and Technology. 2nd Edition. Upper Saddle River, US: Prentice Hall PTR, 2003.

[22] Flory Paul J. Principles of Polymer chemistry. Ithaca New York: Cornell University press, 1953.

[23] Billmeyer Fred W. Textbook of polymer science. 3rd edition. New York: John Wiley & Sons, Inc, 1989.

[24] Progress in polymer physics——symposium of 99′ International workshop on polymer physics, China: Edited by Fudan University, 1999.

[25] William D Callister Jr. Fundamentals of Materials Science and Engineering. 5th Edition. 材料科学与工程基础，第五版（英文影印本）. 北京：化学工业出版社，2012.

[26] Mark James E, et al. Physical properties of polymers. 3rd Edition. Cambridge , UK: Cambridge University Press, 2004.

[27] 植松市太郎等. 高分子的構造上物性. 日本东京：丸善株式会社，1963.

[28] Qian R Y. Perspectives on the Macromolecular Condensed State. Singapore: World Scientific, 2002.

[29] Teraoka I. Polymer Solution: An Introduction to Physical Properties. New York: John Wiley&Sons Inc, 2002.

[30] Blythe A, Bloor D. Electrical Properties of Polymers. Cambridge: Cambrige University Press, 2005.

[31] Bassett D C. Principles of Polymer morphology. Cambridge, England: Cambridge University Press, 1981.

[32] Donth Ernst-Joachim. Relaxation and Thermodynamics in Polymers. Glass Transition. Berlin, Germany: Akademie Verlag, 1992.

[33] Nielsen L E. Mechanical Properties of Polymers and Composites. 2nd Edn. New York, US: Marcel Dekker. Inc. 1994.

[34] Ward I M, Hadley D W. An Introduction to the Mechanical Properties of Solid Polymer. New York, US: John Wiley

& Sons, 1993.
[35] Ferry J D. Viscoelasitic Properties of Polymers. 3rd Edition. New York, US: Wiley & Sons Inc, 1980.
[36] Treloar LRG. The Physics of Rubber Elasticity. 3rd Edition. Oxford, UK: Oxford University Press, 1975.
[37] Andrew E H. Fracture in polymer. US: Oliver & Boyd, 1968.
[38] Doi M, Edwards S F. The Theory of polymer Dynamics. Clarendon, UK: Oxford University Press, 1986.
[39] Chang Dae Han. Rheology in Polymer Processing. New York, US: Academic Press. 1976.
[40] Richard A Jones, Randal W Richards. Polymers at Surfaces and Interfaces. Cambridge, United Kingdom: Cambridge University Press, 1999.
[41] Fabio Garbassi, Marco Morra, Ernesto Occhiello. Polymer Surfaces. New York, US: John Wiley & Sons, 1994.
[42] Alphonsus V Pocius. Adhesion and Adhesive Technology. New York, US: Hanser Publisher, 1997.
[43] De Gennes P G. Scaling Concepts in Polymer Physics. Ithaca, New York: Cornell Univesity Press, 1979.
[44] Fitzpatrick L E. Characterization of Polymer. Oxford: Butterwoth-Heinemann, 1993.
[45] Chen G S, Jiang M. Chem. Soc. Rev. 2011, 40: 2254.
[46] Jian Xu, et al. Adv. Mater, 2003, 15: 832-835.
[47] Zhenzhong Yang, et al. Adv. Funct. Mater. 2005, 15: 1523-1528.
[48] Zhenzhong Yang, et al. Angew Chem. Int. Ed. 2003, 42: 4201-4203.
[49] Cheng R S, Yan X H. Journal of Applied Polymer Science: Applied Polymer Symposium, 1991, 48: 123.
[50] Liu M Z, Cheng R S, Wu C, et al. Journal of Polymer Science Part B: Polymer Physics, 1997, 35 (15): 2421.
[51] Cheng R S. Macromolecular Symposia, 1997, 124: 27.
[52] Cheng R S, Bo S Q. Polymer Communication, 1983, (2): 125.
[53] Zhang Liqun, Wang Yizhong, Wang Yiqing, et al. J. Appl. Polymer. Sci. , 2000, 78 (11): 1873-1878.
[54] Shen Jianxiang, Li Xue, Zhang Liqun, Liu Jun, et al. Macromolecules, 2018, doi: 10. 1021/acs. Macromol. 8b00183.
[55] Yihu Song, Qiang Zheng. Polymer. 51 (14): 3262-3268, 24.
[56] Yihu Song, Lingbin Zeng, Qiang Zheng. J. Phys. Chem. B. , 2017, 121 (23): 5867-5875.
[57] Li H H, Zuo M, Liu T, Zhang J F, Zheng Q. RSC Adv. 2016, 6: 10099-10113.
[58] Magda J J, Baek SG, Devries KL et al. Macromolecules. 1991, 24: 4460.
[59] Elmaghor F, Zhang L Y, Li H Q. J Appl Polym Sci. 2003, 88: 2756-2762.
[60] Hua Youqing, Huang Yiqun, Siqin Dalai. Journal of Vinyl Technology. 1994, 16 (4): 235-245.
[61] Hong Xuhui, Hua Youqing. Polymer composites. 2008, 29 (4): 364-371.
[62] Xinging Su, Youqing Hua, Jinliang Qiao et al. Macromolecular Materials & Engineering. 2004, 289: 275-280.
[63] Libo Wu, Youqing Hua. The 226th ACS Nationel Meeting, Division of Polymeric Materials Science and Engineering. Ny, September 7-11, 2003.
[64] Hua Youqing, Zhang Y Q, et al. Journal of Macromolecular Science, Part B: physics. 2005, 44 (2): 149-159.
[65] Hua Y Q, Zhang Z X, Qin Q. Journal of Applied Polymer Science. 2003, 88 (6): 1410-1415.
[66] Youqing Hua, Dongmei Zhao, Xuhui Quan. Journal of Thermal Analysis, 1995, 45: 177-184.
[67] Hua Youqing, Wang Huiqing, et al. 34th International ASMPE Symposium and Exhibition. 1989, 34: 175.
[68] 沈青. 高分子物理化学. 北京：科学出版社，2016.
[69] 何曼君，张红东，陈维孝，董西侠. 高分子物理 [M]. 3 版. 上海：复旦大学出版社，2007.
[70] 何平笙. 新编高聚物的结构与性能. 2 版. 北京：科学出版社，2021.
[71] 殷敬华，莫志深. 现代高分子物理学. 上、下册. 北京：科学出版社，2001.
[72] 杨玉良，胡汉杰. 高分子物理（跨世纪的高分子科学）. 北京：化学工业出版社，2001.
[73] 程正迪. 高分子相变——亚稳态的重要性. 沈志豪译. 何平笙校. 北京：高等教育出版社，2020.
[74] 莫志深等. 高分子结晶和结构. 北京：科学出版社，2017.
[75] 莫志深，张宏放，张吉东. 晶态聚合物结构和 X 射线衍射. 2 版. 北京：科学出版社，2010.
[76] 江明，A. 艾森伯格，刘国军，张希等. 大分子自组装. 北京：科学出版社，2006.
[77] 江明. 高分子合金的物理化学. 四川：四川教育出版社，1988.

[78] 沈家聪等.超分子层状结构——组装与功能.北京：科学出版社，2003.
[79] 周其凤.高分子液晶态与超分子有序态研究进展.武汉：华中科技大学出版社，2002.
[80] 周其凤，王新久.液晶高分子.北京：科学出版社，1994.
[81] 钱人元.无规与有序——高分子凝聚态的基本物理问题研究.长沙：湖南科学技术出版社，1998.
[82] 钱人元.高聚物的分子量测定.北京：科学出版社，1958.
[83] 漆宗能，张世民，马咏梅.纳米塑料//黄锐，王旭等编.纳米塑料聚合物/纳米无机物复合材料研制、应用和进展.北京：轻工业出版社，2002，10-12.
[84] 闻建勋.诺贝尔百年奖——奇妙的软物质.上海：上海科学教育出版社，2001.
[85] 付政.高分子材料强度及破坏行为.北京：化学工业出版社，2005.
[86] 吴大诚，Hsu S L.高分子的标度和蛇形理论.成都：四川教育出版社，1989.
[87] 黄春辉，李富友，黄维.有机电致发光材料与器件导论.上海：复旦大学出版社，2005.
[88] 杨小震.分子模拟与高分子材料.北京：科学出版社，2002.
[89] 朱善农等.高分子链结构.北京：科学出版社，1996.
[90] 张立群.橡胶纳米复合材料——基础与应用.北京：化学工业出版社，2018.
[91] 张立群.天然橡胶及生物基弹性体 [M].北京：化学工业出版社，2014.
[92] 李永舫，何有军，周祎.聚合物太阳能电池材料和器件 [M].北京：化学工业出版社，2013.
[93] [美] 保罗·约翰·弗洛里.聚合物化学原理.朱平平，何平笙译.合肥：中国科学技术大学出版社，2020.
[94] 吴培熙，张留成.聚合物共混改性.北京：中国轻工业出版社，1996.
[95] 吴人洁.高聚物的表面与界面.北京：科学出版社，1998.
[96] 施良和，胡汉杰.高分子科学的今天和明天.北京：化学工业出版社，1994.
[97] 董侠，朱平，王莉莉等.CN：201610069156.4.
[98] 吴友平，马建华，张立群.CN：ZL201210423251.1.
[99] 石恒冲，殷敬华.化学通报，2016，9：196-202.
[100] 吕建坤，秦明，柯毓才，漆宗能，益小苏.高分子学报，2002，(1)：73-77.
[101] 朱晓光，邓小华，洪萱，漆宗能.高分子学报，1996，(2)：195-200.
[102] 潘雁，程镕时.高分子学报，2000，(4)：518.
[103] 王庆国，蔡力行，刘波，李光亚，胡萍，张瑜，程镕时.物理化学学报，1998，14 (3)：267.
[104] 王庆国，蔡力行，余焕然，程镕时.中国学术期刊文摘（科技快报），1998，4 (3)：359.
[105] 刘承果，谢鸿峰，郑云，程镕时.高分子学报，2008，(11)：1031.
[106] 王治流，周采华，钱军，程镕时.高分子学报，1995，2：189.
[107] 潘雁，程镕时，薛锋.高分子学报，2002，6：746.
[108] 苏新清，乔金樑，华幼卿等.高分子学报，2005，1：142-148.
[109] 张彦奇，华幼卿.高分子学报，2003，5：683-687.
[110] 华幼卿，赵冬梅.复合材料学报，1993，10 (3)：37-42.
[111] 章正熙，华幼卿.中国塑料，2003，17 (6)：31-35.
[112] 江盛玲，张志远，谷晓昱，华幼卿.高分子材料科学与工程，2011，27 (8)：82-84.
[113] 江盛玲，张志远，谷晓昱，华幼卿.高分子材料科学与工程，2012，28 (12)：47-50.